中国互联网发展报告 2015

中 国 互 联 网 协 会
中国互联网络信息中心 编

電子工業出版社
Publishing House of Electronics Industry
北京·BEIJING

内容简介

《中国互联网发展报告 2015》将客观、忠实记录 2014 年以来中国互联网行业的发展状况，对中国互联网发展环境、资源、重点业务和应用、主要细分行业和重点领域的发展状况进行总结、分析和研究，既有宏观分析和综述，也有专项研究。报告内容丰富、重点突出、数据翔实，图文并茂，对互联网相关从业者具有重要的参考价值。

图书在版编目（CIP）数据

中国互联网发展报告 2015 / 中国互联网协会，中国互联网络信息中心编. —北京：电子工业出版社，2015.7

ISBN 978-7-121-26572-3

Ⅰ. ①中… Ⅱ. ①中… ②中… Ⅲ. ①互联网络—研究报告—中国—2015 Ⅳ. ①TP393.4

中国版本图书馆 CIP 数据核字（2015）第 152284 号

责任编辑：徐蕾薇　特约编辑：劳嫦娟　文字编辑：李　敏
印　　刷：涿州市京南印刷厂
装　　订：涿州市京南印刷厂
出版发行：电子工业出版社
　　　　　北京市海淀区万寿路 173 信箱　邮编 100036
开　　本：787×1092　1/16　印张：32.75　字数：840 千字　彩插：2
版　　次：2015 年 7 月第 1 版
印　　次：2015 年 7 月第 1 次印刷
定　　价：1280.00 元

凡所购买电子工业出版社图书有缺损问题，请向购买书店调换。若书店售缺，请与本社发行部联系，联系及邮购电话：（010）88254888。

质量投诉请发邮件至 zlts@phei.com.cn，盗版侵权举报请发邮件至 dbqq@phei.com.cn。

服务热线：（010）88258888。

《中国互联网发展报告 2015》
编辑委员会名单

刘正荣	新华社秘书长
刘江峰	中国互联网协会副理事长
刘韵洁	中国工程院院士、中国联合网络通信集团有限公司科技委主任
邵广禄	中国联合网络通信集团有限公司副总经理、 中国互联网协会副理事长
吴建平	中国教育和科研计算机网网络中心主任、 中国互联网协会副理事长
沙跃家	中国移动通信集团公司副总裁、中国互联网协会副理事长
张朝阳	搜狐公司董事局主席兼首席执行官、中国互联网协会副理事长
李国杰	中国工程院院士
李彦宏	百度公司董事长兼首席执行官、中国互联网协会副理事长
杨小伟	中国电信集团公司副总经理、中国互联网协会副理事长
汪文斌	中央电视台网络传播中心主任、中国互联网协会副理事长
赵　波	中国电子技术标准化研究院院长
敖　然	电子工业出版社原社长
钱华林	中国互联网络信息中心首席科学家、中国互联网协会副理事长
高卢麟	中国互联网协会副理事长
曹国伟	新浪公司首席执行官兼总裁
曹淑敏	中国信息通信研究院院长、中国互联网协会副理事长
蒋　伟	人民邮电出版社副社长
蒋林涛	工业和信息化部电信研究院原总工程师
韩　夏	工业和信息化部电信管理局局长、中国互联网协会副理事长
雷震洲	中国信息通信研究院　教授级高工
熊四皓	湖南省通信管理局局长、中国互联网协会副秘书长
廖　玒	人民网总裁兼总编辑

总 编 辑

卢 卫

副总编辑

黄向阳 侯自强 钱华林

执行主编

石现升 刘 冰

责任主编

陆希玉 刘 鑫

审校编辑

王 朔 苗 权 谢程利 李美燕 黄 恬

撰稿人（按章节排序）

侯自强 李佳丽 吴 萍 曹 岩 闫 辰 孟 蕊 李 原 苏 嘉
杨 波 刘 沛 陆希玉 王 朔 朱秀梅 李慧颖 黄蕴华 严寒冰
李 佳 纪玉春 徐 原 何世平 温森浩 赵 慧 李志辉 姚 力
张 洪 朱芸茜 朱 天 高 胜 胡 俊 王小群 张 腾 何能强
李 挺 陈 阳 李世淙 党向磊 徐晓燕 王适文 刘 婧 饶 毓
肖崇蕙 张 帅 贾子骁 钟 睿 喻重光 陈晶晶 李 超 徐冬梅
谭淑芬 郭 悦 高 爽 任 艳 李 超 张文娟 张建光 姜成彪
于佳宁 陈 侠 樊咏梅 毕 涛 聂秀英 李 娟 李美燕

前　言

《中国互联网发展报告 2015》按期与读者见面了，我们由衷地感到高兴和欣慰。自 2002 年开始，中国互联网协会联合中国互联网络信息中心（CNNIC），每年组织编撰出版一卷《中国互联网发展报告》（以下简称《报告》），真实记录了每个年度中国互联网行业的发展状况。

回顾 2014 年全年，我国互联网基础设施建设投入持续规模增长，各项基础资源发展情况良好，各种网络应用继续稳步发展，新技术、新应用、新升级层出不穷，微博、微信影响力令人刮目，网络文化建设稳步推进，各类专业网络信息服务持续发展，移动互联网发展突飞猛进，云计算、物联网等新兴领域从战略部署走向实施，互联网的影响力与日俱增。

《报告 2015》尽可能客观、忠实地记录和描绘了 2014 年中国互联网行业的发展轨迹，期望能够为互联网管理部门、从业企业和有关单位以及专家学者提供翔实的数据、专业的参考和借鉴。

结构上，《报告 2015》分为综述篇、资源与环境篇、应用与服务篇和附录 4 篇，共 25 章，6 个附录，力求保持结构的延续性。

内容上，《报告 2015》主要对 2014 年中国互联网发展环境、资源、重点业务和应用、主要细分行业和重点领域的发展状况进行总结、分析和研究；既有对 2014 年全年互联网发展情况的宏观分析和综述，也有着重对互联网细分业务和典型应用发展状况的关注和研究，内容丰富，重点突出，数据翔实，图文并茂，是一本对互联网从业者具有重要参考价值的工具书。

《报告 2015》的编写工作继续得到了政府、科研机构、企业等社会各界的关心、支持和参与，来自工业和信息化部、农业部、中国科学院、国家计算机网络应急技术处理协调中心、工业和信息化部电信规划研究院、工业和信息化部电信研究院、中国电子信息产业发展研究院、工业和信息化部信息中心、艾瑞咨询集团、易观国际、中国电信、阿里巴巴、中国电子学会云计算研究中心、中国互联网协会、中国互联网络信息中心（CNNIC）等诸多部门和单位的专家和研究人员近 60 人参与了《报告 2015》的撰写工作，编委会各位编委对《报告 2015》内容进行了认真和严格的审核，一如既往地给予充分鼓励和支持，保障了《报告》的质量和水平。在此，编辑部谨向为《报告 2015》贡献了精彩篇章的各位撰稿人，向支持本《报告》编写出版工作的各有关单位和社会各界表示诚挚的谢意。

由于我们的力量和水平有限，《报告 2015》中难免会存在一些缺陷甚至错误，恳请广大专家和读者予以批评指正，以便在今后的编撰工作中及时改进，使《中国互联网发展报告》的质量和价值不断得到提升。

《中国互联网发展报告 2015》编委会

2015 年 5 月

目　　录

第一篇　综 述 篇

第二篇 资源与环境篇

第三篇 应用与服务篇

第四篇 附录

第一篇

综述篇

2014 年中国互联网发展情况综述

2014 年国际互联网发展情况综述

第1章　2014年中国互联网发展情况综述

1.1　中国互联网发展概况

1.1.1　网民

截至2014年12月，我国网民规模达6.49亿人，全年共计新增网民3117万人。互联网普及率为47.9%，较2013年年底提升2.1个百分点（见图1.1）。

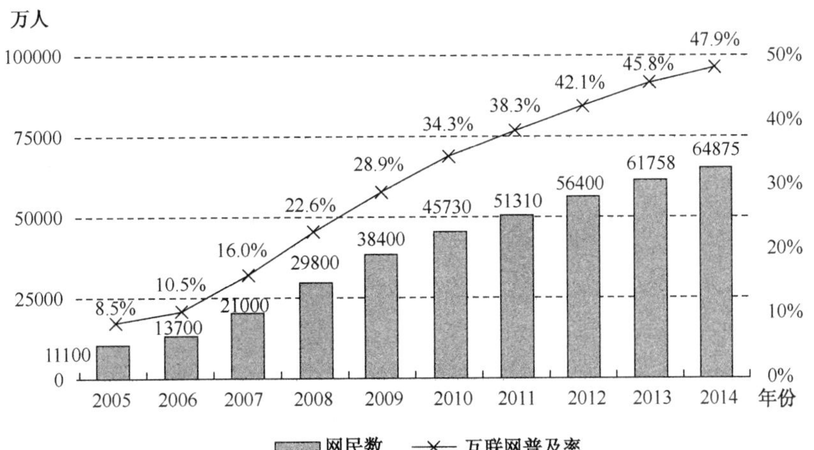

来源：CNNIC中国互联网发展状况统计调查，2014.12。

图1.1　网民规模和互联网普及率

截至2014年12月，我国手机网民规模达5.57亿人，较2013年增加5672万人。网民中使用手机上网的人群占比提升至85.8%（见图1.2）。

截至2014年12月，我国网民中农村网民占比为27.5%，规模达1.78亿人，较2013年年底增加188万人。城镇网民增长幅度较大，相比2013年年底增长2929万人（见图1.3）。

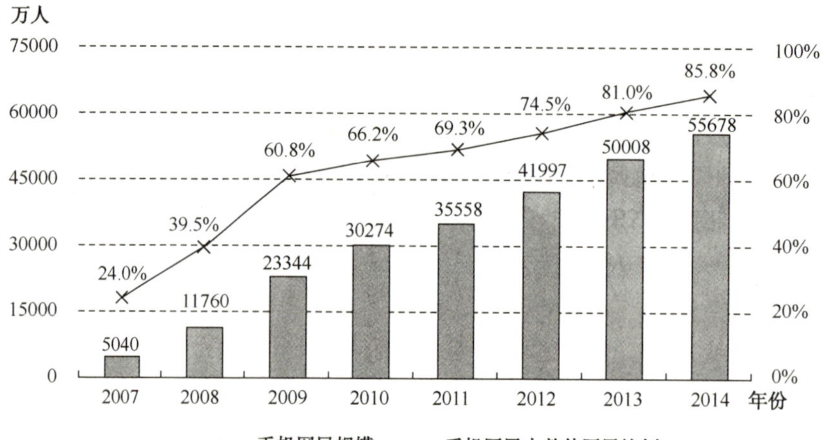

来源：CNNIC 中国互联网发展状况统计调查，2014.12。

图1.2　中国手机网民规模及其占网民比例

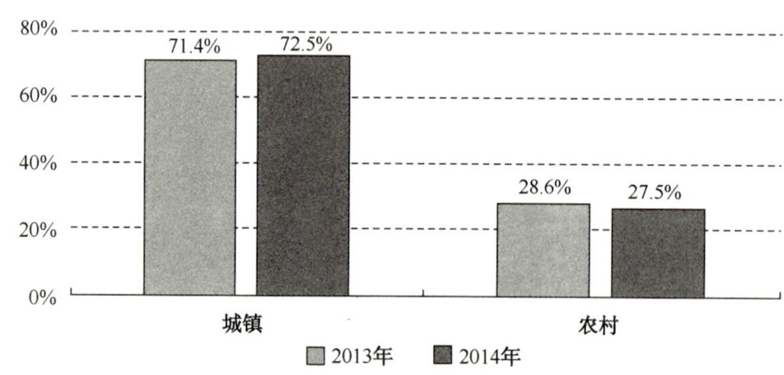

来源：CNNIC 中国互联网发展状况统计调查，2014.12。

图1.3　中国网民城乡结构

2014 年，我国网民在家、网吧、工作单位通过电脑接入互联网的比例与 2013 年基本持平，在学校通过电脑上网比例略有增长，在公共场所电脑上网使用率增长 3.4 个百分点。

2014 年，台式电脑、笔记本电脑等传统上网设备的使用率保持平稳，移动上网设备的使用率进一步增长，新兴家庭娱乐终端网络电视的使用率达到一定比例（见图 1.4）。

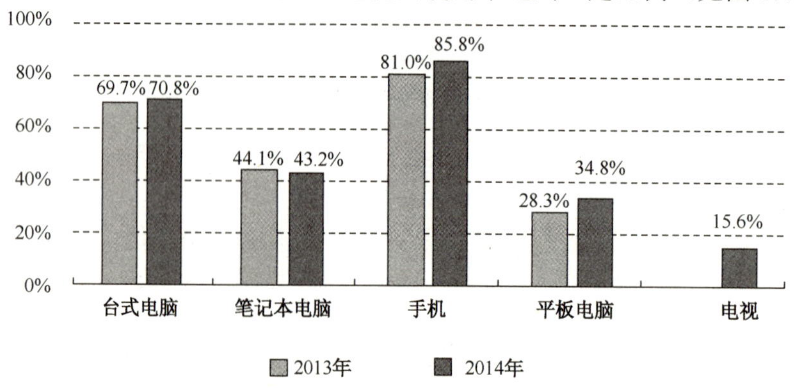

来源：CNNIC 中国互联网发展状况统计调查，2014.12。

图1.4　互联网络接入设备使用情况

城市互联网普及率进一步提升。在家里使用电脑接入互联网的城镇网民中，家庭 WiFi 的普及率为 81.1%。2014 年，我国网民的人均周上网时长达 26.1 小时，较 2013 年增加了 1.1 小时。

1.1.2　基础资源

截至 2014 年 12 月，我国 IPv6、域名、网站、网页数量都同比获得 10%以上的增长（见表 1.1）。

表 1.1　2013 年 12 月～2014 年 12 月中国互联网基础资源对比

	2013 年 12 月	2014 年 12 月	年增长量	年增长率
IPv4（个）	330308096	331988224	1680128	0.5%
IPv6（块/32）	16670	18797	2127	12.8%
域名（个）	18440611	20600526	2159915	11.7%
其中.CN 域名（个）	10829480	11089231	259751	2.4%
网站（个）	3201625	3348926	147301	4.6%
其中.CN 下网站（个）	1311227	1582870	271643	20.7%
国际出口带宽（Mbps）	3406824	4118663	711839	20.9%

因为全球 IPv4 地址数已于 2011 年 2 月分配完毕，自 2011 年开始我国 IPv4 地址总数基本维持不变，截至 2014 年 12 月，共计有 33199 万个（见图 1.5）。

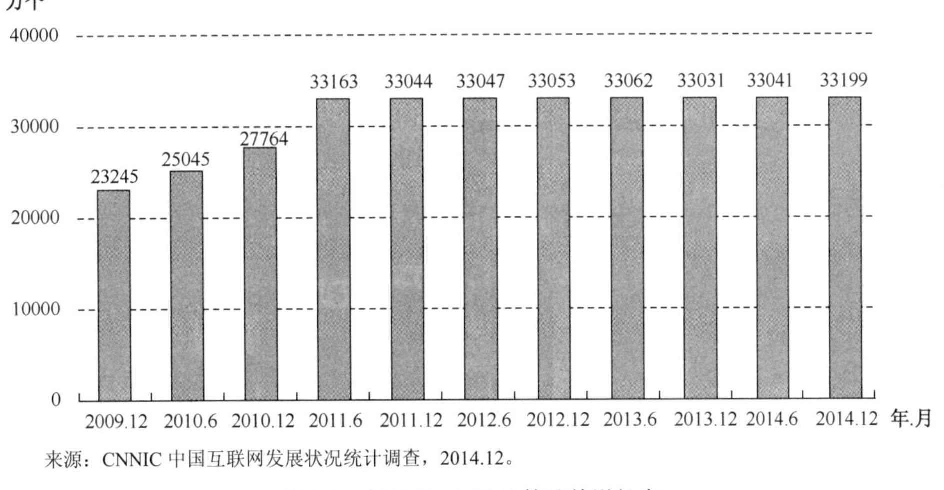

来源：CNNIC 中国互联网发展状况统计调查，2014.12。

图1.5　中国 IPv4 地址数及其增长率

截至 2014 年 12 月，我国 IPv6 地址数量为 18797 块/32，年增长率为 12.8%（见图 1.6）。

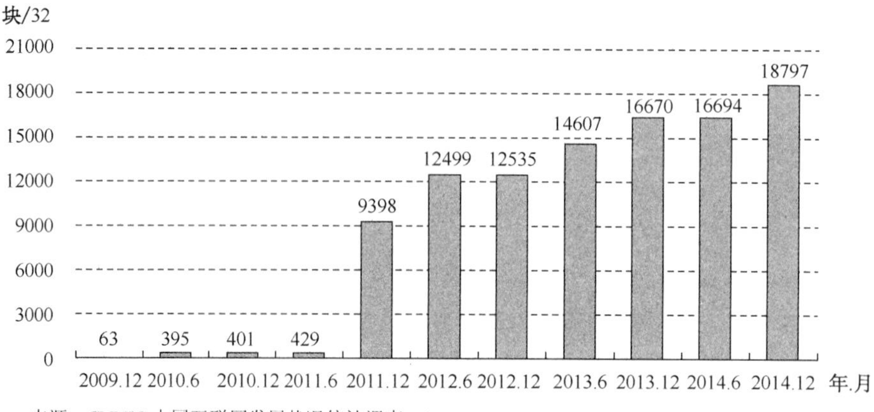

来源：CNNIC 中国互联网发展状况统计调查，2014.12。

图1.6　中国 IPv6 地址数量

截至 2014 年 12 月，我国域名总数增至约 2060 万个，年增长率为 11.7%（见表 1.2）。

表 1.2　中国分类域名数

	数　　量（个）	占域名总数比例
CN	11089231	53.8%
COM	7949939	38.6%
NET	910031	4.4%
中国	285395	1.4%
ORG	323614	1.1%
BIZ	85483	0.4%
INFO	47624	0.2%
其他	209	0.0%
总和	20600526	100.0%

截至 2014 年 12 月，中国网站数量约为 335 万个，年增长率为 4.6%（见图 1.7）。

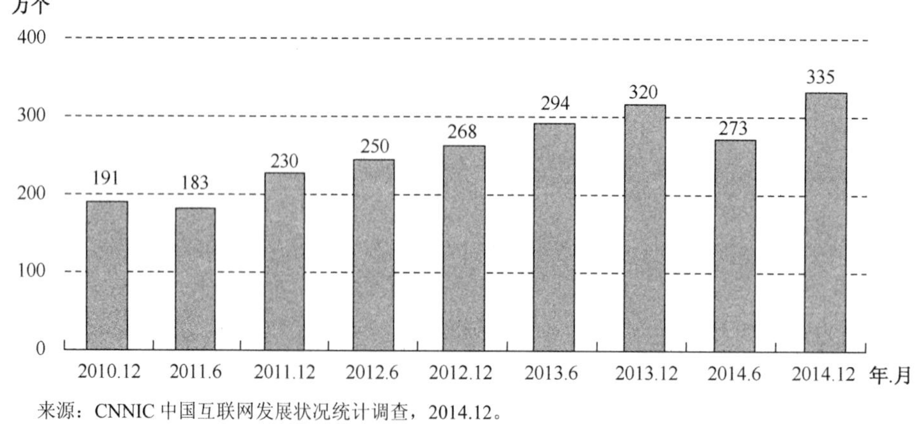

来源：CNNIC 中国互联网发展状况统计调查，2014.12。

图1.7　中国网站数量

截至 2014 年 12 月，中国网页数量为 1899 亿个，年增长率为 26.6%（见图 1.8）。

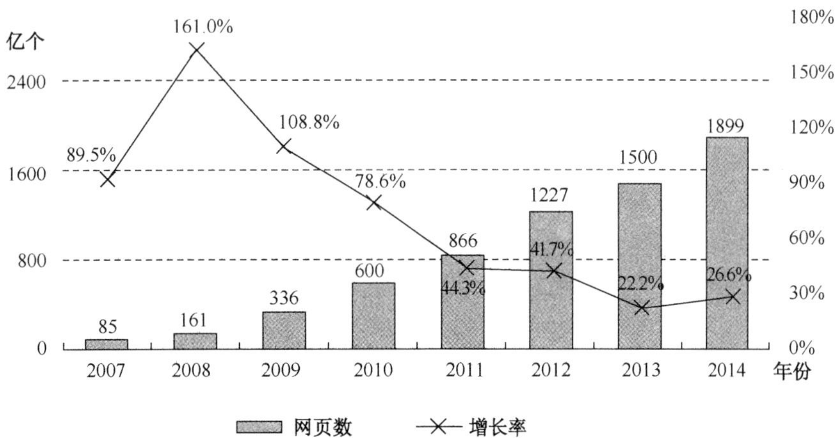

图1.8　中国网页数量及增长率

其中，静态网页数量为 1127 亿个，占网页总数量的 59.36%；动态网页数量为 772 亿个，占网页总量的 40.64%。

截至 2014 年 12 月，中国国际出口带宽为 4118663Mbps，年增长率为 20.9%（见图 1.9）。

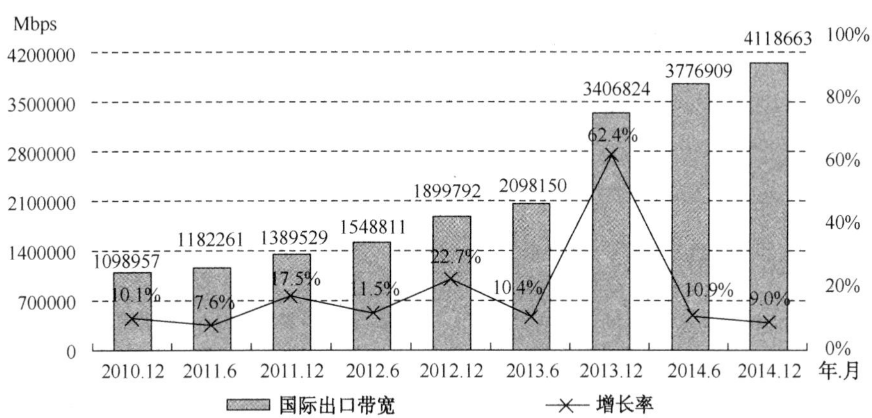

图1.9　中国国际出口带宽及其增长率

1.1.3　市场规模

据艾瑞统计，2014 年中国网络经济营收规模达到 8706.2 亿元（见图 1.10），其中，PC 网络经济营收规模为 6377.3 亿元，营收贡献率为 74.4%，移动网络经济营收规模为 2228.9 亿元，营收贡献率为 25.6%，移动互联网对经济贡献进一步提高。

1.1.4　细分行业

从不同细分领域来看，2014 年 PC 端电商营收规模份额最大，达到 55.2%；广告营收份额占比第二，为 19.2%；PC 游戏、互联网支付次之，占比分别为 12.8%和 4.3%。移动网络经济中，移动购物占比首次超过 50%，占比为 52.0%；移动广告排名次之，占比为 13.3%；

移动游戏占比为 12.4%，保持稳健发展（见图 1.11）。

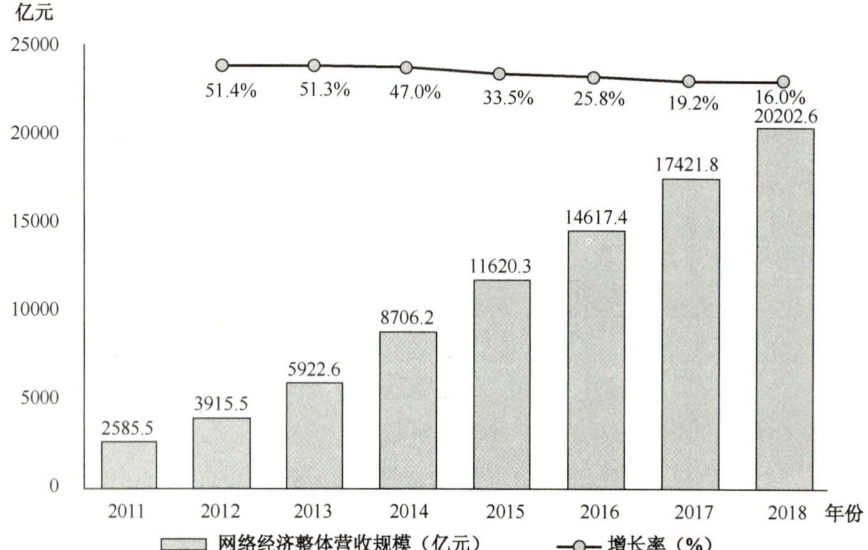

注：1. 网络经济营收规模基于经营互联网相关产生的企业收入规模之和，包括PC网络经济和移动网络经济；2. PC网络经济营收包含PC电商（剔除移动购物）、PC游戏（不含移动游戏）、PC广告（剔除移动广告）、互联网支付（不含移动支付）及PC其他（如网络招聘、在线视频非广告收入等，不含网络教育）；3. 移动网络经济营收包含移动购物、移动游戏、移动广告、移动支付及移动增值的营收规模。

来源：根据企业公开财报，行业访谈及艾瑞统计预测模型估算。

图1.10 中国互联网经济规模及预测

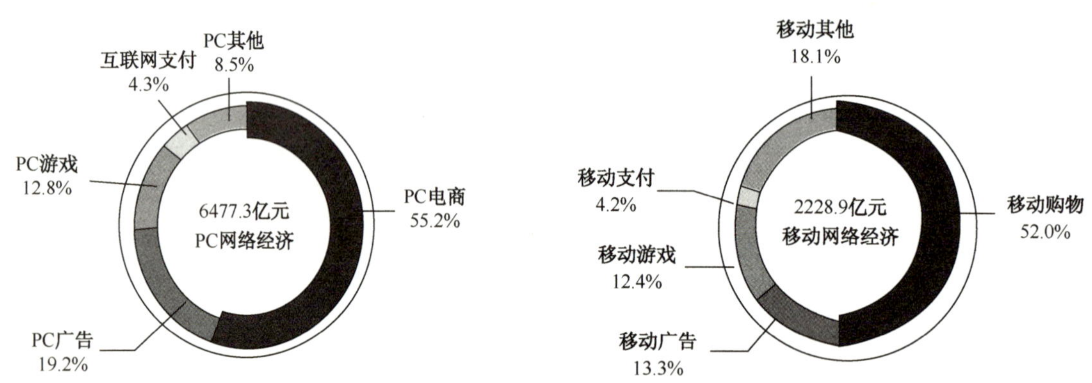

（a）2014年中国网络经济PC端细分领域占比　　（b）2014年中国网络经济移动端细分领域占比

图1.11 互联网经济细分领域占比

2013～2014 年中国网民各类互联网应用的使用率如表 1.3 所示。

表 1.3 中国网民各类互联网应用的使用率

	2014 年		2013 年		
应　用	用户规模（万）	网民使用率	用户规模（万）	网民使用率	全年增长率
即时通信	58776	90.6%	53215	86.2%	10.4%
搜索引擎	52223	80.5%	48966	79.3%	6.7%
网络新闻	21894	80.0%	49132	79.6%	5.6%

续表

	2014 年		2013 年		
应　用	用户规模（万）	网民使用率	用户规模（万）	网民使用率	全年增长率
网络音乐	47807	73.7%	45312	73.4%	5.5%
网络视频	43298	66.7%	42820	69.3%	1.1%
网络游戏	36585	56.4%	33803	54.7%	8.2%
网络购物	36142	55.7%	30189	48.9%	19.7%
网上支付	30431	46.9%	26020	42.1%	17.0
网络文学	29385	45.3%	27441	44.4%	7.1%
网上银行	28214	43.5%	25006	40.5%	12.8%
电子邮件	25178	38.8%	25921	42.0%	–2.9%
微博	24884	38.4%	28078	45.5%	–11.4%
旅行预订	22173	34.2%	18077	29.3%	22.7%
团购	17267	26.6%	14067	22.8%	22.7%
论坛/bbs	12908	19.9%	12046	19.5%	7.2%
博客	10896	16.8%	8770	14.2%	24.2%
互联网理财	7849	12.1%	—	—	—

在各类手机互联网应用中，即时通信、手机搜索、网络新闻、网络音乐仍为主要应用（见表 1.4）。

表 1.4　各类手机互联网应用的使用率

	2014 年		2013 年		
应　用	用户规模（万）	网民使用率	用户规模（万）	网民使用率	全年增长率
手机即时通信	50762	91.2%	43079	86.1%	17.8%
手机搜索	42914	77.1%	36503	73.0%	17.6%
手机网络新闻	41539	74.6%	36651	73.3%	13.3%
手机网络音乐	36642	65.8%	29104	58.2%	25.9%
手机网络视频	31280	56.2%	24669	49.3%	26.8%
手机网络游戏	24823	44.6%	21535	43.1%	15.3%
手机网络购物	23609	42.4%	14440	28.9%	63.5%
手机网络文学	22626	40.6%	20228	40.5%	11.9%
手机网上支付	21739	39.0%	12548	25.1%	73.2%
手机网上银行	19813	35.6%	11713	23.4%	69.2%
手机微博	17083	30.7%	19645	39.3%	–13.0%
手机邮件	14040	25.2%	12714	25.4%	10.4%
手机旅行预订	13422	24.1%	4557	9.1%	194.6%
手机团购	11872	21.3%	8146	16.3%	45.7%
手机论坛/bbs	7571	13.6%	5535	11.1%	36.8%

1.1.5　热点事件

1. 政府积极推动网络经济发展

2014 年 2 月，中央网络安全和信息化领导小组宣告成立，中共中央总书记习近平亲自担任组长，显示出中国最高层在保障网络安全、维护国家利益、推动信息化发展方面的决心。

在第一次小组会议上，习近平提出“没有网络安全，就没有国家安全；没有信息化，就没有现代化”、“建设网络强国的战略部署要与‘两个一百年’奋斗目标同步推进”等重要论断，深刻阐释了党中央关于加强网络安全和信息化工作的指导思想和方针路线，引导我国向网络强国挺进。

2014 年 4 月起，互联网管理部门相继组织开展“净网 2014”、“剑网 2014”、“打击新闻敲诈和假新闻”、“微信等即时通信工具治理”等专项行动，净化网络环境。《最高人民法院关于审理利用信息网络侵害人身权益民事纠纷案件适用法律若干问题的规定》出台，网民权益得到法律保护；十八届四中全会通过《中共中央关于全面推进依法治国若干重大问题的决定》，明确互联网领域立法重点与立法方向，依法规范网络行为依法治网正成为依法治国的重要基础工程。

2014 年 5 月，工业和信息化部等 14 部委联合出台《关于实施“宽带中国”2014 专项行动的意见》（以下简称《意见》）。《意见》包括指导思想、主要原则、引导目标、工作任务、保障措施五个方面，其中 2014 年的引导目标主要为“宽带网络能力持续增强、宽带接入水平进一步提高、创建示范效果初步显现”。

2014 年 8 月，中央全面深化改革领导小组第四次会议审议通过《关于推动传统媒体和新兴媒体融合发展的指导意见》（以下简称《意见》）。《意见》对新形势下如何推动媒体融合发展提出了明确要求，做出了具体部署，进一步推动传统媒体和新兴媒体融合发展。

2014 年 11 月，国家互联网信息办公室以“互联互通 共享共治”为主题的首届世界互联网大会在浙江乌镇成功举办，这是中国举办的规模最大、层次最高的世界级互联网大会。中国提出促进网络空间互联互通、尊重各国网络主权等 9 点倡议，成功为中国与世界互联互通和国际互联网共享共治搭建了平台。

2014 年 11 月，中央网信办等部门联合举办首届国家网络安全宣传周活动，引导社会公众提高网络安全风险防范意识，共同维护网络安全。工业和信息化部发布了《关于加强电信和互联网行业网络安全工作指导意见》。

2014 年 11 月，文化部联合公安部、国家工商总局、工业和信息化部等部门对互联网上网服务行业管理政策进行了重大完善和调整，取消了总量控制等与市场发展不相适应的政策限制，努力为行业的发展营造公平竞争、优胜劣汰的市场环境。

2. 多家互联网公司成功上市

2014 年 9 月 19 日，阿里巴巴集团于纽交所上市，募集金额 250.32 亿美元，创全美最大 IPO；占据全年中企 IPO 规模总额的 35.77%，并超过 2008 年以来其他国内互联网企业 IPO 总和。京东于 2014 年第二季度于纳斯达克上市，募集 17.8 亿美元，其规模也超过 2013 年全年国内互联网企业 IPO 规模。

此外，还有新浪微博、途牛旅行网、猎豹移动、乐居、聚美优品、智联招聘、迅雷、创梦天地等十几家公司在海外上市。

3. 互联网金融快速发展

完善金融监管协调机制列入政府工作报告，一系列互联网金融管理措施陆续释放。央行牵头制定互联网金融指导意见，制定 P2P 监管细则；保监会发布互联网保险业务监管暂行办法征求意见稿。

2014 年 3 月 11 日，银监会公布了首批 5 家民营银行试点方案，阿里巴巴和腾讯成功入选为发起人。互联网金融呈现爆发式增长态势，以余额宝、理财通、支付宝、京东小银票为代表的互联网金融产品百花齐放，涉足银行、基金、票据、保险、证券等诸多金融业态。2014 年，余额宝规模突破 5000 亿元，用户超 1 亿，P2P 平台半年成交金额接近 1000 亿元。百姓理财需求更旺盛、渠道也更多元化。业务规范化管理受到重视，市场竞争环境逐步走向理性。

4. 社交网络与电商融合，改变传统电商业务模式

2014 年，微信新添加了微店，并自带支付服务，可以实现在微信里选择品牌，购买商品。此后，微信还进一步提供商店信息的消息推送功能，从而诞生了一个全新的商业阶层——微商。

2014 年 1 月，微信添加了滴滴打车，与背靠阿里的快的打车掀起了一场轰动全国的补贴大战。两家打车软件一路相互叫板，补贴额度节节攀升。最终这场全民盛宴以两家公司同时宣布停止补贴而告一段落。补贴大战让打车软件原本可能需要走三四年的创业路压缩成不到一年，更重要的是培养了用户习惯，将本来规模并不大的打车市场做大。

5. 手机上网用户首超 PC，国内智能手机集体崛起

2014 年，我国手机上网用户比例首超传统 PC。越来越多的人选择通过移动终端获取信息，改变了原有以 PC 为主的网络传播生态。中国本土手机占据主要市场份额，2014 年 8 月，小米在国内的出货量已超越三星，成为中国出货量最大的智能手机品牌。全球出货量五强品牌中有 3 家来自中国，分别为小米、华为、联想，酷派、中兴等品牌也表现不俗。

1.2 中国互联网应用发展情况

1.2.1 移动互联网

据艾瑞统计，2014 年我国移动互联网市场规模为 2134.8 亿元，同比增长 115.5%，如图 1.12 所示。手机的更新换代浪潮以及 4G 网络建设使得智能手机出货量继续保持高速增长，到 2014 年年底我国智能手机保有量已达 7.8 亿部，这大大促进了移动互联网的发展。受惠于智能手机的大量普及，我国形成了庞大的移动互联网用户群体，网络消费习惯逐渐养成。传统互联网服务业如电子商务、在线游侠、在线营销等，在已有商业模式的基础上，针对移动互联网的特定需求进行了业务创新，带来了持续的市场增长。

中国移动互联网各细分行业占比如图 1.13 所示。其中，移动购物市场交易规模为 9297.1 亿元，同比增长 239.3%，占整体市场份额为 54.3%。移动支付应用的推广提高了移动购物的安全性，用户通过移动端购物的习惯逐渐养成。2014 年中国移动广告市场规模达到 296.9 亿元，同比增长 122.1%，增长率连续 3 年超过 100%。其中，移动搜索广告收入大幅增加。

移动互联网带动网络应用服务向社会生活、生产深入渗透，互联网传统企业、新兴创业企业与传统企业不断创新商业模式，促进了移动互联网产业的繁荣。

1.2.2 网络金融

截至 2014 年 12 月，我国使用网上支付的用户规模达到约 3.04 亿，较 2013 年年底增加 4411 万人，增长率为 17.0%。与 2013 年年底相比，我国网民使用网上支付的比例从 42.1%

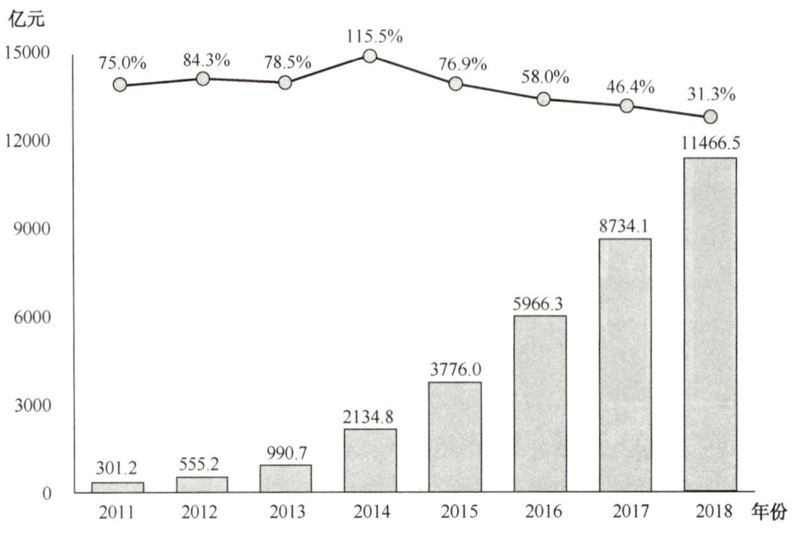

注：1.中国移动互联网市场规模包括移动增值、移动购物、移动广告、移动游戏等细分领域市场规模总和；2.从2012年开始，移动购物统计的市场规模为营收规模；3.从2011年开始，移动互联网市场规模包括手机和平板电脑两类移动设备上创造的市场规模总和；4.从2014年开始，数据发布不再统计移动营销的市场规模，移动广告的市场规模包括移动展示广告（含规模贴片广告，移动应用内广告等）、搜索广告、社交信息流广告等移动广告形式，统计终端包括手机和平板电脑。短彩信、手机报等营销形式不包括在移动广告市场规模内。

来源：根据企业公开财报，行业访谈及艾瑞统计预测模型估算，仅供参考。

图1.12　移动互联网市场规模

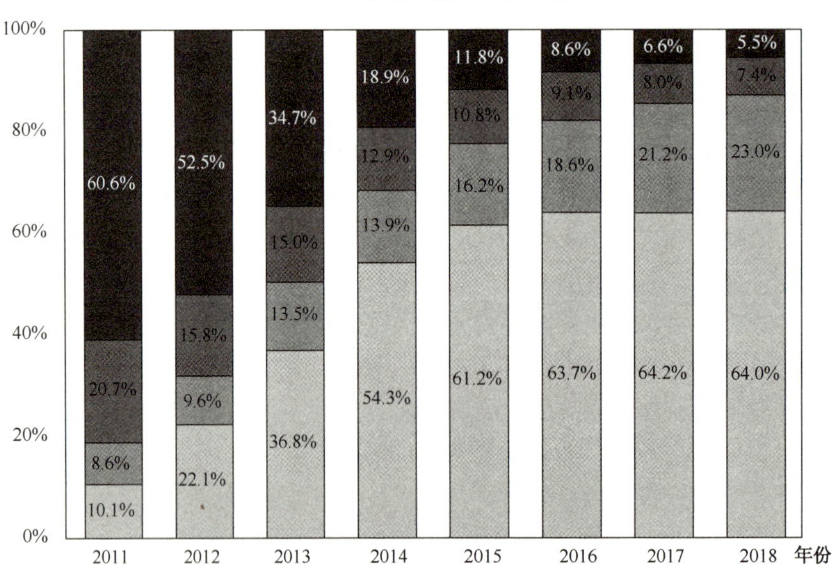

注：1.从2014年开始，数据发布不再统计移动营销的市场规模，移动广告的市场规模包括移动展示广告（含规模贴片广告，移动应用内广告等）、搜索广告、社交信息广告等移动广告形式，统计终端包括手机和平板电脑，短彩信、手机报等营销形式不包括在移动广告市场规模内；2.从2012年开始，移动购物统计的市场规模为营收规模；3.2014年中国移动互联网市场规模为2134.8亿元。

来源：综合企业财报及专家访谈，根据艾瑞统计模型核算。

图1.13　移动互联网细分行业结构占比

提升至 46.9%。与此同时，手机支付用户规模达到 2.17 亿户，增长率为 73.2%，网民手机支付的使用比例由 25.1%提升至 39.0%（见图 1.14）。购买过互联网理财产品的网民规模达到 7849 万人，较 2014 年 6 月增长 1465 万人，在网民中使用率为 12.1%。

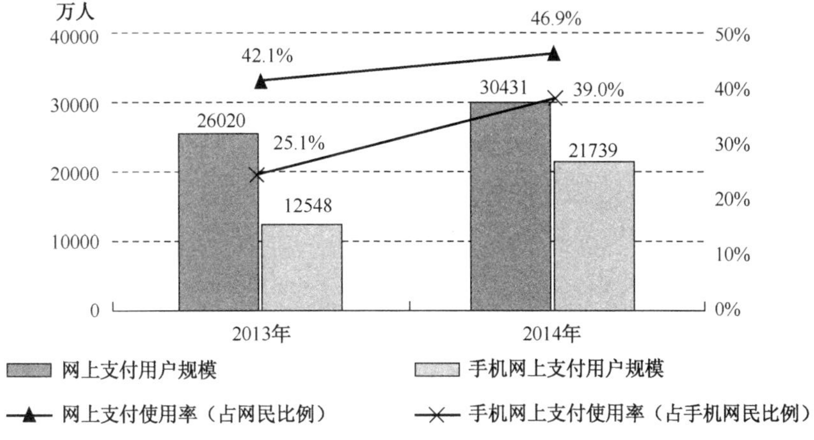

来源：CNNIC 中国互联网发展状况统计调查，2014.12。

图1.14　网上支付/手机支付用户规模及使用率

2015 年 3 月，十二届全国人大二次会议审议通过的政府工作报告提出，“促进互联网金融健康发展，完善金融监管协调机制”，加快了监管协调机制建设进程。一系列互联网金融管理措施陆续释放，央行牵头制定互联网金融指导意见、制定 P2P 监管细则；保监会发布互联网保险业务监管暂行办法征求意见稿等；银监会 3 月公布了首批 5 家民营银行试点方案，9 月获批筹建。

传统金融机构积极拥抱互联网。广发银行、上海农商行将电子银行部升级更名为“互联网金融部”；农业银行单设了“互联网金融部”，与电子银行部并行；兴业银行与百度正式签订战略合作协议；苏州银行则携手点融网成立 P2P 互联网金融事业部；民生银行设直销银行；招商银行推出小企业 e 家风和“微信银行”；平安银行打造平安网上商城和网络平台、推广微信服务；招商银行、广发银行、中信银行的官方信用卡微信绑定率超过五成。

在第三方支付领域，阿里巴巴、百度和腾讯等互联网公司的运作已具备多种金融服务能力（消费贷款、中小企业贷款、小额理财工具），对传统银行业务造成一定冲击。

在众筹领域，2014 年众筹趋于理性，行业市场情况也逐渐清晰。虽然小额众筹仍然是主流，但许多 VC、PE 也开始注意到了众筹创业领域，众筹天使投资席位的争夺变得愈发激烈。中国证券业协会 12 月 18 日公布了《私募股权众筹融资管理办法（试行）（征求意见稿）》，就股权众筹监管的一系列问题进行了初步的界定。

在 P2P 领域，截至 2014 年 11 月，P2P 网贷行业正在运营平台数达 1540 家，累计成交金额 2451 亿元。有近 40 家 P2P 平台获得融资。无论是平台规模，还是成交资金，P2P 行业都较往年有了成倍甚至几倍的增加。

在虚拟货币方面，2014 年 3 月，央行向各分支机构下发了《关于进一步加强比特币风险防范工作的通知》，禁止国内银行和第三方支付机构替比特币交易平台提供开户、充值、支付、提现等服务，并要求银行在 4 月 15 日之前，关闭为 15 家最大比特币交易平台开立的银行账户，切开金融机构与比特币泡沫之间的联系。

1.2.3 网络视频

2014 年，中国在线视频市场规模为 239.7 亿元，同比增长 76.4%（见图 1.15）。其中，广告业务仍为主要盈利模式，贡献了 103.9 亿元。

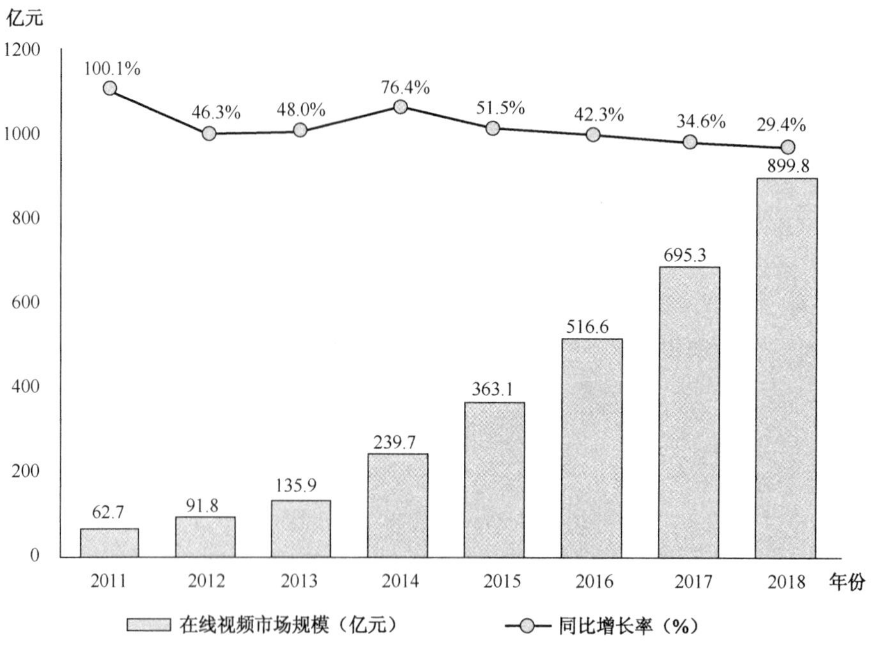

来源：综合企业财报及专家访谈，根据艾瑞统计模型核算，仅供参考。

图1.15 网络视频行业市场规模

截至 2014 年 12 月，我国网络视频用户规模达到约 4.33 亿户，同比增长 478 万人。其中，手机视频用户规模约为 3.13 亿户，同比增长率为 26.8%。用户使用率方面，网民中网络视频的用户使用率为 66.7%，手机网民中网络视频的使用率为 56.2%（见图 1.16）。

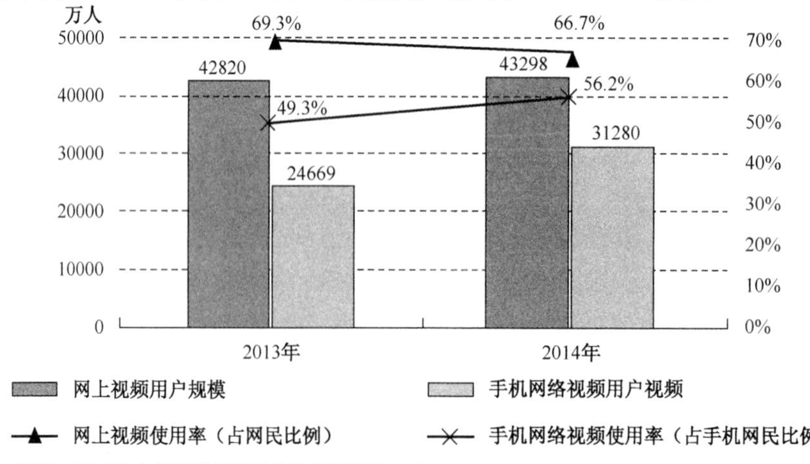

来源：CNNIC 中国互联网发展状况统计调查，2014.12。

图1.16 网络视频/手机网络视频用户规模及使用率

在资本层面，中国视频行业资本结盟合作活跃，行业领先企业通过采用强强联合方式，不断完善视频应用服务的产品线。在设备层面，视频相关的硬件设备不断涌现，如互联网电视、网络电视盒子、视频手机等产品，企业以此布局“平台+内容+终端+应用”的产业生态。在内容层面，主流视频网站重视内容制作，通过大力发展自制剧、投资影视公司等方式获取优质内容控制权。在产业层面，视频行业企业开始与电商企业、支付企业合作，推动在购物场景下的视频应用业务发展。

1.2.4　电子商务

2014 年，中国电子商务市场交易规模达到 12.3 万亿元，同比增长 21.3%（见图 1.17）。其中，网络购物增长达 48.7%，在线旅游增长 27.1%，本地生活服务 O2O 增长 42.8%。在社会消费品零售总额领域的渗透率年度首次突破 10%，成为推动电子商务市场发展的重要力量。

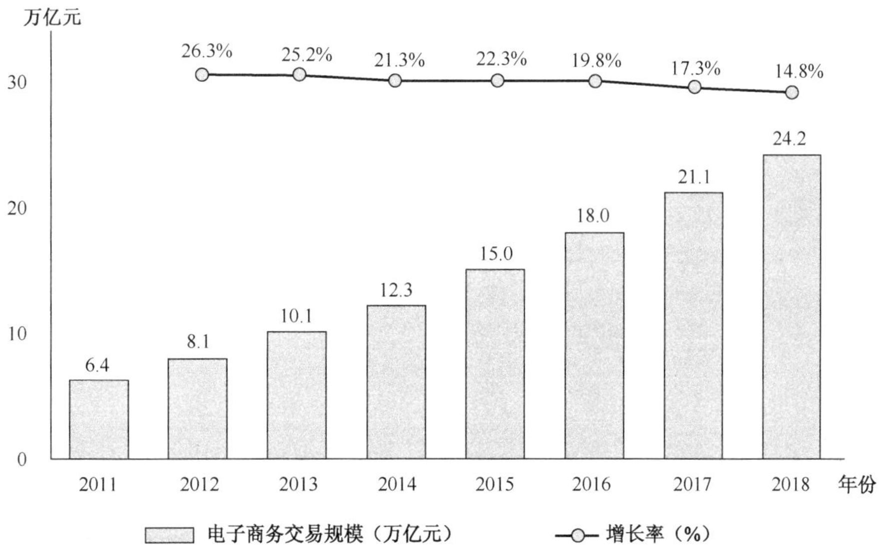

图1.17　中国电子商务市场规模

细分市场中，B2B 电子商务市场营收规模为 234.5 亿元，同比增长率为 32.0%，仍然是电子商务的主体。网络购物交易规模的市场份额达到 22.9%，同比提升 4.2 个百分点。在线旅游交易规模与本地生活服务 O2O 市场占比与 2013 年相比均有不同程度的提升。中国中小企业 B2B 电商市场营收规模增速平稳。

2014 年，我国网络购物市场交易规模达到约 2.8 万亿元，同比增长 48.7%，仍然维持在较高的增长水平（见图 1.18）。根据国家统计局 2014 年全年社会消费品零售总额数据，2014 年，网络购物交易额大致相当于社会消费品售总额的 10.7%。

2014 年，我国网络购物市场中 B2C 交易规模达到 12882 亿元，占整体网络购物市场交易规模的比重达到 45.8%。较 2013 年的 40.4%增长了 5.4 个百分点。从增速来看，B2C 市场增长迅猛，2014 年中国网络购物 B2C 市场增长 68.7%，远高于 C2C 市场 35.2%的增速，B2C 市场将继续成为网络购物行业的主要推动力。

2014 年，我国移动购物市场交易规模为 9297.1 亿元，年增长率达 239.3%，远高于中国网络购物整体增速（见图 1.19）。

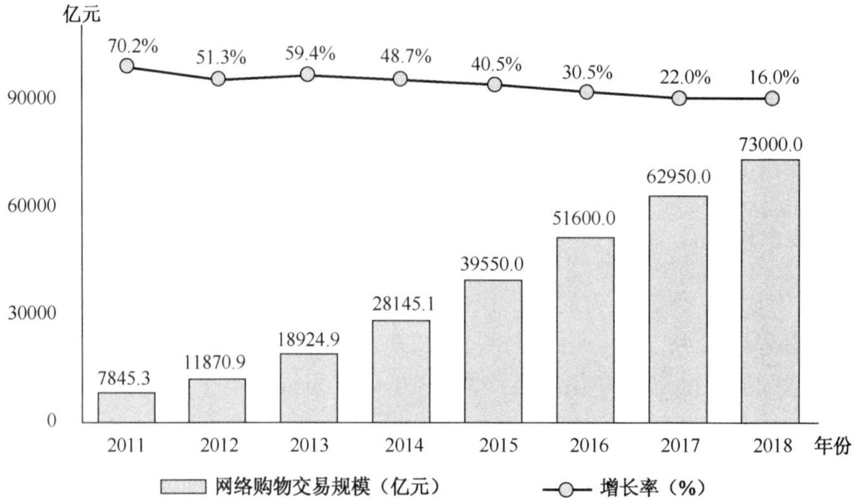

注释：网络购物市场规模为 C2C 交易额和 B2C 交易额之和。

来源：综合企业财报及专家访谈，根据艾瑞统计模型核算。

图1.18　中国网络购物市场交易规模

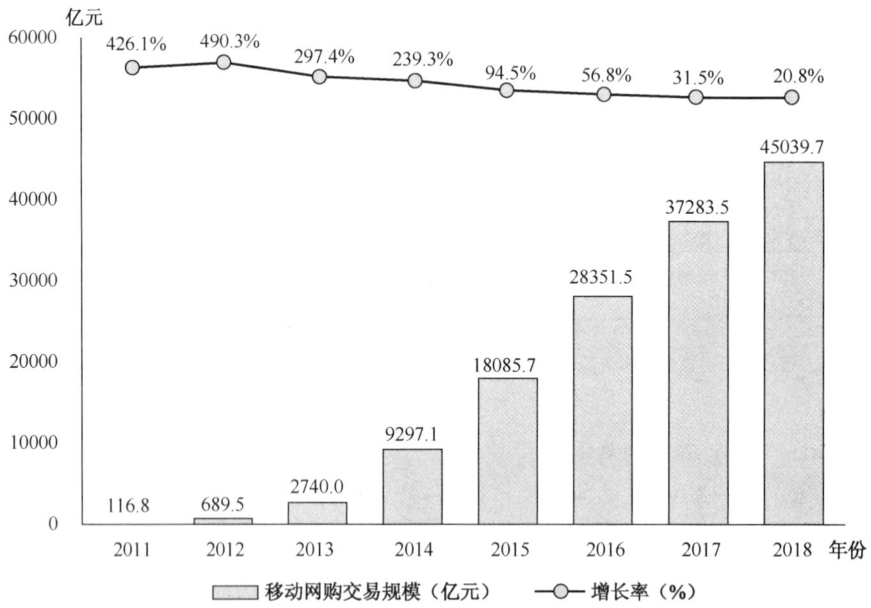

来源：根据企业公开财报，企业访谈及艾瑞统计预测模型估算。

图1.19　中国移动购物市场交易规模

2014 年，跨境 B2C 业务在天猫、京东、苏宁等各大网络零售平台上线。阿里数据显示，“双十一”期间，217 个国家和地区在阿里巴巴平台上进行交易。跨境电商在中国进入全球化大众消费时代。海关总署相继出台的 56 号、57 号文件中，明确电商企业或个人可运用跨境电商通关服务平台进行分送集报、结汇退税。目前，业内主要出现了三种跨境电商服务平台，分别是跨境电商通关服务平台、跨境电商公共服务平台以及跨境电商综合服务平台，分别由海关、政府和企业建设，流程环节与职能存在一定差异。

2014 年，我国网络购物市场主要呈现普及化、全球化、移动化的发展趋势。截至 2014 年 12 月，我国网络购物用户规模达到约 3.61 亿，较 2013 年年底增加 5953 万人，增长率为 19.7%。网民使用网络购物的比例从 48.9%提升至 55.7%。手机网络购物用户规模达到约 2.36 亿，增长率为 63.5%，是网络购物市场整体用户规模增长速度的 3.2 倍，手机购物的使用比例提升了 13.5 个百分点，达到 42.4%（见图 1.20）。手机购物并非 PC 购物的替代，而是在移动环境下产生增量消费，并且重塑线下商业形态促成交易，从而推动网络购物移动化发展趋势。

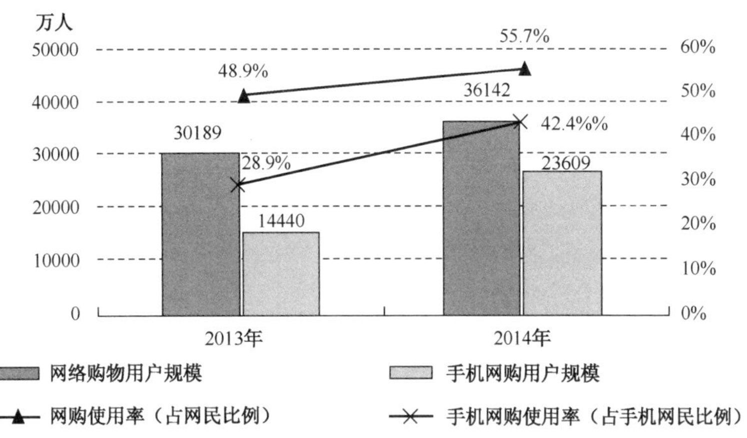

来源：CNNIC 中国互联网发展状况统计调查，2014.12。

图1.20　网络购物/手机网络购物用户规模及使用率

截至 2014 年 12 月，我国团购用户规模达到 1.73 亿，相比 2013 年年底增加 3200 万人，增长率为 22.7%。与 2013 年 12 月底相比，我国网民使用团购的比例从 22.8%提升至 26.6%。与此同时，手机团购增长迅速，引领团购市场发展。目前，手机团购用户规模达到 1.19 亿，增长率为 45.7%，手机团购的使用比例由 16.3%提升至 21.3%。

截至 2014 年 12 月，我国使用网上支付的用户规模达到约 3.04 亿，较 2013 年年底增加 4411 万人，增长率为 17.0%。与 2013 年 12 月底相比，我国网民使用网上支付的比例从 42.1% 提升至 46.9%。与此同时，手机支付用户规模达到约 2.17 亿，增长率为 73.2%，网民手机支付的使用比例由 25.1%提升至 39.0%（见图 1.21）。

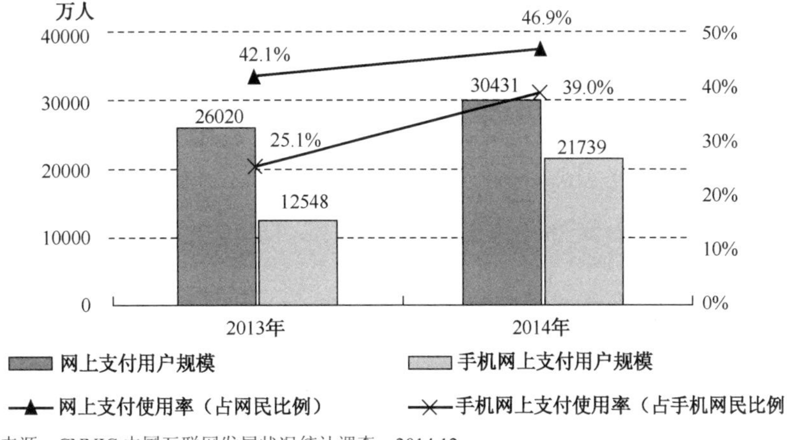

来源：CNNIC 中国互联网发展状况统计调查，2014.12。

图1.21　网上支付/手机网上支付用户规模及使用率

1.2.5 网络广告

2014 年，我国整体网络广告市场达到 1540 亿元，同比增长 40.0%（见图 1.22）。

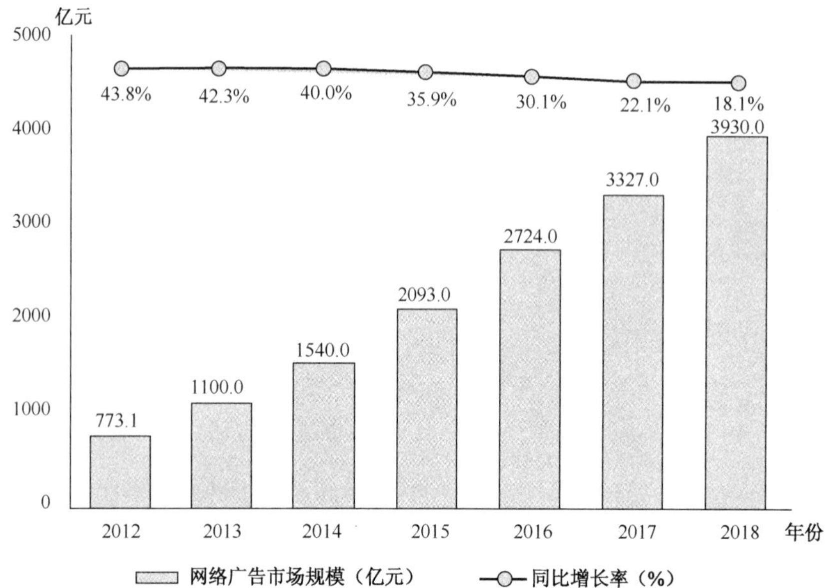

注：1.互联网广告市场规模按照媒体收入作为统计依据，不包括渠道代理商收入；2.此次统计数据包含搜索联盟的联盟广告收入，也包含搜索联盟向其他媒体网站的广告分成。

来源：根据企业公开财报，行业访谈及艾瑞统计预测模型估算。

图1.22 中国互联网广告运营商市场规模

在网络广告市场整体进入成熟稳定阶段之后，市场仍然呈现出一些新的发展态势。各个网络媒体细分领域表现各异，一些传统领域呈现出成熟态势下的增速放缓，一些领域在新的广告技术与广告形式的共同驱动下，迸发出强劲的增长势头。与此同时，品牌广告主预算进一步向数字媒体倾斜，均推动网络广告市场规模达到新的高度。

网络广告市场中占比最大的为搜索关键字广告（不含联盟），达到 28.5%。份额排名第二的广告形式为电商广告，占比为 26.0%。品牌图形广告份额位居第三，占比为 21.2%。从增长速度来看，门户及社交媒体中的效果广告增长迅速，表现突出。此外，大品牌广告主对网络视频青睐，广告预算向网络视频倾斜也成为视频贴片广告持续增长的动力。

1.2.6 搜索引擎

截至 2014 年 12 月，我国搜索引擎用户规模达 5.22 亿，使用率为 80.5%，用户规模较 2013 年增长 3257 万人，增长率为 6.7%；手机搜索用户数达 4.29 亿，使用率达 77.1%，用户规模较 2013 年增长 6411 万人，增长率为 17.6%（见图 1.23）。

搜索引擎是除即时通信外网民使用率最高的互联网应用，手机搜索也在手机应用中位列第二。2014 年，搜索服务与产品形式更加多样化，线上搜索连接线下消费的趋势凸显。搜索服务已经从单一文字链接的展示方式，转变为文字、表格、图片、应用等多种形式相结合的丰富展现方式，从关键词搜索转向自然语言搜索、图片搜索、实体搜索；另外，通过优化算法，以及结合用户搜索记录、社交活动及地理位置等信息形成的个性化搜索，成为搜索引擎的主推服务。同时，随着网络线上线下商业模式的发展，搜索引擎的角色也出现了重要转变，正在逐渐摆脱单纯的流量入口角色，转型为对企业的综合服务提供商和对用户的一站式生活服务平台，除了传统的将用户流量与互联网服务相连接的服务外，更加注重与线下商业的直接对接，打造线上线下闭环，这也是目前搜索引擎持续提高流量和收入的重要发展路径。

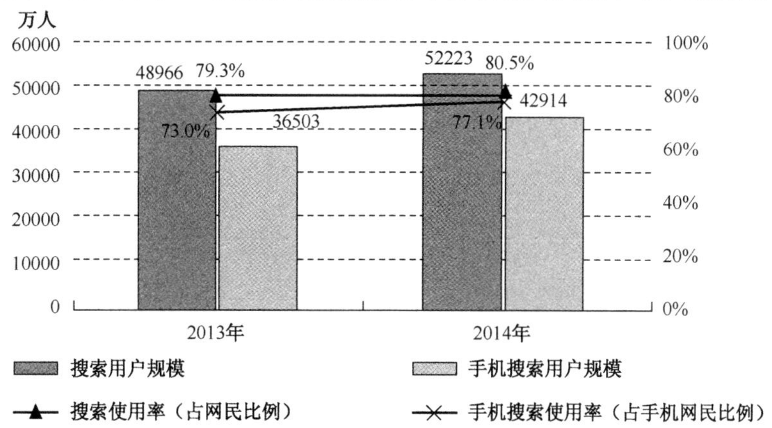

来源：CNNIC 中国互联网发展状况统计调查，2014.12。

图1.23　搜索/手机搜索用户规模及使用率

2014 年，中国搜索引擎市场规模为 599.6 亿元，同比增长 51.9%，较去年有较大幅度提升（见图 1.24）。2014 年中国搜索引擎企业收入增长的最大动力是来自于移动端收入的增长。搜索企业移动端收入规模为 171.6 亿元，同比增长 193.7%。

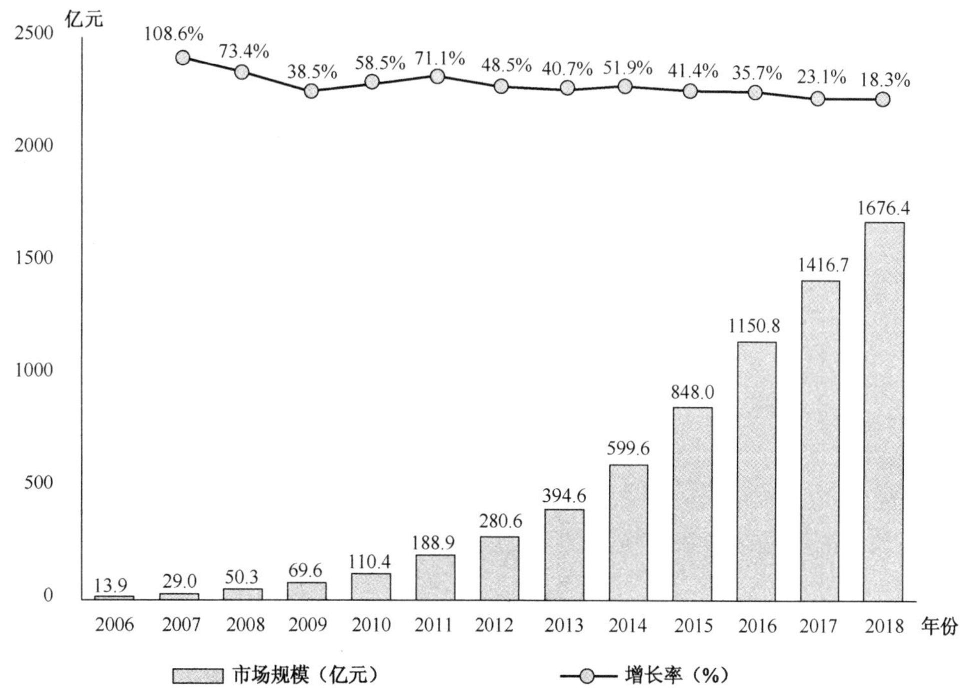

注：搜索引擎企业收入规模为搜索引擎运营商营收总和，不包括搜索引擎渠道代理商营收。

来源：综合企业财报及专家访谈，根据艾瑞统计模型核算，仅供参考。

图1.24　中国搜索引擎市场规模

1.2.7 网络游戏

截至 2014 年 12 月，中国网络游戏用户规模达到 3.66 亿人，网民使用率从 2013 年年底的 54.7%升至 56.4%，增长规模达 2782 万人。手机网络游戏用户规模为 2.48 亿人，使用率从 2013 年年底的 43.1%提升至 44.6%，增长规模达 3288 万人（见图 1.25），手机端游戏用户成为最核心增长动力的同时，意味着电脑端网络游戏用户向手机端的进一步转化。

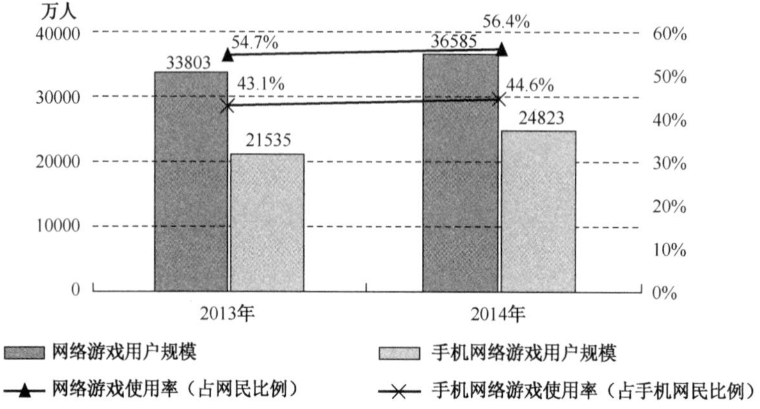

来源：CNNIC 中国互联网发展状况统计调查，2014.12。

图1.25 网络游戏/手机网游用户规模及使用率

2014 年，中国网络游戏市场规模达到 1108.1 亿元，同比增长 24.3%（见图 1.26），其中移动游戏占比为 24.9%，首次超过页游。网络游戏规模扩大主要得益于移动游戏的高速增长。

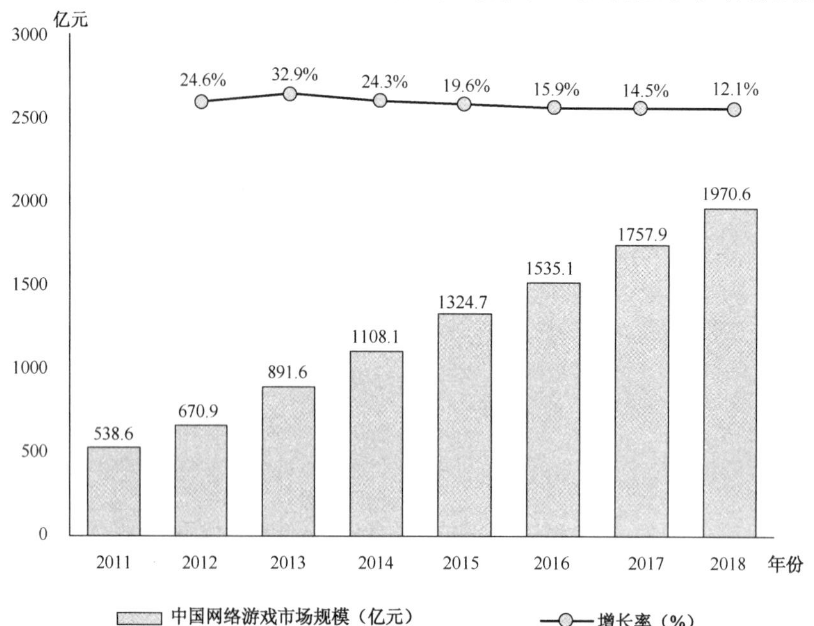

注：1.中国网络游戏市场规模统计包括PC客户端游戏、PC浏览器端游戏、移动游戏；2.网络游戏市场规模包含中国大陆地区网络游戏用户消费总金额，以及中国网络游戏企业在海外网络游戏市场获得的总营收；3.部分数据将在艾瑞2015年网络游戏相关报告中做出调整。

来源：综合企业财报及专家访谈，根据艾瑞统计模型核算。

图1.26 网络游戏市场规模

2014 年，移动游戏市场的份额首次超过网页游戏，达到 24.9%，并有望逐步赶超 PC 客户端游戏，成为中国网络游戏产业的龙头。移动游戏的主要模式是手机客户端网络游戏，腾讯自 2013 年起布局移动游戏，成为最早占领移动游戏的客户端网络游戏企业。

1.2.8 社交网络平台

截至 2014 年 12 月，我国即时通信网民规模达 5.88 亿人，比 2013 年年底增长了 5561 万人，年增长率为 10.4%。我国网民的即时通信使用率为 90.6%，较 2013 年年底增长了 4.4 个百分点，位居第一（见图 1.27）。

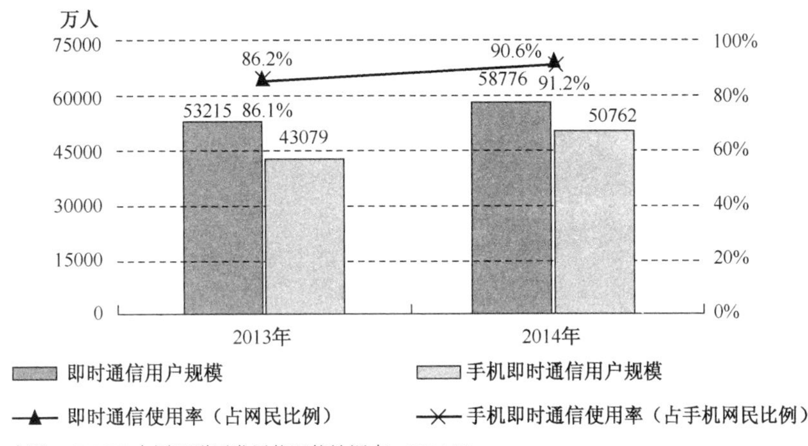

来源：CNNIC 中国互联网发展状况统计调查，2014.12。

图1.27　即时通信/手机即时通信用户规模及使用率

即时通信服务作为互联网最基础的应用之一，伴随着智能手机的不断普及，在手机端也一直保持着稳步增长的趋势。截至 2014 年 12 月，我国手机即时通信网民数为 5.08 亿人，较 2013 年年底增长了 7683 万人，年增长率达 17.8%。手机即时通信使用率为 91.2%，较 2013 年年底提升了 5.1 个百分点。

手机即时通信由于其随身、随时、拥有社交属性和可以提供用户位置的特点，自身定位逐渐从以前单一的通信工具演变成支付、游戏、O2O 等高附加值业务的用户入口，以其庞大的用户基数为其他服务提供了巨大的潜在商业价值。在未来，寻求差异化路线与独特定位，为用户提供更多有价值的服务，将成为即时通信发展的新方向。

截至 2014 年 12 月，我国微博客用户规模为 2.49 亿人，较 2013 年年底减少 3194 万人，网民使用率为 38.4%，与 2013 年年底相比下降了 7.1 个百分点。其中，手机微博客用户数为 1.71 亿人，相比 2013 年年底下降 2562 万人，使用率为 30.7%（见图 1.28）。

据艾瑞数据，截至 2014 年 10 月，微信月度覆盖人数达到 3.15 亿人，相比 2014 年 1 月增长了 40.3%，并且仍旧以一个较平稳的速度持续扩张（见图 1.29）。

微信已经发展成为一个庞大的基于社交关系的开放平台，从强关系社交到弱关系社交，从文字图片到语音视频，从移动购物入口到数不清的微商，微信形成了一个完整的移动生态体系（见图 1.30）。2014 年 5.0 版本推出之后，其商业化正式起步，商业化关键环节——支付功能上线。

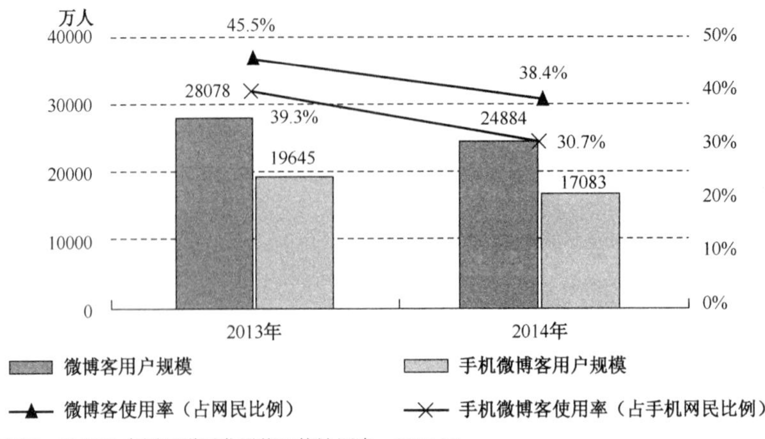

来源：CNNIC 中国互联网发展状况统计调查，2014.12。

图1.28　微博/手机微博用户规模及使用率

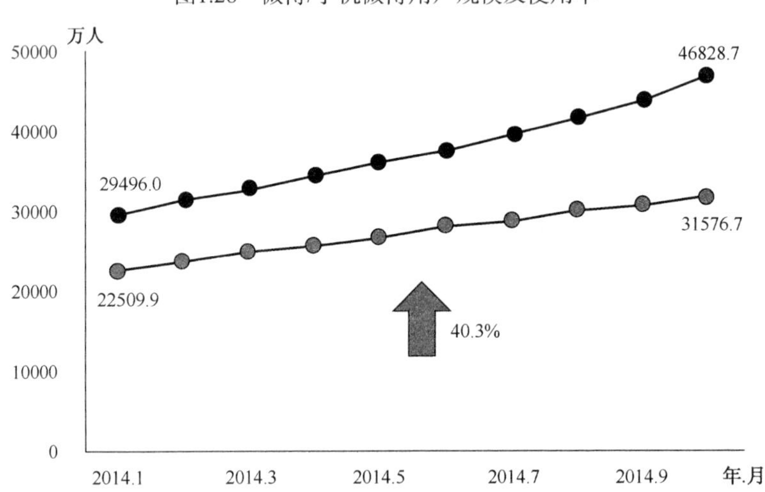

来源：mUserTracker 2014.12，基于对 15 万名 iOS 和 Android 系统的智能终端用户使用行为长期监测获得。

图1.29　微信月度覆盖人数变化趋势

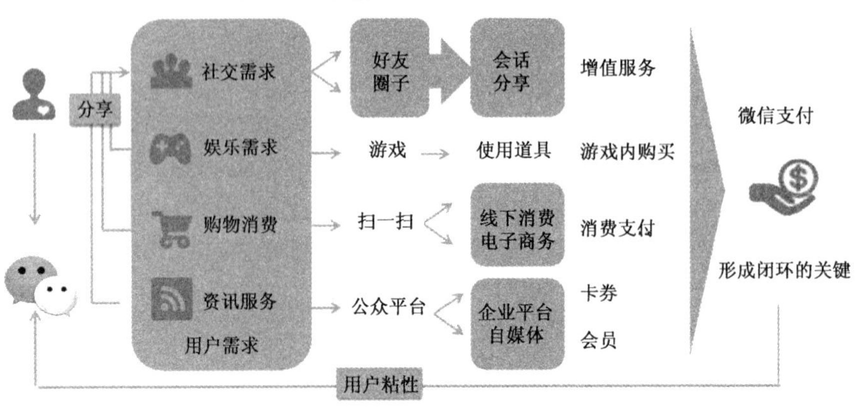

图1.30　微信生态圈

为了应对微信等语音社交类互联网 OTT 业务的冲击，中国移动在 2014 年宣布发展融合通信（Rich Communication Suite，RCS）业务，这是中国移动转向流量经营的关键性一步。

1.2.9　云计算

据中国产业投资决策网统计数据显示，2014 年中国云计算市场规模达 1174.1 亿元（见图 1.31）。

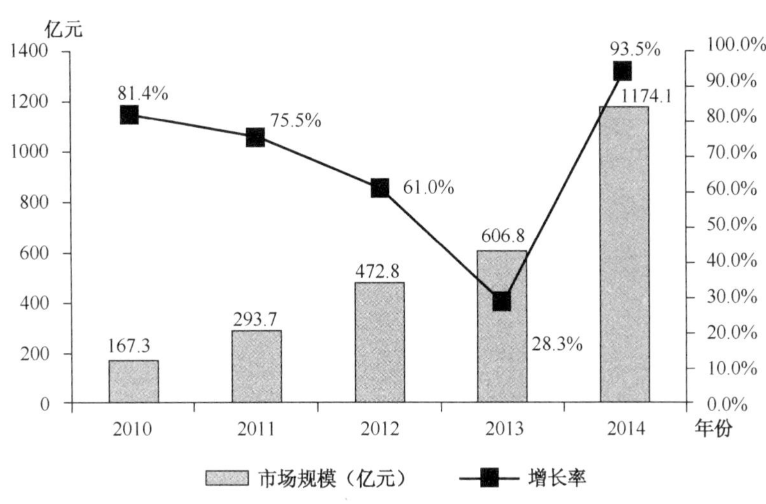

图1.31　2010—2014年中国云计算行业市场规模变化

其中，与互联网紧密相关的是公有云服务，据 IDC 数据，2014 年中国公有云服务市场整体规模达到 7.17 亿美元，2015—2018 年公有云服务市场将保持持续高速增长态势，年均复合增长率将达到 33.2%。IaaS 的增长最为明显，2014 年上半年阿里云以 22.8%的市场份额首次登顶 IasS 服务市场。

2014 年，我国云计算快速发展，公有云服务发展形成了以百度、阿里巴巴、腾讯、新浪等主要互联网企业为主的格局。2013 年 8 月 15 日，阿里巴巴公司的服务器规模达到 5000 台的“飞天”集群正式运营，提供 IaaS 为主的公有云服务。目前，阿里云已经涵盖电子商务、数字娱乐、金融服务、医疗健康、气象、政府管理等多个领域，已有超过 100 家银行等金融机构向阿里云采购云计算服务。百度的云战略定位为基于移动互联网开发者的一种战略，以开发者中心，百度建立了开发服务、运营服务、渠道推广及变现四大服务体系，用以构建开放的生态开发系统，对开发者提供整套的分析服务和方向指引，并提供百度流量、搜索等优势，帮助开发者实现盈利。腾讯对云战略的定位为服务于互联网应用开发者的公有云平台，其中涵盖了计算云、数据云、个人云三个层面，如“游戏云”、“社交云”、“存储云”、“电商云”等。云计算不再只是基础计算能力的提供，而是云端能力和资源的服务化。

传统 IT 及设备商聚焦大型企业市场的私有云，他们具有渠道、技术、品牌等方面的优势。中国电信 2012 年成立云计算公司，布局全网“4+2”云数据中心。中国联通完成沃云 SDN 网络商用部署，同时在部署十大云数据中心、31 个省会城市云计算资源池。中国移动 2014 年 6 月在全国累计部署了超过 15000 台的服务器和 50000 个虚拟机。电信运营商通过私有云正在开拓新的市场，从而转型为云计算产品方案提供商。通过建立云计算公司，云计算研发中心，形成了专业化组织机构与服务体系，在打牢基础之后，向各个行业渗透。

1.2.10 大数据

据计世资讯数据，2014 年中国大数据市场达到了 5.8 亿元，增长率为 48.7%（见图 1.32）。

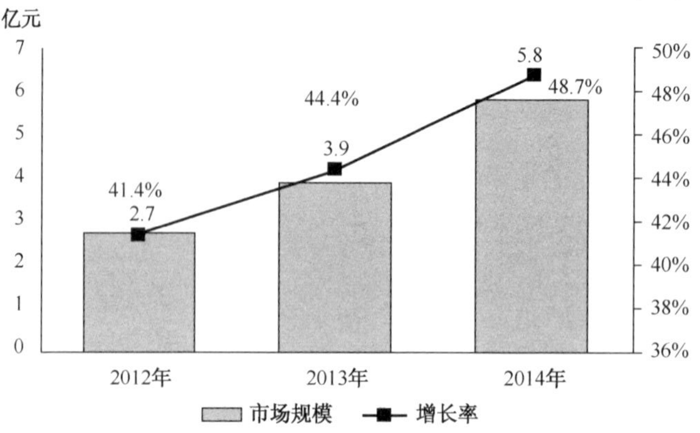

来源：CCWReserch 2014/12。

图1.32 2012—2014年中国大数据市场规模

百度、阿里巴巴、腾讯等互联网公司是大数据分析领域的领军企业。他们正着手建立完善的大数据服务基础架构及商业化模式，从数据的存储、挖掘、管理、计算等方面提供一站式服务，从而将各行各业的数据孤岛打通互联。百度大数据最重要的是来源是通过爬虫搜集的 100 多个国家的近万亿网页数据，数据量是在 EB 级的规模。既有非结构化的或者半结构化的数据，包括网页数据、视频和图片等数据，也有结构化的数据，如用户的点击行为数据，广告客户的付费行为数据等。阿里巴巴大数据服务由“基于云计算的数据开放+大数据工具化应用”组成：中小企业可以在阿里云上获得数据存储、数据处理服务，构建自己的数据应用。统一的格式保证互相交流，腾讯的大数据目前更多的是为腾讯企业内部运营服务。腾讯 90%以上的数据已经实现集中化管理，数据集中在数据平台部，有超过 100 多个产品的数据集中存储在腾讯自研数据仓库（TDW）。腾讯大数据从数据应用的不同环节可以分为四个层面，包括数据分析、数据挖掘、数据管理和数据可视化。

1.2.11 可穿戴设备

据易观智库数据，中国智能可穿戴设备市场在 2014 年的规模为 22 亿元。

目前，国内可穿戴设备市场还处于起步阶段，技术发展、产品功能、商业模式、竞争格局仍在探索和形成过程中。目前主要可穿戴设备是智能手表和智能手环。2014 年年底市场上销售的智能手表有 40 多个厂商的 70 多个品种，智能手环有 50 种，市场竞争异常激烈。

1.2.12 物联网

2014 年，我国物联网市场规模约为 6000 亿元，中国物联网研究发展中心预测，到 2015 年将达到 7500 亿元，年复合增长率约为 30%（见图 1.33）。

国内物联网应用发展进入实质性推进阶段，与智慧城市、智能制造等新兴领域相结合，从而在推动产业转型升级、提升社会服务、改善服务民生、推动增效节能等方面正发挥着重要作用。

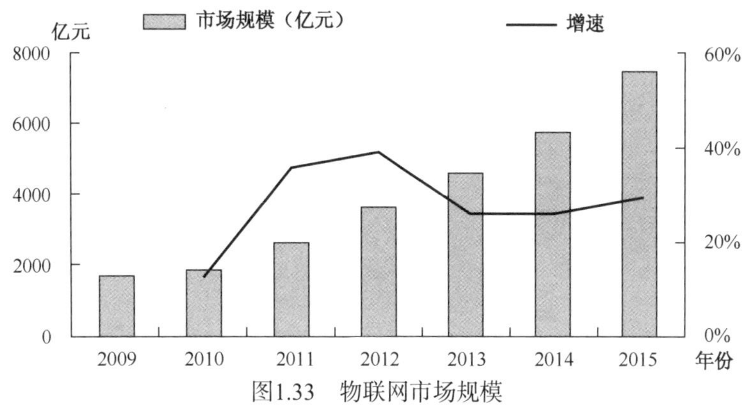

图1.33　物联网市场规模

1.3　中国互联网行业投融资和并购情况

2014 年，互联网行业融资/IPO/并购活跃，根据 CVSource 投中数据终端显示，互联网行业融资案例 584 个；互联网企业 IPO 达 15 家，募集金额 285.76 亿美元；退出方面，互联网行业退出 69 例，披露账面退出回报共 825.52 亿美元，同比增长 2817.33%，平均账面回报 22.01 倍。

2014 年，互联网行业 VC/PE 融资继续增长。根据 CVSource 投中数据终端显示，2014 年，互联网行业 VC/PE 融资案例 584 例，同比增长 65.91%；披露金额的 61.13 亿美元，同比增幅 131.74%（见图 1.34）。

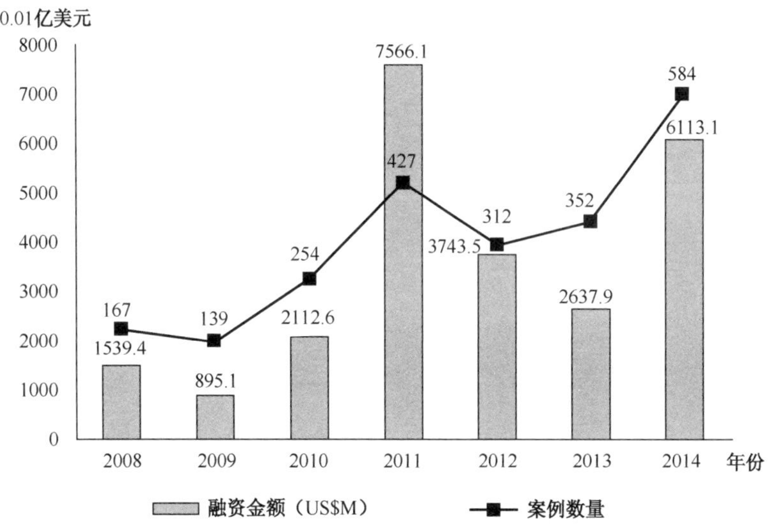

来源：CVSource,2015,01，www.ChinaVenture.com.cn.

图1.34　2008—2014年中国互联网行业VC/PE融资情况

在细分领域中，2014 年，电子商务以获得 26.71 亿美元 VC/PE 融资位列互联网细分领域第一位；本季度 VC/PE 融资金额前两大企业——口袋购物、美团均属行业网站，互联网其他列融资额第二、第三位。

2014 年，国内互联网企业上市数量超过了自 2008 年以来的每个年份，IPO 规模暴增，超过 2008—2013 年的总和，达到 285.76 亿美元（见图 1.35）。IPO 规模较大的阿里巴巴集团、京东等均于 2014 年上市。

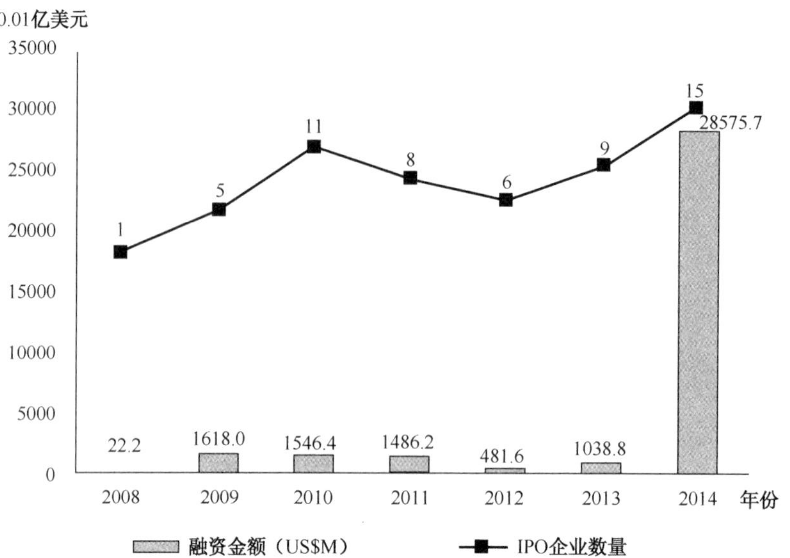

来源：CVSource,2015,1，www.ChinaVenture.com.cn.

图1.35　2008—2014年国内互联网行业企业 IPO融资规模

2014 年，全行业并购宣布 6702 例，其中披露金额的 3857.95 亿美元，同比增长 1.81%。其中，互联网行业并购宣布 459 例，同比增长 119.62%，披露金额共计 173.93 亿美元，同比增长 6.03%（见图 1.36）。

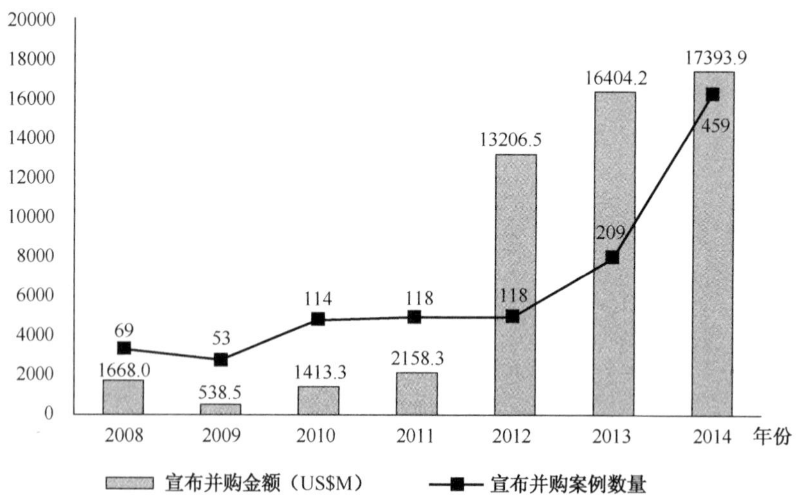

来源：CVSource,2015,1，www.ChinaVenture.com.cn.

图1.36　2012—2014年中国互联网行业并购宣布情况

在 2014 年互联网行业并购宣布中，网络游戏并购成为热点，全年网络游戏宣布并购案例 76 例，并购宣布金额 71.6 亿美元，占全年互联网并购宣布金额 41.16%。其中，盛大游戏收到其控股股东牵头的财团的 19 亿美元的私有化要约，为 2014 年度互联网并购宣布案例金额最大的一例。

2014 年，互联网行业退出 69 例，披露账面退出金额共 825.52 亿美元，同比增长 2817.33%，平均账面回报 22.01 倍。由于互联网行业 VC/PE 机构退出主要通过企业 IPO 实现，2014 年度互联网企业 IPO 中机构退出较多且规模较大，导致本年度互联网行业机构退出金额暴增。2014 年，共 15 家互联网企业实现 IPO，其中 9 家互联网企业有 VC/PE 机构参与，IPO 退出 35 笔，账面退出金额 822.92 亿美元，账面回报 47.57 倍，退出金额同比大增 3212.88%（见图 1.37）。

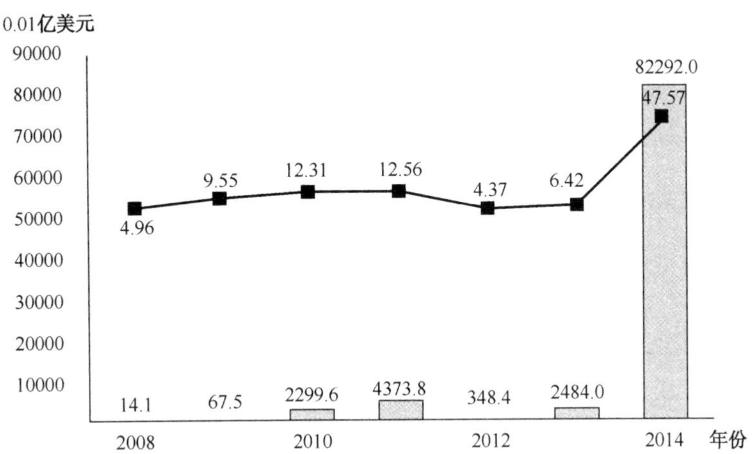

图1.37　2008—2014年国内互联网企业IPO退出账面回报

1.4　中国互联网技术发展情况

1.4.1　网络基础设施要求提高

移动互联网、移动宽带的快速发展对网络基础设施提出了更高的要求，2014 年，4G 网络发展迅速，用户已经近 1 亿，WLAN 网络热点覆盖继续推进，新增 WLAN 公共运营接入点 30.9 万个，总数达到 604.5 万个，覆盖用户达到 1641.6 万户。

1.4.2　互联网公司更新基础架构

互联网公司为应对快速增长的业务需求、降低成本而开展的基础架构升级工作取得成功，阿里巴巴采用开源软件自主研发的电子商务平台——聚石塔完成了 96%的“双 11”订单，无一故障、无一漏单。订单创建能力最高达到每秒钟 8 万笔。“云支付”架构是从原来的 IOE 技术切换到云计算技术，成功地将核心数据库流量切入阿里自研的金融级云数据库 OceanBase 上，可支撑十亿笔以上的超大日支付处理能力，余额宝便是完全搭建在阿里云计算平台之上。“云支付”架构下，智能调度系统可以根据各支付渠道的处理能力和健康情况，在几秒之内就做出削峰填谷的决策。

1.4.3 数据中心快速发展

移动互联网、云计算和大数据的快速发展对于数据中心提出了更多、更新的要求。为了更好地收集并满足业务增长的需求，2014 年 8 月在天蝎联盟的基础上成立“开放数据中心委员会”，成员包括阿里巴巴、百度、腾讯、中国电信、中国移动。开放数据中心委员会开展天蝎整机柜服务器、模块化数据中心等研究，旨在打造中国的开放平台，推动互联网基础设施标准化、产业化进程。目前，天蝎整机柜服务器标准已经发展到 2.0 版本。华为 X8000 天蝎 2.0 机柜服务器是华为针对天蝎 2.0 计划需求推出的机柜级服务器，具有高密度、大容量、节能、快速部署等特点。浪潮 Smart Rack 整机柜服务器则从 2010 年到 2014 年已经发展到第四代产品。基于天蝎技术规范的 AliRack 产品已规模化应用于阿里巴巴的数据中心。

1.4.4 中国企业自主创新加强

阿里巴巴推出自主研发的 YunOS 手机操作系统。其基于 Linux 开发，搭载了阿里云公司自主设计、架构、研发的系统核心虚拟机，增强了云端服务的能力，并提供与 Dalvik 虚拟机兼容的运行环境。通过海量云空间来同步和管理手机数据，数据可永久保存在云端并连通所有设备。该操作系统在 2014 年获得较大发展，装机量突破 1000 万台。已发布的 YunOS 3.0 版本采用 CloudCard 卡片式呈现，将打车、买电影票、网购等生活需求集纳在云端运行，突出生活服务和安全防护功能。在生态建设方面，阿里巴巴与魅族联合推出以 YunOS 为底层的魅族及魅蓝产品；与上汽达成互联网汽车战略合作协议；以唯一的移动操作系统身份入围中央国家机关政府采购协议供货商名单。目前，YunOS 在手机、平板、电视及可穿戴设备领域都有相关产品推出，占据一定的市场份额。

1.4.5 HTML5 发展不如预期

前两年人们对 HTML5/Web App 曾经寄予重望，但实际上进展并不理想，根据 Flurry 报告，2014 年移动端使用 App 的份额进一步上升，突破 80%。Web App 进一步受到挤压，原因众多，例如，浏览器性能不足、HTML5 标准未定稿、无有效的 Web App 发行渠道等。

2014 年 10 月，W3C 宣布 HTML5 标准定稿，但是创建一个 HTML5 平台的开放生态还需要一个过程。Web 和混合（Hybrid）应用正在成为热门趋势，Web 平台（HTML5&Java Script）正逐渐成为创建跨平台应用的首选。

1.5 中国网络信息安全与治理情况

据中国国家互联网应急中心（CNCERT）数据显示，2014 年上半年，中国有 19 万台主机感染木马。发现传播恶意程序下载的链接 15394 个，有 4.9%的政府网站遭到域名篡改和攻击；境内被篡改网站、被植入后门网站域名按域名分布，“.com” 占了 59.1%，其中 48.8%被境外 IP 地址所控制。同时，木马僵尸网络、钓鱼网站等非传统网络安全威胁有增无减，DDoS 攻击、APT 攻击等新型网络攻击愈演愈烈。继“棱镜门”事件之后，网络基础设施又遇全球性高危漏洞侵扰，“心脏出血”漏洞使我国境内约 3.3 万网站服务器遭受影响，Bash 漏洞影响范围遍及全球约 5 亿台服务器及其他网络设备。

2014 年 4 月中旬至 11 月，我国在全国范围内统一开展打击网上淫秽色情信息“扫黄打非 • 净网 2014”专项行动。一大批非法网站受到查处。2 月至 6 月开展打击、整治“伪基站”专项行动，仅在第一个月内就依法捣毁“伪基站”设备生产窝点 24 处，缴获“伪基站”设备 2600 余套、违法犯罪团伙 314 个，破获诈骗、非法经营等各类刑事案件 3540 起。6 月到 12 月开展的第十次打击网络侵权盗版专项治理“剑网”行动，通报了 3 批共 30 起网络侵权盗版案件查办情况，打击网络侵权成效显著。

（中国科学院　侯自强）

第 2 章　2014 年国际互联网发展情况综述

2.1　国际互联网发展概况

2014 年是国际互联网商业化 25 周年。在 2014 年，国际互联网使用持续稳定增长。尽管这一年里互联网发展的进程是鼓舞人心的，但是严重的数字鸿沟问题仍然亟待解决。另外，国际上对互联网治理与互联网管理的技术发展、机制改革与建设日益关注，在域名管理、网络安全、多方治理方面开展了大量工作。

2.1.1　网民

互联网用户持续稳定增长，2014 年全球增长率为 6.6%（发达国家为 3.3%，发展中国家为 8.7%）。据国际电联（ITU）发布的 2014 年度报告《衡量信息社会报告》显示，截至 2014 年年底，预计全球有将近 30 亿网民使用固网或移动方式接入互联网。到 2014 年年底，全球移动签约用户数量预计达 69 亿，与世界人口总数近乎持平，其中 3/4 以上的移动用户（约 54 亿）来自发展中国家，且一半以上（约 36 亿）位于亚太地区。

截至 2014 年年底，全球几乎 44%的家庭将可在家上网。发展中国家在全球国际总宽带中所占比例已从 2004 年的 9%上升为现在的 30%以上。

2.1.2　基础资源

1. 域名

根据域名统计机构 WebHosting.info 的最新数据，2014 年，全球域名注册总量增至 1.36 亿个，年净增长 614918 个，与 2013 年相比，增量下降了 77%，涨幅缩小明显（见图 2.1）。

2011 年，ICANN 启动新通用顶级域名计划，向 ICANN 申请的新通用顶级域名（New gTLD）共有 1900 多个，已经获得批准的近 900 个，到 2014 年年底完成了全球解析的约 400 个。截至 2014 年年底，有约 220 个注册局管理这些新通用顶级域名，注册总量近 200 万个。

2. IPv4 地址分配情况

据中国教育和科研计算机网（CERNET）2014 年年报，全球 IPv4 地址分配数量与 2013 年持平，分配数量为 976B，获得 IPv4 地址数量列前三位的国家/地区，分别为美国 374B，巴西 167B，摩洛哥 40B。

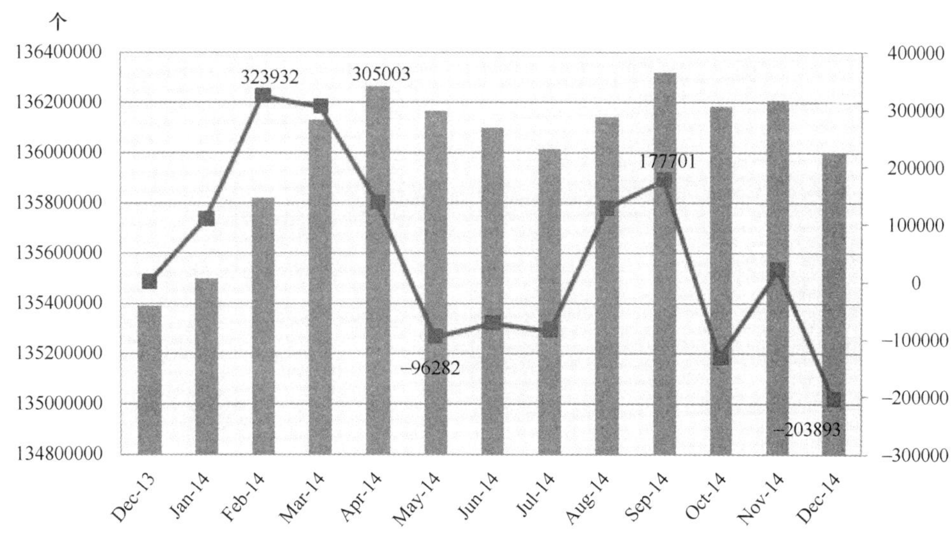

来源：WebHosting.info。

图2.1　2014年全球域名注册总量统计

截至 2014 年年底，全球 IPv4 地址分配总数为 3593226344 个，折合 214A+44B+72C。自亚太地区 APNIC、欧洲地区 RIPENCC 的 IPv4 地址池相继耗尽之后，2014 年 6 月拉美地区 LACNIC 的 IPv4 地址池也宣布耗尽，北美地区 ARIN 在 2014 年 4 月宣布其 IPv4 地址池进入耗尽的第四阶段（可分配地址余量不足 1A）。2014 年度获得地址较多的国家/地区，依次是美国、巴西、摩洛哥、哥伦比亚、南非、埃及等。

3. IPv6 地址分配情况

2014 年，全球 IPv6 地址分配数量为 17912 块/32 个，与 2013 年相比有小幅下降，与 2012 年持平。2014 年获得 IPv6 地址分配数量较多的国家/地区，依次是美国、中国、英国、巴西、俄罗斯、德国、荷兰、法国、意大利、瑞士等。

截至 2014 年年底，全球 IPv6 地址申请（块/32 以上）总计 16636 个，分配地址总数为 159459 块/32 个，地址数总计获得 4096 块/32 个（块/20）以上的国家/地区。

2.1.3　细分行业

1. 移动互联网保持强劲发展势头

InMobi 公司发布的《2014 全球移动媒体消费报告》指出，用户花费在手机上的时间日渐增多，具体体现在以下方面：移动互联网用户平均每天花费在媒介上的时间为 6 个小时；目前全球有 60%的移动互联网用户将移动设备作为上网的主要或唯一方式；多屏行为非常普遍，有 61%的移动互联网用户在看电视的同时也从事手机活动（比如社交网络和消息发送）；移动设备成为人们碎片时间中的重要伴侣，有 83%的受访者在等待时都会使用手机，而 81%的受访者在躺在床上时使用移动设备；40%的印尼人将手机等移动设备作为唯一的上网方式，而印度和南非以 34%的比例紧随其后。

2. 全球 LTE 网络商用化不断提升

全球移动供应商协会（GSA）的统计数据显示，2014 年全球已有 360 张 LTE 商用网络遍布于 124 个国家和地区（见图 2.2）。全球 174 个国家的 611 家运营商正在对 LTE 技术进行投资。2014 年，拥有 LTE 商用网络的国家和地区在全年增加了 27 个。LTE 作为一种主流技术，目前正在全球范围内持续快速扩张。

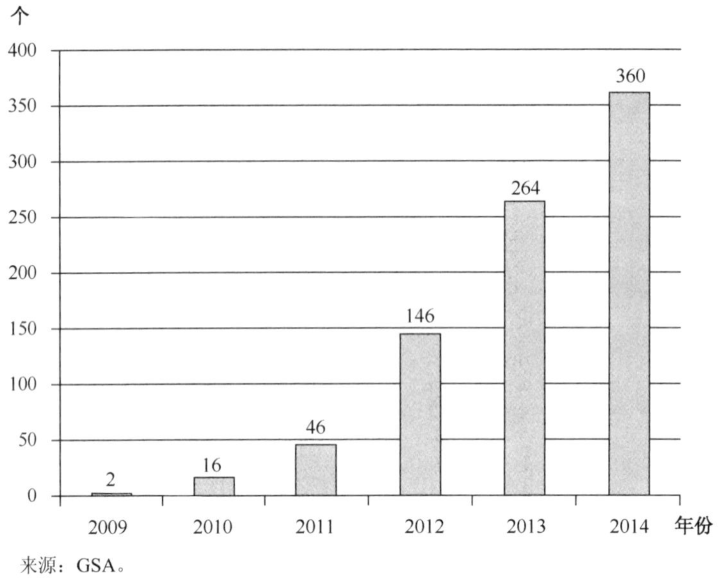

来源：GSA。

图2.2　全球商用LTE网络数量

3. 云计算

工业和信息化部电信研究院的《2014 年云计算白皮书》中指出，2014 年全球云计算市场快速平稳增长。据预测，未来几年云服务市场仍将保持 15%以上的增长率，2017 年将达到 2442 亿美元（见图 2.3）。

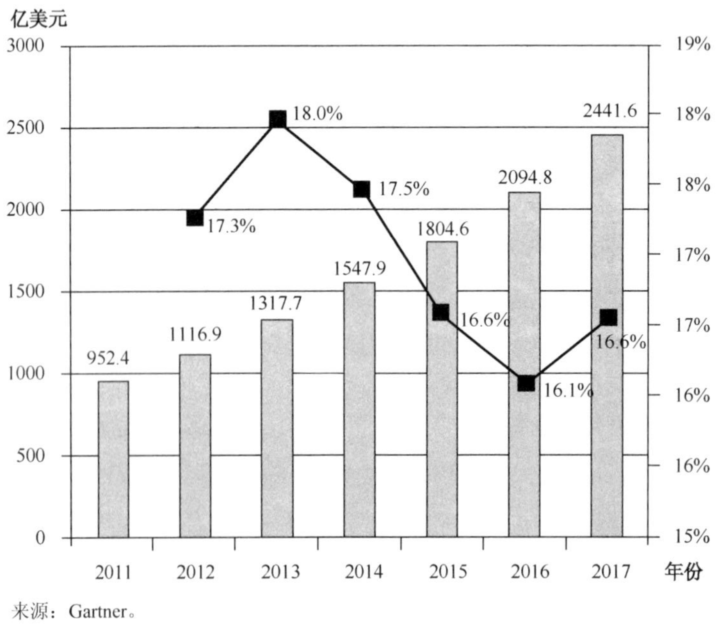

来源：Gartner。

图2.3　全球云服务市场发展趋势

联合国贸易与发展会议《2013 年信息经济报告》显示，全球云计算产业规模到 2015 年预计可达到 430 亿～940 亿美元。在信息技术领域，数据处理、传输和存储能力的突飞猛进已为云计算的发展铺平了道路，云计算在提供公共和私人服务方面变得日益重要。继个人计算机变革、互联网变革之后，云计算将被看成第三次 IT 浪潮，它将带来生活、生产方式和商业模式的根本性改变。

4. 大数据发展迅速

市场研究公司 Markets and Markets 最新发布的一份报告预计，从 2013 年到 2018 年，全球大数据市场将会出现年均 26%的增长率，即从 2013 年的 148.7 亿美元增长到 2018 年的 463.4 亿美元。北美有望成为大数据营收的主要贡献市场，不过亚太、中东、非洲以及南美洲等新兴经济体也将迎来显著的年复合增长率。

各国政府高度重视大数据产业的发展，自 2012 年开始，各国出台多项专门政策给予支持。各国政策着力点主要在三个方面：其一是开放数据，给予产业界高质量的数据资源；其二是增加研发投入；其三是积极推动政府和公共部门应用大数据技术发展。据 Gartner 预测，到 2015 年，全球将新增 440 万个与大数据相关的工作岗位，且会有 25%的组织设立首席数据官职位。其中有 190 万个工作岗位将在美国。而每一个与大数据有关的 IT 工作，都将在技术行业外部再创建 3 个工作岗位，这将在美国再创建将近 600 万个工作岗位。但是，Gartner 也同时指出，拥有大数据技能的 IT 专业人员严重短缺，只有 1/3 的新的工作岗位能雇用到人员。

2.1.4 热点事件

1. Facebook 收购 WhatsApp

2014 年 2 月，Facebook 以 160 亿美元外加 30 亿美元的限制性股票收购了 WhatsApp，这被称为近十年来最大的并购交易。

2. 冰桶挑战的互联网效应

2014 年 8 月，起源于美国的冰桶挑战赛在短短几天之内风靡全球。冰桶挑战是一项社交网络上发起的筹款活动，意在引起人们对“渐冻人症”患者的注意。由于活动本身具备极强的话题性、挑战性和分享性，再加上社交媒体的迅速发酵，使得冰桶挑战在短时间内为人们所熟知，成为移动互联网和社交媒体创造出的一个奇迹，彰显了网络传播的力量。通过此次活动，受助机构所获捐款急升，超过 2013 年同期 34 倍。

3. 亚马逊落户上海自贸区：美国货直邮中国

2014 年 8 月 20 日，亚马逊（中国）投资有限公司宣布与上海自由贸易试验区（以下简称“自贸区”）、上海市信息投资股份有限公司（以下简称“上海信投”）达成合作，三方将在自贸区内合作开展跨境电子商务业务，并在自贸区内建立跨境电子商务平台。通过此项合作，中国的消费者可以实现购买并获得亚马逊全球的选品，同时通过亚马逊，国内的中小企业将选品出口其他国家和地区将更加方便。

2.2 国际互联网应用发展情况

2014 年，互联网应用创新和商业模式创新层出不穷，互联网企业掀起新一波上市浪潮，消费互联网迅猛增长，产业互联网化步伐进一步加快，互联网加速向金融、交通、教育、影视等传统领域加速渗透，互联网领域管理统筹协调能力大幅增强，网络空间治理成为全球关注热点。

2.2.1 电子商务

根据市场研究公司 eMarketer 预测，2014 年世界电子商务消费额将达到 1.5 万亿美元（约合 9.1 万亿元人民币），增长 20.1%。这一数据主要归因于新兴市场的移动商务，改良的运输和支付方式，以及进入新国际市场的主要品牌。

eMarketer 报告称，作为全球电子商务的中坚主体，2014 年中美两国一起贡献了全球 55%的互联网零售额。

2.2.2 搜索引擎

根据市场研究公司 Net Applications 在 2014 年年底发布的数据，截至 2014 年 11 月，在全球搜索引擎市场上，Google 以 53.74%的市场份额依旧保持搜索引擎市场第一的位置，领先第二名百度约 22.42 个百分点，百度的份额为 31.32%。排名第三的是 Bing，份额为 10.81%。但 Yahoo-Global 的份额仅剩 3.52%，名次为第四。

近年的数据也显示，百度在全球的占有量稳步上升，侧面反映了中国的网民数量的飞速增长，显示了中国市场的快速发展和扩张潜力。而全球范围内，除了 Google 以外，Bing 和 Yahoo 依然是主流的搜索引擎。

2.2.3 社交网站

全球性社交营销代理机构 WeAreSocial 于 2014 年年底对全球性大型网络社交平台进行调查排名。在该排行榜上，腾讯公司旗下 QQ、QQ 空间和微信同时进入前五名，占据世界五大社交网站三个席位。WeAreSocial 在其报告中称，目前全球互联网用户总量已超过 30 亿。其中，Facebook 月活跃用户达到 13.5 亿，接近中国人口总数量，位居该排行榜首位。

中国腾讯公司旗下的 QQ 及 QQ 空间一直因其庞大的用户群体受到广泛关注。微信凭借 4.38 亿月活跃用户，成为全球第五大社交网络平台，位居 Facebook 旗下同类应用 WhatsApp 之后（月活跃账户 6 亿）。

2.2.4 网络视频

据市场研究公司 comScore 发布的 2014 年 12 月美国网络视频市场（不包含视频广告）的数据显示，2014 年 12 月，共有 1.957 亿美国互联网用户通过 PC 端观看了网络视频。

2014 年 12 月，在美国内容视频观看量的排名中，Google 网站的独立访问人数为 1.638 亿，排名第一，其内容视频访问量主要来自旗下的 YouTube 网站。排名第二的是 Facebook，独立访问人数为 0.966 亿。AOL、Blinkx 和 Yahoo 网站分列第 3～5 位，独立访问人数分别为 0.921 亿、0.851 亿和 0.571 亿。

2.2.5 移动支付

荷兰 Adyen 发布的移动支付指数报告显示，欧洲依然是移动支付市场份额最高的地区，而亚洲地区的移动支付份额增幅最高，在截至 2014 年 9 月 30 日的第三季度，移动支付已经占全球在线支付市场份额的23.3%。iOS 占 2014 年第三季度移动支付市场份额的62%，Android 份额为 38%。

该报告显示，目前，亚洲成为全球移动支付的第二大市场，占全球在线支付份额的 17%。与 2013 年 8 月相比，亚洲的移动支付增长率是全球最高的，实现了 58%的同比增幅。欧洲在移动支付方面依然遥遥领先，在 2014 年第三季度占据全球移动在线支付市场的 24%，同比增幅为 34%。从欧洲地区来看，英国以 41%的市场份额居首位，其次是荷兰和西班牙（26%）、法国（18%）以及德国（16%）。北美地区的市场份额稳定在 16.7%，拉丁美洲所占份额最低，仅为 6%。

2.3　国际移动互联网发展趋势

移动互联网进入高速发展时期，用户需求更加多元化，行业更加细分。出行、医疗、教育、餐饮等与生活密切相关的应用纷纷涌现，为用户生活带来极大便利，线上与线下联动成趋势。移动互联网用户和设备数量的激增、多屏时代的到来，以及可穿戴设备的迅猛发展等都说明移动互联网时代已经到来。

BusinessInsider 在 2014 年发布的《移动互联网的未来》报告中指出，互联网流量消费中，已有超过 1/5 的流量都来自移动端。PC 流量的占比一直在不断下滑。在电子商务的流量中，由移动端产生的流量接近 25%。移动媒体是目前消费时长唯一保持增长的媒介。智能终端技术实现多元化创新，可穿戴设备、汽车联网设备等都将经历飞速发展。据预测，可穿戴设备市场将不断增长，2018 年市场规模可能超过 120 亿美元。

英国社交媒体机构 WeAreSocial 发布《2014 全球数字、社交和移动调查报告》显示，移动互联网在 2014 年 9 月时，手机用户就已经超过了世界人口的一半，达到 36.5 亿，从用户年增长率超过 5%的情况看，未来一年内将会有超过 2 亿的新手机用户。目前全球正在使用的手机超过 70 亿部，这意味着平均每个手机用户大概拥有 2 部手机。波士顿咨询集团发布的最新报告《移动革命：移动技术如何带来万亿美元的影响力》显示，2014 年全球手机销量和使用创造了近 3.3 万亿美元的收入。

思科公司发布的《2014—2019 年全球移动互联网发展趋势报告》中预测，未来 5 年中，移动互联网用户数量将增加 10 亿人，从 2014 年的 43 亿人增加到 52 亿人，占全球人口的 69%。移动设备的数量将超过 100 亿部。移动互联网用户和移动设备将推动移动数据流量迅猛增长，将增长 10 倍之多。其中增长最快的地区是中东和非洲，但亚太地区产生的网络数据流量在总流量中所占比重最高，在 2019 年将达到 39.1%。移动端视频所消耗的流量占网络总流量的比例在 2014 年为 55%，2019 年将增长至 72%。可穿戴设备将会迎来爆发式增长，预计，2014—2019 年全球联网可穿戴设备的数量将会增加 5 倍，在 2019 年达到 6 亿部。

用户花费在移动设备上的时间将更多。以视频为例，2014 年用户每月平均看 3 小时视频，而到 2019 年可达到 36 小时，每月平均移动数据流量将超过 4GB。用于在云端储存数据的应用将占据大多数应用流量。2014 年，云端服务占移动数据流量的 81%，而到 2019 年，这一比例将提高至 90%。

2.4 2014 年国际互联网投融资并购情况

2014 年，互联网产业的不断发展进步也在逐步影响各行各业，尤其是对传统行业的影响更为深远。2014 年，移动互联网的兴起，跨界化和移动互联网化成为传统企业未来发展的重点，移动互联网将是未来的主要增长点。资本市场更是对互联网企业保持强烈的信心，纷纷加大在互联网产业中的投入。

2.4.1 互联网产业风险投资情况

据资本实验室风险投资与并购数据库统计，全球电子商务行业投资事件 723 例，环比增长 30%，在各行业中排名第三；披露交易额 144.4 亿美元，环比增长 139%，在各行业中排名第三；并购事件 131 例，环比增长 108%；披露交易额 85.9 亿美元，环比增长 570%。2014 年度全球互联网金融风险投资事件 543 例，披露交易额的事件 414 例，披露交易额 94.4 亿美元。与 2013 年相比，投资事件数量增长 54%，交易额增长 2 倍。

以中国和印度为代表的新兴市场电商蓬勃生长，并将对全球消费市场及互联网产业的发展形成巨大推动力。其中，中国市场投资事件 185 例，披露交易额 43.8 亿美元，交易额全球居首位；印度市场投资事件 72 例，披露交易额 32.6 亿美元，交易额位列全球第二。中国与印度市场吸引的风险资本合计已占到本行业全球年度融资额的 53%。

2014 年上半年全球网络/通信行业风险投资事件 214 例，披露交易额 30.2 亿美元。与 2013 年全年相比，投资量占比 54%，交易额占比 56%。伴随着网络安全问题的泛滥，网络安全成为 2014 年上半年网络/通信行业投资数量最多、交易额最大的领域：投资数量 88 例，交易额 10.5 亿美元。无线互联网与物联网、地理/导航应用紧密融合。上半年，在无线互联网技术开发、物联网应用、地理/导航应用领域，投资事件共 30 例，交易额 2.9 亿美元。

2.4.2 IT 产业并购情况

1. 联想收购摩托罗拉和 IBMx86 服务器

2014 年 1 月，联想集团以 29 亿美元从谷歌收购摩托罗拉移动，作为联想与谷歌长期合作关系的一部分，联想将获得相关的专利组合和其他知识产权的授权许可证。此外，9 月，联想斥资 21 亿美元总价收购 IBM 旗下 x86 服务器业务，成为全球 x86 服务器第三大厂商。

2. Facebook 收购 WhatsApp 和 OculusVR

2014 年 2 月 18 日，Facebook 宣布将以 160 亿美元的价格，外加 30 亿美元限制性股票，收购即时通讯（IM）软件巨头 WhatsApp，此交易是继 2001 年时代华纳与 AOL 的合并之后互联网产业最大规模的并购交易。而截至 10 月 6 日，Facebook 公司宣布完成对 WhatsApp 的收购。

在刚宣布收购了 IM 巨头 WhatsApp 后不久，Facebook 再度重拳出击，于 3 月 26 日宣布斥资 20 亿美元收购沉浸式虚拟现实技术公司 OculusVR，整个交易于 2014 年 7 月 21 日完成。OculusVR 将继续作为一家独立公司运作，但 Facebook 会为其提供资金援助。

3. 苹果公司收购 BeatsElectronics

2014 年 5 月 28 日，苹果公司正式宣布将全资收购备受赞誉的流媒体音乐订阅服务提供商 Beats Music 和广受欢迎的 Beats 耳机、扬声器和音频软件制造商 Beats Electronics，收购价为 30 亿美元，以 26 亿美元的现金和 4 亿美元的苹果股票的形式支付。这一收购完成后，苹果将获得后者旗下的流媒体音乐订阅服务和耳机生产线。

2.5 国际互联网安全发展情况

未来的网络空间将出现更多错综复杂、有组织性甚至是由敌对国家发起的网络袭击。2014 年是多个网络严重漏洞集中爆发的一年，重大漏洞先后曝光，受影响的网站、操作系统、硬件设备范围之广、之深，前所未有。随着互联网和信息技术的发展趋势，存在信息网络当中的“安全”成为关乎国家安全的重要问题，国际上信息科技发达的国家进入了网络空间的战略集中部署阶段，网络安全的边界概念被模糊化，各种安全威胁不断被放大和演变，网络的安全形势日益复杂严峻。

2.5.1 网络安全关注点

（1）2014 年 1 月，斯诺登再次曝光美国通过互联网监听从事工业间谍活动。斯诺登称，美国的工业间谍活动不仅是针对国家安全问题，而且还包括任何可能对美国有价值的工程和技术资料。此后，斯诺登相继又曝出了使用云服务、搜索引擎和社交媒体的有关风险，暗示谷歌和 Facebook 都与政府勾结进行监听和提供“危险”服务。和 2014 年的其他安全事件一样，斯诺登的言论毫无疑问地引起了很多关于敏感信息存储在云端是否符合其背后逻辑的质疑。

（2）2014 年 4 月 8 日，微软正式宣布停止对 Windows XP 系统提供技术支持。微软表示，Windows XP 的运行环境存在很大的漏洞，微软发布的补丁不能有效抑制病毒的攻击，因此不断在其官网上告知用户可能承受一些风险。这意味着此后 XP 操作系统出现任何漏洞，微软不会再提供任何系统更新修补漏洞，一旦系统出现漏洞且没能及时修补，可能会引发安全隐患，如电脑感染木马程序、电脑病毒或遭遇黑客的入侵。

（3）2014 年 2 月 12 日，美国白宫发布了由国家标准技术研究所（NIST）起草的美国国家信息安全指导规范《提升美国关键基础设施网络安全的框架规范》。这是棱镜门事件后，美国政府首次出台的国家信息安全指导规范，也是奥巴马政府 2013 年启动保护关键基础设施信息安全战略以来的第一个基础性框架文件。该文件利用业务驱动指导网络安全行动，并将网络安全风险作为组织风险管理进程的一部分。

（4）50 多个国家制定并公布了国家安全战略。欧盟委员会在 2014 年 2 月公报中强调网络空间治理中的政府作用；习近平主席在巴西会议上第一次提出信息主权，明确“信息主权不容侵犯”的互联网信息安全观。日美第二次网络安全综合对话结束，两国在网络防御领域的合作将进一步强化；中、日、韩建立网络安全事务磋商机制并举行了第一次会议，探讨共同打击网络犯罪和网络恐怖主义，在互联网应急响应方面建立合作。

2.5.2 网络安全重大事件

1. “心脏出血”严重漏洞事件爆发

2014 年 4 月 8 日，互联网加密常用的开源加密库 OpenSSL 被曝出存在一个安全漏洞，通过这一漏洞，攻击者可以获取原本应该加密的明文敏感信息，包括用户名、密码和信用卡号等隐私信息。漏洞的发现者将这个漏洞命名为“Heartbleed”，中文直译就是心脏出血。这一事件波及了大量互联网公司。

2. 美国社区医疗系统被黑

2014 年 8 月，美国最大的医院集团“社区卫生系统公司”（Community Health Systems）表示，自己受到了黑客攻击，约 450 万名病人的社会保障号和其他个人信息遭到窃取。需要指出的是，在此次攻击之前黑客的主要攻击目标都是商业机密等具备高价值的内容，但这次针对美国医疗系统的攻击却是黑客首次针对消费者级别数据展开的攻击行为。

3. 美国摩根大通受攻击

2014 年夏，黑客控制了美国最大的银行摩根大通的 90 多台服务器，而摩根大通只有一台服务器没有采取两步验证的方式，黑客正是通过这台服务器的一个账户进入了其他服务器，盗取了 8300 万用户信息。此次事件造成了摩根大通 7600 万家庭账户和 700 万个小企业账户的户名、地址、电话和电子邮件被泄露的严重后果。直至 2014 年 10 月 2 日，摩根大通银行才承认 8300 万用户相关信息被泄露。摩根大通信息泄露事件成为了美国历史上规模最大的客户数据泄露案之一。

4. 索尼影业被黑

2014 年 11 月，索尼影视娱乐受到黑客攻击，导致公司系统被迫关闭。这是索尼继一连串针对其 PlayStation（PS）网络的攻击后，受到的又一次打击。攻击造成包括个人信息和名人电子邮件在内的员工详细信息、未发布的影片都被公之于众。

2.6 国际互联网治理大事件

（1）2014 年 3 月 14 日，美国商务部宣布，计划将其对互联网号码分配机构（IANA）职能的管理权移交至全球多利益相关方社群，并要求 ICANN 就如何实现移交流程提交一份提案。

（2）2014 年 4 月 8 日，国际互联网协会（Internet Society，ISOC）在香港发布了最新一期“互联网名人堂”（Internet Hall of Fame）的入选者名单，这是全球互联网社群的最高荣誉。此次入选者包括来自全球范围的 24 位互联网领域的突出贡献者。中国互联网协会副理事长钱华林成功入选，成为继胡启恒院士（原中国互联网协会理事长）之后第二位获此殊荣的中国人。

（3）2014 年 4 月 23～24 日，“互联网治理的未来——全球多利益相关方会议”（NETmundial，以下简称“巴西会议”）在巴西圣保罗市召开。会议由巴西总统罗塞夫发起，这也是首次由新兴发展中国家发起的互联网治理全球会议。会议主题是互联网治理原则、互联网治理生态系统未来路线图。此次会议只是提出未来互联网治理方式这样一个概念，提出一些关于全球共同治理互联网的理论，并没有取得实质性效果。会后，巴西会议公布了《圣保罗多利益相关方会议声明》，但该声明不具有法律约束力，也未与参会国家签署任何协议或相关文件，并未取得实质性效果。

（4）2014 年 6 月 5～6 日，由中国外交部与联合国共同举办的信息和网络安全问题国际研讨会在北京举行。这是中国与联合国首次就网络问题联合举办的国际会议。来自俄罗斯、美国、英国、南非、巴基斯坦、马来西亚等 20 余个国家、联合国机构和国外知名智库的 100 余名代表与会。

（5）2014 年 6 月 10～13 日，信息社会世界峰会十年审议（WSIS+10）高层会议在瑞士日内瓦召开。会上，各国部长级代表与非政府组织高层代表进行了政策性发言，主要陈述各方在建设信息社会方面已取得的成就，并就互联网治理、媒体自由等热点议题进行了一般性辩论。各方高层代表还在前期五轮筹备会的基础上，最终通过了《有关落实信息社会世界峰会成果的 WSIS+10 声明》和《有关 2015 年之后信息社会世界峰会的 WSIS+10 愿景》两份成果文件。

（6）2014 年 9 月 2～5 日，联合国第九届互联网治理论坛（IGF）在土耳其伊斯坦布尔召开。本届论坛以“连接五大洲，增强互联网多方治理”为主题。在为期 4 天的会议中，通过举办“政策推动互联网接入”、“互联网治理生态体系”、“IANA 职能管理权移交及加强 ICANN 问责”、“青年人参与互联网治理”等 100 多场主题论坛及边会，分别就互联网多利益相关方模式、互联网关键资源管理、网络安全、数字鸿沟等多个互联网治理相关议题展开交流和探讨。

（7）2014 年 11 月 19～21 日，首届世界互联网大会在中国乌镇举行。首届世界互联网大会的主题是“互联互通 共享共治”，旨在为中国与世界互联互通搭建国际平台，为国际互联网共享共治搭建中国平台。据统计，本届大会共举办各种论坛、会议、活动 20 多场次，共有来自近 100 个国家和地区的 1000 多位嘉宾与会。

2.6.1　国际互联网治理关注点

1. IANA 职能管理权移交

2014 年 3 月 14 日，美国商务部国家电信和信息管理局（NTIA）在其官方网站发表公告，表示将向全球多利益相关方社群移交其对互联网域名系统（DNS）的管理权，并要求互联网名称与数字地址分配机构（ICANN）召集各利益相关方制定移交方案。如果移交得以实现，美国将放弃对互联网资源管理的部分控制权，不再通过签署合同的方式授权某个机构负责运行互联网号码分配机构（IANA）职能（其核心职能是 DNS 根区管理）。美国长期掌控互联网关键资源管理权的格局将在一定程度上发生改变，更有利于形成多边、民主、透明和各利益相关方充分参与的国际互联网治理体系。2014 年，有关各方围绕移交方案的制定开展了大量工作。

2. 多方参与互联网治理的探讨

互联网的多利益相关方参与模式近年来不断被提及。事实上，互联网从成立之初，就建立在一个开放、合作、透明的管理模型之上，这种与生俱来的高效管理模式开辟了今日互联网信息管理的新天地。多利益相关方模式该如何演进将成为关系未来互联网发展成败的关键因素。

在 2014 年召开的巴西互联网治理会议、ICANN 会议、WSIS+10 会议、IGF 会议等多个重要的互联网国际会议上，都离不开这个关键词“多利益相关方模式”。“多利益相关方模式”的治理原则及未来互联网治理的线路图成为大家讨论的焦点。

目前，对于互联网治理的观点和具体做法还是呈现百家争鸣的状态。关于“多利益相关方模式”的全球网络治理原则及路线图的探讨只是个开始，这一工作将成为政府、社会、学者各方关注的重点，网络治理的各方工作未来有可能会形成一个新的学科或产业，这是个漫长的过程，尤其彰显互联网各利益相关方的权益。

2.6.2 国际互联网治理论坛

2014 年 9 月 2～6 日，联合国互联网治理论坛（以下简称“IGF 论坛”）第九次会议在土耳其伊斯坦布尔举行。来自各国政府、政府间组织、私营部门、技术团体、民间社团的 2500 多名代表出席大会，还有千余名代表通过远程参与会议。

“斯诺登事件”发生后，各方对政府监控尤其是跨境监控行为表示担忧。为此，一些国家出台措施希望能把关键数据留在本国辖区内；另外，一些国家也试图通过加强对宽带光纤以及路由器的控制来强化互联网在本国的管理。由此可见，各国在互联网治理中对于“网络主权”的意识越来越强烈。“网络监控和跨境数据保护”这一议题在本次会上引发了关于（跨境）司法管辖权的讨论，如企业是否应当拒绝本国政府提出索要设在他国服务器上用户信息的要求，是否可以进行跨境司法合作等。

（中国互联网协会 李佳丽、吴 萍）

第二篇

资源与环境篇

- 2014 年中国互联网基础资源发展情况
- 2014 年中国互联网络基础设施建设情况
- 2014 年中国互联网设备市场情况
- 2014 年中国网络资本发展情况
- 2014 年中国互联网政策法规建设情况
- 2014 年中国网络知识产权保护发展
- 2014 年中国网络信息安全情况

- 2014 年中国互联网治理情况

第3章 2014年中国互联网基础资源发展情况

3.1 IP地址

IP地址是互联网发展不可或缺的重要基础资源。IPv4是互联网协议中第一个被广泛使用的协议版本，地址总量约为43亿个，在支撑全球互联网发展几十年的时间里，也几乎被消耗殆尽。截至2014年年底，全球剩余可分配的IPv4地址不足总量的2.2%。

IPv6是下一代互联网发展的基石，储备IPv6地址资源已成必然选择。截至2014年年底，中国大陆共有18820块/32 IPv6地址，较2013年增幅超过10%。我国IPv6地址总量仅次于美国，居全球第二位。从行业性质看，IPv6申请者已突破运营商和互联网企业的局限，电力、交通运输、能源等行业也陆续提出大量申请。

IPv6网络建设方面，过去两三年，三大运营商已陆续在多个不同城市建立IPv6网络小规模商用试点，进行商业模式和技术演进路线的摸索。2015年，IPv6又在4G时代迎来新的发展契机。按照国家主管部门的要求，新建的LTE网络要全面支持并开启IPv6；到2016年年末，通过LTE网络建设带动发展3000万以上IPv6用户，下载量超过50万的IPv6移动互联网应用达到50款以上。

在内容应用过渡环节，我国率先将政府网站、中央企业网站和高等院校网站列为IPv6升级改造对象。随着“十二五”意见的不断推进，预计到2015年年底，将有2001个县级政务网、332个地市级政务网、34个省级政务网、5000多个县级以上政府职能部门政务网、117个中央企业网站，以及2138所高等院校网站完成IPv6升级改造。

据统计，全球已分配超过15万块/32 IPv6地址，其中超过25%已被宣告使用，全球边界网关协议（BGP）路由表中活跃的IPv6路由数量已多于2.2万条，全球IPv6流量已超过3%。

尽管在政府推动、产业参与以及国际带动下，我国IPv6过渡工作取得了一定进展，但过渡工作仍将面临诸多困难和挑战，如与IPv4的兼容问题、安全问题，以及产业链各环节协同促进的问题等。但是IPv4向IPv6过渡已成必然趋势。

3.2 域名

截至2014年12月底，我国域名总数增至2060万个，年增长11.7%。其中“.CN”域名总数年增长为2.4%，达到1109万个，在中国域名总数中占比达53.8%，如表3.1所示。

表 3.1　中国分类域名数[1]

	数量（个）	占域名总数比例
.CN	11089231	53.8%
.COM	7949939	38.6%
.NET	910031	4.4%
.中国	285395	1.4%
.ORG	232614	1.1%
.BIZ	85483	0.4%
.INFO	47624	0.2%
其他	209	0.0%
总和	20600526	100.0%

3.2.1　.CN 域名

1. 域名概况

“.CN”域名是以 CN 作为域名后缀的域名形式，是在全球互联网上代表中国的英文国家顶级域名。

2014 年，“.CN”域名保有量同比稳步提升，截至 12 月，“.CN”域名总数约为 1109 万个，年增长 2.4%，如图 3.1 所示。2014 年，“.CN”域名得到互联网用户的认可与支持。为大力提升国家域名的安全性，CNNIC 于 2014 年 9 月正式推出国家域名保护锁服务，以降低网络域名安全事件的危害。

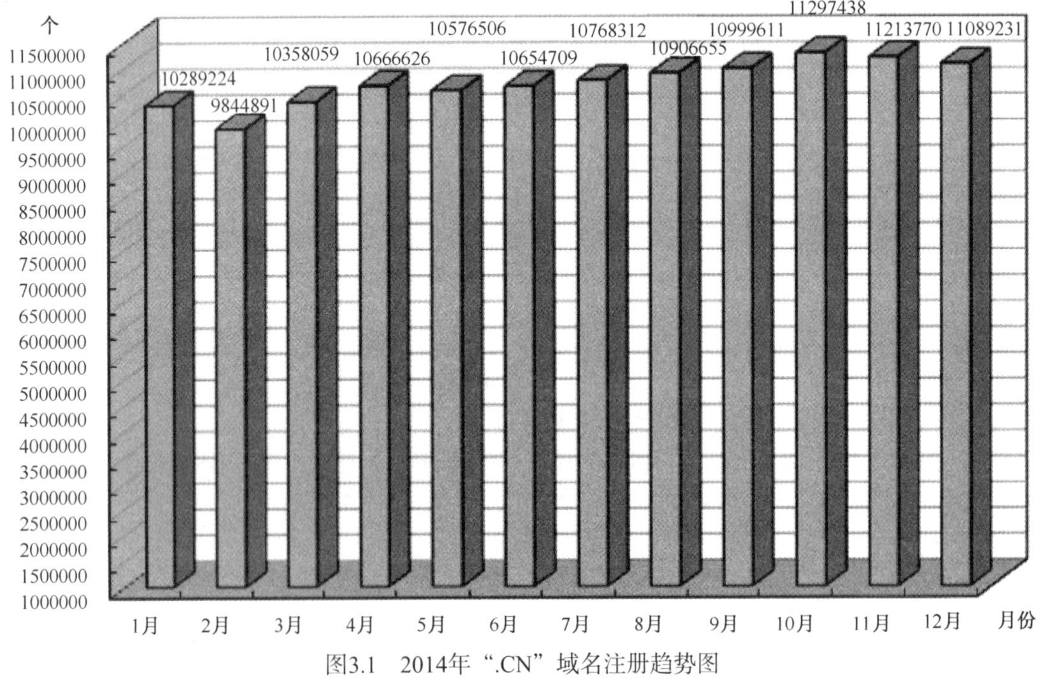

图3.1　2014年“.CN”域名注册趋势图

[1] 通用顶级域名（gTLD）来源于域名统计机构 WebHosting.Info 于 2014 年 12 月 29 日公布的数据。

为进一步提升国家域名审核效率，为用户提供高效、便捷的域名审核服务，CNNIC 在保证审核管理措施符合国家域名管理政策的前提下，参照用户需求与相关意见，对现有国家域名审核规则进行优化，整体域名审核效率提升了 88.6%，其中，98%的域名可在 1 分钟内完成审核，促使域名审核工作实现质的飞跃，有效提升了国家域名用户注册体验。

2. 域名管理

2014 年，中国反钓鱼网站联盟共审核处理钓鱼网站 51198 个，其中境外域名占处理的钓鱼网站总数的 95.92%，“.COM” 域名高居首位，如图 3.2 所示。由于“.CN” 域名实名制工作的严格执行和不断完善，使得涉及“.CN”域名钓鱼网站数量一直保持在较低的比例（见图 3.3），2014 年联盟认定并处理的“.CN” 域名钓鱼网站，占联盟全年处理钓鱼网站总量的 4.08%。

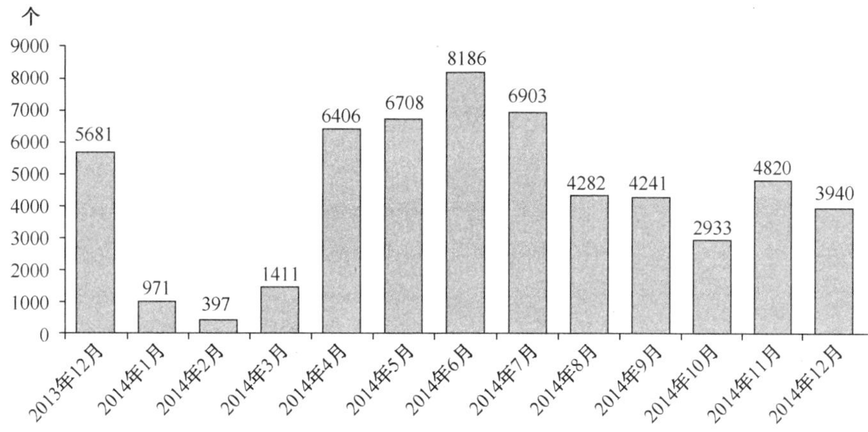

图3.2　2014年钓鱼网站处理情况图

图3.3　“.CN” 域名与非 “.CN” 域名钓鱼网站对比图

3. 域名应用

从总体应用情况看，“.CN” 域名是我国网民注册和网站使用的主流域名。截至 2014 年 12 月底，“.CN” 域名总数约为 1109 万个，年增长 2.4%，列全球 CCTLD 第二位，并且扩大了与第三名的差距。“.CN”域名总数占中国域名总数比例为 53.8%，“.COM”域名数量约为 795 万个，占比为 38.6%。

3.2.2 中文域名

中文域名是指含有中文字符的域名，其中，“.中国”域名是指以“.中国”结尾的中文国家顶级域名，它是在全球互联网上代表中国的中文顶级域名，同英文国家顶级域名“.CN”一样，全球通用，具有唯一性，是用户在互联网上的中文门牌号码和身份标识。

“.中国”域名的全球启用有助于大力促进中华文化软实力的建设，而商标（商号）、企业名称、重大赛会等均可借助“.中国”域名在全球华语网民中实现国际推广。

2014 年是“.中国”域名快速普及的一年，CNNIC 持续推进“.中国”域名的应用普及工作，包括推动 360 搜索对中文域名的收录、显示和搜索优化，为“.中国”域名用户提供快速收录通道；推动浏览器、输入法、社交工具等对中文域名的支持；推动国家域名的应用环境改善工作，推动实现 Chrome、Safari、QQ、UC 国内四大主流手机端浏览器对“.中国”域名的良好支持；完善中文域名邮箱平台服务功能，推动更多服务商支持中文邮箱；推动中文域名邮箱的普及工作，在 2014 年 APEC 会议的赞助下推出了全球首个中文域名邮箱注册平台——“互联网.中国”。随着“.中国”域名应用合作的开展，“.中国”域名的新注册量继续保持稳定增长。截至 2014 年 12 月底，“.中国”域名总数为 28.5 万个，占中国分类域名总数的 1.4%，如图 3.4 所示。

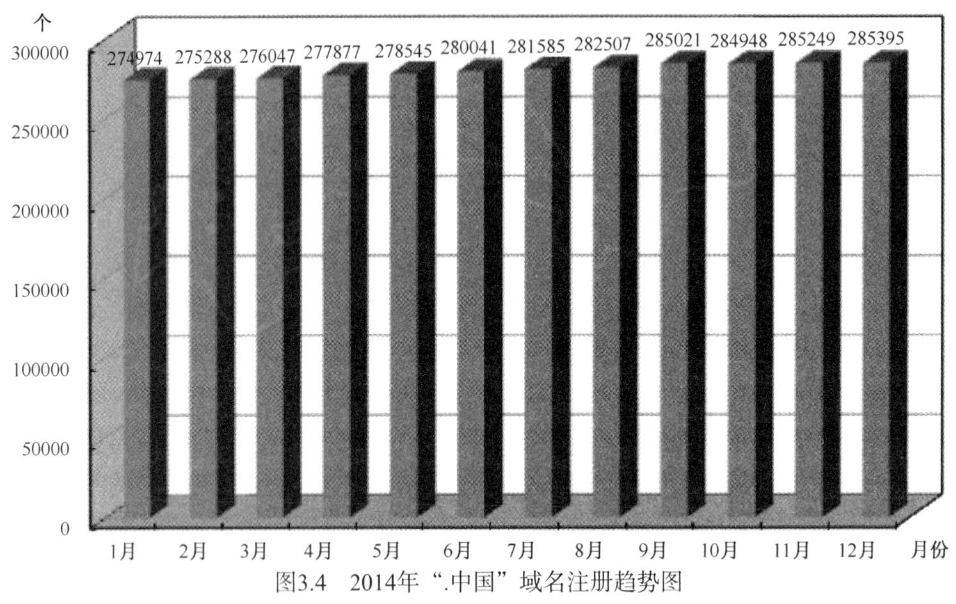

图3.4 2014年“.中国”域名注册趋势图

3.3 网站

根据中国互联网络信息中心（CNNIC）发布的《第 35 次中国互联网络发展状况统计报告》，截至 2014 年 12 月底，中国网站[1]数量为 335 万个，年增长 4.6%，“.CN”下网站数为

[1] 指域名注册者在中国境内的网站。

158 万个，如图 3.5 所示。

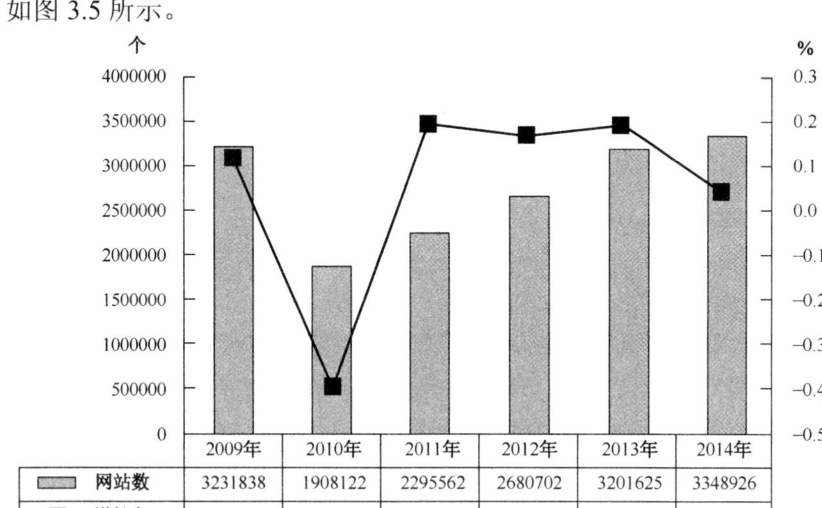

来源：CNNIC。

图3.5　2009～2014年中国网站数

我国网站总数继续增长。在网站分类上，.CN 网站数在整体网站总数中的占比较 2013 年继续提升，如表 3.2 所示。

表 3.2　分类网站数量及比例

	.CN 网站数		其他网站	
	数量（个）	占网站总数比例	数量（个）	占网站总数比例
2013 年	1311227	41.0%	1890398	59.0%
2014 年	1582870	47.3%	1766056	52.7%

来源：CNNIC。

从分省网站数来看，与 2013 年年底相比，网站总数前三甲保持不变，广东省仍旧居第一位，北京名列第二位，上海排在第三位，如表 3.3 所示。

表 3.3　2014 年我国网站分省数据（前十位）

	网站数量（个）	占网站总数比例
广东	532787	15.90%
北京	457032	13.60%
上海	314374	9.40%
福建	223442	6.70%
浙江	218630	6.50%
江苏	164935	4.90%
山东	158028	4.70%
河南	123824	3.70%
四川	122172	3.60%
辽宁	96599	2.90%

来源：CNNIC。

3.4 网页

截至 2014 年 12 月底，中国网页[1]数量为 1899 亿个，年增长 26.6%，如图 3.6 所示。

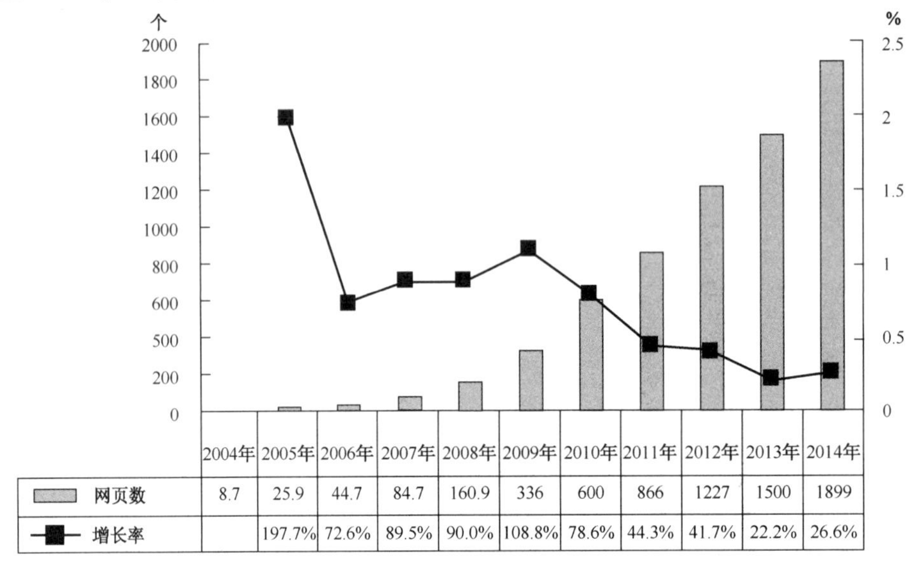

来源：CNNIC。

图3.6 2004—2014年中国网页规模变化

2014 年，静态网页数量为 1127 亿个，占网页总数量的 59.36%；动态网页数量为 772 亿个，占网页总量的 40.64%。中国单个网站的平均网页数继续保持增长态势：平均网站的网页数达到约 5.67 万个，较 2013 年同期增长 21%。而单个网页的字节数则略有下降：平均每个网页的字节数为 49KB，较 2013 年同期下滑了 2 个百分点。网页数量表和网页更新情况表分别如表 3.4 和表 3.5 所示。

表 3.4 网页数量表

	网页数（个）	平均每个网站的网页数（个）	网页总字节数（KB）	平均单个网页字节数（KB）
2006 年 12 月	4472577939	5057	122305737000	27.3
2007 年 12 月	8471084566	5633	198348224198	23.4
2008 年 12 月	16086370233	5588	460217386099	28.6
2009 年 12 月	33601732128	10397	1059950881533	31.5
2010 年 12 月	60008060093	31414	1922538540426	32
2011 年 12 月	86582298393	37717	3313529625009	38
2012 年 12 月	122746817252	45789	5140463284447	42
2013 年 12 月	150040762685	46864	7479873203607	50
2014 年 12 月	189918649085	56710	9310312446467	49

来源：百度在线网络技术（北京）有限公司。

[1] 来源：百度在线网络技术（北京）有限公司。

表 3.5　网页更新情况表

	1 周以内（%）	1 周至 1 个月（%）	1～3 个月（%）	3～6 个月（%）	半年以上（%）
2006 年 12 月	7.4	26.4	32.3	17.8	16.1
2007 年 12 月	12.1	17.4	14.5	41.0	15.0
2008 年 12 月	12.5	24.1	29.1	14.4	20.0
2009 年 12 月	7.7	21.2	28.1	18.8	24.3
2010 年 12 月	4.8	21.0	6.1	5.0	63.0
2011 年 12 月	3.4	20.0	4.3	8.5	63.8
2012 年 12 月	2.0	7.4	18.5	16.5	55.6
2013 年 12 月	4.8	50.8	25.0	10.0	9.4
2014 年 12 月	5.6	20.3	24.2	19.3	30.7

来源：百度在线网络技术（北京）有限公司。

（中国互联网络信息中心　曹岩、闫辰、孟蕊）

第4章　2014年中国互联网络基础设施建设情况

4.1　基础设施建设概况

2014年是“宽带中国”战略落地实施的关键一年，凝聚全社会力量，有力地推动了中国网络基础设施的顶层设计、统筹规划和发展建设，固定宽带和移动网络基础设施能力持续增强，为我国经济社会持续健康发展注入了新活力，提供了新动力。

互联网骨干网络架构进一步优化和完善，效率与质量显著提升。截至2014年10月1日，7个新增骨干直联点全部建成，经过2个多月的试运行，已全面投入使用。至此，我国互联网骨干直联点从3个增加到10个，互联网架构布局得到明显优化，网间通信质量显著提升，流量疏通效率和安全性能大幅改善，达到了预定目标。多张骨干互联网覆盖全国，通过3个国际互联网业务出入口局、4个区域性国际业务出入口局，与20多个国家和地区的多个网络相互链接，总体架构清晰简单、合理高效。

宽带基础设施日益完善，“光进铜退”趋势更加明显。截至2014年年底，全国互联网宽带接入端口数量突破4亿个，比上年净增4160.1万个，同比增长11.5%。xDSL端口比上年减少968.7万个，总数达到1.38亿个，占互联网接入端口的比重由上年的41%下降至34.3%。全国光纤接入（FTTH/0）端口比上年净增4763.9万个，达到1.63亿个，占互联网接入端口的比重由上年的32%提升至40.6%。新建光缆线路300.7万公里，光缆线路总长度达到2046万公里，同比增长17.2%，比上年同期回落0.7个百分点。新建长途光缆长度达3.8万公里，总长度达92.8万公里，整体保持较快的增长态势。

移动网络设施建设步伐加快，移动基站规模创新高。2014年，随着4G业务的发展，基础电信企业加快了移动网络建设，新增移动通信基站98.8万个，是上年同期净增数的2.9倍，总数达339.7万个。其中，3G基站新增19.1万个，总数达到128.4万个，TD-LTE基站达73.3万个。移动网络服务质量和覆盖范围继续提升。WLAN网络热点覆盖继续推进，新增WLAN公共运营接入点（AP)30.9万个，总数达到604.5万个。

总体来看，2014年，随着“宽带中国”战略的有效实施，我国互联网规模和覆盖范围持续扩大，基础设施能力不断完善，服务能力大幅提升。作为信息社会重要的战略基础设施，为推动经济发展和社会进步提供了重要支撑。

4.2　互联网骨干网络建设情况

4.2.1　新增骨干互联互通点

新增成都、武汉、西安、沈阳、南京、重庆、郑州 7 个骨干直联点正式开通并投入运行，推动了我国近年来互联网骨干网顶层架构首次重大优化调整，开启了我国“西增东扩、全方位、立体化”网间架构优化调整研究的破冰之举，为后续区域直联和交换中心的建设发展奠定了扎实基础，同时也促进各地互联网产业的发展，带动了地方经济转型升级，如图 4.1 所示。

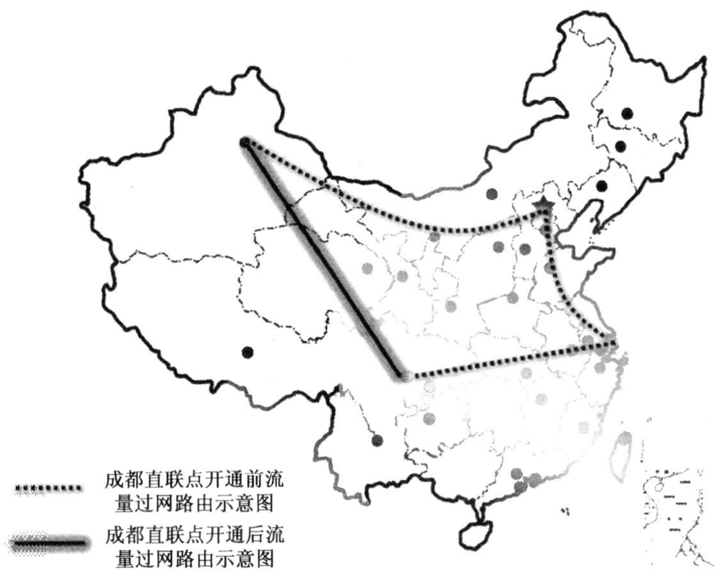

图4.1　成都直联点开通前后乌鲁木齐联通访问四川电信效率提升

网间架构的优化与带宽提升明显改善了网间互通质量与效率。据工业和信息化部统计，互联网网间质量连续数月无障碍。7 个新增点开通后，网间访问路由平均减少 3 跳以上，时延降低 60%～80%，丢包率降低 60%～90%，中西部流量绕转现象改善明显，区域均衡格局基本形成。新增骨干直联点所在省网间质量提升效果更为明显，据工信部电信研究院承建的骨干直联点监测系统统计，网间访问路由自开通前的平均 10 跳减少为 7 跳，新增骨干直联点所在省份内网间访问时延由原来的 50～60 毫秒降至 10 毫秒左右，丢包率接近于零。用户上网速度、上网体验明显改进。

4.2.2　互联网骨干网架构优化

新增骨干直联点建设推动各运营商对网内骨干核心节点实施了升级改造，骨干网中核心节点个数增多。同时，各基础电信运营企业围绕新增骨干直联点，并根据流量疏导策略，建设了多条省际直达链路，各直联点所在省份的省际链路均进行了不同程度的扩容调整，并实施流量均衡疏导，骨干网络架构由星形网络结构向复杂的网状网演进。

我国互联网骨干网总容量大幅提升，超过 100Tbps，如图 4.2 所示。为应对互联网流量持续保持高速增长，三大运营商都决定将 100Gbps 作为骨干网升级和新建的方向。2014 年 7 月、6 月和 2 月，中国电信、中国联通与中国移动分别启动了 100Gbps DWDM/OTN 设备集中采购工作，在完善省际干线网络扩容的同时，也加大了省内二干网络和大型地市本地网核心网的 100Gbps 引入。

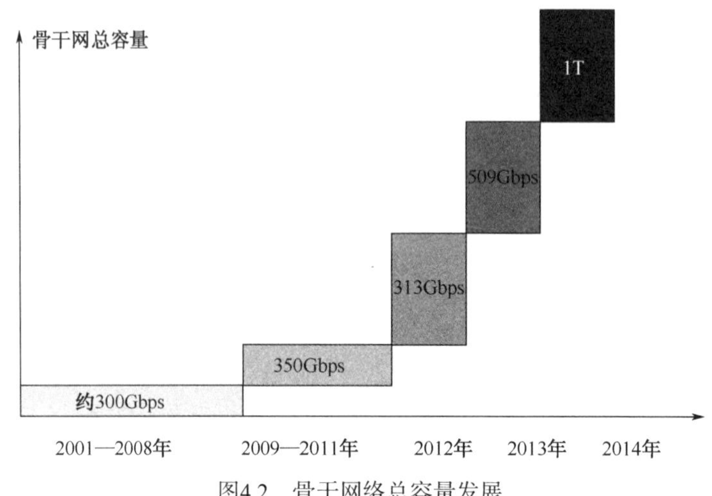

图4.2　骨干网络总容量发展

4.2.3　运营商与内容商协调发展

运营商网络与 ICP、CDN、P2P 网络的布局与策略契合是高效流量调度和内容分发的必然要求。根据工信部电信研究院监测分析数据，2007 年，京沪穗共拥有全国 64%以上的信源；而 2014 年，京沪穗占比降低明显，达到 27%。总和占据全国 64%比例的城市量发展至 9 个，7 个为骨干核心节点。这表明，ICP 的内容源在逐渐向骨干网络节点靠拢，如图 4.3 所示。

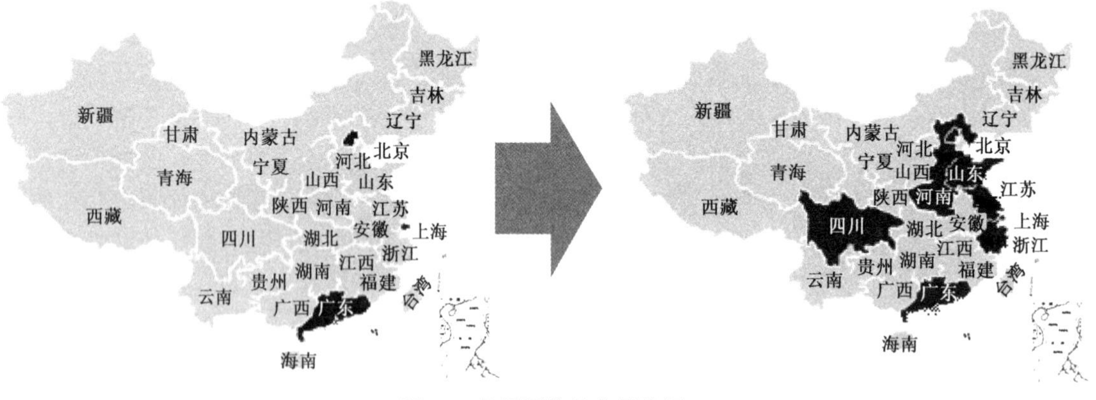

图4.3　骨干网络总容量发展

同时，中国电信、中国联通等基础电信运营商也根据自身流量的变化和 ICP 的内容调度策略，不断调整其网络流量流向调度策略与 IDC 布局，并加强与 ICP、CDN 之间的网络建设合作。2014 年，电信、联通与滴滴等分别开展了网络流量合作；中国电信与蓝汛于 3 月建立了战略合作关系，共同运营电信国内 CDN 网络，于 10 月与 Akamai 合作，面向国内企业海外拓展提供网络服务；2014 年 4 月，铁通与蓝汛就铁通 CDN 平台建设建立了合作。

4.3　中国下一代互联网建设与应用状况

4.3.1　基础网络全面提升 IPv6 支持能力

在强烈的地址需求推动下，三家运营企业分别展开了持续的基础网络改造进程。中国电信于 2012 年开始开展全网 IPv6 建设改造，2014 年在 20 多个重点城市全面推进网络、IDC 以及自营业务平台的升级改造，具备发展 300 万 IPv6 宽带接入用户能力。2015 年将实现东部 80%城域网和中西部 50%城域网双栈改造，具备支持 8000 万 IPv6 宽带接入用户能力。中国联通在北京、上海、广州、深圳、沈阳、大连、济南、青岛、郑州、武汉 10 个城市开展 IPv6 试点商用部署，2014 年在东部省份逐步扩大 IPv6 试点，2015 年将在东部地区、中西部中心城市具备 IPv6 规模商用条件。中国移动制订了 IPv6 发展计划，借助 LTE/VoLTE 部署时机，2015 年东部发达地区和半数以上中西部欠发达地区网络支持 IPv6，并通过下一代互联网示范城市项目加深 IPv6 的应用。

广电网络覆盖范围、影响用户范围广泛，率先升级支持 IPv6 具有典型的示范带动作用。2014—2015 年，河南、长沙、湘潭、成都等地区将针对基础网络、前端云服务平台和广电增值类业务完成升级改造工作。

电子政务网络是发展电子政务的基础网络，随着越来越多的应用接入电子政务外网，新业务的开展受到了 IP 地址的制约。根据 2013 年全国电子政务外网会议要求，未来五年内全国电子政务外网一、二、三级网必须具备 IPv4/IPv6 的双栈承载能力，具备 IPv6 业务的承载能力。同时，电子政务外网率先支持 IPv6 也是充分发挥政府指导作用，形成下一代互联网示范应用的重要工程。2014—2015 年，上海、苏州、郑州等地区将开展电子政务外网的改造工程。

交通信息网络是支持智能交通的重要网络基础设施，随着物联网、智能交通的快速发展，交通信息网络也提出了升级支持 IPv6 的需求。2014—2015 年，苏州、广州等下一代互联网示范城市也在推动本市交通信息网络系统升级改造。

4.3.2　网络应用支持 IPv6 能力有待提升

应用是推动 IPv6 部署的重要环节，我国政府通过专项资金、示范城市建设等多种方式不断拉动网络应用升级改造，强调在电子政务、行业应用、公众服务等方面深挖特色应用，探索充分具有示范效应、可推广的业务发展模式。

国内互联网应用规模庞大，然而，支持 IPv6 的应用微乎其微，成为严重制约我国 IPv6 发展的瓶颈。目前，我国支持 IPv6 的网站和业务系统主要分布在校园网内。据全球 IPv6 测试中心提供的数据，截至 2014 年 12 月，我国（不含港、澳、台地区）共有 610 个网站通过全球 IPv6 论坛的测试认证，其中教育网网站 539 个，占比达 88.36%。国内能够提供 IPv6 接入服务的商业网站数量还比较少，重要商业网站已制定分阶段的演进计划稳步推进（包括腾讯、百度、阿里巴巴、新浪等），中小网站的升级改造面临巨大挑战。

国内基础应用软件 IPv6 支持力度还须进一步加强。根据 2013 年测试评测结果，国内基础应用软件方面，除浏览器（包括 360、搜狗、傲游、QQ）支持 IPv6 外，其他如下载软件（包括迅雷、QQ 旋风、电驴、Flashget 等）、邮件客户端软件（如 Foxmail）、即时通信软件（包括 QQ2012、QQ2013、腾讯 TM2013、阿里旺旺 2012、多玩歪歪、飞信 2012 等）等都无法在 IPv6 环境下正常使用。

下一代互联网示范城市建设十分重视创新型网络应用的示范带动作用，强调创新驱动发展，培育新服务、新市场和新业态，切实推动下一代互联网发展。2014 年示范城市重点建设项目支持 21 项影响范围广的特色应用改造，例如，京东商城、小米盒子和网络电视、腾讯 QQ 音乐系统、迅雷云视频点播系统等。

4.4 移动互联网建设情况

4.4.1 2G 网络

随着全球 3G 网络的规模建设发展和 4G 网络的建设推进，以及移动互联网发展推动智能手机的广泛应用，我国和全球 2G 用户减少态势日趋显著。我国 2G 移动用户数从 2012 年开始，一直处于负增长状态。截至 2014 年年底，我国移动用户总数达到 15.36 亿，其中 2G 用户数占 7.06 亿，比 2013 年同期减少 1.24 亿。目前，我国移动通信网络建设总体处于多种网络并存、融合协同发展的态势，建设重点从 2G 网络全面转向 3G 网络和 4G 网络。原有 2G 网络基本停止建设，重点进行网络维护优化。① 中国移动停止投资新建 2G 网络基站，坚持四网协同战略，重点做好 2G 网络的优化和运行维护，确保网络质量和用户体验。② 中国联通投入小部分资金进行 2G 网络建设，为保证 4G 融合组合组网试点，部分地区 2G 基站开始退网。③ 中国电信对 2G 网络适度扩容，维护 2G 网络的良好性能，重点保障语音用户发展需求。

4.4.2 3G 网络

我国 3G 用户增长和网络建设维持平稳发展。截至 2014 年年底，我国 3G 用户数达到 4.85 亿，比 2013 年同期增加 8364 万个。2014 年，我国 3G 网络建设以完善优化网络为主，进一步加强网络深度覆盖。① 中国移动主要完善 3G 网络的建设，加强网络连续覆盖，加大乡镇农村热点覆盖；同时推动 3G 网络的升级，为快速建设 4G 网络打下基础。② 中国联通将 3G 网络作为建设重点，目前已在全国大部分地区将 HSPA 全网升级支持 DC-HSPA+，提供 42Mbps 的接入能力。同时积极试点 HSPA+63Mbps 技术，推动 3G 网络进一步升级。③ 中国电信重点优化调整 3G 网络，保障 3G 用户的业务体验，承接 4G 回落；在网络建设上不做规模扩容。

4.4.3 4G 网络

目前，全球 4G 网络已逐步从 LTE 向 LTE-Advanced 演进，以满足未来几年无线通信市场的技术和应用需求。TD-LTE 作为我国具有自主知识产权的技术，经过多年的试验发展，已具备产业规模化发展能力。2013 年年底我国 TD-LTE 牌照的发放开启了我国 4G 商用网络建设的序幕，我国移动通信网络建设重点向 4G 全面转移，也进一步推动了芯片、终端和网络设备等 4G 产业链的发展完善。此外，我国于 2014 年 6 月批准中国电信和中国联通开展 TD-LTE 和 LTE FDD 融合组网试验，在推进国内 4G 网络建设的同时，有望借此将 TD-LTE 更好地推向国际市场。截至 2014 年年底，我国 4G 用户数达到 9728.4 万，4G 基站建设规模达到 91.5 万个，成为全球最大的 4G 网络。其中，TD-LTE 基站 73.42 万个，FDD LTE 基站 14.4 万个，FDD LTE 室内分布系统 3.7 万套。① 中国移动累计建设 70 万个 TD-LTE 基站，覆盖全国 300 个城市，人口覆盖率超过 75%，成为我国 TD-LTE 网络建设发展的主力。② 中国联通获批在 40 个城市全面开展 LTE 网络建设，进行 TD-LTE/LTE FDD 融合组网试验；截至 2014 年年底，已建设 4G 基站 7.22 万个，其中，TD-LTE 基站 1.02 万个，FDD LTE 基站 6.2 万个，覆盖 56 个重点城市。③ 中国电信获批在 40 个城市全面开展 LTE 网络建设，进行 TD-LTE/LTE FDD 融合组网试验；截至 2014 年年底，已建设 4G 基站 10.6 万个，其中 TD-LTE 基站 2.4 万个，FDD LTE 基站 8.2 万个，同时还建设了 FDD LTE 室内分布系统 3.7 万套，4G 网络覆盖 56 个重点城市。

4.4.4　5G 网络研究推进

在全球 4G 网络建设稳步发展、我国 4G 网络建设取得突破性进展的同时，5G 网络的技术研究工作也在持续推进。从全球范围看，5G 网络的建设需求基本明确，概念和技术路线也日渐清晰，已经从前期研究逐步进入标准制定阶段。2014 年，ITU 启动了全球 5G 研究的整体工作计划“IMT-2020”，包括愿景需求、标准化以及后续的产业化等，计划 2017 年年底左右面向全球征集 5G 标准候选技术方案，到 2020 年完成标准制定，3GPP 则负责 5G 的具体技术方案标准制定。目前业界普遍认为 3GPP R14 可以启动 5G 标准研究，R15 将形成 5G 标准的第一个版本。从全球行业来看，国外的爱立信、诺基亚、三星，国内的华为、中兴、大唐、中国移动、中国信息通信研究院等都做了大量 5G 方面的工作，很多公司都已启动 5G 技术研发和前期实验。研究组织方面，中国、欧洲、韩国和日本都成立了一些 5G 研究或推进组织，发布了一系列研究报告和白皮书等。IMT-2020（5G）推进组作为我国 5G 研究的基础平台，已发布 5G 愿景和需求白皮书，从移动互联网和物联网主要应用场景、业务需求及挑战出发，归纳出连续广域覆盖、热点高容量、低功耗大连接和低时延高可靠四个 5G 主要技术场景；同时，结合 5G 关键能力与核心技术，提出了由“标志性能力指标+一组核心关键技术”共同定义的 5G 概念。其中，标志性能力指标为“Gbps 用户体验速率”，一组关键技术包括大规模天线阵列、超密集组网、新型多址、全频谱接入和新型网络架构。

4.4.5　互联网带宽发展情况

1. 国际出入口带宽

经过多年的建设发展，我国国际互联网出口带宽已具备一定的规模，且处于快速增长的态势。根据 TELEGEOGRAPHY 统计，2014 年，我国国际互联网出口带宽（含港、澳）达 9.05Tbps，年增长率达 51%，2005—2014 年的年均复合增长率达 49%。目前我国互联网出口带宽全球排名第六位，和 2013 年处于同一名次，如图 4.4 和图 4.5 所示。

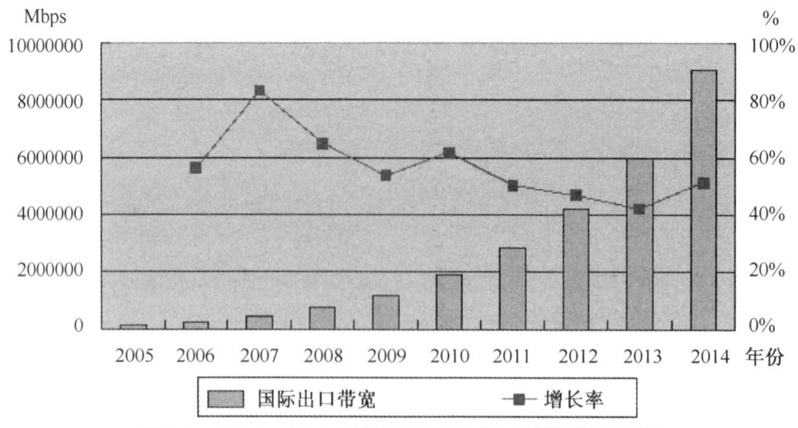

图4.4　2005—2013年我国互联网出口带宽发展情况

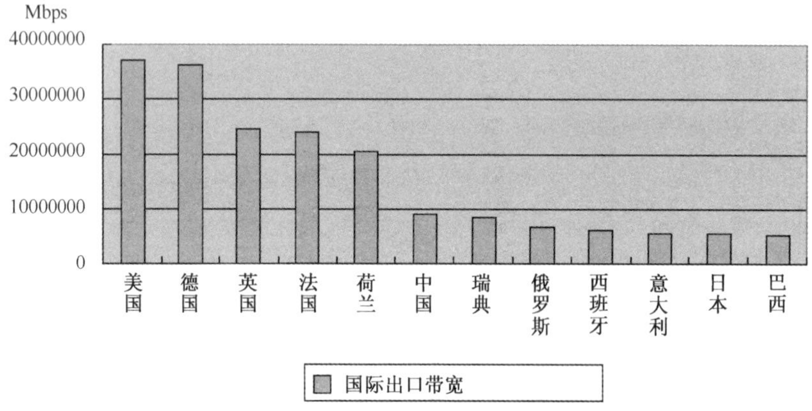

来源：TELEGEOGRAPHY。

图4.5　2014年国际互联网出口带宽国家/地区排名

2. 国内带宽

随着主管部门对国内互联互通网络架构的调整和互通带宽扩容的协调推进，各骨干互联单位之间的互联互通架构不断优化完善，特别是随着 2014 年新增国家级骨干直联点的建设，国内互联互通带宽建设取得了长足的发展，对我国互联网产业发展的支撑力度进一步增强。截至 2014 年年底，我国互联网网间互联总带宽由 1744.49Gbps 跃升到 2480.89Gbps，其中网间直联带宽 2284.89Gbps，交换中心互联带宽 196Gbps。全年共扩容 736.4Gbps，增长 42.2%。由于互联网网间带宽大幅扩容，网间性能持续优化。中国电信、中国联通和中国移动三家主导骨干互联单位间时延和丢包性能相较 2011 年分别优化了 55%和 279%。

2014 年年底我国互联网网间直联带宽规模详细状况如表 4.1 所示。

表 4.1　2014 年我国互联网网间直联带宽规模（Gbps）

	中国电信	中国联通	中国移动	中国铁通	教育网	科技网	经贸网	长城网	直联合计
中国电信		1087	210	7	27.55	4	0.14	0.2	1335.89
中国联通	747		200	10	28.5	5	0.1	0.3	1330.9
中国移动	130	130		620	42.5	2.5			1075
中国铁通	7	1	430		8				645
教育网	27.55	28.5	12.5	8		32		0.1	138.65

续表

	中国电信	中国联通	中国移动	中国铁通	教育网	科技网	经贸网	长城网	直联合计
科技网	5.6	5	2.5		32				43.5
经贸网	0.14	0.1							0.24
长城网	0.2	0.3			0.1				0.6
总计	917.49	911.9	705	446	108.65	45.1	0.24	0.6	2284.89

互联网端到端通信能力的提升，要求在提升骨干网带宽的同时，提升用户接入带宽能力。目前，宽带接入速率和用户上网体验速率已成为全球各国评判宽带发展水平的重要标志。建设宽带测速系统，开展宽带网络发展监测和分析已成为互联网发达国家的常态化工作和通行做法。

随着我国“宽带普及提速工程”的实施以及“宽带中国战略”的推进，建设宽带测速平台、开展宽带测速工作已成为有效评估我国宽带网络建设和宽带服务的重要工作。当前，我国已经发布了《固定宽带接入速率测试方法》。在行业标准的指导下，各基础电信运营企业、大型互联网企业和有影响力的第三方权威机构纷纷建立宽带测速系统，开展一定范围和规模的宽带测速工作。例如，中国信息通信研究院（原工业和信息化部电信研究院）搭建了覆盖全国的分布式测速平台，开展面向全国各省市的宽带接入速率和用户体验速率测试，如表 4.2 所示。

表 4.2　2014 我国宽带速率测试情况

测速主体	测速指标				
	接入速率		用户体验速率		
	平均宽带接入速率（Mbps）	宽带接入速率符合度（%）	网页浏览平均首页呈现时间（s）	网络视频平均下载速率（Mbps）	平均文件下载速率（Mbps）
中国信息通信研究院	7.1	100.5	2.06	4.25	6.05

此外，我国成立了由八家互联网企业、三大电信运营商和相关科研机构等共同参与的宽带发展联盟。该联盟收集企业宽带测试统计数据，根据该联盟发布的 2014 年第四季度《中国宽带速率状况报告》，2014 年第四季度，中国固定宽带互联网网络平均可用下载速率达到 4.25Mbit/s（544.00kByte/s），用户观看网络视频的平均下载速率为 4.01Mbit/s（513.28kByte/s），用户进行网页浏览的平均首屏呈现时间为 2.37s，全国基础电信企业签约用户的平均固定宽带接入速率符合度为 109.98%。

4.5　互联网交换中心

经过十几年的建设发展，互联网交换中心已逐步发展成为我国互联互通架构中的重要网络基础设施，是“东增西扩、全方位、立体化”整体网络架构战略的重要组成部分。结合我国互联网互联互通现状和国际交换中心发展经验趋势，我国正积极谋划，在建设发展国家级交换中心（NAP 点）的基础上，积极拓展区域交换中心建设新模式，不断加强交换中心网络建设，促进交换中心业务发展，更好地发挥交换中心作用。

目前，我国已在北京、上海和广州建设了 3 个国家级互联网交换中心，成为互联网骨干直联点架构的有益补充。其中，北京 NAP 点接入全部 8 家骨干互联网单位；上海 NAP 点接入中国电信、中国联通、中国移动、中国铁通 4 家骨干互联单位；广州 NAP 点接入中国电信、中国联通、中国移动、中国铁通和教育网 5 家骨干互联单位。截至 2014 年年底，北京 NAP 点实际开通网间互联带宽达到 86Gbps，上海 NAP 点实际开通网间互联带宽达到 76Gbps，广州 NAP 点实际开通网间互联带宽达到 34Gbps，三大 NAP 点实际开通网间互联带宽合计为 196Gbps。

在 NAP 点建设发展的同时，我国其他类型的交换中心建设也取得了一定的发展。首先是一些社会经济发展较快的地区开始探索本地信息化建设的新模式，根据当地互联网建设需求，开展了区域交换中心建设尝试。截至 2014 年年底，我国在重庆、宁波等地建立了区域性的本地互联网交换中心，重点疏导各电信运营企业在本地的网间互联流量。其次，我国在下一代互联网建设过程中，结合 CNGI 项目，在北京和上海建设了 2 个国家级下一代互联网交换中心，实现了 6 个主干 IPv6 网络的互联。

2014 年，我国交换中心网间质量监测系统的建设也取得了一定发展。在工信部的指导下，工信部电信研究院在北京、上海和广州三大交换中心完成了互联网网间质量被动监测系统的建设工作，实现了各 NAP 点的实际互通流量采集，展开了互联互通流量流向和端到端业务质量的深度分析，为监管部门充分了解我国三大 NAP 点的网间互通质量情况、促进 NAP 点的建设发展提供了有力支撑。

虽然我国交换中心建设取得了一定的发展，但由于国内互联互通架构的格局现状限制、政策环境、价格因素、市场竞争等原因，交换中心还存在建设数量少、参与主体有限、网络规模小、疏导互通流量比例低、业务模式单一等诸多问题，互联互通的作用未得到充分发挥。这与国际交换中心的发展还存在较大差距。另外，随着云计算、SDN 等互联网新技术的发展，全球互联互通的架构也将向一个更加灵活、更具包容性、更为多样化的架构方向演进，同时我国互联网业务也正快速发展、互联网企业互联互通需求呈现多样化趋势，这些都对我国互联互通网络架构的发展提出了新要求，也为交换中心建设发展提供了新机遇。

基于上述问题，结合国际交换中心建设发展经验，未来我国交换中心的建设，可从以下几方面推进。第一是探索新型交换中心建设，主要是试点开展区域性交换中心建设，疏导区域性互通流量，服务区域及地方经济发展。第二是转变交换中心的技术实现方式，在此基础上扩大参与方；除骨干互联单位外，以流量绕转问题严重的区域和转接费用支出压力较大的企业为突破口，逐步引入 ISP、ICP、IDC 等企业，促进良性竞争，构建互赢的生态环境。第三是探索新的业务模式和商业模式，在提供基本的互联互通服务的同时，积极开展 IDC、第三方转售等多样业务。

4.6 内容分发网络

内容分发网络（Content Delivery Network，CDN）的目的是通过在现有的 Internet 中增加一层新的网络架构，将网站的内容发布到最接近用户的网络“边缘”，使用户可以就近取得所需的内容，从而解决 Internet 网络拥挤的状况，提高用户访问网站的响应速度。所以 CDN 是缓解互联网网络拥塞、提高互联网业务响应速度、改善用户业务体验的重要手段。

目前，我国 CDN 市场还处于初期阶段，但随着监管政策的不断完善，宽带中国战略的实施，以及国内移动互联网等多产业的发展等，国内 CDN 行业迎来了快速、大规模增长的发展机遇。在 2013 年 8 月国务院发布的《“宽带中国”战略及实施方案》中，明确将 CDN 与数据中心等作为我国重要的应用基础设施。目前我国 CDN 网络基本覆盖全国，市场群体广泛。流量增长和业务发展为各层面 CDN 的建设注入了强大驱动力。CDN 企业如网宿科技、蓝汛等企业的服务器数量都有大幅增长。

随着宽带网络的快速发展，尤其是以互联网视频为代表的大流量业务的爆炸式增长，CDN 产业规模不断扩大，目前我国 CDN 网络建设与运营的主体主要分为专业 CDN 服务商、基础电信运营商、互联网企业三类，服务对象主要分为三类：传统门户网站、互联网企业和行业客户。

未来，伴随着 CDN 技术的不断提高，云计算、大数据应用、移动互联网和社交网络的高速发展，CDN 将与云计算、大数据等多种互联网新技术和新业务融合发展、持续创新。在云计算、智能管道、移动互联网、三网融合等领域，CDN 的智能分发能力将成为不可或缺的重要基础，成为互联网产业生态系统中的重要组成部分。

4.7　网络数据中心

随着互联网、云计算和大数据产业的加速发展，以及互联网流量的急剧膨胀，作为具体业务应用物理载体，国内外数据中心也进入大规模规划建设阶段。截至 2013 年年底，我国大型数据中心数量达到 149 个，年增长率保持在 10%以上。

从发展阶段来划分，近年来为实现数据的高效管理和流畅访问，数据中心部署技术经历了三阶段高速发展。第一阶段，传统数据中心静态管理物理资源和工作负载，服务器、网络和存储等所有资源都与单个项目静态捆绑，形成应用和基础设施紧耦合的孤岛架构。第二阶段，随着云计算日趋成熟，以资源虚拟化和服务动态管理为手段，数据中心的资源共享利用率和资源部署灵活性不断增强。第三阶段，面临服务端云化、数据海量化的大趋势，采用 SDN/NFV 技术构建面向云服务的数据中心网络体系，实现云网协同。

从发展特点来看，数据中心及其产生的流量表现出鲜明的特点。现在正处于 IDC 云化广泛部署，以云数据中心为切入的 SDN/NFV 初步探索阶段，一方面，大型数据中心服务器规模庞大（一般以万台为单位），单台服务器产生的流量从几百兆向接近 10G 演进；另一方面，数据中心间互联需求日益迫切，横向流量占比逐步提升。

从建设主体来看，除运营商和专业 IDC 服务商建设数据中心外，一些大型互联网企业已自建数据中心，以便更好地开展自己的网络业务。Google 将全球 12 个数据中心通过光纤互联，利用 SDN 实现流量统一调度，掌握全球服务器和网络资源情况，基于以上 G-scale 架构，Google 的 IDC 互联带宽利用率的峰值能够达到 95%以上。腾讯自建了核心数据中心互联网络，保证网络质量可管可控，并按照差异化提供不同服务质量保障。腾讯在全国划分了多个区域，每个区域部署 20 万～30 万台服务器并实现 T 级容量的高速互联，区域间实现 100G 通信容量。运营商网络作为腾讯核心数据中心互联网络的备份，紧急情况下腾讯可以把业务流量切换到运营商网络。

（中国信息通信研究院　李　原、苏　嘉、杨　波）

（网宿科技股份有限公司　刘　沛）

第 5 章　2014 年中国互联网设备市场情况

5.1　市场发展概况

1. 移动通信投资比重加大，数据通信和传输投资比重提升

据工信部统计数据，2014 年，全行业固定资产投资规模完成 3992.6 亿元，达到自 2009 年以来投资水平最高点。投资完成额比 2013 年增加 238 亿元，同比增长 6.3%，比上年增速提高 2.4 个百分点。其中，2014 年我国移动投资仍是电子信息行业投资的重点，完成投资 1618.5 亿元，同比提高 4.6%，占全部投资的 40.5%。其中，传输投资完成 967 亿元，同比增长 1.6%，占比达到 24.2%。互联网及数据通信投资规模与占比有所下降，完成投资 398.6 亿元，同比下降 22.1%，占比由上年的 13.6%下降至 10%，如图 5.1 所示[1]。

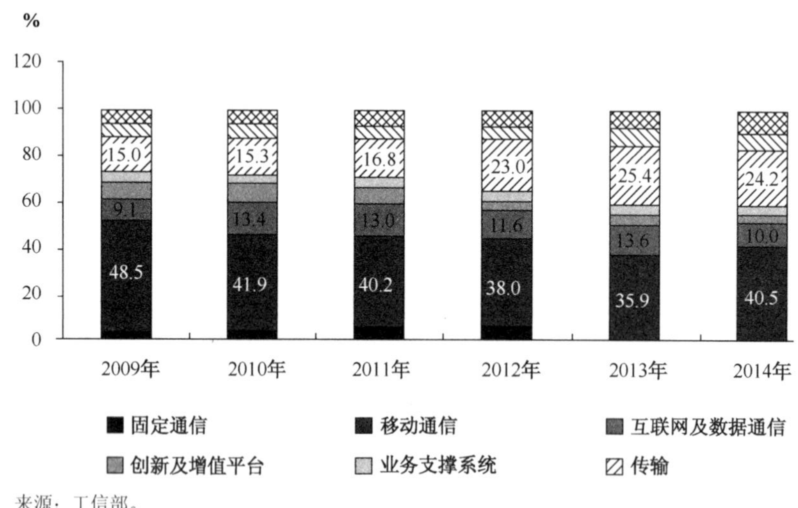

来源：工信部。

图5.1　固定资产投资主要业务投资变化情况

2. 东部地区收入和投资占比持续下降，区域差距进一步缩小

2014 年，东部地区实现电信业务收入 6422.8 亿元，占全国电信业务收入比重为 54.6%，

[1] 《2014 年通信运营业统计公报》，工信部运行监测协调局，2015.01.20。

同比下降 0.6 个百分点，自 2009 年以来占比持续下降。东、中、西部地区收入差距进一步缩小，东部地区与中西部地区收入占比差距分别为 31.8%、32%，较上年分别下降 0.6 个和 1.2 个百分点。中西部地区移动用户增速快于东部地区，东部地区移动用户占比降至 50%以下，如图 5.2 所示。

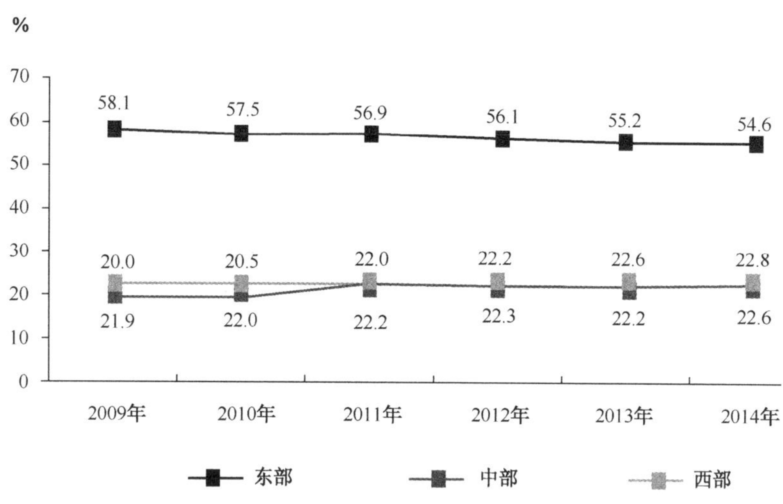

来源：工信部。

图5.2　2009—2014年东、中、西部地区电信业务收入比重

2014 年，东部地区完成电信固定资产投资 1840.5 亿元，占东、中、西部地区固定资产投资的比重为 47.2%，较上年下降 1.9 个百分点。东部地区与西部地区投资占比差距为 19.4%，较上年下降 3.3 个百分点，东部地区与中部地区投资占比差距为 22.1%，较上年下降 2.5 个百分点，如图 5.3 所示。

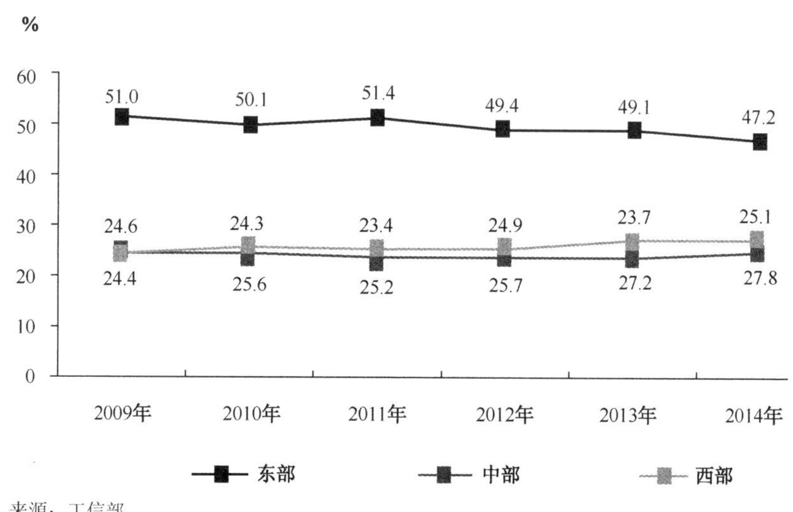

来源：工信部。

图5.3　2009—2014年东、中、西部地区电信投资比重

3. 中西部地区移动用户增速快于东部地区，东部地区移动用户占比降至 50%以下

2014 年，东、中、西部地区移动电话用户增速均呈现放缓态势，中部地区用户增速超过

西部地区，比东部地区和西部地区增速分别高 3.5 个和 1.7 个百分点。东部地区移动电话用户占比下降趋势加快，同比下降 0.9 个百分点，占比降至一半以下，中西部地区用户占比分别提高了 0.5 个和 0.4 个百分点，如图 5.4 和图 5.5 所示。

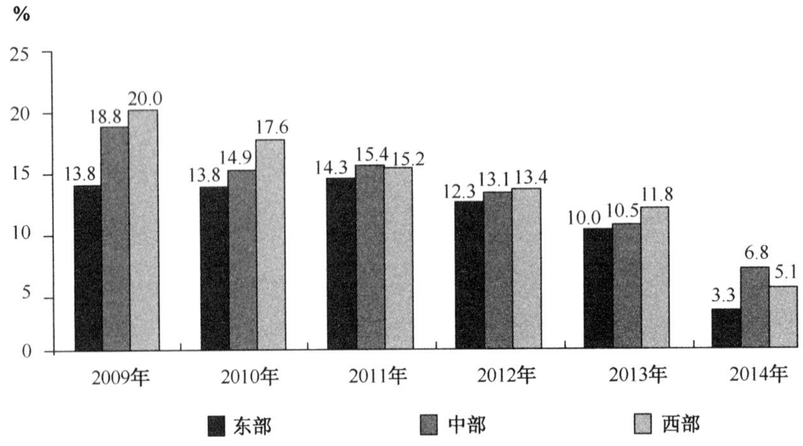

来源：工信部。

图5.4 2009—2014年东、中、西部地区移动电话用户增长率

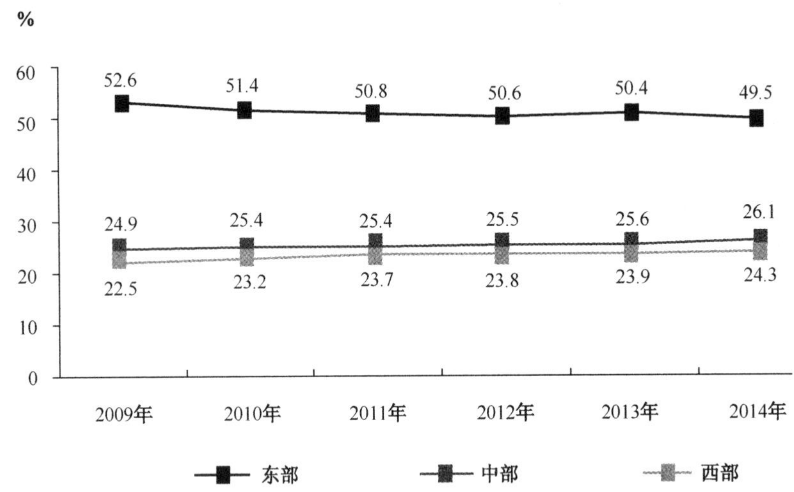

来源：工信部。

图5.5 2009—2014年东、中、西部地区移动电话用户比重

4. 移动电话普及率稳步提升，10 个省市突破 100 部/百人

2014 年，全国电话用户净增 3942.6 万户，总数达到 15.36 亿户，同比增长 2.6%，比上年回落 5 个百分点。其中，移动电话用户净增 5698 万户，总数达 12.86 亿户，移动电话用户普及率达 94.5 部/百人，比上年提高 3.7 部/百人。全国共有 10 个省市的移动电话普及率超过 100 部/百人，分别为北京、辽宁、上海、江苏、浙江、福建、广东、海南、内蒙古和宁夏，其中，海南、宁夏首次突破 100 部/百人。固定电话用户总数 2.49 亿户，比上年减少 1755.5 万户，普及率下降至 18.3 部/百人，如图 5.6 所示。

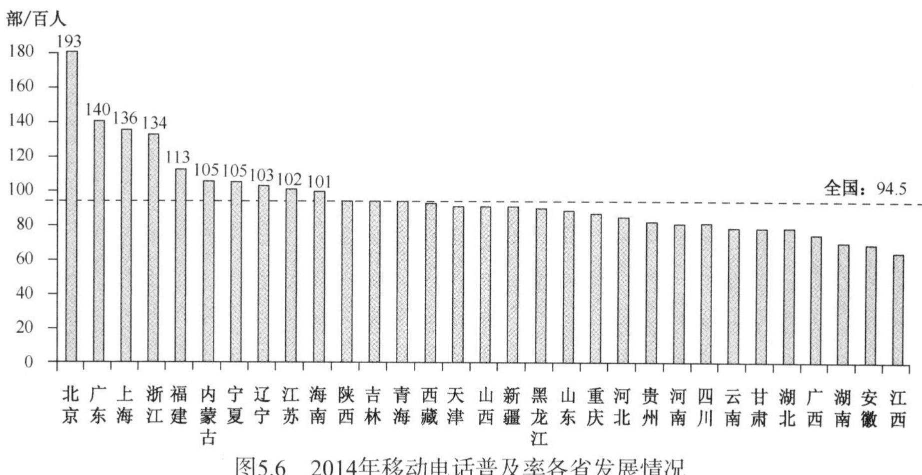

图5.6　2014年移动电话普及率各省发展情况

5. 移动用户结构加速优化，4G 移动电话用户发展迅速

2014 年，2G 移动电话用户减少 1.24 亿户，是上年净减数的 2.4 倍，占移动电话用户的比重由上年的 67.3%下降至 54.7%。4G 用户发展速度超过 3G 用户，新增 4G 和 3G 移动电话用户分别为 9728.4 万户和 8364.4 万户，总数分别达到 9728.4 万户和 48525.5 万户，在移动电话用户中的渗透率分别达到 7.6%和 37.7%。其中 TD-SCDMA 和 TD-LTE 用户总净增达到 1.43 亿户，比上年净增数多 4000 万户，在用户增量、总量中的份额分别达到 79.1%和 57.4%，如图 5.7 和图 5.8 所示。

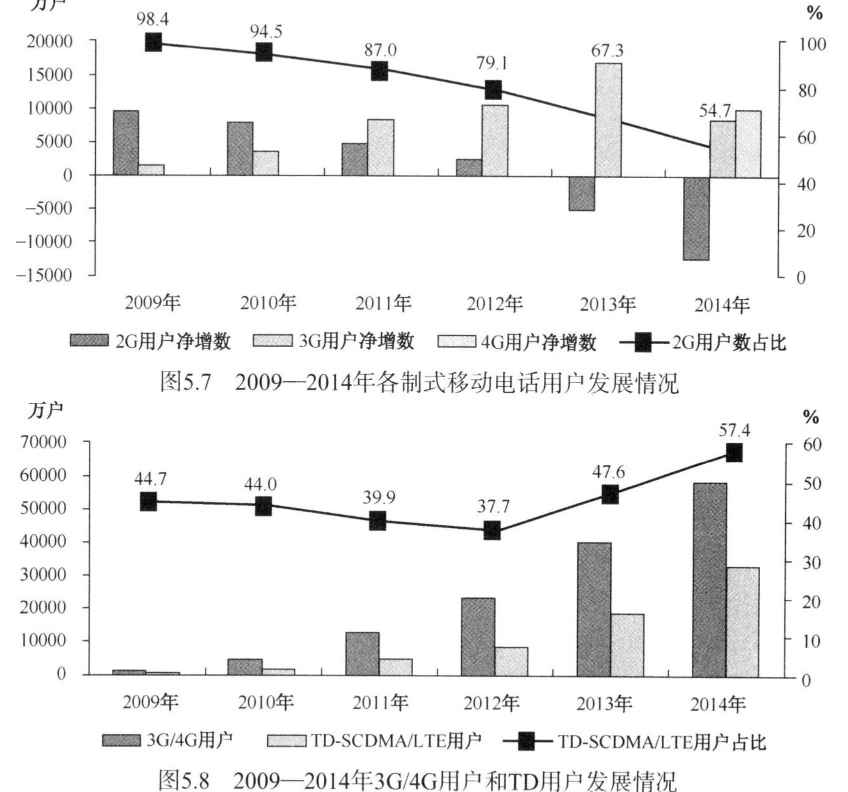

图5.7　2009—2014年各制式移动电话用户发展情况

图5.8　2009—2014年3G/4G用户和TD用户发展情况

6. 光纤接入用户和高速率宽带用户占比提升明显

2014 年，三家基础电信企业固定互联网宽带接入用户净增 1157.5 万户，比上年净增减少 748.1 万户，总数突破 2 亿户。宽带城市建设继续推动光纤接入的普及，光纤接入（FTTH/0）用户净增 2749.3 万户，总数达到 6831.6 万户，占宽带用户总数的比重比上年提高 12.5 个百分点，达到 34.1%。8M 以上、20M 以上宽带用户总数占宽带用户总数的比重分别达到 40.9%、10.4%，分别比上年提高 18.3 个、5.9 个百分点。城乡宽带用户发展差距依然较大，城市宽带用户净增 1021 万户，是农村宽带用户净增数的 7.5 倍，如图 5.9 所示。

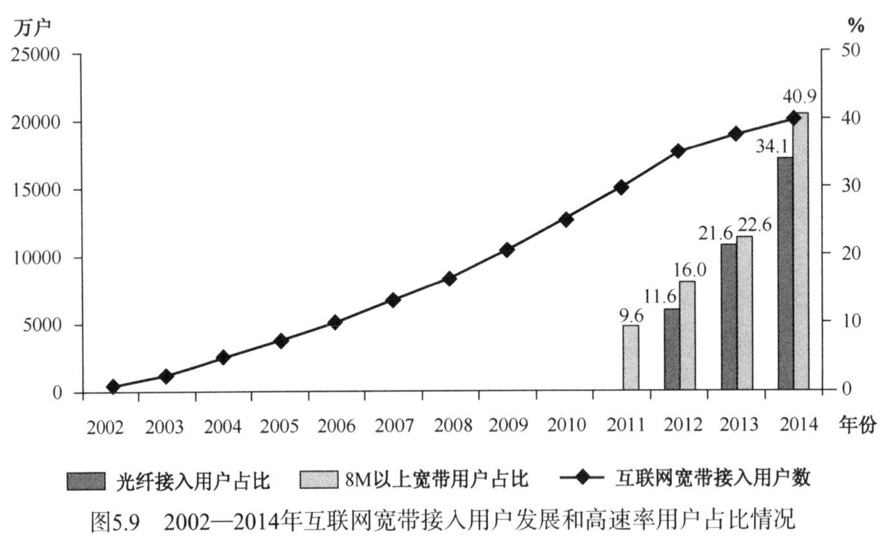

图5.9　2002—2014年互联网宽带接入用户发展和高速率用户占比情况

7. 企业创新意识和能力不断增强

2014 年，第 28 届中国电子信息百强企业和第 13 届软件业务收入前百家企业研发投入强度分别达 4.8%和 6.5%，分别高出行业平均水平 2 个百分点和 1.5 个百分点，全年研发经费增长均超过收入增速。企业专利成果丰硕，华为首次进入全球创新机构百强，京东方 2014 年新增专利申请量超过 5000 件。参与国际标准制定的话语权不断增强，2014 年，我国积极主导制定了在云计算、物联网、射频连接器、同轴通信电缆等领域的国际标准，对自主技术和产品走出去起到了重要的推动作用。

8. 重点技术领域不断取得突破

集成电路领域，28 纳米处理器成功制造；国内首款智能电视 SoC 芯片研发成功并量产，改变了我国智能电视缺芯的局面。国内首条、世界第二条 8 英寸 IGBT（绝缘栅双极型晶体管）专业生产线建成投产，打破了国外垄断，有效提升了我国在船舶、电网以及轨道交通车辆方面的智能化水平。自主可控国产软件系统已基本具备国产化替代能力，上下游企业“抱团”竞争，应用推广取得新进展，如表 5.1 所示。预计 2015 年我国规模以上电子信息制造业增加值将增长 10%左右。

表 5.1　2014 年电子信息产业主要指标完成情况

	单　位	全年完成额	增速（%）
一、规模以上电子信息制造业			
主营业务收入	亿元	102988	9.8
利润总额	亿元	5052	20.9
税金总额	亿元	2021	9.2
固定资产投资额	亿元	12065	11.4
电子信息产品进出口总额	亿美元	13237	-0.5
其中：出口额	亿美元	7897	1.2
进口额	亿美元	5340	-2.8
二、软件和信息技术服务业			
软件业务收入（快报数据）	亿元	37235	20.2
三、主要产品产量			
手机	万部	162719.8	6.8
微型计算机	万台	35079.6	-0.8
彩色电视机	万台	14128.9	10.9
其中：液晶电视机	万台	13865.9	13.3
集成电路	亿块	1015.5	12.4

来源：工信部。

5.2　网络接入

1. 宽带基础设施日益完善，“光进铜退”趋势明显

2014 年，互联网宽带接入端口数量突破 4 亿个，比上年净增 4160.1 万个，同比增长 11.5%。互联网宽带接入端口“光进铜退”趋势更加明显，xDSL 端口比上年减少 968.7 万个，总数达到 1.38 亿个，占互联网接入端口的比重由上年的 41%下降至 34.3%。光纤接入（FTTH/0）端口比上年净增 4763.9 万个，达到 1.63 亿个，占互联网接入端口的比重由上年的 32%提升至 40.6%，如图 5.10 和图 5.11 所示。

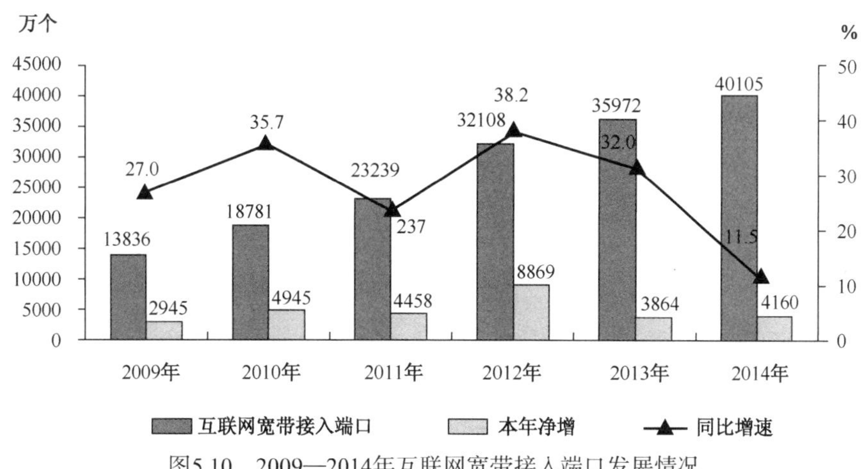

图5.10　2009—2014年互联网宽带接入端口发展情况

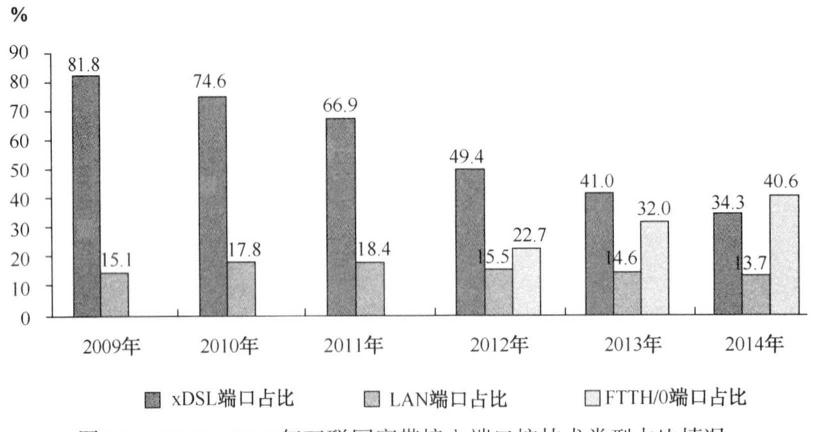

图5.11　2009—2014年互联网宽带接入端口按技术类型占比情况

2. 移动通信设施建设步伐加快，移动基站规模创新高

2014 年，随着 4G 业务的发展，基础电信企业加快了移动网络建设，新增移动通信基站 98.8 万个，是上年同期净增数的 2.9 倍，总数达 339.7 万个。其中，3G 基站新增 19.1 万个，总数达到 128.4 万个，移动网络服务质量和覆盖范围继续提升。WLAN 网络热点覆盖继续推进，新增 WLAN 公共运营接入点（AP）30.9 万个，总数达到 604.5 万个，WLAN 用户达到 1641.6 万户，如图 5.12 所示。

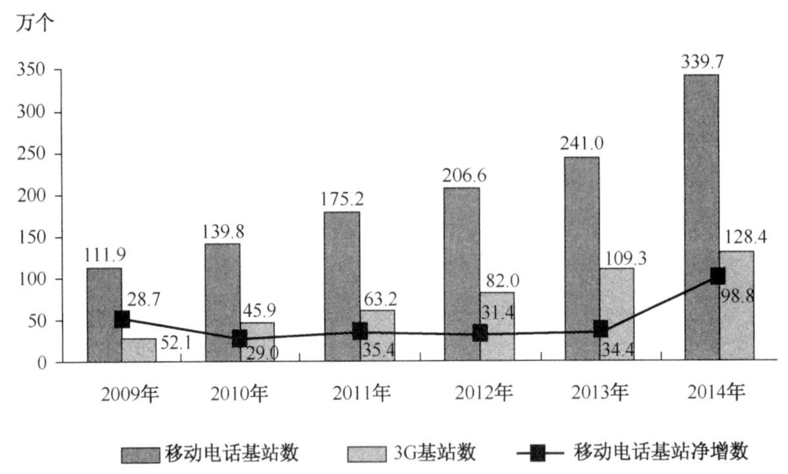

图5.12　2009—2014年移动电话基站发展情况

3. 传输网设施不断完善，本地网光缆规模与增长居首

2014 年，全国新建光缆线路 300.7 万公里，光缆线路总长度达到 2046 万公里，同比增长 17.2%，比上年同期回落 0.7 个百分点，整体保持较快的增长态势，如图 5.13 所示。

全国新建光缆中，接入网光缆、本地网中继光缆和长途光缆线路所占比重分别为 46.8%、48.7%和 4.5%。接入网光缆和本地网中继光缆长度同比分别增长 16.6%和 19.4%，长途光缆总长度达 92.8 万公里，如图 5.14 所示。

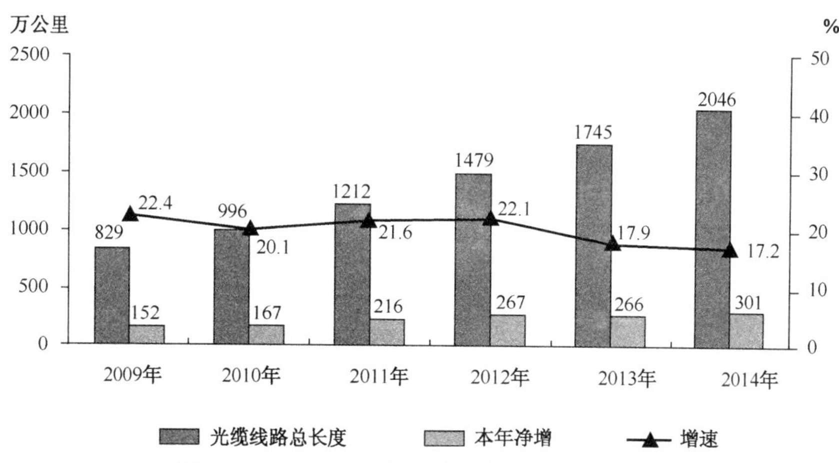

图5.13　2009—2014年光缆线路总长度发展情况

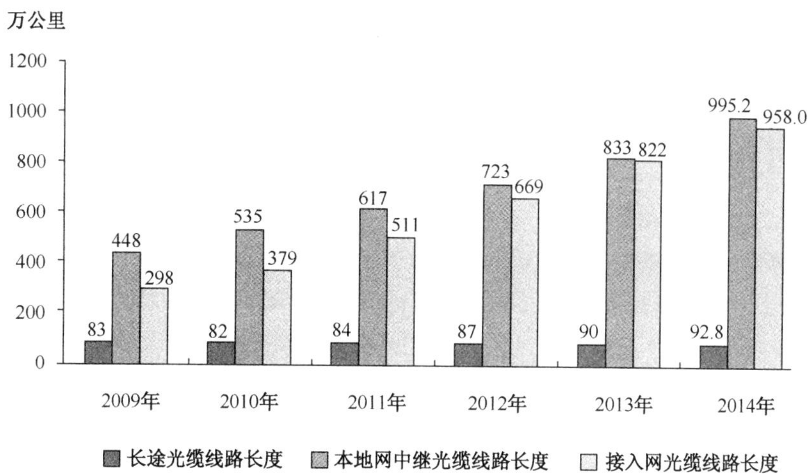

图5.14　2009—2014年各种光缆线路长度对比情况

5.3　网络交换

1. 交换机市场规模稳增、电信交换机需求提速

云计算的兴起，进一步推动了企业和运营商对于拥有更快、更好性能网络的需求，因此，2014 年全球以太网交换机市场发展迅速。据 Infonetics 的报告显示，2014 年全球以太网交换机市场营收 217 亿美元，同比增长 5%；与此同时，IDC 的报告也显示，2014 年第四季度，全球以太网交换机市场营收达到了创纪录的 62 亿美元，全年平均增长速度接近 4%。

从地域上看，2014 年第三季度以太网交换机市场在亚太区（不包括日本）出现了最高的增长，同比增长 14.6%，但是环比减少 1.5%。中国仍然是该地区的一个增长引擎，同比增长达到 25%，中国香港同比增长高达 30.7%。经过多年经营，2014 年中国 4G 网络进入大规模商用时代。移动互联网的发展在持续加速和渗透，这将在很大程度上带动电信交换机、智能交换机市场的发展。中国交换机市场继续保持着平稳增长的势头。从产品上看，据 ZDC 进行的产品关注调查数据显示，第一阵营三家品牌（思科、华为、H3C）竞争形势更加激烈，第二阵营相对保持平稳，第三阵营的竞争也在进一步加剧。

2. 40G、100G 以太网交换机是主要推动力

据 IDC 统计，2014 年全球范围内，40G 端口的出货量增长了两倍，销售收入较上年增长了一倍；与此同时，100G 端口增长了六倍，这主要得益于固定端口 100G 交换机需求的增长及光网络的升级。厂商之中，中国华为公司成绩最为突出。得益于华为品牌知名度的不断提升，以及全球合作伙伴的共同努力，华为以太网交换机在全球市场取得了出色的业绩——销售收入同比增长 72%；其中，中国（增长 17%）、欧洲市场为主力增长市场。

此外，白盒交换机开始抢占传统交换机厂商的市场份额，他们直接将产品销售给对网络虚拟化有更高要求的互联网公司，并实现了市场份额的快速增长。根据 2014 年第三季度数据中心网络设备销售统计，25G 和 50G 端口交换机的芯片研发及标准化工作也在积极推动中。

3. SDN、无线网络环境发展迅速

2014 年的企业级网络市场，SDN（软件定义网络）与 NFV（网络功能虚拟化）成为业界最受关注的细分领域。SDN 和 NFV 虽然处于起步阶段，但将在未来几年的企业 IT 基础架构中发挥越来越重要的作用。据针对渠道合作伙伴、系统集成商（SI）和最终客户的调查报告显示，有 62%的受访者表示正在评估 SDN 解决方案，或是在未来几年已经有部署 SDN 解决方案的规划；而 Infonetics 公司更是预计到 2016 年将有 87%的美国企业在其数据中心部署 SDN，2018 年运营商 SDN/NFV 市场规模将达 110 亿美元。

4. 全球路由器市场持续增长，细分市场差异较大

市场研究公司 Infonetics Research 的数据显示，在 2014 年第三季度，全球路由器市场同比下降了 2.7%。不过，路由器市场的关键细分市场的情况不尽相同。服务供应商板块同比增长 0.7%，而企业板块同比下降了 11.7%。不同地区的路由器市场也出现了分化的情况。亚太（不包括日本）和拉丁美洲市场是少数实现同比增长的地区，分别增长 9.1%和 5.2%。

5.4 网络终端设备

5.4.1 计算机

2014 年，我国计算机行业整体处于低迷态势，微型计算机产量和出口持续下滑，全行业效益增长放缓；产品结构不断调整，硬件移动化势头不减；重点企业转型整合，行业需要更多创新和突破。长期来看，计算机作为未来核心计算设备的功能不会改变，随着新技术的突破，计算机行业将迎来新的发展机遇。

1. 产量出现下滑，销售产值增速放缓

2014 年，我国累计生产微型计算机 3.51 亿台，下滑 0.8%；其中笔记本电脑 2.27 亿台，下降 5.5%。计算机全行业实现销售产值 22729 亿元，同比增长 2.9%，低于电子信息制造业全行业增速 7.4 个百分点，低于上年 2.6 个百分点，如图 5.15 所示。

据海关统计数据显示，2014 年我国微型计算机实现出口额 1147.8 亿美元，同比下降 2.5%，降幅比上年扩大 1.2 个百分点。出口的微型计算机中，平板电脑的数量比重上升到 53.8%，但出口金额比重仅占 28.6%；台式微机的比重下降至 2.8%，比下年继续下滑 0.2 个百分点。全年走势看，出口额呈缓步回升态势，如图 5.16 所示。

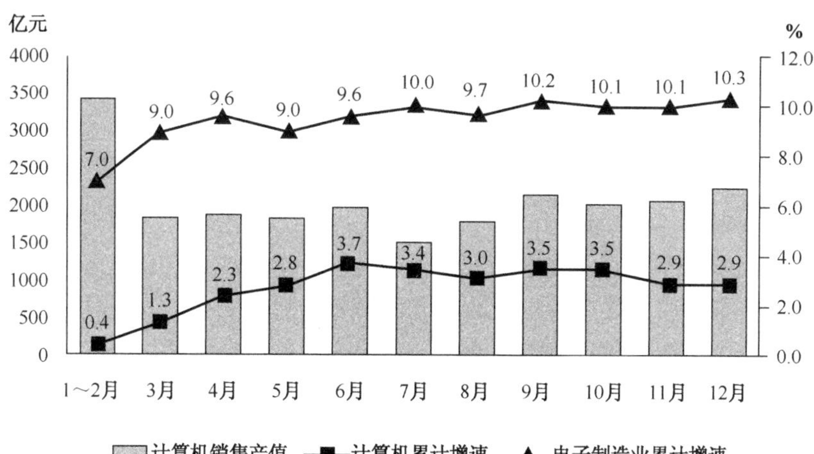

图5.15　2014年我国计算机行业销售产值增长情况

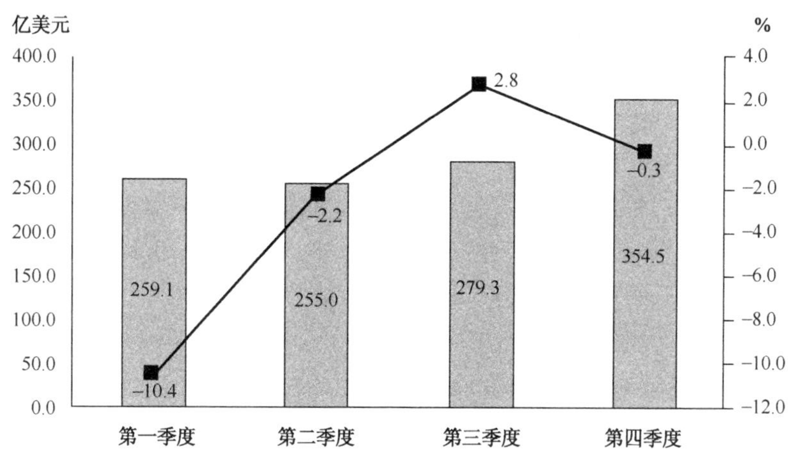

图5.16　2014年我国计算机行业出口增长情况

2. 产品结构不断调整，移动化、智能化趋势持续

微型计算机市场中，传统的台式电脑和一体电脑，虽然市场份额有限，占比已经降至低于 20%，但仍是商用电脑市场的主力军，产销量较为稳定。根据国内零售市场的监测数据显示，2014 年台式电脑的销量同比增长超过 20%。在消费领域，便携、移动、娱乐等趋势主导市场，笔记本电脑在大量取代传统大电脑的同时，受市场饱和、创新产品不足及平板电脑的替代分流等因素的影响，笔记本电脑的产销量下跌幅度超过 5%，但在微型计算机产量中的占比仍达 65%；平板电脑的销量增长 10%左右，但增速比上年有较大下降，价格下降也较快。

就服务器领域来说，有如下三个特点。

（1）全球服务器销量及应收持续下滑。

IDC 年度数据显示，由于全球经济环境疲软，以及客户的服务器整合等原因，2014 年第一至第四连续四个季度，全球服务器产品和业务销量呈下滑走势，营收收入也下降。

（2）中国市场本土厂商整体份额大幅增长。

随着云计算在中国市场的深入，国内对于 4 路、8 路服务器需求提速。与此同时，电子商务等与人们生活密切相关的服务行业对服务器的拉动作用不断提升。受到用户需求快速变化的影响，定制化服务成为服务器市场新模式。这些给本土厂商的发展带来了新的机会，其整体份额大幅增长。

（3）信息化建设及 4G 发展刺激服务器需求增长。

随着信息化建设、移动互联网、电子商务的发展，大数据资源的利用挖掘成为服务器需求扩大的一个原因。此外，电子政务、O2O 等的发展，也驱动政府、运营商加大信息化建设投入。这些因素将推动服务器市场规模的扩大。另外，随着 IT 技术的发展，传统 IT 架构模式下的服务器往往无法应对业务的迅速变化。为提高服务器资源利用率，加快应急处理响应时间，降低运营维护成本，虚拟化技术将得到更多的应用。

5.4.2 移动终端

1. 基本数据

1）产量保持平稳增长，外贸出口保持增长

2014 年，我国手机整体产量达到 16.3 亿部，同比增长 6.8%。从产量增速走势来看，除年初受节日因素影响增幅较小外，3 月后增速均保持在两位数以上。进入下半年，增速逐月下降，如图 5.17 所示。

同时，我国手机出口量和出口额呈同步增长态势。据海关统计，我国手机出口 13.1 亿部，同比增长 10.5%；出口额 1153.6 亿美元，同比增长 21.3%，高于电子信息产品整体出口增速 20 个百分点。从出口额增势来看，第一季度手机出口增长较为缓慢，第二季度后增速有所回升，第四季度增速进一步提高，稳定在 15%以上，如图 5.18 所示。

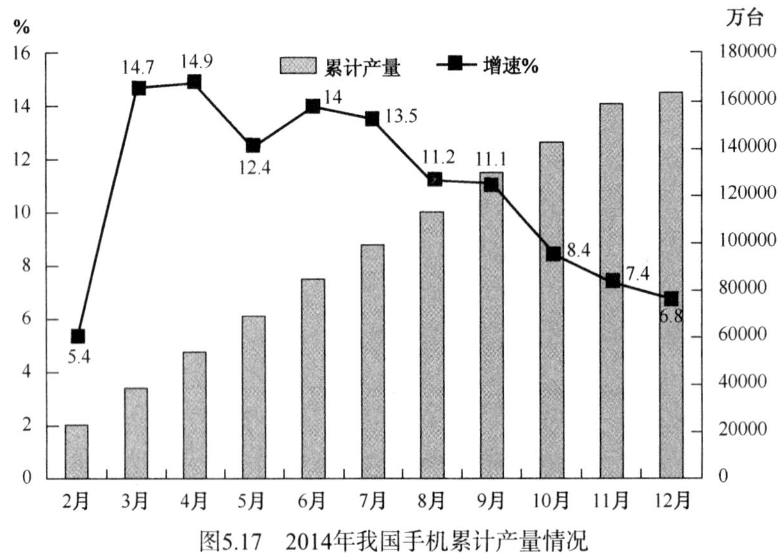

图5.17 2014年我国手机累计产量情况

2）效益规模稳步提升，行业投资高位运行

2014 年，我国通信终端设备制造业实现主营业务收入 12241.4 亿元，同比增长 16.8%；

实现利润总额 396.5 亿元，同比增长 14.7%；税金 178.5 亿元。行业平均利润率为 3.2%，低于电子制造业平均水平 1.7 个百分点。从走势来看，通信终端设备制造业收入增势平稳，增速保持在两位数以上，如图 5.19 所示。

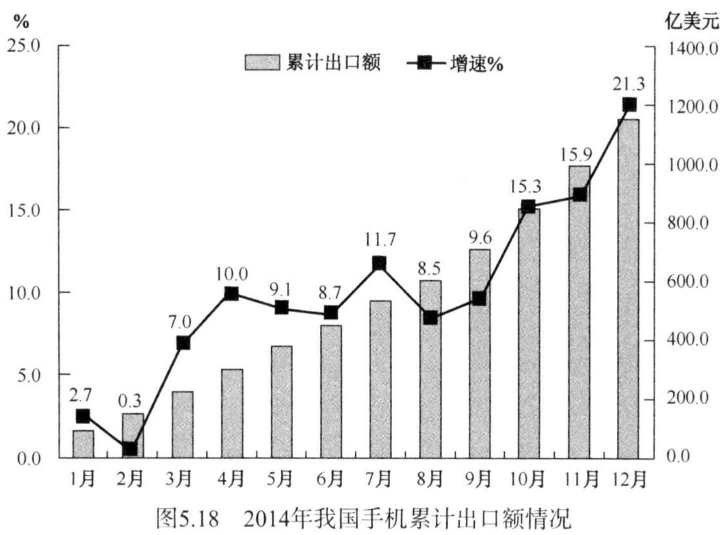

图5.18 2014年我国手机累计出口额情况

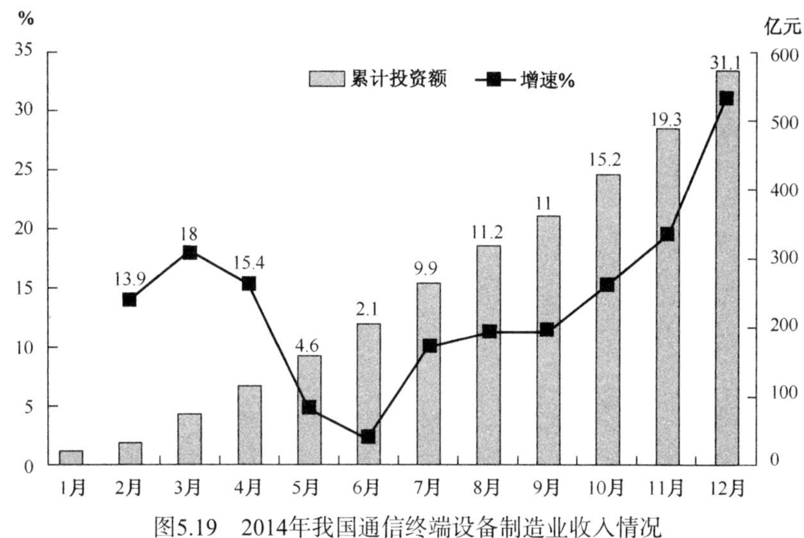

图5.19 2014年我国通信终端设备制造业收入情况

2014 年，通信终端设备制造业 500 万元以上项目完成固定资产投资 569 亿元，同比增长 31%，高于电子制造业平均水平 19.7 个百分点。从投资增速来看，呈 V 形走势，第二季度增长较为缓慢（见图 5.20）。从投资领域来看，投资重点集中在设计和软件开发等环节。

2. 主要特点

1）产量增速明显放缓

2014 年是 4G 正式商用的第一年，也是国内手机向 4G 转型的重要一年。全年生产手机 16.3 亿部，同比增长 6.8%，与 2013 年同期相比，增速回落 16.4 个百分点。手机产量增速放缓显示出我国手机市场正在趋于饱和状态，预示着多年来手机行业的规模快速扩张道路已接近尾声，转型升级、开辟海外市场空间及新兴融合需求空间是企业发展的当务之急。

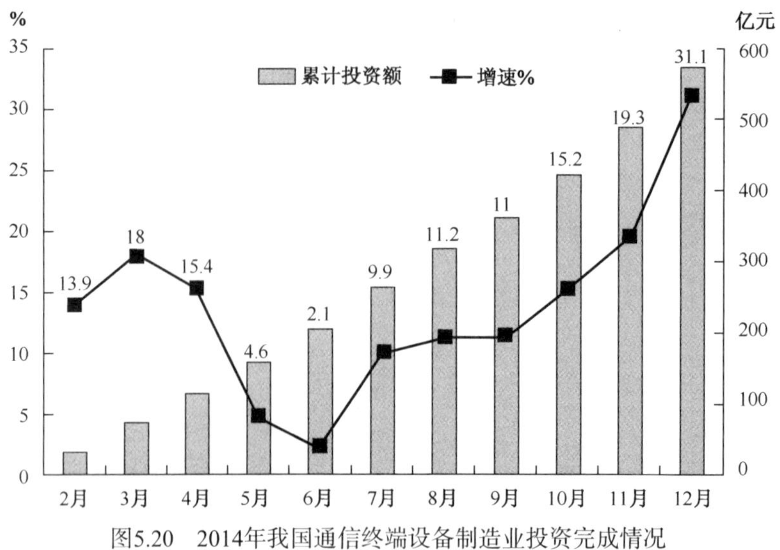

图5.20　2014年我国通信终端设备制造业投资完成情况

同时，国内市场手机整体出货量有所下降，但 4G 手机爆发式增长势不可挡。全年手机出货量为 4.52 亿部，同比下降 22%。但同时 4G 手机出货量在持续扩大。从 9 月开始，4G 手机出货量超过 50%。全年 4G 手机出货量为 1.71 亿部，占比为 37.8%。2014 年，智能手机出货量为 3.89 亿部，同比下降 8.2%，市场占有率为 86%，比去年提高 12.9 个百分点。

2）跨界合作趋势进一步增强

在移动互联网时代，手机制造企业与互联网企业的合作日趋紧密，如腾讯、百度、阿里、360 和乐视等纷纷与手机企业联手合作，以达到创新营销和巩固渠道的目的。例如，腾讯与互联网手机品牌大 Q 开展基于 QQ 空间营销的合作；百度提出 Baidu Inside 计划，将在智能硬件生态链上输出技术能力；阿里借助魅族的 MX4，推出搭载基于阿里 YunOS 底层的 Flyme 系统手机；360 向酷派投资 4 亿美元，并与其成立合资公司，欲借助手机弥补其在移动平台的弱势。可以说，目前的手机行业已经不只是一个制造行业，而是集开发、制造、服务于一体的平台型行业。

3）国内企业纷纷创建子品牌

2014 年，我国手机企业创立了大批新的子品牌，知名手机厂商创立的子品牌接近两位数。这显示出三个方面的趋势，一是传统厂商向电商化发展，二是原有小众品牌增加产品线的厚度，三是从代工转向品牌之路。总体而言，2014 年的手机市场可谓是百花齐放，但也预示着 2015 年行业将会有一轮新的洗牌过程，竞争将更加激烈。

3. 发展趋势

1）全球智能机市场保持两位数增长

随着全球电信运营商陆续投入 LTE 商用网络业务，引领智能型手机、平板电脑、穿戴式装置等智能终端的市场蓬勃发展。据研究机构预测，2015 年，全球智能型手机出货量将达 14.67 亿部，年增长 14.79%，其中，新兴市场为主要成长动力。随着智能手机快速低价化，2015 年成长最快速的地区为印度、拉美、中东、非洲等地区。2015 年，高价手机市场成长空间将持续缩小，600 美元以上的智能手机出货量仅占整体智能手机 18%，而 300 美元以下智能机出货量占比将达到 37%，智能型手机朝低价化发展已成为必然趋势。

2）国内市场 4G 网络带动效应突出

2014 年，我国移动电话用户净增 5698 万户，其中，移动宽带用户（3G 和 4G）净增达到 1.81 亿户，总数达到 5.83 亿户，在移动电话用户总数中的占比由上年末的 32.7%提升至 45.3%。4G 用户继续保持高速增长态势，12 月净增突破 2100 万户，再创新高，且呈现 2G 用户直接向 4G 用户迁移趋势。预计 2015 年仍有大量的 2G 和 3G 用户向 4G 转移，将拉动国内手机市场需求增长。

5.5　新兴网络设备

5.5.1　智能电视

1. 重点技术领域不断取得突破

2014 年 8 月 20 日，创维集团联合华为海思发布了采用海思 Hi3751 智能电视 SoC 芯片的 GLED8200 系列超高清智能电视，标志着国内首款智能电视芯片研发成功并实现量产。智能电视 SoC 芯片是智能电视的核心关键部件，一直以来，我国智能电视芯片几乎全部依赖进口，严重制约了彩电产业的发展。近年来，工信部通过“核高基”国家科技重大专项，引导和支持国内芯片企业与骨干彩电企业联合合作，坚持整机需求牵引，共同开展智能电视芯片的研发。华为海思与国内彩电企业在“核高基”国家科技重大专项支持下开展联合攻关，成功开发出国内首款智能电视芯片 Hi3751，芯片整体性能优于市场同类芯片。智能电视芯片的成功量产对改变我国彩电行业“缺芯”的局面，提高电子信息产业核心竞争力具有重要意义。

2. 生产保持增长，行业投资低位运行

2014 年，我国电视机制造业实现主营业务收入 4054 亿元，同比增长 1.1%，实现利润 138 亿元，同比增长 20.2%（见图 5.21 和图 5.22）。行业平均利润率为 3.4%，低于电子制造业平均水平 1.5 个百分点。从走势来看，2014 年以来电视机制造业收入除年初受传统节日的影响，收入增幅较大之外，进入第二季度后，增势维持低位；而利润上半年增速维持负增长，进入下半年，随着大屏、智能、4K 销量的增加，扭转了利润负增长的态势。

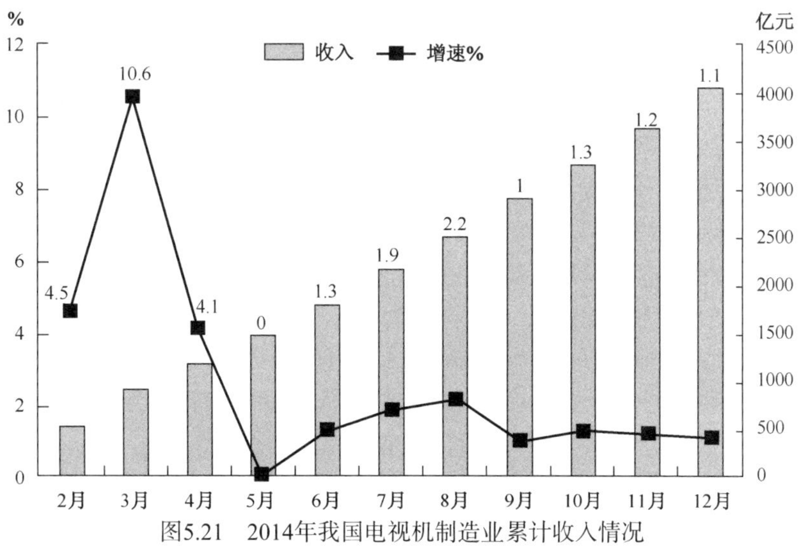

图5.21　2014年我国电视机制造业累计收入情况

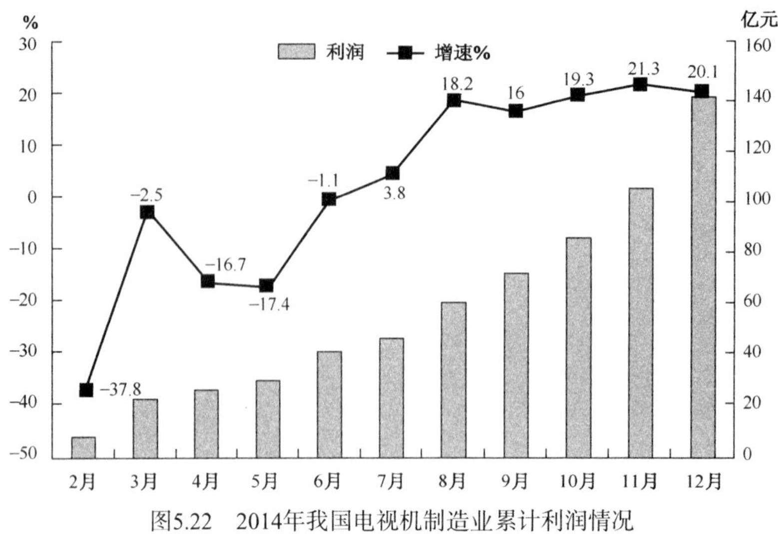

图5.22　2014年我国电视机制造业累计利润情况

2014 年，电视机制造业 500 万元以上项目完成固定资产投资 102 亿元，同比下降 15.3%，低于电子制造业平均水平 26.7 个百分点。从投资增速来看，呈 L 形走势，从 3 月开始下降幅度逐渐收窄（见图 5.23）。从投资领域来看，投资重点集中在智能电视及芯片开发等环节。

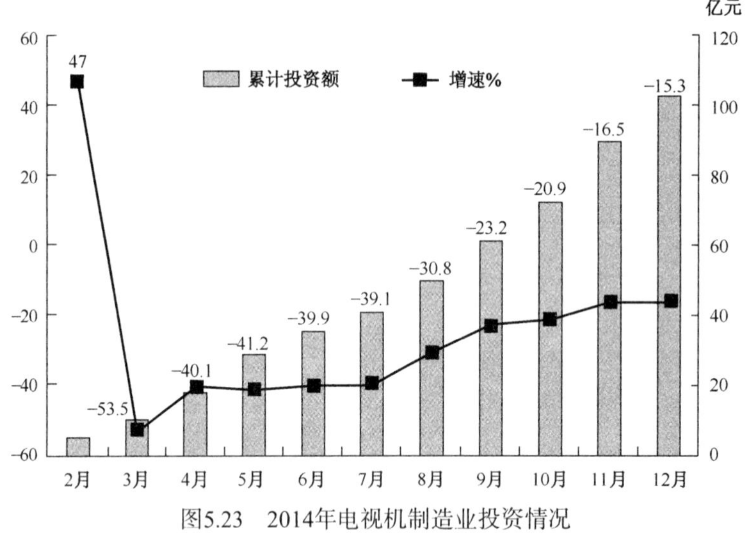

图5.23　2014年电视机制造业投资情况

3. 电商渠道地位进一步提高，产业持续转型升级

互联网改变了传统电视产品形态，也改变着家电传统销售渠道。在家电市场全面“触网”的背景下，2014 年，家电网购市场业态占比不断扩大。预计 2015 年，平板电视线上市场份额将达到 20%。伴随电商平台物流体系的建设与完善，家电网购彻底打破了家电渠道在体验、价格、厂商合作关系等方面的传统“价值观”。

2015 年仍将是我国彩电行业继续深化产品结构调整和产业转型升级的关键年头，市场增长的机会将主要集中在技术升级、线上市场和农村市场的增长。同时，智能电视偏低的保有量加上巨大的更新需求，为智能电视的普及提供了条件。但是，考虑到我国宏观经济增长放缓、房地产增速低迷等不确定因素的存在，未来我国彩电内销市场前景不容乐观。

5.5.2　可穿戴设备

1. 设备出货量超过 500 万部

随着全球可穿戴设备的兴起，中国可穿戴设备市场也将迎来高速增长。可穿戴设备将与人们的日常生活应用紧密结合，不同形态的产品将成为市场热点。据艾媒咨询数据显示，预计 2015 年中国可穿戴设备将超过 4000 万部，如图 5.24 所示。

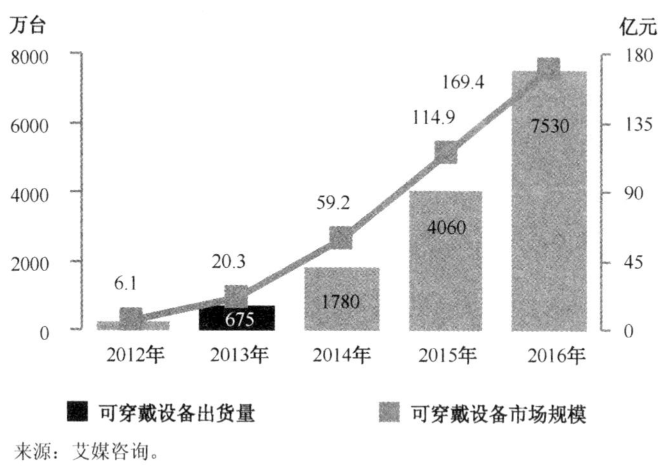

来源：艾媒咨询。

图5.24　中国可穿戴设备出货量及市场预测

可穿戴设备产品形态各异，主要以非侵入式设备为主，并与其他日常物品结合。据艾媒咨询数据显示，中国消费者对健身和娱乐领域的可穿戴设备最感兴趣。

2. 智能化市场应用前景广阔

易观智库分析认为，智能手机的发展，对于未来智能可穿戴设备市场的拓展，从设备基础、使用习惯甚至消费者生活方式等多方面打下了基础。基于大数据分析的，更加智能化、定制化的内容将会是未来的发展趋势之一，而智能可穿戴设备在用户的数据搜集和互动方面是该趋势不可或缺的环节。

随着智能可穿戴设备在最近几年的持续走热，投资人对于智能可穿戴设备行业的投资兴趣也逐渐升温。2014 年则是投资项目的爆发年份，不管是投资项目的数量，还是金额，都有明显增长。仅 2014 年 1 月，就有多达 5 家公司获得了融资，投资金额也从数百万元人民币的天使种子投资，逐渐变成数百万美元，甚至数千万美元的 A 轮、B 轮融资。

预计到 2015 年，健康监控类产品以及健康大数据方向的项目及产品将持续成为投资热点领域。根据易观智库估计，得益于市场上日渐增多的智能可穿戴设备，以及在消费者中的日渐普及，中国智能可穿戴设备市场在 2014 年的规模为 22 亿元人民币。到 2015 年，预计中国智能可穿戴设备市场规模将会达到 135.6 亿元人民币。

5.5.3　物联网设备

1. 市场规模迅速扩大

传感器的使用迅速普及，应用越来越广泛，增长迅速。受益于国家的大力支持和应用领域的不断扩张，近几年我国物联网产业规模实现了年复合增长率近 30%的快速增长。根据工信部预测，2014 年我国物联网产业规模有望达到 6800 亿～7000 亿元，增速超过 40%，继续呈现迅猛发展态势。同时，随着近几年的快速发展，中国已初步形成了涵盖芯片、元器件、软件、系统集成、电信运营、物联网服务等各产业环节的较为完整的物联网产业体系，以及长三角、珠三角、环渤海和中西部四大物联网产业聚集区，成为目前世界上少数拥有完整物联网产业链的国家之一。

2. 行业应用成效积极

2014 年，我国物联网应用发展稳步推进，充分发挥其渗透性强的特点，在多个行业中得到迅速应用，取得积极成效。具有较大应用的领域有食品溯源、安全防范、智能电网、环保监控、智慧农业、车联网等。

2014 年是我国家电业智能化之年，海尔、美的作为领导者引领智能家居风潮，其他行业企业也悉数跟进，家电智能化成为行业主流。智能家居领域的软硬件结合创新产生了智能家居云计算平台，把智能家居设备商、服务商与家庭用户紧密联系起来。

（中国互联网协会　陆希玉、王朔）

第 6 章　2014 年中国网络资本发展情况

6.1　中国互联网创业投资及私募股权投资市场概况

6.1.1　中国创业投资及私募股权投资（VC/PE）市场概况

2014 年，中国创业投资市场募资情况出现好转，规模迅速扩大。据清科集团旗下私募通统计，2014 年度中外创投机构共新募集 258 支可投资于中国大陆的基金，同比上升 29.6%；其中，已知募资规模的 253 支基金新增可投资于中国大陆的资本量为 190.22 亿美元，较上年度大幅增长 174.9%，这是继 2011 年以后基金募资规模方面首次出现的正增长，全年已披露金额的基金平均募集规模为 7518.5 万美元，同比增长 116.2%。基于中国未来几年宏观经济发展规划，投资者对未来经济形势平稳发展充满期望，募资规模方面出现大幅增长，如图 6.1 所示。此外，A 股 IPO 重新开闸，多层次资本退出市场基本稳定，项目退出渠道多元化更加激发了投资者的热情，同时也增强了 LP 的投资信心。

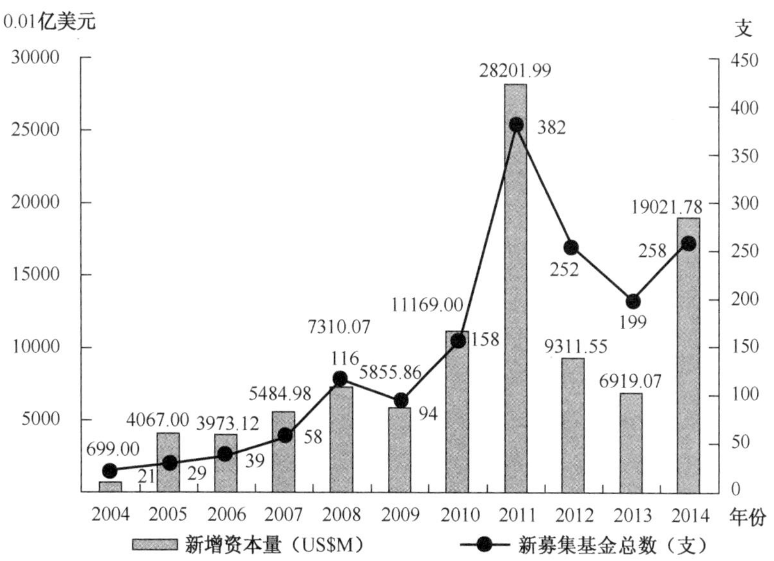

来源：私募通 2015.01，www.pedata.cn。

图6.1　中国创业投资机构基金募集情况

2014 年创投市场从基金币种来看，募集数量方面，人民币基金占据绝对优势，全年共新募集完成 228 支基金，约占全部新募集基金支数的 88.4%；美元基金期间共募集完成 30 支，占比仅为 11.6%。募集金额方面，全年创投市场共募集完成的 190.22 亿美元中，人民币基金达 108.43 亿美元，占比为 57.0%；美元基金募集金额共 81.79 亿美元，占比为 43.0%。平均募集规模方面，美元基金普遍高于人民币基金，单支募集金额达到 2.73 亿美元，远大于人民币基金的 4862.43 万美元。互联网企业的赴美上市热潮大大影响了国内投资市场，美元基金的优势凸显，加速了外资机构对于外币基金的设立和募集，激发了外资 LP 的投资热情。由于 A 股市场 IPO 暂停，过去两年人民币基金表现不及美元基金，但 2015 年 A 股注册制的改革可能会引发人民币基金的强势回归。

2014 年，中国创投市场共发生投资 1917 起，较 2013 年同期增长 67.0%；其中披露金额的 1712 起投资交易共计涉及金额 168.83 亿美元，较上年同期的 66.01 亿美元激增 155.8%；在披露案例的全部投资交易中，平均投资规模达 986.17 万美元。本年度投资的 1917 起案例中，1120 起投资于初创期项目，约占投资总量的 58.4%，为近十年来的最高占比。整体来看，在创新创业的大背景下，中外创投机构已经进入投资“狂热期”，且投资阶段愈发前移。

2014 年，中国创投市场平均投资规模达 986.17 万美元（约合人民币 6034.37 万元），较上年的 668.88 万美元上涨 49.5%，达到历史最高水平，如图 6.2 所示。2014 年，中外创投机构加大在市场的投资力度，一方面，基于当前宏观经济形势，市场资源配置的优化问题得到了越来越多的重视。在新“国九条”的大力支持下，作为私募行业重要组成部分的股权投资行业必将会迎来更加广阔的发展空间。另一方面，新一代信息技术革命正在逐渐融合传统行业，创业机会增多也给予 VC 更多投资标的的选择。

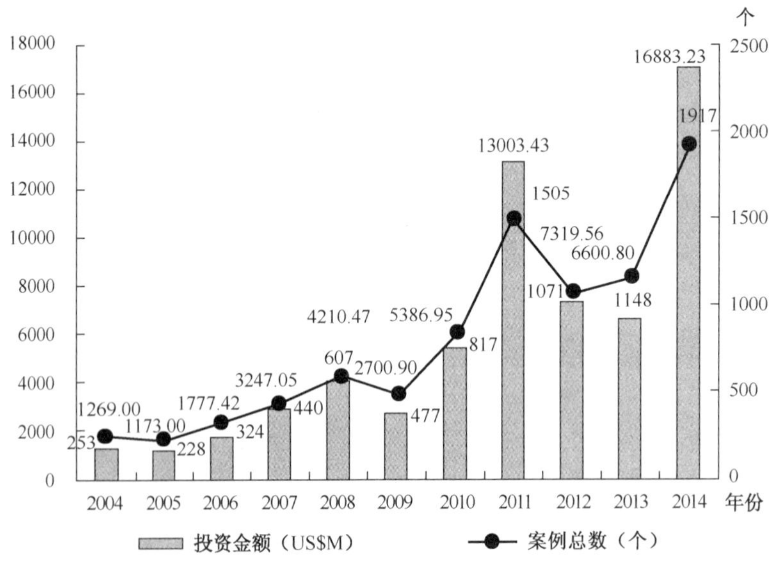

来源：私募通 2015.01，www.pedata.cn。

图6.2 中国创业投资市场投资总量

2014 年，中国中外创投共发生 444 笔退出交易，较上年同期的 230 笔退出交易上涨 93.0%，如图 6.3 所示。从退出方式来看，2014 年共发生 172 笔 IPO 退出，占比为 38.7%，为 2014 年的主要退出方式；并购退出紧随其后，全年共计实现 111 笔，占比为 25.0%；排名第三的是股权转让退出方式，本年度共涉及 70 笔，占比为 15.8%；此外，2014 年创业投资市场有 20 笔交易通过借壳上市的方式退出，如图 6.4 所示。

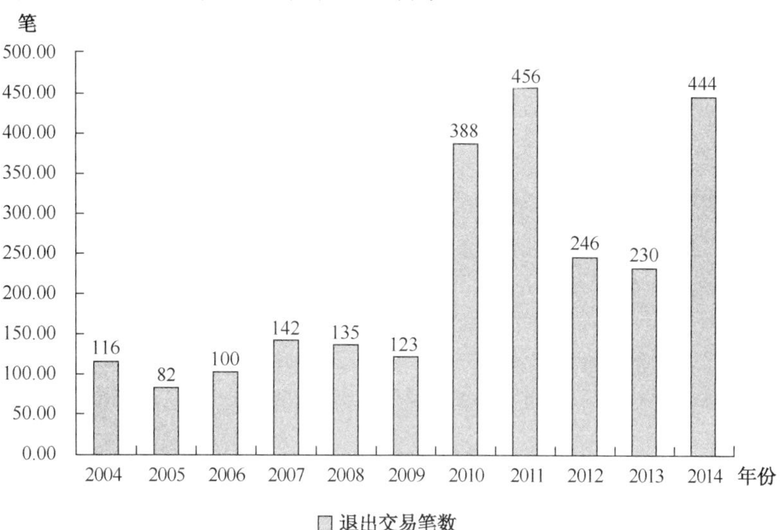

来源：私募通 2015.01，www.pedata.cn。

图6.3　中国创业投资市场退出案例数

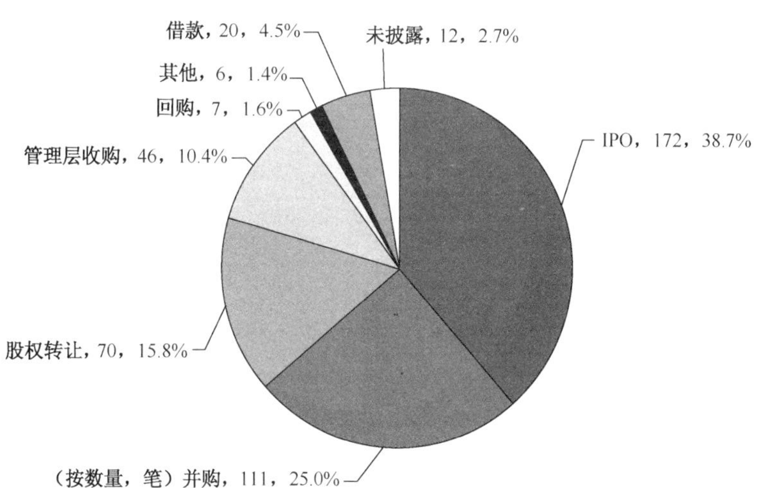

来源：私募通 2015.01，www.pedata.cn。

图6.4　中国创业投资市场退出方式分布

2014 年 A 股 IPO 的开闸，为众多投资机构带来希望的曙光，但是，企业想实现境内上市尚存在种种壁垒，尤其是尚未盈利的互联网企业。鉴于此，2014 年掀起了一阵赴美上市的大潮，阿里巴巴、京东、聚美优品、猎豹等互联网企业均成功 IPO。

2014 年 3 月 24 日，国务院公布《关于进一步优化企业兼并重组市场环境的意见》，从行政审批、交易机制、金融支持、支付手段、产业引导等方面进行梳理革新，全面推进并购重组市场化改革。这将推动市场化并购迎来新一轮高潮，也诱发 VC 机构的退出策略产生调整，并购和 IPO 将成为两种主要的退出方式。

据清科研究中心发布的《2014 年中国私募股权投资市场数据统计》显示，2014 年，中国市场共有 448 支可投资中国大陆的私募股权投资基金完成募集，同比增长 28.4%，如图 6.5 所示。其中，已经披露投资金额的 423 支基金募集到位的可投资中国大陆的总金额达到 631.29 亿美元，超越历史最高的 2008 年，创历史新高；多层次资本市场建设、私募股权的宽松监管原则及对外投资合作的加快，使得大量的国资背景产业基金、社会资本及中外合作基金相继设立，极大地促进了 PE 市场的募资积极性。与此同时，投资市场共计投资 943 起案例，披露投资金额的 847 起投资案例共计投资 537.57 亿美元，较 2013 年实现大幅增长的同时，创历史最高水平；新一轮国企混改、境内外并购市场的火爆、上市公司资本运作的活跃，以及生物医疗、移动互联网等新兴投资领域热潮的到来，在为不同层次私募股权投资机构带来机遇的同时，极大地带动了投资市场的膨胀，PE 投资市场迎来"PE2.0 时代"的到来。退出市场上共计实现 386 笔退出，其中 IPO 退出 165 笔，占比为 42.7%，较历史平均水平降幅明显；股权转让、并购等退出方式占比提升明显，退出渠道更趋多元化；房地产行业退出案例的提升成为股权转让激增的主要因素，香港资本市场延续了 2013 年的趋势，共计有 56 笔 IPO 案例实现退出。

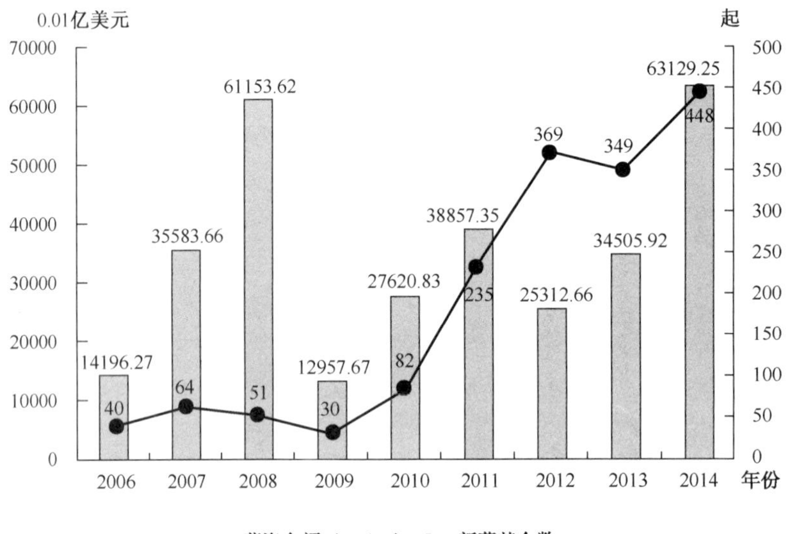

来源：私募通 2015.01，www.pedata.cn。

图6.5 私募投资基金总量

募资市场的火爆主要受益于新"国九条"明确构建多层次资本市场鼓励大力发展私募行业，使得大量政府背景的产业资本涌入私募股权投资行业；与此同时，2014 年正式确立的开放宽松的行政监管格局，极大地刺激了以境内外上市公司为主的资本的涌入；而 2014 年境内外合作频繁开展，相继成立了数支规模较大的政府间合作基金。

从新募基金类型分析，448 支新募基金仍以成长基金为主，共计 235 支，其中已经披露募集金额的 216 支基金共计募集 386.17 亿美元；其次为房地产基金，126 支房地产基金中披露投资金额的 121 支基金共计募集 104.39 亿美元，完成募集数量及金额较 2013 年小幅下滑。并购基金完成募集 68 支，到位资金共计 66.50 亿美元，其中，上市公司合作基金比例较大；相比 2013 年，完成募集的并购基金增长了 49 支，金额增长了 44.43 亿美元，增幅明显。基础设施基金成为本年度异军突进的基金类型，共计募集到位 10 支，披露投资金额的 9 支基金共计募集 50.27 亿美元，如图 6.6 所示。

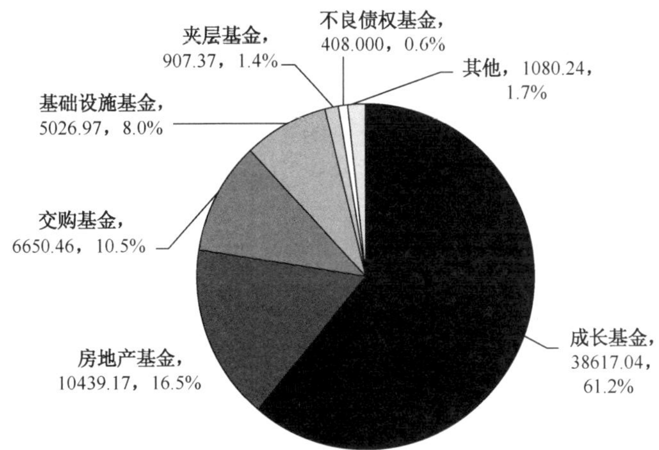

来源：私募通 2015.01，www.pedata.cn。

图6.6　新募私募股权基金类型分布

从新募基金的币种分析，人民币基金共完成募集 409 支，披露募资金额的 385 支人民币基金共计募集 483.04 亿美元；外币基金共计募集 39 支，披露募资金额的 38 支基金共募集到位 148.25 亿美元。

2014 年，私募股权投资市场共计完成 943 起投资案例，同比增长 42.9%，其中已经披露投资金额的 847 起投资案例共计投资 537.57 亿美元，同比增长 119.6%，双项数据均创历史新高，如图 6.7 所示。新一轮国企混合所有制改革、境内外并购市场的火爆、上市公司资本运作的活跃，以及生物医疗、移动互联网等新兴投资领域热潮的到来等都成为推动 2014 年投资市场火爆的主要原因。

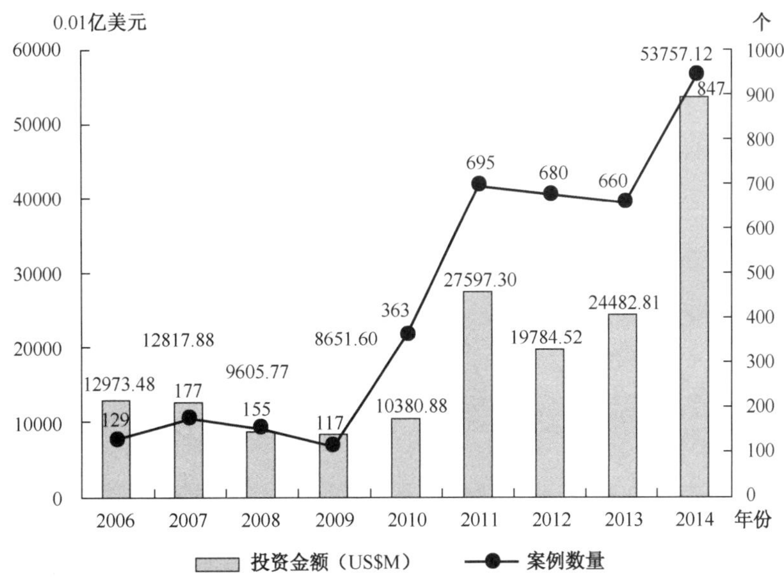

来源：私募通 2015.01，www.pedata.cn。

图6.7　中国私募股权投资基金投资情况

从投资策略分析，成长资本依然是最主要的类型，共计发生 751 起投资案例，其中已经披露投资金额的 662 起投资金额共计投资 345.57 亿美元。PIPE 替代房地产投资成为本年度排名第二的投资类型，115 起 PIPE 投资案例共计投资 99.05 亿美元，以江苏瑞华控股、天堂硅谷、温氏投资等为代表的 VC/PE 机构积极参与二级市场定增，极大地刺激了 PIPE 投资的规模；相比 2013 年，房地产的投资案例数下滑明显，但是投资总金额实现增长，这与本年度房地产投资领域主要以大型私募房地产机构主导的现状有关，如图 6.8 所示。

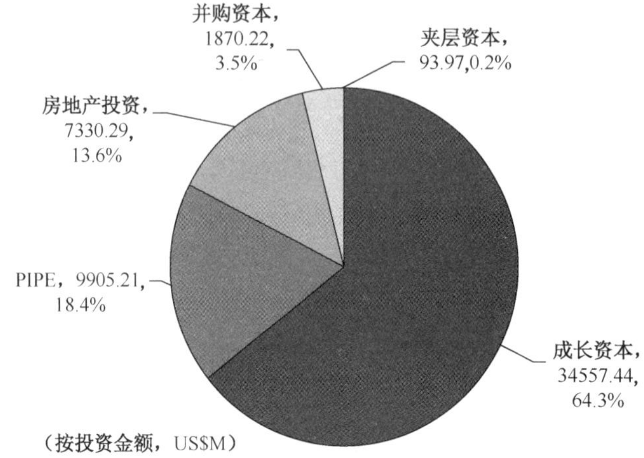

来源：私募通 2015.01，www.pedata.cn。

图6.8　中国私募股权投资市场投资策略

2014 年，退出市场共计实现 386 笔退出，退出方式相比 2013 年更为多元化，IPO 作为主要的退出渠道，占比下滑，共有 165 笔案例通过 IPO 实现退出，其次为股权转让、并购，分别有 76 笔、68 笔退出案例，如图 6.9 所示。在统计的 8 类退出方式中，IPO 的平均回报水平依然最高，其次为借壳、并购。165 笔 IPO 退出案例中，有 56 笔通过香港主板实现退出，上交所以 36 笔退出排名第二，之后依次为创业板、纳斯达克、中小板和纽交所。从回报水平来看，纳斯达克与上交所的回报水平优势明显。

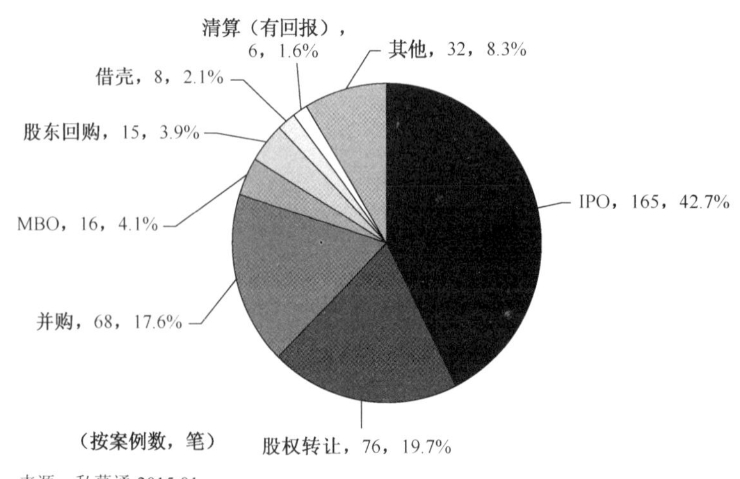

来源：私募通 2015.01。

图6.9　中国私募股权投资市场退出方式分布

2014 年度的 386 笔退出案例分布于至少 23 个一级行业中，其中房地产、机械制造、互联网、生物技术/医疗健康及清洁技术行业的退出案例数排名较为靠前。房地产行业退出主要以股东回购及股权转让为主；而机械制造、生物技术/医疗健康及互联网仍然主要以 IPO 退出为主。从平均回报水平分析，食品&饮料、互联网及机械制造成为平均回报水平最高的三个行业。

6.1.2　中国互联网行业创投 VC 投资市场概况

2014 年，中国创投市场所发生的 1917 起投资分布于 24 个一级行业中。从投资案例数方面看，互联网行业以 503 起交易位列第一；电信及增值业务全年共发生 338 起交易，排名第二；第三名为 IT 行业，全年共发生投资 181 起，如图 6.10 所示。从投资金额方面看，互联网依旧以 35.96 亿美元的成绩稳居首位；紧随其后的是电信及增值业务，本年度共涉及投资金额 28.52 亿美元；其次是半导体行业，共产生 15.56 亿美元的投资金额，如图 6.11 所示。

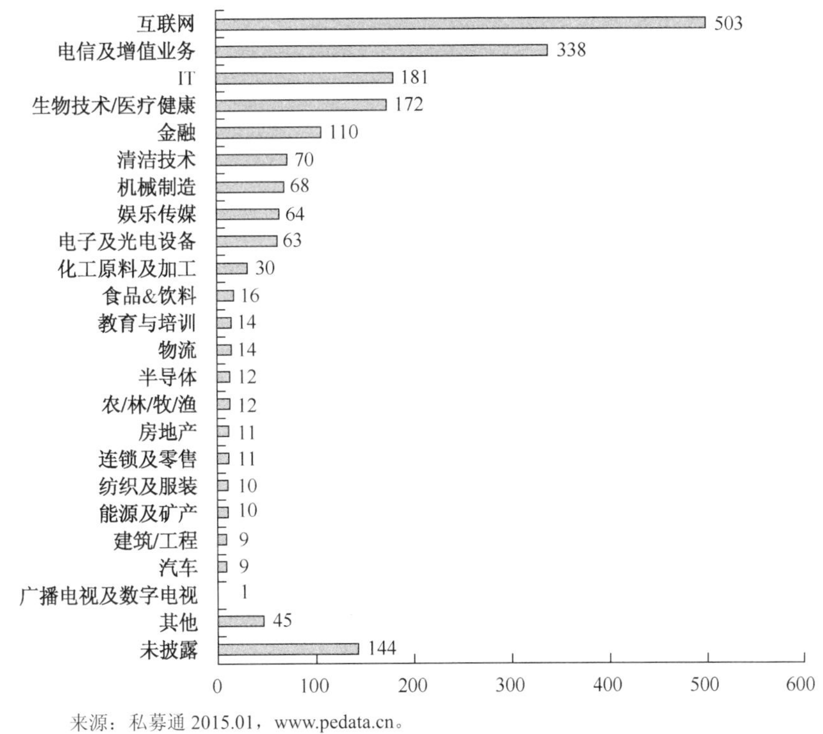

来源：私募通 2015.01，www.pedata.cn。

图6.10　中国创业投资市场一级行业投资分布（按案例数，起）

2014 年，中国创业投资市场进入高速增长期，在社会发展的推动下，传统行业发生了深层次的变化，发生分化甚至重塑、重组，创业的机会增多。互联网创业企业层出不穷。互联网、移动互联网、O2O、智能硬件、可穿戴硬件、互联网金融、P2P、众筹等领域越来越多地进入投资界，并且投资阶段愈发前移，大量 VC 机构以 A 轮的价格投资天使轮，甚至高于 A 轮，对企业来说是一个融资的最好时代。

互联网行业的快速创新是其受到关注的主要因素。目前，互联网行业已经不单纯做线上服务，传统互联网企业纷纷转型，更多地与垂直领域相结合成为其发展的主要路径。其在拓展过程中需要大量资金支持，这也是VC/PE机构加大互联网公司投资并且推动与其开展合作并购的主要原因。对于传统实体行业而言，互联网企业的延伸将为其带来颠覆式的发展，未来将以互联网思维提高其品牌定位、用户体验等。

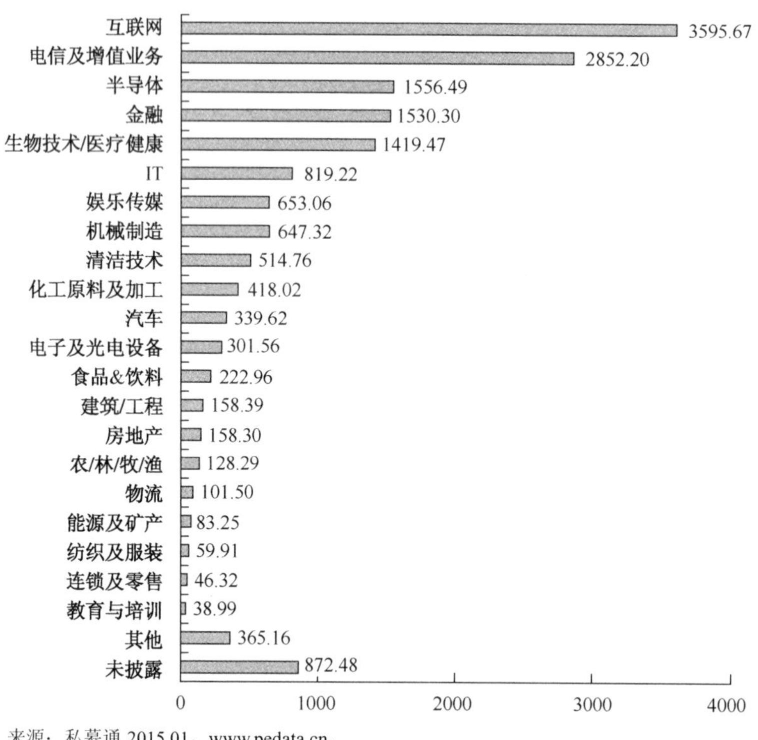

来源：私募通 2015.01，www.pedata.cn。

图6.11 中国创业投资市场一级行业投资分布（按金额，US$M）

以单纯的财务投资为主导模式的传统类型创业投资公司，挑战难度越来越大，而生态系统主导型、知识产权主导型、影响力主导型、众筹主导型四类新型创业投资机构，正日益浮现。

生态系统主导型创业投资模式，其优势是投资公司能为创业公司提供直接的生态系统资源支持，同时，因为对创业公司的投资，会进一步促进目标生态系统的更加完善和强大，从而形成良性循环。单纯以财务投资为主导模式的传统类型创业投资公司，其筛选项目的主要标准是投资回报率。而对生态系统主导型投资机构来说，其筛选项目的第一标准是能否成为目标生态系统的一部分，并进一步完善和加强目标生态系统。

知识产权主导型创业投资模式是在知识产权运营模式的基础上发展而来的。其核心特点是：创业投资机构以其自身拥有或者控制的专利、商标等知识产权为核心资源，对符合标准的目标创业公司进行投资。该类型创业投资机构，通常通过品牌、标准和网络平台，对某个行业或者产业链进行分布式投资、整体性改造和颠覆性创新。

影响力主导型创业投资机构通常拥有体育明星、文艺明星、微博名人、IT明星等强大的明星资源。这种新型的创业投资机构，对外投资时，往往以影响力和明星资源开路，同时辅以现金投入等传统方式，非常适合于消费类、品牌类创业项目。又因为这些明星资源和影响力十分强大，一些创业者甚至可能只要求他们投入明星资源和影响力，而不必投入资金。

众筹（Crowdfunding）即大众筹资或群众筹资，通常由发起人、跟投人、平台构成，具有低门槛、多样性、依靠大众力量、注重创意的特征。众筹主要有两种表现形式，一种是商品或者服务的众筹，通常采用团购和预购的众筹形式；另一种是股权众筹。两种众筹形式，均主要通过互联网、移动互联网方式发布项目、沟通讨论并募集资金。“北大 1898 咖啡”作为一个成功的众筹案例，同时结合了股权众筹、服务众筹两种形式。相对于传统的融资方式，众筹具有更强的开放性，能否获得资金也不再是以项目的商业价值作为唯一标准。

生态系统主导型、知识产权主导型、影响力主导型、众筹主导型这四类新型创业投资机构，其共同特点是实实在在地创造价值。尽管目前展现了强大的创新性、革命性和生命力，但作为新生事物，其成长和发展还有待继续观察。传统的单一进行财务投资的创业投资机构，在移动互联网的汹涌浪潮中，将面临公募基金、私募基金以及新型创业投资机构的挑战。

6.1.3　中国互联网行业私募股权 PE 投资市场概述

2014 年，943 起投资案例分布于至少 23 个一级行业中。互联网依然为投资案例最集中的行业，共计发生 145 起投资案例，如图 6.12 所示；披露投资金额的 129 起案例共计投资 40.84 亿美元，如图 6.13 所示。其次为房地产行业，共计完成 106 起投资案例，披露投资金额的 99 起案例共计投资 94.97 亿美元，在各行业中位列第一。紧随其后的生物技术/医疗健康、机械制造、电信及增值、IT 及娱乐传媒行业的投资案例数相对集中，其他行业的投资案例数均低于 50 起。房地产行业、能源及矿产、连锁及零售、金融等行业大宗投资案例频发，使得这些案例的投资总金额相对较高。

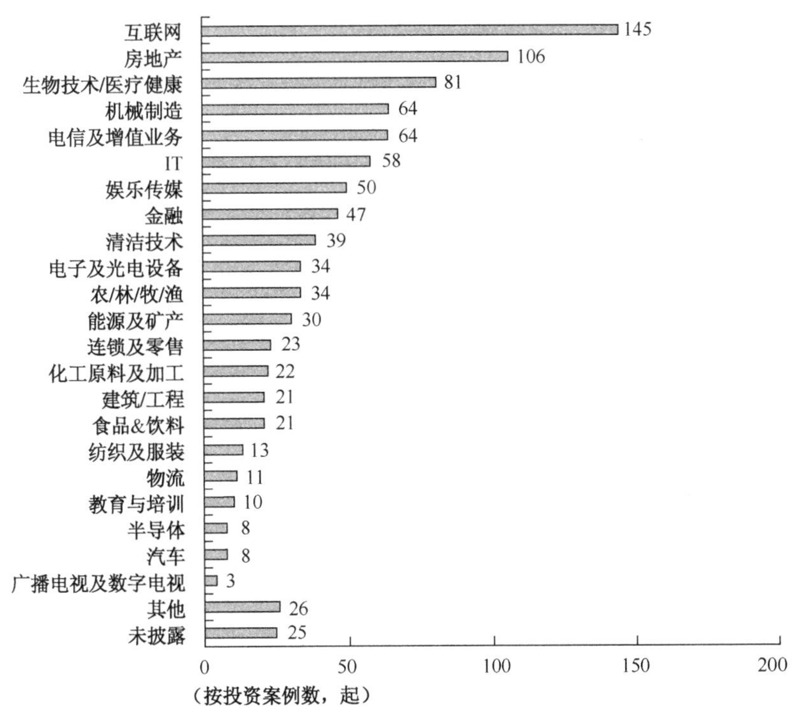

来源：私募通 2015.01，www.pedata.cn。

图6.12　中国私募股权投资市场一级行业投资分布（按案例数）

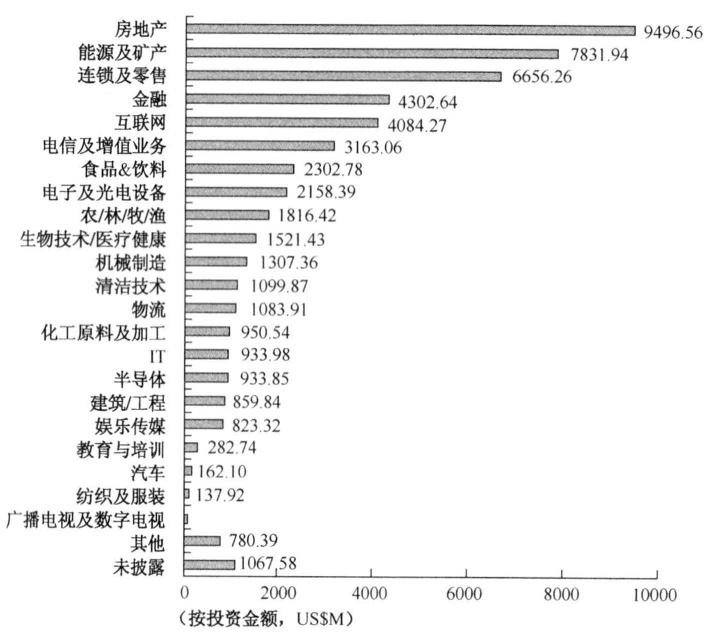

来源：私募通 2015.01，www.pedata.cn。

图6.13 中国私募股权投资市场一级行业投资分布（按投资金额数）

6.2 中国互联网投资概况

2014 年，互联网行业融资、IPO、并购活跃，根据 CVSource 投中数据终端显示，互联网行业融资案例 584 起，其中披露金额的 61.13 亿美元，同比增长 131.74%；互联网 IPO15 家，募集金额 285.76 亿美元；退出方面，互联网行业退出 69 起，披露账面退出回报共 825.52 亿美元，同比增长 2817.33%，平均账面回报 22.01 倍。

2014 年，互联网行业 VC/PE 融资继续增长。根据 CVSource 投中数据终端显示，2014 年互联网行业 VC/PE 融资案例 584 起，同比增长 65.91%；披露金额 61.13 亿美元，同比大增 131.74%，如图 6.14 所示。

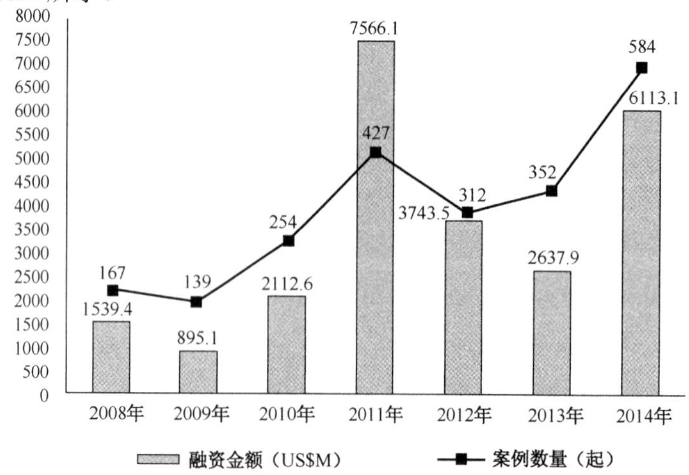

来源：CVSource,2015,01，www.ChinaVenture.com.cn.

图6.14 2008—2014年中国互联网行业VC/PE融资情况

2014 年，国内互联网企业融资规模在 1 亿美元以上的共 14 个案例，如表 6.1 所示。其中，融资规模最大的交易为腾讯、老虎基金等联合投资的移动电商平台——口袋购物，投资金额 3.5 亿美元。口袋购物官方宣称，目前移动电商领域，手机淘宝客户端占据第一流量，口袋购物紧随其后。

表 6.1　2014 年国内互联网行业企业获得 VC/PE 融资重点案例

企　业	CV 行业	投资机构	融资金额（US$M）
口袋购物	电子商务	腾讯/老虎基金/Vy Capital/H Capital/数字天空技术	350.00
美团网	电子商务	GA 阿里巴巴/红杉中国	300.00
优信拍	行业网站	华平/老虎基金	260.00
蘑菇街	网络社区	上海厚朴/挚信资本/启明创投/IDG 资本/高榕资本	200.00
阿里巴巴集团	电子商务	老虎基金	199.00
聚美优品	电子商务	GA	150.00
优酷土豆	网络视频	云锋基金	131.89
58 同城	行业网站	高盛	120.00
盛大游戏	网络游戏	海通并购资本	104.62
分期乐	电子商务	数字天空技术/贝塔斯曼/经纬中国/华兴资本/险峰华兴创投	100.00
趣分期	互联网其他	源码资本/蓝驰创投	100.00
我买网	电子商务	IDG 资本/赛富基金	100.00
寺库	电子商务	华人文化投资/IDG 资本/银泰资本/森合投资/盘古创富	100.00
凡客诚品	电子商务	IDG 资本/联创策源/赛富基金/启明创投/淡马锡/中信产业基金/和通集团/顺为基金	100.00

来源：CVSource,2015,01。

在细分领域中，2014 年电子商务以获得 26.71 亿美元 VC/PE 融资位列互联网细分领域第一，行业网站、互联网其他列融资额第二、第三位，如图 6.15 所示。

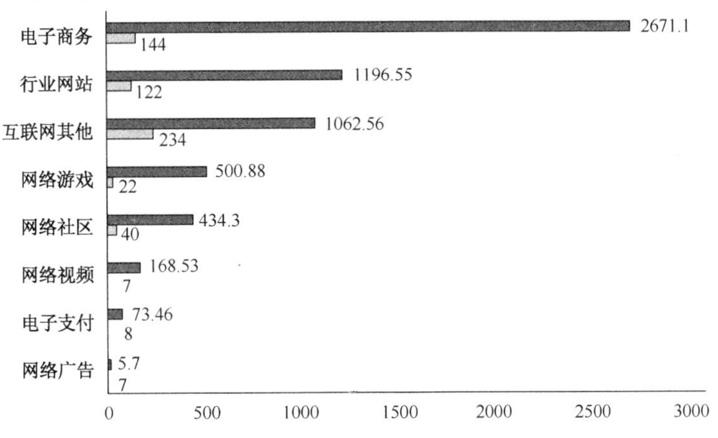

来源：CVSource,2015,01，www.ChinaVenture.com.cn.

图6.15　2014 年互联网行业细分领域VC/PE 融资分布

6.3 中国互联网公司上市情况

6.3.1 IPO 市场规模

2014 年，国内互联网企业 IPO 规模大幅上涨，已超过 2008—2013 年的 IPO 规模总和，达到 285.76 亿美元，如图 6.16 所示。

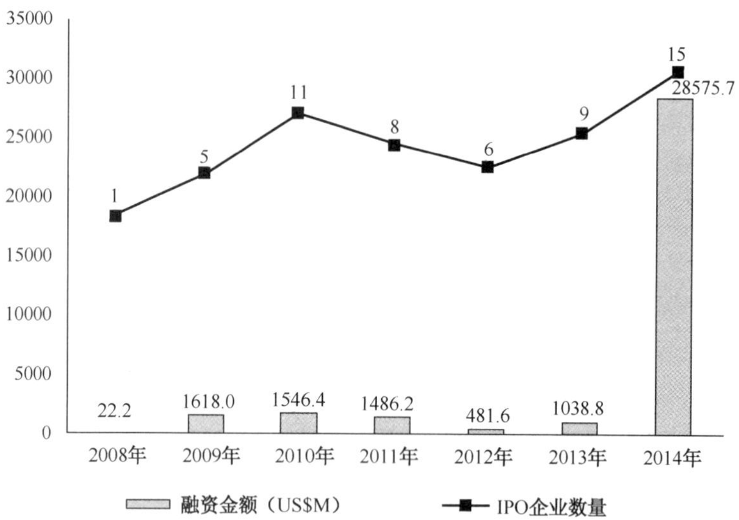

来源：CVSource，2015.01，www.ChinaVenture.com.cn。

图6.16 2008—2014年国内互联网行业企业IPO融资规模

2014 年 9 月，阿里巴巴集团于纽交所挂牌上市，募集金额 250.32 亿美元，创全美最大 IPO；占据全年企业 IPO 规模总额的 35.77%，并超过 2008 年以来其他国内互联网企业 IPO 总和。同年 5 月，京东于纳斯达克挂牌上市，募集 17.8 亿美元，其规模也超过 2013 年全年国内互联网企业 IPO 规模，如表 6.2 所示。

表 6.2 2014 年国内互联网企业 IPO 案例

企　业	股票代码	行　业	IPO 日期	募资金额（US$M）
阿里巴巴集团	BABA	电子商务	2014-09-19	25032.30
京东	JD	电子商务	2014-05-22	1780.03
微博	WB	网络社区	2014-04-17	285.60
聚美优品	JMEI	电子商务	2014-05-16	245.08
天鸽互动	01980.HK	网络社区	2014-07-09	212.50
百奥家庭互动	02100.HK	网络游戏	2014-04-10	200.81
科通芯城	00400.HK	电子商务	2014-07-18	181.90
联众	06899.HK	网络游戏	2014-06-30	110.19
乐居	LEJU	电子商务	2014-04-17	100.00
迅雷	XNET	互联网其他	2014-06-24	87.78
飞鱼科技	01022.HK	网络游戏	2014-12-05	87.30
智联招聘	ZPIN	行业网站	2014-06-12	75.74

续表

企　业	股票代码	行　业	IPO 日期	募资金额（US$M）
途牛旅游网	TOUR	行业网站	2014-05-09	72.00
腾信股份	300392.SZ	网络广告	2014-09-10	68.01
京天利	300399.SZ	互联网其他	2014-10-09	36.45

来源：CVSource，2015.01。

2014 年，互联网行业退出 69 起，披露账面退出金额共 825.52 亿美元，同比增长 2817.33%，平均账面回报 22.01 倍。由于互联网行业 VC/PE 机构退出主要通过企业 IPO 实现，互联网企业 IPO 中机构退出较多且规模较大，导致本年度互联网行业机构退出金额暴增。全年内，共 15 家互联网企业实现 IPO，其中 9 家互联网企业有 VC/PE 机构参与，IPO 退出 35 笔，账面退出金额 822.92 亿美元，账面回报 47.57 倍，退出金额同比大增 3212.88%，如图 6.17 所示。

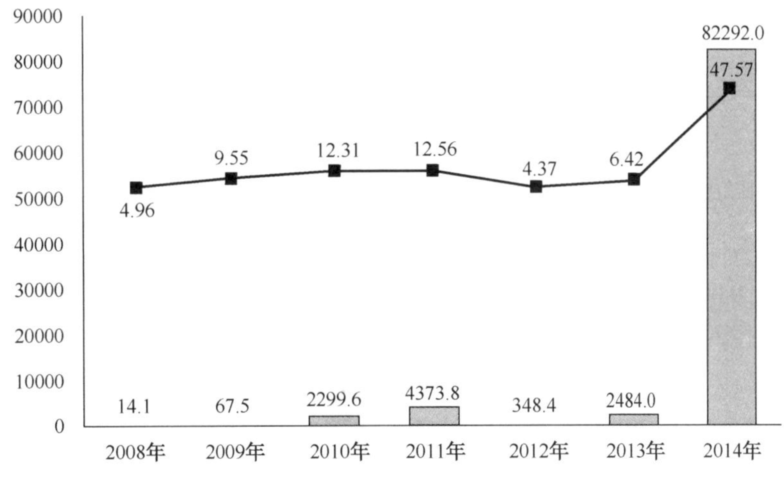

来源：CVSource，2015.01，www.ChinaVenture.com.cn。

图6.17　2008—2014 年国内互联网企业IPO退出账面回报

6.3.2　VC/PE 背景中国企业 IPO 统计分析

2014 年，VC/PE 机构参与互联网企业 IPO 获得退出的 35 笔。软银在阿里巴巴集团上市获得 542.47 亿美元账面退出（根据阿里巴巴集团上市发行价计算），根据公开信息获知，软银于 2000 年注资阿里巴巴集团 2000 万美元、2005 年 8 月注资 1.8 亿美元（雅虎并购阿里巴巴交易中一部分），共计 2 亿美元。据此计算，软银的退出回报率为 271.23 倍。此外，软银曾在 2004 年注资淘宝网 6000 万美元，2005 年随着雅虎并购阿里巴巴交易获得 3.6 亿美元退出，退出回报率 6 倍。全年度 VC/PE 机构获得互联网并购退出 33 例，退出金额 2.61 亿美元，账面回报 2.26 倍，退出金额同比增长 55.02%。

6.3.3　境外上市互联网公司回归本土问题

2014 年中国企业在美国上市，受阿里巴巴上市的带动，全年的募资规模较 2013 年有大幅增长。很多中国企业赴美上市的核心诉求是融资需求，美国资本市场较为宽松的门槛是主要吸引力。但随着美股的见顶，阿里巴巴大量融资以及 2014 年二级市场对部分中概股的估值泡沫的破裂，将使得中国企业赴美上市的难度上升、吸引力下降。在国内注册制和创业板、新三板改革政策逐一落实的背景下，会引导科技类公司逐渐回流 A 股上市，有利于 A 股市场培育具有成长潜力的互联网科技企业，促进国内资本市场长期健康发展。

香港作为主要融资市场，以“同股不同权”吸引巨头。2014 年赴港上市的中国企业有 93 家，多在港交所主板上市，总体融资规模略逊于 2013 年，平均募集规模高于 A 股 IPO。从短期来看，在注册制仍然悬而未决的 2015 年，受制于 A 股市场 IPO 排队的压力，香港将继续作为中企的主要融资市场。香港现有的上市条例不允许阿里巴巴以合伙人制度登陆香港资本市场，从而使其最终赴美上市。此案例引发了香港对现行“同股同权”制度是否需要检讨的争论。赴美上市的京东亦使用了双重股权架构。如果修改成功，允许“同股不同权”将可能吸引更多互联网巨头奔赴香港上市。

6.4 中国互联网企业并购情况

6.4.1 并购市场规模及统计分析

2014 年，全行业并购宣布 6702 例，其中披露金额的 3857.95 亿美元，同比增长 1.81%。其中，互联行业并购宣布 459 例，数量同比增长 119.62%，披露金额共 173.93 亿美元，同比增长 6.03%，如图 6.18 所示。

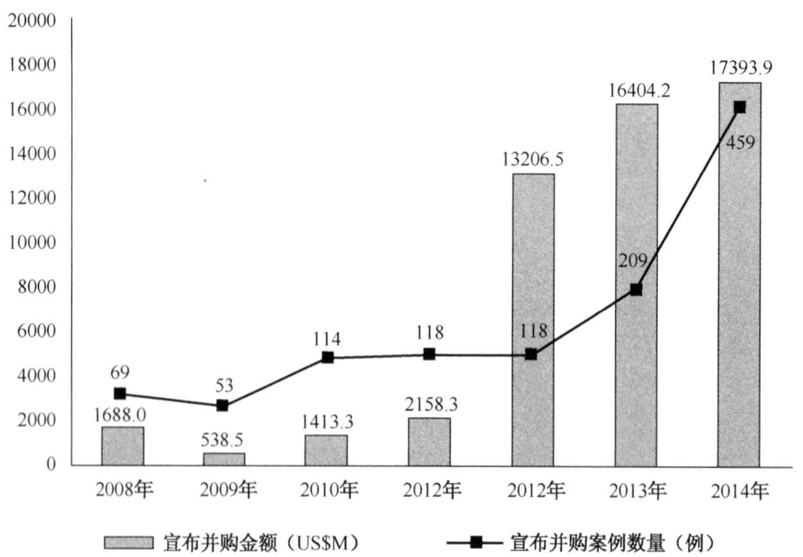

来源：CVSource，2015.01，www.ChinaVenture.com.cn。

图6.18 2008—2014年中国互联网行业并购宣布情况

2014 年，网络游戏成为互联网行业的并购热点，全年网络游戏宣布并购案例 76 例，并购宣布金额 71.6 亿美元，占全年互联网并购宣布金额 41.16%，如图 6.19 所示。并购宣布金额排名前 40 例中，网络游戏并购独占 17 例。在经济增速放缓，传统行业遭遇盈利下滑的形势下，不少上市公司面临主营业务亏损，迫切需要转型寻求新的利润增长点。与此相对，移动端网络游戏却异常火爆，这为不少上市公司通过并购网络游戏公司，从而改善公司经营状况提供了机会。在这 17 例网络游戏并购中，有 14 例为上市公司并购网游公司。

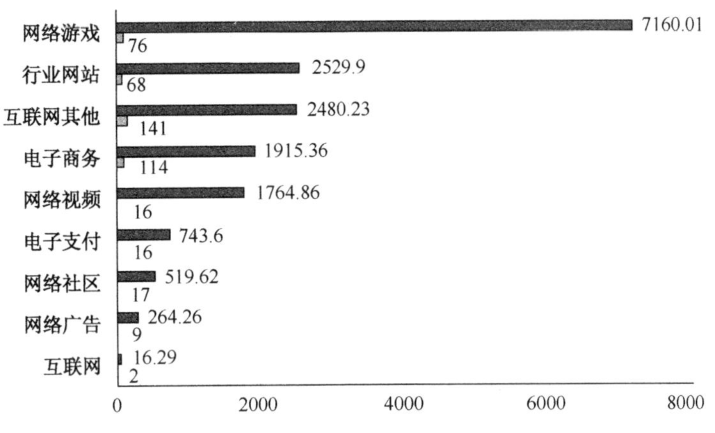

来源：CVSource，2015.01，www.ChinaVenture.com.cn。

图6.19　2014 年互联网行业细分领域并购宣布情况

6.4.2　重大并购事件

盛大游戏收到其控股股东牵头的财团的 19 亿美元的私有化要约，为 2014 年度互联网并购宣布案例金额最高大的一例。

阿里巴巴在上市前完成了部分收购，扩大了其业务版图，提高了上市价值。其中既有线上互联网公司，也有线下公司，形成了覆盖广泛的生态链。此外，阿里巴巴还以 12.2 亿美元入股优酷土豆。

腾讯收购了在中小板上市的四维图新，把手伸向地图导航领域。2 月，腾讯以 4 亿美元入股大众点评。3 月，腾讯以约 2.15 亿美元入股京东，拿到京东 15%左右的股权。6 月，腾讯以 7.36 亿美元投资 58 同城。交易完成后，腾讯将拥有 58 同城全面摊薄后 19.9%的股份和 15.2%的投票权，成为 58 同城第一大机构股东。

2014 年 1 月，百度和人人公司联合宣布签署协议，成为糯米网的单一全资大股东。全资收购后，糯米团购业务将和百度包括搜索、地图等明星产品以及线下的销售渠道进行更深度的整合。

（中国科学院　侯自强）

第 7 章　2014 年中国互联网政策法规建设情况

7.1　我国互联网政策法规建设情况概述

2014 年，十八届四中全会通过了《中共中央关于全面推进依法治国若干重大问题的决定》，强调全面推进依法治国是关系我们党执政兴国、关系人民幸福安康、关系党和国家长治久安的重大战略问题，是完善和发展中国特色社会主义制度、推进国家治理体系和治理能力现代化的重要方面，必将对包括依法治理互联网在内的国家法治化进程产生深远影响。其中，明确提出“加强互联网领域立法，完善网络信息服务、网络安全保护、网络社会管理等方面的法律法规，依法规范网络行为”，要求“推进政务公开信息化，加强互联网政务信息数据服务平台和便民服务平台建设”，要求依法强化破坏网络安全等重点问题治理，这些都为互联网政策法规建设指明了方向。同时，适应互联网从生活性互联网向生产性互联网演进的趋势，回应信息技术向经济社会各领域深度渗透、融合发展的时代要求，我国有关互联网的政策法规在关注基础设施建设、电子商务发展、网上环境治理等同时，更加注重加强顶层设计和体制保障，更加注重通过深化行政审批制度改革和扩大开放释放互联网发展活力，更加注重为互联网与其他产业的融合发展提供政策法律支撑。

7.2　我国互联网主要政策及内容

针对互联网在经济社会发展中日益凸显的基础作用和战略地位，我国成立了中央网络安全和信息化领导小组，统筹谋划和协调有关重大问题。同时，围绕引导民间资本投资宽带接入网络建设和业务运营，推动“宽带中国”示范城市（城市群）创建工作，鼓励运用云计算、物联网、移动互联网等信息技术促进产业融合发展，深化电子商务应用，加强政府网站信息内容建设以及网络诚信体系建设等事项，国务院及其相关部门出台了一系列政策文件。

7.2.1　网络安全与信息化管理体制方面

2014 年 2 月 27 日，中央网络安全和信息化领导小组召开第一次会议并正式宣告成立。会上，习近平总书记指出，网络安全和信息化是事关国家安全和国家发展、事关广大人民群众工作生活的重大战略问题，要从国际国内大势出发，总体布局，统筹各方，创新发展，努力把我国建设成为网络强国。习近平强调，网络安全和信息化对一个国家很多领域都是牵一发而动全身的，要认清我们面临的形势和任务，充分认识做好工作的重要性和紧迫性，因势而谋，应势而动，顺势而为。网络安全和信息化是一体之两翼、驱动之双轮，必须统一谋划、统一部署、统一推进、统一实施。做好网络安全和信息化工作，要处理好安全和发展的关系，做到协调一致、齐头并进，以安全保发展、以发展促安全，努力建久安之势、成长治之业。没有网络安全就没有国家安全，没有信息化就没有现代化。建设网络强国的战略部署要与“两个一百年”奋斗目标同步推进，向着网络基础设施基本普及、自主创新能力显著增强、信息经济全面发展、网络安全保障有力的目标不断前进。中央网络安全和信息化领导小组要发挥集中统一领导作用，统筹协调各个领域的网络安全和信息化重大问题，制定实施国家网络安全和信息化发展战略、宏观规划和重大政策，不断增强安全保障能力。

文化部、国家卫生计生委等部门也陆续组建了网络安全与信息化领导机构。例如，2014 年 9 月 30 日，国家测绘地理信息局公布了《关于成立国家测绘地理信息局网络安全和信息化领导小组的通知》，决定成立国家测绘地理信息局网络安全和信息化领导小组，领导小组的主要职责包括以下几点。① 贯彻落实党中央关于国家网络安全与信息化工作的发展战略、宏观规划和重大政策，按照中央统一部署，组织测绘地理信息网络安全与信息化工作。② 组织研究制定测绘地理信息网络安全和信息化工作的发展战略、宏观规划和重大政策。③ 组织和统筹互联网宣传，加强网上舆论引导和舆情分析研判。④ 审定测绘地理信息网络安全和信息化建设的工作部署和重要项目建设方案，对有关重大问题做出决策和决定，协调各方面的工作关系。⑤ 督促、检查和指导测绘地理信息系统网络安全和信息化战略、规划和政策的落实。⑥ 负责完成中央网络安全和信息化领导小组办公室交办的有关工作。同时，明确了领导小组成员、工作机构及其职责。

7.2.2　网络基础设施建设方面

2014 年 1 月 8 日，工业和信息化部办公厅、国家发展和改革委员会办公厅联合印发了《关于开展创建“宽带中国”示范城市（城市群）工作的通知》，旨在落实《国务院关于印发“宽带中国”战略及实施方案的通知》（国发〔2013〕31 号），加快提升城市宽带发展水平，推动我国城镇化和信息化同步发展，促进经济转型和信息消费。

2014 年 4 月 30 日，工业和信息化部、国家发展和改革委员会、教育部、科学技术部、财政部、国土资源部、环境保护部、住房和城乡建设部、交通运输部、农业部、国家卫生和计划生育委员会、国务院国有资产监督管理委员会、国家税务总局、国家新闻出版广电总局联合印发《关于实施“宽带中国”2014 专项行动的意见》，明确各部门职责，从而进一步加强信息基础设施建设，促进信息消费。

2014 年 8 月 1 日，《工业和信息化部办公厅关于组织实施 2014 年度宽带建设发展示范项目的通知》公布，进一步明确了示范项目重点支持范围和要求，重点探索解决宽带发展中面临的农村宽带发展相对滞后、高带宽应用缺乏、中西部地区用户上网体验相对较差等问题。

2014 年 10 月 15 日，《工业和信息化部办公厅国家发展和改革委员会办公厅关于全面推进 IPv6 在 LTE 网络中部署应用的实施意见》公布，旨在把握 LTE 网络建设契机，全面推进 IPv6 在 LTE 网络中的部署和应用，加快基于 IPv6 的下一代互联网建设。

2014 年 11 月 16 日，国务院发布了《国务院关于创新重点领域投融资机制鼓励社会投资的指导意见》，明确提出“推进信息和民用空间基础设施投资主体多元化”。

7.2.3 促进互联网与其他产业融合发展方面

2014 年 2 月 26 日，《国务院关于推进文化创意和设计服务与相关产业融合发展的若干意见》公布，提出为推进文化创意和设计服务与相关产业融合发展，要加快数字内容产业发展的任务。

2014 年 4 月 30 日，《国务院批转发展改革委关于 2014 年深化经济体制改革重点任务意见的通知》发布，其中明确鼓励互联网新业态发展。在金融体制改革方面，要求处理好金融创新与金融监管的关系，促进互联网金融健康发展。

2014 年 7 月 28 日，《国务院关于加快发展生产性服务业促进产业结构调整升级的指导意见》发布，其中明确要加快生产制造与信息技术服务融合的发展导向，提出运用互联网、大数据等信息技术，积极发展定制生产，满足多样化、个性化消费需求；发展服务于产业集群的电子商务、数字内容、数据托管、技术推广、管理咨询等服务平台，提高资源配置效率。

2014 年 8 月 18 日，中央全面深化改革领导小组第四次会议审议通过了《关于推动传统媒体和新兴媒体融合发展的指导意见》，强调整合新闻媒体资源，推动传统媒体和新兴媒体融合发展，使主流媒体科学运用先进传播技术，增强信息生产和服务能力，更好地传播党和政府声音，更好地满足人民群众的信息需求。

2014 年 8 月 27 日，国家发展改革委、工业和信息化部、科学技术部、公安部、财政部、国土资源部、住房和城乡建设部、交通运输部联合印发了《关于印发促进智慧城市健康发展的指导意见的通知》（以下简称《通知》）。《通知》对智慧城市进行了界定，即运用物联网、云计算、大数据、空间地理信息集成等新一代信息技术，促进城市规划、建设、管理和服务智慧化的新理念和新模式，指出建设智慧城市，对加快工业化、信息化、城镇化、农业现代化融合，提升城市可持续发展能力具有重要意义。针对一些地方智慧城市建设缺乏顶层设计和统筹规划、体制机制创新滞后、网络安全隐患和风险突出等问题，《通知》提出按照走集约、智能、绿色、低碳的新型城镇化道路的总体要求，发挥市场在资源配置中的决定性作用，加强和完善政府引导，统筹物质、信息和智力资源，推动新一代信息技术创新应用，加强城市管理和服务体系智能化建设，积极发展民生服务智慧应用，强化网络安全保障，有效提高城市综合承载能力和居民幸福感受，促进城镇化发展质量和水平全面提升。

7.2.4 发展电子商务方面

2014 年 7 月 28 日，国务院以国发〔2014〕26 号印发《关于加快发展生产性服务业促进产业结构调整升级的指导意见》（以下简称《意见》）。《意见》分总体要求、发展导向、主要任务、政策措施 4 部分。发展导向是：以产业转型升级需求为导向，进一步加快生产性服务业发展，引导企业进一步打破“大而全”、“小而全”的格局，分离和外包非核心业务，向价值链高端延伸，促进我国产业逐步由生产制造型向生产服务型转变。鼓励企业向价值链高端发展，推进农业生产和工业制造现代化，加快生产制造与信息技术服务融合。

2014 年 12 月 2 日，质检总局办公厅印发《电子商务产品质量提升行动工作方案》的通知，要求切实加强电子商务产品质量服务与监管，努力构建“放、管、治”的质量提升工作格局，为电子商务产业健康发展保驾护航。提出自 2014 年 10 月开始至 2016 年 12 月结束，组织开展电子商务产品质量提升行动，目标是到 2016 年年底，使电子商务产品质量国家监督抽查合格率提高 10 个百分点，并为此提出了三项行动和十项任务。

7.2.5　推进电子政务方面

2014 年 11 月 17 日，《国务院办公厅关于加强政府网站信息内容建设的意见》公布。针对一些政府网站存在的内容更新不及时、信息发布不准确、意见建议不回应等问题，提出政府网站是信息化条件下政府密切联系人民群众的重要桥梁，也是网络时代政府履行职责的重要平台。要求围绕建设法治政府、创新政府、廉洁政府的目标，把握新形势下政务工作信息化、网络化的新趋势，加强政府网站信息内容建设管理，提升政府网站发布信息、解读政策、回应关切、引导舆论的能力和水平，将政府网站打造成更加及时、准确、有效的政府信息发布、互动交流和公共服务平台，为转变政府职能、提高管理和服务效能，推进国家治理体系和治理能力现代化发挥积极作用。

7.2.6　网络诚信建设方面

2014 年 6 月 14 日，《国务院关于印发社会信用体系建设规划纲要（2014—2020 年）的通知》公布，其中专门对互联网应用及服务领域信用建设做出规定。要求大力推进网络诚信建设，培育依法办网、诚信用网理念，逐步落实网络实名制，完善网络信用建设的法律保障，大力推进网络信用监管机制建设。建立网络信用评价体系，对互联网企业的服务经营行为、上网人员的网上行为进行信用评估，记录信用等级。建立涵盖互联网企业、上网个人的网络信用档案，积极推进建立网络信用信息与社会其他领域相关信用信息的交换共享机制，大力推动网络信用信息在社会各领域推广应用。建立网络信用黑名单制度，将实施网络欺诈、造谣传谣、侵害他人合法权益等严重网络失信行为的企业、个人列入黑名单，对列入黑名单的主体采取网上行为限制、行业禁入等措施，通报相关部门并进行公开曝光。同时，要健全信用信息安全管理体制。完善信用信息保护和网络信任体系，建立健全信用信息安全监控体系。加大信用信息安全监督检查力度，开展信用信息安全风险评估，实行信用信息安全等级保护。开展信用信息系统安全认证，加强信用信息服务系统安全管理。建立和完善信用信息安全应急处理机制。加强信用信息安全基础设施建设。

2014 年 10 月 24 日，《最高人民法院 中国银行业监督管理委员会关于人民法院与银行业金融机构开展网络执行查控和联合信用惩戒工作的意见》公布，旨在维护司法权威，防范金融风险，保障当事人合法权益，推动社会信用体系建设。主要内容包括支持建立网络执行查控机制，明确中国银行业监督管理委员会的相关职能，明确全国网络执行查控机制建设的两种模式，通过网络执行查控系统采取查控措施的要求，建立联合信用惩戒机制，异议处理六个方面。

7.2.7　加强网络安全方面

2014 年 8 月 28 日，《工业和信息化部关于加强电信和互联网行业网络安全工作的指导意见》发布，针对网络安全形势严峻复杂，境内外网络攻击活动日趋频繁，网络攻击的手法更加复杂隐蔽，新技术、新业务带来的网络安全问题逐渐凸显等形势，提出以提升网络安全保障能力为主线，以完善网络安全保障体系为目标，着力提高网络基础设施和业务系统安全防护水平，增强网络安全技术能力，强化网络数据和用户信息保护，推进安全可控关键软硬件应用。同时要求围绕八项工作重点和五项保障措施切实加强和改进网络安全工作。

7.3 我国互联网法制建设总体情况

2014 年 4 月 14 日通过的《全国人大常委会 2014 年立法工作计划》将网络安全法列入预备项目，要求全国人大有关专门委员会、常委会工作委员会提前介入法律案调研起草工作，及时掌握进展情况和起草中涉及的重大问题，积极督促、推动有关方面抓紧法律草案的起草工作。2014 年 2 月 13 日，《国务院办公厅关于印发国务院 2014 年立法工作计划的通知》明确规定，将电信法列为预备项目，属于深化经济体制改革、促进对外开放需要提请全国人大常委会审议的法律草案；将互联网上网服务营业场所管理条例（修订）、未成年人网络保护条例、国家关键信息基础设施安全保护条例列入研究项目，属于着力保障和改善民生、创新社会治理体制的立法项目。

实际工作中，通过修订《商标法实施条例》等行政法规，制定《网络交易管理办法》等部门规章，结合司法实践出台《最高人民法院关于审理利用信息网络侵害人身权益民事纠纷案件适用法律若干问题的规定》，以及相关部门依据职责制定并公布《即时通信工具公众信息服务发展管理暂行规定》、《关于办理网络犯罪案件适用刑事诉讼程序若干问题的意见》等规范性文件的形式，进一步完善我国互联网相关法律制度。

7.3.1 法律、行政法规层面

2014 年 4 月 29 日，国务院令第 651 号公布了修改后的《中华人民共和国商标法实施条例》，增加了以数据电文方式提交商标注册申请、为侵犯他人商标专用权提供网络商品交易平台属于商标法第五十七条第六项规定的提供便利条件等规定。

7.3.2 部门规章层面

2014 年 1 月 26 日，国家工商行政管理总局第 60 号令公布了《网络交易管理办法》，对于在中华人民共和国境内从事网络商品交易及有关服务进行了规范，有关服务包括为网络商品交易提供第三方交易平台、宣传推广、信用评价、支付结算、物流、快递、网络接入、服务器托管、虚拟空间租用、网站网页设计制作等营利性服务。

2014 年 12 月 24 日，商务部令第 7 号公布了《网络零售第三方平台交易规则制定程序规定（试行）》，旨在促进网络零售的健康发展，保护依托第三方平台网络零售活动中各主体的合法权益，维护公共利益，加强公共信息服务。

7.3.3 相关司法解释

2014 年 8 月 21 日，《最高人民法院关于审理利用信息网络侵害人身权益民事纠纷案件适用法律若干问题的规定》公布，对利用信息网络侵害他人姓名权、名称权、名誉权、荣誉权、肖像权、隐私权等人身权益引起的纠纷案件的法律适用做出了具体规定。该规定连同之前公布的《关于审理侵害信息网络传播权民事纠纷案件适用法律若干问题的规定》和《关于办理利用信息网络实施诽谤等刑事案件适用法律若干问题的解释》，共同形成了有关互联网法律问题的裁判规则体系，对于规范网络行为、建立良好的网络秩序具有重要意义。

7.3.4 其他规范性文件层面

在进一步完善网上侵权行为惩戒规则、加强网络游戏、淫秽色情信息治理的治理，2014 年有关互联网的规范性文件重点关注四个方面的内容。一是完善互联网信息内容管理体制，进一步加强部门协同治理，如发布《国务院关于授权国家互联网信息办公室负责互联网信息内容管理工作的通知》、《工业和信息化部 公安部 工商总局关于印发打击治理移动互联网恶意程序专项行动工作方案的通知》等。二是以深化改革促发展、以扩大开放添动力，加强互联网领域简政放权和对外开放力度，如《国务院关于印发注册资本登记制度改革方案的通知》要求建立适应互联网环境下的工商登记数字证书管理系统，积极推行全国统一标准规范的电子营业执照，为电子政务和电子商务提供身份认证和电子签名服务保障；工业和信息化部、上海市人民政府《关于中国（上海）自由贸易试验区进一步对外开放增值电信业务的意见》进一步放宽了因特网接入服务业务等外资股比限制。三是针对移动互联网的快速普及应用，加强有关移动智能终端应用程序治理和微信等社交平台监管，如发布《工业和信息化部关于深入开展整治移动智能终端应用传播淫秽色情信息工作的通知》、《工业和信息化部关于在打击治理移动互联网恶意程序专项行动中做好应用商店安全检查工作的通知》、《即时通信工具公众信息服务发展管理暂行规定》等。四是进一步加强对网络交易的规范和引导，如国家工商行政管理总局陆续公布了《网络交易平台经营者履行社会责任指引》的公告和《网络交易平台合同格式条款规范指引》的公告，引导网络交易平台经营者依法履行合同义务，积极履行社会责任；商务部公布了《网络零售第三方平台交易规则制定程序规定（试行）》，对网络零售第三方平台经营者制定、修改、实施交易规则进行了规范。

7.4 我国互联网制度建设的主要内容

7.4.1 授权新的互联网管理和执法主体

2014 年 8 月 26 日，《国务院关于授权国家互联网信息办公室负责互联网信息内容管理工作的通知》公布，规定为促进互联网信息服务健康有序发展，保护公民、法人和其他组织的合法权益，维护国家安全和公共利益，授权重新组建的国家互联网信息办公室负责全国互联网信息内容管理工作，并负责监督管理执法。

7.4.2 进一步放宽互联网市场准入

2014 年 1 月 6 日，工业和信息化部、上海市人民政府联合发出《关于中国（上海）自由贸易试验区进一步对外开放增值电信业务的意见》，旨在贯彻落实党中央、国务院关于建立中国（上海）自由贸易试验区（以下简称试验区）的重大决策，实施更加积极主动的开放战略，本着加强管理、完善服务的指导思想，就试验区内进一步对外开放增值电信业务做出规定。

2014 年 2 月 7 日，《国务院关于印发注册资本登记制度改革方案的通知》（以下简称《通知》）公布，明确改革工商登记制度，推进工商注册制度便利化，是新形势下全面深化改革的重大举措，对加快政府职能转变、创新政府监管方式、建立公平开放透明的市场规则、保障创业创新，具有重要意义。其中，为放松市场主体准入管制，切实优化营商环境，《通知》明确要推行电子营业执照和全程电子化登记管理。

2014 年 7 月 22 日，《国务院关于取消和调整一批行政审批项目等事项的决定》（国发〔2014〕27 号）公布，明确将设立互联网域名注册服务机构审批，由工业和信息化部下放至省级通信管理局；将设立互联网上网服务营业场所经营单位审批，由县级以上地方人民政府文化行政主管部门前置审批改为后置审批。

2014 年 10 月 23 日，《国务院关于取消和调整一批行政审批项目等事项的决定》（国发〔2014〕50 号）公布，有 4 项涉及互联网的前置审批事项被调整为后置审批，分别是：设立经营性互联网文化单位审批；港、澳服务提供者在内地设立互联网上网服务营业场所审批；互联网药品交易服务企业审批；药品、医疗器械互联网信息服务审批。

2014 年 7 月 25 日，国家食品药品监督管理总局向上海市食品药品监督管理局发出了《食品药品监管总局关于开展互联网第三方平台药品网上零售试点工作的批复》，同意以纽海电子商务（上海）有限公司为试点单位，开展互联网第三方平台上的药品网上零售试点相关工作。

7.4.3 规范基于互联网的即时通信工具公众信息服务

2014 年 8 月 7 日，国家互联网信息办公室公布《即时通信工具公众信息服务发展管理暂行规定》（以下简称《规定》），自公布之日起施行，旨在进一步推动即时通信工具公众信息服务健康有序发展，保护公民、法人和其他组织的合法权益，维护国家安全和公共利益。《规定》从适用范围、主管部门、服务提供者权利和义务、服务使用者应当遵守的规则四个方面做出了规范。

7.4.4 明确网络犯罪案件适用的刑事诉讼程序

2014 年 7 月 2 日，公安部公布了《关于办理网络犯罪案件适用刑事诉讼程序若干问题的意见》，从六个方面对网络犯罪案件的刑事诉讼程序事项进行规范。这六个方面主要为：界定了网络犯罪案件的范围，明确了网络犯罪案件的管辖，规范了网络犯罪案件的初查程序，规定了网络犯罪案件的跨地域取证要求，明确了电子数据的取证与审查，规定了关于网络犯罪案件的其他问题。

7.4.5 完善网络侵权行为的法律适用

2014 年 4 月 29 日，国务院第 651 号令公布修订后的《中华人民共和国商标法实施条例》，其中第七十五条规定："为侵犯他人商标专用权提供仓储、运输、邮寄、印制、隐匿、经营场所、网络商品交易平台等，属于商标法第五十七条第六项规定的提供便利条件。"这里明确列举提供“网络商品交易平台”属于故意为侵犯他人商标专用权行为提供便利条件的行为，完善了对互联网上有关侵权行为的威慑和惩戒。

2014 年 8 月 21 日，《最高人民法院关于审理利用信息网络侵害人身权益民事纠纷案件适用法律若干问题的规定》公布，对利用信息网络侵害他人姓名权、名称权、名誉权、荣誉权、肖像权、隐私权等人身权益引起的纠纷案件的法律适用问题做了进一步规范。

7.4.6 规范网络交易行为和交易规则

2014 年 1 月 26 日，国家工商行政管理总局公布了《网络交易管理办法》，旨在进一步规范网络商品交易及有关服务，保护消费者和经营者的合法权益，促进网络经济持续健康发展。相对于 2010 年 5 月 31 日发布的《网络商品交易及有关服务行为管理暂行办法》，其主要变化有七个方面，简列如下。

一是关于网络市场主体准入的要求。二是加大第三方交易平台的义务和责任。三是对应新的《消费者权益保护法》完善相关保护措施。四是完善了有关不正当竞争行为的规定。五是规范了与网络商品交易有关的服务行为。六是明确了跨区域违法交易管辖权和指定管辖。七是新增了对网络消费者投诉管辖的规定，网络商品交易及有关服务活动中的消费者向工商行政管理部门投诉的，依照《工商行政管理部门处理消费者投诉办法》处理。

2014 年 5 月 28 日，工商总局发布了《网络交易平台经营者履行社会责任指引》的公告，引导网络交易平台经营者积极履行社会责任，保护消费者和经营者的合法权益，促进网络经济持续健康发展。

2014 年 7 月 30 日，工商总局发布《网络交易平台合同格式条款规范指引》的公告，旨在通过规范网络交易平台合同格式条款，引导网络交易平台经营者依法履行合同义务，保护消费者和经营者合法权益。

2014 年 9 月 29 日，工商总局、工业和信息化部联合印发《关于加强境内网络交易网站监管工作协作 积极促进电子商务发展的意见》，针对网上伪造或冒用合法市场主体名义设立网站、侵犯知识产权和销售假冒伪劣商品、恶意欺诈、不正当竞争、虚假宣传等问题，要求加强网络交易网站监管工作协作，营造公平竞争的网络交易市场环境，切实维护消费者、经营者的合法权益。

2014 年 12 月 24 日，商务部公布了《网络零售第三方平台交易规则制定程序规定（试行）》，主要针对线上交易规则多为商家单方面制定，缺少协商程序，引发用户质疑交易规则并引发纠纷的情况。该《规定》将线上交易规则纳入监管范畴。

7.4.7 依法惩戒网上违法犯罪行为

1. 惩治利用网络侵权假冒违法行为

2014 年 3 月 29 日，《国务院办公厅关于印发 2014 年全国打击侵犯知识产权和制售假冒伪劣商品工作要点的通知》发布，旨在为加快完善现代市场体系、建设法治化营商环境提供有力保障。其中涉及互联网的内容主要有：一是在针对突出问题，组织专项行动方面，严厉打击利用网络侵权假冒违法犯罪；二是在围绕重点领域，开展集中整治方面，打击侵犯著作权、专利权违法行为。

2. 打击网上淫秽色情信息

2014 年 4 月 13 日，全国“扫黄打非”工作小组办公室、国家互联网信息办公室、工业和信息化部、公安部联合印发《关于开展打击网上淫秽色情信息专项行动的公告》，决定自 2014 年 4 月中旬至 11 月，在全国范围内统一开展打击网上淫秽色情信息“扫黄打非·净网 2014”专项行动。

2014 年 7 月 22 日，工业和信息化部印发了《关于深入开展整治移动智能终端应用传播淫秽色情信息工作的通知》，针对利用移动互联网、移动智能终端应用（App）传播淫秽色情非法有害信息的新情况、新问题，要求结合正在开展的“打击治理移动互联网恶意程序专项行动”，依法打击利用移动互联网传播淫秽色情信息的不法行为。为此提出六项工作措施包括严格落实企业主体责任、加强移动智能终端预装 App 管理、加强技术手段建设、完善处置流程、倡导企业自律诚信、加强部门协同配合等。

3. 治理移动互联网恶意程序

2014 年 4 月 15 日，《工业和信息化部 公安部 工商总局关于印发打击治理移动互联网恶意程序专项行动工作方案的通知》发布，针对具有恶意扣费、资费消耗、信息窃取、诱骗欺诈等恶意行为的移动互联网恶意程序（以下简称恶意程序）危害网络和信息安全，严重损害人民群众利益的问题，决定自 2014 年 4 月至 9 月，在全国范围内联合开展打击治理移动互联网恶意程序专项行动。

2014 年 5 月 30 日，工业和信息化部印发了《关于在打击治理移动互联网恶意程序专项行动中做好应用商店安全检查工作的通知》，就做好专项行动期间应用商店安全检查工作提出要求。同时，为明确应用商店网络安全责任，还下发了《移动互联网应用商店网络安全责任指南》，供应用商店安全检查中参考使用。明确了应用商店对本商店内上架的应用软件负有安全管理的责任。

4. 防范利用网络实施保险违法犯罪

2014 年 5 月 12 日，中国保险业监督管理委员会印发了《关于防范利用网络实施保险违法犯罪活动的通知》，针对近期利用网络实施保险违法犯罪活动时有发生的问题，要求采取多项措施防范涉网保险违法犯罪活动。

7.4.8 完善互联网政府管理

1. 加强网站备案管理

2014 年 5 月 12 日，工业和信息化部印发了开展加强网站备案管理专项行动的通知，决定 2014 年 5 月至 11 月在全国开展加强网站备案管理专项行动，以进一步加强互联网管理工作，落实网络实名制，有效支撑各项互联网管理工作。基本要求是按照“谁接入谁负责”、“谁运营谁负责”的原则，重点加强对接入企业管理，创新管理手段，实施接入企业分级管理，查处未备案接入等违法违规行为，继续提高网站备案率和备案信息准确率，力争到 2014 年年底全国网站备案率和备案信息准确率分别达到 99.8%和 80%。专项行动主要有九项重点任务。① 进一步完善网站备案管理政策。② 重点清理“未备案接入”和“黑名单网站再接入”。③ 加强网站备案信息准确率抽查评估及审核工作。④ 实施接入服务企业分级管理。⑤ 推进存量网站备案信息真实性核验材料电子化处理。⑥ 加强对内容分发网络等服务提供者管理。⑦ 开展入网广播 IP 地址报备工作。⑧ 完善接入服务企业基本信息。⑨ 加强接入服务企业人员培训。

2. 完善网络文化管理

2014 年 1 月 2 日，《国家新闻出版广电总局关于进一步完善网络剧、微电影等网络视听节目管理的补充通知》（以下简称《通知》）公布。针对有的互联网视听节目服务单位自审自播网络剧、微电影等网络视听节目，审核标准尺度不同，导致同一节目出现不同版本；个别节目的制作方不具备广播电视节目制作资质，一些需编辑的节目难以联系制作方进行重新编辑；还有一些节目未按要求及时备案等问题，防止内容低俗、格调低下、渲染暴力色情的网络视听节目对社会产生不良影响，《通知》对此提出了新的管理要求。

2014 年 4 月 18 日，国家新闻出版广电总局办公厅印发了《关于进一步规范出版境外著作权人授权互联网游戏作品和电子游戏出版物申报材料的通知》，要求进一步完善出版境外著作权人授权互联网游戏作品和电子游戏出版物的审批工作，避免因申报材料缺项、内容不全等引起的受理及审查延时问题，提高受理和审批工作效率，切实维护申请单位利益。

2014 年 7 月 25 日，国家新闻出版广电总局办公厅公布了《关于深入开展网络游戏防沉迷实名验证工作的通知》，自 2014 年 10 月 1 日起实施，旨在适应网络游戏产业发展新情况新变化，巩固网络游戏防沉迷系统实施工作，健全长效机制，更好地保护未成年人身心健康。

2014 年 9 月 28 日，《国家新闻出版广播电视总局办公厅关于加强有关广播电视节目、影视剧和网络视听节目制作传播管理的通知》公布，针对个别编剧、导演、演员等广播影视从业人员因吸毒、嫖娼等违法行为被公安机关查处，造成很坏的社会影响，对广大青少年健康成长尤为不利的问题，要求进一步净化音频、荧屏、银幕和网络环境。

2014 年 10 月 21 日，国家新闻出版广电总局、国家互联网信息办公室联合发出了《关于在新闻网站核发新闻记者证的通知》，按照《国务院关于授权国家互联网信息办公室负责互联网信息内容管理工作的通知》、《互联网信息服务管理办法》、《互联网新闻信息服务管理规定》、《新闻记者证管理办法》等相关规定，决定在已取得互联网新闻信息服务许可一类资质并符合条件的新闻网站中按照“周密实施、分期分批、稳妥有序、可管可控”的原则核发新闻记者证。

3. 加强互联网地图安全监管

2014 年 2 月 11 日，国家测绘地理信息局发布了《关于进一步加强互联网地图安全监管工作的通知》。针对移动互联网地图、实景地图等新应用、新服务的不断涌现，网上地理信息泄密等违法、违规现象呈多样化趋势，通过互联网地图发布或者标注上传敏感、涉密信息等问题，要求高度重视互联网地图安全监管工作，进一步完善工作机制，增强工作的联动性，提升监管的能力和水平。

7.5 小结

2014 年是中国接入互联网的第 20 年。这一年，成立了中央网络安全和信息化领导小组，显示出中国在保障网络安全、维护国家利益、推动信息化发展的决心；在浙江乌镇成功举办以“互联互通 共享共治”为主题的首届世界互联网大会，标志着中国正努力从网络大国向网络强国迈进；阿里巴巴在美国纽约证券交易所上市并成为世界第二大互联网公司，则显示出中国在互联网领域国际影响力的大幅提升。当前，以互联网为代表的新一代信息技术正在与制造业、新能源、新材料等领域加速融合创新，成为推动产业变革的核心力量。智能制造、智能电网、智慧城市等新业态、新模式蓬勃兴起，对网络基础设施支撑能力、网络安全和数据安全提出了新的挑战，要求相关政策法规做出积极回应。同时，随着移动互联网的快速普及应用，越来越多的人选择通过移动终端获取信息、社交娱乐、购买产品和服务，互联网应用呈现移动化、社交化、视频化的趋势，也要求有关数据产权、个人信息保护、移动应用市场规范等方面的政策法规尽快跟进，为我国互联网产业链的融合创新和有序发展提供必要的制度环境。

（工业和信息化部政策法规司　朱秀梅）

第 8 章　2014 年中国网络知识产权保护发展

8.1　中国网络知识产权发展概况

随着互联网技术的迅速发展，网络易复制性、无偿性等特点给网络知识产权的保护带来了前所未有的考验与挑战；同时，互联网技术的日益更新和作品推广方式的深刻变革，也激发了网络知识产权的发展。回顾过去的一年，我国网络知识产权无论从数量还是质量上都取得了长足进步，网络知识产权法律体系进一步完善，行政执法和监管工作继续推进，司法保护不断增强，企业对于网络知识产权的重视程度逐步加深，网络知识保护问题得到有效改善。

从产业角度看，互联网专利产品的专利申请数量增加。截至 2014 年 11 月 20 日，即时通信、互联网支付、网络游戏、网络安全等领域，国内公开专利案件已有 41309 件。从专利布局情况看，尽管国外企业在互联网领域的专利布局较早，但国内企业互联网领域专利申请量在最近三年呈较快增长，在国内的即时通信、移动支付等领域所积累的专利申请和创新实力已经可以比肩甚至赶超同领域的国外企业[1]。

互联网域名快速发展，互联网商标保护力度增强。根据中国互联网络信息中心发布的第 35 次《中国互联网络发展状况统计报告》显示，截至 2014 年 12 月，我国域名总数已达到 2060 万个。互联网商标保护日益也受到重视，国家商标局在 2014《类似商品与服务区分表》中加大了对互联网产品和服务的保护力度，新增了云计算、平板电脑、电子阅读器、社交网站、网上银行等内容。

随着著作权保护法制建设的加强以及著作权保护意识的提高，我国著作权产业对经济发展贡献日益增强。2014 年 12 月 24 日，中国新闻出版研究院发布的《2012 年中国版权产业经济贡献调研结果》显示：2012 年，我国版权产业行业增加值已达到 3.56 万亿元，占全国 GDP 的 6.87%。以网络视频、网络音乐、网络文学、网络游戏为主要内容的网络版权产业在经济发展中正发挥着日益重要的作用。

---

[1] 参见《中国互联网技术创新观察报告（2014）》，北京大学法学院互联网法律中心、中国科学技术法学会联合发布。

8.2 中国网络知识产权处置和保护

《2014 年国家知识产权战略实施推进计划》提出了强化网络环境下的知识产权保护等目标任务。网络知识产权的保护是一项全方位的工作，回顾 2014 年，我国在司法保护、著作权交易保护方面都取得了一定成绩。

8.2.1 法院审理知识产权案件

网络技术的快速发展使得立法的滞后性凸显，而司法往往能够更为快速地对网络知识产权前沿问题做出反应，成为网络知识产权法律保护较为有力的屏障。我国法院审理网络知识产权案件呈现下列特点。

首先，涉诉网络知识产权案件中，著作权案件居多。根据对中国裁判文书网上公开的知识产权案件检索查询，截至 2014 年 2 月 19 日，裁判文书网上公布的知识产权案件共 7030 件，其中网络知识产权案例 340 件，占公布的知识产权案例文书的 4.84%，发明案件 2 件，外观设计案件 20 件，实用新型案件 4 件，网络著作权案件 270 件，商标案件 43 件，集成电路案件 1 件。仅对公布的裁判文书的统计虽不能精准地反映全国法院网络知识产权案例状况，但仍可以从中窥见 2014 年我国涉及网络知识产权的案件的特点：涉诉网络知识产权案件中，著作权案件高达 79%。2014 年北京仲裁委与工信部电子知识产权中心联合发布的《互联网领域替代性纠纷解决机制（ADR）调查报告》也显示，在互联网领域的各类纠纷中，知识产权侵权纠纷数量较多，且主要集中在视频类企业[1]。著作权纠纷占纠纷案件大多数的现象说明网络著作权侵权的现象仍比较严重，成为网络知识产权保护的重点区域。

其次，典型案件不断涌现，如央视国际公司诉我爱聊公司侵犯著作权及不正当竞争案、《永生》信息网络传播权纠纷案等。这些案件中都涉及网络知识产权保护中的前沿性、争议性问题，虽然有些判决仍有待实践的检验，但对相关的法律问题做出了积极探索。

再次，网络知识产权领域的纠纷解决方式正朝多样化方向发展。由于网络知识产权纠纷解决的时效性要求较高，更多的企业愿意采用协商、调解等方式灵活、快捷地解决纠纷。2014 年《互联网领域替代性纠纷解决机制（ADR）调查报告》显示，在受访的 49 家企业中，30% 的企业愿意接受调解的方式解决纠纷[2]。面对新型的网络知识产权纠纷，法院也力图通过一案的审理促成背后纠纷的解决，调动各种力量促进案件的打包调解，力促双方通过诉讼形成合作授权机制，并通过司法建议、法律宣传等方式提醒相关纠纷多发的公司引起注意，采取措施预防纠纷的发生[3]。

---

[1] 参见《互联网领域替代性纠纷解决机制（ADR）调查报告》，北京市仲裁委、工信部电子知识产权中心联合发布。

[2] 参见《互联网领域替代性纠纷解决机制（ADR）调查报告》，北京市仲裁委、工信部电子知识产权中心联合发布。

[3] 李颖，《移动互联网 APP 应用的发展与著作权保护》，《电子知识产权》，2014 年第 12 期。

8.2.2 著作权交易保护

1. 著作权交易平台

传统授权机制是制约网络著作权保护的重要原因，发展适合网络著作权交易授权方式成为目前网络著作权保护的重要途径。完善的著作权授权交易服务平台，可以利用电子商务平台为交易双方提供公平、透明的信息，便利的交易途径，同时也可以通过构架版权产业的集聚区，把更多的原创作品推向市场。2014 年，我国首个"版权交易电子化公共服务平台"上线，旨在适应网络著作权批量授权的要求，提供版权云交易服务。随着网络技术和文学市场的发展，著作权交易平台也应逐步完善，为网络著作权的交易安全提供平台保障。

2. 著作权交易登记

著作权交易登记是对著作权交易各方当事人权益的重要保证。著作权登记一方面有利于明确著作权归属，在发生著作权纠纷时便于权利人提供证据；另一方面有助于维护第三人的利益，防止一稿多卖等情况的发生。关于著作权登记的法律效力，最高人民法院在《关于审理著作权民事纠纷案件适用法律若干问题的解释》中，将著作权登记书作为初步证据。著作权登记相关的法律法规正在进一步完善之中，在《著作权法》（修订草案送审稿）中对著作权登记的法律效力做出了规定，"经登记的专有许可合同和转让合同，可以对抗第三人。"著作权登记作为著作权保护中不可或缺的基本制度，其构建与实施还需要进一步深入研究与探索。

3. 著作权交易报酬保障机制

良好的报酬回报机制是激励创作的根本动力。互联网环境下，免费使用、转载文字作品的现象突出，并且很难得到有效的规制。针对这种现象，2014 年 9 月 23 日，国家版权局与国家发展和改革委员会联合公布了《使用文字作品支付报酬办法》，对使用文字作品支付报酬的标准和方式等问题进行了规范，规定了在数字或者网络环境下使用作品的付酬标准和付酬方式，以加强对著作权人权利的保护。

8.3 中国网络版权发展概况

8.3.1 总体

2014 年，随着移动互联网的发展与普及，以网络游戏、网络文学、网络视频、网络音乐为主要内容的互联网版权产业发展迅速。截至 2014 年 12 月，中国网络游戏、网络视频、网络文学的用户规模分别达到 3.66 亿人、4.33 亿人及 2.94 亿人[1]，网络音乐方面，根据音乐协会《2014 中国音乐产业发展报告》的统计，2013 年中国数字音乐用户数量已达到 4.53 亿人，中国数字音乐市场规模达到 440.7 亿元人民币[2]。

随着移动互联网的发展，网络版权正逐步向移动化、平台化和融合化方向发展，相对于

[1] 参见《第 35 次中国互联网络发展状况统计报告》，中国互联网络信息中心发布。

[2] 参见《2014 中国音乐产业发展报告》，中国音乐协会发布。

电脑终端互联网用户，移动互联网版权产业的用户发展更为迅速，移动互联网成为拉动网络版权产业的主要力量。以网络视频为例，2014 年手机网络视频用户规模为 3.13 亿人，与 2013 年年底相比增长了 6611 万人，增长率为 26.8%[1]。

在网络用户日益增多的情况下，内容成为网络版权产业的核心竞争力。以视频业为例，在视频版权逐渐走向规范化的情况下，优质版权内容带来的用户流量优势更加凸显，主要视频网站重视版权投资，通过投资来获取内容版权，以对抗传统媒体对优质内容资源的控制。

8.3.2 网络版权法制建设

2014 年，我国互联网版权保护法制建设进一步发展，主要表现在以下几个方面。

第一，《著作权法》修改工作继续推进。2014 年 6 月 14 日，《著作权法》（修订草案送审稿）（以下简称《送审稿》）面向社会公开征求意见。为适应新的环境下著作权保护需要，《送审稿》专门针对数字网络环境下作品的保护问题进行了规定，如《送审稿》第五十一条规定了数字化使用作品如何付费的问题。《送审稿》第七十三条则明确了实践中网络服务提供商的民事法律责任。此次《著作权法》的修改得到了社会各界的普遍关注。

第二，版权行政执法环境得到进一步完善。随着版权相关的行政案件日益增多，行政执法程序的公正性、透明度也越来越受到社会关注，5 月 12 日，国家新闻出版广电总局发布《新闻出版（版权）行政执法部门依法公开制售假冒伪劣商品和侵犯知识产权行政处罚案件信息的实施细则（试行）》，对于进一步提升依法行政水平，在新闻出版（版权）系统实现“科学执法、有效执法、准确执法”具有积极的作用。

第三，加强正版软件保护力度。继 2013 年《计算机软件保护条例》、《著作权法实施条例》及《信息网络传播权保护条例》通过后，2014 年 8 月，推进使用正版软件工作部际联席会议印发了《关于贯彻落实〈政府机关使用正版软件管理办法〉的实施意见》，从 11 个方面对《政府机关使用正版软件管理办法》要求进行了细化。

第四，完善网络版权交易制度。2014 年 9 月 23 日，国家版权局与国家发展和改革委员会联合公布了《使用文字作品支付报酬办法》，对使用文字作品支付报酬的标准和方式等问题进行了规范，规定了在数字或者网络环境下使用文字作品的付酬标准和付酬方式，缓解了当前使用文字作品不付酬、网络转载不付酬的顽疾，加强了对著作权人权利的保护。

第五，网络版权侵权诉讼制度进一步完善。2014 年 10 月 9 日，最高人民法院公布《最高人民法院关于审理利用信息网络侵害人身权益民事纠纷案件适用法律若干问题的规定》，针对网络侵权诉讼难等问题做出了新的规定，对于新媒体环境下打击侵权盗版的诉讼制度做出了进一步完善，网络版权的保护更为有力。

8.3.3 公共服务

几年来，我国以版权登记为核心的版权公共服务取得迅速发展，较好地应对了网络环境下对版权公共服务带来的挑战。2014 年，我国版权公共服务方面的成绩主要体现在以下几方面。

---

[1] 参见《2014 中国音乐产业发展报告》，中国音乐协会发布。

第一，著作权登记数量实现突破性增长。著作权登记是版权行政管理部门和登记机构提供的一项重要的公共服务内容。根据国家版权局的统计，我国 2014 年的著作权登记继续保持平稳增长趋势，总量达到 1211313 件，比 2013 年增加 201656 件，同比增长 19.97%。2014 年，我国计算机软件著作权登记量延续了近年来高速增长的发展态势，全年共登记 218783 件，同比增长 33.12%[1]。作品登记数量的增长，一方面说明近年来我国作者版权保护意识大幅提升，另一方面也说明著作权登记在减少权属纠纷、降低交易成本等方面的作用不断凸显。

第二，版权维权服务水平提高。面对网版版权维权的难题，网版公共服务机构在服务创新方面也积极探索，探寻解决方法，建立网络快速维权机制。根据中国版权保护中心的统计，自 2008 年监测平台建立至 2014 年年底，中国版权保护中心的视频、音频网络版权及调查取证服务平台，已通过发函通知的方式删除 83 万余条侵权链接，在网络版权维权方面取得了良好效果。

第三，开展各种评选活动推进产业创新和发展，国家新闻出版广电总局、中国版权保护中心（CPCC）等单位和机构开展了一系列版权产业的各种评选活动，如 2014 年 9 月 17 日，国家版权局首次就版权社会服务工作召开专题会议，福建省厦门市在会上被授予“全国版权示范城市”称号。通过此类评选活动，达到了鼓励创新、保护版权成果的效果，从而有助于实现版权的经济价值，推动产业的整体发展。

8.3.4 目前网络版权保护的困境

1. 网络技术的迅速发展对法律保护提出了挑战

面对互联网发展对版权保护带来的挑战，我国《著作权法》自 2001 年开始便做出了积极应对。但是互联网技术的发展日新月异，尤其是随着移动互联网的发展，网络版权的产业链更长、权利细分的趋势也更加明显，盗版技术不断变异，侵权行为更为隐蔽，权利人证明侵权行为与维权的难度增大，我国的立法、执法、司法在面对网络版权保护问题时，经常面临困境。比如在网盘类应用中，服务商提供存储空间，同时也提链接服务，甚至有些网盘直接提供内容，这种传播方式究竟落入《信息网络传播权保护条例》中对侵权认定的哪种情况值得思考。诸如此类的难题，是网络知识产权保护司法和执法共同面临的困难。

2. 传统版权授权模式受到挑战

当前，通过网络传播未经授权作品的现象非常突出，传统版权上“先授权再传播”以及逐一授权的模式在互联网环境下受到了挑战。面对海量作品在网络上的快速传播，要实现每部作品在网络上的传播都能获得事先授权是不可行的，维权成本过高并效率低下，使侵权与维权的矛盾愈发尖锐。

因此，网络版权保护要充分考虑到互联网传播的特性，妥善处理好数字环境下权利人与使用者、传播者和社会公众间的利益平衡关系，积极探索符合网络使用需求的新的授权模式。例如，发展通过著作权集体管理组织、版权代理机构及自主协议等方式，探索在互联网环境

---

[1] 国家版权局，关于 2014 年全国著作权登记情况的通报。http://www.gapp.gov.cn/chinacopyright/contents/483/246091.html，2014 年 3 月 11 日。

下大规模授权、权利人有权放弃部分知识产权、特定环境下对一些权利做特定限制以方便作品使用等模式，以方便和激励网络版权交易的发展。

8.4 网络版权保护双赢模式

互联网与版权产业能够相互促进、共同发展，但必须以保护版权为前提，这在产业内已达成共识，由此，如何平衡互联网与版权人各方的利益便成为共同协调发展的关键。

8.4.1 国外经验

1. 完善相关立法、司法制度，以适应新技术发展

健全的法律制度是实现版权保护与互联网发展双赢的重要保障。面对网络版权保护层出不穷的新问题，知识产权发展相对成熟的国家首先通过个案判例的形式做出了积极回应，对网络环境下的搜索引擎商、内容聚合平台的责任，以及云存储技术下的设备提供商的责任等棘手问题，美国与欧洲的 Perfect10v.谷歌案、Svensson 案、Aereo 案等都做出了回应。虽然部分案件的判决理由和结果引发了较大的争议，但这些案例都对我国网络版权的司法保护具有借鉴意义。

国外的立法也相应地进行了发展与完善。例如，1998 年美国《数字千年版权法》（DMCA）、2001 年欧盟《信息社会版权指令》等首先对数字环境下版权保护问题做出了回应。2014 年，网络著作权法领域最引人注目的变革之一当属西班牙“谷歌税”法的通过。2014 年 10 月，西班牙议会通过的新《知识产权法》第 32.2 条规定：互联网内容聚合平台复制内容片段的行为无须经过授权，但出版者或其他权利人享有收取合理补偿的权利。并且权利人通过知识产权管理组织行使获得该合理补偿的权利，且不能放弃。该规定获得了传统媒体和著作权集体管理机构的赞许与支持，受此条款影响最大的谷歌新闻则宣布退出西班牙市场。该条规定引发了产业和法律界的广泛争议。

“谷歌税”法案实施后各方的强烈反应也说明，著作权保护与互联网的共赢发展仍在曲折中探索前行，保证各方利益的协调发展才是借助法律解决问题的可行之道。

2. 产业创新促进共赢

要促进版权产业与互联网的共生共赢，最为根本的是从产业的角度寻求解决途径。由于免费、便捷的获取作品已经成为互联网用户的消费心理，因此有必要加强产业链合作，采取措施降低价格、扩宽渠道，让更多的公众愿意通过互联网使用正版作品。在美国，全国有 400 多个网络版权分销渠道，公众用户得以通过合法的分销渠道来获得内容。版权人在打击盗版的同时，应当建立起正版的网络发行渠道，以顺应广大用户对数字内容的消费需求，通过多种渠道合法地提供用户可以负担得起的内容。

8.4.2 国内现状

1. 网络著作权法律保护环境日益完善

自我国 2001 年《著作权法》针对网络著作权法的发展做出修改以来，相关立法面对网络著作权的发展不断修订完善。同时，司法、执法对于不断涌现的新问题的探索，在很大程度上弥补了立法的相对滞后。我国司法执法双轨配合制，有效打击了猖獗的网络著作权侵权、

犯罪现象，有些案件的处理甚至走在世界的前列。在依法规制违法行为的同时，司法与执法活动也在不断探索互联网产业与著作权人利益平衡发展的规制路径，这使网络著作权保护的法律环境日益好转。

2. 产业之间加强交流与合作，共同探讨合作共赢机制

行政监管部门在开展打击网络盗版行动的同时，还积极探索促进版权保护与互联网产业共赢发展的途径，通过举办各种研讨会引导权利人及使用者的沟通交流，共同探讨网络环境下视频和音乐作品的版权保护。例如，国家版权局组织召开的"互联网传播影视作品著作权监督管理工作座谈会"和"音乐网站版权主动监管座谈会"等会议都起到了积极效果。与此同时，互联网企业也与权利人积极开展合作，共创合作共赢之路。互联网企业纷纷采取在集体管理的框架下、通过协会主渠道统一解决网络版权问题的方案，与著作权管理组织就解决网络平台上使用作品所涉及词曲版权问题达成合作共识，开拓了产业与版权权利人的合作共赢机制。

8.5　网络版权保护专项行动

加强网络版权执法监管、打击网上违法违规行为是我国推动知识产权保护、打击侵权假冒工作的重要举措。针对网络版权侵权突出、集中的问题，国家版权局自 2005 年起开展"剑网"网络版权保护专项行动，2014 年是开展打击网络侵权盗版"剑网行动"以来的第十个年头。网络版权保护专项行动的开展有效规范了网络版权经营行为，净化了网络环境。

2014 年专项行动确定了保护数字版权、规范网络转载、支持依法维权及严惩侵权盗版四项重点任务。专项行动期间，各地版权行政执法部门、互联网信息主管部门、电信主管部门和公安部门积极配合，全面、深入地开展打击网络侵权盗版各项工作，共查处案件 440 起，关闭网站 750 家。国家版权局督办 33 起案件，查办了"北京一点网聚科技有限公司"违法转载文字作品案。在本次"剑网行动"专项行动中，上海"射手网"侵犯影视作品著作权案等 10 起网络侵权盗版案件被列为"剑网 2014"专项行动十大案件。

开展"剑网 2014"专项行动，确保打击网络侵权盗版行为取得预期效果，对于全面提高新技术条件下的版权执法能力，依法治理网络空间，进一步规范网络传播秩序，激励自主创新，促进文化发展繁荣具有重要意义。

8.6　网络版权行业自律

中国版权协会、中国互联网协会等行业组织在网络版权维护方面发挥着积极作用。

1. 发展网络版权争端调解新途径

面对网络版权纠纷解决途径多样化的需求，行业协会、自律组织积极发挥在纠纷化解、网络技术、行业号召等方面的优势，发展互联网争端纠纷解决调解机制，促使纠纷能够便捷、经济、高效地解决。

中国互联网协会已初步建立起全国性的互联网纠纷调解体系，在北京、浙江、上海等地设立调解分中心，受理涉及会员单位、法院委托的各类纠纷，已与最高人民法院、北京、江苏、浙江、广东等各地方法院建立合作关系。2014 年，中国互联网协会调解中心与广东省高院、北京检察院第三分院分别建立合作机制，合作开展知识产权民事和行政案件的调解、和解及协调工作，以加快构建和完善多元化的纠纷解决机制，促进中国互联网行业的健康发展。

2. 开展研讨活动，加强行业自律

中国互联网协会、版权协会等行业协会，持续开展各种研讨及评选活动，发挥行业协会职能，针对网络版权保护的问题开展深入研究，通过评选先进人物和事迹，树立版权合法运用和使用的良好风气。2014 年，中国互联网协会先后与北京市高级人民法院知识产权庭、北京市检察院第一分院先后共同举办“第五届首都互联网知识产权保护论坛”、“互联网不正当竞争规制机制研究”等会议，从司法保护、审判监督的角度对新形势下网络版权的法律保护问题进行了深入探讨。

8.7 典型案例

央视国际公司享有伦敦奥运会的独家移动网和互联网的广播权和展览权，以及中央电视台通过信息网络向公众传播、广播的权利。我爱聊公司未经许可，通过旗下“电视粉”手机客户端软件和信息网络，向用户实时转播中央电视台的“CCTV-1”等共计 16 个频道节目，央视国际公司以我爱聊公司侵犯广播组织者权及不正当竞争行为为由诉至法院。海淀法院一审判决认为央视国际公司取得的授权权利无法和我国的著作权法完全对应，法律适用上存在一定争议，故采取综合论证的方式认为被告的行为构成侵犯著作权、不正当竞争；二审中，北京二中院认为，我国现行《著作权法》尚未将互联网环境下的转播行为纳入《著作权法》第 45 条的调整之列，故认为我爱聊公司在互联网环境下通过其运营的“电视粉”客户端转播中央电视台相关频道的行为，并不构成《著作权法》第 45 条所规定的“转播”行为，但其行为具有明显的不正当性，因而构成不正当竞争[1]。

本案突出体现了网络技术的发展给知识产权立法及司法带来的挑战，以及《反不正当竞争法》在弥补知识产权立法滞后性方面的作用。

1. 视频网站未经授权进行网络实时转播行为侵犯何种专有权利

面对日益涌现的新型技术及侵权行为，现行《著作权法》中的相应概念难以进行简单的对应。视频网站未经授权对他人享有著作权的电视节目进行网络实时转播的行为是否侵权以及侵犯何种专有权利，一直是理论界和实务界所争议的焦点，本案便集中体现了该问题。一审法院认为，央视国际公司基于授权获得的权利，虽然难以用信息网络传播权、广播组织权等权利来完全涵盖、对应，但不能因该授权是按照使用方式笼统授予的，而否认央视国际公司享有在著作权法上应受保护的权利和不正当竞争法上应保护的竞争利益，因而认定我爱聊公司行为构成侵犯著作权。而二审法院综合我国《著作权法》、《著作权法实施条例》、相关

[1] 参考北京市海淀区人民法院（2013）海民初字第 21470 号民事判决书；北京市第一中级人民法院（2014）一中民终字第 3199 号民事判决书。

司法解释及《与贸易有关的知识产权协定》（TRIPs）中的相关规定，认为在现行法律没有明文规定的情况下，未经权利人允许的网络实时传播行为不应被视为侵犯广播组织权，因此我爱聊公司在互联网环境下通过其运营的“电视粉”客户端转播中央电视台相关频道的行为，并不构成《著作权法》第 45 条所规定的“转播”行为。

互联网技术的发展凸显了知识产权立法的滞后性，正如本案中二审法院在判决书中所提到的，虽然“一定程度上，网络传播比电视传播的方式可能更加迅速、便捷，成本更低，当然，对权利人的损害也可能更大”，但是在现行的著作权法体系下，却难以对某些行为进行归类与规制，互联网技术的发展亟须立法的进一步完善。

2.《反不正当竞争法》起到了兜底弥补的作用

本案是法院利用《反不正当竞争法》来解决《著作权法》及相关法律规定争议性问题的典型案例。虽然一、二审法院在认定网络实时转播行为的性质上产生分歧，但均认为我爱聊公司行为构成不正当竞争，其与央视国际公司是同行业的竞争主体，法院需要对电视台节目信号进行产权界定并加以保护。面对《著作权法》尚不能解决并具有理论争议性的问题，《反不正当竞争法》的兜底性作用优势凸显，在互联网环境下有效保护了著作权人的利益。

（工信部电子知识产权中心　李慧颖、黄蕴华）

第 9 章　2014 年中国网络信息安全情况

9.1　网络安全概况

2014 年是我国网络安全和信息化国家战略迈出重要步伐的一年。党中央高度重视网络安全工作，成立中央网络安全和信息化领导小组；党的十八届四中全会明确提出加强互联网领域立法，政府工作报告首次出现“维护网络安全”表述；相关管理办法和指导意见先后出台，各类宣传和竞赛活动接连开展，提高了各行业、各领域对网络安全的关注和重视；网络安全意识水平逐年提高，投入逐年增大。在各方共同努力下，2014 年我国互联网网络安全状况总体平稳。

近年来，我国互联网市场规模和用户体量高速增长，信息化的迅猛发展也带来诸多网络安全威胁等伴生性问题。我国基础网络仍存在较多漏洞风险。云服务日益成为网络攻击的重点目标；域名系统面临严峻的拒绝服务攻击，针对重要网站的域名解析篡改攻击频发；网络攻击威胁日益向工业互联网领域渗透，已发现我国部分地址感染专门针对工业控制系统的恶意程序事件；分布式反射型的拒绝服务攻击日趋频繁，大量伪造攻击数据包来自境外网络；针对重要信息系统、基础应用和通用软硬件漏洞的攻击利用活跃，漏洞风险向传统领域、智能终端领域泛化演进；网站数据和个人信息泄露现象依然严重，移动应用程序成为数据泄露的新主体；移动恶意程序不断发展演化，环境治理仍然面临挑战。

9.2　我国互联网网络安全形势

9.2.1　网络基础设施

1. 基础网络

2014 年，“宽带中国”战略继续推进实施，我国基础网络建设不断升级完善，安全防护水平进一步提升，但基础网络相关设备仍存在安全风险，日益普及的云服务经常发生因系统故障、网络攻击导致的安全问题，影响业务运行和用户使用。

基础网络安全防护水平进一步提升。2014 年，工业和信息化部重点围绕网络安全防护措施落实、网络数据安全、用户个人电子信息保护等内容，继续推进基础通信网络安全防护工作。基础电信企业不断加大网络安全投入，加强体系、制度和手段建设，推动工作系统化、规范化和常态化。根据抽查结果，各企业符合性测评平均得分均达到 90 分以上，风险评估检查发现的单个网络或系统的安全漏洞数量较 2013 年下降 72%，检查发现问题的难度也逐年加大。截至 2014 年年底，各企业已对 80%以上的漏洞完成修复，并对其余漏洞采取了应急措施，制定了整改计划。

基础网络设备仍存在较多安全漏洞风险。随着基础网络安全防护工作的深入推进，发现和处置的深层次安全风险和事件逐渐增多。2014 年，CNCERT 协调处置涉及基础电信企业的漏洞事件 1578 起，是 2013 年的 3 倍。CNVD[1]收录与基础电信企业软硬件资产相关的漏洞 825 个，其中与路由器、交换机等网络设备相关的漏洞占比达 66.2%，主要包括内置后门、远程代码执行等类型，这些漏洞将可能导致网络设备或节点被操控，出现窃取用户信息、传播恶意代码、实施网络攻击、破坏网络稳定运行等安全事件。

云服务日益成为网络攻击的重点目标。我国基础电信企业和许多大型互联网服务商纷纷加快云平台部署，大力推广云服务，大量金融、游戏、电子商务、电子政务等业务迁移至云平台。2014 年先后发生了多起因电力、机房线路和网络故障导致的云服务宕机事件，针对云平台的攻击事件也逐年增多，仅由 CNCERT 协助处置的大规模攻击事件就达十余起，涉及 UCloud 公司、浙江宁波某 IDC 机房等国内云平台。据有关单位报告，2014 年 12 月中旬，某大型互联网服务商的云平台上一家知名游戏公司遭受拒绝服务攻击，攻击峰值流量超过 450Gbps。云平台运行的稳定性直接影响业务的可用性和连续性，而且针对云平台上某一目标的攻击，还可能导致其他业务受到牵连，造成大面积用户无法访问或使用。

2. 域名系统

域名是网站的入口，其解析安全直接影响网站的正常访问。域名系统承担域名解析工作，面临严重拒绝服务攻击威胁，一些重要网站频繁发生域名解析被篡改事件。

域名系统面临的拒绝服务攻击威胁进一步加剧。据抽样监测，2014 年针对我国域名系统的流量规模达 1Gbps 以上的拒绝服务攻击事件日均约 187 起，约为 2013 年的 3 倍，攻击目标上至国家顶级域名系统，下至 CDN 服务商的域名解析系统。与往年相比，攻击发生频率更高、流量规模更大。2014 年 6 月，我国某权威新闻网站的权威域名服务器遭受拒绝服务攻击，峰值流量达 1.6Gbps，CNCERT 对攻击进行追溯分析，为公安部门破案提供了重要线索。同月，国内某主要 CDN 服务商的域名服务器遭到大规模异常流量攻击，由于其承载国内大量重要网站的 CDN 加速服务，导致对这些网站的访问均受到严重影响。10 月，国家.CN 顶级域名系统继 2013 年 8 月 25 日之后再次遭受大规模流量攻击，由于系统加强了安全防护措施，未受到严重影响，但在一定程度上反映出我国顶级域名系统面临的严峻外部威胁。12 月，我国多个省份的递归域名解析服务器受到攻击，造成部分地区的互联网使用受到影响。

针对重要网站的域名解析篡改事件频发。2014 年发生了多起国内政府网站、重要媒体或企事业单位网站的域名解析被篡改的事件。某省重要新闻网站在短时间内连续数次遭受域名

[1] CNVD 全称为国家信息安全漏洞共享平台（China National Vulnerability Database），是由 CNCERT 联合国内重要信息系统单位、基础电信企业、网络安全厂商、软硬件厂商和互联网企业建立的信息安全漏洞信息共享知识库。

解析被恶意篡改的攻击，黑客入侵该网站域名注册服务商的业务系统，直接篡改数据库中相应数据，获取该网站的域名管理权限，将其域名解析服务器篡改为专门提供免费域名解析的DNSPOD 服务器地址，并将其域名指向境外地址。经 CNCERT 对我国政府网站（以.gov.cn结尾）域名解析情况监测分析，在 10 月测试的 870 万余个域名中，有 107 万余个域名被解析到境外 IP 地址，其中有 2.9 万个域名的 Web 端口能够访问，部分指向推广游戏、色情、赌博等内容的异常页面，还有部分页面被植入恶意代码，不仅影响网站管理方形象，甚至可能造成大面积网络安全危害。

3. 工业互联网

随着互联网的推进和制造业的转型升级，工业互联网成为推动制造业向智能化发展的重要支撑，将工业领域的生产、研发、管理、销售等各个环节与互联网紧密相连，网络安全风险逐渐累积和延伸，威胁扩展至传统工业基础设施。

网络攻击威胁日益向工业互联网渗透。针对工业控制系统的攻击方法和手段已逐渐成熟，并有能力影响物理生产运行环境。根据国际有关机构披露，2014 年 9 月出现一种远程木马“Havex”，它利用了 OPC 工业通信技术[1]，具有很强的针对性，其主要功能是扫描发现工业系统联网设备，收集工控设备详细信息并秘密回传，预置后门并在必要时接收、执行控制端发送的恶意代码，全球能源行业的数千个工业控制系统曾被其入侵。据监测，我国境内已有部分 IP 地址感染了该恶意程序，所对应的控制端均位于境外，并存在部分 IP 地址持续向控制端发送信息的情况。

9.2.2 公共互联网网络安全环境

1. 木马僵尸网络

2014 年，我国境内木马僵尸网络控制服务器和感染主机数量继续呈下降趋势，治理工作成效明显。

我国境内木马僵尸网络感染主机数量稳步下降。据抽样监测，2014 年我国境内感染木马僵尸网络的主机为 1108.8 万余台，较 2013 年下降 2.3%，境内木马僵尸控制服务器 6.1 万余个，较 2013 年大幅下降 61.4%。2014 年，在工业和信息化部的指导下，CNCERT 协调基础电信企业、域名服务机构等成功关闭 744 个控制规模较大的僵尸网络，累计处置 767 个恶意控制服务器和恶意域名，成功切断黑客对 98 万余台感染主机的控制，有力净化了公共互联网网络安全环境。随着我国持续加大公共互联网环境监管和治理力度，大量僵尸网络控制服务器向境外迁移，2014 年抽样监测发现境外 4.2 万个控制服务器控制了我国境内 1081 万余个主机，境外控制服务器数量较 2013 年增长 45.3%。

2. 拒绝服务攻击

传统拒绝服务攻击主要依托木马僵尸网络，通过控制大量主机或服务器（俗称“肉鸡”）对受害目标发起攻击，近年来，拒绝服务攻击的方式和手段不断发展变化，分布式反射型的拒绝服务攻击日趋频繁。

---

[1] 一种开放、通用的工业数据交换协议，能够实现基于 Windows 平台的工业控制系统应用程序与过程控制硬件之间的交互通信。

分布式反射型攻击逐渐成为拒绝服务攻击的重要形式。分布式反射型攻击是指黑客不直接攻击目标，而利用互联网的一些网络服务协议和开放服务器，伪造被攻击目标地址向开放服务器发起大量请求包，服务器向攻击目标反馈大量应答包，间接发起攻击。这种方式能够隐藏攻击者来源，以较小代价实现攻击规模放大，且攻击目标难以防御，在我国呈现三个明显特点。一是频繁发生且流量规模大。仅 2014 年 10 月，我国就有数十个重要政府的网站和邮件系统遭受到此类攻击，部分攻击流量规模达到 10Gbps 以上。二是攻击方式复杂多样。攻击者综合运用 DNS 协议、NTP 协议[1]、UPnP 协议[2]、CHARGEN 协议[3]等多种协议进行攻击，防御困难。三是攻击包来源以境外为主。在 2014 年发现的分布式反射型攻击中，绝大部分伪造的请求包来自境外，这一方面是由于我国基础网络持续开展虚假源地址流量整治工作，攻击者难以从境内网络发出此类伪造包；另一方面也从一定程度上反映出境外对我国攻击的频繁。

3. 安全漏洞

2014 年，安全漏洞信息共享工作持续推进，重要行业和政府部门信息系统的漏洞事件备受关注，“心脏出血”、“破壳”等漏洞展现了基础应用和通用软硬件面临的高危风险，漏洞威胁向传统领域和智能设备领域演化延伸。

涉及重要行业和政府部门的高危漏洞事件增多。近年来，CNVD 新增收录漏洞数量年均增长率为 15%～25%，针对漏洞的挖掘和利用研究日趋活跃。2014 年，CNVD 收录并发布各类安全漏洞 9163 个，较 2013 年增长 16.7%，平均每月新增收录漏洞 763 个；其中高危漏洞 2394 个，占 26.1%，可诱发零日攻击的漏洞 3266 个（即披露时厂商未提供补丁），占 35.6%。漏洞研究者对重要企事业单位信息系统安全问题的关注程度日益提升，在 2014 年收录的漏洞中，涉及电信行业的占 9%，涉及工控系统的占 2.0%，涉及电子政务的占 1.9%，CNCERT 全年向政府机构和重要信息系统部门通报漏洞事件 9068 起，较 2013 年增长 3 倍。

基础应用或通用软硬件漏洞风险凸显。2014 年 CNCERT 通报处置通用软硬件漏洞事件 714 起，较 2013 年增长 1 倍。由于基础应用和通用软硬件产品部署广泛，漏洞容易被批量利用，而且定位和修复困难，影响范围可能波及全网，危害程度远大于一般漏洞。4 月 8 日，开源加密协议 OpenSSL 被披露存在内存泄露高危漏洞[4]，又称“心脏出血（Heartbleed）”漏洞，利用该漏洞可窃取服务器敏感信息，实时获取用户的账号、密码，危害波及大量互联网站、电子商务、网上支付、即时聊天、办公系统、邮件系统等，据抽样统计，我国境内受该漏洞影响的 IP 地址超过 30000 个。9 月 25 日，GNU Bash 组件被披露存在远程代码执行高危漏洞[5]，又称“破壳（Bash Shellshock）”漏洞，Redhat、Fedora、CentOS、Ubuntu、Debian、Mac OS 等几乎目前所有主流 UNIX/Linux 操作系统平台，使用 ForceCommand 功能的 OpenSSH sshd，使用 mod_cgi 或 mod_cgid 的 Apache 服务器，DHCP 客户端和其他使用 Bash

[1] NTP 协议，即网络时间协议（Network Time Protocol）。

[2] UPnP 协议，即通用即插即用（Universal Plug and Play）协议。

[3] CHARGEN 协议，即字符发生器协议（Character General Protocol）。

[4] 编号 CNVD-2014-02175, CVE-2014-0160。

[5] 编号 CNVD-2014-06345, CVE-2014-6271。

作为解释器的应用均受到影响，不仅是服务器系统，还包括交换机、防火墙、网络设备以及摄像头、IP 电话等许多基于 Linux 的定制系统，影响范围比“心脏出血”漏洞更为严重。根据对部分漏洞的持续监测来看，漏洞修复的速度总体较为缓慢。“心脏出血”漏洞披露 3 个月后发现仍有约 16%尚未修复，而知名度相对较低的 Ngnix 文件解析漏洞（影响 Web 应用）在披露 1 年后未修复率仍高达 55%。此外，4 月 8 日微软公司正式停止对 Windows XP 系统的支持服务，而从 4 月底至 8 月中旬的抽样监测统计发现，在我国使用微软操作系统的用户中，超过半数仍在使用 Windows XP 系统，这些用户在未来相当长的一段时间内将面临严重的“零日攻击”风险。

漏洞威胁向传统领域泛化演进。随着信息化的发展，传统广播电视、公共管理、社会服务等领域与互联网紧密融合，漏洞威胁也在演化跟进。2014 年 CNCERT 处置了多起公共服务管理系统存在漏洞风险的事件，涉及公共场所 LED 信息管理、高速公路视频监控、区域车辆 GPS 调度监控等，这些漏洞一旦被利用，将直接影响日常交通管理和公众生活。

漏洞威胁向新兴智能设备领域延伸。2014 年，移动互联网与传统产业结合催生智能硬件新业态，智能手环、智能手表等可穿戴设备和互联网电视等产品成为市场热点，智能汽车、智能家居、智慧城市成为新时尚，随着终端设备的功能和性能大幅提升，面临的安全威胁增大。国外某著名电动汽车车载控制系统存在安全漏洞，导致攻击者可远程控制车辆，实现开锁、鸣笛、闪灯、开启天窗等操作。2014 年已经发现一些 ADSL 终端、智能监控设备、智能路由器、网络摄像头、机顶盒等联网智能设备被黑客控制发起网络攻击，这些联网智能设备普遍存在弱口令、配置不当等安全问题，很容易被攻击者安装木马变成“肉鸡”长期进行控制。

4. 网络数据泄露

自 2011 年 CSDN 社区信息泄露事件后，近年来网站数据泄露事件不断发生，2014 年网站拖库[1]、撞库[2]攻击现象仍然严重。

网站数据和个人信息泄露仍呈高发态势。网站管理者对数据保护的重视程度日益提升，但在网站数据和个人信息利益价值凸显的背景下，数据泄露事件仍频繁出现，有的依然是由于技术漏洞或管理问题导致的拖库事件，有的则来自撞库攻击。

2014 年，我国多家知名电商、快递公司、招聘网站、考试报名网站等发生数据泄露事件。5 月中旬，工业和信息化部处理了一起某知名手机厂商论坛数据泄露事件，由于此前使用的用户管理模块存在漏洞，导致包括账号、密码和社交账号等在内的 800 万用户信息泄露，其中有 140 万用户的密码从未修改过（包括开通了云平台账号的 130 万用户），这些用户是此次泄露事件的受威胁对象，存在黑客针对特定用户实施密码暴力破解的风险。12 月 25 日，国内某著名交通购票网站遭受撞库攻击，导致包括用户账号、明文密码、身份证号码、手机号码和电子邮箱等在内的 13 万多条用户数据在互联网上流传。针对所泄露的数据分析发现，“123456”、“a123456”、“123456a”等弱口令高居榜首，用户的密码安全意识仍有待提高。

---

[1] 拖库指黑客入侵网站，将网站的用户资料数据库全部盗走的行为。

[2] 撞库是指黑客利用从某些网站或渠道获取的用户账号和密码，在其他网站上进行登录尝试。这主要是由于目前有相当一部分互联网用户喜欢在不同网站上使用统一的用户名和密码。

移动应用程序成为数据泄露的新主体。2014 年，订票、社交、点评、论坛、浏览器等国内多种知名移动应用发生用户数据泄露事件。一些移动应用开发者经验不足，安全意识和水平不够，网站服务器对移动端的访问控制机制较弱，黑客利用移动应用程序与网站服务器之间的接口漏洞，对网站服务器发起攻击，能够轻易获得相应服务器的地址和接口信息，再通过挖掘接口漏洞，直接获取服务器中所有信息，造成信息泄露。2014 年，CNVD 收录了 1710 个涉及移动互联网终端设备或软件产品的漏洞，这都可能成为黑客攻击获取用户信息新的入口。

5. 移动互联网恶意程序

在工业和信息化部的指导下，通信行业各方共同努力，积极开展移动互联网环境治理，国内主流应用商店的安全状况有所改善，但移动互联网恶意程序不断发展演化，给治理工作带来挑战。

移动互联网网络安全威胁治理取得明显成效。2014 年 4～9 月，工业和信息化部联合公安部、工商总局开展打击治理移动互联网恶意程序专项行动，CNCERT、基础电信企业、域名注册服务机构、安全企业、应用商店和数字认证服务企业等多家单位积极参与，取得明显成效。专项行动期间，及时、有效地处置了“××神器”病毒大规模传播事件，协调处置移动恶意程序控制服务器和传播源链接 1.01 万个；开办主体主动关停或监管部门依法关停应用商店 283 家；中国互联网协会反网络病毒联盟（ANVA）、电子认证服务机构、应用商店、手机安全软件厂商和手机终端生产企业等多方力量联合，试点开展移动应用程序开发者第三方数字证书签名与验证，以实现移动应用程序的防篡改和可溯源；持续推进自律黑白名单共享工作，发布移动恶意程序黑名单 4.9 万条、传播地址黑名单 1187 条，发布中国农业银行、奇虎 360、百付宝、搜房 4 张移动互联网应用自律白名单证书。

移动恶意程序逐渐从主流应用商店向小型网站蔓延。2014 年，根据工业和信息化部《移动互联网恶意程序监测与处置机制》，CNCERT 每周协调应用商店下架移动恶意程序，累计通知 139 家应用商店、网盘、下载站点等下架恶意程序 4.1 万个，实际下架 3.9 万余个，下架率达到 95.5%。经过连续两年的治理，国内 30 余家主流应用商店的安全意识均有提高，审核制度和检测手段逐步改善，恶意程序数量由 2013 年的 3.73 万个大幅下降至 0.93 万个，安全状况明显改善。移动恶意程序逐渐向个人网站、广告平台等小型网站蔓延，2014 年监测发现 100 余个小型网站传播移动恶意程序 3 万余个，其中单个网站传播移动恶意程序的数量最多超过 2000 个，针对这类网站的监测处置将是未来移动互联网环境治理工作的重点。

移动恶意程序治理打击对抗性初显。2014 年，CNCERT 通过自主监测和交换捕获的移动互联网恶意程序样本达 95.1 万余个。按行为属性分类[1]，恶意扣费类的恶意程序数量居首位，占 55.0%，其次是资费消耗类和信息窃取类，分别占 15.3%和 12.9%，信息窃取类所占比例较 2013 年的 3.2%大幅上升。据抽样监测，2014 年我国感染移动恶意程序的用户数量达 2292 万个，其中感染安卓平台恶意程序的用户数量最多，达 1575 万余个，也发现约 30 万用户感染基于苹果 iOS 平台的恶意程序，如“Panda”、“Wirelurker”等。移动恶意程序的对抗性明

[1] 如果单个恶意程序具有多重恶意行为属性，统计时根据标准 YD/T 2439-2012《移动互联网恶意代码描述格式》中对恶意行为属性的恶意性等级划分，按其等级最高的恶意行为属性进行统计。

显增强，制作者普遍采用“加固”技术对抗安全检测，2014 年发现的移动恶意程序样本中有 2.2%经过“加固”处理，检测发现难度加大，给治理工作带来新的挑战。

具有短信拦截功能的移动恶意程序大量爆发。目前，网银、网购等普遍通过短信验证码方式对用户身份进行校验，2014 年具有拦截、转发手机短信功能的移动恶意程序数量大幅增长。黑客从短信中获取用户的重要个人信息，如姓名、身份证号码、银行卡账号、支付验证码、各种登录账号和密码等，再结合其他钓鱼欺诈手段，窃取用户资金或实施诈骗活动，威胁用户财产安全。这类恶意程序开发成本低、更新速度快，一般还带有隐私窃取、远程控制、诱骗欺诈、资费消耗等其他功能。据抽样监测分析，此类恶意程序最早出现于 2013 年 5 月，2014 年起开始流行爆发，目前已发现该类样本 16 万余个，8 月爆发的“××神器”移动恶意程序通过拦截和转发短信，感染全国用户数量达到 11 万个，波及国内 31 个省（自治区、直辖市）。在工业和信息化部的指导下，CNCERT 及时完成了对该样本的分析，并协调进行处置，有效控制了其传播态势。

6. 网页仿冒

2014 年，针对金融、电信行业的网页仿冒事件大幅增长，大量钓鱼站点向云平台迁移，加大了事件处置难度，影响了用户经济安全和信息消费。

针对金融、电信行业的仿冒事件大幅增长。2014 年抽样监测发现，针对我国境内网站的仿冒页面（URL 链接）近 100000 个，较 2013 年增长 2.3 倍，涉及 IP 地址 6844 个，较 2013 年增长 61.4%。在针对我国境内网站的钓鱼站点（IP 地址）中，有 89.4%位于境外，承载仿冒页面 90000 余个，较 2013 年增长 2.1 倍，主要是位于我国香港地区的钓鱼页面数量将近 30000 个，较 2013 年大幅增长。从被仿冒对象来看，针对第三方支付机构、网上银行等金融机构的仿冒页面占比超过 80%，主要是诱骗用户提交银行卡号、密码、身份证号等信息，同时发现大量针对电信企业的仿冒页面，主要是一些虚假的充值页面，占比达 12%，已超过仿冒知名电视节目或大型互联网站进行虚假抽奖的页面数量。网页仿冒与移动应用结合日益紧密，许多仿冒页面仅能通过移动智能终端访问，针对手机网银、微信等移动应用的仿冒事件频发。

钓鱼站点逐渐向云平台迁移。云服务申请和使用方便、成本低廉、安全审核不严，且云平台同时承载多种不同类型的业务，传统基于 IP 地址的追踪处置手段难以适用，日益成为钓鱼网站栖息的“温床”。针对 2014 年处置的银行类钓鱼网站分析，按所承载的钓鱼网站数量（按域名统计）排序，排名前十的 IP 地址有 4 个属于云服务提供商。

7. 网站攻击

“匿名者”等黑客组织对我国政府部门和重要企事业单位网站的攻击依然频繁，出现了向网站中植入钓鱼页面、针对性地实施拒绝服务攻击、窃取网站数据等情况。

针对政府部门和重要行业单位网站的网络攻击频度、烈度和复杂度加剧。据监测，2014 年我国境内被篡改的政府网站 1763 个，被植入后门的政府网站 1529 个，分别占全部被篡改网站的 4.8%和全部被植入后门网站的 3.8%，据通信行业信息，出现的一个新特点是大量政府和教育类网站的子页面被篡改并植入钓鱼页面。“匿名者”等黑客组织先后篡改了我国 400 余个网站，在针对中国大陆和香港政府网站的所谓“OpHongKong”攻击行动中，黑客组织宣称对我国 150 余个重要政府部门的网站发动大规模攻击，并公布了大量攻击目标的 URL 链接、网站服务器类型、IP 地址等详细信息，据 CNCERT 监测其攻击成功的网站达到 40 余个，除网页篡改和植入后门外，还发现许多技术手段复杂、流量规模大的拒绝服务攻击，以及窃取网站内存储的用户信息并公布的情况，严重影响了网站的正常运行。

9.3　网站安全监测情况

9.3.1　网页篡改情况

按照攻击手段，网页篡改可以分成显式篡改和隐式篡改两种。通过显式网页篡改，黑客可炫耀自己的技术技巧，或达到声明自己主张的目的；隐式篡改则一般是在被攻击网站的网页中植入被链接到色情、诈骗等非法信息的暗链中，以助黑客谋取非法经济利益。黑客为了篡改网页，一般需提前知晓网站的漏洞，提前在网页中植入后门，并最终获取网站的控制权。

1. 我国境内网站被篡改总体情况

2014 年，我国境内被篡改的网站数量为 36969 个，较 2013 年的 24034 个大幅增长 53.8%。我国境内被篡改网站的月度统计情况如图 9.1 所示。2014 年 2 月开始，CNCERT/CC 加强了对我国境内网站被植入暗链情况的监测，同时扩大了境内网站监测数量，使得 2014 年全年较 2013 年被篡改网站的总数有大幅度增长。

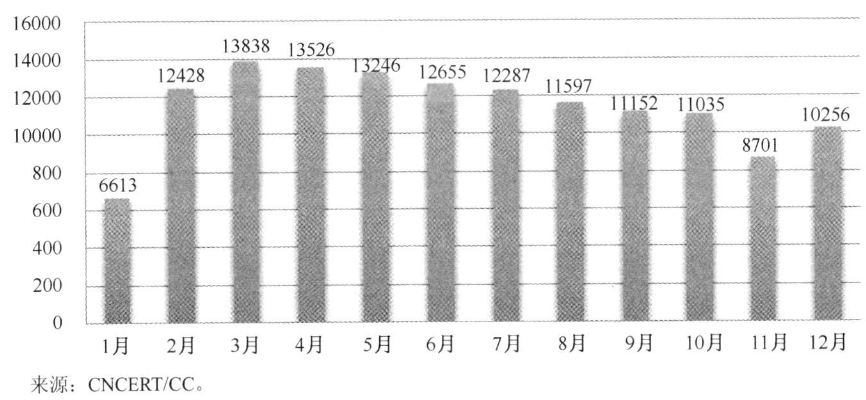

来源：CNCERT/CC。

图9.1　2014年我国境内被篡改网站数量月度统计

从篡改攻击的手段来看，我国被篡改的网站中以植入暗链方式被攻击的占 83.3%，对比 2013 年以植入暗链方式攻击网站的占 57%的差异来看，2014 年以植入暗链方式攻击的手段大幅度提升。

从域名类型来看，2014 年我国境内被篡改的网站中，代表商业机构的网站（.COM）最多，占 71.8%，其次是网络组织类（.NET）网站和政府类（.GOV）网站，分别占 6.7%和 4.8%，非营利组织类（.ORG）网站和教育机构类（.EDU）网站分别占 2.1%和 0.2%。对比 2013 年，我国商业机构类网站被篡改情况有小幅度上升，从 2013 年的 67.2%上升至 2014 年的 71.8%。2014 年我国境内被篡改网站按域名类型分布情况如图 9.2 所示。

如图 9.3 所示，2014 年我国境内被篡改网站数量按地域进行统计，前十位的地区分别是：北京市、江苏省、上海市、广东省、浙江省、福建省、河南省、四川省、安徽省、天津市。2014 年的情况与 2013 年类似，仅仅为天津市代替了山东省。以上地区均为我国互联网发展状况较好的地区，互联网资源较为丰富，总体上发生网页篡改的事件次数较多。

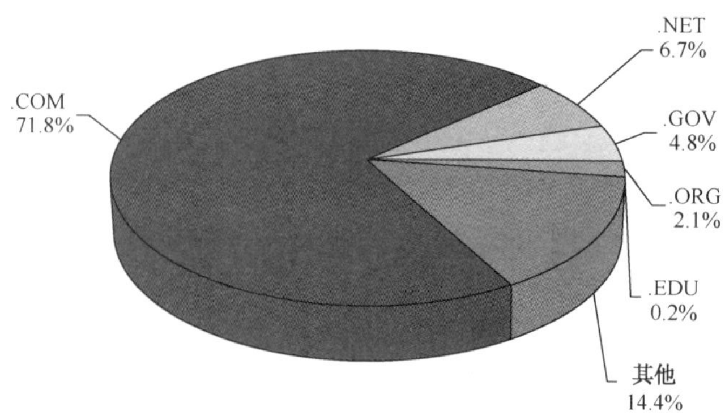

来源：CNCERT/CC。

图9.2 2014年我国境内被篡改网站按域名类型分布

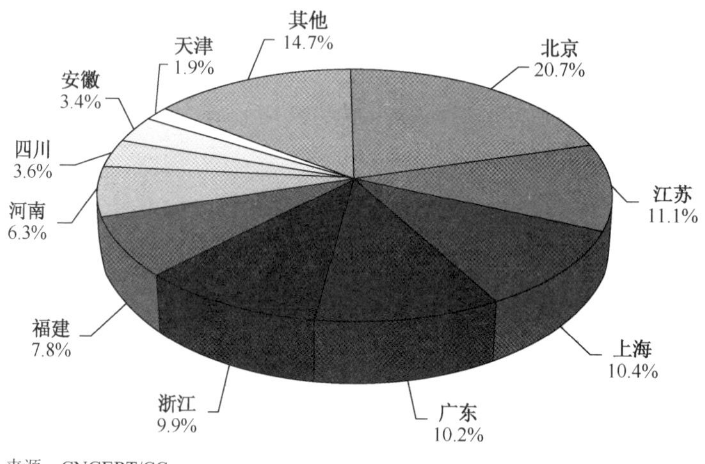

来源：CNCERT/CC。

图9.3 2014年我国境内被篡改网站按地区分布

2. 我国境内政府网站被篡改情况

近年来，各级政府逐渐重视信息化建设，许多政府机构都建立了自己的网站。然而，目前政府网站还缺乏足够的重视和维护，这已成为中国网络安全中最薄弱的一环。同时，由于政府网站不可替代的权威性，对它的攻击严重影响着中国的网络信息安全。

2014 年，我国境内政府网站被篡改数量为 1763 个，较 2013 年的 2430 个减少 27.4%。2014 年，政府网站被篡改数量的下降，一方面是由于政府网站的安全意识的提高，另一方面也得益于加大了对政府网站的重点监测和及时处置。2014 年，我国境内被篡改的政府网站数量和其占被篡改网站总数比例按月度统计如图 9.4 所示。

9.3.2 网页挂马情况

网页挂马是通过在网页中嵌入恶意程序或链接，致使用户计算机在访问该页面时被植入恶意程序，是黑客传播恶意程序的常用手段。通信行业相关单位在网页挂马和恶意程序传播监测方面开展了大量工作，并与 CNCERT/CC 建立了良好的协作关系。

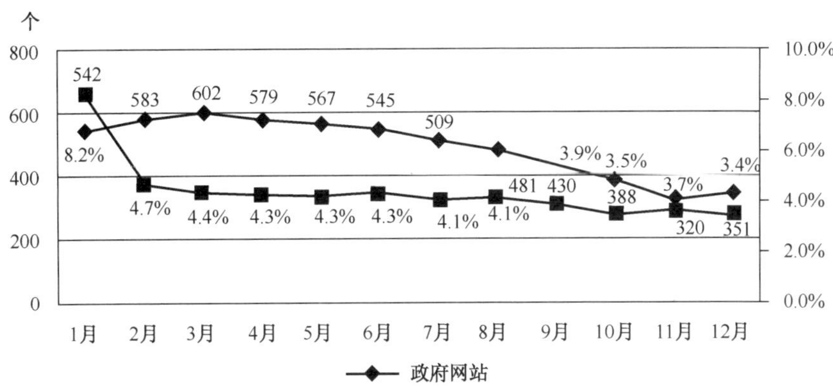

来源：CNCERT/CC。

图9.4　2014年我国境内政府网站被篡改数量和所占比例月度统计

1. 挂马网站监测情况

根据瑞星信息技术有限公司对中国大陆地区 30 万个网站的监测结果，2014 年共监测到 24 万个网站（去重后或各月累计）被挂马，图 9.5 所示为瑞星公司监测发现的中国大陆地区挂马网站数量月度统计情况，可以看到，挂马网站数量在 2014 年呈现波动趋势，在 5 月达到峰值，在 1 月为全年最低值。

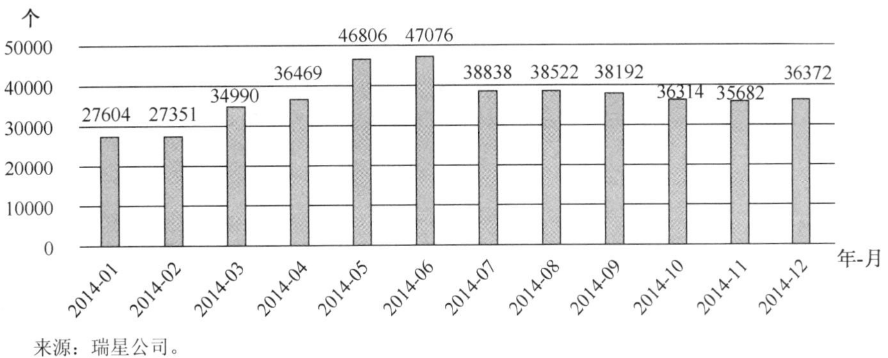

来源：瑞星公司。

图9.5　2014年截获挂马网站数量月度统计

奇虎公司监测的 2014 年各月的新增挂马网站数量分布如图 9.6 所示，可以看出，挂马网站数量在 2014 年始终在低位保持稳定。

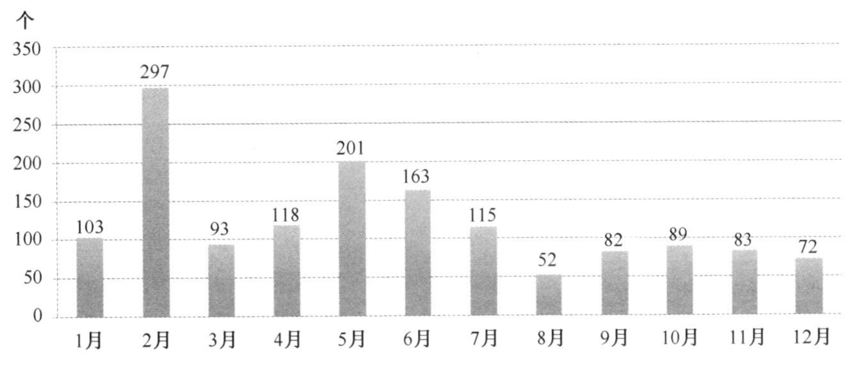

来源：奇虎 360 公司。

图9.6　2014年新增挂马网站数量月度统计

从瑞星监测发现的2014年中国大陆地区挂马网站按省份分布情况（见图9.7）来看，挂马网站多集中在人口稠密、经济发达特点的省份。

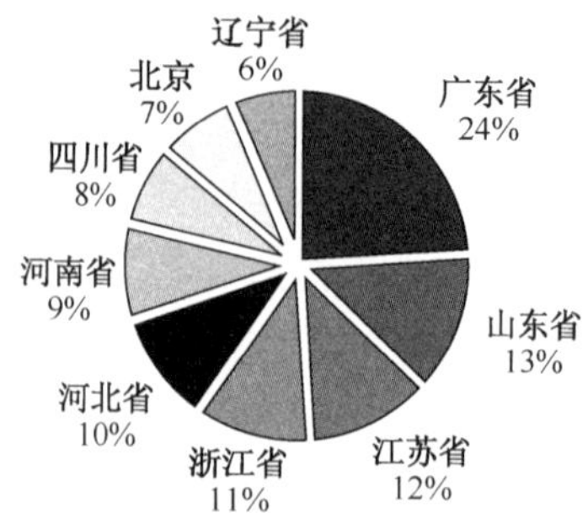

图9.7　2014年中国大陆地区挂马网站按省份分布

2014年中国大陆地区挂马网站按域名分布情况如图9.8所示。其中，比例排名前三位的是.com域名（51.51%）、.cn域名（19.56%）和.org域名（14.19%）。此外，被挂马的政府网站（.gov.cn域名网站）数量为23618个，占全部挂马网站总数的9.69%。

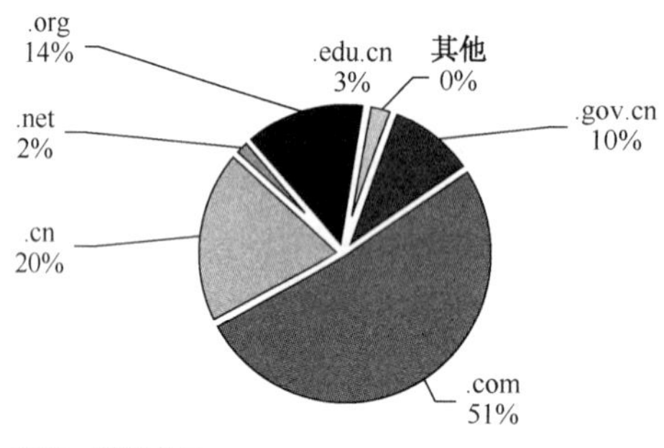

图9.8　2014年中国大陆地区挂马网站按域名分布情况

2. 恶意域名监测情况

一些网站或域名是作为放马服务器的形式出现的，这些网站或域名往往被黑客或挂马集团掌控，或用作恶意跳转链接，或作为恶意代码下载服务器。如表9.1所示，这些域名均为动态域名，许多可以在国内外多家域名注册商注册，且注册成本相对较为低廉。实施网页挂马的黑客或挂马集团往往会批量注册，在一段时间内不断变换使用，以隐藏自己的活动痕迹，规避监管，增加治理的难度。

表9.1　挂马网站（恶意域名）按子域名数排行TOP 10

挂马网站域名	相关挂马子域名数	部分挂马子域名举例
3322.org	463	rootkit004.3322.rog
myftp.biz	230	webms14.myftp.biz
noip.me	215	paypai01.noip.me
sytes.net	190	counthkfu.sytes.net
9966.org	170	srgase5463.9966.org

续表

挂马网站域名	相关挂马子域名数	部分挂马子域名举例
servehttp.com	130	wejuysegrf435.servehttp.com
myvnc.com	95	jack0079.myvnc.com
ddns.net	80	filehtyr.ddns.net
zapto.org	60	laserhgbtr56.zapto.org
3utilites.com	50	hostfree56788.3utilites.com

来源：瑞星信息技术有限公司。

9.3.3 网页仿冒情况

网页仿冒俗称网络钓鱼（Phishing），是社会工程学欺骗原理与网络技术相结合的典型应用。2014 年，CNCERT/CC 共抽样监测到仿冒我国境内网站的钓鱼页面 99409 个，涉及境内外 6844 个 IP 地址，平均每个 IP 地址承载 14.5 个钓鱼页面。在这 6844 个 IP 中，有 89.4%位于境外，其中，美国（17.7%）、中国香港（15.2%）和韩国（1.8%）居前三位，分别承载了 10265 个、29237 个和 10790 个针对我国境内网站的钓鱼页面，分别如图 9.9 和图 9.10 所示。

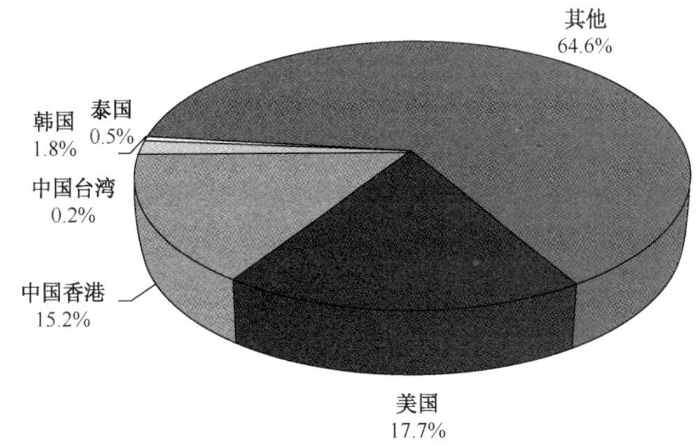

来源：CNCERT/CC。

图9.9　2014年仿冒我国境内网站的境外IP地址按国家和地区分布

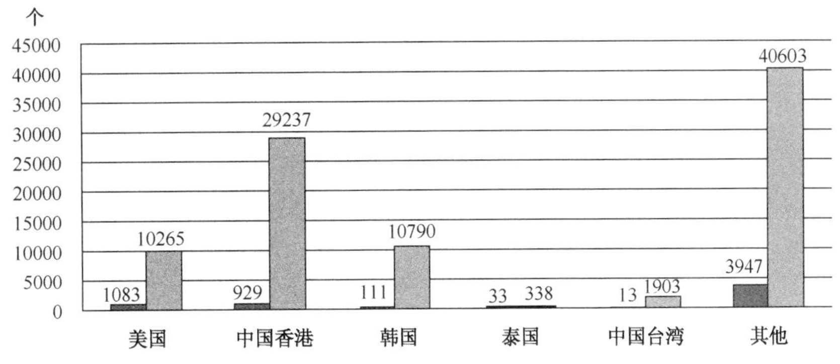

来源：CNCERT/CC。

图9.10　2014年仿冒我国境内网站的境外IP及其承载的仿冒页面数量按国家或地区分布TOP 5

从钓鱼站点使用域名的顶级域分布来看，.com 最多，占 66.3%，其次是.pw 和.cn，分别占 9.0%和 5.1%。2014 年 CNCERT/CC 抽样监测发现的钓鱼站点所用域名按顶级域分布如图 9.11 所示。

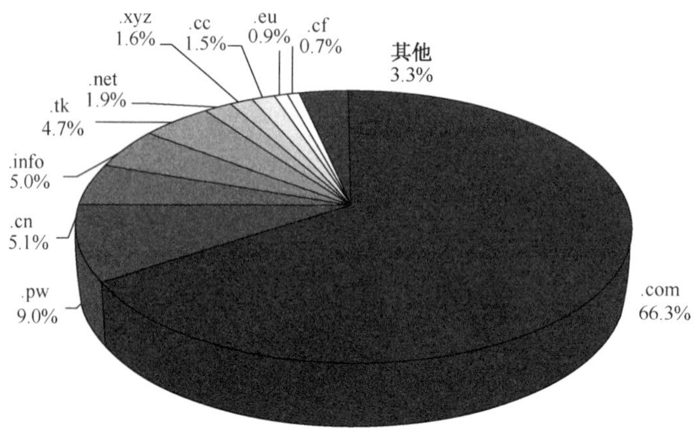

来源：CNCERT/CC。

图9.11　2014年抽样监测发现的钓鱼站点所用域名按顶级域分布

9.3.4　网站后门情况

网站后门是黑客成功入侵网站服务器后留下的后门程序。通过在网站的特定目录中上传远程控制页面，黑客可以暗中对网站服务器进行远程控制，上传、查看、修改、删除网站服务器上的文件，读取并修改网站数据库的数据，甚至可以直接在网站服务器上运行系统命令。

2014 年，CNCERT/CC 监测到境内 40186 个网站被植入后门，其中，政府网站 1529 个。2014 年我国境内被植入后门网站月度统计情况如图 9.12 所示。

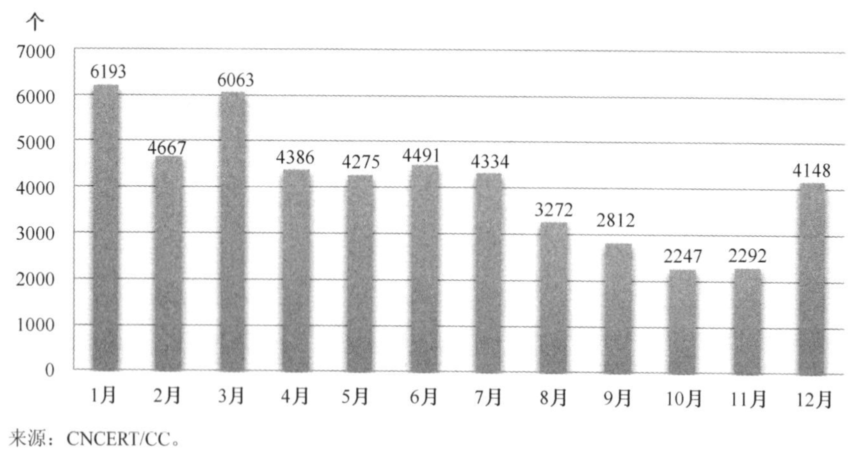

来源：CNCERT/CC。

图9.12　2014年我国境内被植入后门网站数量月度统计

从域名类型来看，2014 年我国境内被植入后门的网站中，代表商业机构的网站（.com）最多，占 57.7%，其次是网络组织类（.net）和政府类（.gov）网站，分别占 6.4%和 3.8%。2014 年我国境内被植入后门的网站数量按域名类型分布情况如图 9.13 所示。

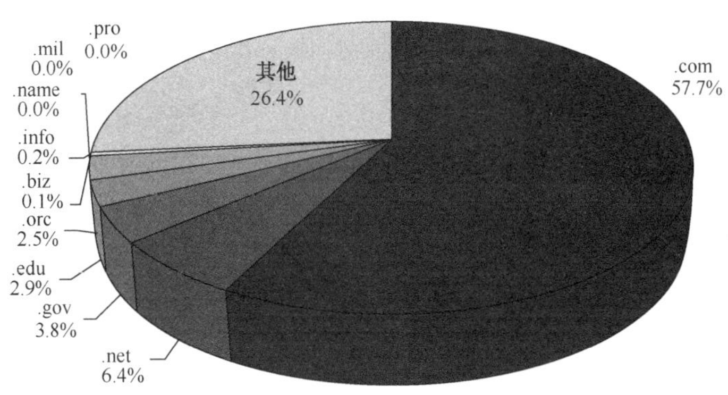

来源：CNCERT/CC。

图9.13　2014年我国境内被植入后门网站数量按域名类型分布

如图 9.14 所示，2014 年我国境内被植入后门的网站数量按地域进行统计，排名前 10 位的地区分别是：北京市、江苏省、浙江省、广东省、上海市、四川省、河南省、福建省、江西省、山东省。

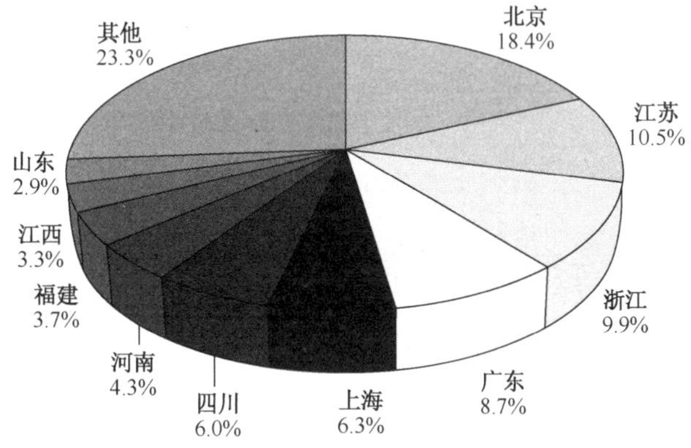

来源：CNCERT/CC。

图9.14　2014年我国境内被植入后门网站数量按地区分布

向我国境内网站实施植入后门攻击的 IP 地址中，有 19168 个位于境外，主要位于美国（24.8%）、韩国（6.7%）和中国香港（6.5%）等国家和地区，如图 9.15 所示。

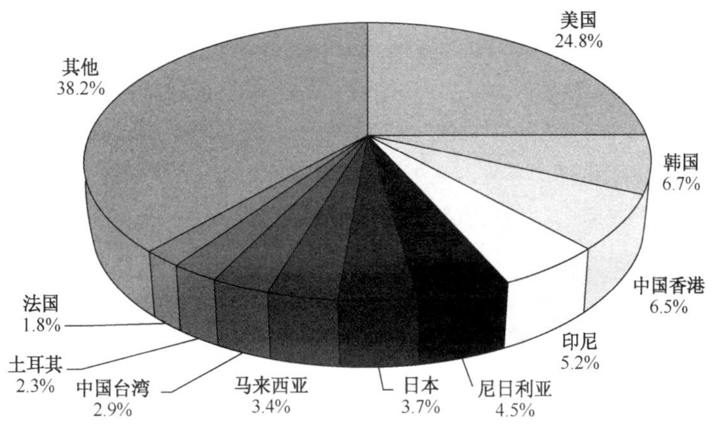

来源：CNCERT/CC。

图9.15　2014年向我国境内网站植入后门的境外IP地址按国家和地区分布

其中，位于美国的 4761 个 IP 地址共向我国境内 5580 个网站植入了后门程序，侵入网站数量居首位，其次是位于中国香港和位于韩国的 IP 地址，分别向我国境内 5023 个和 3719 个网站植入了后门程序，如图 9.16 所示。

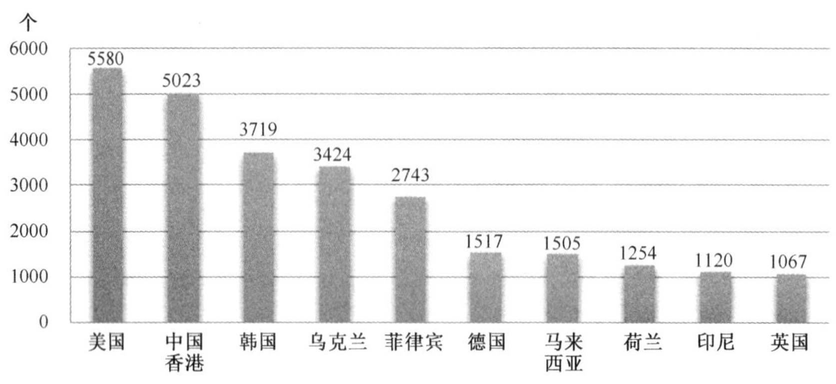

来源：CNCERT/CC。

图9.16　2014年境外通过植入后门控制我国境内网站数量TOP 10

9.4　移动互联网安全监测情况

移动互联网恶意程序是指在用户不知情或未授权的情况下，在移动终端系统中安装、运行以达到不正当目的，或具有违反国家相关法律法规行为的可执行文件、程序模块或程序片段。移动互联网恶意程序一般存在以下一种或多种恶意行为，包括恶意扣费、信息窃取、远程控制、恶意传播、资费消耗、系统破坏、诱骗欺诈和流氓行为。2014 年，CNCERT/CC 捕获及通过厂商交换获得的移动互联网恶意程序样本数量为 951059 个。

2014 年，CNCERT/CC 捕获和通过厂商交换获得的移动互联网恶意程序按行为属性统计如图 9.17 所示。其中，恶意扣费类的恶意程序数量仍居首位，为 522889 个，占 55.0%，资费消耗类 145836 个（占 15.3%）、信息窃取类 122490 个（占 12.9%）分列第二、第三位。通过

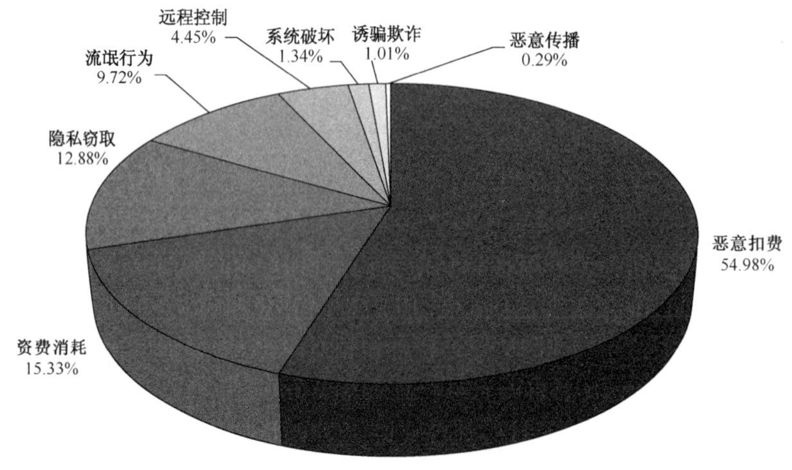

来源：CNCERT/CC。

图9.17　2014年移动互联网恶意程序数量按行为属性统计

2014 年工信部、公安部和工商总局三部委联合开展的移动恶意程序专项治理行动，恶意扣费类恶意程序经过打击治理，其比例由 2013 年的 71.5%下降至 16.5%，但恶意扣费类和资费消耗类等与用户经济利益密切相关的恶意程序依旧占据恶意程序总体数量的 70%以上。2014 年，CNCERT/CC 组织通信行业开展了 11 次移动互联网恶意程序专项治理行动。

按操作系统分布统计，2014 年 CNCERT/CC 捕获和通过厂商交换获得的移动互联网恶意程序主要针对 Android 平台，共有 949772 个，占 99.8%以上，位居第一。其次是 Symbian 平台，共有 1276 个，占 0.13%。此外，也有少量的针对 iOS 平台和 J2ME 平台的恶意程序。值得注意的是，2014 年首次出现了大规模感染苹果 iOS 平台的恶意程序，如“Panda”、“Wirelurker”等恶意程序，标志着黑客逐渐将目光转向 iOS 平台。2014 年移动互联网恶意程序数量按操作系统分布如图 9.18 所示。

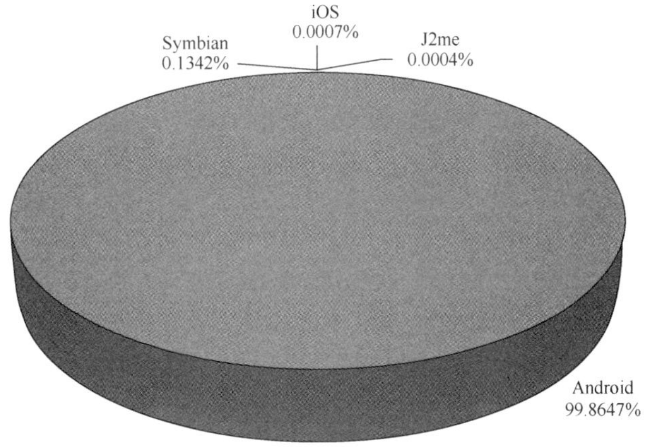

来源：CNCERT/CC。

图9.18　2014年移动互联网恶意程序数量按操作系统分布

如图 9.19 所示，按危害等级统计，2014 年 CNCERT/CC 捕获和通过厂商交换获得的移动互联网恶意程序中，高危的为 15547 个，占 1.63%；中危的为 240926 个，占 25.33%；低危的为 694586 个，占 73.04%。相对于 2013 年，高危、中危、低危移动互联网恶意程序分布情况略有变化，其中高危和低危移动互联网恶意程序所占比例略有提升，中危移动互联网恶意程序所占比例略有下降。

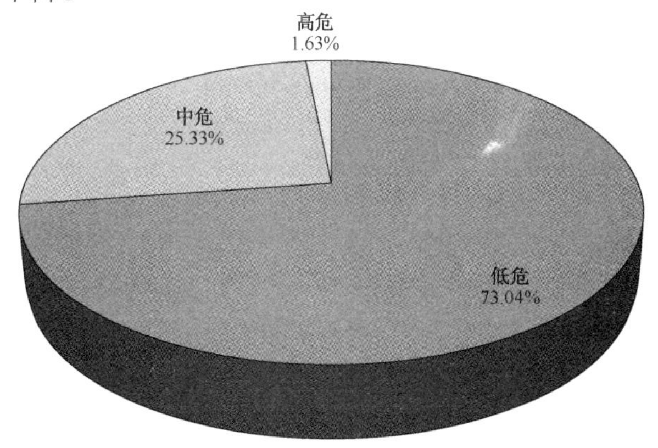

来源：CNCERT/CC。

图9.19　2014年移动互联网恶意程序数量按危害等级统计

9.5 恶意程序监测情况

9.5.1 木马和僵尸程序

2014 年 CNCERT/CC 抽样监测结果显示，在利用木马或僵尸程序控制服务器对主机进行控制的事件中，控制服务器 IP 总数为 104230 个，较 2013 年下降 45.0%，受控主机 IP 总数为 13991480 个，较 2013 年下降 25.2%。其中，境内木马或僵尸程序控制服务器 IP 数量为 61879 个，较 2013 年大幅下降 61.4%，境内受控主机 IP 地址数量为 11088141 个，较 2013 年下降 2.3%。连续两年我国境内感染木马或僵尸程序主机数量出现下降，体现了近两年我国木马和僵尸网络专项治理行动和日常处置工作的持续效果。

1. 木马和僵尸程序控制服务器分析

2014 年，境内木马或僵尸程序控制服务器 IP 数量为 61879 个，较 2013 年大幅下降 61.4%；境外木马或僵尸程序控制服务器 IP 数量为 42351 个，较 2013 年有所增长，增幅为 45.3%，具体如图 9.20 所示。经过我国木马僵尸专项打击的持续治理，境内的木马或僵尸程序控制服务器数量下降明显。

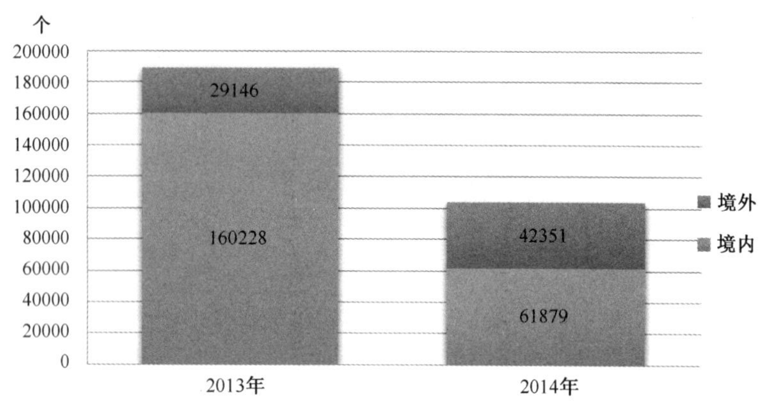

来源：CNCERT/CC。

图9.20 2014年与2013年木马或僵尸程序控制服务器数据对比

2014 年，在发现的因感染木马或僵尸程序而形成的僵尸网络[1]中，控制规模在 100～1000 的占 78.6%以上，控制规模在 1000～5000、5000～20000、2 万～5 万、5 万～10 万、10 万以上的主机 IP 地址的僵尸网络数量与 2013 年相比分别减少 648 个、147 个、18 个、7 个、18 个。2014 年僵尸网络规模分布情况如图 9.21 所示。

2014 年木马或僵尸程序控制服务器 IP 数量的月度统计分别如图 9.22 所示，全年呈波动态势，11 月达到最高值 17938 个，10 月为最低值 7796 个。

[1] 僵尸网络刚出现时，黑客往往通过 IRC 协议来控制。随着恶意代码的发展，越来越多的僵尸网络被通过木马来控制，从广义上可把感染木马并由同一组控制端控制的联网计算机称为僵尸网络。本处统计的是受控主机 IP 数量在 100 个以上的僵尸网络。

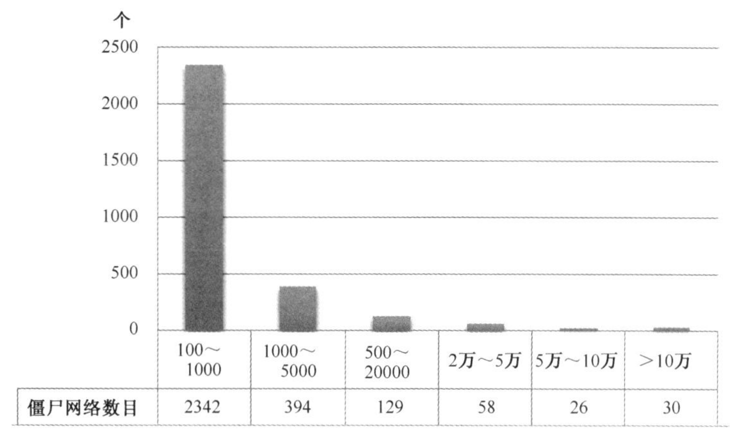

来源：CNCERT/CC。

图9.21 2014年僵尸网络规模分布

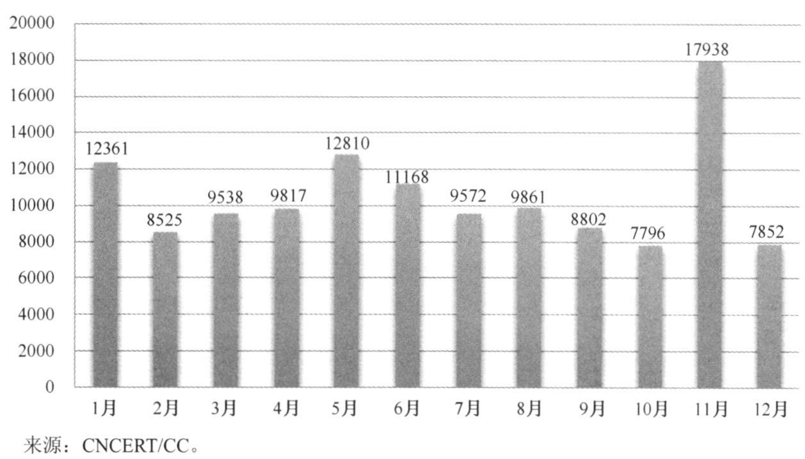

来源：CNCERT/CC。

图9.22 2014年木马或僵尸程序控制服务器IP数量月度统计

境内木马或僵尸程序控制服务器 IP 绝对数量和相对数量(即各地区木马或僵尸程序控制服务器 IP 绝对数量占其活跃 IP 数量的比例）前 10 位地区分布如图 9.23 和图 9.24 所示，其中，广东省、江苏省、云南省居于木马或僵尸程序控制服务器 IP 绝对数量前 3 位，云南省、四川省、江苏省、黑龙江省居于木马或僵尸程序控制服务器 IP 相对数量的前 4 位。

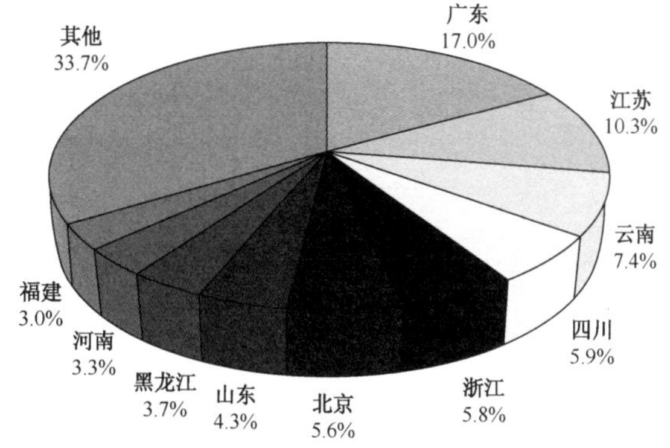

来源：CNCERT/CC。

图9.23 2014年境内木马或僵尸程序控制服务器IP按地区分布

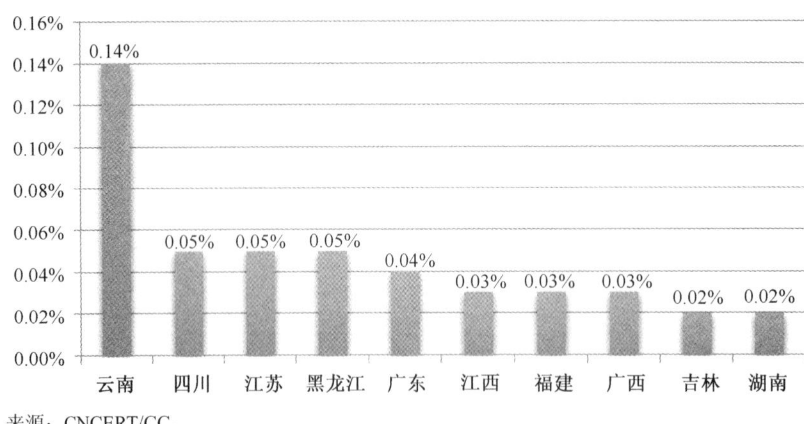

来源：CNCERT/CC。

图9.24　2014年境内木马或僵尸程序控制服务器IP占所在地区活跃IP比例TOP 10

2014 年境内木马或僵尸程序控制服务器 IP 数量按基础电信企业分布及所占比例如图 9.25 和图 9.26 所示，木马或僵尸程序控制服务器 IP 数量无论是绝对数量，还是相对数量（即各基础电信企业网内木马或僵尸程序控制服务器 IP 绝对数量占其活跃 IP 数量的比例），位于中国电信网内的数量均排名第一。其中位于中国电信网内的木马或僵尸程序控制服务器 IP 地址数量占据境内控制服务器 IP 地址数量的近 2/3。

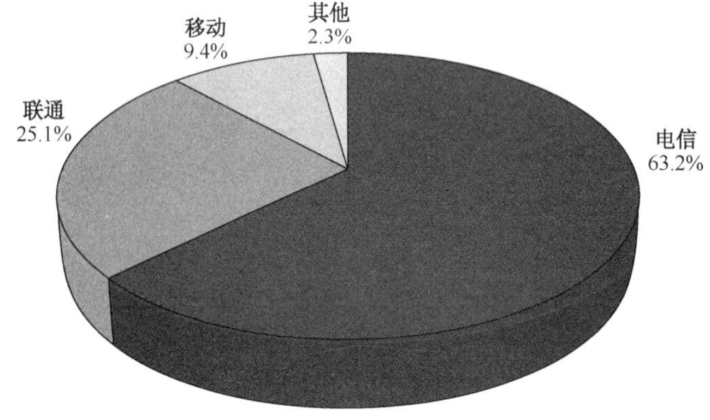

来源：CNCERT/CC。

图9.25　2014年境内木马或僵尸程序控制服务器IP按基础电信企业分布

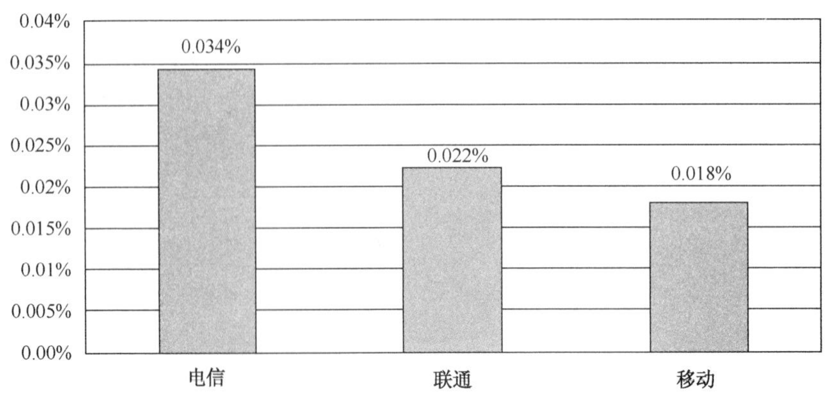

来源：CNCERT/CC。

图9.26　2014年境内木马或僵尸程序控制服务器IP占所属基础电信企业活跃IP比例

境外木马或僵尸程序控制服务器 IP 数量前 10 位按国家和地区分布如图 9.27 所示，其中美国位居第一，占境外控制服务器的 21.8%，中国香港和韩国分列第二、第三位，占比分别为 18.9%和 8.2%。

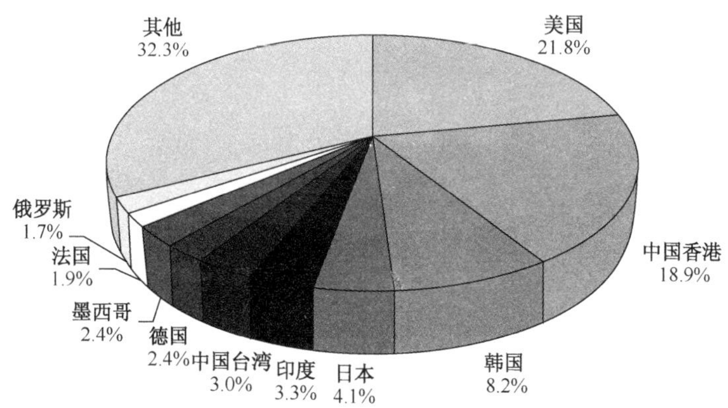

来源：CNCERT/CC。

图9.27　2014年境外木马或僵尸程序控制服务器IP按国家和地区分布

2. 木马或僵尸程序受控主机分析

2014 年，境内共有 11088141 个 IP 地址的主机被植入木马或僵尸程序，境外共有 2903339 个 IP 地址的主机被植入木马或僵尸程序，数量较 2013 年均有所下降，降幅分别达到了 2.3%和 60.5%，具体如图 9.28 所示。

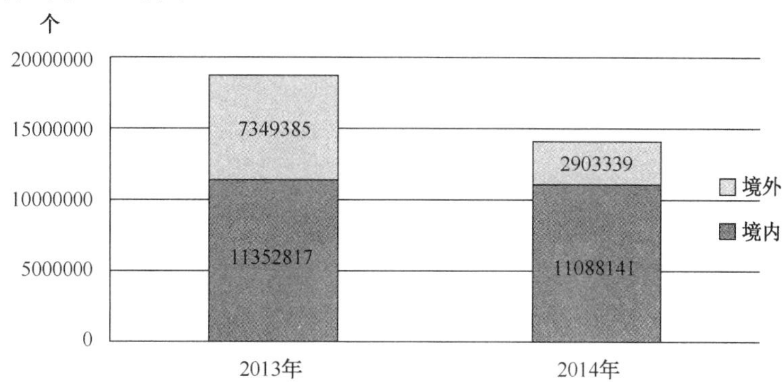

来源：CNCERT/CC。

图9.28　2014年和2013年木马或僵尸程序受控主机数量对比

2014 年，CNCERT/CC 持续加大木马和僵尸网络的治理力度，木马或僵尸程序受控主机 IP 数量全年总体呈现下降态势，12 月达到最高值 3628571 个，10 月为最低值 909068 个。2014 年木马或僵尸程序受控主机 IP 数量的月度统计如图 9.29 所示。

境内木马或僵尸程序受控主机 IP 绝对数量和相对数量（即各地区木马或僵尸程序受控主机 IP 绝对数量占其活跃 IP 数量的比例）前 10 位地区分布如图 9.30 和图 9.31 所示，其中，广东省、湖南省、江苏省居于木马或僵尸程序受控主机 IP 绝对数量前 3 位。这在一定程度上反映出经济较为发达、互联网较为普及的东部地区因网民多、计算机数量多，该地区的木马或僵尸程序受控主机 IP 数量绝对数量位于全国前列。湖南省、青海省、陕西省居于木马或僵尸程序受控主机 IP 相对数量的前 3 位。

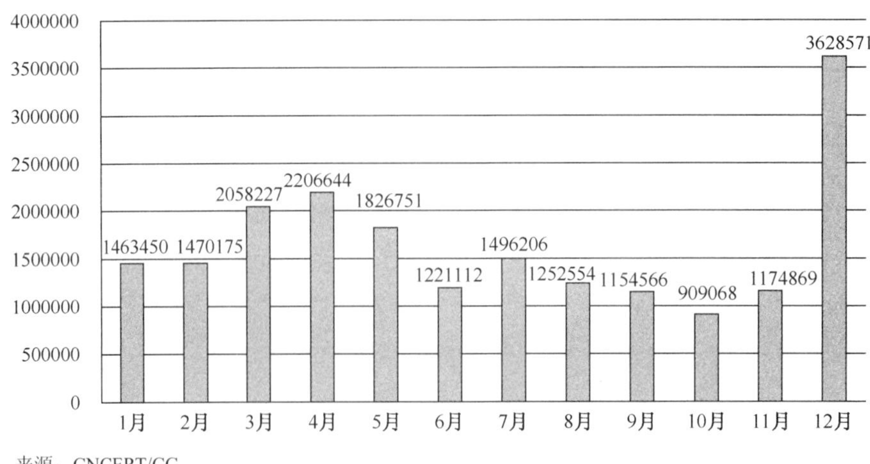

来源：CNCERT/CC。

图9.29　2014年木马或僵尸程序受控主机IP数量月度统计

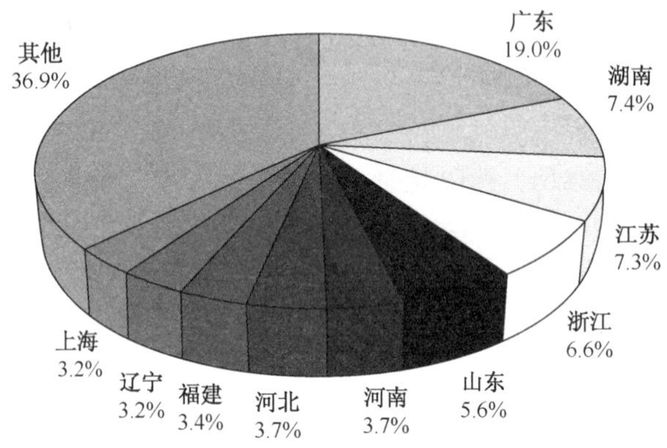

来源：CNCERT/CC。

图9.30　2014年境内木马或僵尸程序受控主机IP按地区分布

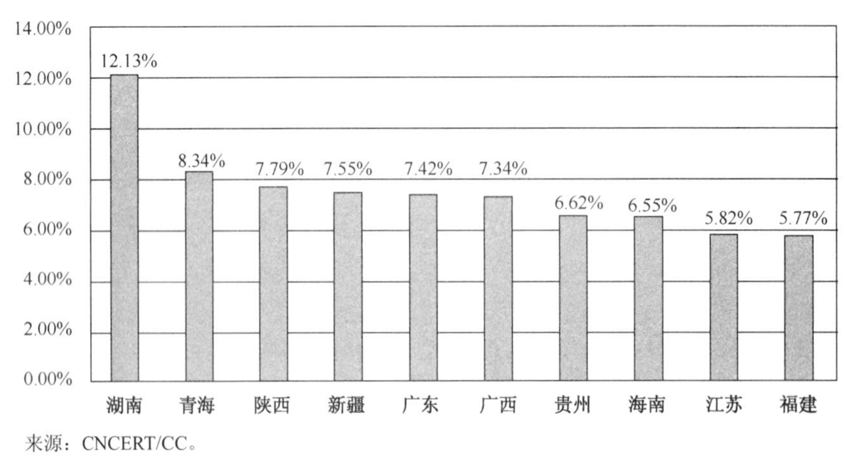

来源：CNCERT/CC。

图9.31　2014年境内木马或僵尸程序受控主机IP占所在地区活跃IP比例TOP 10

2014 年境内木马或僵尸程序受控主机 IP 数量按基础电信企业分布及所占比例如图 9.32 和图 9.33 所示。从绝对数量上看，木马或僵尸程序受控主机 IP 地址位于中国电信网内的数量占据总数的 2/3 以上。从相对数量（即各基础电信企业网内木马或僵尸程序受控主机 IP 绝对数量占其活跃 IP 数量的比例）上看，中国电信、中国联通网内感染木马或僵尸程序的主机 IP 地址数量占其活跃 IP 地址数量的比例均超过 4.0%。

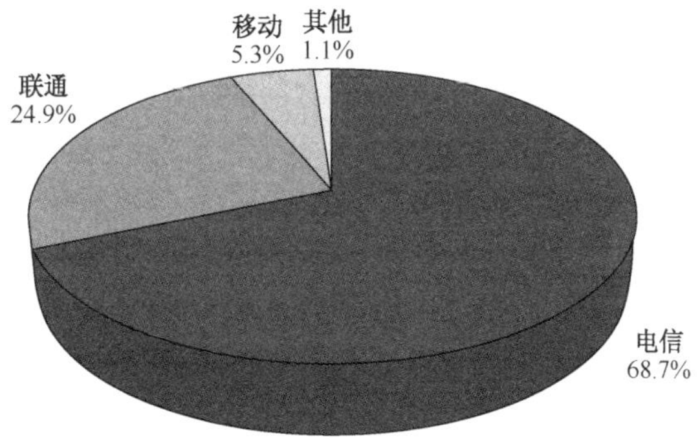

来源：CNCERT/CC。

图9.32　2014年境内木马或僵尸程序受控主机IP按基础电信企业分布

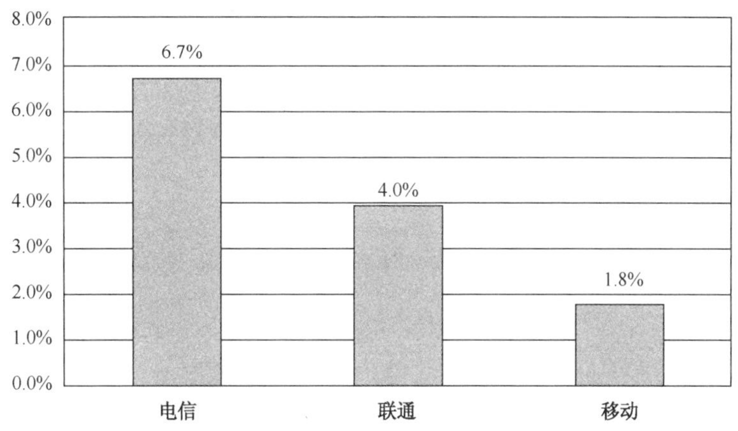

来源：CNCERT/CC。

图9.33　2014年境内木马或僵尸程序受控主机IP数占所属基础电信企业活跃IP数比例

境外木马或僵尸程序受控主机 IP 数量按国家和地区分布前 10 位如图 9.34 所示，其中，印度、泰国、埃及居前 3 位。

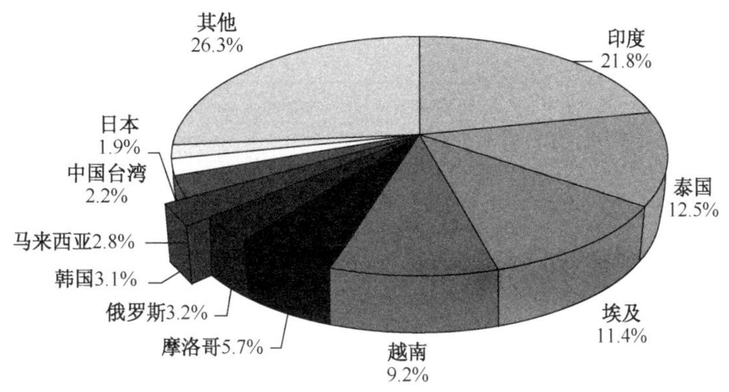

来源：CNCERT/CC。

图9.34　2014年境外木马或僵尸程序受控主机IP按国家和地区分布

9.5.2 “飞客”蠕虫

“飞客”蠕虫（英文名称 Conficker、Downup、Downandup、Conflicker 或 Kido）是一种针对 Windows 操作系统的蠕虫病毒，最早出现在 2008 年 11 月 21 日。“飞客”蠕虫利用 Windows RPC 远程连接调用服务存在的高危漏洞（MS08-067）入侵互联网上未进行有效防护的主机，通过局域网、U 盘等方式快速传播，并且会停用感染主机的一系列 Windows 服务。自 2008 年以来，“飞客”蠕虫衍生了多个变种，这些变种感染了上亿台主机，构建了一个庞大的攻击平台，不仅能够被用于大范围的网络欺诈和信息窃取，而且能够被利用发动大规模拒绝服务攻击，甚至可能成为有力的网络战工具。

CNCERT/CC 自 2009 年起对“飞客”蠕虫感染情况进行持续监测。监测数据显示，全球互联网月均感染“飞客”蠕虫的主机数量持续减少，2010 年 12 月超过 6000 万台主机，2011 年月均 3500 万台主机，2012 年月均 2800 万台主机，2013 年月均 1722 万台主机，2014 年月均 943 万台主机。

根据 CNCERT/CC 监测数据，2014 年，全球互联网感染“飞客”蠕虫的主机 IP 数量排名前三的国家或地区分别是中国大陆（12.7%）、印度（7.9%）和巴西（6.9%），具体分布情况如图 9.35 所示。其中，中国境内感染的主机 IP 数量月均近 103 万个，较上年下降了 41.7%。图 9.36 为 2014 年我国境内主机 IP 感染“飞客”蠕虫的数量月度统计，月度感染主机数量总体呈波动下降趋势。

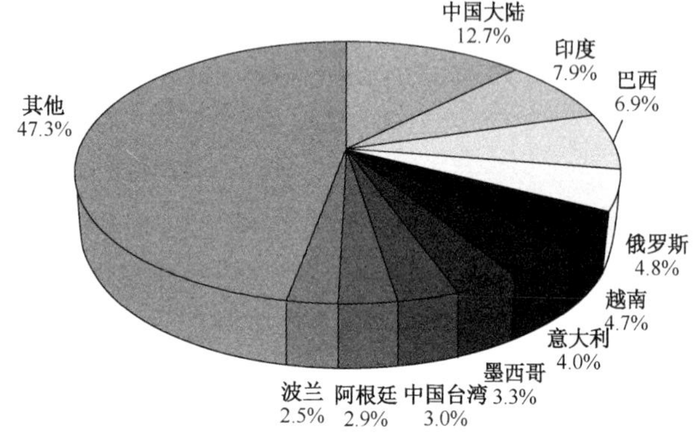

来源：CNCERT/CC。

图9.35 2014年全球互联网感染“飞客”蠕虫的主机IP数量按国家和地区分布

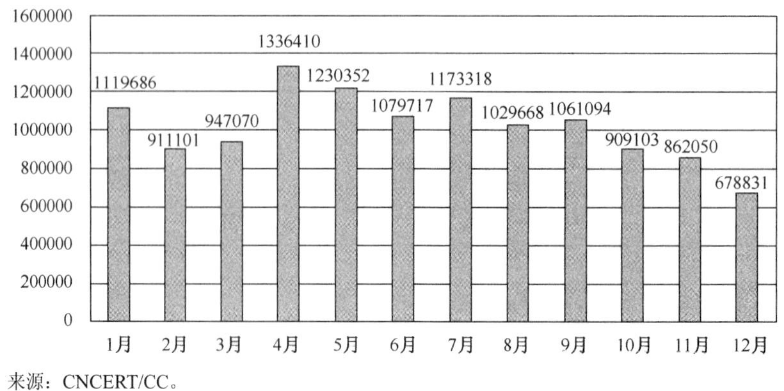

来源：CNCERT/CC。

图9.36 2014年中国境内感染“飞客”蠕虫的主机IP数量月度统计

9.5.3　恶意程序传播

2014 年，CNCERT/CC 监测发现已知恶意程序[1]的传播事件 158.7 万次，其中涉及已知恶意程序的下载链接 115096 个，"放马站点"（指存放恶意程序的网络地址）使用的域名 10396 个，"放马站点"使用的 IP 地址 5126 个。

已知恶意程序传播事件的月度统计如图 9.37 所示，2014 年 1～4 月恶意程序传播活动频次相对较低，5 月的恶意程序传播事件数量较前 4 个月出现暴增，6 月的恶意程序传播事件数量较上月有所下降但仍然维持在较高水平，7～12 月的恶意程序传播活动频次回落至相对较低水平。频繁的恶意程序传播活动将使用户上网所面临的感染恶意程序的风险加大，除须进一步加大对恶意程序传播源的清理工作外，提高广大用户的安全意识也十分重要。

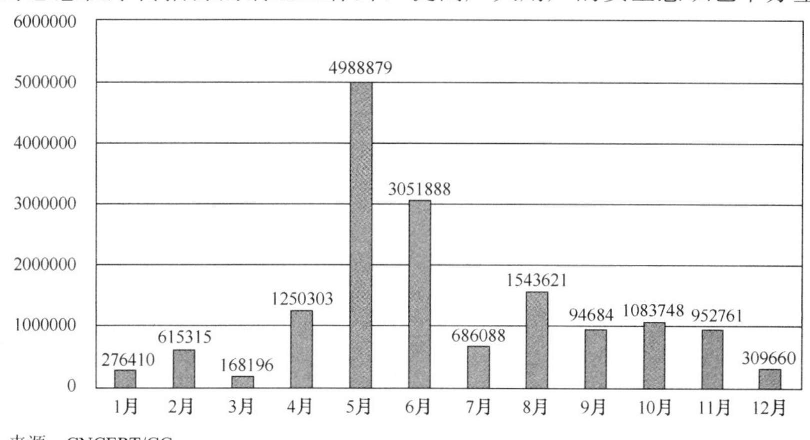

来源：CNCERT/CC。

图9.37　2014年已知恶意程序传播事件次数月度统计

2014 年"放马站点"使用的域名和 IP 数量月度统计如图 9.38 所示，可以看出，2014 年上半年的恶意域名数量总体较为稳定，但 9 月有较大幅度的激增，10 月虽有回落但仍然维持

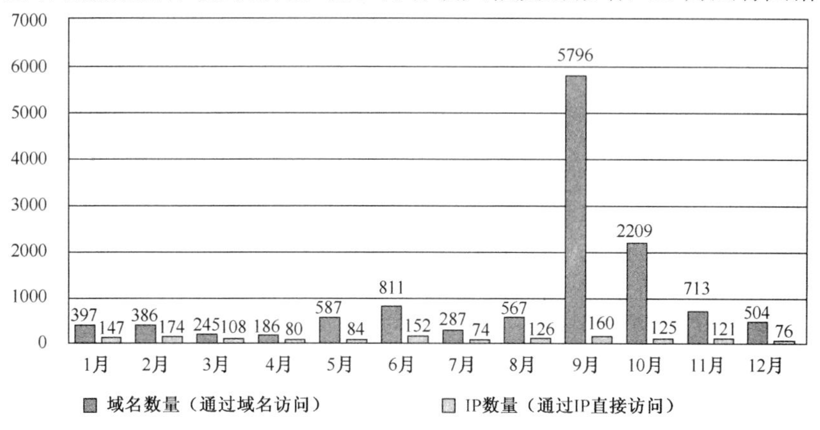

来源：CNCERT/CC。

图9.38　2014年"放马站点"使用的域名和IP数量月度统计

[1] "已知恶意程序"是指被主流病毒扫描引擎识别和命名的恶意程序，而"未知恶意程序"是指虽有恶意行为但尚未被主流扫描引擎识别和命名的恶意程序。

在较高水平，11 月开始回落至相对较低水平，而全年直接访问“放马站点”的 IP 地址数量总体较为稳定。对恶意域名和 IP 地址的清理力度应继续保持逐年加大的态势，为广大上网用户营造一个安全有序的互联网环境。

CNCERT/CC 监测发现，恶意程序传播绝大部分都是使用“8”开头的端口，其中以 HTTP 协议端口，即 80 端口为最多。用户上网一般都会在本机开放对远程主机 80 端口的访问权限，这样恶意程序的下载传播过程就不会受到防火墙设备的阻断，对用户来说防范的难度更高。2014 年 CNCERT/CC 监测到的“放马站点”使用的端口分布统计如图 9.39 所示。

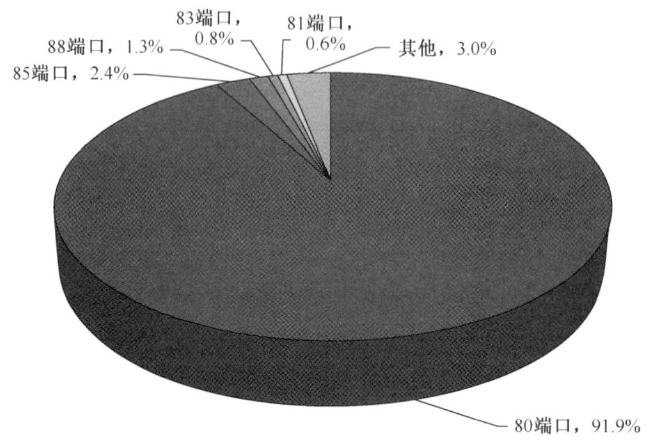

来源：CNCERT/CC。

图9.39　2014年“放马站点”使用的端口分布统计

9.6　信息安全漏洞公告与处置情况

9.6.1　国家信息安全漏洞共享平台（CNVD）漏洞收录情况

2014 年，CNVD 收录新增漏洞 9163 个，包括高危漏洞 2394 个（占 26.1%）、中危漏洞 6032 个（占 65.8%）、低危漏洞 737 个（占 8.1%）。各级别比例分布与月度数量统计如图 9.40、图 9.41 所示。在所收录的上述漏洞中，可用于实施远程网络攻击的漏洞有 8357 个，可用于实施本地攻击的漏洞有 806 个。

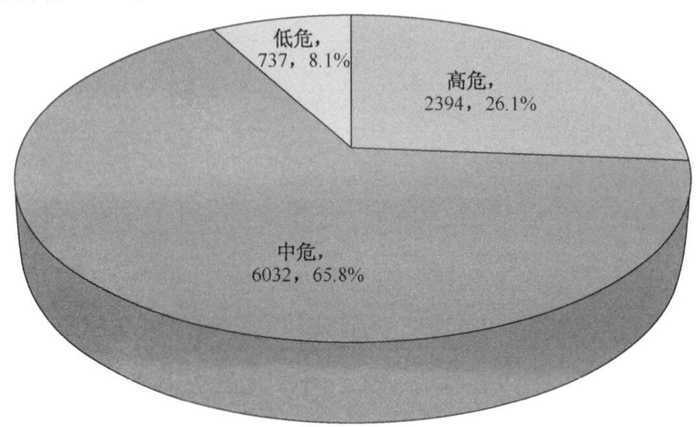

图9.40　2014年CNVD收录漏洞按威胁级别分布

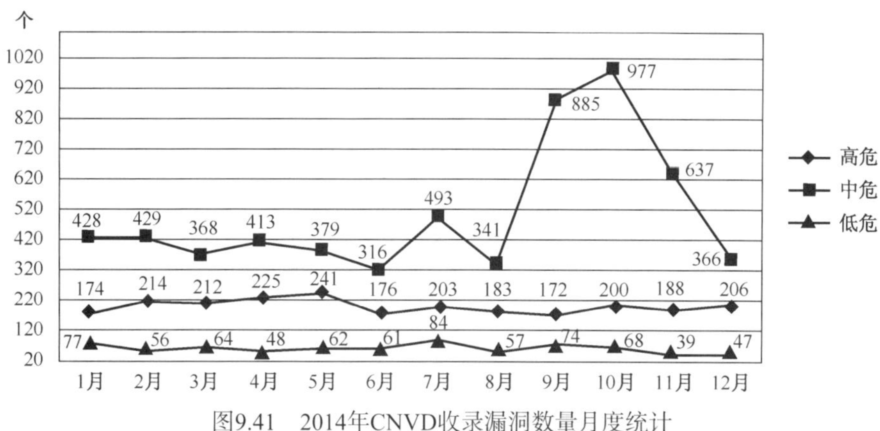

图9.41　2014年CNVD收录漏洞数量月度统计

2014 年，CNVD 共收集、整理了 2394 个高危漏洞，涵盖 Microsoft、Adobe、IBM、Cisco、Google、WordPress、Oracle、Mozilla、Apple、IBM 等厂商的产品。各厂商产品中高危漏洞的分布情况如图 9.42 所示，可以看出，涉及 Microsoft 产品的高危漏洞最多，占全部高危漏洞的 11.9%。

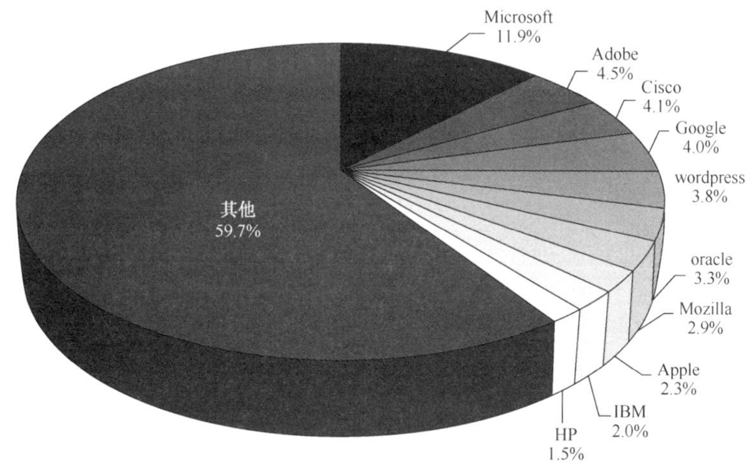

图9.42　2014年CNVD收录高危漏洞按厂商分布

根据影响对象的类型，漏洞可分为：操作系统漏洞、应用程序漏洞、Web 应用漏洞、数据库漏洞、网络设备漏洞（如路由器、交换机等）和安全产品漏洞（如防火墙、入侵检测系统等）。如图 9.43 所示，在 CNVD 2014 年度收集整理的漏洞信息中，操作系统漏洞占 5.9%，应用程序漏洞占 68.5%，Web 应用漏洞占 16.1%，数据库漏洞占 1.8%，网络设备漏洞占 6.0%，安全产品漏洞占 1.7%。

CNVD 对收录的漏洞进行验证，并掌握一些仅在 CNVD 成员单位中知晓、未通过互联网公开披露的攻击代码。CNVD 通过验证和测试攻击代码，对漏洞带来的危害进行了较为全面的分析研判。2014 年，CNVD 共进行了 1337 次验证，其中比较重要的包括 TLS 1.2 存在中间人攻击漏洞、BIND9 存在远程拒绝服务漏洞、SSL V3 Protocol 存在高危漏洞、Microsoft IE 浏览器存在远程代码执行漏洞、Android 存在 APP FakeID 签名漏洞、GNU Bash 存在远程代码执行漏洞、Apache Struts 2 存在补丁绕过漏洞、OpenSSL 存在高危漏洞、Linksys 路由器产品受“the moon”

蠕虫攻击及高危零日漏洞、美国凹凸科技（O2security）公司 SSL-VPN 设备存在多个高危漏洞、南京大汉网络 CMS 后台存在通用 Fckeditor 文件上传漏洞、深圳太极软件有限公司政府政务服务系统存在 SQL 注入和远程命令执行漏洞、MetInfo 企业网站管理系统存在 SQL 注入漏洞、微泛协作办公平台存在远程代码执行漏洞、时光协同政务类网站存在 SQL 注入漏洞等。

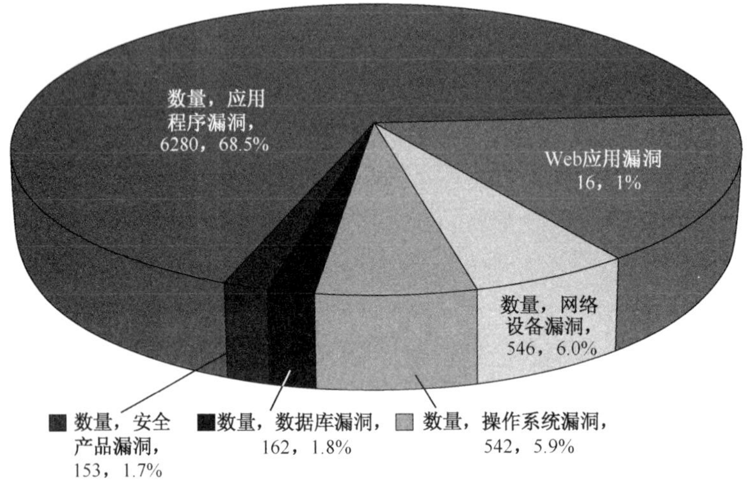

图9.43　2014 年CNVD 收录漏洞按影响对象类型分类统计

漏洞中较危险的是零日漏洞，一旦针对这些漏洞的攻击代码在补丁发布之前被公开或被不法分子知晓，就可能被利用来发动大规模网络攻击。2014 年 CNVD 共收录了 3266 个零日漏洞，主要涉及服务器系统、操作系统、数据库系统以及应用软件等。

2014 年，CNVD 共收录漏洞补丁 5927 个，并为大部分漏洞提供了可参考的解决方案，提醒相关用户注意做好系统加固和安全防范工作。

9.6.2　CNVD 漏洞库情况

2013 年 7 月，CNVD 对现有漏洞进行了进一步的深化建设，建立起基于重点行业的子漏洞库，目前涉及的行业包含电信、移动互联网、工业控制系统和电子政务。面向重点行业客户，包括政府部门、基础电信运营商、工控行业客户等，提供量身定制的漏洞信息发布服务，从而提高重点行业客户的安全事件预警、响应和处理能力。

CNVD 行业漏洞通过资产和关键字进行匹配。2014 年行业漏洞库资产总数为：电信 733 类，移动互联网 1631 类，工控系统 142 类，电子政务 173 类。关键词总数为：电信 84 个，移动互联网 42 个，工控系统 59 个，电子政务 12 个。

CNVD 共收录电信行业漏洞 4078 个，移动互联网行业漏洞 2516 个，工控行业漏洞 714 个，电子政务漏洞 971 个。其中，近三年各行业漏洞统计数如图 9.44 所示，2014 年由于 Android 系统的证书验证绕过漏洞导致 Android 平台上近千个 App 存在衍生漏洞，导致了移动互联网行业漏洞的大幅增长。

移动互联网行业漏洞最为相关的厂商包括 Apple、Adobe、Google、BlackBerry、Samsung。厂商分布如图 9.45 所示。

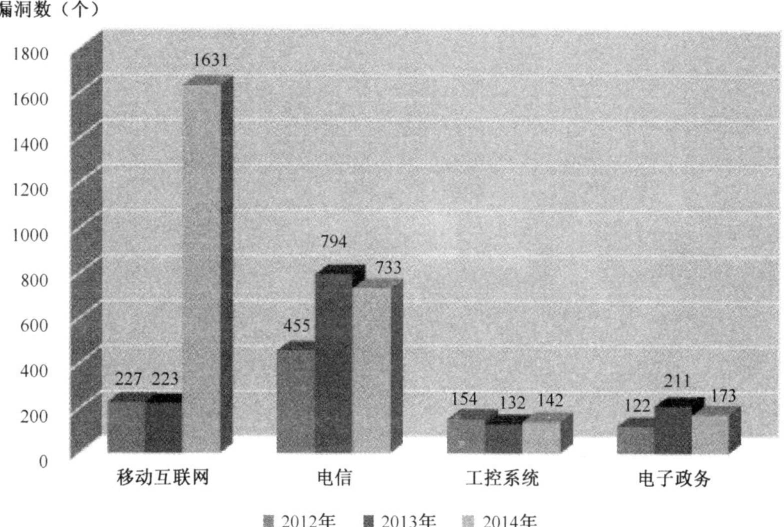

图9.44　2012—2014年CNVD收录行业漏洞对比

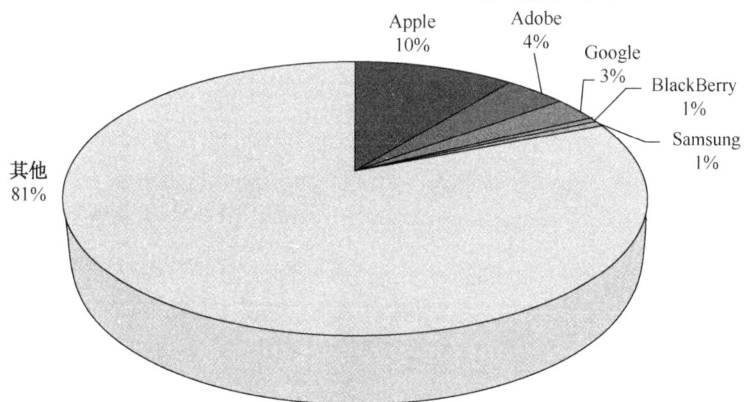

图9.45　2012—2014年CNVD移动互联网行业漏洞厂商分布

工控行业漏洞最为相关的厂商包括 SIEMENS、Advantech、Schneider Electric、Rockwell Automation、Invensys。厂商分布如图 9.46 所示。

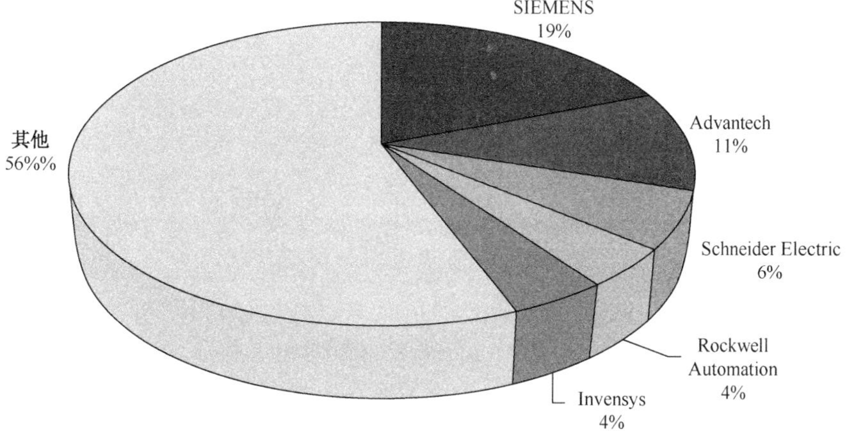

图9.46　2012—2014年CNVD工控行业漏洞厂商分布

电信行业漏洞最为相关的厂商包括 Cisco、IBM、Oracle、D-Link、Apache。厂商分布如图 9.47 所示。

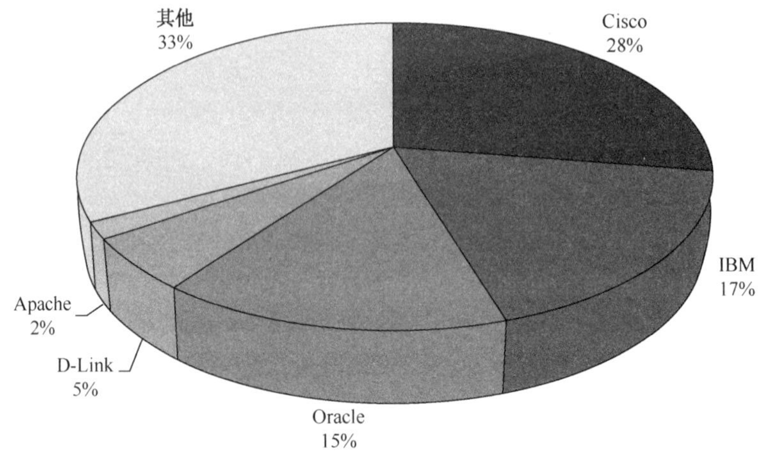

图9.47　2012—2014年CNVD电信行业漏洞厂商分布

电子政务行业漏洞最为相关的厂商包括 Phpmyadmin、Phpcms、DedeCMS、Aspcms、eYou。厂商分布如图 9.48 所示。

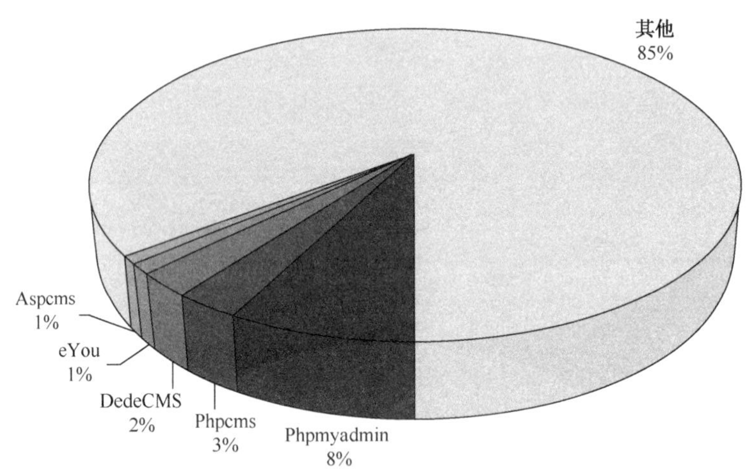

图9.48　2012—2014年CNVD电子政务行业漏洞厂商分布

2014 年，CNVD 收录的漏洞中影响移动互联网行业的重大漏洞包括：Android App FakeID 签名漏洞（编号：CNVD-2014-04764）和 Google Android API WebView 组件远程代码执行漏洞（编号：CNVD-2014-06698）。

（1）Android 是基于 Linux 开放性内核的操作系统。攻击者利用漏洞开发恶意 App 并绕过 Android 操作系统权限认证限制，发起恶意攻击。

（2）Google Android API WebView 组件存在远程代码执行漏洞，由于 Google Android 在 android/webkit/AccessibilityInjector.java 的实现上存在安全漏洞，一旦 Android 设备开启了“accessibility”或“accessibilityTraversal”服务，则攻击者可利用此漏洞在应用上下文中执行任意代码。

影响电信行业的重大漏洞包括：友讯（D-Link）多款路由器产品存在远程命令执行漏洞（编号：CNVD-2014-01475）、多个 TP-LINK 路由器输入验证漏洞（编号：CNVD-2014-05708）。

（1）D-Link 系列路由器是友讯集团推出的宽带路由器产品。根据漏洞研究者提交的情况，D-Link DIR-100 Ethernet Broadband Router 存在命令执行漏洞，远程攻击者可利用漏洞提交请求，无须验证即可执行特权命令。

（2）多个 TP-LINK 路由器存在请求伪造、跨站脚本和 HTML 注入漏洞，由于未能充分过滤用户提供的输入。攻击者可以利用此漏洞来执行某些未经授权操作，在受影响站点上下文不知情用户浏览器中执行任意脚本或 HTML 代码或者窃取基于 Cookie 的认证证书。

影响电子政务行业的重大漏洞包括：WebCarrier WCM 远程调用接口对外开放漏洞（编号：CNVD-2014-08747）、AnyMacro Mail 安宁邮件系统 SQL 注入漏洞（编号:CNVD-2014-02528）、Apache Struts ClassLoader 操作安全绕过漏洞（编号：CNVD-2014-01552）。

（1）时光网站内容管理系统（WebCarrier WCM）是一套针对大中型企业、政府与组织而开发的基于设施类门户管理产品。WebCarrier WCM 内容管理系统存在远程调用接口对外开放漏洞，允许攻击者通过此接口，可以查询、修改数据，上传文件等，进而获得系统管理员账号、密码信息，或者执行 SQL 语句，导致网站挂马、网站数据库存储内容泄漏或者被篡改以及网站服务器被控制等。

（2）AnyMacro 是一家企业级邮箱系统，客户主要为教育/政府机构。AnyMacro Mail 邮件系统存在 SQL 注入漏洞。由于“share.php”未进行授权检查，可以任意访问，同时其中的 E_email 参数未能进行有效过滤，导致 SQL 注入，允许攻击者获取所有邮箱的账号以及密码和执行恶意的 PHP 代码。

（3）Struts2 是第二代基于 Model-View-Controller（MVC）模型的 java 企业级 web 应用框架。Apache Struts 存在一个安全绕过漏洞，由于 ParametersInterceptor 允许访问直接映射到 getClass( )方法的“class”参数，导致攻击者利用漏洞通过请求参数未授权操作 ClassLoader。

9.7　互联网行业安全组织发展情况

9.7.1　网络安全信息通报成员发展情况

2014 年，CNCERT/CC 作为通信行业网络安全信息通报中心，积极贯彻落实工业和信息化部颁布的《互联网网络安全信息通报实施办法》，协调和组织各地通信管理局、中国互联网协会、基础电信企业、域名注册管理和服务机构、非经营性互联单位、增值电信业务经营企业以及安全企业开展通信行业网络安全信息通报工作。CNCERT/CC 及各分中心积极拓展信息通报工作成员单位，并努力规范各通报成员单位报送的数据。

截至 2014 年 12 月，全国共有 586 家信息通报工作成员单位（2013 年是 432 家），形成了较稳定的信息通报工作体系。与 2013 年相比，新拓展安全企业、增值电信企业、域名注册服务机构共 154 家单位成为信息通报工作成员单位。自 2011 年 1 月起，CNCERT/CC 建设并启用了网络安全协作平台，试行开展电子化信息报送工作。2012 年，CNCERT/CC 进一步规范信息报送流程，加强管理，保证信息报送工作效率。2014 年，CNCERT 建设了网络安全协作平台二期，为通报成员单位报送信息提供更大便利。

9.7.2 CNVD 成员发展情况

CNVD 是由 CNCERT/CC 联合国内重要信息系统单位、基础电信企业、网络安全厂商、软件厂商和互联网企业建立的信息安全漏洞信息共享知识库，旨在团结行业和社会的力量，共同开展漏洞信息的收集、汇总、整理和发布工作，建立漏洞统一收集验证、预警发布和应急处置体系，切实提升我国在安全漏洞方面的整体研究水平和及时预防能力，有效应对信息安全漏洞带来的网络信息安全威胁。

2014 年年初，CNVD 完成成员单位改选，新增 17 家成员单位，成员单位共计 41 家。CNVD 成员单位分为技术合作组和用户支持组两类，在用户支持组中新建政府高校、基础电信企业、网络设备、工业控制、邮件系统、电子政务、增值电信 7 个用户组，同时 CNVD 继续向 CNVD 成员单位开放漏洞库数据共享接口。2014 年，CNVD 全年新增信息安全漏洞 9163 个，较 2013 年的 7854 个增加 16.7%，其中高危漏洞 2394 个，漏洞收录总数和高危漏洞收录数量在国内漏洞库组织中位居前列。全年发布周报 50 期、月报 12 期，进行了 1300 余次漏洞分析和验证工作。2014 年，CNVD 继续加强与国内外软硬件厂商、安全厂商以及民间漏洞研究者的合作，积极开展漏洞的收录、分析验证和处置工作，CNVD 网站共发展 1430 余个白帽子注册用户以及 109 个行业单位用户，协调处置 9000 余起涉及国务院部委、地方省市级部门、证券、金融、民航、保险、税务、电力等重要信息系统以及基础电信运营企业的漏洞事件，有力地支撑了国家网络信息安全监管工作。依托 CNCERT 国家中心和分中心的处置渠道，有效降低了上述单位信息系统被黑客攻击的风险，挽回潜在经济损失以千万元计（按信息泄露和服务器“肉鸡”价值估计）。此外，CNVD 官方微博账号发布 100 余条重要漏洞预警信息，并对一些重大漏洞事件做出积极回应。

9.7.3 ANVA 成员发展情况

2009 年 7 月，中国互联网协会网络与信息安全工作委员会发起成立了中国反网络病毒联盟（ANVA），由 CNCERT/CC 负责具体运营管理。联盟旨在广泛联合基础电信企业、互联网内容和服务提供商、网络安全企业等行业机构，积极动员社会力量，通过行业自律机制共同开展互联网网络病毒信息收集、样本分析、技术交流、防范治理、宣传教育等工作，以净化公共互联网网络环境，提升互联网网络安全水平。

2014 年，ANVA 组织基础电信企业、安全企业、应用商店等联盟成员，支撑 2014 年工信部、公安部和工商总局三部委联合开展的移动互联网恶意程序专项治理工作，持续开展黑白名单信息共享，移动应用程序开发者第三方数字证书签名与验证试点等工作。2014 年，ANVA 对外发布移动恶意程序黑名单 38372 条，放马恶意地址黑名单 90419 条，移动恶意程序传播源地址黑名单 1187 条，与中国信息通信研究院、中国互联网协会等单位共享黑名单数据，且要求应用商店接入 ANVA 网站查看并及时下架黑名单中的移动恶意程序。另外，ANVA 于 2013 年启动了移动应用自律白名单的工作，旨在建立安全的移动互联网生态，2014 年 ANVA 持续进行白名单工作，组织包括 11 家主流安全企业在内的白名单工作组对中国农业银行、搜房网等近百余家移动互联网公司的白名单申请进行了审查，中国农业银行、百度理财、搜房网、奇虎 360 这 4 家企业的 4 款数字证书进入白名单。截至 2014 年，移动互联网白名单生态系统已初步建立，包括中国移动 MM 商城、360 手机助手、腾讯应用宝、百度应用中心等 20 余家主流应用商店均已对白名单应用进行标示，并设立白名单专区，引导用户安装使用安全、可靠的白名单应用。

在 2014 年移动恶意程序专项治理工作期间，ANVA 支撑工信部通信保障局开展移动应用程序开发者第三方数字证书签名与验证试点工作，协调联盟中 12 家应用商店、5 家手机安全软件厂商参与工作，组织数字证书认证服务机构、应用商店和安全企业等单位论证移动签名技术方案，参与制定《Android 应用程序开发者第三方数字证书签名、验证和标识规范（试行）》，并于 2014 年 10 月 24 日组织召开“移动互联网应用程序开发者第三方数字证书签名与验证试点宣介会”。专项行动期间，百度手机助手、360 手机助手、移动 MM 商城、联通沃商店等知名应用商店已经实现了对上架试点应用程序的签名验证和标识功能，数十款经过第三方数字证书签名的应用程序在参与试点的应用商店上架并标识。

在联盟成员发展方面，2014 年 ANVA 积极吸纳南京翰海源、北京 CA 等网络安全领域企业加入联盟，总计新增 3 家企业，截至 2014 年 12 月，ANVA 联盟成员单位数量已达 40 家。

9.7.4　CNCERT/CC 应急服务支撑单位

互联网作为重要信息基础设施，社会功能日益增强，但由于本身的开放性和复杂性，互联网面临巨大的安全风险，因此，面向公共互联网的应急处置工作逐步成为公共应急服务事业的重要组成部分，建立高效的公共互联网应急体系和强大的人才队伍，对及时、有效地应对互联网突发事件有着重要意义。

为拓宽掌握互联网宏观网络安全状况和网络安全事件信息的渠道，增强对重大突发网络安全事件的应对能力，强化公共互联网网络安全应急技术体系建设，促进互联网网络安全应急服务的规范化和本地化，经工业和信息化部（原信息产业部）批准，2004 年 CNCERT/CC 首次面向社会公开选拔了一批国家级、省级公共互联网应急服务试点单位，随后在 2007 年、2009 年、2011 年，CNCERT/CC 分别举办了第二届、第三届和第四届评选评审会。经过多年发展，应急服务支撑单位已成为我国公共互联网网络安全应急体系的重要组成部分，为维护我国互联网网络安全做出了积极贡献，在国家重大活动期间为保障网络安全发挥了重要的技术支撑作用。

2013 年 5 月，结合互联网网络安全应急工作以及国内网络安全服务行业的发展需要，CNCERT/CC 启动了第五届 CNCERT/CC 网络安全应急服务支撑单位评选工作。评选公告发布后，受到了通信行业和网络安全服务行业相关单位的大力支持和积极响应，申请单位数量较往年有较大幅度增长，也涌现出一些新生的应急响应服务力量。经过两轮细致评估和审查，最终评选出 8 个国家级和 37 个省级网络安全应急服务支撑单位。评选工作有效促进了各单位间的了解和沟通，增强了各单位的竞争和服务意识，推动了我国网络安全服务行业和公共互联网网络安全应急技术体系的发展。

2014 年，各应急服务支撑单位依托自身技术力量，积极拓展网络安全业务，支撑 CNCERT/CC 开展日常监测分析、信息通报、恶意代码分析和事件应急处置工作。9 月，国家级支撑单位及部分省级支撑单位，协助 CNCERT/CC 顺利完成了对部分重要政府网站的网络安全专项检测工作。应急服务支撑单位的工作，对健全公共互联网网络安全事件应对能力，强化公共互联网网络安全应急技术体系建设，提高社会各部门各行业网络安全意识，起到了积极作用。

（国家计算机网络应急技术处理协调中心 严寒冰、李 佳、纪玉春、徐 原、何世平、温森浩、赵 慧、李志辉、姚 力、张 洪、朱芸茜、朱 天、高 胜、胡 俊、王小群、张 腾、何能强、李 挺、陈 阳、李世淙、党向磊、徐晓燕、王适文、刘 婧、饶 毓、肖崇蕙、张 帅、贾子骁）

第 10 章　2014 年中国互联网治理情况

10.1　互联网治理概况

2014 年，中国迎来了全功能接入国际互联网 20 周年。在中国互联网行业发展日趋深入的同时，国家对互联网治理的认识和重视也在大幅提升。

2014 年 2 月 27 日，中央网络安全和信息化领导小组宣告成立，由习近平总书记亲自担任组长，显示出中国最高层在保障网络安全、维护国家利益、推动信息化发展方面的决心。在第一次小组会议上，习近平提出“没有网络安全，就没有国家安全；没有信息化，就没有现代化”、“建设网络强国的战略部署要与‘两个一百年’奋斗目标同步推进”等重要论断，深刻阐释了党中央关于加强网络安全和信息化工作的指导思想和方针路线，指引中国从“网络大国”向“网络强国”昂头挺进。

一年来，国内互联网治理工作取得积极成绩，随着“扫黄打非•净网 2014”等一系列政府专项行动的相继开展以及行业内积极组织自律，网络空间日渐清朗，中国互联网的运行环境得到进一步净化。

中国的互联网治理不仅着眼国内，还以更加主动的姿态参与到全球互联网治理进程中。中国利用中美元首会晤、巴西国会演讲以及主办首届世界互联网大会等多个重要活动推动国际互联网治理，展开互联网外交，阐释中国互联网治理的立场和主张，提出要“共同构建和平、安全、开放、合作的网络空间，建立多边、民主、透明的国际互联网治理体系”。

10.2　互联网治理政策

2014 年，中国继续坚持发展与管理并重的原则，加强对互联网的管理，在引导行业发展、加强网络安全建设等相关方面出台了一系列政策法规，依法治网不断走向深入。

10.2.1　行政法规

2014 年 8 月 26 日，《国务院关于授权国家互联网信息办公室负责互联网信息内容管理工作的通知》发布，授权重新组建的国家互联网信息办公室负责全国互联网信息内容管理工作，并负责监督管理执法。

10.2.2 司法解释

2014 年 6 月 23 日，最高人民法院审判委员会第 1621 次会议通过了《最高人民法院关于审理利用信息网络侵害人身权益民事纠纷案件适用法律若干问题的规定》。该《规定》共 19 个条文，重点内容包括以下六个方面。① 结合互联网技术的发展，合理确定管辖法院和诉讼程序。② 明确了网络服务提供者是否“知道”侵权的认定问题。③ 明确了利用媒体等转载网络信息行为的过错及程度认定问题。④ 明确了个人信息保护范围。⑤ 明确了非法删帖、网络水军等互联网灰色产业的责任承担问题。⑥ 加大被侵权人的司法保护力度。

10.2.3 部门规章

2014 年 1 月 26 日，国家工商行政管理总局颁布了《网络交易管理办法》（以下简称《办法》），旨在规范网络商品交易及有关服务，保护消费者和经营者的合法权益，促进网络经济持续健康发展。《办法》规定，网络商品经营者销售商品，消费者有权自收到商品之日起七日内退货，且无须说明理由；鲜活易腐、消费者定做等四类商品除外。消费者的网购“后悔权”将在法律和部门规章层面都获得支持。《办法》还明确提出了网络商品经营者和有关服务经营者所应承担的义务，以及违反这一管理办法所应承担的法律责任。

10.2.4 政策性文件

2014 年 5 月 9 日，中央网络安全和信息化领导小组办公室印发了成立以来的第 1 份正式文件《关于加强党政机关网站安全管理的通知》，要求从强化党政机关网站应用安全管理、建立党政机关网站标识制度、加强党政机关网站技术防护体系建设等八个方面提高党政机关网站安全防护水平，保障和促进党政机关网站建设。

2014 年 5 月 14 日，工业和信息化部等 14 部委联合发布《关于实施“宽带中国”2014 专项行动的意见》，旨在加快落实《“宽带中国”战略及实施方案》（国发〔2013〕31 号），进一步加强信息基础设施建设、促进信息消费。39 个城市（城市群）列为“宽带中国”示范城市（城市群），“宽带乡村”试点工程快速推进，宽带网络能力持续增强，宽带接入水平稳步提升。

2014 年 8 月 7 日，国家互联网信息办公室发布《即时通信工具公众信息服务发展管理暂行规定》，规范了以微信为代表的即时通信工具公众信息服务，主要内容包括服务提供者从事公众信息服务须取得资质、强调保护隐私、要求实名认证后注册、公众号须审核备案、时政新闻发布设限、明确违规如何处罚。

2014 年 8 月 18 日，中央全面深化改革领导小组第四次会议审议通过了《关于推动传统媒体和新兴媒体融合发展的指导意见》，对新形势下如何推动媒体发展提出明确要求，要将技术建设和内容建设摆在同等重要的位置，推动传统媒体和新兴媒体在内容、渠道、平台、经营、管理等方面深度融合，着力打造一批形态多样、手段先进、具有竞争力的新型主流媒体，建成几家拥有强大实力和传播力、公信力、影响力的新型媒体集团，形成立体多样、融合发展的现代传播体系。

2014 年 8 月 28 日，《工业和信息化部关于加强电信和互联网行业网络安全工作的指导意见》正式发布，旨在有效应对日益严峻复杂的网络安全威胁和挑战，切实加强和改进网络安全工作，进一步提高电信和互联网行业网络安全保障能力和水平提供指导意见。该《意见》提出以下加强网络安全工作的重点：一是深化网络基础设施和业务系统安全防护；二是提升突发网络安全事件应急响应能力；三是维护公共互联网网络安全环境；四是推进安全可控关键软硬件应用；五是强化网络数据和用户个人信息保护；六是加强移动应用商店和应用程序安全管理；七是加强新技术新业务网络安全管理；八是强化网络安全技术能力和手段建设。

2014 年 10 月 23 日，中国共产党第十八届中央委员会第四次全体会议审议通过了《中共中央关于全面推进依法治国若干重大问题的决定》，其中提到要加强互联网领域立法，完善网络信息服务、网络安全保护、网络社会管理等方面的法律法规，依法规范网络行为。

2014 年 11 月 24 日，文化部、国家工商行政管理总局、公安部、工业和信息化部联合印发了《关于加强执法监督完善管理政策促进互联网上网服务行业健康有序发展的通知》，取消了总量控制等与市场发展不相适应的政策限制，为行业的发展营造公平竞争、优胜劣汰的市场环境，行业服务进入新常态。同日，文化部出台了《关于推动互联网上网服务行业转型升级的意见》，对互联网上网服务行业管理思路、管理政策进行了重大完善和调整，标志着我国上网服务业管理的新型政府职能的全面确立和系统化。

10.3　互联网行业治理

2014 年被视为中国的互联网治理新元年，除了顶层设计、法律法规外，政府专项行动、行业自律等方面也是互联网行业综合治理的重要组成部分。

10.3.1　政府专项行动

2014 年 2 月，中央网络安全和信息化领导小组办公室、公安部、工业和信息化部等九部门联合开展了打击“圈地式”短信群发器（“伪基站”）专项行动。专项行动时间是 2～6 月，分组织发动、打击整治和巩固总结三个阶段进行。在这次专项行动中，全国工业和信息化系统共出动人员 35399 人次，无线电监测车 14309 车次，动用监测定位设备 17117 台（套）次，无线电监测测试时长 80025 小时；配合公安机关查处“伪基站”案件 1996 起，查获“伪基站”设备 2537 套，协助公安机关鉴定设备 1367 套；筛查涉及“伪基站”违法信息网站上百个，核实 52 个，删除网上涉及“伪基站”产品信息近 3000 条，查处违法账号 4000 余个，清理相关信息 5 万余条。与 2013 年年底相比，截至 2014 年 6 月底，公众对“伪基站”垃圾短信的投诉量已经下降了 87%，境内网上涉及“伪基站”违法信息数量下降了 90%，有效提升了国家通信秩序和社会公共秩序。

为依法严厉打击利用互联网制作传播淫秽色情信息行为，全国“扫黄打非”工作小组办公室、国家互联网信息办公室、工业和信息化部、公安部于 2014 年 4 月中旬至 11 月，在全国范围内统一开展打击网上淫秽色情信息“扫黄打非•净网 2014”专项行动。在此次行动中，全国共查办网上淫秽色情信息案件 1002 起，删除网上淫秽色情信息 300 余万条。在大力清查网络淫秽色情信息、严厉查办制售传播淫秽色情信息案件的同时，不断完善互联网站、域名、IP 地址实名管理等制度和机制，落实电信运营企业和互联网信息服务企业的信息安全管理制度和信息安全技术手段，健全台账管理等出版市场监管制度，加强互联网信息安全管理。

为了维护网络和信息安全，净化移动互联网环境，保护用户合法权益，工业和信息化部、公安部、工商总局于 2014 年 4～9 月在全国范围内联合开展打击治理移动互联网恶意程序专项行动。

为严厉打击重点领域的虚假违法广告，净化网络广告市场，国家互联网信息办公室等八部门于 2014 年 4 月 10 日至 8 月 31 日，开展整治互联网重点领域广告专项行动，主要集中清理检查保健食品、保健用品、药品、医疗器械、医疗服务等重点领域的网络广告及信息，对其他领域发现的严重非法网络广告及信息一并予以整治。在行动中，全国工商系统共检查网站 16.9 万家，监测互联网广告 112.8 万条，查处违法互联网广告案件 5232 件。与整治前相比，全国互联网广告违法率环比下降 9.2 个百分点，违法率降幅 50%，工商总局重点监测的五类广告违法率降幅达 20.8%，网络广告市场得到净化。

为贯彻落实党的十八大和十八届二中、三中全会精神，进一步加强网络版权执法监管工作，打击网络侵权盗版，依法治理网络空间，净化网络版权环境，根据国务院 2014 年打击侵犯知识产权和制售假冒伪劣商品工作的部署要求，国家版权局、国家互联网信息办公室、工业和信息化部、公安部于 2014 年 6 月 12 日启动联合开展第十次打击网络侵权盗版专项治理“剑网”行动，主要打击未经授权大量转载传统媒体作品的侵权行为。专项行动期间，各地版权行政执法部门共查处案件 440 起，移送司法机关 66 起，罚款人民币 352 余万元，关闭网站 750 家，有效震慑了侵权盗版违法犯罪分子。

2014 年 6 月 20 日，国家互联网信息办公室启动铲除网上暴恐音视频专项行动，要求打出实效，打出声威，为维护社会稳定和实现长治久安筑牢网络防线。专项行动内容包括坚决封堵境外暴恐音视频、在全国全网集中清理网上暴恐音视频、查处一批违法网站和人员、落实企业管理责任、畅通民间举报渠道等。

2014 年 8 月 7 日，国家互联网信息办公室出台《即时通信工具公众信息服务发展管理暂行规定》，以十条规定规范以微信为代表的即时通信工具公众信息服务。“微信十条”在守住“七条底线”的前提下，充分放权平台运营商自治，责权明晰，既规范了管理监管对象，又尽可能地减少对微信原有生态的干预。

2014 年 9 月 24 日，国家互联网信息办公室、工业和信息化部、国家工商总局召开“整治网络弹窗”专题座谈会，专项研究治理网络弹窗乱象，决定启动“整治网络弹窗”专项行动，进一步加大对网络弹窗的整治力度，严肃查处传播淫秽色情信息、木马病毒、诈骗信息等非法弹窗行为。

2014 年 11 月 6 日，国家互联网信息办公室、国家新闻出版广电总局启动在全国开展清理整治网络视频有害信息专项行动，重点围绕在线存储服务类网盘、App 下载服务、微信互动分享视频链接等五大领域，清理淫秽色情、暴力恐怖、虚假谣言等视频有害信息。

2014 年 11 月 24 日，由中央网络安全和信息化领导小组办公室会同中央机构编制委员会办公室、教育部、科技部、工业和信息化部、公安部、中国人民银行、新闻出版广电总局等部门联合主办“中国首届国家网络安全宣传周”活动。宣传周以“共建网络安全，共享网络文明”为主题，分别设置了“启动日”、“政务日”、“金融日”等 7 个主题宣传日，围绕当前网络安全的重点领域，举办专题宣传活动。

10.3.2　互联网治理手段建设

网站备案、域名管理及网络不良与垃圾信息举报受理等工作有力支撑了国内互联网治理，为有效打击网上非法活动、遏制网上不良信息传播奠定了基础。

1. 网站备案管理

根据国家互联网备案管理支撑中心提供的数据，截至 2014 年 12 月底，全国有效备案网站已达 364.7 万余个，备案率达到 99.97%，全国网站备案主体信息准确率平均为 82.5%；已备案 IP 地址数达 319 万余段，备案率达 99.67%。

2. 互联网域名管理

2014 年 1 月 25 日，“互联网域名管理技术国家工程实验室”正式成立。该实验室由国家发展和改革委员会批复建立，中国互联网络信息中心（CNNIC）牵头成立，旨在通过互联网域名管理技术研究和成果转化，加快探索保障基础信息网络安全机制，促进互联网行业良性发展。该实验室是我国互联网域名领域的第一个国家工程实验室，将通过开展域名应用评估、域名不良应用分析、网民行为分析等，为规范互联网域名服务管理提供技术支撑，同时加快网络与信息安全技术创新，推动相关产业发展升级。

3. 网络不良与垃圾信息举报受理

根据 12321 网络不良与垃圾信息举报受理中心（以下简称“12321”）提供的数据，截至 2014 年 12 月底，12321 共接到用户举报不良与垃圾信息 410.5 万件次，其中举报手机应用安全问题（App）330.3 万件次、不良与垃圾短信 22.5 万件次、骚扰电话 20.1 万件次、淫秽色情网站 18 万件次、垃圾邮件 9.4 万件次、钓鱼网站 5.4 万件次、彩信 0.4 万件次、其他举报 4.4 万件次。经过整理去重并核查后，将符合处理条件的举报数据 44.2 万件次移交给各省公安厅等相关部门处理。

2014 年 8 月 27 日，12321 创建全国第一款专门用于不良与垃圾信息举报的纯公益性质手机软件——“12321 举报助手”，用户可以通过“一键举报”功能将接收到的垃圾短信和不良 App 进行举报，并且可以实时跟踪受理过程、查询处理结果。

截至 2014 年 12 月底，已有 106 家手机应用商店加入 12321 举报中心组织开展的“安全百店”行动，与 12321 接通“一键举报”功能，该行动涵盖了 80%以上的手机应用下载市场。自 2013 年启动行动至今，12321 共接到手机应用软件举报 10581663 件次，经过核实，要求“安全百店”行动中的应用商店下架处置 36425 款应用，涉及 68395 个链接，应用商店处理率为 100%。

2014 年 11 月 28 日，12321 网络不良与垃圾信息举报受理中心与搜狗公司合作，共同启动“便民举报通道”，双方共享垃圾信息数据库，当用户收到垃圾短信时，可以通过搜狗号码通进行标记，并通过特定入口举报至 12321 举报中心。“便民举报通道”将 12321 举报中心的数据资源和搜狗号码通的亿级号码库实现信息互通，建立了一个更为丰富的号码库，拓宽了垃圾短信治理的渠道。

10.4　行业自律

2014 年 3 月 13 日，中国互联网协会发布《中国互联网协会网络销售无理由退货倡议书》，号召网络销售服务提供商共同遵守该《倡议书》，协力促进行业健康发展。该《倡议书》共八条，明确了网络销售经营者的法定义务，倡导网络销售经营者做出严于法定无理由退货制度且更有利于消费者的承诺等。在网络销售商品的完好性规制方面，倡导网络销售经营者明示消费者无理由退货有关商品完好性的条件。

2014 年 4 月 23 日，中国互联网协会发出倡议，积极响应“扫黄打非•净网 2014”专项行动，并于 8 月 27 日组织业界企业签署《移动智能终端应用传播淫秽色情信息自律公约》，号召互联网企业积极开展自查自纠，提升技术手段和能力，自觉接受公众监督，全行业协同联动，共同抵制网络淫秽色情信息，共建清朗网络空间。腾讯、百度、网易、奇虎 360 等 25 家互联网企业以及中国移动、中国电信、中国联通三大电信运营商积极响应签署公约。

2014 年 7 月 10 日，中国互联网协会联合人民网、千龙网、新浪网、阿里巴巴等 22 家网站，向全国互联网业界和全体网民发出题为“打造诚信网络，建设信用中国”的倡议书，倡议坚持依法办网、依法用网，诚信守法经营；坚决抵制虚假信息、恶意诽谤、网络欺诈、侵权盗版等失信行为，拒绝为违法失信行为提供便利与平台；推动建立信用信息共建共享机制，联合防范抵制各类失信行为。

2014 年 7 月 25 日，中国互联网协会发布《保护移动游戏版权自律倡议书》，倡议加强行业自律，恪守行业规范，履行社会责任，尊重他人版权，坚决抵制侵权盗版行为，不侵害他人的移动游戏版权，不为违法盗版行为提供便利与平台等，优视科技、腾讯、畅游等近百家移动游戏企业到场联合签署了倡议书。

2014 年 10 月 17 日，京东、当当、小米网、亚马逊（中国）、苏宁易购等企业联合签署发布《网络零售行业加强商品质量管理自律公约》，呼吁网络零售企业加强商品质量的管理，共同遵守和维护良好的互联网零售秩序。

2014 年 11 月 4 日，京东联合阿里巴巴、百度、腾讯、携程等多家大型电商企业在上海市商委等部门的全力支持下，制定并推行《互联网企业可信交易诚信自律公约》，达成“杜绝假货，保障正品”联合行动的共识。

2014 年 11 月 5 日，中国小额信贷联盟发布了《小额信贷信息中介机构（P2P）行业自律公约》，规定 P2P 机构只提供风险评估、出借咨询等服务，不得占据、集取、挪用、控制客户的出资资金，并规定 P2P 平台必须有第三方托管账户或者银行进行资金的托管。

2014 年 11 月 26 日，北京市网信办、首都互联网协会联合新浪、网易等数十家属地网站，共同签署了《北京市移动互联网应用程序公众信息服务自律公约》和相关承诺书，共同整治移动互联网应用程序中的违法不良现象。

2014 年 12 月 3 日，以美团网为代表的网络订餐网站共同发起《上海市第三方网络订餐平台行业自律公约》，郑重承诺并呼吁上海所有从事网络订餐服务的企业共同遵守，主动接受政府主管部门、消费者和社会大众的监督，提升消费者网络订餐消费信心。

（中国互联网协会　钟　睿）

第三篇

应用与服务篇

第 11 章　2014 年中国互联网应用与服务概述

11.1　发展概况

2014 年，在政府的领导和各界的努力下，我国互联网全面普及工作取得明显成效，企业互联网普及达到较高水平，网络对社会生产、人民生活的渗透日渐加深，互联网对推动我国经济发展与转型、提升人民生活水平做出重要贡献。

2014 年，我国手机网民数量首次超过传统 PC 网民，移动互联网深入渗透网民生活的各个方面，带领互联网行业各应用快速发展。手机旅行预订迎来大爆发，手机电子商务类、手机休闲娱乐类、手机信息获取类、手机交流沟通类应用快速增长，手机游戏也扭转了使用率一直下滑的趋势。同时，互联网理财业务在规模快速增长后趋于稳定，在线医疗服务、在线家政等需求也在逐步释放。

11.1.1　移动上网设备的使用率进一步增长

如图 11.1 所示，截至 2014 年年底，我国手机网民规模占网民总数的 85.8%，手机网民规模首次超越传统 PC（笔记本电脑+台式电脑）网民规模，台式电脑、笔记本电脑等传统上网设备的使用率保持平稳。

2014 年，移动上网设备的使用率进一步增长，平板电脑的娱乐性和便捷性特点使其成为网民的重要娱乐设备，2014 年年底使用率达到 34.8%，并在高学历（本科及以上学历网民使用率为 51.0%）、高收入人群（月收入 5000 元以上网民使用率为 43.0%）中拥有更高使用率。

11.1.2　移动网络用户黏性提高

我国手机网民手机上网黏性进一步增加。根据调查，87.8%的手机网民每天至少使用手机上网一次，其中，66.1%的手机网民每天使用手机上网多次（见图 11.2）。各类手机应用软件几乎覆盖了生活的各个方面，带给手机网民便利，增加了手机的使用黏性。

随着智能手机的普及和移动应用的丰富，手机网民使用手机上网的时长不断增加。根据调查，我国手机网民中每天使用手机上网 4 小时以上的重度手机网民比例达 36.4%，相比 2013 年增加了 14.4 个百分点（见图 11.3）。其中，每天实时在线的手机网民在整体手机网民中占比为 21.8%。

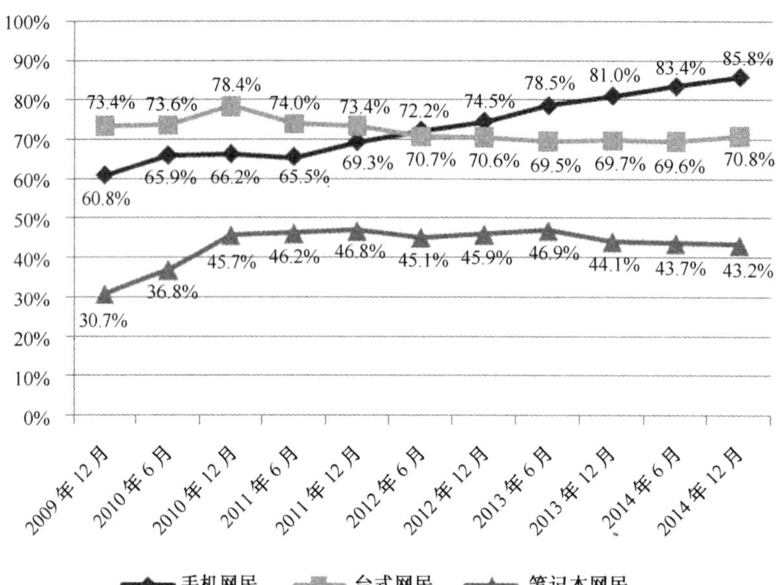

来源：2009—2014 年 CNNIC《中国互联网络发展状况报告》。

图11.1　2009—2014年中国网民上网设备比例

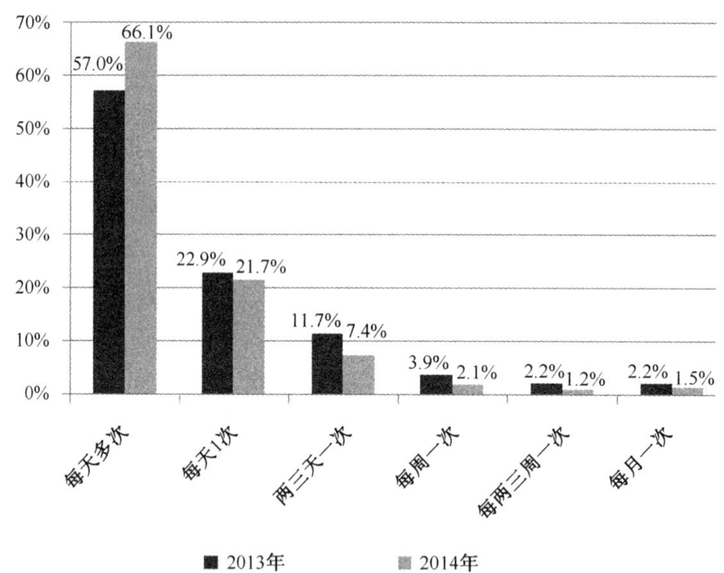

来源：2014 年 CNNIC《中国移动互联网调查研究报告》。

图11.2　2013—2014年中国移动网民上网频率

11.1.3　手机上网常态化

手机上网常态化特征进一步明显。对我国手机网民最常使用手机上网的场所进行调查发现，在卧室/宿舍和工位/教室的手机上网比例较高，分别为 88.2%和 49.7%，相比 2013 年 6 月增加显著；而在交通工具、休闲场所等场所的占比则有所减少，说明手机上网已逐渐从碎片化向常态化转变，成为日常的一种生活方式（见图 11.4）。

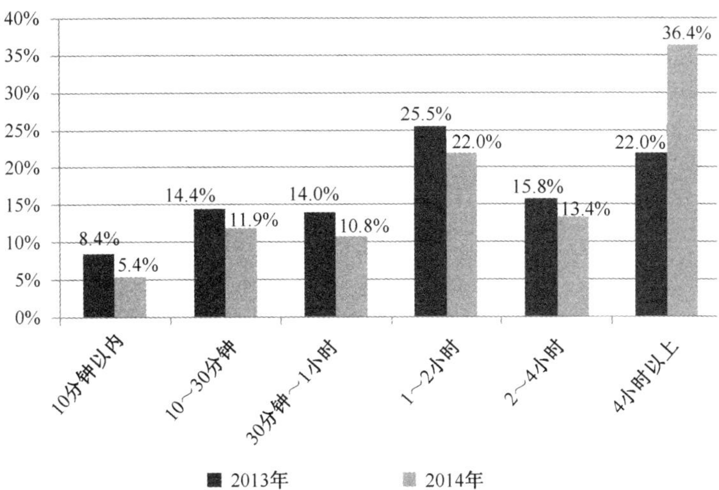

来源：2014 年 CNNIC《中国移动互联网调查研究报告》。

图11.3　2013—2014年中国移动网民上网时长

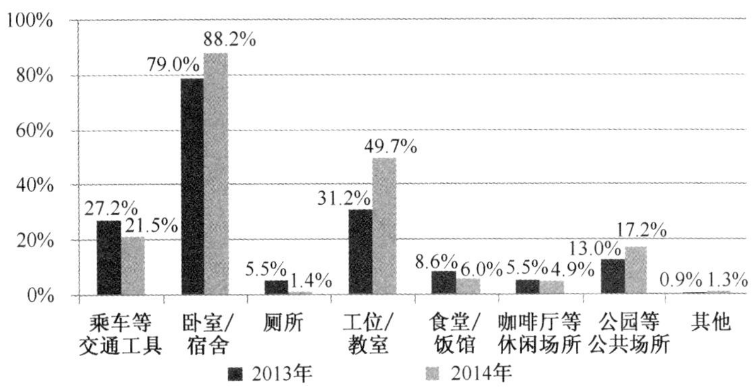

来源：2014 年 CNNIC《中国移动互联网调查研究报告》。

图11.4　2013—2014年中国移动网民上网时长

11.2　发展特点

11.2.1　大公司平台布局，创业公司热捧垂直领域

2014 年，BAT 等互联网巨头借助强大的资金实力，通过并购对互联网商业的各个环节进行布局，如百度通过收购乐彩网、糯米网、传课网、Peixe Urbano 等弥补其在电商环节的不足，而阿里巴巴收购了高德、文化中国、一达通、ASLAN、酷飞在线、UC 浏览器等，加强了对地图、浏览器等入口的控制及旅游方面的布局，同时腾讯通过收购科菱航睿空间及四图维新的股份，增强在地图部分的竞争力。

2014 年，各大巨头对移动支付的争夺尤为激烈，在腾讯和阿里巴巴的支持下，滴滴和快的为争夺用户开展了持续的红包大战，支付宝联手超市举行的优惠活动还将移动支付的战火延伸到线下中老年人群。

与此同时，各创业公司在社区 O2O、大学生消费市场开始发力，考拉先生、校联帮等一批社区 O2O 企业兴起，分期乐、爱学贷等针对大学生的分期融资应用开始切分大学生消费市场，并企图延伸至互联网信用评级领域。

11.2.2 终端的互联网入口争夺激烈

2014 年，互联网竞争入口的终端之争十分激烈。以网络视频为例，在盒子与智能电视的品牌列表上，不仅有优酷土豆、乐视等互联网视频企业，同时还可以见到阿里巴巴、百度、谷歌等巨头的产品，以及小米、苹果等其他终端制造商，还有华为等网络设备制造者，更有大量的传统电视生产厂家。对智能终端的争夺不仅局限于网络视频，在手机、可穿戴设备等领域均出现各路企业激烈竞争的局面。可以预见，随着“三网融合”的继续推进，物联网建设的推进，大数据应用的成熟，终端的激烈争夺将在未来几年内延续。

11.2.3 B2B 企业互联网活动进一步加深

2014 年，B2B 电商获得良好发展，根据商务部发布的统计数据，2014 年度 B2B 交易额为 10.2 万亿元，同比增长 20%。

2014 年，传统行业布局互联网进程加快。以化工行业为例，中国化工集团部分聚氯乙烯、丙烯和燃料油产品通过电商平台出售，根据公布的数据，2014 年 3～10 月，中国化工集团共有 400 余种产品及服务“触网”，实现销售收入 122 亿元，占同期总销售收入的 5%，开发了 1500 多个新客户，包括位于安哥拉的国际新客户。中国化工集团合作的伙伴既包含渤海商品交易所、广东塑料交易所、深圳石油化工交易所等大宗产品电商平台，也有阿里巴巴、慧聪、天猫、微信等互联网平台。

除化工行业外，钢铁、汽车、医药、知识产权的互联网电商平台构建及推广也在稳步推进，B2B 企业拥抱互联网的速度在不断加快，并获得资本市场、产业链上下游企业、银行的支持和认可，供应链融资、社会化协作等相关服务也陆续得到发展。

11.3 市场分析

11.3.1 网络购物市场蓬勃发展

根据统计局公报数据，2014 年中国网络零售市场交易规模达 2.8 万亿元，同比增长 49.7%，占全国社会消费品零售总额的 10.6%（见图 11.5）。根据商务部发布的数据，2014 年我国 B2C 交易额为 1.32 万亿元，同比增长 74%；C2C 交易额为 1.48 万亿元，同比增长 36%。根据商务部数据，中国在 2013 年已经超过美国成为全球最大的网络零售市场。

中国网络零售市场由图书等标准化产品切入以来，经历了 3C、服装、母婴、化妆品、生鲜、医药、珠宝等品类的不断扩充，满足了用户多元化的消费需求，相关政策法规也不断完善、明确，零售渠道向着三四线城市及农村不断延伸。

2014 年，移动互联网商业迎来快速发展，网络购物渗透率达 42.4%，移动支付、在线旅游等相关领域渗透率也大幅提升，餐饮、打车等 O2O 需求进一步释放，并带动了移动支付的全面渗透（见图 11.6）。房地产、汽车、保险等行业的互联网化也在逐步推进。

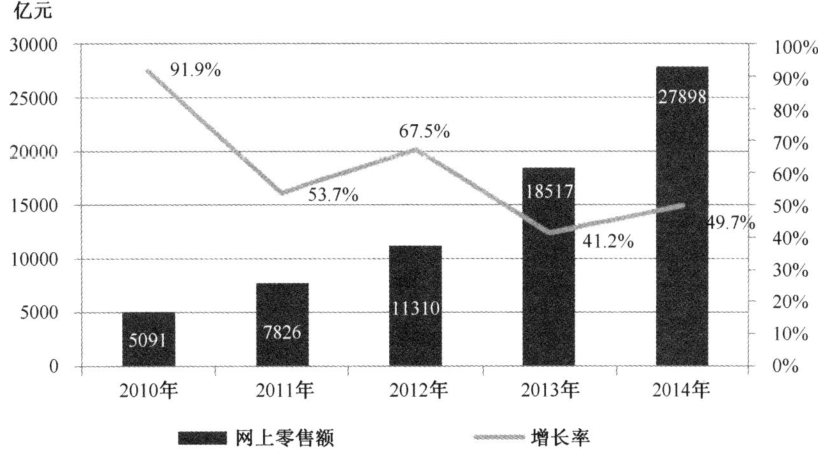

来源：2010—2013 年数据为 CNNIC 模型研究统计，2014 年数据采用国家统计局《2014 年国民经济和社会发展统计公报》数据。

图11.5　2010—2014年中国网络零售市场规模

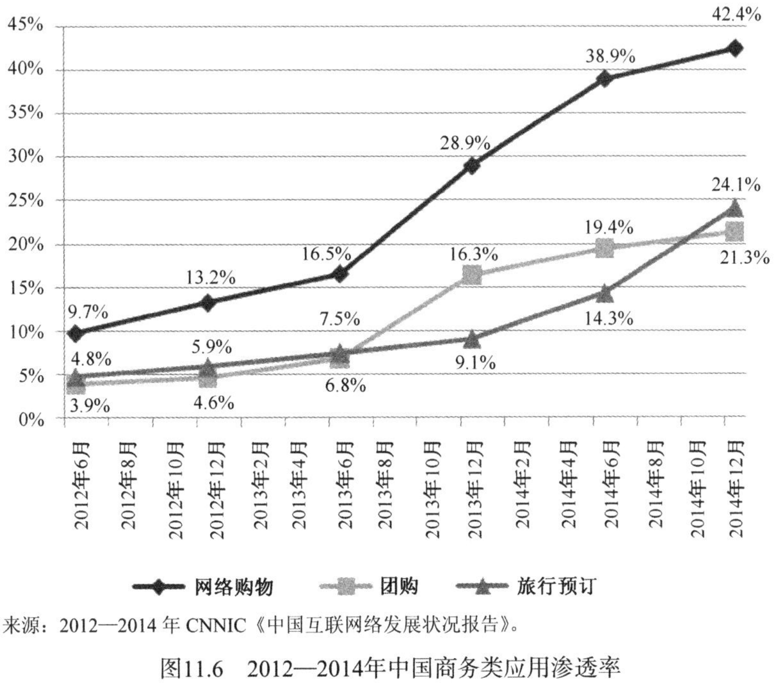

来源：2012—2014 年 CNNIC《中国互联网络发展状况报告》。

图11.6　2012—2014年中国商务类应用渗透率

11.3.2　网络营销市场发展迅速

如图 11.7 所示，截至 2014 年 12 月，全国利用互联网开展营销推广活动的企业比例为 24.2%，信息传输、计算机服务和软件业开展比例最高，达 35.9%；值得注意的是，批发和零售业、房地产业、租赁和商务服务业、居民服务和其他服务业等第三产业，开展互联网营销的比例并不高，与制造业、建筑业相比基本持平，甚至更低。

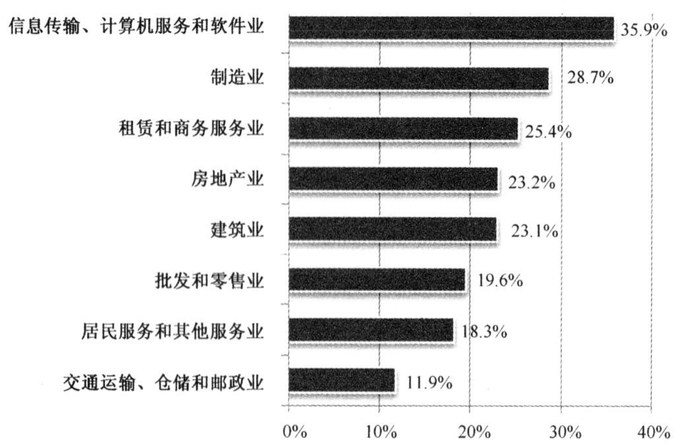

来源：2014 年 CNNIC《中国互联网络发展状况报告》。

图11.7　2014年部分行业中开展互联网营销的企业比例

调查结果显示，利用互联网开展过营销活动的受访企业中，使用率最高的是利用即时聊天工具进行营销推广，达 62.7%。搜索引擎营销推广、利用电子商务平台推广依然较受企业欢迎，使用率分别达 53.7%和 45.5%（见图 11.8）。互联网在网民生活中的渗透范围不断扩大、渗透程度逐渐加深，企业开展互联网营销的方式也随之不断创新，组合式营销、口碑营销、病毒营销等新术语层出不穷，企业对单一、传统营销方式的依赖度逐渐降低，同时对移动营销出现巨大需求。

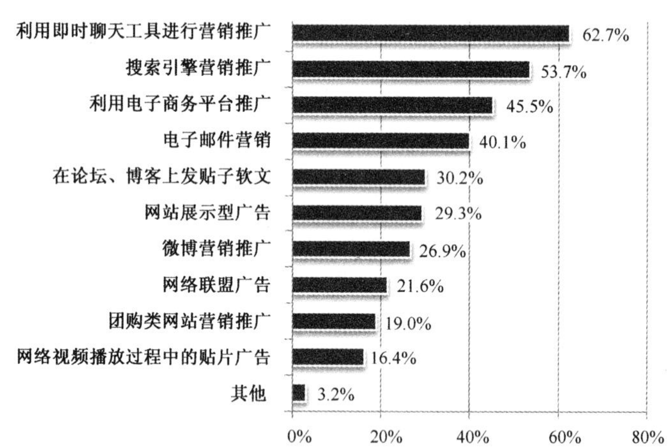

来源：2014 年 CNNIC《中国互联网络发展状况报告》。

图11.8　2014年各种网络营销方式的使用率

2014 年，互联网 O2O 商业模式发展迅速，作为线下商品与服务的直接供给方，传统企业在这一模式中起着至关重要的作用，一方面是传统企业主动利用互联网开展商业活动，另一方面是由大型互联网企业主导，为拓展其业务范围、增强 O2O 实力而连接传统企业的被动触网。在这一发展趋势下，传统企业在内部运营、市场推广与服务和产品销售方面，将会越来越多地与互联网深度融合。目前，互联网 O2O 商业模式仍处在形成与摸索阶段，传统企业的 O2O 转型仍未出现实质上的成功案例，且涉及的行业集中度显著，批零住餐和生活服务企业占比较高，尚未广泛惠及各行业的中小微企业。随着互联网与经济活动的全面结合、对传统商业模式的影响和改革程度进一步扩大，传统企业与互联网企业的分界将越来越模糊，互联网将成为企业日常经营中不可分割的部分。

11.3.3　网络游戏营收保持强劲增长

如图 11.9 所示，2010—2013 年网游用户在整体网民中的使用率逐年下降，这主要归因于手机网民的增长远高于 PC 网民的增长，而对应的手机网游的发展则比较滞后。随着 2014 年手机网络游戏逐步走向成熟以及游戏用户终端设备的普及，这一状况正在被扭转，预计在未来一段时间内我国网络游戏产业将继续保持稳定发展，并在不断完善自身及周边健康生态的过程中寻求更加广阔的用户范围和多终端、多玩法的游戏模式。

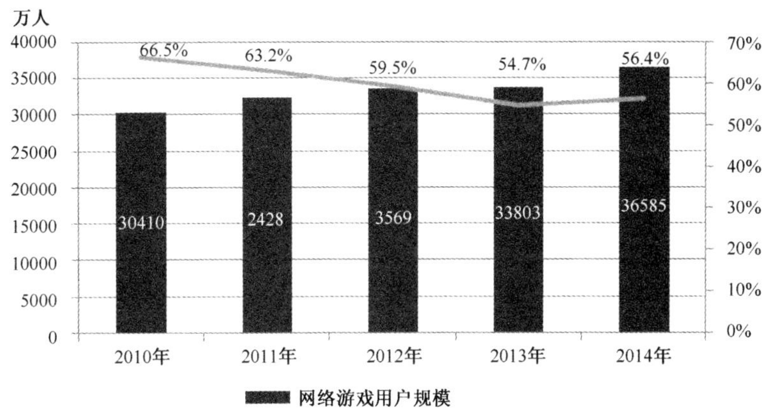

来源：2014 年 CNNIC《中国互联网络发展状况报告》。

图11.9　2010—2014年中国网络游戏用户规模及使用率

PC 网游用户中，付费用户占到 24.9%，月均付费集中于 11～300 元。PC 端游用户的付费率则达到了 48.3%，且月均付费在 300 元以上的用户在所有 PC 端游戏付费用户中占比超过 30%，可见端游依然以其强大的代入感和丰富细致的游戏体验扮演着 PC 网游收入支柱的角色（见图 11.10）。

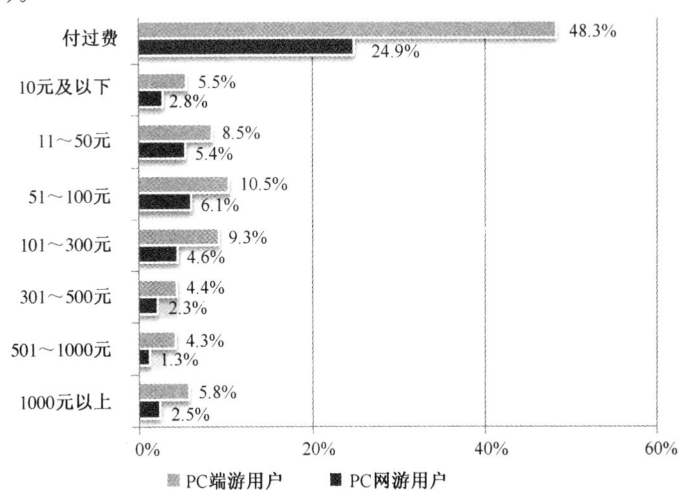

来源：2014 年 CNNIC《中国互联网络发展状况报告》。

图11.10　2010—2014年中国PC网游付费情况

手机游戏用户中，付费用户占到 24.0%，并且月均付费不超过 100 元的用户占付费用户总量的 72%。随着用户成熟度的提升、手机支付功能的完善，以及重度手机游戏的增多，未来手机游戏的付费情况依然有很大的提升空间（见图 11.11）。

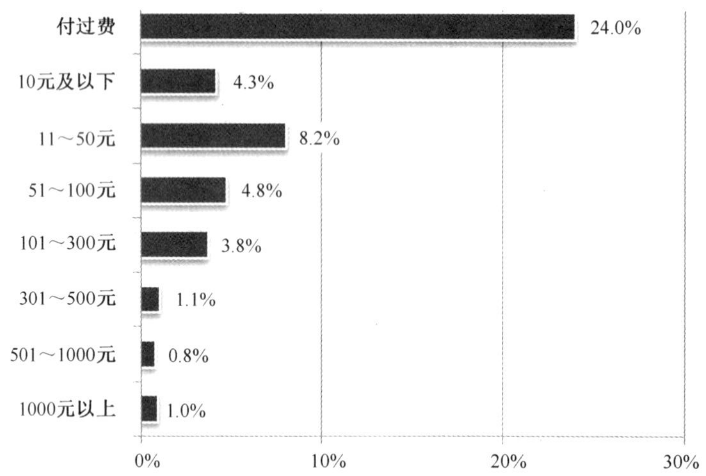

来源：2014 年 CNNIC《中国互联网络发展状况报告》。

图11.11　2010—2014年中国手机游戏付费情况

11.3.4　网络视频营收有较大增长潜力

如图 11.12 所示，2014 年我国视频广告市场规模达到 217 亿元，增长 13.1%。

在资本推动下，视频行业 2014 年发生激烈的动荡，10 月，搜狐视频宣布收购人人公司旗下视频网站 56 网，随后小米宣布与顺为资本斥资人民币 18 亿元投资爱奇艺，成为爱奇艺第二大股东，同时向优酷土豆投资数千万美元，在自制内容及联合制作、出品和发行上进行合作。除腾讯视频和乐视网外，目前处于行业前列的视频网站基本上都已完成资本结盟。

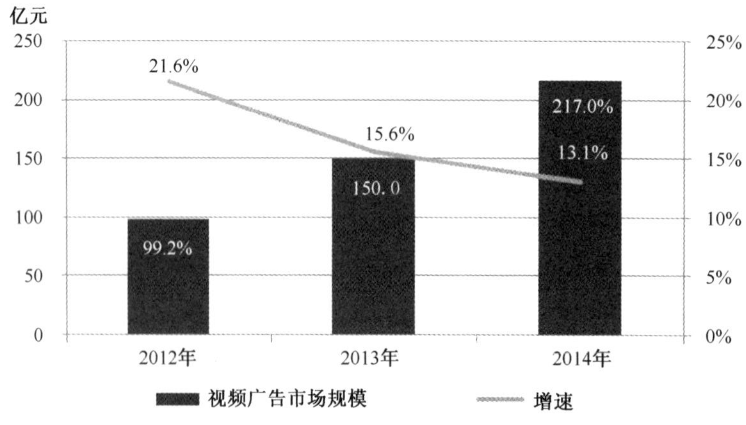

来源：CNNIC 自有统计模型估算。

图11.12　2012—2014年中国视频行业广告收入

11.4　用户分析

2014 年互联网产业各领域在移动端发力，网民上网终端的使用情况也发生了一定改变，手机网民减少了使用电脑上网的时长，绝大多数应用在电脑端的上网时长与前两年相比呈现明显下降趋势。

1. 手机网民减少使用电脑上网

智能手机在随时随地方面给用户带来极大方便，越来越多的用户从 PC 端向手机端转移，挤占电脑上网时间和传统媒体时间，对传统 PC 产生较大冲击。根据调查，55%的手机网民认为使用手机减少了其对电脑的使用。其中，手机端社交聊天和娱乐类应用对电脑端的冲击最大，极大地减少了电脑端上这两类应用的使用（见图 11.13）。

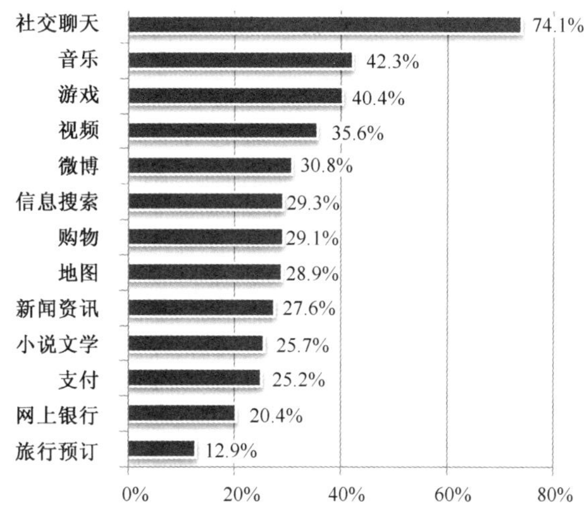

来源：2014 年 CNNIC《中国移动互联网调查研究报告》。

图11.13　2014年各应用因手机使用减少电脑使用的情况

2. 信息获取类网站电脑端人均访问时长下降趋势仍存在

手机能够满足用户随时随地查阅信息的需要，因此用户在电脑端对于信息类网站的访问时长 2012 年以来一直呈下降趋势。

具体情况如图 11.14 所示，用户在电脑端访问门户网站的月均时长已从 2011 年的 14.5 小时减少到 2014 年的 10.4 小时。一方面，电脑端内容的制作由于考虑在手机端的阅读习惯和传播而更加短小；另一方面，手机端各类 App 的兴起极大地蚕食了原属于电脑端的上网时间。搜索引擎、新闻网站在电脑端的访问时长也同样持续下滑。

导航网站在电脑端的访问时长增长，主要原因是部分用户的信息获取渠道转移至移动端后，留下更多因年龄、技能或习惯方面导致的导航重度用户。

主流媒体、数字文献的电脑端访问时长基本持平，表明电脑端对获取深度内容、实现办公协同方面拥有一定优势及稳定的用户群体。

3. 社交类网站电脑端人均访问时长总体下降，婚恋类上升

由于移动端社交可结合地理定位系统、多样的互动方式及时间地点的便利性，社交类应

用在电脑端的人均访问时长明显下降。

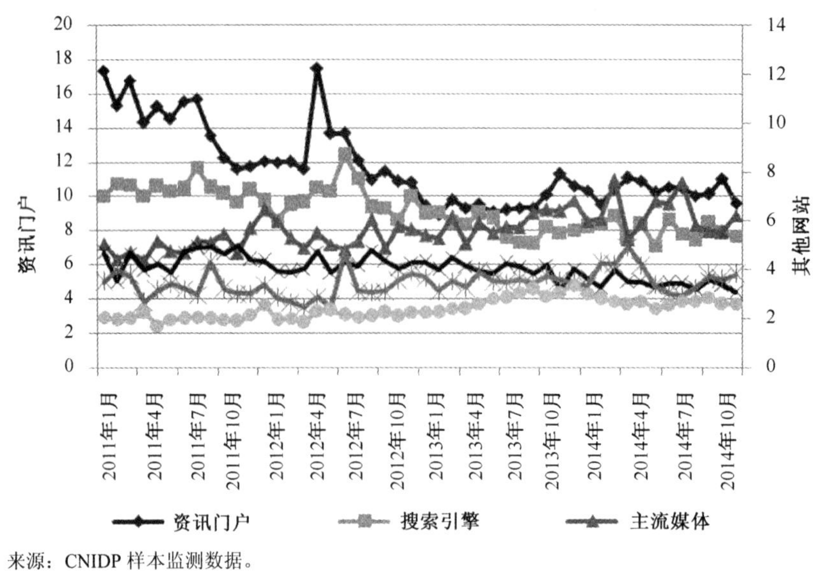

来源：CNIDP 样本监测数据。

图11.14　新闻资讯类网站人均访问时长（小时）

2014 年网民在电脑端访问时长最长的仍是博客，月平均访问时长 5.8 小时，与 2011 年的月均 9.4 小时相比下降 3.6 小时，下降同样明显的还有 SNS，从 2011 年的月均 5.7 小时下降至 2014 年月均 2.9 小时（见图 11.15）。

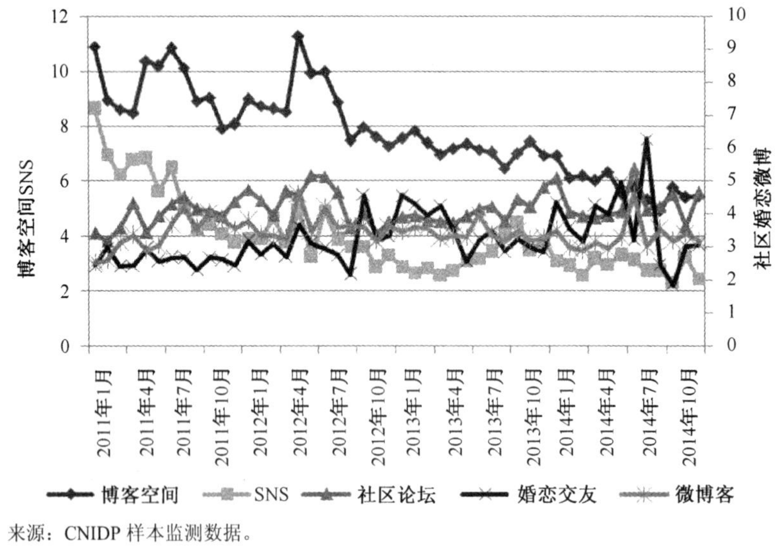

来源：CNIDP 样本监测数据。

图11.15　社交类网站人均访问时长（小时）

在社交类网站电脑端人均访问时长总体下降的情况下，婚恋网站、社区论坛的人均访问时长出现一定增长，主要原因是在向移动端转移的过程中，保留了因使用习惯、技能原因的电脑端重度用户。

微博全盛时期，新浪、网易、搜狐、腾讯四大门户皆有自己的微博产品，其他的传统博客也纷纷推出微博类产品，甚至连地方门户都推出了自己的微博产品，最终坚持下来的只有新浪微博。2014 年 7 月 23 日，腾讯微博事业部解散，运营团队与腾讯新闻团队进行整合，意图着力发展微视，淡出微博的竞争格局。2014 年 11 月 5 日，网易微博迁移到轻博客产品 LOFTER，微博业务离场。

4. 电子商务类网站电脑端人均访问时长上升

2014 年电子商务继续高速发展，不仅移动端的渗透率大幅上升，而且带动了电脑端购物类应用的发展。

以电脑端的网络购物为例，网络购物网站在 2011 年的月均覆盖人数为 2.3 亿人，2014 年月均覆盖人数已达 3.8 亿人，其中 2014 年与 2013 年相比月均覆盖人数增长 8 千万人。同时，电脑端访问网络购物类网站的单人月均时长从 2011 年的 8.7 小时增至 10.4 小时（见图 11.16）。

除团购的访问时长基本保持稳定外，电子支付、网上银行、旅游出行、母婴网站等的人均访问时长都呈上升趋势。

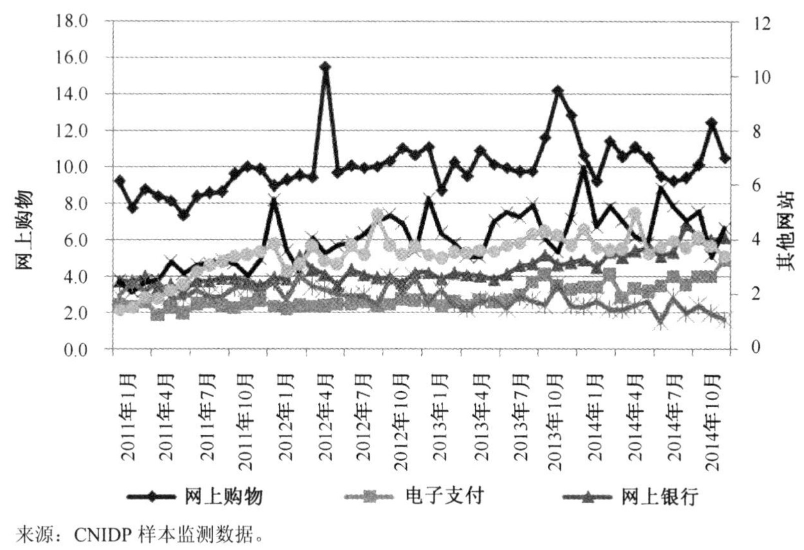

来源：CNIDP 样本监测数据。

图11.16　电子商务类网站人均访问时长（小时）

5. 休闲娱乐类网站电脑端访问总体时长上升

虽然移动端冲击了很多电脑端的应用，但休闲娱乐类应用受到的影响不太明显，部分应用还出现了上涨。

如图 11.17 所示，文学网站的电脑端的覆盖人数从 2011 年的 9043 万人降至 2014 年的 7033 万人，但由于电脑端良好的阅读体验，电脑端的文学阅读还是有大量读者的支持，单人月均阅读时长从 2011 年的 7.9 小时增加到 2014 年的 12.2 小时。

网络视频在电脑端出现覆盖人数与访问时长双增长，月均覆盖人数从 2011 年的 2.8 亿人增长至 2014 年的 3.6 亿人，单人月均访问时长从 2011 年的 12.8 小时增长为 2015 年的 15.0 小时。

同时，游戏类网站的访问时长微降，音乐类网站的访问时长略有上升。

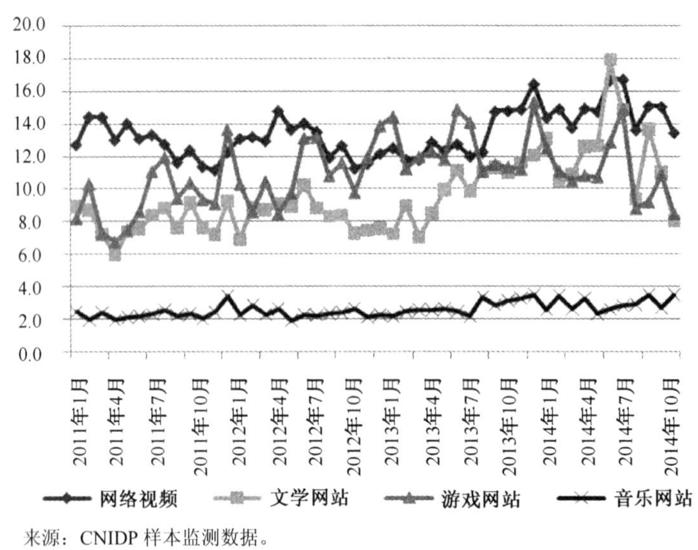

来源：CNIDP 样本监测数据。

图11.17 休闲娱乐类网站人均访问时长（小时）

11.5 应用平台发展

应用分发市场存在于手机出厂到用户手中的各个流通环节，以及用户使用手机时会接触到的手机端、PC 端各软件和 App 中，参与主体众多，盈利模式简单明确，从用户参与的角度可划分为被动分发和主动分发两大类。

1. 被动分发

用户被动接受分发结果，App 开发运营商花钱买装机量，即直接花钱购买手机厂商、渠道商的装机量和售后服务及维修商、ROM 的开发商的刷机量。

2. 主动分发

用户主动选择的过程起决定作用，App 开发运营商花钱买流量，即与流量提供商进行合作，通过聚合广告 SDK、下载付费、应用商店定制与联运、品牌 App 付费推广、游戏联运、独代等多种方式进行分发。

目前，我国手机应用商店的用户市场形成了三个阵营。第一阵营，用户市场份额大于 30%，主要是百度、360 和腾讯等传统互联网企业；第二阵营，用户份额为 10%～30%，主要是豌豆荚、手机自带应用商店及 App Store 等；第三阵营，用户份额小于 10%，以传统运营商的手机应用商店为主。传统互联网巨头借助已有的用户优势及多渠道布局，占据较大的市场份额，掌握了应用分发市场的话语权，使得中小应用商店进入难度进一步加大。豌豆荚的市场份额为 20.7%，在独立手机第三方应用平台中的市场份额最高，但 2014 年也在谋求转型发展（见图 11.18）。

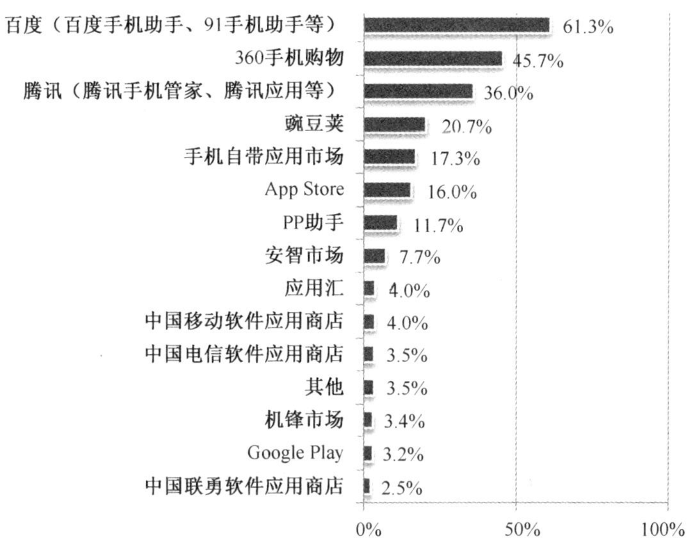

来源：2014 年 CNNIC《中国互联网络发展状况报告》。

图11.18　2014年中国应用商店渗透率

11.6　App 应用

随着移动智能设备的加速普及，移动应用对网民的渗透不断加大，全方位改变网民的生活习惯，对人们的信息、社交、娱乐和购物等各方面产生重要影响。如表 11.1 所示，2013—2014 年，各类手机应用的用户规模和使用率均保持一定增长，发展稳定。其中，电子商务类应用和娱乐类应用表现突出，手机应用逐渐从碎片化的沟通、信息类应用向时长较长的娱乐、商务类应用发展，并通过手机打车、手机地图和手机支付等应用加大对社会生活服务的渗透。

表 11.1　2013—2014 年各类应用的用户规模和使用率

	2014 年		2013 年		
应　　用	用户规模（万人）	网民使用率	用户规模（万人）	网民使用率	年增长率
手机即时通信	45921	87.1%	39735	85.7%	15.6%
手机搜索	40583	77.0%	32431	69.9%	25.1%
手机网络新闻	39087	74.2%	31356	67.6%	24.7%
手机网络音乐	35462	67.3%	24388	52.6%	45.4%
手机网络视频	29378	55.7%	15961	34.4%	84.1%
手机网络游戏	25182	47.8%	16128	34.8%	56.0%
手机网络文学	22211	42.1%	20370	43.9%	9.0%
手机网上支付	20509	38.9%	7911	17.1%	159.2%
手机网络购物	20499	38.9%	7636	16.5%	168.5%
手机微博	18851	35.8%	22951	49.5%	-17.9%
手机网上银行	18316	34.8%	7236	15.6%	153.1%
手机邮件	14827	28.1%	12641	27.3%	17.3%
手机社交网站	13387	25.4%	19565	42.2%	-31.6%
手机团购	10220	19.4%	3131	6.8%	226.4%
手机旅行预订	7537	14.3%	3493	7.5%	115.8%

交流沟通类应用依然是手机的主流应用，在所有应用中用户规模和使用率均保持第一位。其中，手机即时通信进一步增长成为主导，社交网站等传统应用的用户规模则继续下降，移动社交逐渐向单一应用聚合。

信息获取类应用作为手机网民获取各类信息的主要方式，可以满足手机网民日常基本信息需求，用户规模和使用率仅次于手机即时通信，发展保持稳定。其中，手机搜索引擎随着各大品牌手机搜索 App 的推出、手机浏览器等多渠道推广及各类应用的用户导流，其用户规模在保持高位情况下依然增长强劲。

电子商务类应用整体行业发展态势良好，手机支付是亮点。随着线上与线下渠道的打通及多类移动应用的服务带动，手机支付呈现爆发式增长，用户规模增长和使用率增长在所有手机应用中均最高。商务类应用在手机支付的拉动下，正历经跨越式发展，在网络应用中的地位愈发重要，手机网上支付、手机网络购物、手机网上银行和手机网上预订应用网民规模年增长速度均超过 100%，带动整体互联网商务类应用增长。

休闲类娱乐应用继续保持稳定增长，成为手机网民的一种日常基础娱乐方式。其中，Wi-Fi 覆盖提升、3G 成熟和 4G 开展等，直接提升了手机网民对手机视频和手机音乐等高流量娱乐类应用的使用，这两类应用在娱乐类应用中的用户规模增长也相对更快。

11.6.1 手机地图

手机地图用户规模保持增长。根据调查，截至 2014 年 6 月，我国手机地图用户在手机网民中的渗透率达 46.9%，相比 2013 年增长了 11.5 个百分点。手机地图用户的增长，一方面在于智能手机的普及，极大地切合了手机用户外出随时随地查询位置服务的需求；另一方面在于传统地图厂商和互联网厂商加大对手机地图的布局和宣传，促使更多网民了解并使用。

目前，我国手机地图市场竞争激烈，各大地图服务商纷纷借助多产品联动运营对用户展开争夺。如图 11.19 所示，百度地图以 63.7%的用户使用率排名首位，高德地图以 32.4%的用户使用率排名第二，两者占据九成的市场份额。

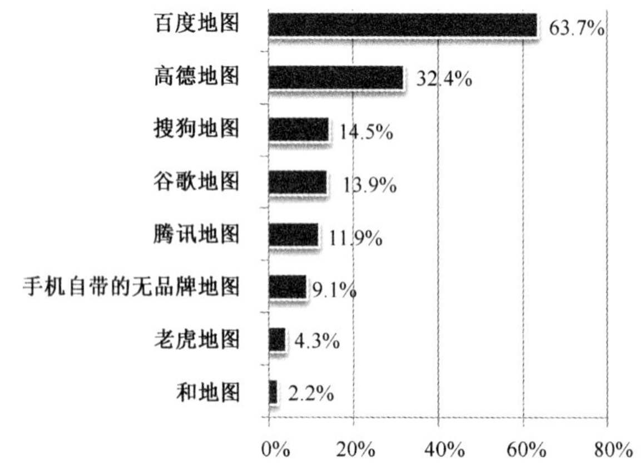

来源：2014 年 CNNIC《中国移动互联网调查研究报告》。

图11.19　2014年手机地图品牌渗透率

随着国内经济的发展，普通大众对交通出行和本地生活服务的需求不断增加，手机地图中各类生活服务功能也逐步丰富，但用户对手机地图中生活服务功能使用习惯尚未完全建立，未来，加大用户对手机地图中生活服务功能的使用，真正实现从工具应用向移动位置生活服务平台转型，是各大手机地图厂商竞争的重点。

经过近几年的发展，手机地图已经成为移动互联网发展的重要入口，成为联通线上线下的重要平台。根据调查（见图 11.20），除了路线导航（64.5%）、地点查找（58.7%）、定位自己的位置（57.6%）和线路规划或查询（49.6%）等传统地图功能使用外，结合生活服务和社交服务功能的使用也逐渐增多。尤其是结合地理位置和团购的周边美食餐饮服务，占比为 40.8%。未来，手机地图的一站式服务还将成为手机地图发展的重点，推动手机地图向生活服务平台进一步转型，各大地图服务商也将继续加大本地生活服务投入力度。

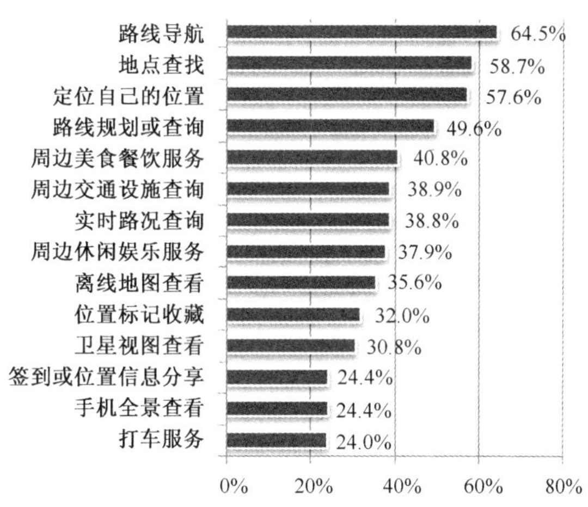

来源：2014 年 CNNIC《中国移动互联网调查研究报告》。

图11.20　2014年手机地图使用功能

11.6.2　手机打车

打车应用经过两年多的发展，已取得了一定的市场，截至 2014 年 6 月，我国手机打车软件用户规模达 4908 万人，在手机网民中占比为 9.3%（见图 11.21）。打车应用与手机和支付的密切结合引起了腾讯、阿里等互联网企业的重视，两者斥巨资入股主流打车软件并参与市场份额的争夺，微信、支付宝两个入口为滴滴和快的带来了巨大的流量。经过了多轮的“砸金圈地”后，我国手机打车软件市场的发展逐渐稳定，格局日益清晰，未来打车软件的竞争重点已转向现有用户的维系、三四线城市新用户的开发和可持续盈利模式的实现。

目前，打车市场两极化明显，滴滴和快的两款软件的用户使用率都在 50%以上，市场地位基本稳固；其他打车软件的使用率都在 7% 以下，由于缺少资金和用户，想进入第一梯队难度较大。

打车软件作为典型的 O2O 应用，可基于手机提供地理信息、绑定支付，具备良好的 O2O 实现基础，部分一线城市由于私家车限号限购政策的存在及出租车资源的相对缺乏，在一定程度上增强了高端用户的黏性，同时高端用户存在更多对购物、差旅、订票、酒店、异地用车、高端餐饮的需求，因此打车软件作为入口有可能带动多领域具有高附加值的 O2O、LBS 服务的发展。

打车软件未来的发展应着重于更好地整合线上线下各方面资源，提高服务质量，提升用户体验，不断扩大用户规模、增强用户黏性，并可考虑研究三四线城市用户关于用车的需求，尽可能做大“入口”的价值，同时也要注意探索各种可持续的赢利模式，扩大产品的适用范围，扩展与用车相关的有一定附加值的衍生服务，实现规模和效益的双丰收。

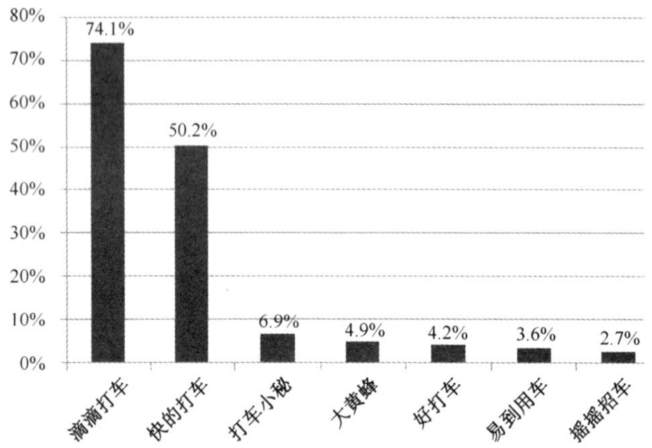

来源：2014 年 CNNIC《中国移动互联网调查研究报告》数据库。

图11.21　2014年手机打车软件品牌渗透率

11.6.3　手机二维码

随着二维码成为众多手机应用的标配，其作为移动互联网的入口地位增加，用户使用率不断提升。根据调查，截至 2014 年 6 月，我国手机网民中使用二维码的比例为 42.1%。二维码方便快捷，备受手机网民喜爱，不仅成为网页访问、购物和社交等各项应用的重要入口，也成为各大企业重要的营销方式，渗透至线下媒体和社会生活的各个场所，用户市场潜力较大。

对手机网民使用二维码的行为进行调查，发现二维码用户扫码行为主要集中在社交（添加好友）、购物和促销，占比分别为 52.8%、42.3%和 34.5%（见图 11.22）。二维码的增长开始源于微信等应用的带动，通过添加好友、关注公众账号等活动，初步培养用户使用二维码的习惯。随后，二维码逐渐拓展至更多场景，如购物、获取优惠券等，进一步强化了用户的使用习惯，成为连接线上线下商业模式的重要切入点。

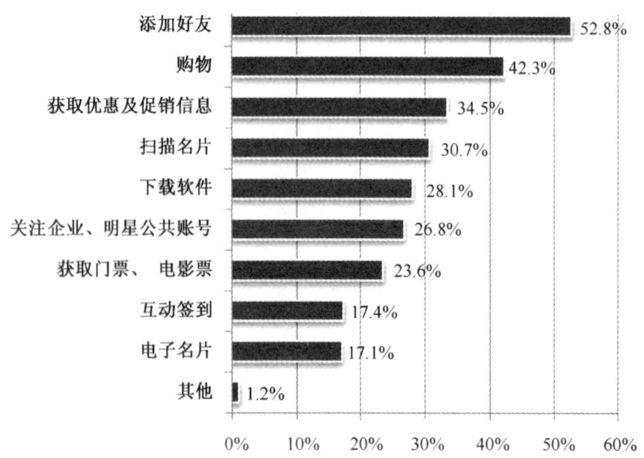

来源：2014 年 CNNIC《中国移动互联网调查研究报告》。

图11.22　2014年二维码扫描的目的

二维码简单、直接的输入方式，适合移动互联网时代随时随地获取信息的特点，使其成为各大企业进行宣传营销的重要方式，用户也倾向于通过扫描各类媒介上的二维码来获取企业信息、产品信息和优惠活动等。对用户扫描二维码的媒介进行调查，发现对产品包装上的扫描最多，占比为 58.0%（见图 11.23）。此外，用户在各传统媒体和户外媒体上二维码的扫描也较多，比例均超过 20%，这说明二维码使用无处不在，已成为各行业宣传营销的重要手段，而这些传统媒体的线下传播也进一步带动了二维码用户规模的增加。

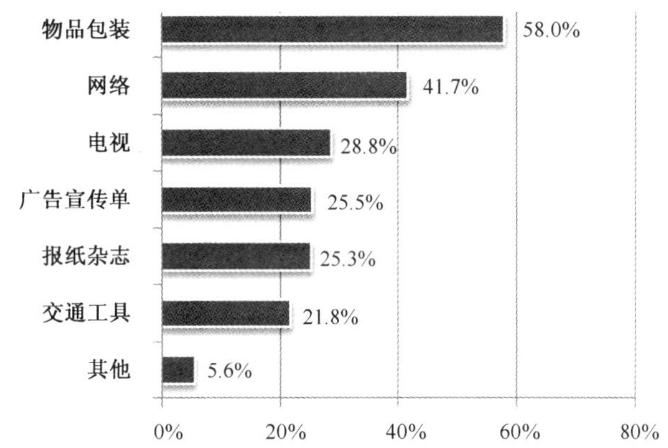

来源：2014 年 CNNIC《中国移动互联网调查研究报告》。

图11.23　2014年二维码扫描的来源

11.6.4　手机云存储

尽管目前云盘类应用和笔记类应用纷纷上线，但用户的使用行为习惯并未形成，我国云存储应用尚处于起步阶段，用户规模有待进一步提升。根据调查，截至 2014 年 6 月，我国手机网民中有 38.3%对个人云存储服务有所了解，仅 15.8%的手机网民最近半年内使用过个人云存储服务。

针对使用过云存储应用的用户进行调查发现（见图 11.24），我国手机网民使用云存储的目的主要在于存储、同步和分享。其中，备份手机短信、通讯录等资料的比例最高，占比为 78.4%；方便在电脑和手机端资料的互通的比例为 53.3%；便于和家人或工作伙伴快速交换资料的比例相对较低，为 34.1%。

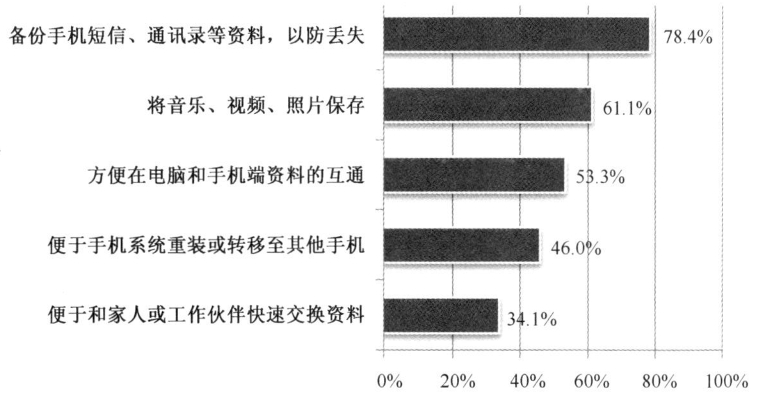

来源：2014 年 CNNIC《中国移动互联网调查研究报告》。

图11.24　2014年云存储的使用目的

未来，随着移动信息的爆发式增长和用户多终端拥有率的提升，用户进行资料存储和信息同步的需求将进一步提升，将直接带动对云存储应用的使用。此外，系统软硬件技术的逐步成熟和移动网络的快速发展，为用户随时随地进行同步和分享提供了良好的支持环境，促进了云存储行业的整体发展。预计，未来个人云存储服务市场将快速发展，在市场竞争更加激烈的同时，个人云存储服务产品也将更加多元化。

对用户而言，影响其选择云存储应用产品的因素中，安全性、便捷性和容量是三个最主要的因素，占比分别为 50.5%、46.7%和 33.8%（见图 11.25）。

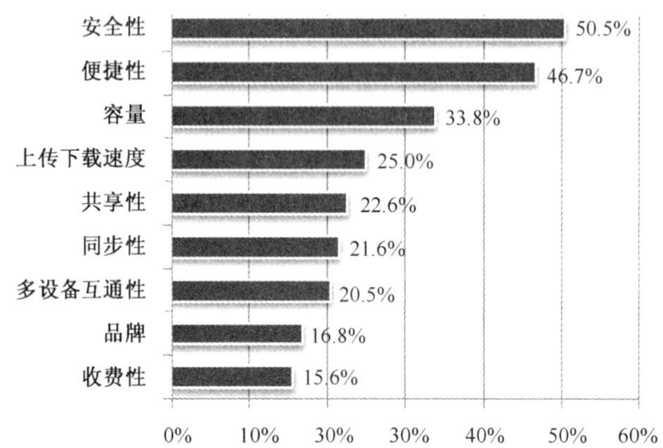

来源：2014 年 CNNIC《中国移动互联网调查研究报告》。

图11.25　2014年云存储的选择因素

11.7　发展趋势

11.7.1　互联网产业开始向西部地区及三四线城市聚集

2014 年 1 月，工信部正式发布《关于设立新增国家级互联网骨干直联点的指导意见》，明确提出除现有北京、上海、广州三个骨干直联点外，在成都、武汉、西安、沈阳、南京、重庆、郑州增设七个新的骨干直联点。此措施不仅有利于改善我国互联网性能，也将进一步推动互联网产业向中西部地区聚集。

同时，随着一二线城市的互联网产业竞争格局确定，竞争进入白热化，三四线长尾市场的价值开始凸显，互联网金融、汽车后市场、远程医疗等已经在着力开发三四线城市甚至是农村的互联网市场。可以预见，2015 年互联网向西、向下渗透会有更多动作。

11.7.2　互联网金融迎来全面发展期

2014 年，金融领域的互联网化各项政策不断明确，如国务院办公厅下发的《关于加强影子银行监管有关问题的通知》（国办〔107〕号文），将互联网金融企业纳入“传统银行体系之外的信用中介机构和业务”，明确了互联网金融的地位，为互联网金融的发展提供了的良好的环境基础。

同时，中国人民银行、银监会、保监会、证监会等下发的关于手机支付、网络支付、线下条码（二维码）支付、商业银行与第三方支付机构合作、互联网保险、私募股权众筹等政策文件，基本涵盖了金融的各大领域，使互联网金融摆脱了在政策灰色地带飞速发展的尴尬。

2015 年是中国经济保增长的一年，在明晰了政策之后，互联网金融将在小微实体经济等长尾市场发挥出传统金融机构无法比拟的优势，并继续获得飞速发展。

11.7.3　数据安全问题日益重要

目前，针对个人的云端服务飞速发展，用户在云存储应用中上传文档、视频和照片等各类信息，这些隐私数据一旦被泄露，将对个人造成直接伤害，因此，安全成为所有因素中用户核心的考虑点。但在目前收费盈利模式较为困难的情况下，中国大部分企业涉足云存储在于通过获取用户数据进行大数据分析和拓展其他业务，因此，用户的安全隐私在面对商业利益时的保护，亟须立法、行规、技术等多层次的监管和保障。

（中国互联网络信息中心　喻重光）

第 12 章　2014 年中国电子商务发展情况

12.1　电子商务发展概况

2014 年全年，全球经济仍然面临较多不确定因素，发达国家经济结构调整取得初步成效，发展中国家经济下行压力较大。在国内，由于宏观经济政策环境的大力支持，以及网络经济的持续走强，中国电子商务市场依然保持快速增长，并且发生由增量到提质的转变。

12.1.1　发展环境

2014 年，多部门出台政策法规，进一步规范电子商务市场。

2014 年 3 月 15 日，国家工商总局实施了《网络交易管理办法》，力求规范网络商品交易及有关服务，保护消费者和经营者的合法权益，促进网络经济持续健康发展。这是迄今为止我国规范网络交易“级别”最高的规定。

2014 年 3 月 26 日，国家邮政局公布了《寄递服务用户个人信息安全管理规定》，从制度上对寄递用户个人信息安全管理进行了规范明确，从而形成完整的信息安全保护框架，做到使用、管理、查询有依据。尤其对解决网络零售快递信息泄露问题将发挥重要的积极作用。

2014 年 4 月 6 日，商务部发布了《电子商务售后服务评价准则》，规定了电子商务商品售后评价要素和电子商务商品售后评价指标，为电子商务售后服务内容与服务质量建立了全面的参考标准。

2014 年 5 月 28 日，国家食品药品监督管理总局发布了《互联网食品药品经营监督管理办法（征求意见稿）》。该《办法》实施后，互联网食品药品的经营、备案、监管、处罚都将有据可依。

2014 年 7 月 29 日，海关总署发布了《关于跨境贸易电子商务进出境货物、物品有关监管事宜的公告》（海关总署公告 2014 年第 56 号），有利于规范和约束海外代购行为，可在一定程度上抑制高仿奢侈品假货的泛滥。

2014 年 12 月 1 日，商务部第 32 次部务会议审议通过《网络零售第三方平台交易规则制定程序规定（试行）》，2015 年 4 月 1 日起施行。

居民收入稳定增长，消费成为拉动经济增长新引擎。国家统计局网站公布 2014 年中国经济数据，根据城乡一体化住户调查，2014 年全年全国居民人均可支配收入 20167 元，比上年名义增长 10.1%，扣除价格因素实际增长 8.0%，中国居民人均可支配收入增幅超过 GDP；衡量居民收入分配差距的基尼系数进一步收窄，为 0.469。城镇居民人均可支配收入 28844 元，比上年增长 9.0%，扣除价格因素实际增长 6.8%；农村居民人均可支配收入 10489 元，比上年增长 11.2%，扣除价格因素实际增长 9.2%。农村居民可支配收入增速大于城镇居民水平，收入分配结构进一步优化。

与此同时，需求结构持续发生重大调整，在资本形成贡献率回落的同时，消费贡献率保持稳定，内外需的结构开始向相对合理状况迈进。国民经济的总储蓄与总消费结构发生结构性变化，总消费率开始稳定地超过总储蓄率。这表明中国消费驱动的持续性力量开始形成。

实名制、电子发票和电子工商注册推进了电商诚信体系建设。

为推进实名制的完善，2014 年 5 月，支付宝发布了《关于进一步完善支付账户实名制度的公告》，《公告》称，未经过实名验证的支付宝账户，将无法进行收款，包括但不限于充值到余额、接受他人的支付宝账户转账、AA 收款、担保交易收款等。

电子发票是全程电子商务建设的重要环节，对加强消费者权益保护、降低企业经营成本、加强税收征管、降低征纳成本具有重要意义。2013 年 6 月，京东开出内地首张电子发票；2014 年 6 月，京东成功开具首张对公可报销电子发票。目前，京东电子发票已覆盖全国 20 个省、市、区，开具数量超过 3000 万份，开具金额超过 100 亿元，经济效益和社会效益十分明显。

网络零售平台上假货现象、诚信缺失，是困扰我国电子商务健康发展的一大顽疾。对卖家进行电子工商注册有利于相关部门网络交易监管工作的展开，对打击假货、水货，维护正常的市场秩序具有重要意义。京东集团倡导实行电子工商注册，创新成立了宿迁益世商务秘书公司，可以为个体商家代办电子工商执照，构建电子商务诚信体系。

12.1.2　产业规模

商务部数据显示，2014 年，我国电子商务市场交易总额约为 13 万亿元，同比增长 26.5%，增速约为同期国内生产总值增长率（7.4%）的 3 倍多（见图 12.1）。其中，网络零售交易额为 2.8 万亿元，同比增长 51%，相当于同期社会消费品零售总额（26.24 万亿元）的 10.7%。

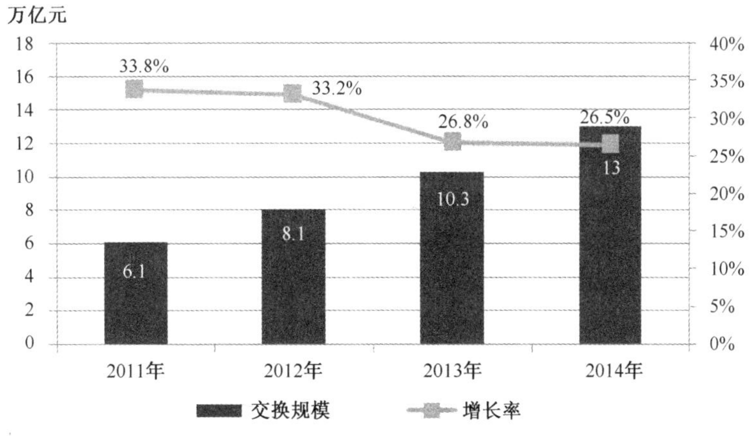

来源：商务部。

图12.1　2011—2014年中国电子商务市场交易规模

按交易模式划分，2014 年 B2B 交易额为 10.2 万亿元，同比增长 20%；B2C 交易额为 1.32 万亿元，同比增长 74%；C2C 交易额为 1.48 万亿元，同比增长 36%。

按网络零售商品的品类划分，3C 家电、服装服饰、母婴、出版物等商品的交易份额仍占比最大，在 B2C 交易额中占比分别达 34.5%、30.9%、7.2%、1.4%。

按购销区域划分，跨境电子商务交易额达到 37503 亿元，同比增长 39%（其中，进口 4763 亿元，同比增长 59%；出口 32740 亿元，同比增长 36%）。其中，跨境网络零售交易额达到 4492 亿元，同比增长 44%（其中，进口零售交易额为 1290 亿元，同比增长 60%。；出口零售交易额为 3202 亿元，同比增长 0.4%）。

12.2 细分市场情况

根据艾瑞咨询数据（见图 12.2），2014 年电子商务市场细分行业结构中，中小企业 B2B 电子商务占比达到 50%，B2B 电子商务合计占比超过七成，B2B 仍然是电子商务的主体；网络购物（包括 B2C 和 C2C 部分）交易规模市场份额达到 22.9%，比 2013 年提升 4.2 个百分点；在线旅游交易规模与本地生活服务 O2O 市场占比与 2013 年相比均有不同程度的提升[1]。

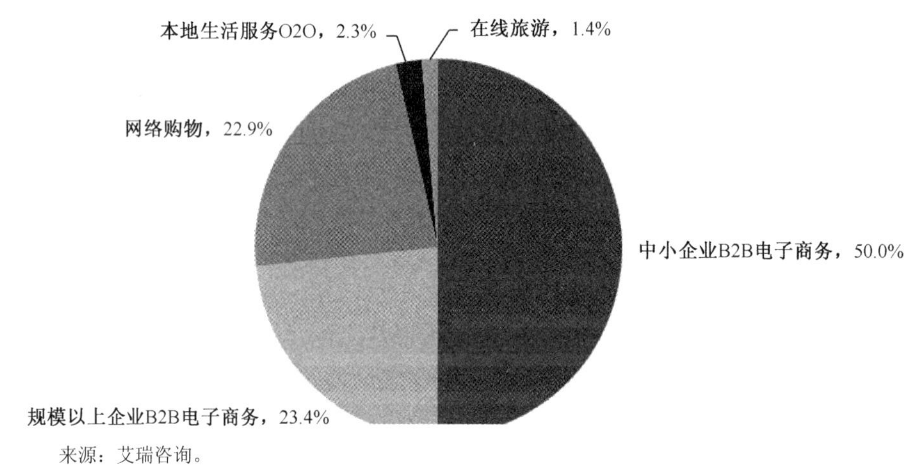

来源：艾瑞咨询。

图12.2 2014年中国电子商务市场细分行业构成

12.2.1 B2B 市场

纵观 2014 年 B2B 市场第一至第四季度的发展势头，交易额规模增速持续下滑，B2B 企业营收稳步提升。我国 B2B 电子商务市场正在谋求提质的转型升级。随着国外经济结构调整进程的加速，市场需求量的回升；国内经济政策环境的进一步完善，以及 B2B 企业自身服务功能的提升，整个 B2B 电子商务市场将保持长期稳健的发展势头。

如图 12.3 所示，2014 年第一季度，中国 B2B 电子商务市场发展继续向好，交易额达到 22280 亿元，同比增长 23.2%，环比下降 5.3%。虽然全球的经济形势仍然处于低迷时期，外

[1] 艾瑞咨询电子商业细分市场数据增加了在线旅游和本地生活服务 O2O 部分，由于这两部分的规模较小，商务部电子商务产业规模数据中暂不包括在线旅游和本地生活服务 O2O。

贸主要出口国家和地区的消费者对价格的敏感度仍然保持在较高水平，“中国制造商品”迎合了其消费者的价格需求，促使该地区的消费者直接选择阿里速贸通、敦煌网及兰亭集市等渠道购买中国商品，从而推动了中国 B2B 市场的发展。同时，与 B2B 相关的供应链金融为 B2B 商家的发展提供了便利的资金支持，有利于整个 B2B 行业的发展。

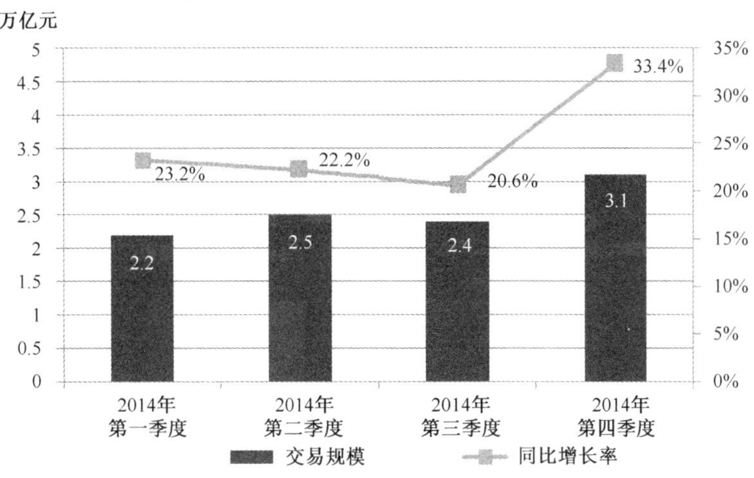

来源：CNNIC。

图12.3　2014年第一季度—第四季度中国电子商务B2B市场交易规模

2014 年第二季度，中国的 B2B 电子商务市场交易额达到 24595 亿元，同比增长 22.2%，环比增长 10.4%。第二季度全球零售市场依然表现低迷，中国零售市场需求和供给能力强劲，B2B 市场逆势增长。B2B 市场的增长动力来源于以下几方面。① B2B 平台的运营模式升级，平台开展线上锁定商机、线下卖家组团到产业带签单的线上线下联动方式。② 平台运营商将商务服务范畴从“交易前”向整个服务链延伸，提升了服务质量和服务效率。③ 外贸电商市场在 2013 年获得众多利好政策，2014 年市场供给和需求旺盛。

2014 年第三季度，中国的 B2B 电子商务市场交易额达到 24019 亿元，同比增长 20.6%，环比下降 2.3%。宏观经济环境的向好，进出口贸易总额的好转，电商企业线上交易诉求的不断增强，促使电商 B2B 市场规模继续增长。第三季度中国的 B2B 电子商务服务模式继续由信息型向交易型转型深化：线下营销活动对线上交易的促进，供应链金融服务的支持，按效果付费理念的转变为市场的快速发展持续提供动力。

2014 年第四季度，中国的 B2B 电子市场交易额达到 31406 亿元，同比增长 33.4%，环比增长 30.8%。国际 B2B 电子商务市场需求萎靡不振，欧美国家谋求“再工业化”结构转型，对 B2B 电子商务市场起到拉动的作用，但短期内效果不明显，且不确定因素较多。在国内，政府深化改革、激发市场活力的各项举措促进我国 B2B 电子商务运营商纷纷谋求服务转型，从信息、资金、营销等层面构建一体化服务，为 B2B 市场营造良好的网络技术、诚信经营环境。

如图 12.4 所示，在 2014 年中国中小企业 B2B 电子商务运营商总营收市场中，阿里巴巴一家独大，以 34.3%的营收占比居首位。我的钢铁网份额速增，由 2013 年的 8.7%增长至 2014 年的 19.9%，仅次于阿里巴巴。这主要是由于 2014 年我的钢铁网旗下钢银钢铁现货网上交易平台的在线钢材超市发展迅速、寄售量大幅上升所致。

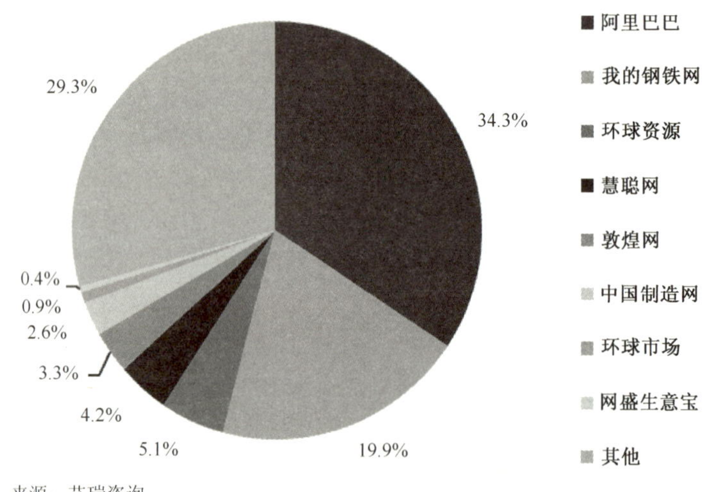

来源：艾瑞咨询。

图12.4　2014年中国主要中小企业B2B电子商务运营商总营收市场份额

12.2.2　网络零售市场

2014 年我国网络零售市场继续保持快速发展态势。根据商务部数据，2014 年全年网络零售市场交易额预计达到 2.8 万亿元，同比增长 51%[1]。而在高速发展的同时，网络零售市场呈现以下新动态。

（1）商品品类不断增加，网购群体从主流向全民扩散。

从网购商品的品类来看，传统品类中的数码家电、母婴产品销售比重持续攀升，而生鲜、汽车、医疗成为网络消费新增长点，可见网络零售已逐渐渗透到传统行业的各个领域，网购商品类目不断增加和完善；与此同时，阿里研究结果显示，在淘宝和天猫的活跃网购人群中，22 岁以下的青少年和 50 岁以上的中老年人数量的同比增长率均超过 100%，这说明网购人群中老幼的比例在快速提升，人群逐步从主流走向全民。

（2）移动化网购成趋势，微商生态引领移动电商发展。

CNNIC 数据显示，截至 2014 年 6 月底，我国手机购物用户数达 2.05 亿人，半年增长率为 42%，预计全年增长率超过 40%，移动端购物将逐渐成为网络购物发展趋势。据第三方机构统计，目前微信公众平台上已有 1000 余万“微信小店”问世，并且每天以 3～5 万个的速度快速增长；与此同时，京东微店、淘宝微店、易米微店等行业内各类微店也纷纷涌现，标志着以微店为代表的移动电商已进入白热化竞争态势。

（3）政策支持力度增大，跨境电商迎来高速发展期。

目前，国家已经先后发布十余项政策支持跨境电商发展。2014 年跨境 B2C 业务在天猫、京东、苏宁、聚美优品、唯品会、一号店等各大网络零售平台上线。阿里研究院数据显示，“双十一”期间，217 个国家和地区的用户在天猫平台上进行交易。亚马逊在中国借助海淘业务实现高速增长，2014 年 11 月的海外商品销售比 10 月增长了 70%，而海外直邮业务的成交

[1] CNNIC 测算数据，2013 年中国网络零售市场交易额 1.93 万亿元，2014 年中国网络零售市场交易额 2.81 万亿元，同比增长 45.6%。

量也增长了 63%。在融资方面，2014 年 7 月蜜芽宝贝完成了 2000 万美元的融资，随后蜜淘网又完成了 3000 万美元的融资，做 C2C 海淘模式的洋码头也完成了最新一轮融资，融资金额超过 5000 万美元。

（4）政企联合发力，县域市场成为电商新角逐点。

阿里研究院数据预测，2014 年全国农村网购市场总量达 1800 亿元以上，预计 2016 年将突破 4600 亿元。鉴于县域农村市场的发展潜力，2014 年阿里、京东、当当等电商企业瞄准了广大县域农村用户，通过下乡刷墙、构建服务站等方式下沉电商渠道；同时，为进一步拓展郊区现代流通网络服务功能、促进农村网上消费，北京商务委员会率先推动万村千乡企业与电商企业合作对接，将具备条件的农家店发展为电子商务配送站，搭载网购自提服务，以此提高农村市场消费便利度。

（5）商业形态相互渗透，网络零售与传统零售加速融合。

2014 年，网络零售巨头纷纷向线下渗透：亚马逊在美开设实体店、京东联合上万家便利店、阿里投资入股银泰等。而实体零售也开始“触网”：沃尔玛加大电商投入，不再单一模式开设实体店；步步高将电商业务改名为“云猴”，打造全开放式大平台；万达联合腾讯、百度共同出资在香港注册成立万达电子商务公司等。在经营模式上，传统零售企业积极融入电商：2014 年“双十一”期间，近百家实体零售企业联合发起了“莲荷行动”，共同举办“中国购物节”并通过参与电商活动开展联合大促销。这一活动加速了线上与线下相融合。

1. 交易规模

如图 12.5 所示，根据 CNNIC 数据，2014 年第一季度，中国的网络零售市场继续升温，交易额达到 5259 亿元，同比增长 37.9%，环比下降 15.1%。一方面，网络零售平台通过强化商品质量管理、物流配送效率和售后服务管理提升内功；另一方面，企业通过开启 O2O、供应链金融等新模式提升竞争力，为网络零售市场拓展新的增长点。2014 年 3 月，电商平台推出的“美妆节”发出了将深挖女性消费者购买潜力的信号。

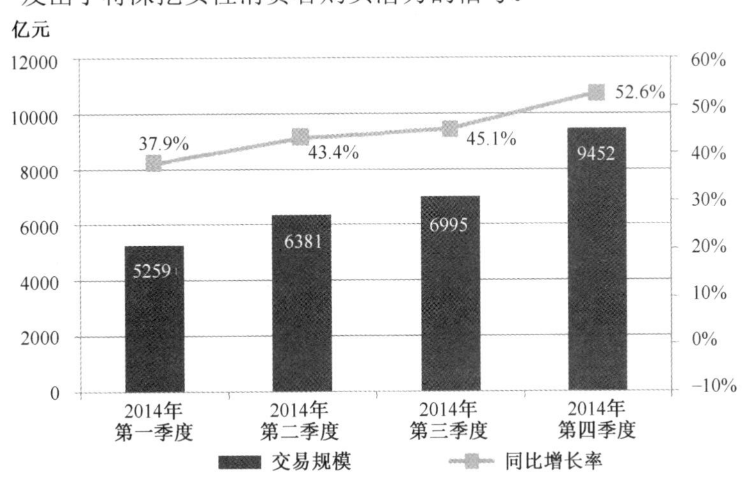

注：网络购物市场规模为 C2C 交易额和 B2C 交易额之和。

来源：CNNIC。

图12.5　2014年第一季度—第四季度中国网络零售市场交易规模

2014 年第二季度，中国网络零售市场交易额达到 6381 亿元，同比增长 43.4%，环比增长 21.3%。网络零售的增长动力来源于以下几个方面。① 网络零售企业广泛开展 O2O 模式的合作，既提升了用户体验，又迎合了消费者诉求，从而刺激更多的消费需求。② 各网络零售平台持续不断的店庆和年中促销活动激发消费者的购买热情。③ 移动端网络零售业务的迅速崛起。

2014 年第三季度中国的网络零售市场交易额达到 6995 亿元，同比增长 45.1%，环比增长 9.6%。网络零售市场商品供给能力过剩促使商家极力提升用户体验：消费者权益保护举措的执行，物流服务体验提升，移动端渠道和 App 营销的拓展是网络零售市场快速发展的驱动力量。

2014 年第四季度中国的网络零售市场交易额达到 9452 亿元，同比增长 52.6%，环比增长 35.1%。2014 年第四季度，中国的网络零售市场在“双十一”、“双十二”的带动下增长势头强劲。在“双十一”狂欢节中，在整个网络零售市场政策制定紧跟市场，网络零售平台差异化竞争，大数据预测实战应用，企业全球化战略加速推进，移动网购大力推广等多重举措的驱动下，交易额再创新高，推动全年同比交易额增速达到 51%。

2. 用户规模

如图 12.6 所示，据 CNNIC 数据，截至 2014 年 12 月，我国网络购物用户规模达到 3.61 亿人，较 2013 年年底增加 5953 万人，增长率为 19.7%；我国网民使用网络购物的使用率从 48.9%提升至 55.7%。

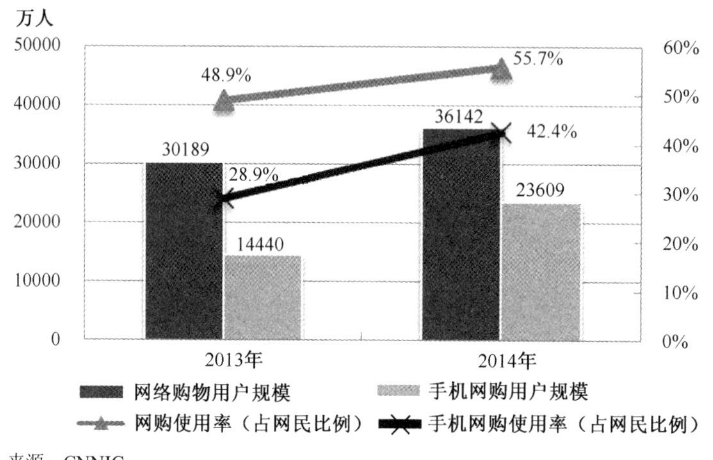

来源：CNNIC。

图12.6 2013—2014年网络购物/手机网络购物用户规模及使用率

纵观 2014 年我国网络购物市场，主要呈现普及化、全球化、移动化的发展趋势。具体而言，网购群体主流年龄跨度增大，向全民扩散。CNNIC 数据显示，2014 年最主流网购用户（20～29 岁网购人群）规模同比增长 23.7%，10～20 岁网购人群用户规模同比增长 10.4%，50 岁及以上网购人群用户规模同比增长 33.2%。

跨境 B2C 业务的开启彰显中国网络零售全球化发展趋势。随着中国消费者对海外优质商品的旺盛需求，中国制造在海外市场的畅销，以及跨境支付体验的不断完善，2014 年跨境 B2C 业务在天猫、京东、苏宁等各大网络零售平台上线。阿里数据显示，“双十一”期间，217 个国家和地区在阿里巴巴平台上进行交易。至此，跨境电商在中国进入全球化大众消费时代。

手机网购激发移动环境下消费，引领网络购物发展。2014 年手机购物市场发展迅速。CNNIC 数据显示，2014 年我国手机网络购物用户规模达到 2.36 亿人，增长率为 63.5%，是网络购物市场整体用户规模增长速度的 3.2 倍，手机购物的使用比例提升了 13.5 个百分点，达到 42.4%。CNNIC 研究显示，手机购物并非 PC 购物的替代，而是在移动环境下产生增量消费，并且重塑线下商业形态、促成交易，从而推动网络购物移动化发展趋势。

2014 年，随着京东、聚美优品、阿里巴巴的上市，网络零售市场格局趋向稳定。淘宝网、天猫、京东的品牌渗透率居前三位，分别为 87%、69.7%和 45.3%，遥遥领先于同类竞争对手。唯品会以特卖形式后来者居上，超过众多传统网络购物平台，居第四位，品牌渗透率为 18.8%。由团购网站转型成功的聚美优品排在第九位，品牌渗透率为 11.7%（见图 12.7）。

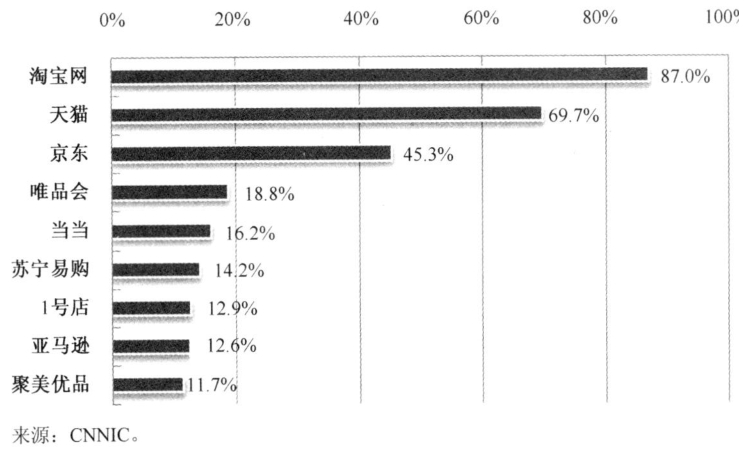

来源：CNNIC。

图12.7　2014年网络购物市场品牌渗透率

近年来，中国网络零售市场发展迅猛。根据商务部数据，2012 年，中国网络零售市场交易额达到 1.31 万亿元，同比增长 67.5%；2013 年，达到 1.85 万亿元，超过美国成为全球第一大网络零售市场，同比增长 41.2%；2014 年，上升到 2.8 万亿元，同比增长 51%。成就中国网络零售市场高速发展的关键因素有哪些呢？

政府驱动：长期以来，中国政府致力于推进信息化建设，包括政府信息化、企业信息化和社会信息化。不仅如此，2013 年出台的《国务院关于促进信息消费扩大内需的若干意见》更是提出了“拓展电子商务空间”，包括完善智能物流基础设施，加快推挤电子商务示范城市建设，拓展移动电子商务应用，建设跨境电子商务通关服平台和外贸交易平台等。各地政府积极响应国家号召，建立电子商务产业园区，扶植地方商品开展网络零售。2014 年政府工作报告中提出：扩大跨境电子商务试点，推进国际电子商务谈判，鼓励电子商务创新发展等。此外，政府加速推进《电子商务法》立法进程，《侵害消费者权益行为处罚办法》也在 2015 年 3 月 15 日正式实施。

资本支撑：中国网络零售发展速度快于美国等科技领先的发达国家，也快于印度等消费者众多的发展中国家，很重要的原因在于资本市场对于中国网络零售的支撑作用。鉴于中国网络设施基建速度加快，人口消费红利释放，互联网免费模式对网民应用和消费模式的培养，众多的投资者洞察到网络零售在中国的发展潜力，参与和见证了网络零售在中国的成长势头。网络零售现有的低价机制、信用基础、物流建设均离不开资本的推动作用。中国的网络零售企业也不辱使命，在全球互联网市值最高的 TOP 10 企业中，阿里巴巴和京东位列其中。唯品会的闪购模式、小米模式主导的制造业与网络零售的融合、聚美优品从团购到垂直电商的转型成功均体现出中国网络零售企业的创新发展潜力。

消费拉动：网络零售的发展经历了以“淘宝”为代表的 C2C 崛起阶段，以“京东”和“天猫”为代表的 B2C 崛起阶段，和以“海淘”和“天猫国际”为代表的跨境电商崛起阶段。这三个阶段的特点从“低价”到“正品低价”，再到“品牌低价”，不断满足着消费者增长的需求和欲望，从而刺激消费者壮大网购人群，加大网购比例。与此同时，移动电子商务的崛起降低了网购门槛，增加了县域人群和农村地区消费者的网购比例，从而推进了中国市场网购大众化、全民化的发展趋势。

3. 发展趋势

（1）网购行业进入快速发展期，平台 B2C 成主流发展态势。

从网购细分市场的格局来看，B2C 所占的比重越来越高；从用户购买决策来看，消费者的品牌化倾向愈发明显；从企业的发展战略来看，主流电商企业纷纷招募第三方品牌商家入驻，加速开放进程，加大开放内涵；从传统零售市场来看，传统品牌触网需求更加强烈，纷纷以 O2O 的模式与电商平台开展合作。由此可见，B2C 平台模式将成为推动中国网络购物市场快速发展的主要驱动力量。

（2）母婴产品成网购热门品类，线上消费活跃。

根据尼尔森针对网购品类的调查显示，根据过去 3 个月内平均网购频率推算，消费者购买母婴产品的频率最高，达到了每年 20.28 次。随着居民收入水平的提升和消费意识的觉醒、新生儿的庞大基数和“单独”二胎政策的逐步放开，以及网络零售平台对母婴市场的重视程度加大，这些特点使得母婴市场拥有良好的基础及广阔的市场前景，我国母婴品类的网购市场规模增长迅速，且未来仍将保持高增长态势。

（3）精细化物流服务正成为网络零售平台企业核心竞争力。

随着价格比拼正逐渐失去明显的用户激励作用，网络零售企业的竞争重心进一步从产品销售转向服务，物流的精细化服务将成为行业标配，网络零售物流提速、服务水平提升，服务方式更加多样化、服务理念更加人性化。例如，网络零售企业推出极速达服务，京东 3 小时送达，苏宁 3C 产品 1 小时送达。企业推出预约送达服务，按时配送，甚至推出晚间配送服务。

（4）“到店自取”倍受青睐，成为网购发展新模式。

根据尼尔森《2014 年中国网购行为研究》，90%的受访者表示愿意使用到店自取的网购模式。到店自取的网购模式是 O2O 模式之一，指消费者通过线上消费，到居住地周围 24 小时便利店取货，即网上购物，线下消费。对于零售商而言，这种服务模式使得线上线下相辅相成，互为补充，从而让零售商能从线上与线下同时驱动，以一个整合的方式，挖掘出更大的消费潜力。

（5）生鲜品类销售与物流服务能力将加速相互推动。

无论是选品还是物流，具有非标品和易腐性等特征的生鲜品类对电商的各项能力极具考验。生鲜电商还表现出较强的地域性，跨地域业务操作难度较大。生鲜品类网络化销售考验电商企业的冷链仓储及配送能力和高标准运营效率。电商巨头持续发力生鲜产品的冷链物流，既增加了自身的利润，又促进物流服务能力迈入新的发展阶段。生鲜品类市场和网络零售物流服务能力将相互推动发展，两个蓝海市场将紧密结合，成为企业未来竞争的重心。

（6）网络零售平台的博弈升级到知识产权思维高度。

阿里巴巴公司于 2012 年 12 月取得了“双十一”注册商标，2014 年“双十一”期间授权旗下天猫使用，并致函多家媒体称京东的广告语使用了“双十一”侵犯了其注册商标权。而京东则回应称“双十一”已经成为全零售行业的节日，阿里注册“双十一”商标是垄断行为。

“双十一”等系列商标的注册[1]，反映出网络零售企业已经冲破低价比拼的粗犷阶段，进入差异化竞争的精细阶段，并开始注重保护在经营活动中创造的无形资产，利用商标权最大化地发挥品牌效益。虽然关于“双十一”商标注册有效性仍然存在争议，但是网络零售企业之间的博弈已经升级到运用知识产权思维的高度。

（7）网络零售高速增长促使实体零售商加速融入电商。

网络零售行业交易额节节攀升与传统零售行业销售额持续下滑的局面形成鲜明对比，从而推动传统零售企业转型升级。而人为创造的网络零售节日效应又加速传统零售企业融入电商的步伐。以“双十一”为例，联商网、银泰商业集团、天虹商场、银座、家家悦、步步高商业、五星电器、宏图三胞、维客集团、孩子王、乐城超市等近百家企业发起“莲荷行动”，组建实体店同行的联合组织，在“双十一”期间举办中国购物节，参与电商节日进行联合大促销。“莲荷行动”的主旨不是“对抗”电商，而是线上线下加速融合。

（8）移动互联网端微商生态悄然崛起。

2013 年，微店开始崛起，现在则达到最火爆的程度。2014 年 1 月，电商导购 App 口袋购物推出“微店”；随后的 5 月，腾讯微信公众平台推出“微信小店”；京东拍拍微店也宣布完成升级测试，并与京东商城系统实现全面打通，开始大规模招商。

与此同时，京东微店、淘宝微店也大举进入，如淘宝可以让卖家们的淘宝店架设到微信公众平台上，行业内诸如商派有量微店、易米微店、金元宝微店、喵喵微店、微盟等各类微店更是纷纷涌现。

12.3　第三方支付发展情况

12.3.1　第三方支付整体市场

近年来，中国第三方支付交易额持续攀升。为规范国内第三方支付行业，央行规定第三方支付企业必须获得支付牌照后才能进行商业运营。自 2011 年至今，央行一共发布了五批第三方支付牌照，持牌单位共计 269 家。艾瑞咨询统计，2014 年中国第三方支付市场交易规模达 23.3 万亿元，2015 年将达 31.2 万亿元，2016 年将达 41.3 万亿元。

中国第三方支付行业的快速发展，主要归因于以下三个方面的因素：其一，电子商务市

[1] 阿里于 2011—2013 年期间注册了“双十一”、“双十一狂欢节”、“双十一网购狂欢节”、“双十一狂欢节”、“双十一网购狂欢节”等共计 11 个和“双十一”相关的商标。京东商城也在 2013 年申请了“京东双十一”商标，涵盖 7 大类，但商标均还在申请中，尚未最终注册完成。

场交易规模持续大幅增长，对第三方支付产生联动效应；其二，越来越多的传统行业加速推进信息化进程，成为第三方支付企业的应用市场；其三，第三方支付行业线上线下一体化业务布局，线下银行卡收单市场交易规模增长迅速。

2014 年，第三方网络支付业务的灵活性与创新性“倒逼”传统银行改革，银行业的监管制度不断约束第三方网上支付业务金融安全。第三方网上支付在阿里巴巴、百度和腾讯等互联网公司的运作下已具备多种金融服务能力（消费贷款、中小企业贷款、小额理财工具），对传统银行业务造成一定冲击。

2014 年，第三方网上支付和银行卡支付在移动互联网领域对决，形成当前多元化主体并存的局面。2014 年春节期间，大型互联网知名企业通过“红包”和“网上叫车”业务快速占领移动支付市场。随后，各大银行积极推广手机银行业务，同时联合银联、运营商大力推行基于银联移动支付平台的 NFC 手机支付业务。

2014 年，央行紧急暂停支付宝、腾讯的虚拟信用卡产品业务，第三方网上支付则推出“白条”、“花呗”业务曲线信用消费。央行的出发点在确保用户资金安全，第三方网上支付通过小额信用消费化解用户疑虑。此外，第三方网上支付正在积极拓展跨境消费——支付宝和环球蓝联[1]合作，对银行的海外退税服务形成竞争压力。预计，2015 年第三方网络支付业务与银行业务的竞合博弈将表现得更加突出。

根据易观数据，2014 年中国第三方支付企业互联网收单交易规模达 88161 亿元，环比增长 47.8%，相比 2013 年有所下降，其增速从 2011 年开始逐渐趋缓。随着移动支付浪潮的来临，将会有很大一部分交易被移动端所分流。在第三方支付企业互联网收单市场中，其竞争格局相对较为稳定，支付宝、财付通、银联网上支付分别列前三位，而支付宝的优势依然较为明显，占据近一半的市场份额（见图 12.8）。

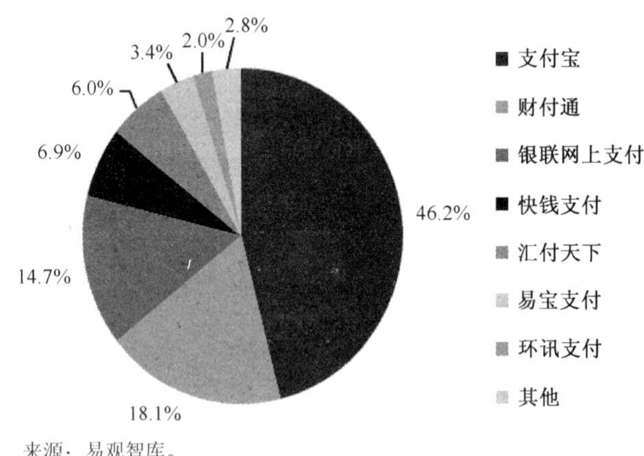

来源：易观智库。

图12.8　2014年中国第三方支付企业互联网收单交易额份额

12.3.2　第三方移动支付市场

根据艾瑞咨询数据，2014 年，第三方移动支付市场交易规模达到 59924.7 亿元，较 2013

[1] 环球蓝联（Global Blue）：全球最大的购物退税（Tax Free Shopping）服务体系。

年增长 391.3%，继续呈现高速增长状态。2013 年至今，第三方移动支付已经连续两年保持超高增长。预计从 2015 年开始，移动支付的增速将放缓（见图 12.9）。

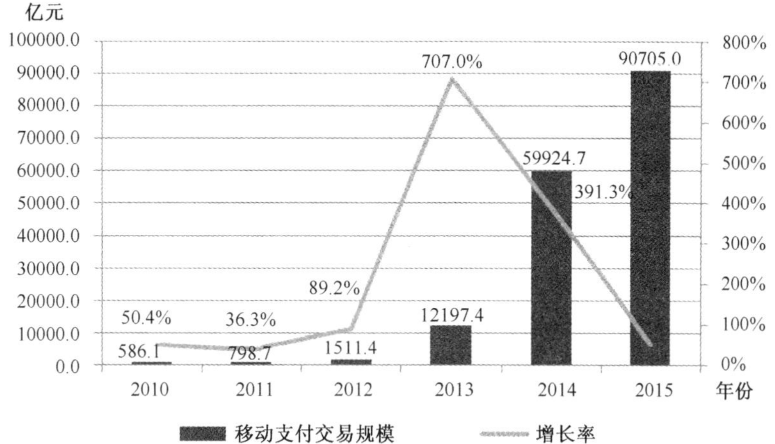

注：1. 统计企业类型中不含银行和中国银联，仅指第三方支付企业；2. 自 2014 年开始不再计入短信支付交易 UI；3. 艾瑞根据最新掌握的市场情况，对历史数据进行修正。

来源：艾瑞咨询。

图12.9　2010—2015年中国第三方移动支付市场交易规模

2014 年移动支付市场的高速增长原因归结为以下四个方面：第一，移动互联网应用的丰富与用户体验的提升，分流了用户在 PC 端的支付市场；第二，移动互联网降低了上网门槛，带动移动互联网用户全民化发展趋势，移动网民持续大幅攀升；第三，支付场景的拓展和支付体验的提升使得移动支付成为网民继银行卡、现金外新的惯常使用的高频支付工具；第四，余额宝类货币基金的规模化和现金管理工具化带动了移动支付用户黏性的增长。

艾瑞咨询数据显示，2014 年中国第三方移动支付的市场集中趋势更加明显，支付宝、财付通两家企业占据了 90%以上的市场份额（见图 12.10）。

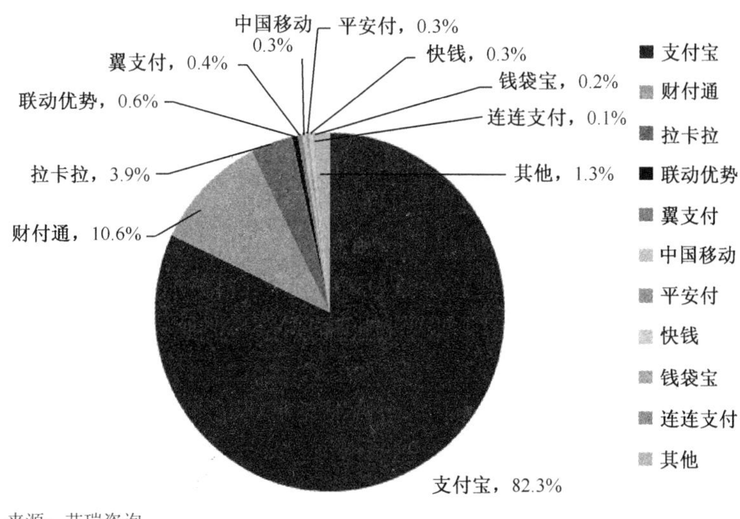

来源：艾瑞咨询。

图12.10　2014年中国第三方移动支付交易规模市场份额

在场景应用逐渐崛起的背景下，互联网企业的移动支付手段在用户规模和场景体验方面相比传统移动支付手段有更大的优势，且在用户黏性、用户体验等方面保持领先。

12.4 团购发展情况

根据团 800 数据，2014 年中国团购市场总成交额为 747.5 亿元，较 2013 年净增 388.7 亿元，增幅为 108.3%；参团人数为 11.91 亿人次，较 2013 年净增 5.87 亿人次，增幅为 97.2%；在售团单 1341.2 万期，较上年净增 769.7 万期，增幅为 134.7%。

12.4.1 团购行业季度点评

2014 年第一季度，在经历了爆发式增长后的整体行业洗牌，团购已经回归理性发展状态。一些互联网巨头企业注资团购网站探索 O2O 模式。美团网此前获得了阿里的投资，2013 年百度全资收购糯米，2014 年 2 月腾讯收购大众点评 20%的股份。2014 年团购行业寡头格局即将形成。

2014 年第二季度，团购行业发展进入成熟期，市场集中度较高，发展较好的企业获得注资，加速了行业壁垒的形成。整个团购行业的运营环境增强，企业改善服务质量、提升核心竞争力，团购商家品牌聚合效应显著，消费渠道向三四线城市下沉。

2014 年第三季度，借助于 O2O 模式的发展，团购网站在垂直领域拥有了更多的话语权，在酒店和票务领域，团购已经可以和传统的垂直网站媲美。不仅如此，在百度、腾讯、阿里等互联网巨头的资金支持下，团购将深化 O2O 模式，继续扩大本地生活服务市场，开启新的发展阶段。

2014 年第四季度，人均团购消费支出（客单价）持续稳定在“60 元”价格区间运行。整个团购市场的“成交额”、“参团人数”和“在售团单”保持着相对均衡的增速增长，而不是依靠用户规模或在线团单量的畸形增长来成就交易额。与此同时，经过多年的优胜劣汰和时间沉淀，市场已经树立起了用户对于团购消费的信心，并构建了完善的团购商户合作机制。

12.4.2 团购行业用户规模

CNNIC 数据显示，截至 2014 年 12 月，我国团购用户规模达到 1.73 亿人，较 2013 年年底增加 3200 万人，增长率为 22.7%。与 2013 年 12 月底相比，我国网民使用团购的比例从 22.8%提升至 26.6%。与此同时，手机团购增长迅速，引领团购市场发展。目前，手机团购用户规模达到 1.19 亿人，增长率为 45.7%，手机团购的使用比例由 16.3%提升至 21.3%（见图 12.11）。

历经四年的快速进化，2014 年团购网站形成了较为稳定的市场格局，美团网以 56.6%的品牌渗透率居行业首位。聚划算、大众点评团、糯米网相差不多，分别为 33.4%、30.1%、25.9%，居第二至第四位。58 团购以 17.3%的渗透率居第五位（见图 12.12）。

团购网站在创立初期仅扮演着信息中介的角色，但是以低价为诱惑吸引用户的发展模式具有先天结构缺陷，团购网站难以长期维系客户。面对 2012—2013 年团购行业资本市场遇冷的局面，团购网站纷纷谋求转型。

在电影票、酒店、KTV 等细分领域纵深发展的美团网 2014 年占据行业领跑者角色；由于具有较为明显的地域优势和用户优势，糯米网于 2014 年被百度收购；横向发力在线预订、订餐服务、向婚嫁领域拓展的大众点评团也在 2014 年被腾讯注资。2015 年团购网站会继续向 O2O 深化转型，借助移动终端结合 LBS 拓展本地生活化服务市场。

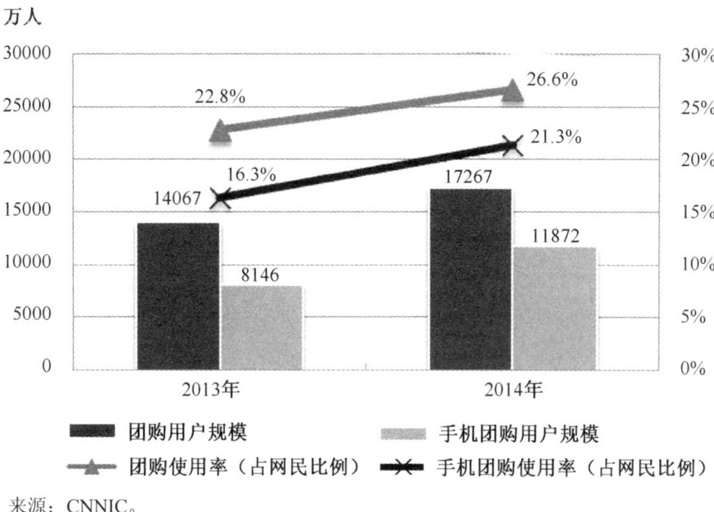

来源：CNNIC。

图12.11　2013—2014年团购/手机团购用户规模及使用率

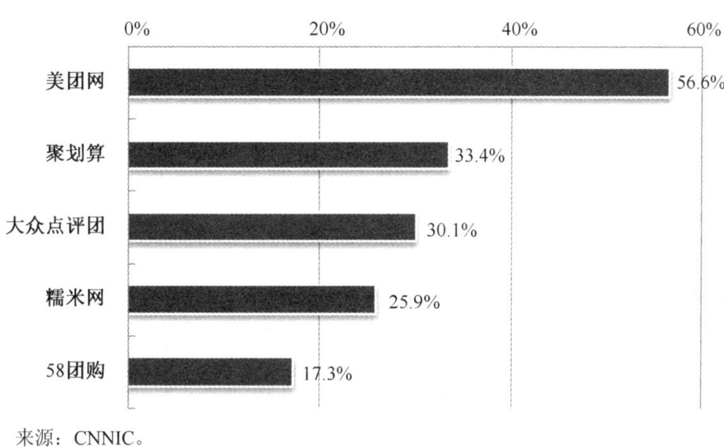

来源：CNNIC。

图12.12　2014年团购市场品牌渗透率

12.5　线上线下发展情况

12.5.1　O2O 概念

伴随着网民互联网应用水平的提升，以及传统产业和电子商务的碰撞与融合，O2O 概念应运而生。之所以称其为概念，是因为 O2O 并不是全新的商务模式，而是对现存商业模式发展进化趋势的高度提炼。

O2O 的本质是通过产业链端的资源整合和用户数据的深度应用，提升用户体验和运营效率。O2O 服务模式的特点是拥有实体的交付场所，商家将实体店面的信息（包括位置信息、产品信息、服务信息等）映射到互联网上，引导消费者在线上进行选择、预订，在线下享受服务。

在线旅行预订是 O2O 的鼻祖。由于旅游目的地通常在外地，出行前先预订能够降低不确定风险，确保出行效率，因此旅游具有天然的 O2O 基因。以携程为代表的 OTA（Online Travel Agent）模式即是旅游 O2O 的雏形。酒店官网和航空公司的预订服务也属于在线旅行预订的范畴。在线旅行预订随后衍生了"去哪儿"的垂直搜索引擎模式，产品种类也由酒店预订发展到机票预订、旅游产品预订、景区门票预订、火车票预订等。如今，各平台商业模式开始相互渗透，携程开启平台化思路，去哪儿引入 OTA 理念，经济型酒店自建 OTA 重拾主动权，但其均属于旅游 O2O。

团购是最典型的 O2O 服务。餐饮业和休闲娱乐服务门店的不景气使创业者引入美国 Groupon 模式，并发展成为中国式的团购模式——"一日多团"，替线下商家从线上引流。在移动终端的助力下，团购形成"下单—消费—付款"的即时服务模式来提升用户体验。团购的本地化生活服务模式不仅与 O2O 契合度最高，而且催生了 O2O 概念，并分化衍生出餐饮 O2O、休闲 O2O 等类别。

汽车 O2O 是在移动互联网领域风生水起的 O2O 服务。汽车 O2O 目前主要有两类，打车软件 O2O 和汽车网站 O2O。滴滴、快的等打车软件的迅猛发展在一定程度上缓解了城市交通的资源错配问题，不仅降低了出租行业的运营成本，而且提升了市民的出行效率。与此同时，由于汽车消费过程在线上线下明显分化，汽车信息的获取、查询、比较在线上，而汽车产业利润最高的部分仍然在于线下服务，从而驱使汽车资讯网站向服务链上下游延伸，诞生网上汽车商城预订模式，同属于汽车 O2O。

除此之外，传统行业的本地生活化 O2O 转型催生了家政 O2O、医疗 O2O、教育 O2O 等新类别。目前，本地生活服务业、传统制造业、渠道商均在借助 O2O 理念进行转型升级。

12.5.2 O2O 发展水平

2013 年以来，互联网 O2O 模式发展迅猛。目前，国内多家大型互联网企业均已涉足 O2O 业务，并将其作为核心发展战略。纵观国内 O2O 市场现状，互联网企业的运作模式可以概括为：以自身优势业务为核心提供多种互联网服务，同时通过投资、并购来布局各类线上、线下业务，建立资源互通渠道，以实现产品和服务的线下交付，支付与物流快递作为重要的支撑和连接环节，将线上入口与线下交付相连通，最终形成 O2O 闭环。

作为中国互联网上市公司中市值最高的三家，百度、腾讯、阿里巴巴业务布局对国内互联网行业的影响很大，尤其是近些年，其在电子商务相关领域内的竞争日益激烈。了解百度、阿里巴巴、腾讯在 O2O 市场的业务布局与竞争关系，对把握 O2O 市场发展现状和未来趋势具有重要的意义。

在用户使用方面，根据 CNNIC 报告，将"经常使用"O2O 应用的用户定义为重度用户，将使用程度"一般"的用户定义为中度用户，将"偶尔使用"的用户定义为轻度用户，将"知道但没用过"的用户定义为潜在用户，将"根本不知道"的用户定义为待开发用户。

数据显示，O2O 应用的渗透使用程度由一线城市向三线城市逐级递减。各线城市对比，O2O 重度用户在一线城市分布最多，为 21.2%；中度和轻度用户在二线城市分布最多，分别为 19.6%和 29.2%；潜在用户在三线城市分布最多，为 36.6%（见图 12.13）。

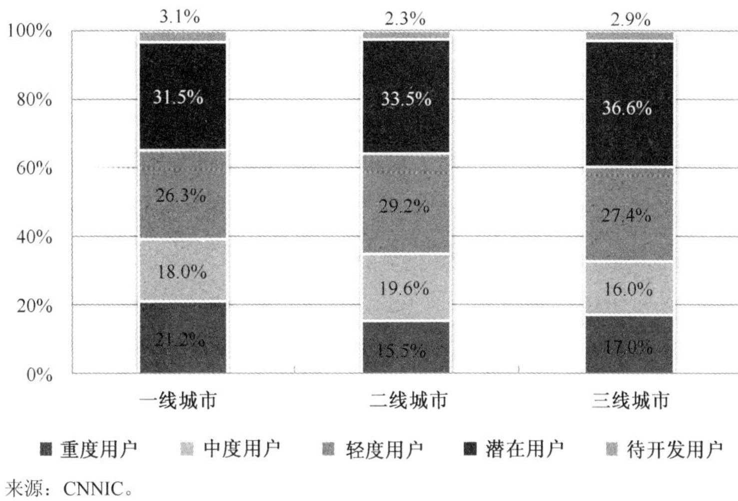

来源：CNNIC。

图12.13　一、二、三线城市O2O应用轻中重度用户群分布

一线城市 O2O 用户在休闲时间喜欢社交和购物，其使用社交平台和购物网站的概率最高；二线城市 O2O 用户在休闲时间倾向于阅读获取信息，其使用门户网站的概率最高；三线城市 O2O 用户更依赖于社交和娱乐，其使用社交平台、登录视频网站和玩网络游戏的概率最高（见图 12.14）。

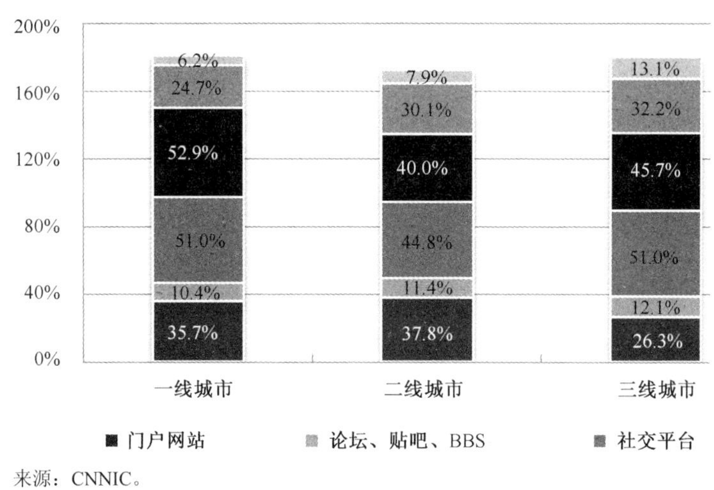

来源：CNNIC。

图12.14　一、二、三线城市O2O用户休闲时间在网络休闲平台分布情况

一、二、三线城市 O2O 用户中，每两个人中就有一个人愿意在社交媒体上分享消费体验。其中，三线城市 O2O 用户的分享意愿更强烈一些，这部分人群占比为 56%（见图 12.15）。

一线城市 O2O 用户更喜欢使用微信分享消费体验，使用人群占比为 60%；二线城市 O2O 用户选择社交网站和微博分享消费体验的概率均高于一线城市；三线城市 O2O 用户在社交网站上分享消费体验的概率最高，使用人群占比为 63.4%（见图 12.16）。

一线城市 O2O 用户在社交媒体上的互动频率不高，41.5%的人偶尔进行回复和评论；二线城市 O2O 用户互动行为不强，33.9%的人只浏览、不回复；反而，三线城市 O2O 用户互动意愿和程度相对更高，15.8%的人经常回复和评论（见图 12.17）。

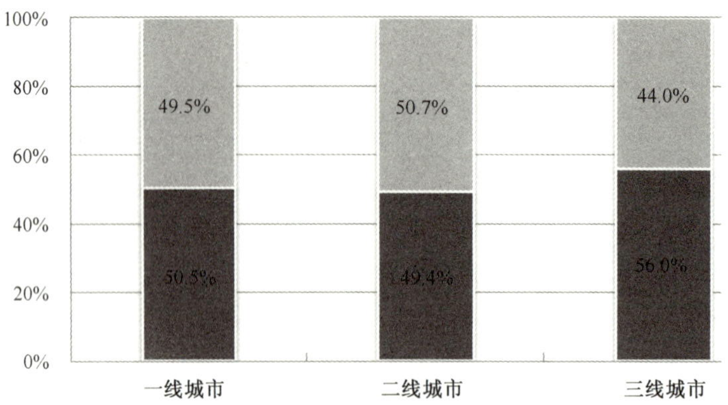

来源：CNNIC。

图12.15　一、二、三线城市O2O用户在社交媒体分享意愿

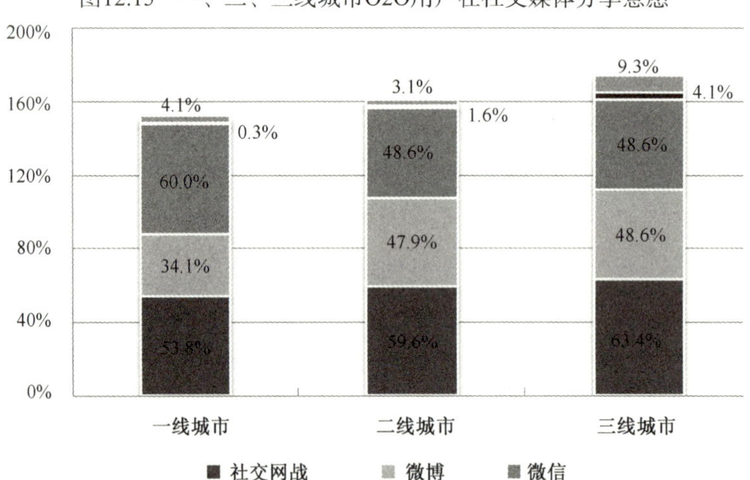

来源：CNNIC。

图12.16　一、二、三线城市O2O用户在社交媒体分享途径

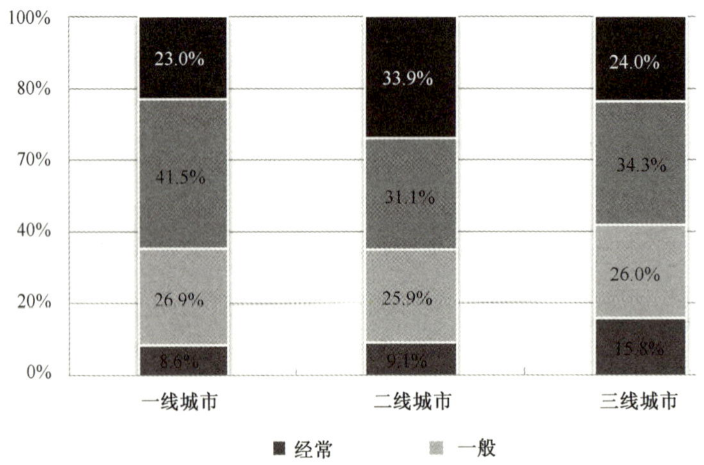

来源：CNNIC。

图12.17　一、二、三线城市O2O用户在社交媒体上回复/评论行为

12.5.3　O2O 发展趋势

1. 一线城市 O2O 消费由增量向提质转变，二三线城市将进入增量增长阶段

研究显示，一线城市 O2O 市场综合实力最强，良好的网络环境基础为 O2O 市场发展奠定了坚实的基础；O2O 企业在一线城市的率先布局，迎合用户较强的 O2O 信息获取需求，迅速集聚了颇具规模的 O2O 用户；一线城市较高的消费能力和互联网应用水平，促使大量网民转化为深度 O2O 用户；由于一线城市非 O2O 用户成功转化的概率与二、三线城市相当，一线城市 O2O 发展重点将转向深化用户 O2O 应用行为，提升消费档次和使用频度。二、三线城市的网络发展环境和产业支撑能力发展水平较高，将以培养用户 O2O 消费习惯，迅速拓展用户规模为发展重点。

2. 餐饮、休闲 O2O 市场模式趋向于成熟，医疗、家政 O2O 市场需求亟须释放

从企业层面来看，餐饮、休闲 O2O 起源于团购，而团购市场格局已经趋于稳定，餐饮 O2O 的发展在团购的基础上向精细化拓展；从用户层面来看，一、二线城市餐饮和休闲 O2O 的用户渗透率较高，非 O2O 用户成功转化成餐饮和休闲 O2O 用户的概率较高，因此餐饮、休闲 O2O 市场发展已经相对成熟。与此同时，医疗和家政 O2O 的发展刚刚起步。由于就医难已经成为大中城市普遍存在的问题，大中城市消费能力较强，处理家务时间成本较高，其对于医疗和家政 O2O 的需求较为强烈，再加上一、二线城市非 O2O 用户转化成医疗、家政 O2O 用户的概率较高，由此可见医疗和家政 O2O 市场将具有较大的发展潜力。

3. 移动互联网是互联网企业 O2O 布局的关键

O2O 闭环形成的关键在于线上与线下的无缝对接，而移动互联网业务模式为传统模式带来的最大变革，就是极大地拓展了互联网应用场景，为打通线上和线下提供了完善的解决方案，可以说未来所有的移动互联网业务都可以发展为 O2O 服务。通过百度、腾讯、阿里巴巴的 O2O 业务布局与成功案例，可以明显看出“得移动者得地利”的特点：百度直达号因百度在移动搜索市场的绝对优势而颇具潜力，围绕腾讯微信和微信支付所建立的 O2O 生态圈已经笼络了大批的线下企业，而“手机淘宝 3.8 生活节”和支付宝“双十二”超市扫码活动的成功无一不是以阿里巴巴在移动端网络零售的优势为基础。此外，目前公布的百度、腾讯、阿里巴巴与传统零售的合作，都是将移动互联网作为连通线上线下的核心。随着商用 4G 网络的建设普及和企业级移动互联网应用服务市场的发展，移动互联网应用场景势必得到进一步丰富，这将快速推动线下企业的服务接入，加快 O2O 闭环的形成。

4. O2O 边界快速拓展，将成为泛在化的互联网生态体系

从百度、腾讯、阿里巴巴的布局情况来看，O2O 模式所覆盖的产品种类、服务形式一直在不断丰富。一方面，从 1999 年出现的在线旅游服务、2010 年兴起的生活服务类团购，到 2014 年方兴未艾的打车租车、餐饮外卖、家政服务，以及处于萌芽探索阶段的教育、医疗，可供交易的产品与服务已涵盖衣食住行的方方面面，品类极大扩展；另一方面，O2O 已不再是企业用来吸引关注和投资的互联网创新概念，任何一种能够将线下商户与用户通过互联网进行对接、能够给线下商户和用户带来收益的互联网服务模式，都可以称为 O2O 服务模式。在这种趋势下，O2O 将不再特指某类产品或服务的网络交易，或者某种互联网服务模式，而正在演化为一种内涵持续变化、外延不断拓展的互联网生态体系。

（中国互联网络信息中心　陈晶晶）

第 13 章　2014 年中国网络金融服务发展状况

13.1　发展概况

从互联网在经济生活中所起的作用看，共经历了三次大规模的性质转变。从早期的信息发布与沟通，到电子商务，再到网络金融，每一步的演变都伴随着原有商业模式与新型网络生态间的双向渗透与融合，并因此使顺应环境变化的企业迅速发展壮大，成为引领时代风潮的宠儿。在金融过渡到互联网时代后，改革与创新的压力促使传统金融机构发生了很大变化，各传统金融机构根据各自行业的不同特点，有针对性地展开了在互联网上的布局。

首先，银行。银行是我国金融服务的最主要提供方，也是居民了解金融行业的窗口，在所有传统金融行业中，银行与普通用户之间的距离最近，因此其互联网金融的布局也以服务提供及实现的手段为主，注重电子银行手段的丰富，功能的齐全。这是形式思维。

其次，保险。保险在我国发展的过程比较曲折，由于其产品很难形成标准化，产品适应互联网生态难度比其他传统金融机构更大，所以在保险行业互联网化的过程中所体现出的特点就是产品跟随渠道及环境进行改变，注重电子渠道的丰富和互联网类保险产品的研发。这是产品思维。

再次，基金。基金的核心是设计基金产品，帮助客户实现财富增值，产品标准化非常高，比较适合在网上销售。而从基金行业发展的过程来看，对于销售渠道的维护和建设也是影响基金的重要因素，所以在互联网金融时代，基金易与互联网公司达成深度合作，注重网络销售渠道的丰富和后台服务的完善。这是渠道思维。

最后，证券。证券行业不同于保险和基金，它的业务核心并非金融产品的制造，而更偏重于金融服务。但就所有服务内容而言，咨询、产品和服务都存在竞争者。对于证券行业，在当下我国中产阶级逐渐庞大的背景下，证券公司利用客户经理与优质投资者之间长期建立的信任关系，帮助用户完成财富管理，是证券行业所具备的特殊优势。证券行业注重综合金融服务的提供，帮助客户完成财富管理和不同金融需求的对接。这是金融思维。

13.2　互联网金融市场总体分析

如图 13.1 所示，在传统金融领域，银行是综合业务能力最强的一类金融机构，而目前互联网金融所渗透的领域均与银行形成了业务层面的直接竞争与侵蚀，只是由于服务对象不同，所以在用户层面形成了融合与互补。

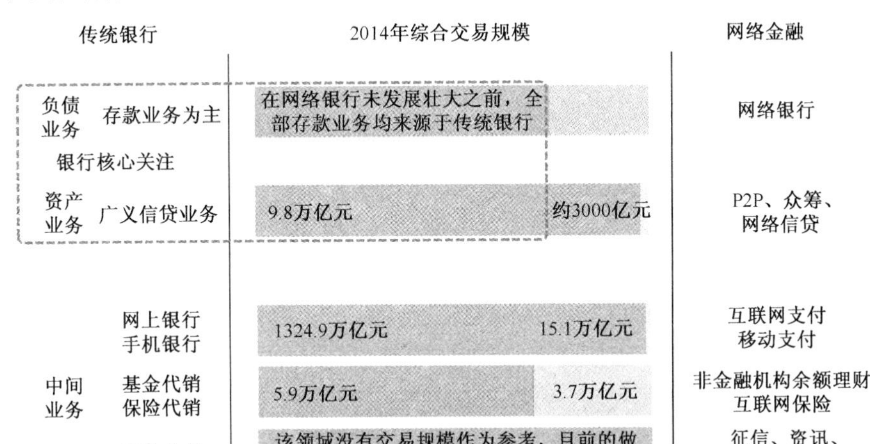

图13.1　互联网金融市场总体分析

尽管互联网的出现使得固有的金融及相关服务行业开放程度大大提高，但依然无法忽视国内客观环境对于互联网金融各产业发展所造成的差异。所有互联网金融子行业中，可具体区分为两大类：原生产业和衍生产业。

1. 原生产业

产业特点：受益于互联网和数字技术的发展，用创新的方式满足原本未满足的金融需求，填补了市场空白。多数企业没有金融背景，流程也与传统金融机构差异较大。

发展动力：资本方（尤其小额零散的民间资本）与融资方庞大的互补性金融需求，以及互联网环境下，新市场的培育和扩大。

利益格局：从性质上讲已经形成了对传统金融机构的利益冲突，但是由于二者市场目标差异较大，还未形成有效重叠，因此冲突并未显现。

未来趋势：多数参与网络信贷的企业会逐渐向金融产品网销（理财超市）方向发展；支付成为互联网金融集团化发展的血脉；能够打破企业级界限的平台将对传统优势企业形成强烈冲击。

2. 衍生产业

产业特点：核心竞争领域均是传统金融机构占主导优势的行业，这些产业的诞生于仅是为了完善和补足固有市场中的缺陷，并且能够利用互联网技术将固有的金融服务拓展，但并没有本质的改变。

发展动力：帮助传统金融机构拓展市场，完善服务，进行技术升级，产品改造，营销推广等周边服务。

利益格局：从目前情况看，与传统金融机构不存在核心利益冲突，并且大部分能够从传统金融机构的强大中获益。但部分垄断企业具备行业标准的制定权，在一定程度上也制约了传统金融机构的发展。

未来趋势：衍生产业逐渐向原生产业过渡，平台将更加注重一手资产的获取；大型金融机构将采取或收购或自建的方式侵蚀衍生行业；这些行业还将诞生垄断型企业。

从目前互联网金融发展特点来看，有以下三个客观背景条件对互联网金融行业发展、用户习惯培养起着决定性的作用，而这些习惯和背景也促使互联网金融不得不走向综合化发展的道路。

首先，巨头垄断。巨头“垄断”的互联网，使每家互联网公司都在追求在本平台内可以满足用户各方面不同的需求，用丰富的功能给平台增值，增加用户黏性，也使用户逐渐习惯“一家公司，所有服务”的认知。

其次，混业经营。金融行业全牌照发展意在迅速推进高净值客户的财富管理，原来互相割裂的单项服务导致竞争严重同质化，在求新求变的改革过程中，将所有单项服务有机地串联起来，就是现阶段金融机构的主要改革思路。

最后，认知启蒙。普惠性和便捷性是互联网金融很重要的两个特性，也是现阶段多数平台宣传和品牌建立的关键。对于热点和潮流的追逐，使没有金融知识的用户大规模涌入，他们的需求表面很简单，但内里很复杂，需要多种手段才能满足。

市场环境使用户对互联网金融企业提出了更高的要求，而且由于互联网金融属于新生行业，因此用户对它没有盖棺定论，也使其涵盖内容和未来潜力巨大，多种因素综合使互联网金融走向综合化发展道路。

客观条件造就了互联网金融天生的综合属性，但由于发展时间、经验积累和业务单一等限制，使互联网金融平台综合化道路出现了很多疏漏，未来这些疏漏会对企业进一步发展埋下隐患，必须在综合化、集团化发展前期就着手解决，否则，无论是 IT 系统整合，还是组织架构调整，所消耗的成本要远高于现在。分析认为，以下三个方向的明确，有助于企业更好地实现从单一化向综合化的过渡。

首先，账户一体。一家互联网金融平台可以开展很多业务，有些业务属性近似，因此可以通过同一个网站或 App 来完成。但是当业务属性不同时（比如金融微博和理财超市），多个不同网站或 App 间就会产生多套账户体系，这类事件最容易发生在收购、合并股权级战略合作等事件之后。

其次，数据共享。数据共享是建立在账户一体基础上的。大数据是互联网金融区别于传统金融最主要也是最核心的一个特征，用户在集团内所有行为活动所积累的数据都应该由集团所有业务线上共享，这样既有利于后期对外输出征信类产品，又有利于自身业务的整合。

最后，需求覆盖。金融的本质是资金的融通，互联网金融亦不例外。因此，用户对于金融服务的需求与传统金融类似，包含投资理财、信贷以及最基础的资金划转。使平台具备“存贷汇”的功能并不难，但是能否用更便捷的方式将传统“存贷汇”的流程缩短，将一些用户操作后台化，是对平台提出的更高要求。

13.3 互联网支付创新与发展

2014 年，中国第三方互联网支付交易规模达到 80767 亿元，同比增长 50.3%。2014 年，第三方移动支付市场交易规模达到 59924.7 亿元，较 2013 年增长 391.3%。而 2013 年，第三方移动支付的增长率达到了 707.0%。移动支付已经连续两年保持超高增长。预计 2015 年开始，移动支付的增速将放缓，2018 年移动支付的交易规模有望达到 18 万亿元（见图 13.2）。

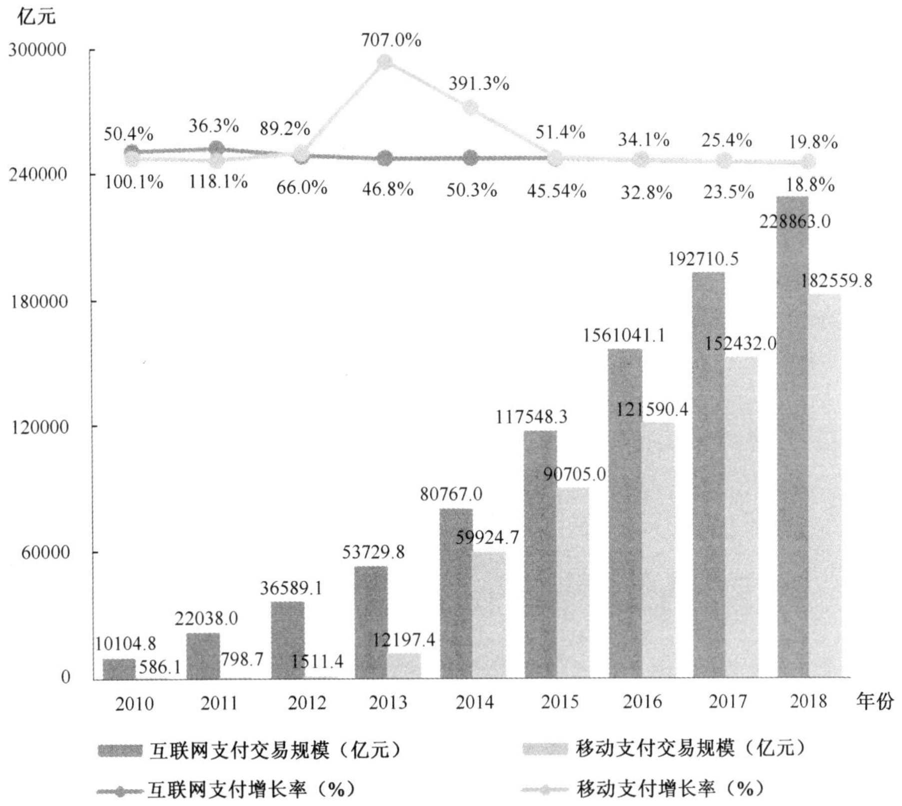

注释：1.互联网支付是指客户通过桌式电脑、便携式电脑等设备，依托互联网发起支付指令，实现货币资金转移的行为；2.统计企业类型中不含银行、银联，仅指规模以上非金融机构支付企业；3.艾瑞根据最新掌握的市场情况，对历史数据进行修正；4.统计企业类型中不含银行和中国银联，仅指第三方支付企业；5.自2014年开始不再计入短信支付交易规模；6.艾瑞根据最新掌握的市场情况，对历史数据进行修正。

来源：综合企业及专家访谈，根据艾瑞统计模型核算。2015.4 iResearch Inc.,www.iresearch.com.cn。

图13.2　2010—2018年中国互联网支付和移动支付交易规模

分析认为，随着我国电子商务环境的不断优越，支付场景的不断丰富，以及金融创新的活跃，使网上支付业务取得快速增长，而第三方支付机构发生的互联网支付业务也取得了较快增长。

2014 年移动支付市场的快速增长原因如下：第一，移动互联网时代用户上网习惯的迁徙，移动互联网的普及，使得用户从年龄、学历等各维度都呈现长尾化趋势；第二，支付场景的拓展使得移动支付成为网民继银行卡、现金外惯常使用的支付工具；第三，宝宝类货币基金的规模化和现金管理工具化带动了移动支付用户黏性的增长。

2013 年第一季度到 2014 年第四季度，中国第三方移动支付交易规模结构呈现较大的变化。由宝宝类货币基金等一系列互联网金融产品交易带动，2014 年各季度移动金融交易规模占比飞速提升，2014 年第一季度占比接近 50%，其余均在 35%～40%。与此同时，移动消费所占比重日益增加，到 2014 年第四季度占比已经达到 23.4%（见图 13.3）。

分析认为，随着移动互联时代的到来，为移动支付创造了新的使用场景，也使用户对移动支付和多种支付场景产生了理念化的新关联。例如，2014 第二季度，网民对于余额宝等货基的观念已经从生息逐渐转化为方便支付行为的现金管理工具；同时，移动支付也与社交、搜索等行为紧密结合，更多呈现小额高频的支付特点。移动支付越来越成为继现金、银行卡外重要的支付组成部分。

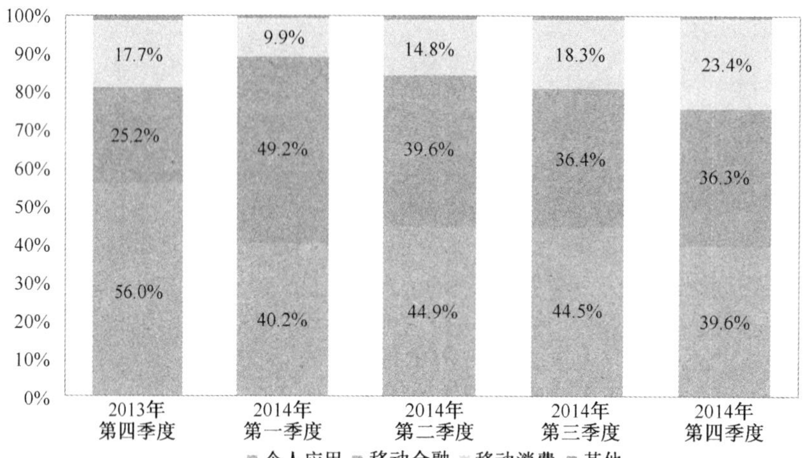

注释：1.统计企业类型中不含银行和中国银联，仅指第三方支付企业；2.2014年第3季度不再计入短信支付交易规模，历史数据已做删减处理；3.艾瑞根据最新掌握的市场情况，对历史数据进行修正；4.个人应用包括转筑、还款等场景，移动金融包含移动端货币基金申购及其他金融产品购买，移动消费包含移动电商、移动团购、移动商旅、移动彩票和移动游戏，其他包含公共缴费等场景。

来源：艾瑞综合企业及专业访谈，根据艾瑞统计模型核算及预估数据。2015.3 iResearch Inc.,www.iresearch.com.cn。

图13.3　中国第三方移动支付交易规模结构

2014 年中国第三方互联网支付交易规模市场份额中，支付宝占比为 49.6%，财付通占比为 19.5%，银商占比为 11.4%，快钱占比为 6.8%，汇付天下占比为 5.2%，易宝支付占比为 3.2%，环迅支付占比为 2.7%，其他占比为 1.6%（见图 13.4）。

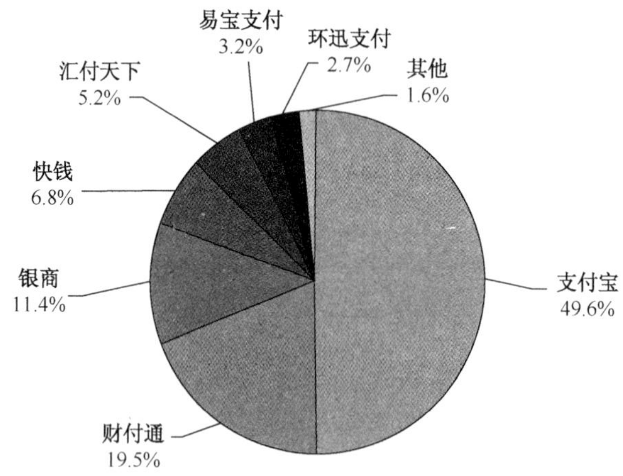

注释：1.互联网支付是指客户通过桌式电脑、便携式电脑等设备，依托互联网发起支付指令，实现货币资金转移的行为；2.统计企业中不含银行、银联、仅指规模以上非金融机构支付企业；3.2014年中国第三方互联网支付交易规模为80767.0亿元；4.艾瑞根据最新掌握的市场情况，对历史数据进行修正。

来源：艾瑞综合企业及专家访谈，根据艾瑞统计模型核算。2015.1 iResearch Inc.,www.iresearch.com.cn。

图13.4　2014年中国第三方互联网支付交易规模市场份额

分析认为，相较于第三季度，2014 第四季度受到央行降息和股市利好的影响，基金申购逐渐回暖，天弘增利宝申购额有较大幅度提高；第四季度，网络购物市场迎来旺季，对促进第三方支付交易规模的增长起到较大支撑作用，支付宝受益最大。2014 年，受到余额宝带领的基金申购业务、稳定的网购市场以及阿里上市等诸多因素的支撑，支付宝在 2014 年第三方互联网支付交易规模市场份额上仍然占据半壁江山。

如图 13.5 所示，2014 年中国第三方移动支付的市场集中度更加明显，支付宝、财付通两家企业占据了 90%以上的市场份额，其中支付宝的市场份额为 82.3%，财付通的市场份额为 10.6%。

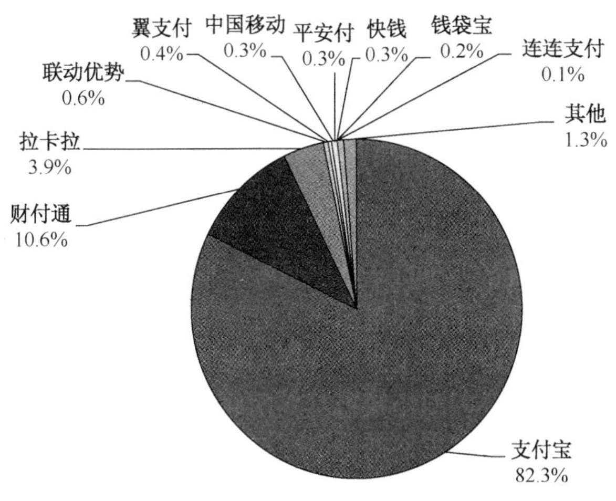

注释：1.统计企业类型中不含银行和中国银联，仅指第三方支付企业；2.不再计入短信支付交易规模，历史数据已做删减处理；3.艾瑞根据最新掌握的市场情况，对历史数据进行修正；4.个人应用包含转账、还款等场景，移动金融包含移动端货币基金申购及其他金融产品购买，移动消费包含移动电商、移动团购、移动商旅、移动彩票和移动游戏，其他包含公共缴费等场景。

来源：艾瑞综合企业及专业访谈，根据艾瑞统计模型核算及预值数据。2015.4 iResearch Inc.,www.iresearch.com.cn。

图13.5　2014年中国第三方移动支付交易规模市场份额

2014 年移动支付虽然在市场份额上呈现集中趋势，然而各个参与者都积极布局，发挥自身的资源和优势，走差异化发展的道路。拉卡拉着重对社区电商和小微金融服务的场景建设和发展；伴随移动互联众应用的崛起，联动优势、快钱、连连支付等侧重 in-App 支付带来的机遇；翼支付在存量客户的发掘和新用户的拓展方面表现不俗；还有移动和包、壹钱包等应用依托母公司的资源和特色逐步发展。2014 年以后的移动支付机遇与挑战并存，行业格局仍旧充满了不确定性。

总体而言，支付虽然用了十年时间才真正从传统金融业独立出来，获得了法律意义上的行业认可，但其发展的根基与实体经济、真实的商务活动、支付场景息息相关。而实体经济、商务活动也因为第三方支付对用户习惯的改变，而更加需要专业的支付公司为其提供相关服务。世界离不开支付，支付同样离不开世界。

13.4　P2P 网贷创新与发展

时至今日，P2P 在中国已经发展了 7 年，在这 7 年中，国内 P2P 从简单的模仿国外模式，发展成为当下结合本土特征，引入线下环节和担保措施的综合模式。在这个过程中，用户对 P2P 的接受程度逐渐提高，人口红利逐渐发酵，用户规模从 2011 年的 580 万人，上升至 2013

年的 2399.4 万人。同期，P2P 活跃用户上升至 49.2 万人，到 2014 年，用户已具备对 P2P 平台的优劣判断的基本素养，加之各家 P2P 平台、第三方监测机构以及社会媒体的报道和市场教育，用户对于 P2P 的接受程度也得到了显著提高，导致大量注册后未有实际行动的沉睡用户被唤醒，2014 年活跃用户更是猛增至 327.5 万人，同比增长高达 565.6%（见图 13.6）。而无论是中国网民规模，还是中国的人口数量，都远远高于这一数值，因此未来 P2P 用户规模还有很大发展潜力，预计到 2019 年，中国将有超过 1 亿人成为 P2P 用户，活跃用户超过 4000 万人。

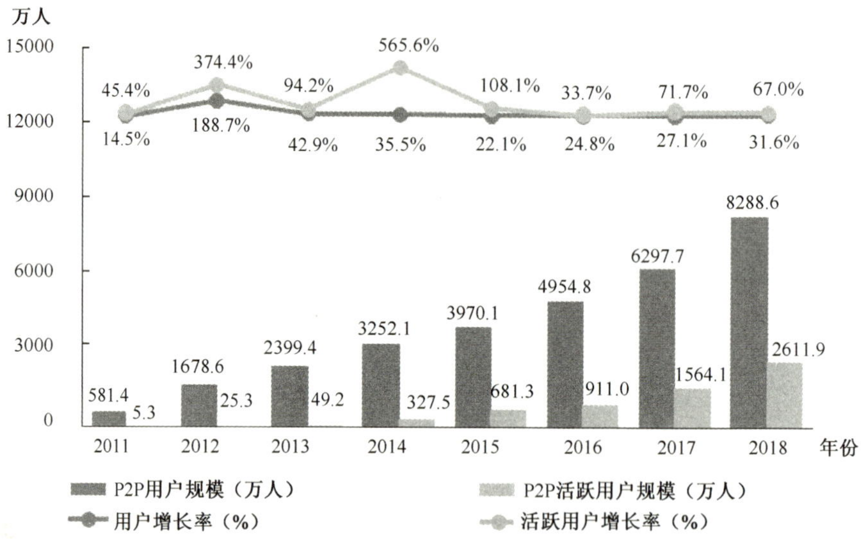

图13.6　中国P2借贷用户规模

2012 年是中国 P2P 行业爆发的一年，随着媒体大规模、高频次地报道 P2P，使全社会迅速熟知这一高收益、低门槛的理财方式，也由于用户的热捧，使 2014 年 P2P 公司规模的增长率达到 89.7%，并且这种热情依然没有减退，预计未来两年，P2P 公司规模依然会保持每年 90%的增速，而到 2018 年，中国将有超过 10000 家 P2P 公司（见图 13.7）。

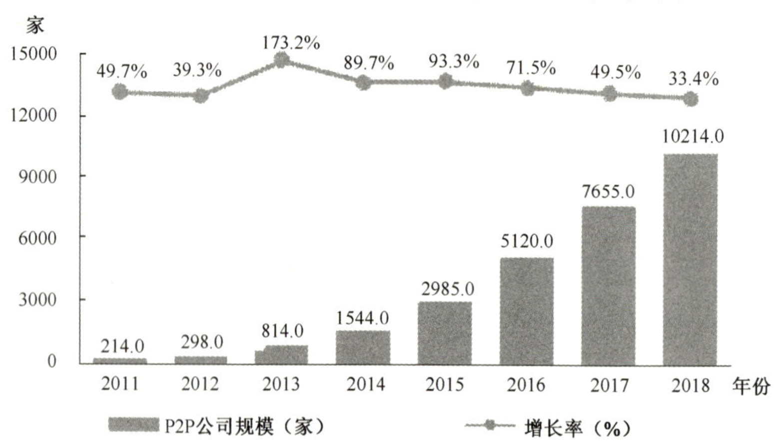

图13.7　中国P2P公司规模

自 2007 年 P2P 登陆中国后，其交易规模保持高速增长。如图 13.8 所示，在 2014 年同比增幅超过 150%，这一方面源于中国普通居民对于投资理财的极度渴求，另一方面也源于中国个人及中小企业对融资渠道的渴求。尽管目前国家鼓励传统金融机构的金融服务向中小微企业下沉，但受制于其风控手段及业务模式的僵化，使短期内传统金融机构的服务无法有效渗透进这一市场，因此这给了 P2P 行业继续高速发展的机会。

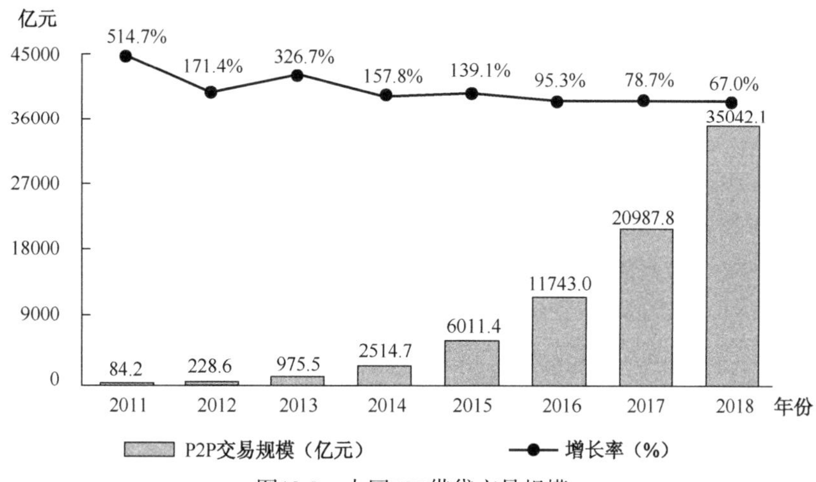

图13.8　中国P2P借贷交易规模

2014 年，我国 P2P 借贷余额为 904.8 亿元，同比增长 276.4%（见图 13.9），预计 2019 年 P2P 借贷余额将高达 23049.5 亿元。同期，2014 年中国信用消费信贷余额达到 2.6 万亿元，同比增长 42.1%。

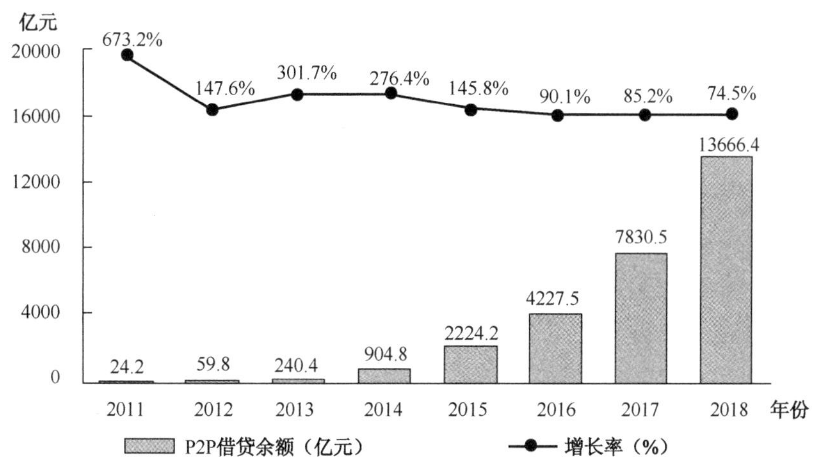

图13.9　中国P2P借贷余额规模

分析认为，P2P 借贷于 2007 年进入中国，但行业爆发在 2012 年，整体交易规模、平台规模以及用户规模均有大幅上涨，对于新平台来说，借贷余额需要一段时间积累。而且目前 P2P 行业秒标、天标等超短期借贷十分普遍，这种借贷能够有效促进交易规模，吸引客户。当吸引客户后，各 P2P 平台将把注意力转移到借贷质量上，因此借贷周期较长的借贷将因此增多，给行业带来的变化就是借贷余额的上升。

综合来看，未来 P2P 行业在中国的发展前景十分广阔，主要体现在以下三个方面：监管层面、风控层面和需求层面。

首先，随着电子信息及个人隐私重要性的提升，用户个人电子资料、网络使用行为、痕迹等信息的法律地位，以及金融机构利用互联网获取这些资料的合法性，都将通过相关监管机构以立法的形式予以确认，为 P2P 行业的发展奠定基础。

其次，由于互联网的出现，数字技术突飞猛进，以前无法被记录，或者记录成本很高的信息，在互联网环境下都可以被记录下来。在拥有更准确、更稳定的数据来源的前提下，效率的提升，会促使原有的风控理念进一步发展，并得到升级，实现数据更细化、更多元，并且能够动态监测。更为重要的是，预计未来我国将完善国家级的个人信用数据库，这对于困扰 P2P 健康发展的风控因素具有巨大的改善作用。

最后，无论 P2P 行业如何发展，未来用户对于信贷的刚性需求不会减弱，虽然欧美等金融发达地区完善的金融基础设施能够帮助欧美地区 P2P 公司得到很好的发展，但我国人口基数庞大，传统金融机构的金融服务覆盖面还不够广，提供服务的内容也不够深，这使得我国 P2P 行业有了最根本的发展契机。未来能够善用互联网，提供便捷、优质的金融服务，并能满足用户消费需求的 P2P 公司将得到良好发展。

未来中国互联网金融行业广阔的前景已经成为社会各界的共识，而 P2P 作为互联网金融中发展比较成熟的一个分支，目前已经吸引了大批从业者进入，未来还会继续吸引更多的从业者进入，但在众多新进竞争者中，以传统金融机构和互联网巨头最值得关注。

传统金融机构进入 P2P 行业最大的优势，就是其安全、稳重的市场形象，在目前问题平台频繁爆发的时代背景下，传统金融机构旗下 P2P 平台的出现，将有效地吸引一大批厌恶风险的客户。

但是传统金融机构的弊端也很突出，主要有以下三点。首先，收益率较低。银行由于体系过于庞大，并且有很强的监管制约，导致其无法将收益率提高，而目前用户对于 P2P 的心理定位就是“低门槛和高收益”，这与银行的能力相悖。其次，门槛过高。同样受制于银行对于成本的控制，小额的理财需求利润率较低，甚至无法盈利，从而导致银行业开展 P2P 业务时的限制条件较多，进而不能服务于最迫切需要理财的普通用户。最后，反应迟缓。银行组织机构庞大，而互联网金融对于机构的反应速度要求极高，如果银行系 P2P 无法紧跟用户需求而改变，那么很快也会被更好的平台所取代。

互联网巨头进入 P2P 行业的优势在于以下两个方面。一方面，创新性强。互联网公司的特点就是创新速度快，能够很快找到顺应市场趋势变化的发展方向和战略，这使得互联网巨头的 P2P 公司能够紧跟用户需求，有助于提高用户黏性。另一方面，互联网巨头拥有丰富的集团资源。

其劣势存在于两个方面。一方面，经验不足。P2P 看似简单，但实际上需要长时间的积累和与客户建立信任关系，获取用户信用数据，才可以在业务拓展过程中事半功倍，是一种隐形门槛非常高的行业（见图 13.10），在这一层面上，如果互联网巨头要进军 P2P 行业，相当于跨行业竞争，先期发展存在压力。另一方面，用户转化难。互联网巨头的用户对于互联网公司有着清晰的功能定位，这种功能定位使用户能够形成，“做什么事，找什么公司”的行为模式，如果之前互联网公司没能建立起在金融行业的积累，那么尽管其拥有庞大的用户群体，也很难将其转化成 P2P 用户。

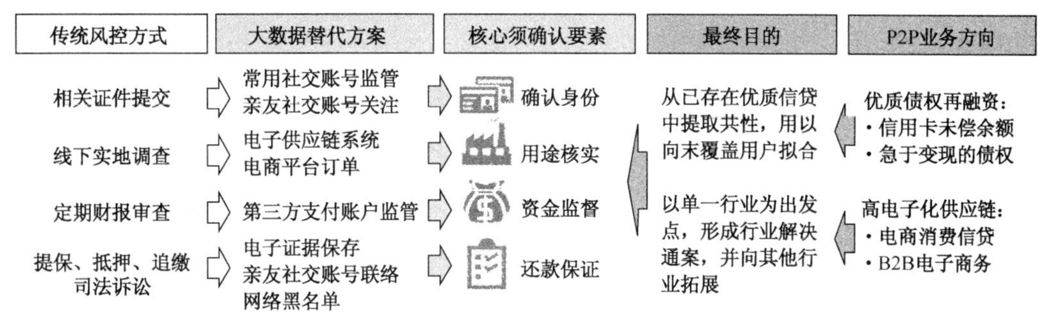

图13.10　中国P2P产业链

从另外一种维度上看，无论是传统金融机构、互联网巨头，还是 P2P 公司，在信贷领域的核心就是风险控制。目前，P2P 借贷在中国蓬勃发展的核心原因在于银行信贷服务的缺失，而银行信贷服务之所以无法下沉，是因为风控技术成本过高（成本包含资金投入、技术投入和数据客观获取难度等）。这一切会因为大数据技术的应用得到有效改善，而在技术层面，银行与 P2P 借贷之间并没有明显的起步优势，也就是说，大数据技术在风控领域的应用对于银行和 P2P 具有同等的促进作用。因此，在该技术成功运用之前，P2P 若还未形成独特的风控模型，则其必将被银行取代。届时，一旦监管机构全面禁止 P2P 的“渠道业务”，则中国 P2P 再想突围的难度将远高于现在。所以，对于现阶段的 P2P 行业来说，面临一个全面去渠道化的蜕变。

在互联网金融时代，风险控制质量的高低，取决于数据获取的丰富程度和数据质量，在这一点上，传统金融机构和互联网金融机构均有不同的侧重。

传统金融方面：数据资产以金融机构账号信息、用户总资产数据、用户金融资产数据、用户收入及支出明细为主。挖掘理念应该偏重于利用历史数据，按照行业、地域、用户资产等多个不同维度，系统分析用户资产变动情况、信用状况、消费能力，并形成有针对性的金融服务方案，以方案的形式将已有业务重组，打破业务相互独立的现状，使之有效串联，提高服务能力，改善用户对银行刻板的观念。

互联网公司方面：数据资产以用户网络浏览行为数据、用户网络经济行为数据（包含消费、投资、信贷）、用户社交行为数据、用户搜索行为数据为主。数据挖掘理念偏重于通过用户在网上的行为轨迹，推断用户兴趣偏好，总结人群共性，使之具备营销价值。并利用金融类数据，对现有信用数据库进行有效补充。

双方经营思路的不同，导致竞争方式也有不同，对于传统金融来说，未来将面临的最具威胁的竞争是互联网金融公司信用体系的输出。从用户规模和交易规模体量上看，互联网金融并不能与传统金融机构相提并论，但即便如此，互联网金融依然引起了如此巨大的社会反响，原因就在于数据的独特性和技术的领先性。而目前市场上处于领先地位的互联网金融公司，其业务体量和操作先进性已经可以媲美小型的金融机构，尤其可以媲美手中掌握大量资本，而由于自身实力不足放贷无门的地方商业银行或农村合作社。这些地方商业银行或农村合作社一方面受制于金融监管体系的严格要求，另一方面又被全国性大银行所压制，经营的压力迫使他们极有可能选择互联网机构已成功的模式和体系，进而服务大型商业银行无法覆盖的中小企业、创业企业以及地方企业。那么当这些地方银行、农村合作社与互联网金融公司的信用体系融合逐渐成熟后，互联网金融公司的话语权势必提高，届时，被架空的大型商业银行也就不可避免地被迫接受互联网金融公司的信用体系，被迫让出金融行业的主导地位和业务主动权。互联网金融机构的信用体系输出主要有两条道路。

第一条道路是征信产品。利用股权合作或战略收购的方式，将掌握不同维度大数据的机构聚合在一起，使独立的网络数据孤岛形成串联，再通过信用产品的形式，供金融机构使用。互联网金融机构不会开放这类产品的内在数据源和具体算法，但会根据不同金融机构所关注的重点，进行产品内部的权重调节，灵活性很强。

第二条道路是网络银行。相比于征信产品的缓慢渗透，网络银行的出现对传统金融机构的冲击更大，因为它可以直接切入银行最核心的存款业务，而对于数据和技术的应用又可以使银行的运营成本降低，还能服务到传统银行无法服务的中小企业客户。一旦这种模式成形，那么互联网金融公司所输出的不单是信用体系，更是运营体系，相当于对传统金融秩序的颠覆。

13.5 众筹融资创新与发展

中国证券业协会在 2014 年 12 月发布了《私募股权众筹融资管理办法（试行）（征求意见稿）》，股权众筹领域的监管步伐初现苗头，对于股权投资者的高门槛要求引起了广泛争议，在监管细则发布之前，股权众筹的发展仍然步履艰难；相较于其他众筹模式，权益众筹在中国众筹行业中发展速度较快，成为我国主要的众筹发展模式（见图 13.11）。

类别	含义
股权众筹（Equity-based crowd-funding）：	投资者对项目或公司进行投资，获得其一定比例的股权
债权众筹（Lending-based crowd-funding）：	投资者对项目或公司进行投资，获得其一定比例的债权，未来获取利息收益并收回本金
权益众筹（Reward-based crowd-funding）：	投资者对项目或公司进行投资，获得产品或服务
公益众筹（Donate-based crowd-funding）：	投资者对项目或公司进行无偿捐赠
© 2014.12 iResearch Inc.,www.iresearch.com.cn	

图13.11　中国四种主流的众筹模式

权益众筹的想象空间巨大，可以演变出各种商业模式，具有巨大的商业价值。权益众筹平台为优秀的产品提供了一个展示的舞台，包括智能科技产品、软件开发、艺术作品、影视作品等产品在内，借助众筹平台让更多投资者了解这些产品，为投资者提供了新的投资渠道，同时也为创业者提供支持，发挥创业者优势，支持新兴创业势力，推动社会经济发展。无论对投资人还是创业者来说，权益众筹都是未来的潜力股。

2014 年，中国权益类众筹市场融资规模达到 4.4 亿元，同比增长 123.5%，预计未来融资规模将保持较高速度持续增长（见图 13.12）。

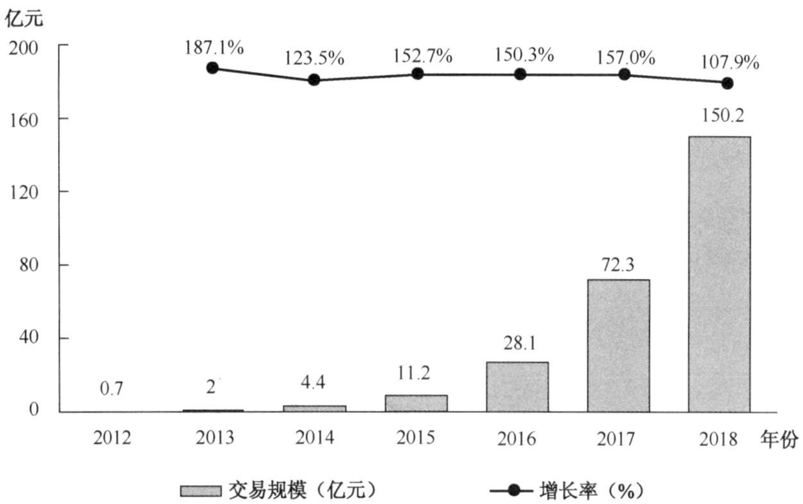

来源：企业官网，根据艾瑞统计预期模型估算。©2015.1 iResearch Inc.,www.iresearch.com.cn。

图13.12　中国权益类众筹市场融资规模分布情况

在 2014 年中国权益类众筹市场融资总规模中，综合类众筹平台融资规模达到 3.7 亿元，占比达到 84.1%；垂直类众筹平台融资规模达到 0.6 亿元，占比达到 13.9%。综合类众筹平台融资能力远高于垂直类众筹平台。

综合类众筹平台的项目类别比较丰富，主要有科技、影视、书籍、音乐、农业、设计、活动、公益等类别，能够接受项目范围广，融资能力较强，代表性平台有京东众筹、众筹网、淘宝众筹等；垂直类平台项目类别较单一，主要以一种或者两种类别的项目为主，融资范围较窄，因此融资规模能力较弱，代表性平台有房产众筹平台——平安好房、搜房网的天下贷；音乐众筹平台——乐童音乐；影视众筹平台——淘梦网等。

2014 年度中国权益众筹项目 Top10 中（见图 13.13），京东众筹的“悟空 i8 智能温控器”项目排名第一，筹集金额达到 1246 万元；点名时间有两个项目上榜，分别是排名第五的

项目来源	项目名称	项目类别	项目金额（万元）
京东众筹	悟空i8智能温控器	智能硬件	1246
京东众筹	凑份子得房子11元1.1折	其他	1221
京东众筹	海尔空气魔方	智能硬件	1195
京东众筹	三个爸爸孕妇儿童空气净化器	智能硬件	1123
点名时间	Smart Plug 2：小K2代全能插座	智能硬件	540
京东众筹	萤石互联网运动摄像机S1	智能硬件	511
京东众筹	吻路由，一吻就连上	智能硬件	430
众筹网	takeel全身手机	智能硬件	376
京东众筹	小蛋智能空气净化器	智能硬件	351
点名时间	魔力贴magicTouch—全球最小的智能按摩贴	智能硬件	333

注释：于2014年12月31日前结束并成功的项目计入排名。

© 2015.1 iResearch Inc.,www.iresearch.com.cn

图13.13　中国综合类权益众筹项目Top10

"Smart Plug 2：小 K2 代全能插座"项目，筹集金额达到 540 万元，以及排名第十的"魔力贴 magicTouch—全球最小的智能按摩贴"项目，筹集金额达到 333 万元；众筹网只有一个项目上榜，即排名第八的"takee1 全息手机"，筹集金额达到 376 万元。排名前十的项目中，京东众筹项目达到 7 个，并且包揽了前四，筹集金额均达到千万元以上，由此可见，京东众筹领先优势明显。

分析认为，除了排名第二的房产众筹项目，剩下排名前十的项目均属于智能硬件类项目，表明众筹行业中，用户偏好智能硬件类项目，支持力度较大；另外，京东众筹独具商城的全品类平台和优质客群的优势，成为帮助项目成长的智能硬件孵化平台，因此智能硬件类项目较多，而且受欢迎程度较高，筹集金额较大。

如图 13.14 所示，2014 年中国权益类众筹市场成功项目数达到 3468 个，项目成功率为 77.2%。其中，综合类众筹平台成功项目数达到 2972 个，项目成功率为 78.5%，高于市场平均水平；垂直类众筹平台成功项目数达到 323 个，项目成功率为 67.0%，低于市场平均水平。

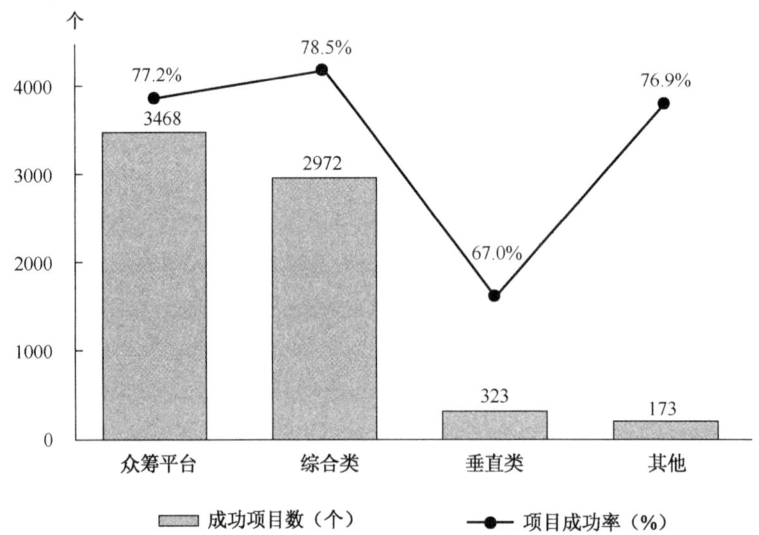

注释：项目成功率指成功的项目数占项目总数的比例。
来源：企业官网，根据艾瑞统计预测模型估算。© 2015.1 iResearch Inc.,www.iresearch.com.cn。

图13.14 中国权益类众筹市场成功项目总数及项目成功率

分析认为，首先，综合类众筹平台数量较多，且集中分布在东部经济发达地区，该地区居民收入较高，个人财富规模较大，且综合类众筹平台项目类别较丰富，为支持者提供了更多选择的可能性，因此项目成功数量较多，成功率较大；其次，垂直类众筹平台数量较小，且分布地区较分散，地区经济发展水平差异大，居民收入平均水平差距大，且垂直类众筹平台项目类别单一，支持者选择的可能性较小，因此项目成功的数量较少，项目成功率较低。

13.6 互联网银行创新与发展

如图 13.15 所示，国内主要商业银行电子银行交易笔数替代率均同比去年有所提升。电子银行交易笔数替代率排名前三的是民生银行、中信银行和招商银行，电子银行交易笔数替代率分别为 94.3%、92.8%和 92.5%，国有商业银行电子银行交易笔数替代率为 75%～85%，股份制商业银行电子银行交易笔数替代率高于国有商业银行。

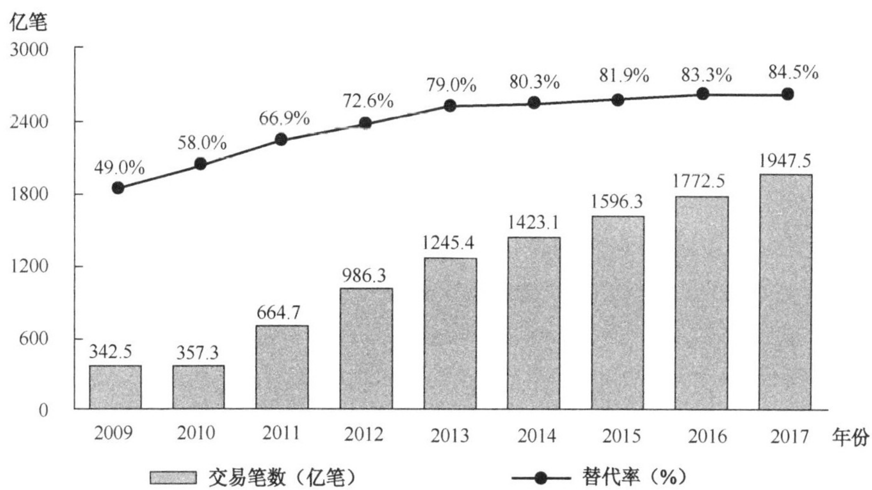

来源：综合企业公开财报及银监会信息，根据艾瑞统计预测模型估算。© 2015.4 iResearch Inc.,www.iresearch.com.cn。

图13.15　中国电子银行交易笔数和替代率

分析认为，首先，股份制商业银行没有物理网点优势，电子银行业务对它们更加重要，依赖性更强，更加关注和重视电子银行业务的发展，注重客户个性化需求，因此电子替代率普遍较高；其次，股份制商业银行的费率优惠幅度比国有商业银行大，因此用户需求会向股份制银行转移，也导致国有银行电子替代率略低。

2011—2017 年我国手机银行用户交易规模呈现爆发式增长（见图 13.16），手机银行用户规模也呈现爆发式增长，在移动网民中的渗透率越来越高。未来手机银行用户增速将会明显放缓，预计至 2017 年，手机银行用户将超过 7 亿。近两年来手机银行用户增速较快的原因在于各大银行对手机银行业务的重视，在营销推广方面非常积极主动，并且在 KPI 设置上均给予银行员工很大压力，使得手机银行用户规模得到了迅速提高。而未来增速明显放缓的原因

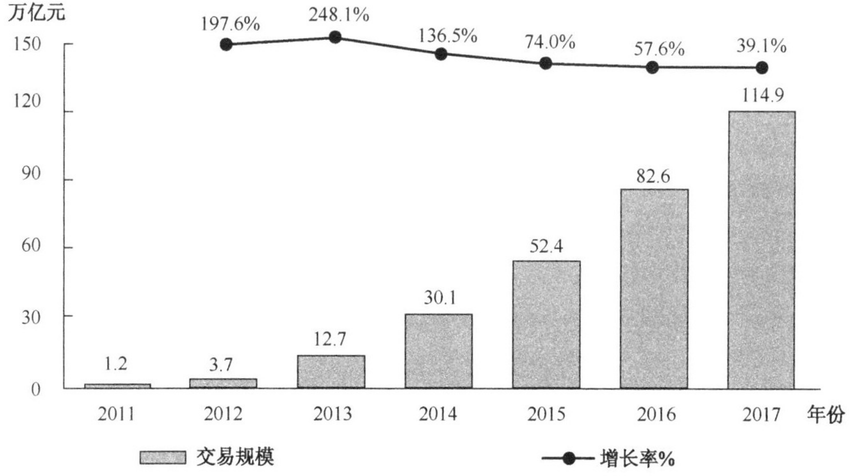

来源：综合企业公开财报及银监会信息，根据艾瑞统计预测模型估算。© 2015.4 iResearch Inc.,www.iresearch.com.cn。

图13.16　中国手机银行交易规模

在于以下三个方面：首先，银行用户接近瓶颈，手机银行用户的前提是该用户是银行用户，而在这部分银行用户转化成手机银行后，再争取更多的手机银行客户的难度就要大很多；其次，移动互联网用户接近瓶颈，手机银行是基于移动互联网的银行产品，因此移动互联网用户规模的压力下，手机银行用户的发展也将遇到困难；最后，用户质量将得到重视，在本轮手机银行用户规模的提升是粗犷式的发展，注重用户的获取，而轻视用户的深度开发，未来在用户获取难度增加的环境下，用户质量的提升将成为手机银行发展重点，因此对用户规模的扩张就会有所影响。

13.7 互联网金融信息安全与监管政策

2000 年以来，我国政策环境给予互联网及电子商务的支持力度非常大，国务院办公厅多次发文，公开鼓励促进互联网及电子商务在居民社会生活、金融生活中发挥更大作用，敦促各方加速各类关于互联网金融法律法规的制定，从国家最高领导层的角度肯定了互联网的地位。而在这一过程中，证监会也积极响应党中央的号召，出台了多项相关规范，为互联网金融健康发展提供制度保障（见图 13.17）。

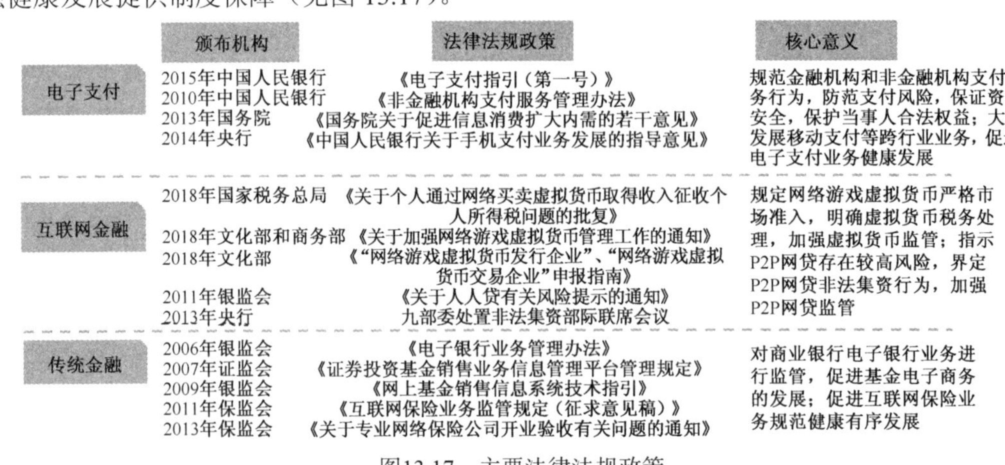

图13.17 主要法律法规政策

在未来较长一段时间内，解决企业主要是中小微企业融资困难问题仍然是中国经济改革和发展的重难点之一。随着我国民间资本规模的不断扩大，民间资本已经成为中国经济快速成长不可或缺的重要资源之一。因此，加快拓宽民间资本的投融资渠道，健全多层次资本体系，有利于促进我国经济转型和发展。

13.8 网络金融服务发展趋势

1. 趋势一：线下网点将迎来结构性改造

目前互联网金融行业所处的环境中，对线下网点的刚性需求经常被忽视掉。这一方面源于金融行业自身的"网点困境"，大多数金融企业并没有足够的实力铺设网点，因此急需弯道超车，导致其过分重视互联网渠道；另一方面也源自互联网本身的高速发展，使其社会关注度远高于线下网点环境的建设。但实际上，互联网和线下网点的有机结合，才能构建起健康的 O2O 环境。互联网改变的是数据资产的获取与挖掘方式、信息流动与传达的效率，以及传统人工业务的替代和提高；而金融的本质、金融服务的提供并不会因互联网的出现而改变，在这一点上，线下网点有着不可替代的作用，主要体现在以下三个方面。

首先，监管的客观需要。中国监管机构对于金融行业的监管十分严格，很多手续的办理、协议的签署、身份的验证等问题仍必须以物理网点为依托。尤其在高附加值的资产管理、财富管理、投资等领域，线下操作不但是客户资产安全性的保障，更是风险教育、国家金融体系安全性的保障。

其次，线上线下服务的转化。中国网民虽然已经熟悉互联网环境，对于电子商务、网络支付等弱金融属性的行业也有一定了解，但是证券行业所服务的对象较为特殊，对于线下网点有固定的需求，而且对于深入金融本质的证券 O2O 平台也需要线下人员的引导，使其服务向线上转化。

最后，业务拓展的必须。在证券互联网化进行过程中，以及结束后，由于工作效率的提升，客户服务能力的增强，势必导致证券公司业务向外拓展扩张，使线下业务增多。而且我国大规模的优质融资需求普遍集中在线下，这些需求很难通过互联网标准化、规模化，因此线下服务的延伸和拓展也是未来完善 O2O 模式的必须环节。

但是互联网的出现也使线下网点的布局和功能不能再以过去的思路去建设，基础功能需要弱化，将不得不通过线下完成的高级金融服务基础设施着重考虑，而把数据处理、战略布局、用户划分等统筹和决策工作集中到总部。而网络在这种 1+*N* 的模式中，所扮演的角色就是高效的通道。

2. 趋势二：账户价值的深度挖掘

一套完整的账户体系是互联网金融时代的基础。无论是互联网企业，还是金融机构，一套完整、功能覆盖全面、兼容性强的账户体系都能为后期的发展提供最大的便利。在目前，国内几大金融及非金融机构中，具备独立账户体系的行业有很多，但目前对用户影响力较大的主要有以下三类机构，分别是银行、第三方支付公司以及证券公司，三类机构的账户各成一体，在金融功能的实现上也各有侧重。在重叠的部分已开始产生竞争关系，尤其在消费领域，第三方支付对于银行账户的替代性较为明显，但在投资领域这种替代作用还不明显（见图 13.18）。

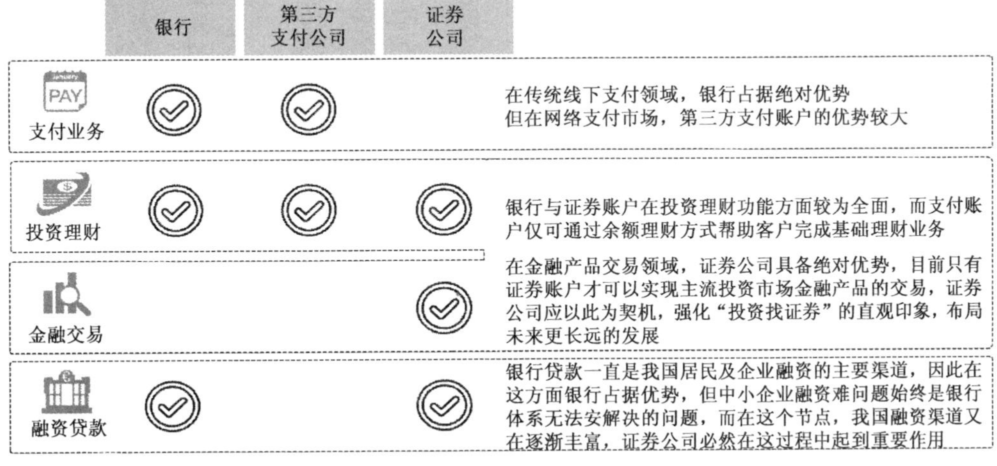

图13.18　业务与账户价值

3. 趋势三：金融业信息化进程加快

互联网金融的快速发展，给金融业带来了较大的冲击，同时也启示着传统金融机构在互联网时代应加快脚步，运用自身优势，借助互联网平台，促进机构的转型发展。因此，加快金融业务互联网化脚步，将成为传统金融机构互联网化发展的重要内容之一。基础金融业务互联网化主要从三个方面进行：第一，新媒体广告投放；第二，与电子商务的结合；第三，通过网络技术提供定制化服务。

随着互联网金融的兴起和发展，大数据时代的到来，整个金融业面临着支付脱媒、融资脱媒、信息脱媒等多种挑战，借助新兴互联网金融发展模式，传统金融机构不断进行互联网化发展探索和创新，发挥自身资金雄厚、风控完善、信誉度高等优势，从流程、数据、平台和产品等层面系统推进信息化建设，从而构建面向未来的、可持续的发展模式。构建信息化平台，指通过信息的集中、整合、共享、挖掘，使金融机构整个经营决策和战略制定从经验依赖向数据依赖转化，是建立在金融机构信息化基础上的银行经营管理质态的一种根本性改变，是更高层次的银行信息化过程。主要表现在以下四个方面：

首先，更加重视客户体验。坚持以客户为中心的原则，设计金融产品，优化业务流程，改善金融服务，充分运用网站、移动客户端、微博、微信等互联网平台，加强与客户的沟通，主动营销，满足客户需求。

其次，更加重视数据挖掘。积极构建结构化、非结构化的数据仓库，并对数据进行深层次、多维度的分析，充分发挥数据在战略决策、客户营销、业务运营、风险管理、绩效考核、资源配置等方面的导向作用，提升集约化经营和精细化管理水平。

再次，更加重视平台建设。打造开放型、综合化的金融平台，将个人、企业交易信息、金融信息、物流信息等信息集中在一个平台内，从中发现市场机会，实现商品流、信息流、资金流“三流合一”的商业生态闭环，促进商业银行转型。

最后，更加重视产品和服务创新。针对客户的消费习惯和投资偏好，为客户量身定做优质的金融产品和服务。构建线上线下一体化服务体系，将银行强大的落地服务与高效的线上服务相结合，创新服务模式，提高服务水平。

（艾瑞咨询　李　超）

第 14 章　2014 年中国网络广告发展情况

14.1　市场发展概况

14.1.1　网络广告发展概况

根据艾瑞咨询发布的 2014 年度中国网络广告核心数据（见图 14.1），国内网络广告市场规模达到 1540 亿元，同比增长 40.0%，与去年保持相当的增长速度。在持续几年保持高速发展之后，未来两年市场规模扔保持较高水平，但增速将略缓，至 2015 年整体规模有望超过 2000 亿元。分析认为，在市场逐步进入成熟期后，未来几年中国网络广告市场规模增速将放缓，并呈逐年下降趋势。

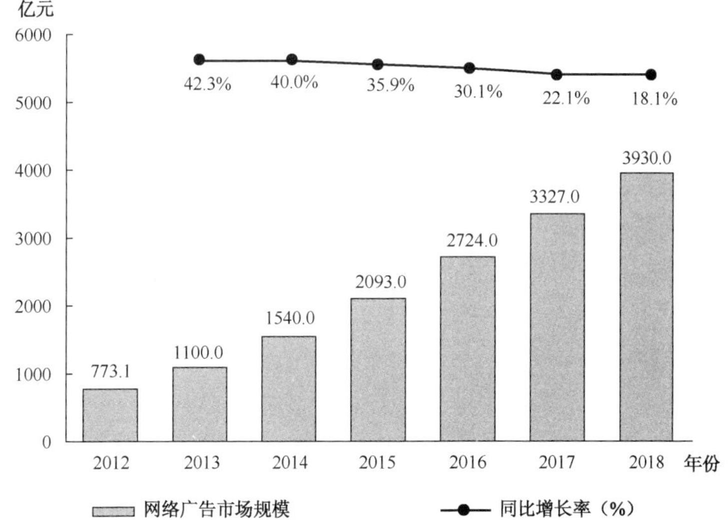

注释：1.互联网广告市场规模按照媒体收入作为统计依据，不包括渠道代理商收入；2.此次统计数据包含搜索联盟的联盟广告收入，也包含搜索联盟向其他媒体网站的广告分成。
来源：根据企业公开财报、行业访谈及艾瑞统计预测模型估算。© 2015.3 iResearch Inc.,www.iresearch.com.cn。

图14.1　中国网络广告市场规模及预测

2014 年中国经济增速有所回落，处于结构调整阶段。亮点包括：经济结构继续优化，第三产业增速提高；就业与居民收入增长较快；消费热点保持热度，网络零售增长旺盛。中国网络广告市场在此背景下，与 2013 年保持相当增速，整体市场规模超过 1500 亿元。

在网络广告市场整体进入成熟稳定阶段之后，市场呈现一些新的发展态势。网络媒体细分领域表现各异，传统领域呈现成熟态势下的增速放缓，一些领域在新的广告技术与形式驱动下，出现强劲增长势头。与此同时，品牌广告主预算进一步向数字媒体倾斜，均推动网络广告市场规模达到了新的高度。

2014 年全年四个季度网络广告市场规模不断攀升，同比保持较快增速，发展态势良好。网络广告发展呈现季节性周期变化，第一季度受传统假期影响，环比下降 22.6%，同比增长 37.7%。第二季度大幅回升，环比增长 30.8%，同比增长 42.6%。第三季度增速放缓，环比增长 11.7%，同比增长 41.5%。第四季度市场规模达到 494.9 亿元，环比增长 22.2%，同比增长 38.2%（见图 14.2）。

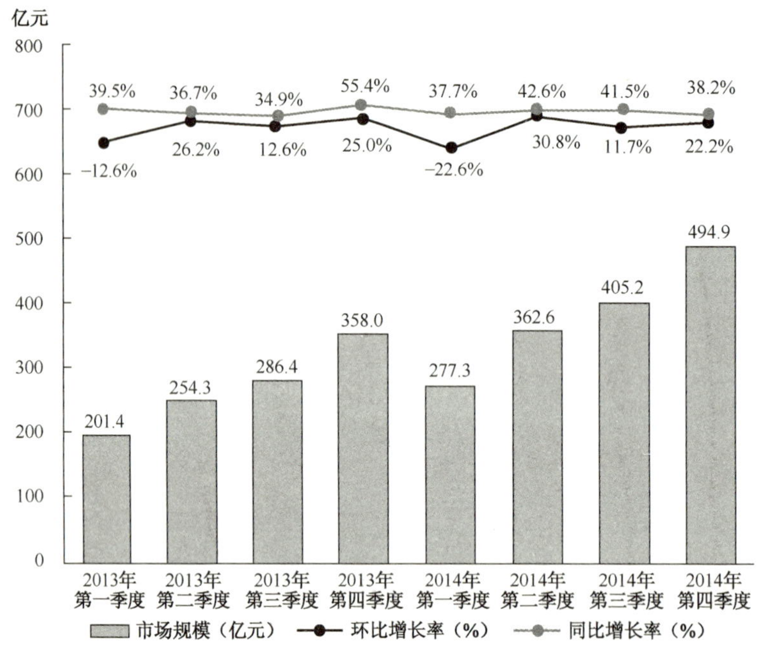

注释：1.互联网广告市场规模按照媒体收入作为统计依据，不包括渠道代理商收入；2.此次统计数据包含搜索联盟的联盟广告收入，也包含搜索联盟向其他媒体网站的广告分成。

来源：根据企业公开财报、行业访谈及艾瑞统计预测模型估算。© 2014.12 iResearch Inc.,www.iresearch.com.cn。

图14.2　中国网络广告市场规模

14.1.2　移动广告发展概况

如图 14.3 所示，2014 年移动广告市场规模达到 296.9 亿元，同比翻一番，增长率达 122.1%，发展迅速。移动广告的整体市场增速远远高于网络广告市场增速。

移动网民规模是未来移动互联网发展的重要基础，预计到 2017 年，移动网民将赶超 PC 网民，成为互联网第一大用户群体。另外，移动通信技术的进步，为移动互联网的发展提供了网络环境基础。2G/3G 用户向 4G 用户摆渡的趋势加强。

2014 年，移动互联网的高速发展为移动广告的发展提供了巨大的空间，巨头在移动广告市场的布局推进了移动广告的市场竞争，移动广告平台在经历调整之后在各自领域逐渐形成规模化经营，移动广告产品的创新和成熟进一步吸引广告主向移动广告市场倾斜。智能终端设备的普及、移动网民的增长、移动广告技术的发展和服务的提升是移动广告市场发展的动力所在。

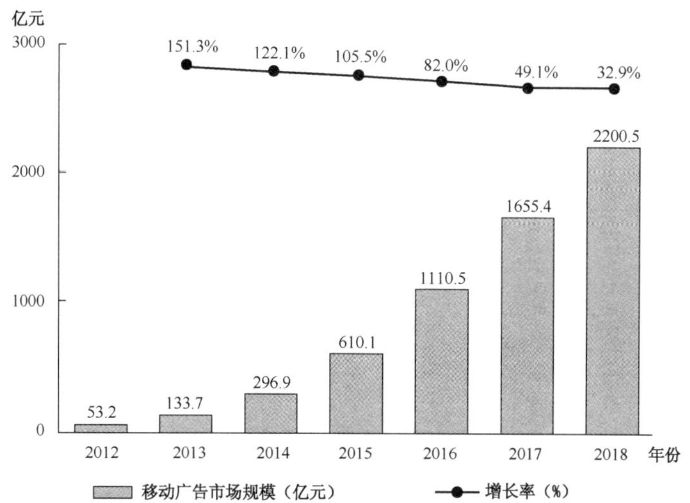

注释：从2014年数据发布开始，不再统计移动营销的市场规模，移动广告的市场规模包括移动展示广告（含视频贴片广告，移动应用内广告等）、搜索广告、社交信息流广告等移动广告形式，统计终端包括手机和平板电脑。短彩信、手机报等营销形式不包括在移动广告市场规模内。

来源：根据企业公开财报、行业访谈及艾瑞统计预测模型估算，仅供参考。© 2015.3 iResearch Inc.,www.iresearch.com.cn。

图14.3　2012—2018年中国移动广告市场规模及预测

如图 14.4 所示，2014 年以来，移动广告市场第一季度受传统假期影响，环比下降 18.5%，第二、第三、第四季度均保持了环比增长。与 2013 年相比，全年四个季度同比增长均超过 80%，增长态势良好。2014 第四季度，移动广告市场规模达到 104.2 亿元，达到新的高度，未来移动广告市场还将保持高速增长。

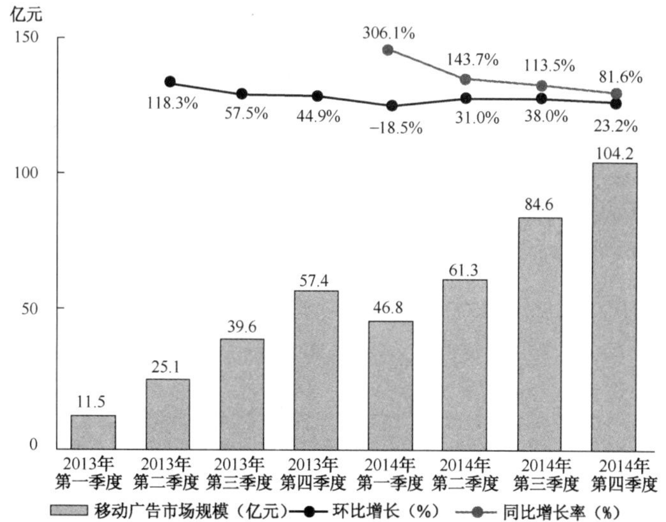

注释：从2014年数据发布开始，不再统计移动营销的市场规模，移动广告的市场规模包括移动展示广告（含视频贴片广告，移动应用内广告等）、搜索广告、社交信息流广告等移动广告形式，统计终端包括手机和平板电脑。短彩信、手机报等营销形式不包括在移动广告市场规模内。

来源：根据企业公开财报、行业访谈及艾瑞统计预测模型估算，仅供参考。© 2015.3 iResearch Inc.,www.iresearch.com.cn。

图14.4　2013—2014年中国移动广告市场规模

14.1.3　互联网广告整体市场规模

互联网广告包括以 PC 端为主的网络广告和移动广告两大部分，其中剔除了两者中重合的部分，即门户、搜索、视频等移动端广告。2014 年，中国互联网广告整体市场规模为 1573.4 亿元，增长率为 41.0%。互联网广告多年保持快速增长，目前市场已进入成熟期，未来几年增速将会有所放缓。中国互联网广告市场预期 2018 年将突破 4000 亿元（见图 14.5）。

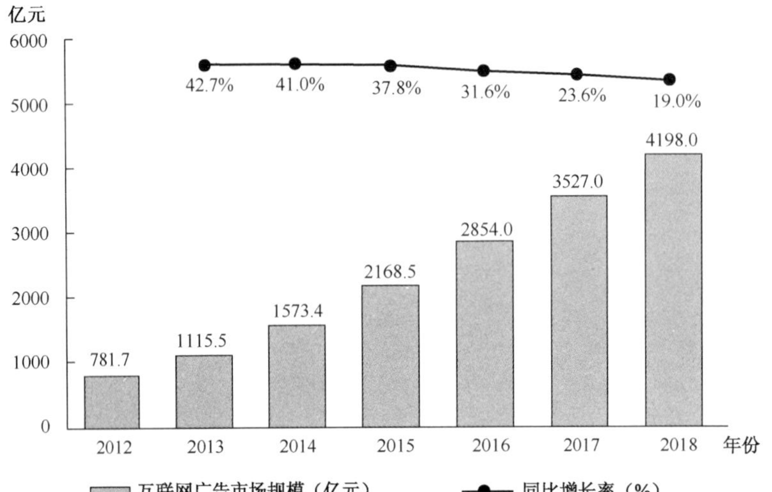

注释：1.互联网广告市场规模按照媒体收入作为统计依据，不包括渠道代理商收入；2.此次统计数据包含搜索联盟的联盟广告收入，也包含搜索联盟向其他媒体网站的广告分成。

来源：根据企业公开财报、行业访谈及艾瑞统计预测模型估算。© 2015.3 iResearch Inc.,www.iresearch.com.cn。

图14.5　2012—2018年中国互联网广告市场规模及预测

如图 14.6 所示，2014 年移动广告市场规模为 296.9 亿元，预计到 2018 年将达到 2200.5 亿元，年平均复合增长率为 86.0%。移动广告在整体互联网广告中的占比将持续增大。互联网广告向移动端迁移进一步加速。

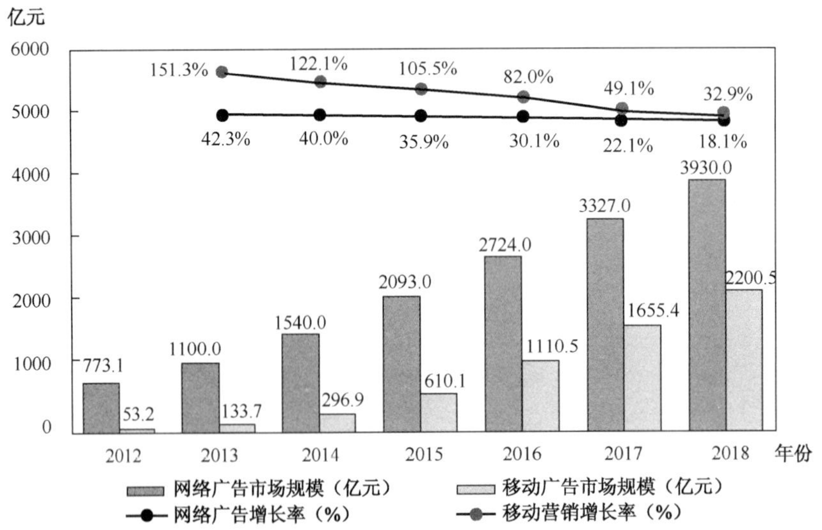

注释：1.互联网广告市场规模按照媒体收入作为统计依据，不包括渠道代理商收入；2.此次统计数据包含搜索联盟的联盟广告收入，也包含搜索联盟向其他媒体网站的广告分成。3.网络广告与移动广告有部分重合，重合部分为门户、搜索、视频等媒体的广告部分。

来源：根据企业公开财报、行业访谈及艾瑞统计预测模型估算。© 2015.3 iResearch Inc.,www.iresearch.com.cn。

图14.6　2012—2018年中国网络广告&移动广告市场规模及预测

14.2　细分市场情况：各类网络广告形式发展情况

14.2.1　各类网络广告形式概况

2014 年，关键字搜索及垂直搜索等搜索类广告持续挤压展示广告市场份额，居首位，占比达 50.6%。展示类广告包括品牌图形广告、富媒体广告、视频贴片广告、固定文字链广告及电商广告中的展示广告，市场份额持续下降，占比为 39.3%。其他广告市场份额有小幅增长，占比为 10.1%。未来搜索类广告将持续增长，不断挤压展示类广告的市场份额（见图 14.7）。

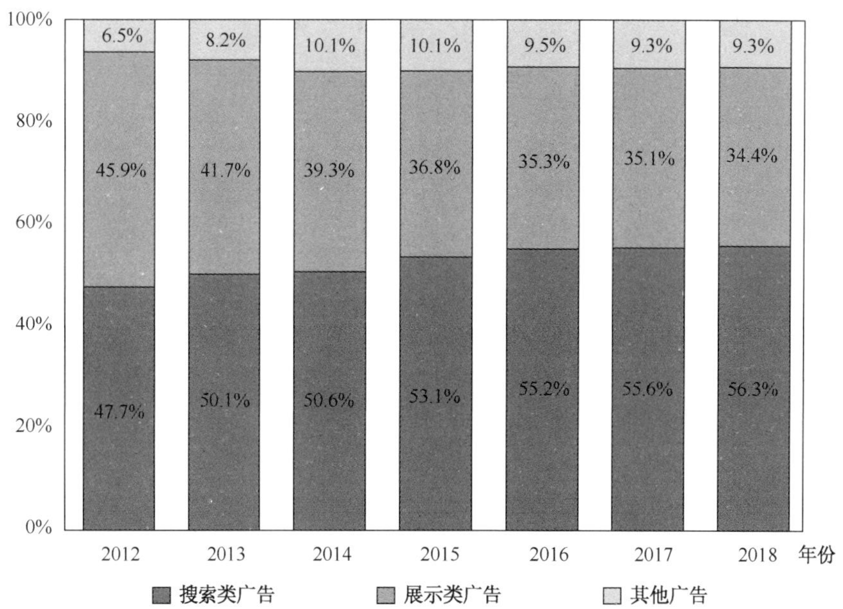

注释：1.搜索类广告包括搜索关键字和垂直搜索；2.展示类广告包括图形广告、视频广告、富媒体广告、固定文字链广告和电商广告；3.其他广告包括电子邮件广告、分类广告和导航广告等。

来源：根据企业公开财报、行业访谈及艾瑞统计预测模型估算。© 2015.3 iResearch Inc.,www.iresearch.com.cn。

图14.7　不同广告形式市场结构趋势及预测

如图 14.8 所示，2014 年，在新的划分口径下，搜索关键字广告呈回弹趋势，成为份额占比最大的广告类型，占比为 28.5%，比 2013 年上升 2 个百分点。份额排名第二的电商广告，占比达 26.0%，其主要广告形式为垂直搜索广告。品牌图形广告市场份额持续受到挤压，位居第三，占比为 21.2%。视频贴片广告保持高速增长，占比为 8.0%。其他广告形式占比达 7.9%，增幅较大，主要包括联盟、导航和门户社交媒体中的效果类广告。

2014 年，搜索关键字广告增幅较大，发展态势良好，预计未来几年将保持平稳增长，市场份额持续占据首位。2014 年，移动搜索领域的发展是搜索广告发展的推动力。据 CNNIC 报道，2014 年在中国有近 4.3 亿人使用过移动搜索引擎，占移动网民的 77.1%，移动搜索引擎用户占全国搜索引擎用户的 82.2%。作为桌面搜索的补充，移动搜索为用户解决了即时需求，在未来几年内仍将保持高速增长。伴随移动搜索行业的发展，移动搜索广告也呈现高速发展态势。

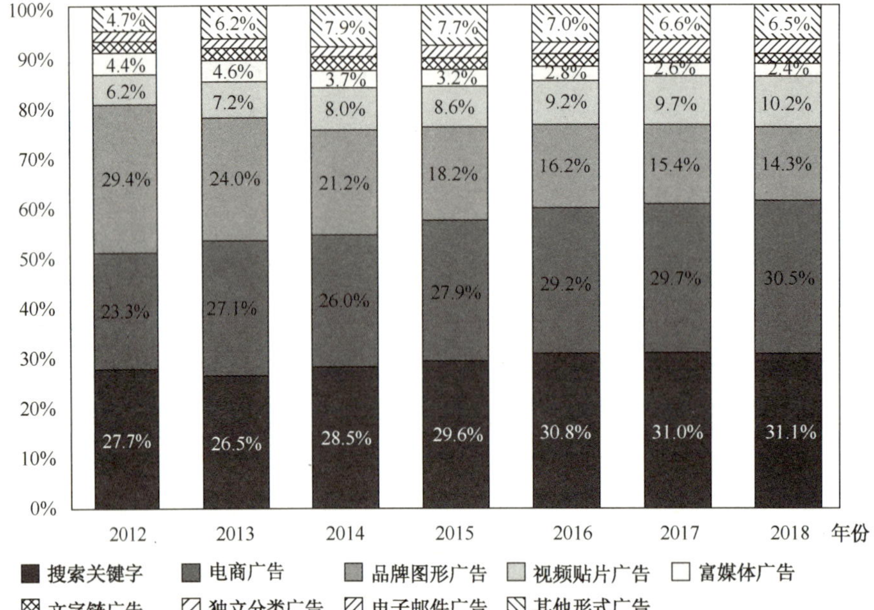

注释：1.搜索关键字广告指通用搜索引擎基于关键词匹配的广告；2.电商广告包括垂直搜索类广告以及展示类广告，例如淘宝、京东、去哪儿；3.独立分类广告从2014年开始核算，仅包括58同城、赶集网等分类网站的广告营收，不包含搜房等垂直网站的分类广告营收；4.其他形式广告包括联盟、导航和门户及社交媒体中的效果类广告。

来源：根据企业公开财报、行业访谈及艾瑞统计预期模型估算。© 2015.3 iResearch Inc.,www.iresearch.com.cn。

图14.8 2012—2018年中国不同形式网络媒体市场份额及预测

搜索类广告的另一大增长点是以电商媒体为主的垂直搜索广告的发展。2014 年，中国传统零售商向互联网转型步伐加快，O2O 模式呈爆发式增长态势。与此同时，电子商务行业巨头纷纷上市，行业集中度进一步加强。电商广告主依赖网络营销进行曝光与导流，是垂直搜索广告增长的源动力，淘宝、京东、去哪儿等广告平台不断演进，为入驻平台商家提供了更多营销机会，推动了垂直搜索广告市场规模的增加。

2014 年，视频贴片广告增长得益于巴西世界杯及热门综艺等热门内容的丰富。此外，大品牌广告主对网络视频青睐，广告预算向网络视频倾斜也成为视频贴片广告持续增长的动力。

门户及社交媒体中的效果广告增长迅速，表现突出。腾讯广点通及新浪微博广告是其中最主要的增长力量。这在一定程度上反映出互联网企业在依靠数据分析和技术驱动，达成更加智能的广告匹配以及更加高效的广告资源配置，实现广告营收进一步提高。

14.2.2 搜索广告

2014 年，关键字搜索市场规模达到 438.8 亿元，同比增长达 50.6%，增速高于整体网络广告市场（见图 14.9）。搜索关键字广告的增长一方面得益于百度等行业巨头的营销布局，另一方面得益于移动搜索广告市场份额的增长。在未来一段时间内，移动搜索广告投入或将超过 PC 端，成为搜索广告增长的动力所在。

2014 年，垂直搜索广告市场规模达到 340.7 亿元，同比增长达 31.4%，继续保持高速增长（见图 14.10）。2014 年，垂直搜索广告市场的高速增长主要受到电子商务领域中垂直搜索的带动，尤其是移动电商市场规模发展迅猛，进一步促进了垂直搜索广告市场份额的增长。

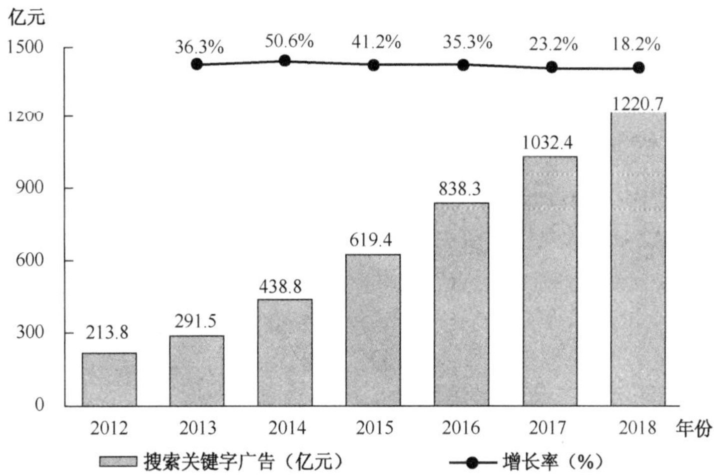

注释：关键字搜索广告包括百度、谷歌等通用搜索引擎的基于关键字搜索结果的广告，不包括搜索联盟的展示类广告以及导航广告。
来源：根据企业公开财报、行业访谈及艾瑞统计预测模型估算。© 2015.3 iResearch Inc.,www.iresearch.com.cn。

图14.9　2012—2018年中国网络广告市场关键字搜索广告规模

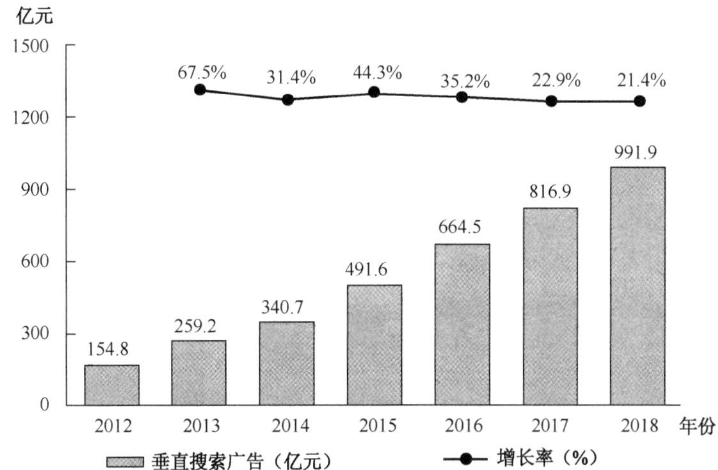

注释：垂直搜索广告包括淘宝、去哪儿、酷讯、360影视等相关垂直领域的搜索广告。
来源：根据企业公开财报、行业访谈及艾瑞统计预测模型估算。© 2015.3 iResearch Inc.,www.iresearch.com.cn。

图14.10　2012—2018年中国网络广告市场垂直搜索广告规模

14.2.3　展示广告

展示类广告包括品牌图形广告、视频贴片广告、富媒体广告、文字链广告和电商展示广告。如图 14.11 所示，2014 年展示广告市场规模达到 605.5 亿元，同比增长 31.9%。展示类广告主要受到品牌广告主的青睐，随着部分广告主更加偏重效果营销，展示广告增速放缓。但多屏整合营销为视频广告带来了更大的发展空间，广告技术的发展使 RTB 模式成为展示广告新的增长点。预计未来几来展示广告将保持持续增长趋势。

如图 14.12 所示，展示类广告中，品牌图形广告占比依然最大，为 53.8%，但其占比逐渐降低，预计到 2018 年，比重将降到 41.7%。品牌图形广告一般属于核心媒体，品牌广告主对其认可度较高。视频贴片广告占比进一步提高，占比为 20.4%。视频贴片广告主要受到大品牌广告主的青睐，作为传统电视广告的重要补充及多屏整合营销的重要部分，视频贴片广告增长迅速，预计 2018 年将达到 29.5%的占比。电商展示广告受电商整体发展速度的影响，近年来增速加快，占比为 9.9%。富媒体广告近几年增长较慢，份额基本维持在 10%以下水平，未来市场份额将持续被压缩。

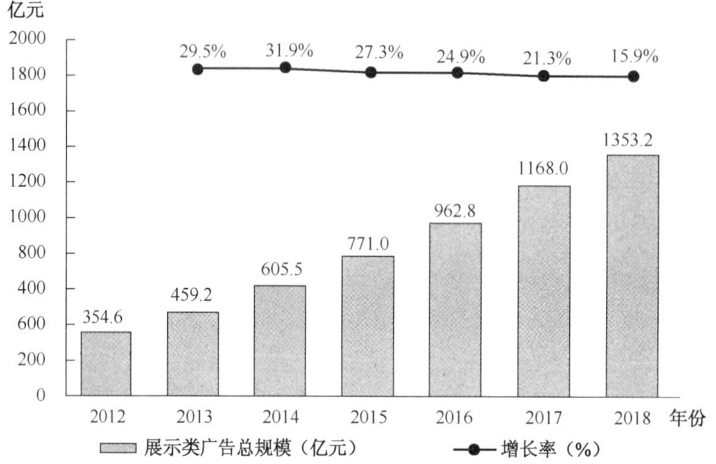

注释：1.展示类广告包括品牌图形广告、富媒体广告、视频贴片广告、固定文字链、电商广告等；2.网络广告统计口径包括各个网络媒体的广告营收，不包括渠道和代理收入。
来源：根据企业公开财报、行业访谈及艾瑞统计预测模型估算。© 2015.3 iResearch Inc.,www.iresearch.com.cn。

图14.11　2012—2018年中国网络广告市场展示类广告规模

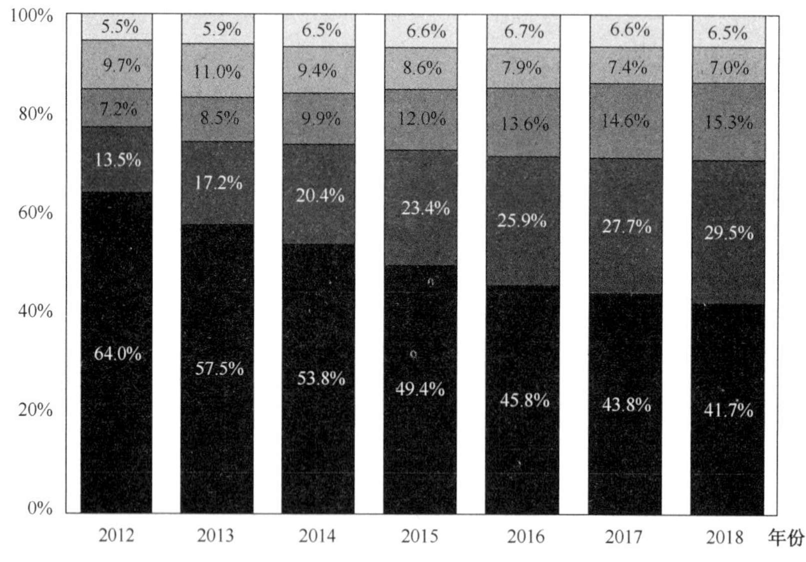

注释：展示类广告包括品牌图形广告、富媒体广告、视频贴片广告、固定文字链广告和电商广告。
来源：根据企业公开财报、行业访谈及艾瑞统计预测模型估算。© 2015.3 iResearch Inc.,www.iresearch.com.cn。

图14.12　2012—2018年中国网络广告市场展示类广告不同形式市场份额

如图 14.13 所示，2014 年，品牌图形广告市场规模达到 326.1 亿元，同比增长 23.5%，增速低于整体展示类广告增长。品牌图形广告作为最成熟的网络广告形式，增长速度逐渐放缓。随着 RTB、DSP 产业链的快速发展，使得图形广告朝着实时与精准方向发展，未来品牌

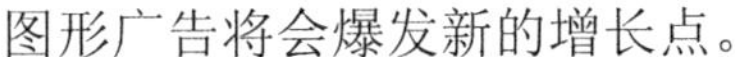
图形广告将会爆发新的增长点。

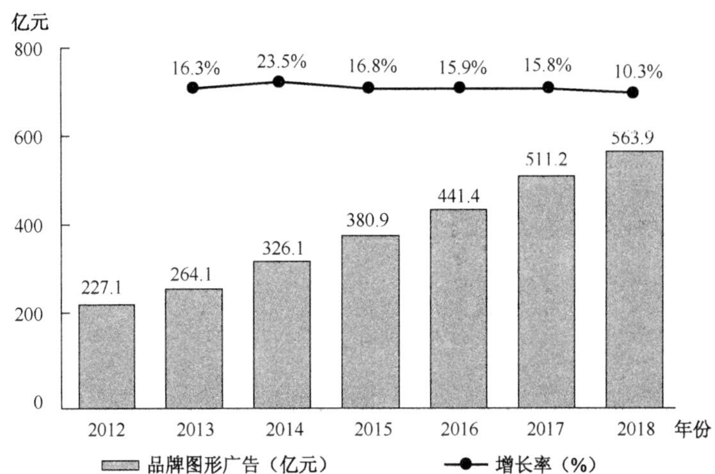

注释：网络广告统计口径包括各个网络媒体的广告营收，不包括渠道和代理商收入。
来源：根据企业公开财报、行业访谈及艾瑞统计预测模型估算。© 2015.3 iResearch Inc.,www.iresearch.com.cn。

图14.13　2012—2018年中国网络广告市场展示类广告之品图形广告规模

如图 14.14 所示，2014 年富媒体广告市场规模为 56.9 亿元，同比增长 13.1%。富媒体广告在广告表现方面较为丰富，创意性与互动性较强。富媒体广告目前在展示广告中体量较小，受广告成本等因素影响，未来富媒体广告增速将逐渐放缓。

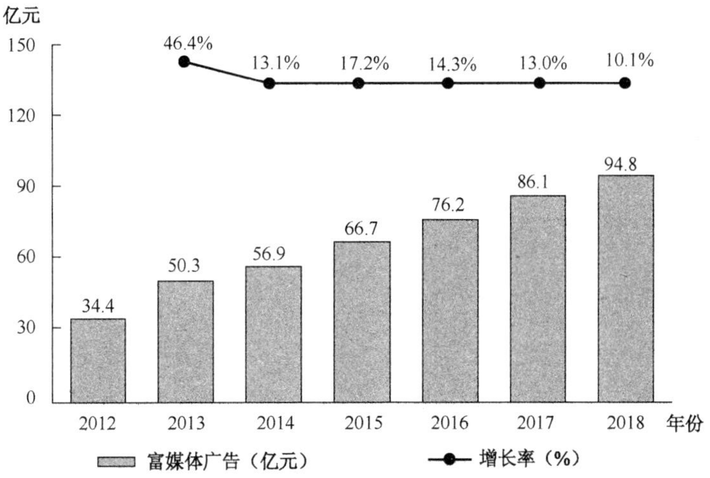

注释：网络广告统计口径包括各个网络媒体的广告营收，不包括渠道和代理商收入。
来源：根据企业公开财报、行业访谈及艾瑞统计预测模型估算。© 2015.3 iResearch Inc.,www.iresearch.com.cn。

图14.14　2012—2018年中国网络广告市场展示类广告之富媒体广告规模

如图 14.15 所示，2014 年视频贴片广告市场规模为 123.2 亿元，同比增长 56.4%，目前仍然处于迅速增长阶段，未来随着市场进一步成熟，增速将有所放缓。电视广告资源逐渐减少，价格不断提高，视频贴片广告作为最接近电视广告的形式，受到品牌广告主，特别是汽车、快消类广告主的青睐，广告主预算将进一步从电视广告转移到视频贴片广告。另外，体育赛事、综艺节目等热点内容合作进一步拉动了视频贴片广告的增长，多屏整合营销概念为视频广告带来了新的增长点。

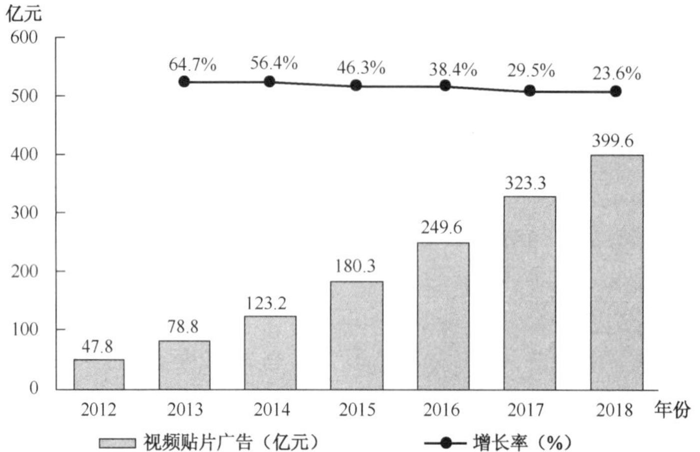

注释：网络广告统计口径包括各个网络媒体的广告营收，不包括渠道和代理商收入。
来源：根据企业公开财报、行业访谈及艾瑞统计预测模型估算。© 2015.3 iResearch Inc.,www.iresearch.com.cn。

图14.15　2012—2018年中国网络广告市场展示类广告之视频贴片广告规模

14.3　细分市场情况：不同形式网络媒体发展情况

14.3.1　不同形式网络媒体市场概况

如图 14.16 所示，2014 年搜索引擎是占据最大份额的媒体形式，占比达 34.1%。电商网站紧随其后，占比为 26.0%。未来几年，搜索引擎和电商网站均将保持平稳增长。

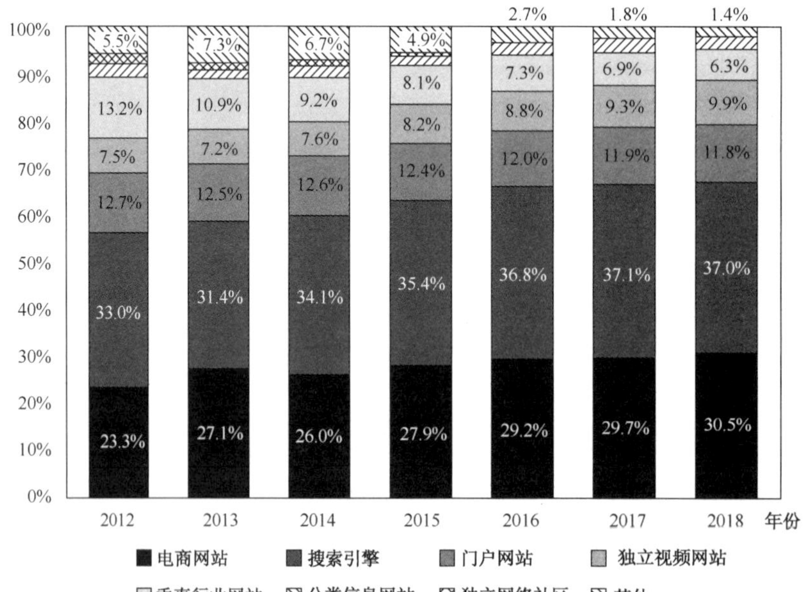

注释：1.互联网广告市场规模按照媒体收入作为统计依据，不包括渠道代理商收入；2.此处搜索引擎收入包括关键词与展示广告收入，不含网站导航广告及合并进搜索引擎企业的其他广告收入；3.独立视频网站不含门户网站的视频业务，独立网络社区不包含门户网站的社区业务；4.其他包括导航网。站、分类信息网站、部分垂直搜索、客户端、地方网站、游戏植入式广告等。
来源：根据企业公开财报、行业访谈及艾瑞统计预测模型估算。© 2015.3 iResearch Inc.,www.iresearch.com.cn。

图14.16　2012—2018年中国不同形式网络媒体市场份额及预测

2014 年，门户网站占比为 12.6%，其中的社交、视频业务是门户网站广告增长亮点，预计到 2018 年占比有小幅下降。独立视频网站占比为 7.6%，整体视频网站竞争加剧，预计到 2018 年独立视频网站占比将保持平稳增长。垂直行业网站占比为 9.2%，未来几年其增速将减缓。

14.3.2　搜索引擎网站广告规模

如图 14.17 所示，2014 年搜索引擎广告（仅含关键词广告与联盟展示广告）市场规模达到 524.9 亿元，同比增长 52.1%。关键词广告与联盟广告是搜索引擎网站最核心的业务，未来将会保持较为稳定的增长。搜索引擎广告作为成熟的网络广告模式，基于用户的主动搜索行为，能够提供良好的曝光率与较高的 ROI，未来仍将持续受到广告主的青睐。移动搜索广告的快速增长是搜索引擎网站发展的新动力。

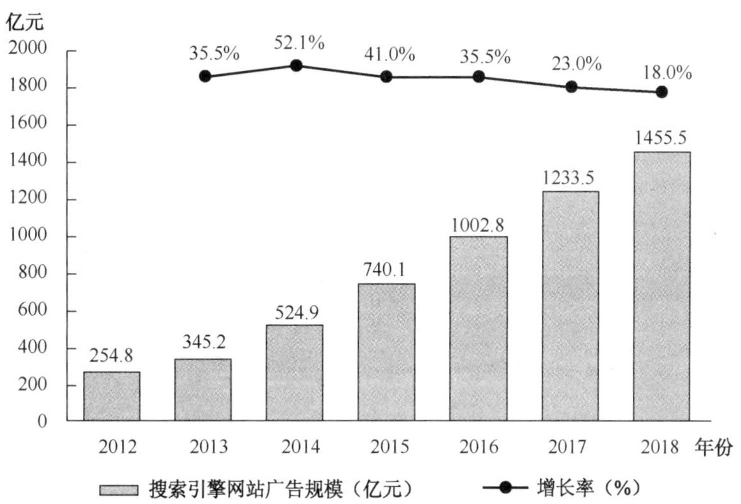

注释：搜索引擎广告业务收入为关键词广告收入及联盟展示广告收入之和，不包含导航网站广告收入。
来源：根据企业公开财报、行业访谈及艾瑞统计预测模型估算。© 2015.3 iResearch Inc.,www.iresearch.com.cn。

图14.17　2012—2018年中国网络广告市场搜索引擎网站广告规模

14.3.3　门户网站广告规模

如图 14.18 所示，2014 年门户网站广告市场规模为 194.0 亿元，同比增长 41.6%，增速较 2013 年有所上升。2014 年，门户核心网站纷纷加紧移动布局，并致力于挖掘新的广告增长点。腾讯整合社交资源在移动平台的发力为广告主提供了独有的营销价值，加之腾讯视频媒体价值的提升使腾讯网络营销表现突出。搜狐致力于多屏营销、精准营销等概念，新闻客户端的发力成为搜狐网络营销新的突破。新浪微博带动了新浪整体广告收入上升。网易通过“态度”营销在 PC、移动的双重布局，为网易带来了新的口碑和媒体影响力。

14.3.4　电商网站广告规模

如图 14.19 所示，2014 年电子商务网站广告营收达到 400.4 亿元，同比增长 34.2%，增速较 2013 年下降。电子商务网站广告包括搜索广告和展示广告，其中淘宝广告收入占据了绝大部分份额。2014 年，阿里巴巴、京东等电商巨头竞相上市，电商广告市场集中度进一步加强，市场进入稳定发展期，未来几年增长速度渐缓。移动电商的发展将成为电商网站广告营收新的增长点。

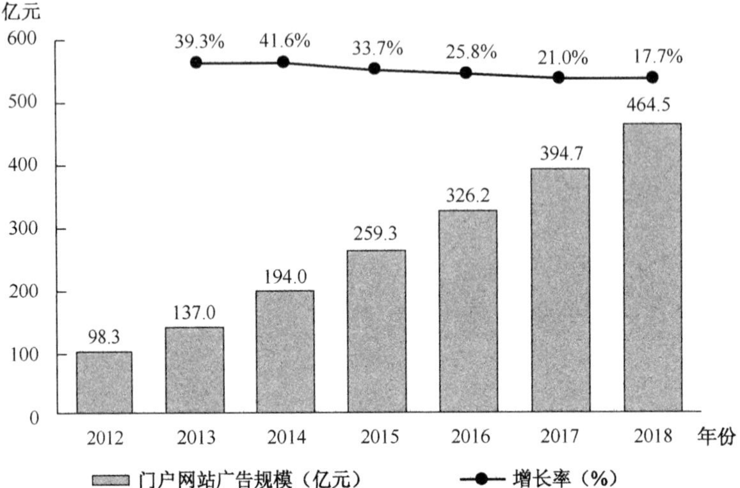

注释：门户网站包括几家综合门户网站以及隶属于该网站的其他相关网站，不包括门户网站的搜索网站。
来源：根据企业公开财报、行业访谈及艾瑞统计预测模型估算。© 2015.3 iResearch Inc.,www.iresearch.com.cn。

图14.18　2012—2018年中国网络广告市场门户网站广告规模

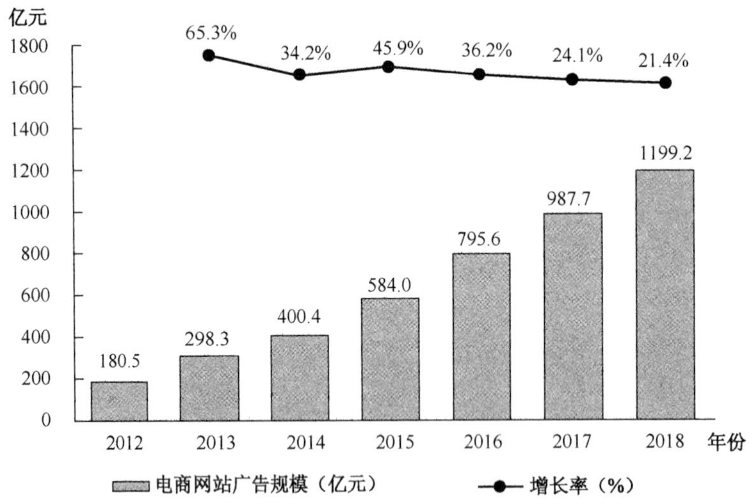

注释：电子商务网站包括C2C、B2C等网站。
来源：根据企业公开财报、行业访谈及艾瑞统计预测模型估算。© 2015.3 iResearch Inc.,www.iresearch.com.cn。

图14.19　2012—2018年中国网络广告市场电子商务网站广告规模

14.3.5　垂直行业网站广告规模

如图 14.20 所示，2014 年垂直行业网站广告规模为 141.5 亿元，同比增长 17.9%。垂直网站相对成本较低且触达目标人群更加精准，因此受到广告主的青睐。汽车类、房产类、IT 产品类、母婴类等网站发展态势良好，广告收入增长稳健。

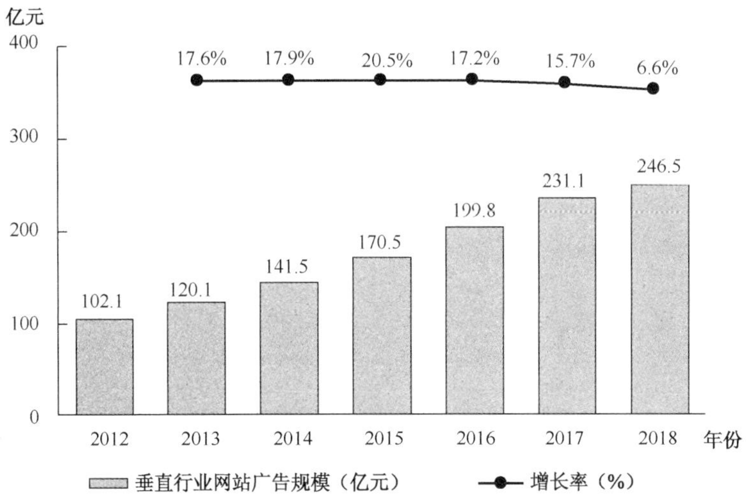

注释：垂直行业媒体包括汽车、房产、IT、财经、新闻、游戏、女性、亲子等类别。
来源：根据企业公开财报、行业访谈及艾瑞统计预测模型估算。© 2015.3 iResearch Inc.,www.iresearch.com.cn。

图14.20 2012—2018年中国网络广告市场垂直行业网站广告规模

14.3.6 独立视频网站广告规模

如图 14.21 所示，2014 年，独立视频网站网络广告规模达到 116.6 亿元，同比增长 48.3%。预计未来几年，独立视频网站将保持高于整体网络市场的增速发展。2014 年，多屏战略布局使视频网站竞争更加激励，各视频网站围绕自身优势打造更加优质的广告产品资源，市场竞争进一步加速了独立视频网站广告增收。

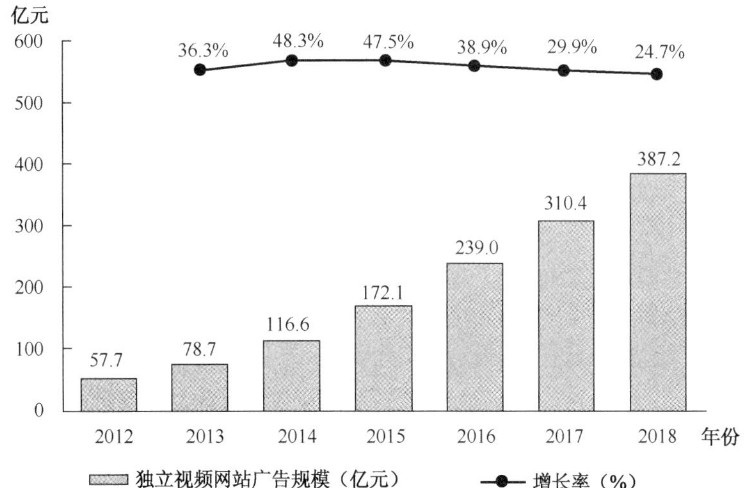

注释：独立视频网站统计口径不含门户视频业务。
来源：根据企业公开财报、行业访谈及艾瑞统计预测模型估算。© 2015.3 iResearch Inc.,www.iresearch.com.cn。

图14.21 2012—2018年中国网络广告市场独立视频网站广告规模

14.3.7 独立社区网站广告规模

如图 14.22 所示，2014 年独立网络社区市场规模达到 18.9 亿元，同比增长 8.8%。目前，

PC 端社交服务市场竞争较为激烈，门户网站的社交服务用户量庞大，占据主要市场份额，独立社区网站更多定位于特定细分市场。此外，整体用户向移动端转移也对独立网络社区产生了较大的影响，而独立社区网站在移动端的商业化目前还处于起步阶段。预计未来几年，独立社区网站的整体广告营收增速将出现负增长。

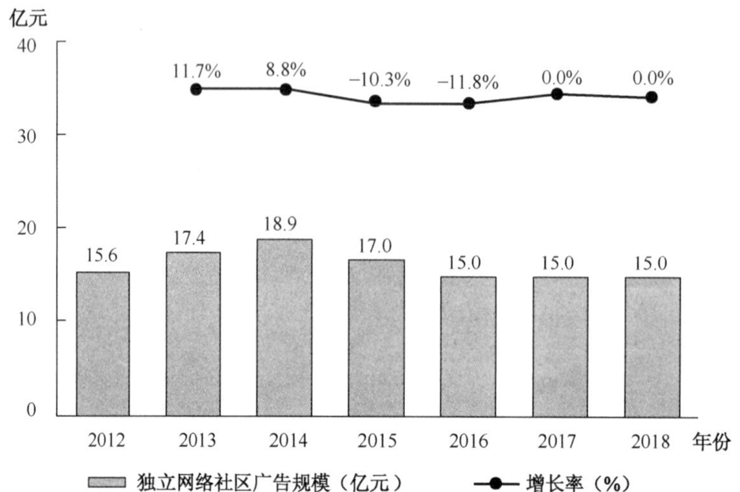

注释：独立网络社区包括社交网站、传统社区、博客、微博等类型，不包括门户旗下的网络社区。
来源：根据企业公开财报、行业访谈及艾瑞统计预测模型估算。© 2015.3 iResearch Inc.,www.iresearch.com.cn。

图14.22　2012—2018年中国网络广告市场独立网络社区网站广告规模

14.4　核心企业分析

14.4.1　媒体广告营收排名

根据艾瑞咨询集团对主要网络媒体财报中网络广告收入的整理以及对非上市企业的营收预估，2014 年，百度广告营收为 490.5 亿元，位居第一。淘宝广告营收为 374.8 亿元，位居第二。百度与淘宝广告营收占整体网络广告市场营收比重达 56.2%，是中国网络广告市场的中坚力量。百度在移动搜索方面持续投入，稳固其在搜索领域的地位；淘宝广告高速增长，主要得益于其庞大的电商客户营销需求及移动电商的快速发展。腾讯、谷歌中国、搜狐、奇虎 360、新浪、优酷土豆、爱奇艺 PPS、搜房为广告营收规模第二梯队，营收在 27 亿元以上；其他企业位列第三梯队（见图 14.23）。

14.4.2　重点媒体市场份额分析

2014 年，网络广告市场集中度进一步提高。如图 14.24 所示，百度占比 31.9%，份额较 2013 年明显上升；淘宝占比较 2013 年略有下降，占比为 24.3%；腾讯、搜狐占比较 2013 年均上升近 0.1 个百分点；谷歌中国、新浪和网易占比继续下降。BAT 三家份额持续扩大，网络流量不断向巨头媒体集中，马太效应不断加深，长尾媒体及垂直媒体的市场份额受到挤压。

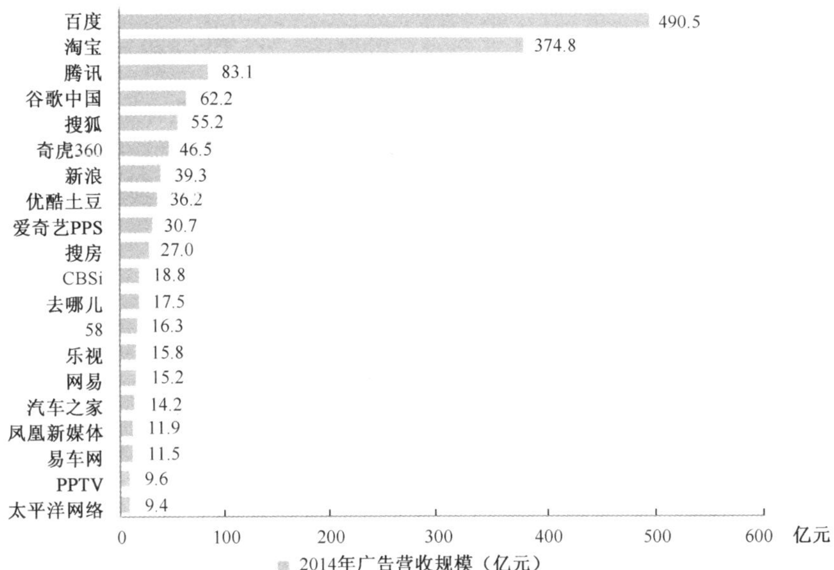

注释：1.各企业广告营收统计标准以其财务报表中公布的广告营收数字为准，不考虑因税收和返点引起的统计口径差异；2.淘宝广告营收由财报及其他公开信息结合艾瑞咨询集团推算模型估算，淘宝广告营收为中国商业零售业务中的核心收入来源，其广告营收不包含佣金收入及其他店铺费用；搜狐广告营收包括门户和搜狗的广告营收；爱奇艺PPS广告营收包括爱奇艺与PPS；CBSi广告营收包括中关村在线、网上车市、爱卡汽车、OnlyLady等17家网站的广告营收；太平洋网站群广告营收包括太平洋电脑、汽车、女性、亲子、游戏5家网站的广告营收。

来源：根据企业公开财报、行业访谈、iAdTrackar监测数据及艾瑞统计预测模型估算，仅供参考。

图14.23　2012—2018年中国网络广告市场媒体营收规模Top20

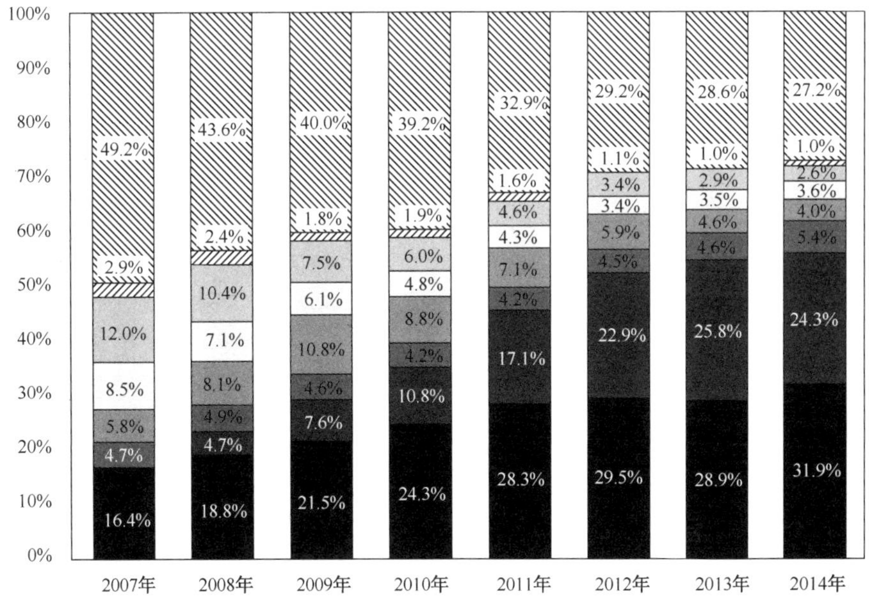

注释：1.互联网广告市场规模按照媒体收入作为统计依据，不包括渠道代理商收入；2.此统计数据包含搜索联盟的联盟广告收入，也包含搜索联盟向其他媒体网站的广告分成。

来源：根据企业公开财报、行业访谈及艾瑞统计预测模型估算。

图14.24　中国网络广告市场核心媒体广告收入结构

14.4.3 重点媒体增长性分析

2014 年网络广告市场核心企业中，百度、腾讯、搜狐、奇虎 360、爱奇艺 PPS、去哪儿、58 同城、乐视网、网易都保持了与整体网络广告市场相当或以上的增速（见图 14.25）。

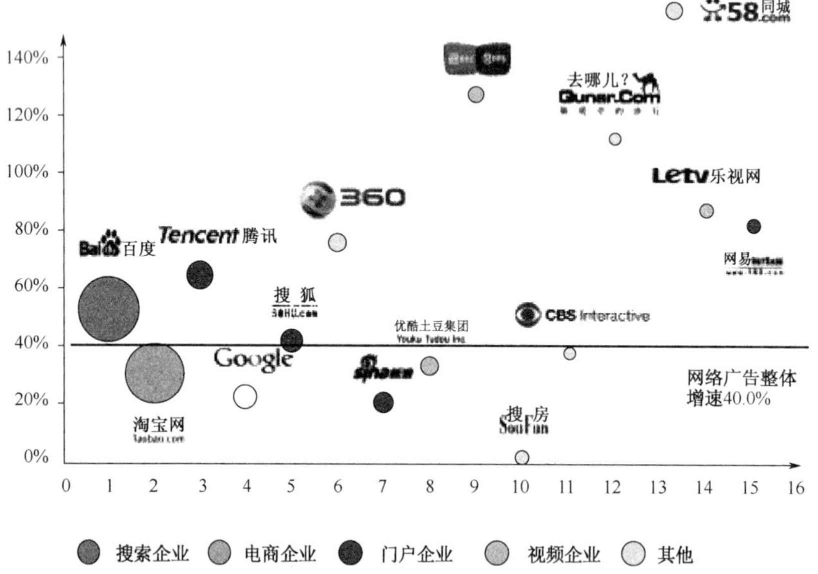

图14.25 2014年中国网络广告市场各企业同比增长率

在企业营收增速方面，爱奇艺 PPS、奇虎 360 与腾讯表现突出。2014 年爱奇艺 PPS 加大优质内容独播版权的投入，继续发力包括大型综艺节目、自制剧、自制栏目等在内的多项自制内容，在移动端商业化逐步深入，实现了广告溢价，广告营收明显增长。奇虎 360 在搜索方面加强品牌认知与建设，在搜索上继续提高其流量份额。不断发展广告主与渠道商资源，商业化进程持续推进。搜索业务成为奇虎 360 的广告业务核心推动力。腾讯广点通依托于其大社交系统，通过用户数据挖掘以及广告产品竞价机制实现资源有效配置，从而实现广告收入快速提升。2015 年，微信广告资源的开放以及广点通移动广告联盟的发展，将推动腾讯广告营收进一步提高。去哪儿网、58 同城广告营收大幅增长主要得益于企业主在垂直搜索方面的营销需求。打造优质广告平台及长期的品牌影响力建设，为乐视、网易广告营收带来了大幅提升。

14.5 主要行业网络展示广告媒体投放分析

2014 年展示类广告中，交通、房地产、食品饮料三大行业领跑市场，占比分别为 22.5%、13.3%、10.6%。与 2013 年相比，交通、房地产占比上升，增幅分别为 2.7%、1.3%；食品饮料类占比略下降，降幅为 0.1%，网络服务类占比排名首度下滑至第四位，降幅为 4.4%（见图 14.26）。

Top10 行业广告主中，增幅排名依次为交通类、化妆浴室用品类、房地产类、娱乐及消闲类，降幅明显的是网络服务类、IT 产品类。分析认为，交通类、化妆品浴室用品类增长明显，体现出汽车、快消类广告主对网络营销的认可增强，预算向线上逐步倾斜。

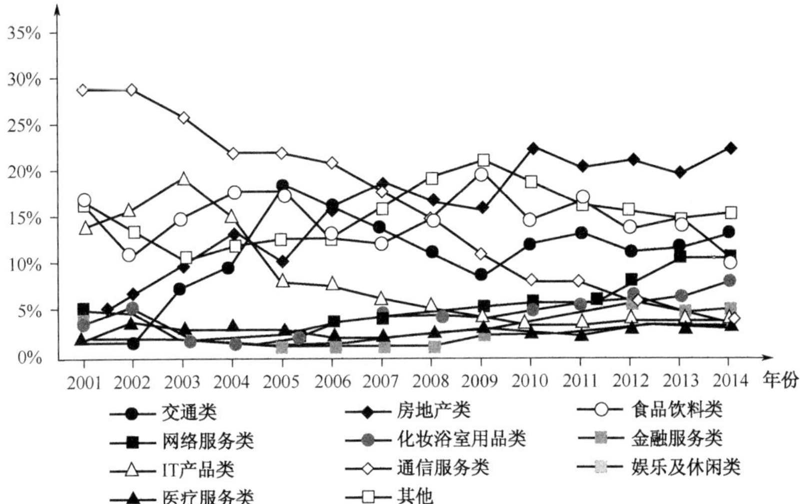

注释：以上数据为艾瑞通过iAdTracker即时网络媒体监测得到，历史数据可能产生波动，如有差异请以iAdTracker系统作为参考使用。艾瑞不为发布以上的数据承担法律责任。
来源：iAdTracker.2015年3月，基于对中国200多家主流网络媒体品牌图形广告投放的日监测数据统计不含文字链及部分定向类广告，费用为预估值。© 2015.3 iResearch Inc.,www.iresearch.com.cn。

图14.26　中国展示类广告行业广告主市场份额Top10

2014 年展示类广告的行业广告主中，前五类投放规模总计占比达整体市场规模的 65%，主要集中在交通、房产、快消、网络服务等领域，投放集中度较强。其中，交通类广告主领先优势明显，占比达整体市场规模的 22.5%（见图 14.27）。

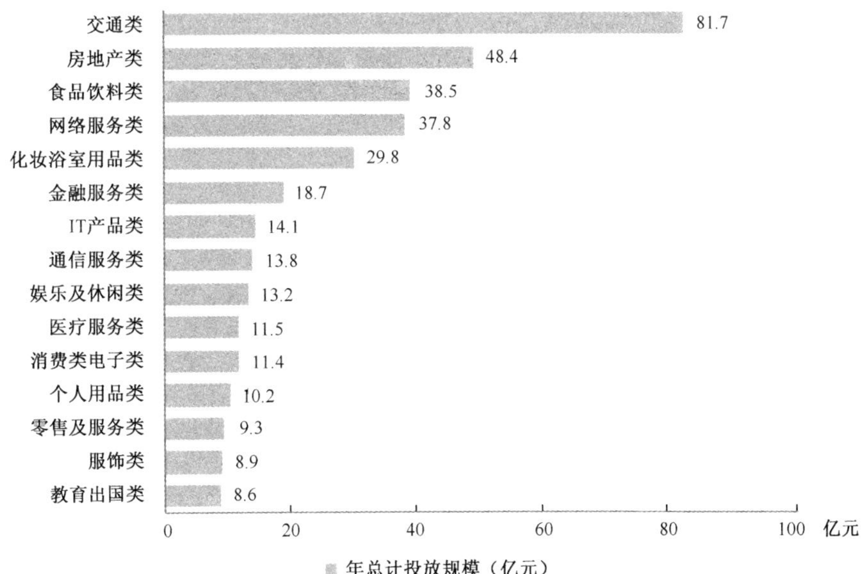

注释：以上数据为艾瑞通过iAdTracker即时网络媒体监测得到，历史数据可能产生波动，如有差异请以iAdTracker系统作为参考使用。艾瑞不为发布以上的数据承担法律责任。
来源：iAdTracker.2015年3月，基于对中国200多家主流网络媒体品牌图形广告投放的日监测数据统计不含文字链及部分定向类广告，费用为预估值。© 2015.3 iResearch Inc.,www.iresearch.com.cn。

图14.27　中国展示类广告主要行业广告投放规模Top15

在展示类广告投放广告主 Top20 中，投放规模均超过 2 亿元，总计为 77.6 亿元，投放规模较 2013 年有较大提升。其中，保洁、上海通用、长安福特、一汽大众等广告主排名领先，投放量均超过 5 亿元（见图 14.28）。

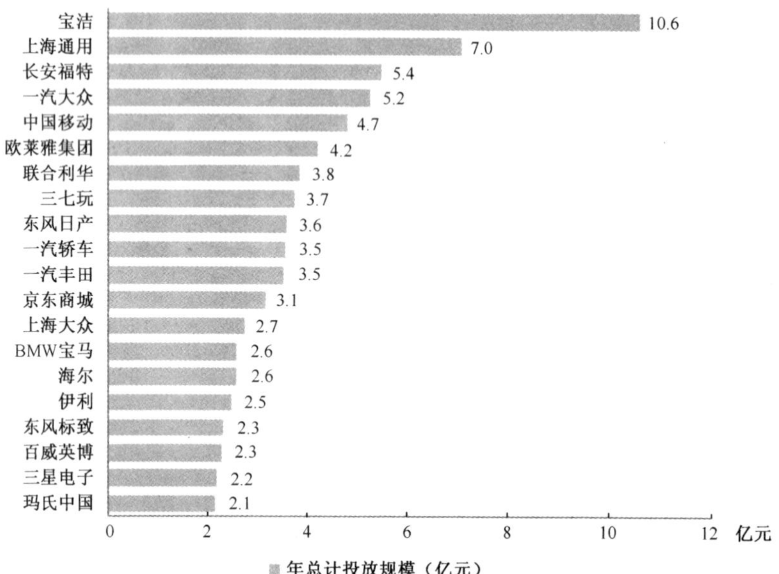

注释：以上数据为艾瑞通过iAdTracker即时网络媒体监测得到，历史数据可能产生波动，如有差异请以iAdTracker系统作为参考使用。艾瑞不为发布以上的数据承担法律责任。

来源：iAdTracker.2015年3月，基于对中国200多家主流网络媒体品牌图形广告投放的日监测数据统计不含文字链及部分定向类广告，费用为预估值。© 2015.3 iResearch Inc.,www.iresearch.com.cn。

图14.28 中国展示类网络广告广告主广告投放规模Top20

14.5.1 交通类广告

如图 14.29 所示，2014 年交通类广告主投放规模为 81.7 亿元，同比增长 35.1%。自 2011 年

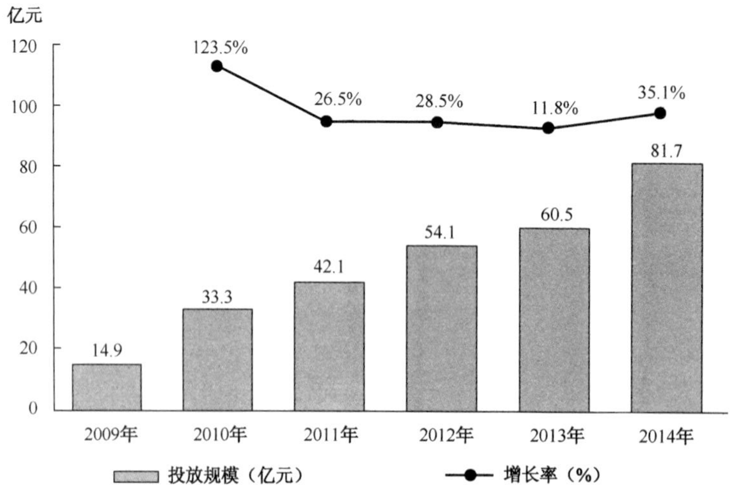

注释：以上数据为艾瑞通过iAdTracker即时网络媒体监测得到，历史数据可能产生波动，如有差异请以iAdTracker系统作为参考使用，艾瑞不为发布以上的数据承担法律责任。

来源：iAdTracker.2015年3月，基于对中国200多家主流网络媒体品牌图形广告投放的日监测数据统计不含文字链及部分定向类广告，费用为预估值。© 2015.3 iResearch Inc.,www.iresearch.com.cn。

图14.29 2008—2014年中国交通类广告主投放规模

以来，交通类展示广告投放规模增幅下降趋势结束，2014 年开始回升。2014 年国内汽车市场销售增速减缓，汽车限购力度加大，同时新能源汽车产业迅速发展，豪华品牌加速本土化进程，各汽车厂商竞争进一步加剧，在一定程度上促进了交通类广告投入。

从交通类广告主投放 Top10 来看（见图 14.30），上海通用领先地位明显，投放规模为 7.0 亿元，合资品牌成为投放主力。与 2013 年相比，一汽大众从首位降到第三名，上海通用、长安福特各上升一位，分别排名第一、第二。长安福特、一汽大众投放规模均在 5 亿元以上。

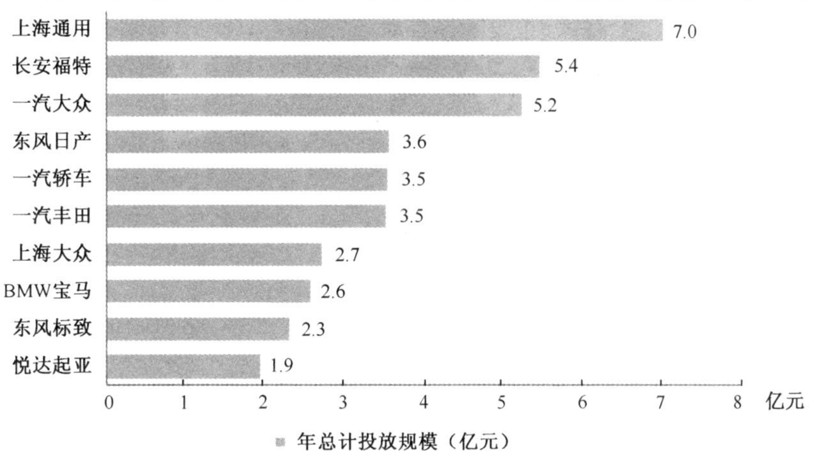

注释：以上数据为艾瑞通过iAdTracker即时网络媒体监测得到，历史数据可能产生波动，如有差异请以iAdTracker系统作为参考使用，艾瑞不为发布以上的数据承担法律责任。
来源：iAdTracker.2015年3月，基于对中国200多家主流网络媒体品牌图形广告投放的日监测数据统计不含文字链及部分定向类广告，费用为预估值。© 2015.3 iResearch Inc.,www.iresearch.com.cn。

图14.30　2014年中国交通类广告主投放Top10

从交通类广告投放的细分行业来看，汽车厂商投放占比高达 83.6%，较 2013 年上升近 2 个百分点；其次是机动车相关服务，占比为 12.2%（见图 14.31）。与传统媒体相比，汽车厂商倾向于加大线上营销和推广比例。

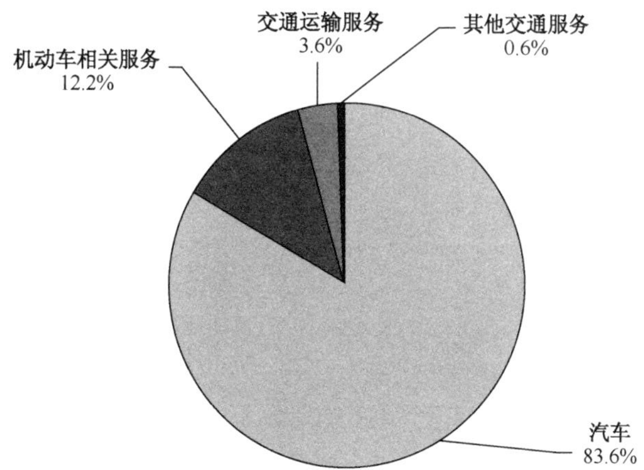

注释：以上数据为艾瑞通过iAdTracker即时网络媒体监测得到，历史数据可能产生波动，如有差异请以iAdTracker系统作为参考使用，艾瑞不为发布以上的数据承担法律责任。
来源：iAdTracker.2015年3月，基于对中国200多家主流网络媒体品牌图形广告投放的日监测数据统计不含文字链及部分定向类广告，费用为预估值。© 2015.3 iResearch Inc.,www.iresearch.com.cn。

图14.31　2014年中国交通类广告投放细分行业

汽车网站与门户网站成为交通类广告主最重要的投放媒体，其中汽车网站占比为 42.3%，超过门户网站的 41.3%。汽车垂直网站因价格优势及目标人群的精准性等原因越来越受到汽车厂商的重视，投放份额呈上升趋势，门户网站投放份额相对缩减（见图 14.32）。

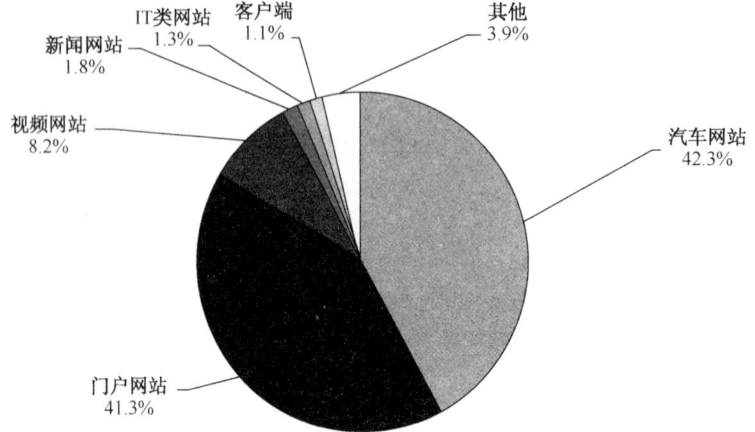

注释：以上数据为艾瑞通过iAdTracker即时网络媒体监测得到，历史数据可能产生波动，如有差异请以iAdTracker系统作为参考使用，艾瑞不为发布以上的数据承担法律责任。
来源：iAdTracker.2015年3月，基于对中国200多家主流网络媒体品牌图形广告投放的日监测数据统计不含文字链及部分定向类广告，费用为预估值。© 2015.3 iResearch Inc.,www.iresearch.com.cn。

图14.32　2014年中国交通类广告主媒体投放选择

14.5.2　房地产类广告

如图 14.33 所示，2014 年房地产行业投放规模为 48.4 亿元，同比增长 31.9%，增幅较 2013 年提升 8.1%。2014 年，房地产市场整体下行趋势明显，加大促销等广告营销成为救市重要手段。

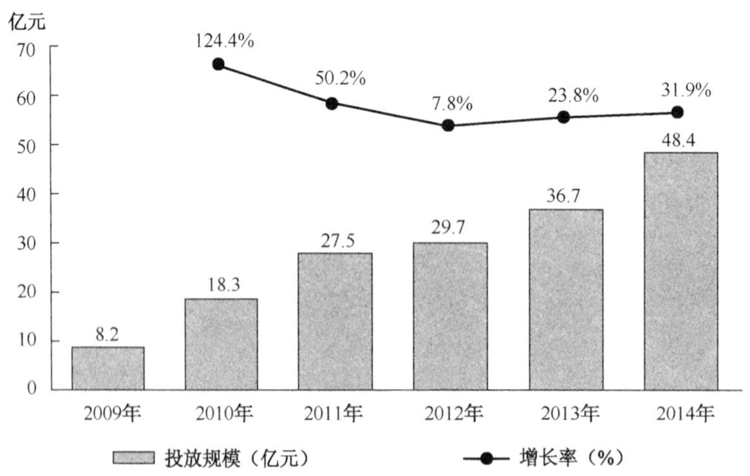

注释：以上数据为艾瑞通过iAdTracker即时网络媒体监测得到，历史数据可能产生波动，如有差异请以iAdTracker系统作为参考使用，艾瑞不为发布以上的数据承担法律责任。
来源：iAdTracker.2015年3月，基于对中国200多家主流网络媒体品牌图形广告投放的日监测数据统计不含文字链及部分定向类广告，费用为预估值。© 2015.3 iResearch Inc.,www.iresearch.com.cn。

图14.33　2009—2014年中国房地产类广告主投放规模

从房地产类广告主投放 Top10 来看，各广告主投放规模较为相近，差距不大。保利地产成为投入最多的广告主，投放规模达到 1.01 亿元，其次是万达集团和绿地集团，投放规模将近亿元（见图 14.34）。

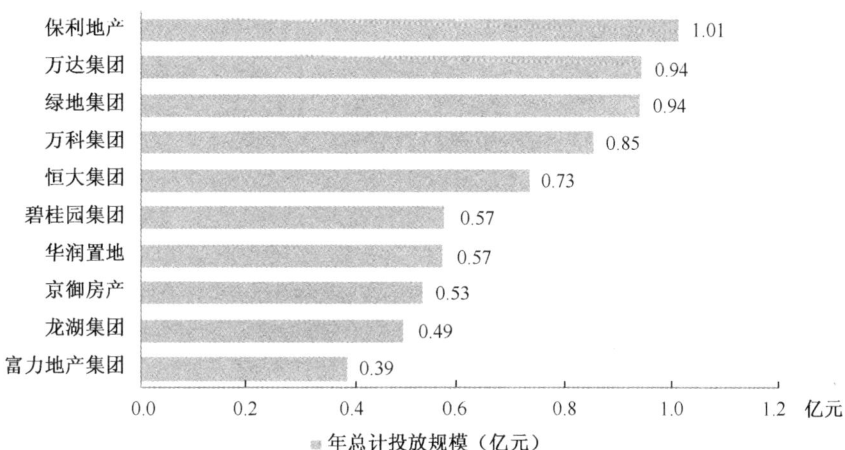

注释：以上数据为艾瑞通过iAdTracker即时网络媒体监测得到，历史数据可能产生波动，如有差异请以iAdTracker系统作为参考使用，艾瑞不为发布以上的数据承担法律责任。
来源：iAdTracker.2015年3月，基于对中国200多家主流网络媒体品牌图形广告投放的日监测数据统计不含文字链及部分定向类广告，费用为预估值。© 2015.3 iResearch Inc.,www.iresearch.com.cn。

图14.34　2014年中国房地产类广告主投放Top10

2014 年房地产类细分行业广告主中，楼盘宣传占据最主要的部分，占比达 87.7%，这与楼市整体下滑，房产类广告主加大楼盘促销宣传，刺激房产交易量有关（见图 14.35）。

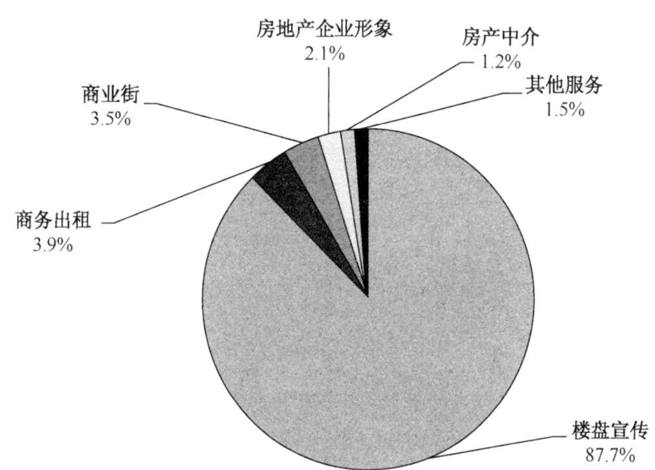

注释：以上数据为艾瑞通过iAdTracker即时网络媒体监测得到，历史数据可能产生波动，如有差异请以iAdTracker系统作为参考使用，艾瑞不为发布以上的数据承担法律责任。
来源：iAdTracker.2015年3月，基于对中国200多家主流网络媒体品牌图形广告投放的日监测数据统计不含文字链及部分定向类广告，费用为预估值。© 2015.3 iResearch Inc.,www.iresearch.com.cn。

图14.35　2014年中国房地产类广告投放细分行业

从投放媒体选择来看，房地产广告主更注重目标客户的精准触达，房产网站占比达 63.5%，占据绝对优势（见图 14.36）。门户网站占比较 2013 年提升明显，地方网站及其他媒体则作为补充。房产等非标准化商品购买频率低，单次消费金额高，因此消费者往往愿意选择在专业的垂直网站上寻找相关信息。

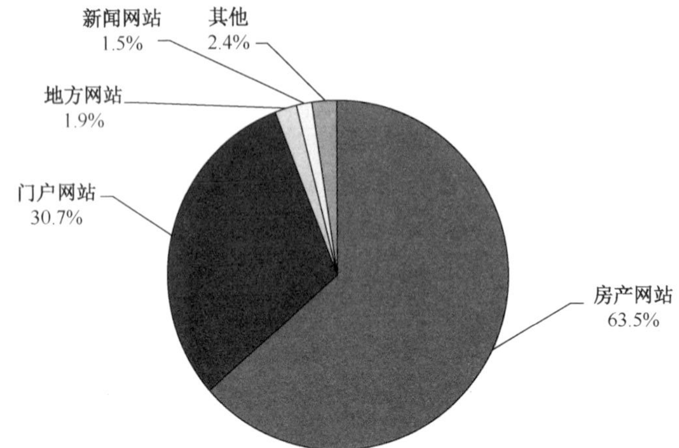

注释：以上数据为艾瑞通过iAdTracker即时网络媒体监测得到，历史数据可能产生波动，如有差异请以iAdTracker系统作为参考使用，艾瑞不为发布以上的数据承担法律责任。
来源：iAdTracker.2015年3月，基于对中国200多家主流网络媒体品牌图形广告投放的日监测数据统计不含文字链及部分定向类广告，费用为预估值。© 2015.3 iResearch Inc.,www.iresearch.com.cn。

图14.36　2014年中国房地产类广告主媒体投放选择

14.5.3　金融服务类广告

2014 年金融服务类广告投放总规模为 18.7 亿元，同比增长 17.3%，增幅明显（见图 14.37）。金融服务类与实体经济息息相关，受其影响明显，具有先行效应。

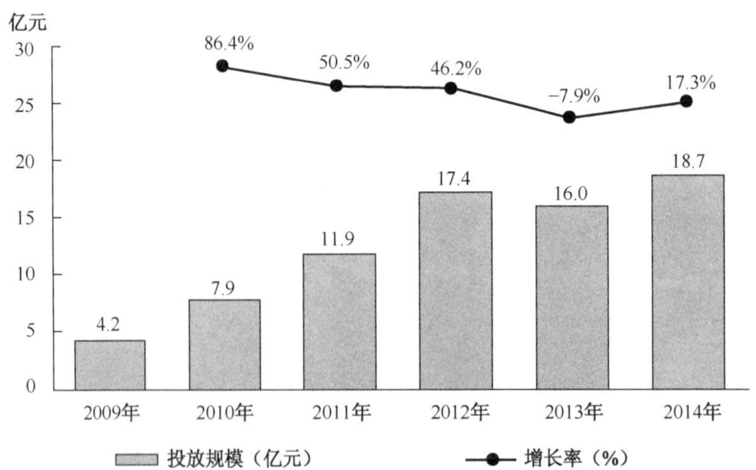

注释：以上数据为艾瑞通过iAdTracker即时网络媒体监测得到，历史数据可能产生波动，如有差异请以iAdTracker系统作为参考使用，艾瑞不为发布以上的数据承担法律责任。
来源：iAdTracker.2015年3月，基于对中国200多家主流网络媒体品牌图形广告投放的日监测数据统计不含文字链及部分定向类广告，费用为预估值。© 2015.3 iResearch Inc.,www.iresearch.com.cn。

图14.37　2009—2014年中国金融服务类广告主投放规模

从广告主投放 Top10 来看，投放集中度较强，银行类广告主投放力度加大，建设银行、中国工商银行、交通银行排名领先；中国平安投放金额大幅缩减，与 2013 年相比减少近 1.2 亿元（见图 14.38）。

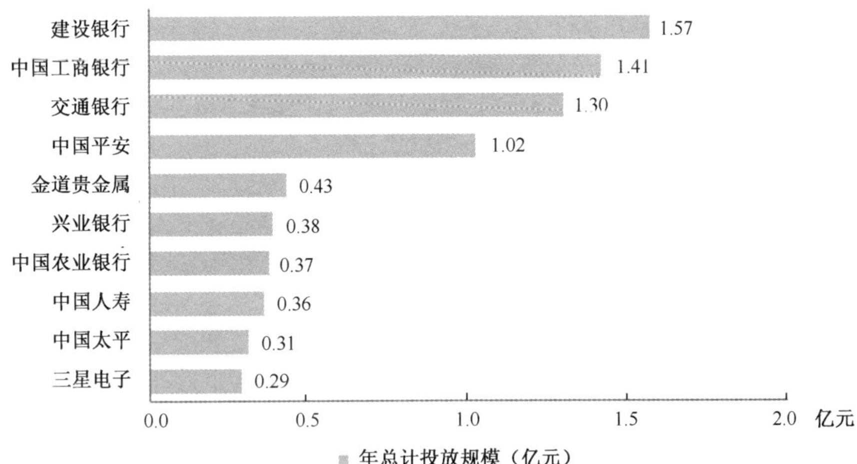

注释：以上数据为艾瑞通过iAdTracker即时网络媒体监测得到，历史数据可能产生波动，如有差异请以iAdTracker系统作为参考使用，艾瑞不为发布以上的数据承担法律责任。
来源：iAdTracker.2015年3月，基于对中国200多家主流网络媒体品牌图形广告投放的日监测数据统计不含文字链及部分定向类广告，费用为预估值。© 2015.3 iResearch Inc.,www.iresearch.com.cn。

图14.38　2014年中国金融服务类广告主投放Top10

2014 年，保险/投资服务占比达 54.8%，较 2013 年的 52.2%有小幅上升；银行服务占比达 44.7%，较 2013 年的 46.8%有小幅下降。这两类是金融服务类最主要的行业广告主（见图 14.39）。

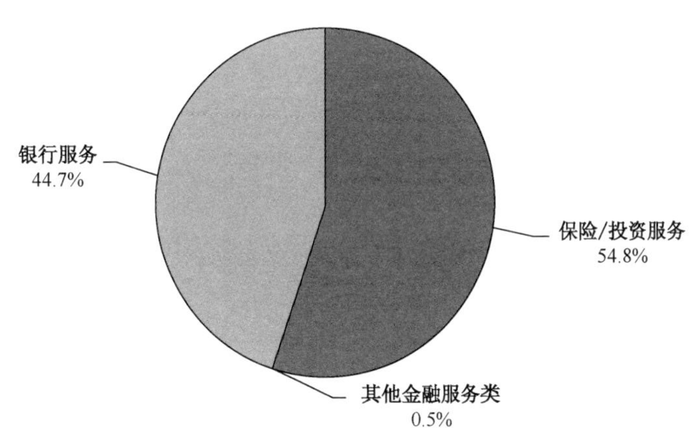

注释：以上数据为艾瑞通过iAdTracker即时网络媒体监测得到，历史数据可能产生波动，如有差异请以iAdTracker系统作为参考使用，艾瑞不为发布以上的数据承担法律责任。
来源：iAdTracker.2015年3月，基于对中国200多家主流网络媒体品牌图形广告投放的日监测数据统计不含文字链及部分定向类广告，费用为预估值。© 2015.3 iResearch Inc.,www.iresearch.com.cn。

图14.39　2014年中国金融服务类广告投放细分行业

从投放媒体类型看，主要集中在门户网站，占比达 61.0%，其次是财经网站和新闻网站。金融服务类目标客户群主要为社会中层阶级及以上人士，与门户、财经、新闻类网站主要用户契合（见图 14.40）。

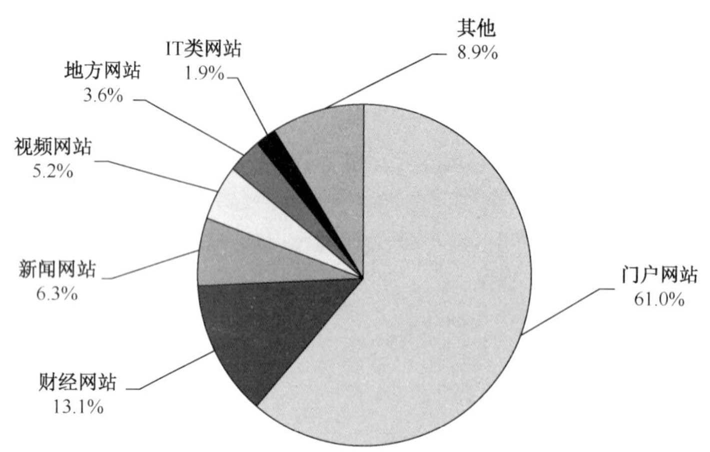

注释：以上数据为艾瑞通过iAdTracker即时网络媒体监测得到，历史数据可能产生波动，如有差异请以iAdTracker系统作为参考使用，艾瑞不为发布以上的数据承担法律责任。
来源：iAdTracker.2015年3月，基于对中国200多家主流网络媒体品牌图形广告投放的日监测数据统计不含文字链及部分定向类广告，费用为预估值。© 2015.3 iResearch Inc.,www.iresearch.com.cn。

图14.40　2014年中国金融服务类广告主媒体投放选择

14.5.4　IT 类广告

2014 年，IT 类广告投放规模达到 14.1 亿元，同比下降 8.3%。IT 类产品近年来在整体网络广告投放中的占比逐渐下降（见图 14.41）。

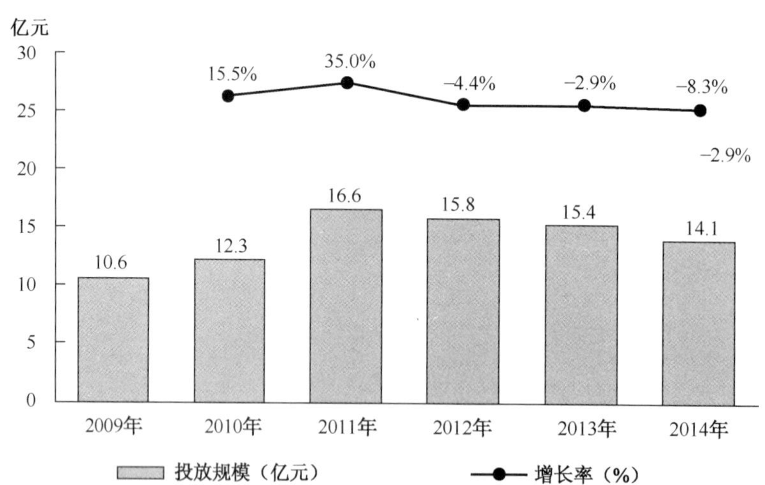

注释：以上数据为艾瑞通过iAdTracker即时网络媒体监测得到，历史数据可能产生波动，如有差异请以iAdTracker系统作为参考使用，艾瑞不为发布以上的数据承担法律责任。
来源：iAdTracker.2015年3月，基于对中国200多家主流网络媒体品牌图形广告投放的日监测数据统计不含文字链及部分定向类广告，费用为预估值。© 2015.3 iResearch Inc.,www.iresearch.com.cn。

图14.41　2009—2014年中国IT类广告主投放规模

从广告主投放规模来看，IBM 成为 2014 年 IT 产品类最大广告主。壹人壹本、英特尔在广告投入方面仅达到去年投放规模的 1/3 左右，IBM、微软也有大幅下降（见图 14.42）。

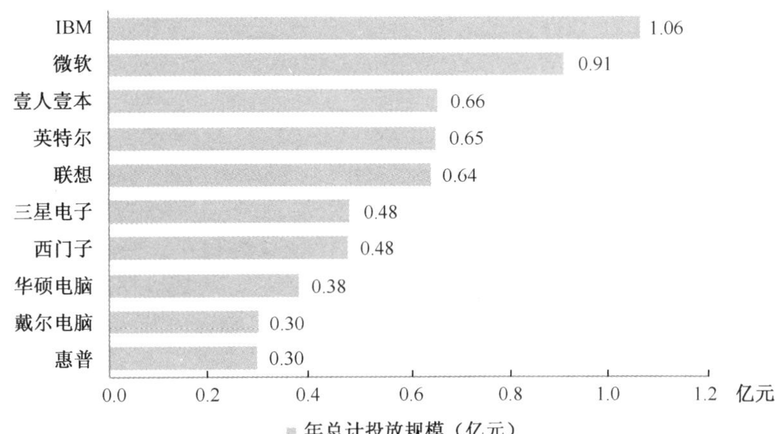

注释：以上数据为艾瑞通过iAdTracker即时网络媒体监测得到，历史数据可能产生波动，如有差异请以iAdTracker系统作为参考使用，艾瑞不为发布以上的数据承担法律责任。
来源：iAdTracker.2015年3月，基于对中国200多家主流网络媒体品牌图形广告投放的日监测数据统计不含文字链及部分定向类广告，费用为预估值。© 2015.3 iResearch Inc.,www.iresearch.com.cn。

图14.42　2014年中国IT类广告主投放Top10

如图 14.43 所示，2014 年软件类产品超越平板电脑/掌上电脑成为 IT 类产品广告投放中占比最大的细分行业，占比达 33.7%。而此类产品在 2013 年占比仅为 14.0%，排名第四。伴随技术手段的革新，中国软件产业呈现高速发展态势，用户软件使用习惯及移动生活方式逐渐养成，其营销需求愈加旺盛。

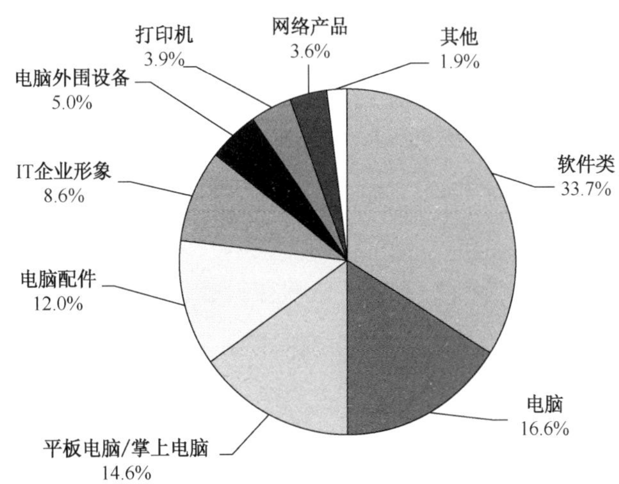

注释：以上数据为艾瑞通过iAdTracker即时网络媒体监测得到，历史数据可能产生波动，如有差异请以iAdTracker系统作为参考使用，艾瑞不为发布以上的数据承担法律责任。
来源：iAdTracker.2015年3月，基于对中国200多家主流网络媒体品牌图形广告投放的日监测数据统计不含文字链及部分定向类广告，费用为预估值。© 2015.3 iResearch Inc.,www.iresearch.com.cn。

图14.43　2014年中国IT类广告投放细分行业

在投放媒体选择上，IT 类网站与门户网站依然是最重要的媒体，占比分别达 38.0%与 28.1%，较 2013 年有小幅下降，视频网站占比较 2013 年提升 5.6%（见图 14.44）。

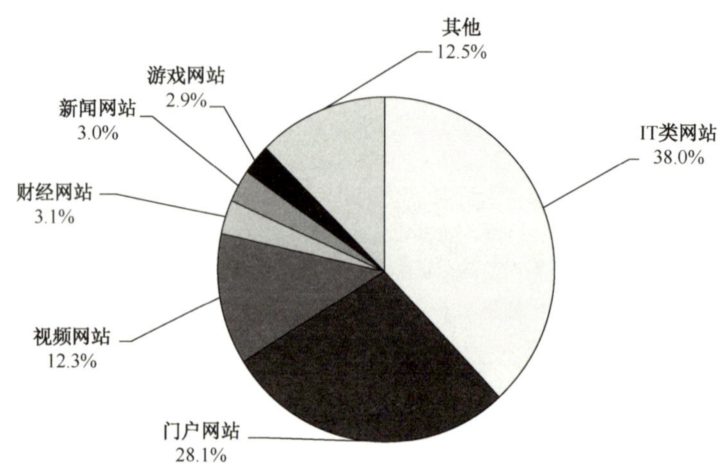

注释：以上数据为艾瑞通过iAdTracker即时网络媒体监测得到，历史数据可能产生波动，如有差异请以iAdTracker系统作为参考使用，艾瑞不为发布以上的数据承担法律责任。
来源：iAdTracker.2015年3月，基于对中国200多家主流网络媒体品牌图形广告投放的日监测数据统计不含文字链及部分定向类广告，费用为预估值。© 2015.3 iResearch Inc.,www.iresearch.com.cn。

图14.44　2014年中国IT类广告主媒体投放选择

14.5.5　FMCG 类广告

2014 年，FMCG 类广告主在网络展示广告上投放规模为 76 亿元，同比增长 27.6%，增幅较 2013 年有所下降（见图 14.45）。但从整体情况来看，快消类广告主逐渐认可网络营销的效果，将把预算更多地向网络营销方面倾斜。预计未来 FMCG 类广告主将持续投入。

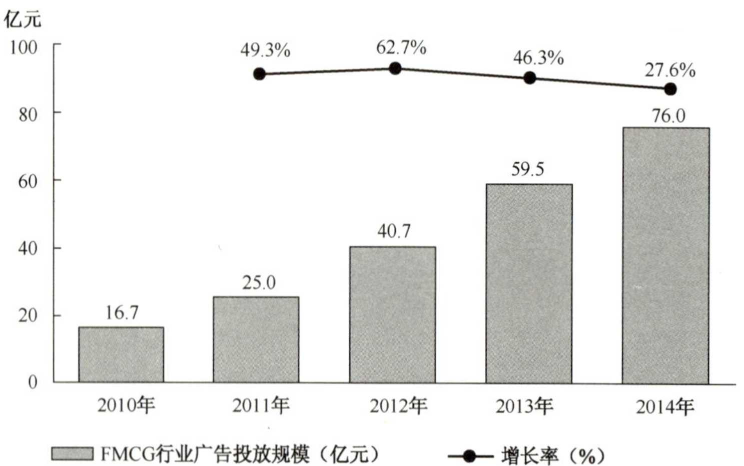

注释：以上数据为艾瑞通过iAdTracker即时网络媒体监测得到，历史数据可能产生波动，如有差异请以iAdTracker系统作为参考使用，艾瑞不为发布以上的数据承担法律责任。
来源：iAdTracker.2015年3月，基于对中国200多家主流网络媒体品牌图形广告投放的日监测数据统计不含文字链及部分定向类广告，费用为预估值。© 2015.3 iResearch Inc.,www.iresearch.com.cn。

图14.45　2010—2014年中国FMCG广告主投放规模

如图 14.46 所示，2014 年，FMCG 类广告主中，宝洁、欧莱雅集团、联合利华投入均超过 3 亿元。其中，宝洁投入达到 8.81 亿元，较 2013 年有大幅上升。以宝洁、欧莱雅集团、联合利华等为代表的快消巨头对于网络营销的态度一直较为积极，在网络营销上的预算不断增加。

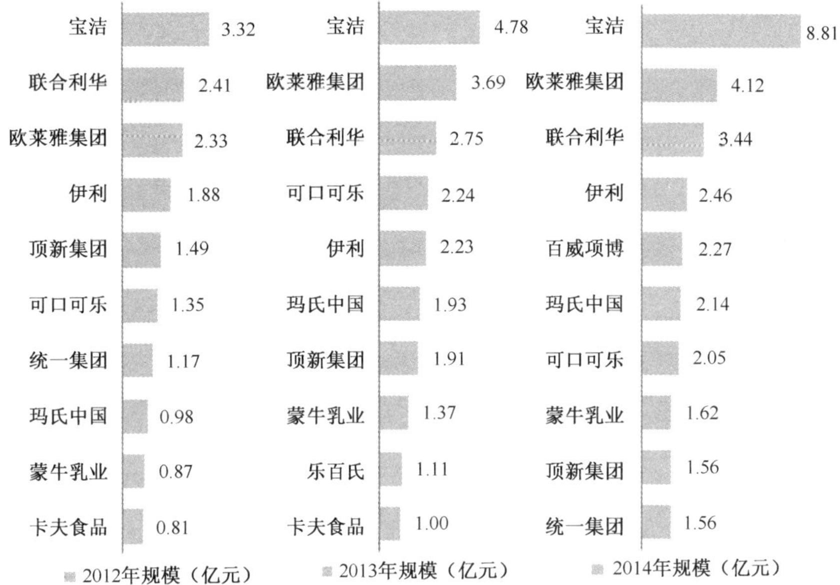

注释：以上数据为艾瑞通过iAdTracker即时网络媒体监测得到，历史数据可能产生波动，如有差异请以iAdTracker系统作为参考使用，艾瑞不为发布以上的数据承担法律责任。
来源：iAdTracker.2015年3月，基于对中国200多家主流网络媒体品牌图形广告投放的日监测数据统计不含文字链及部分定向类广告，费用为预估值。© 2015.3 iResearch Inc.,www.iresearch.com.cn。

图14.46　2012—2014年中国FMCG广告投放Top10

2014 年，FMCG 广告主主要投放媒体集中在门户网站与视频网站，其中视频网站占比由 2013 年的 30.2%上升到 37.5%，投放占比与门户网站接近。视频贴片广告作为 TVC 广告的重要补充，越来越受到 FMCG 类广告主的青睐（见图 14.47）。

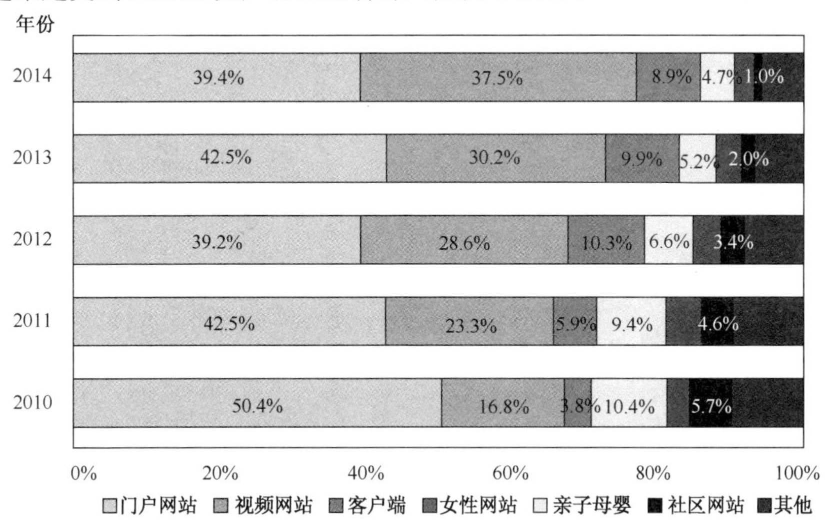

注释：以上数据为艾瑞通过iAdTracker即时网络媒体监测得到，历史数据可能产生波动，如有差异请以iAdTracker系统作为参考使用，艾瑞不为发布以上的数据承担法律责任。
来源：iAdTracker.2015年3月，基于对中国200多家主流网络媒体品牌图形广告投放的日监测数据统计不含文字链及部分定向类广告，费用为预估值。© 2015.3 iResearch Inc.,www.iresearch.com.cn。

图14.47　2010—2014年中国FMCG行业媒体投放比例

从细分行业看，食品、化妆品/护肤品、饮料类广告投放占比较 2013 年有所下降，占比分别为 21.4%、21.4%、20.2%。卫浴产品投放占比增加，占比为 17.9%（见图 14.48）。

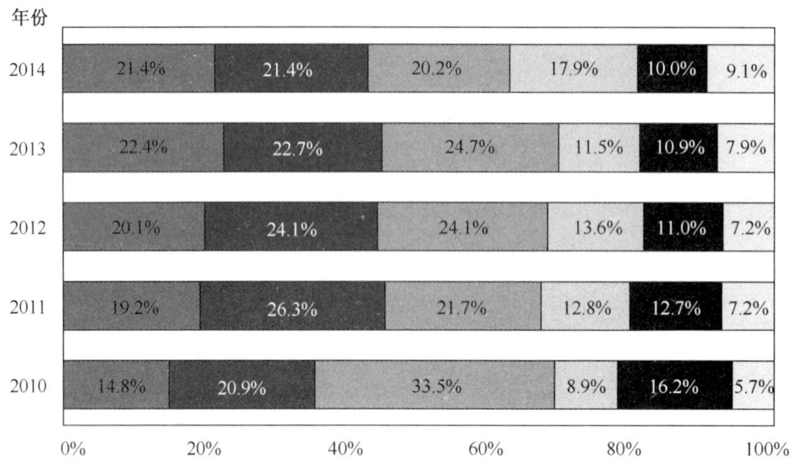

注释：以上数据为艾瑞通过iAdTracker即时网络媒体监测得到，历史数据可能产生波动，如有差异请以iAdTracker系统作为参考使用，艾瑞不为发布以上的数据承担法律责任。
来源：iAdTracker.2015年3月，基于对中国200多家主流网络媒体品牌图形广告投放的日监测数据统计不含文字链及部分定向类广告，费用为预估值。© 2015.3 iResearch Inc.,www.iresearch.com.cn。

图14.48　2010—2014年中国FMCG类广告细分行业

14.5.6　电子商务类广告

电子商务类广告分析是将广告主细分行业拆分后合并分析电子商务行业的网络展示广告市场规模。如图 14.49 所示，2014 年电子商务行业广告主投放规模为 8.2 亿元，同比上涨 1.8%。电子商务行业在展示广告方面投入下降主要由于电商企业对于广告促进销售效果的诉求进一步加强，将预算转移到搜索、导航与联盟网站上投放。

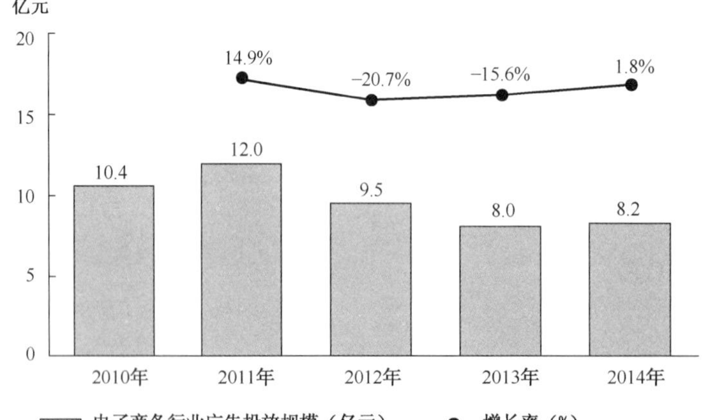

注释：以上数据为艾瑞通过iAdTracker即时网络媒体监测得到，历史数据可能产生波动，如有差异请以iAdTracker系统作为参考使用，艾瑞不为发布以上的数据承担法律责任。
来源：iAdTracker.2015年3月，基于对中国200多家主流网络媒体品牌图形广告投放的日监测数据统计不含文字链及部分定向类广告，费用为预估值。© 2015.3 iResearch Inc.,www.iresearch.com.cn。

图14.49　2010—2014年中国电子商务类广告主投放规模

2014 年电子商务行业广告主展示广告投放中，在门户网站上投入占比达 52.7%，较 2013 年略有下降。在视频网站中的投放上升明显，占比为 11.9%，比 2013 年提高超过 5 个百分点（见图 14.50）。

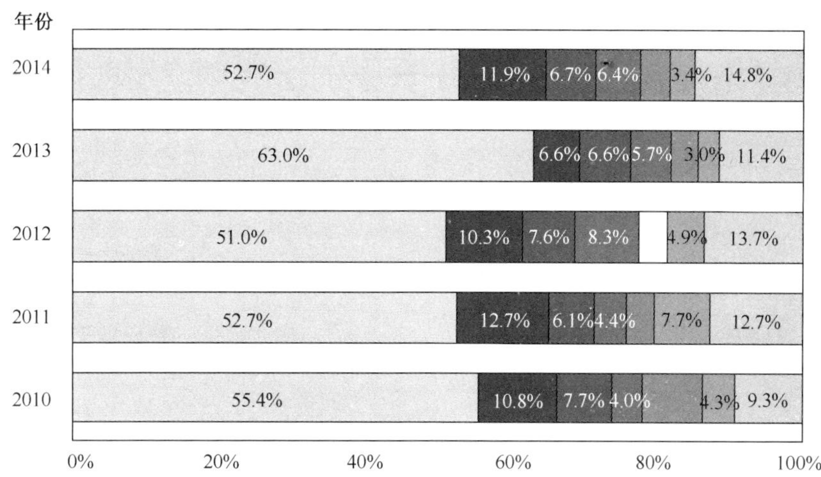

注释：以上数据为艾瑞通过iAdTracker即时网络媒体监测得到，历史数据可能产生波动，如有差异请以iAdTracker系统作为参考使用，艾瑞不为发布以上的数据承担法律责任。

来源：iAdTracker.2015年3月，基于对中国200多家主流网络媒体品牌图形广告投放的日监测数据统计不含文字链及部分定向类广告，费用为预估值。© 2015.3 iResearch Inc.,www.iresearch.com.cn。

图14.50　2010—2014年中国电子商务行业媒体投放比例

（艾瑞咨询　徐冬梅）

第 15 章　2014 年中国网络视频发展情况

15.1　发展概况

2008 年以来，网络视频行业的用户规模一直呈增长趋势，截至 2014 年 12 月，网络视频用户规模达 4.33 亿人，比 2013 年年底增加了 478 万人。用户使用率为 66.7%，比 2013 年年底下降了 2.6 个百分点（见图 15.1）。2014 年的新增网民对网络视频的使用率在 50%左右，网络视频对新增网民的拉动作用减弱，从而导致网络视频的用户规模持续增长，而使用率略有下降。

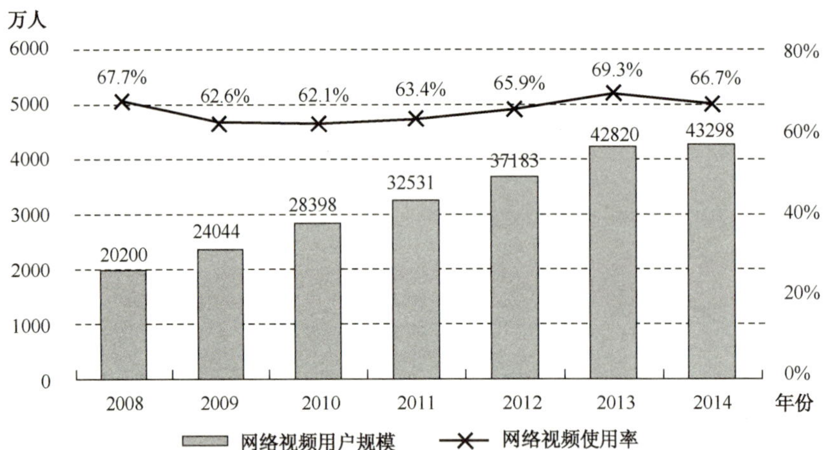

图15.1　2008—2014年中国网络视频用户规模和使用率

15.2　市场发展状况

2014 年，国家对视频行业的监管加强，在硬件、内容、应用等方面出台了一系列的政策，促进视频行业朝着健康有序的方向发展。此外，在资本市场，各大巨头的收购、融资等动作频频。4 月，阿里和云锋基金出资 12.2 亿美元，两者联合持有优酷 18.5%的股份；上半年，迅雷完成 3.1 亿美元的融资并于 6 月在纳斯达克上市，目前的市值在 7.4 亿美元左右；10 月，搜狐收购 56 网；11 月，小米千万美元投资优酷土豆，同时，3 亿美元入股爱奇艺，成为继百度之后的第二大股东。目前，除腾讯视频和乐视网外，处于行业前列的视频网站基本上都已经历资本结盟。

从调查数据来看，2014 年视频网站的竞争格局基本稳定：集合了专业影视节目、自制节目和 UGC 内容的综合视频平台——优酷网牢牢占据头把交椅，在整体品牌渗透率、忠实用户比例和付费用户比例上均遥遥领先于其他视频网站；奇艺/爱奇艺、腾讯视频依托各自搜索、门户网站的庞大用户群，迅速聚拢了大量用户，加之他们在热门综艺节目、自制剧方面的大量投入，在各指标上的排名均处在视频网站的第二、第三位；百度视频在 PC 端虽不直接提供视频服务，但是其强大的导流能力和百度的品牌效应，铸就了其较强的品牌影响力，整体品牌渗透率、手机端品牌渗透率均排在第四位；推崇用户 UGC 内容的土豆网忠实用户比例相对较高，达到 15.1%，排在第四位；搜狐视频在手机端的品牌渗透率表现相对较好，付费用户比例为 4.7%，排在第四位（见表 15.1）。

表 15.1　2014 年主要视频网站用户渗透情况

	整体品牌渗透率	PC 端品牌渗透率	手机端品牌渗透率	忠实用户比例	付费用户比例
优酷网	63.0%	48.1%	48.3%	40.4%	10.7%
奇艺、爱奇艺	56.6%	41.2%	41.6%	22.2%	6.6%
腾讯视频	54.2%	39.8%	43.2%	22.3%	5.1%
百度视频	48.8%	32.8%	32.9%	10.5%	2.5%
土豆网	47.3%	34.2%	27.2%	15.1%	4.0%
搜狐视频	46.4%	31.9%	30.9%	13.8%	4.7%
乐视网	39.5%	26.0%	24.9%	7.4%	1.9%
PPS 影音	39.0%	28.6%	23.0%	5.4%	0.8%
PPTV 网络电视	37.0%	26.3%	25.5%	6.7%	1.2%
迅雷看看	32.9%	23.8%	18.1%	7.6%	2.4%
360 影视	30.8%	21.2%	18.5%	2.8%	0.5%
新浪视频	25.8%	15.7%	15.6%	1.6%	0.2%
暴风影音	11.6%	10.0%	7.9%	2.1%	0.5%

从 CNNIC 本次调查的结果来看，表现较好的视频网站，或是得到了百度、阿里巴巴、腾讯三家大型互联网企业及其他资本的强力支持，拥有强大的内容资源来吸引用户，或是有自身的独特优势，走差异化发展的道路。目前，视频行业内的主要网站仍在如何盈利的道路上摸索。

15.3　网络视频终端设备使用情况

15.3.1　网络视频收看终端设备

1. 手机超越 PC，成为收看网络视频节目的第一终端

从网络视频用户终端设备的使用情况来看（见图 15.2），71.9%的用户选择用手机收看网络视频，手机成为网络视频的第一终端；其次是台式电脑/笔记本电脑，视频用户的使用率为

71.2%；平板电脑、电视的使用率都在 23%左右，是移动端、PC 端主要收看设备的补充。

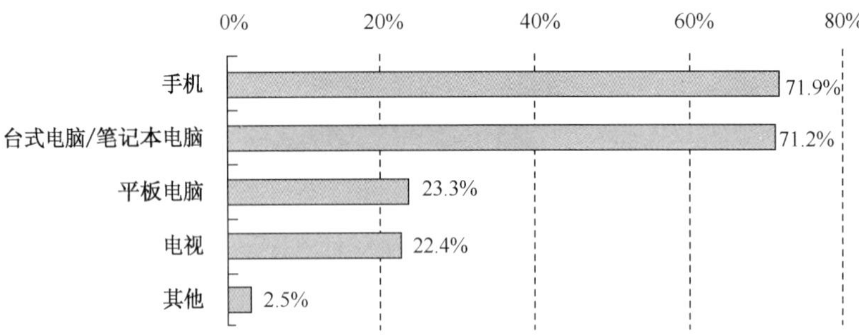

来源：CNNIC 中国互联网发展状况统计调查。

图15.2 网络视频用户终端设备使用率

随着网络环境的不断升级，加之在移动端看视频能填补用户碎片时间，随时随地唾手可得的优势，移动视频用户飞速增长。从终端设备的使用趋势来看，用户在 PC 端收看网络视频节目的比例在持续下降，移动端的比例则在持续上升（见图 15.3）。

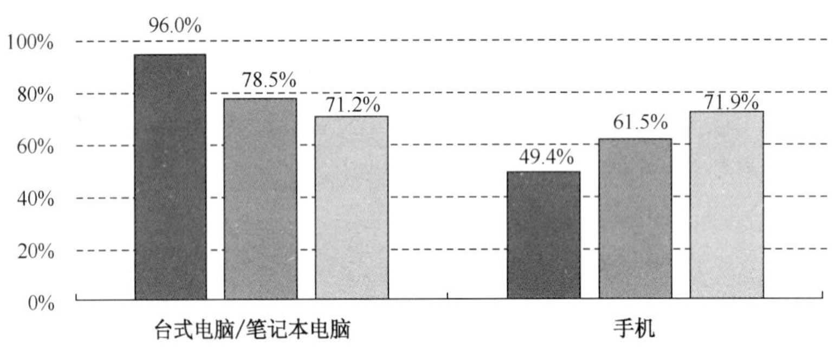

来源：CNNIC 中国互联网发展状况统计调查。

图15.3 网络视频用户终端设备使用率对比

不同地区视频用户使用互联网电视看视频的比例存在一定差异，西北、东北地区的普及率相差 12 个百分点以上。从不同地区视频用户使用的终端设备情况来看，平板电脑的使用率地区差异最小，其次是台式电脑/笔记本电脑，再次是手机，使用电视收看网络视频的比例在各地区之间差异最明显。在西北地区，36.4%的网络视频用户使用电视收看网络视频，比总体平均水平高出 5.2 个百分点，而东北地区这一比例仅为 24.2%，比整体水平低 7 个百分点，在未来有较大的增长空间（见图 15.4）。

2. 不同终端设备在不同级别城市的普及率存在一定差异

如图 15.5 所示，台式电脑/笔记本电脑作为网络视频的收看终端，在一线城市的使用率较高，四线城市的使用率较低；手机终端在一、二线城市的使用率较高，四、五线城市的使用率次之，在三线城市的使用率最低，究其原因，主要是因为在四、五线城市，PC、平板电脑的普及率相对较低，手机就成了主要的上网终端；平板电脑便捷、易用，能替代手机、笔记本电脑、阅读器、PSP 等设备的部分但不是全部功能。城市级别越高，平板电脑的普及率也越高，使用平板电脑收看网络视频的比例也越高；电视终端在二线城市的普及率最高，其次是四线城市，再次是一线、三线和五线城市，这除了与互联网电视的普及率有关，还与各城市有线电视网、IPTV 的普及情况有关。

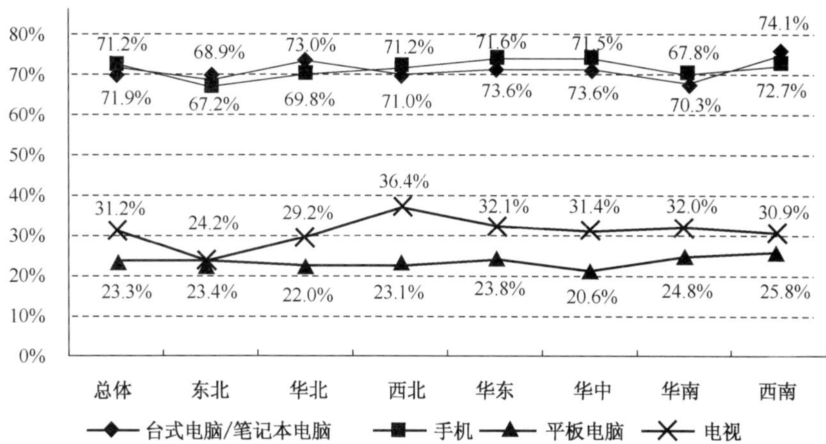

图15.4　终端设备使用率地区对比

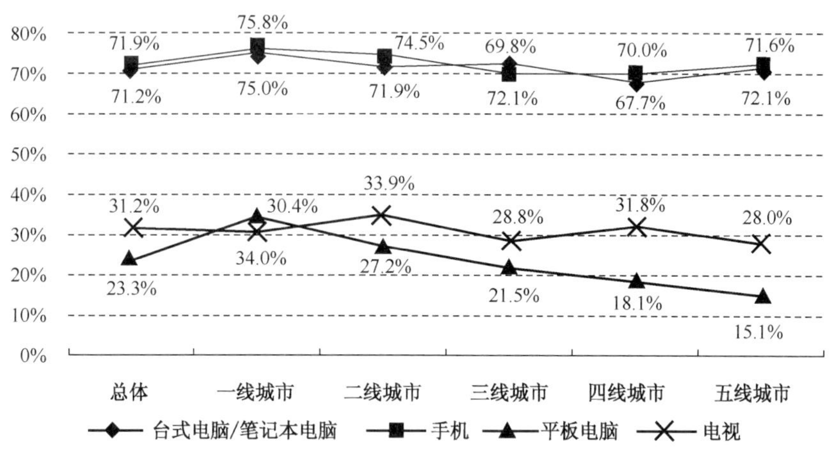

图15.5　终端设备使用率城市级别对比

3. “家里”是收看网络视频节目的主要场所，其次是公共场所

如图 15.6 所示，从不同设备收看网络视频的场所来看，“家里”是收看网络视频节目的最主要场所，台式电脑/笔记本电脑、平板电脑的收看比例都在 87%以上，手机的使用率也接近 80%，这也从另一方面反映了互联网电视的发展前景，家庭是人们娱乐休闲的主要场所，电视作为家庭娱乐的中心，尤其是能自主选择节目和收看时间、拥有良好收视体验的大屏幕互联网电视，必将成为未来网络视频节目收看的重要设备。

此外，有上网条件的公共场所，也是网络视频节目收看的主要场景，尤其是针对使用移动设备收看的用户。

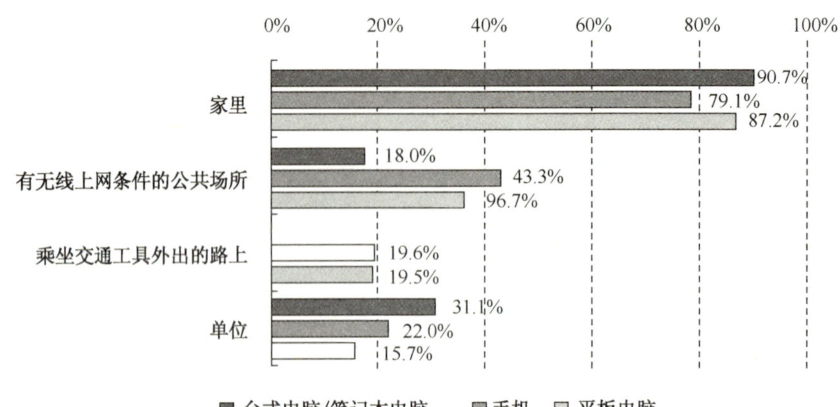

来源：CNNIC 中国互联网发展状况统计调查。

图15.6　不同终端收看网络视频的场所

15.3.2　网络视频收看频率与时长

视频用户通过 PC 端收看网络视频节目最为频繁，其次是手机。

从视频用户对不同设备的收看频率来看，近 60%的视频用户频繁（每周 5 天以上）通过台式电脑/笔记本电脑收看网络视频节目，通过手机频繁收看网络视频节目的比例为 54%。47.2%的平板电脑用户对网络视频的接触不频繁，在视频收看终端上，平板电脑还仅仅是 PC、手机的补充（见图 15.7）。

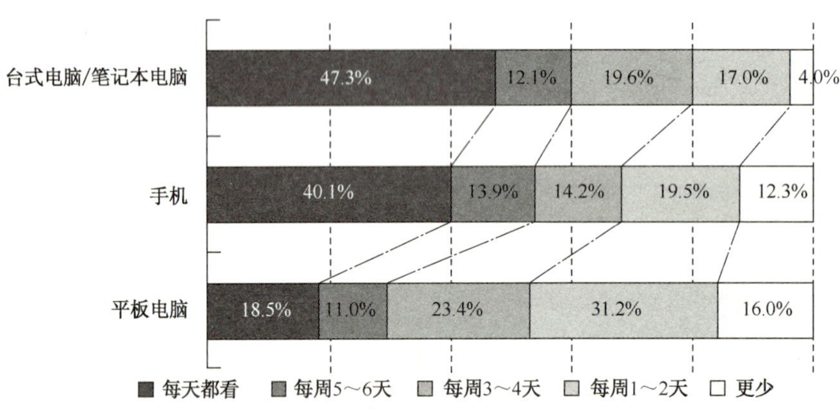

来源：CNNIC 中国互联网发展状况统计调查。

图15.7　不同终端设备的使用频率

从不同终端设备的收看时长来看，网络视频用户在台式电脑/笔记本电脑上看视频的时长最长，32.4%的用户每天通过台式电脑/笔记本电脑收看网络视频的时长在 2 小时以上，其次是平板电脑，收看时长在 2 小时以上的用户比例为 20.9%，用户在手机上看视频的时长相对较短。电视剧、电影等长视频节目强化了用户黏性，80%以上的视频用户使用台式电脑/笔记本电脑、平板电脑收看视频节目的日均时长在 30 分钟以上，在手机端，这一比例为 56.1%（见图 15.8）。

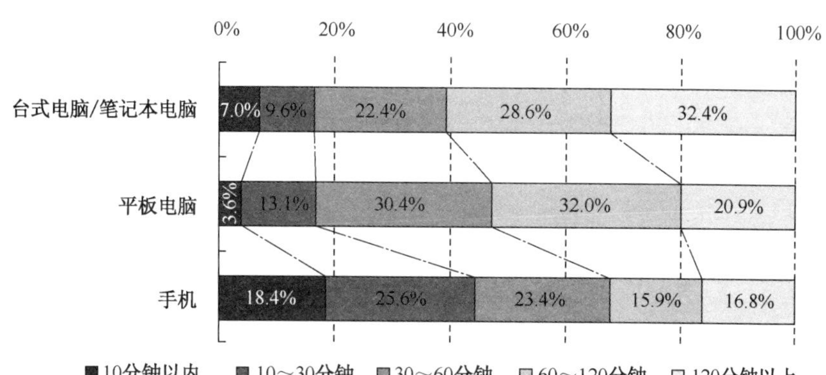

来源：CNNIC 中国互联网发展状况统计调查。

图15.8　不同终端设备的收看时长

15.3.3　网络视频节目的收看路径

1. 网络机顶盒、智能电视是人们通过电视收看网络视频节目的主要渠道

在使用电视收看网络视频的用户中，58.5%的用户是通过智能电视收看，70.0%的用户通过网络机顶盒收看，其中广电系的机顶盒和互联网机顶盒平分秋色，市场占有率均在 25%左右，IPTV 的市场占有率接近 10%（见图 15.9）。

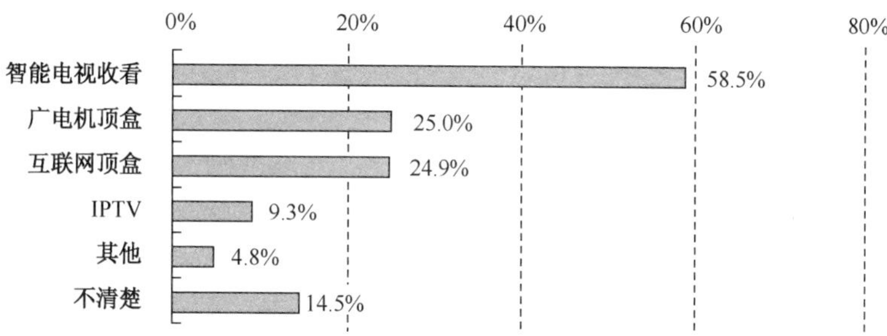

来源：CNNIC 中国互联网发展状况统计调查。

图15.9　电视终端设备使用率

使用电视这一终端收看网络视频节目时，其形式主要为互联网直播、节目点播和节目回放。调查结果显示，80.4%的互联网电视用户使用过点播功能，其中频繁使用点播功能的用户占 36.3%，偶尔使用的占 44.1%，另外有 19.6%的用户从没使用过点播功能（见图 15.10）。点播功能使用的普及，体现了互联网电视付费点播模式的成熟。

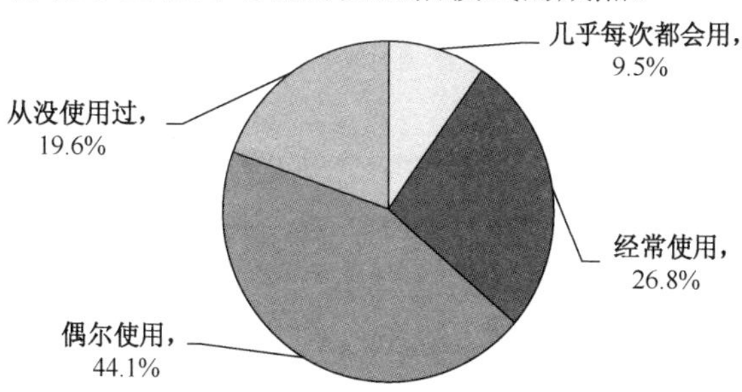

来源：CNNIC 中国互联网发展状况统计调查。

图15.10　互联网电视点播功能使用情况

除点播外，互联网电视区别于传统电视的另一大功能是回放，它让用户自主安排收看视频的时间以及主动选择收看的内容，很好地体现了互联网的便捷性。调查结果显示，67.3%的互联网电视用户使用过回放功能，其中经常使用的用户占 27.1%（见图 15.11）。国家新闻出版广电总局取消互联网电视集成播控平台提供的回看功能，对使用互联网机顶盒收看视频节目回放的用户会产生一定的影响。

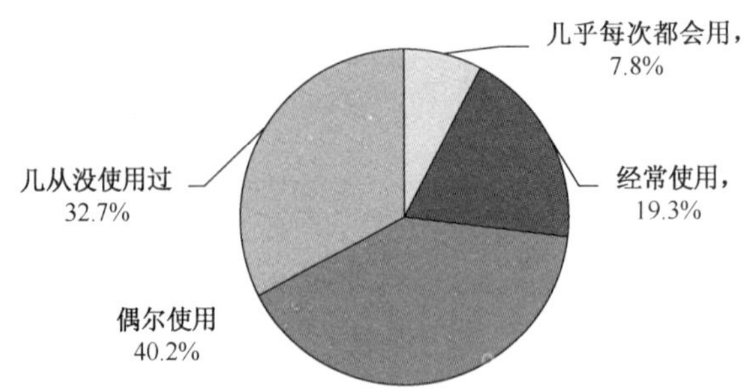

来源：CNNIC 中国互联网发展状况统计调查。

图15.11　互联网电视回放功能使用情况

2. 视频网站品牌效应显现，搜索引擎的导流作用减弱

从网络视频用户的收看路径来看，在 PC 端，通过视频客户端收看和直接访问视频网站收看的比例都在 35%左右，使用搜索引擎查找后再收看的比例为 27.5%，这表明网络视频用户已经熟知某些特定的视频网站或者安装了视频客户端，并且形成了直接登录视频网站的习惯，视频网站的品牌效应逐渐显现，搜索引擎的导流作用减弱；在移动端的情况更是如此，通过视频客户端查找和收看的用户比例在 60%以上，通过搜索引擎导流带来的用户比例在 20%以下（见图 15.12）。

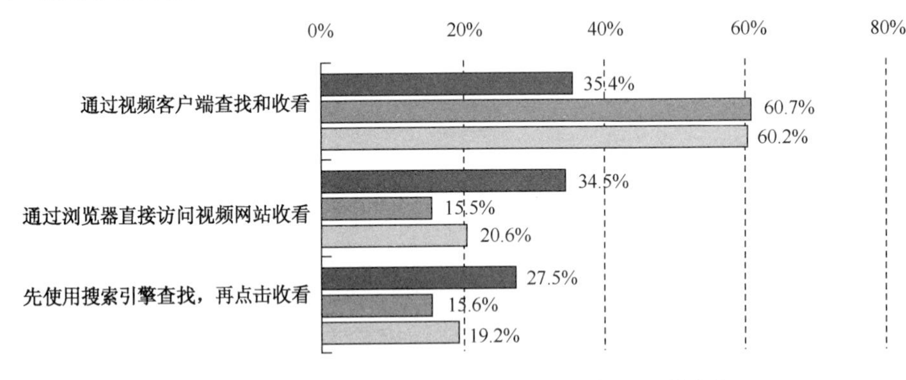

来源：CNNIC 中国互联网发展状况统计调查。

图15.12　不同终端收看网络视频的路径

3. 在移动端，通过视频客户端在线收看网络视频节目是最主要的方式

从移动端视频用户的使用情况来看，通过客户端在线收看是主要的方式，44.4%、50.6%的手机、平板电脑视频用户通过这种方式收看网络视频节目，通过手机、平板电脑离线缓存收看的比例分别为 16.3%和 9.6%（见图 15.13）。

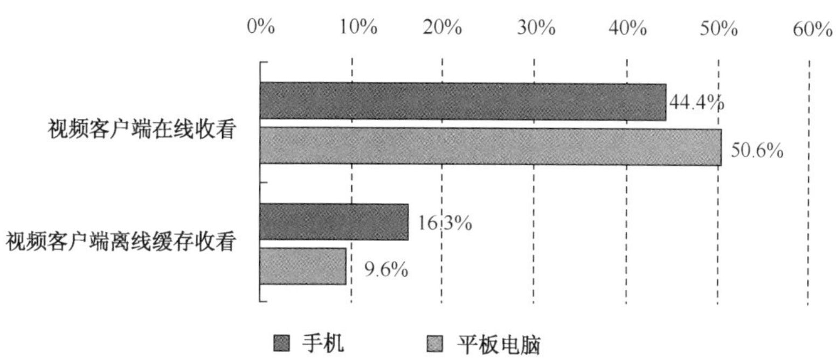

来源：CNNIC 中国互联网发展状况统计调查。

图15.13　移动端收看网络视频的路径

4．网络视频用户主要受内容导向，网站忠诚者少，女性用户尤为如此

在 PC 端，视频用户转换视频网站是几乎没有成本的，在手机端的成本则是新装一个客户端。在收看网络视频节目时，56.5%的手机视频用户会为了收看某个视频节目而安装新的视频客户端，其中女性用户的这一比例为 67.6%，视频网站主要受内容导向，品牌忠诚度不高，谁掌握了优质内容，谁就掌握了受众（见图 15.14）。

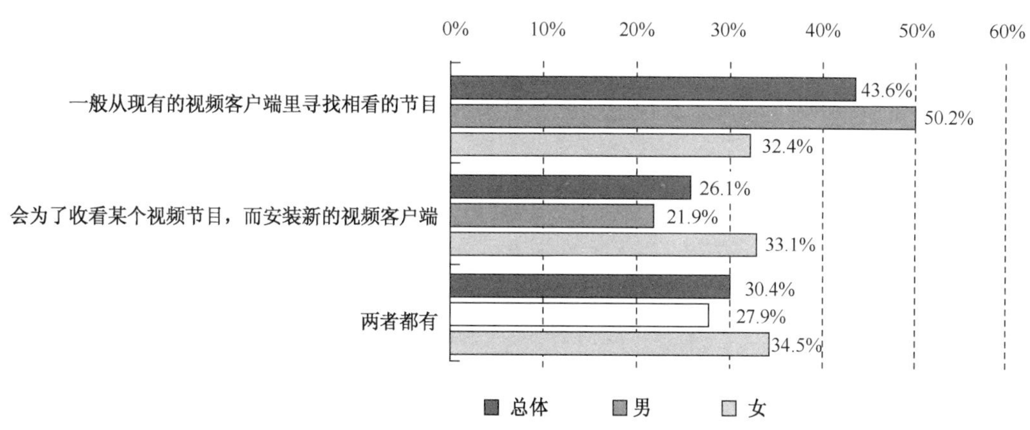

来源：CNNIC 中国互联网发展状况统计调查。

图15.14　手机客户端网络视频节目收看行为

15.4　网络视频节目内容偏好

15.4.1　不同终端收看的内容差异

设备终端不同，用户的内容偏好也有所差异，在台式电脑/笔记本电脑和平板电脑上，用户更爱看长视频，在手机上，部分短视频尤其是搞笑类视频和游戏视频的偏好度较高。

电影、电视剧、综艺节目是目前视频用户在各终端最爱看的内容，也是各大视频网站花费投入最大的视频内容，尤以电影和电视剧为甚。但是，这两类视频内容更新速度太快，且内容繁复，对视频网站的品牌形象塑造无明显帮助。调查显示（见图 15.15），23.2%的手机端用户喜欢看搞笑视频，仅次于综艺节目。此外，手机端用户对原创视频、游戏视频的偏好度也高于其他终端设备。未来，各视频网站可针对各终端的不同特点，向用户推荐受欢迎的视频内容，实现精准营销。

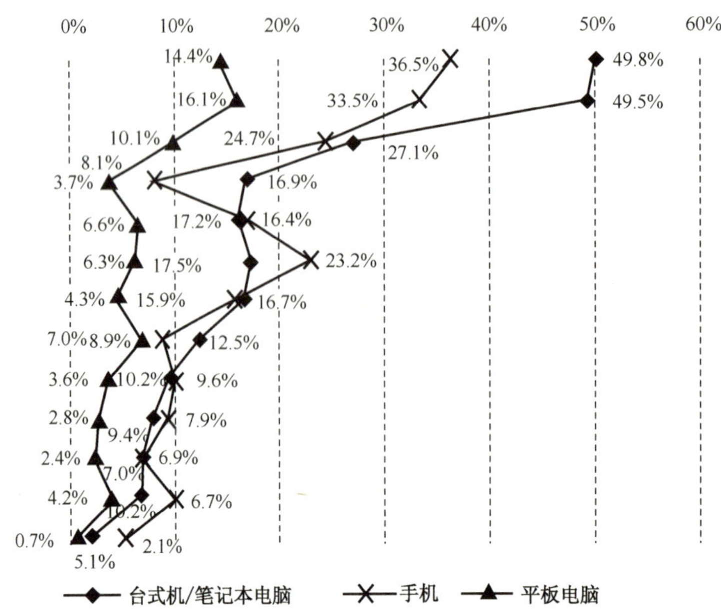

来源：CNNIC 中国互联网发展状况统计调查。

图15.15 不同设备收看的网络视频内容差异

15.4.2 热播剧的收看情况

对于热播的电视剧，38.8%的视频用户选择直接在网上看，20.7%的用户选择大部分在网上看，直接在电视上收看的仅占 14.9%（见图 15.16）。

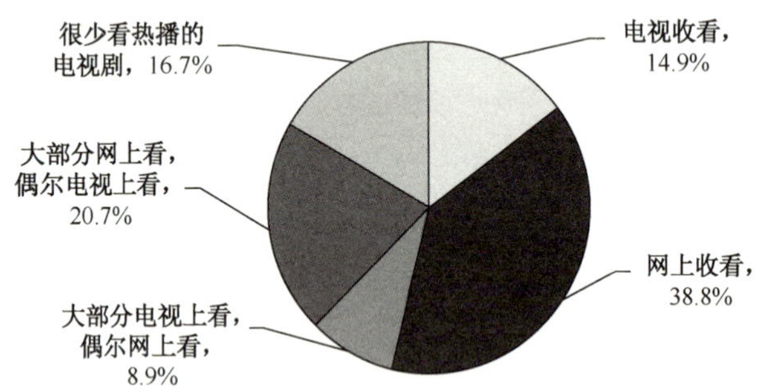

来源：CNNIC 中国互联网发展状况统计调查。

图15.16 热播剧的收看情况

传统电视媒体有稍纵即逝、被动接收、无法保存、播放时长受限制、广告时间长等先天性的劣势，网络视频则避免了这些缺点，很好地迎合了用户的需求。不过大量购买热播剧，也直接导致了视频网站的内容成本不断上涨。

15.4.3 网络自制节目/内容的兴趣度

2014 年年初开始，强势的电视台开始收紧节目版权，多家视频网站都宣布“网络自制剧元年”到来，把更多资金投向自制剧方面。2014 年，网络视频市场也确实涌现出了一批网友们耳熟能详的网络自制剧作品和栏目，给视频网站带来了知名度和用户流量，但大部分自制剧都反映平平，未能给视频网站带来相应的回报。

调查结果显示（见图 15.17），对视频网站自制的节目感兴趣的用户占 21.7%，对视频网站的自制剧感兴趣的用户占 23.1%，47.3%的网络视频用户“只看自己关心的内容，不在意是不是网站自制的内容”，另外有 16.4%的用户对自制内容的兴趣度不大。由此可见，网络视频用户在意的只是内容，对是否“自制”并不在意。

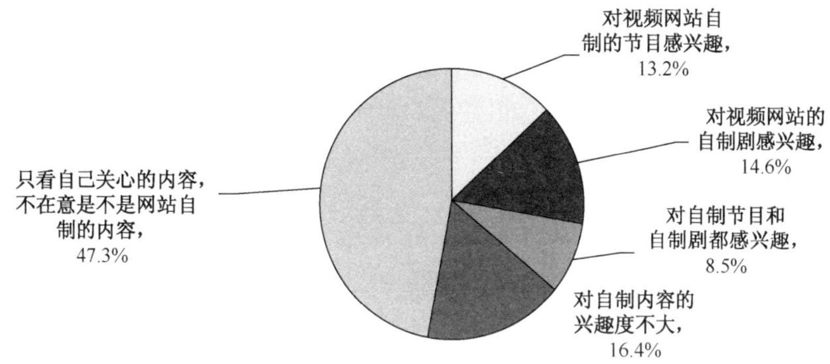

来源：CNNIC 中国互联网发展状况统计调查。

图15.17　网络自制节目/内容的兴趣度

15.5　网络视频用户分析

从网民的性别结构来看，视频网民与整体网民的性别结构类似（见图 15.18）。

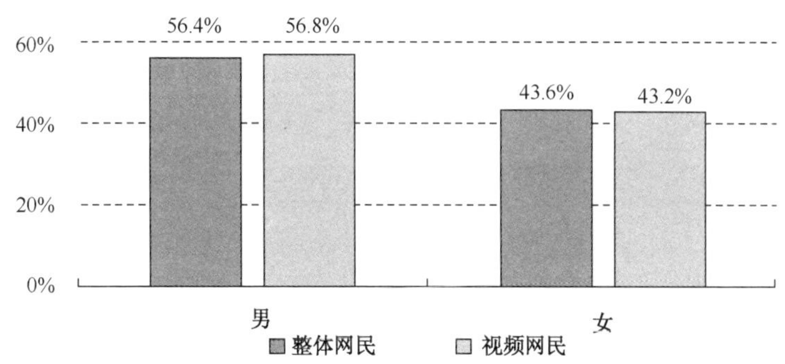

来源：CNNIC 中国互联网发展状况统计调查。

图15.18　2014年网络视频用户性别结构

网络视频用户主要集中在 10～39 岁，占比达 80.7%，其中 20～29 岁人群最多，占 34.2%，20～29 岁、30～39 岁人群占比均在 23%左右。相比整体网民年龄结构，网络视频用户呈现年轻化的态势，10～19 岁的比例高出整体网民同龄段 8.5 个百分点（见图 15.19）。

相比整体网民，网络视频用户受教育程度更高，高中及以上学历人群占 55.7%，比整体网民高出 3.6 个百分点（见图 15.20）。

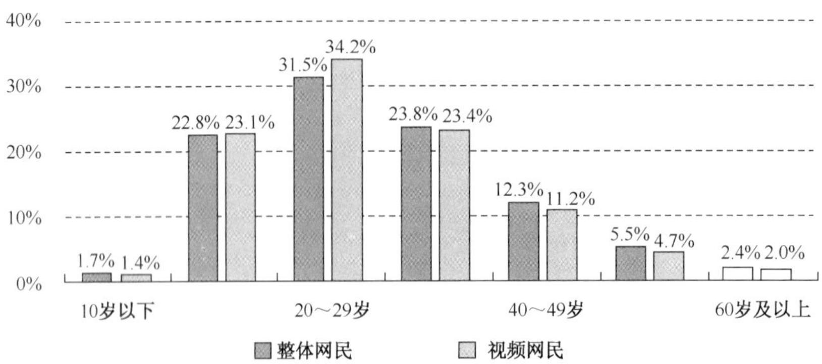

来源：CNNIC 中国互联网发展状况统计调查。

图15.19　2014年网络视频用户年龄结构

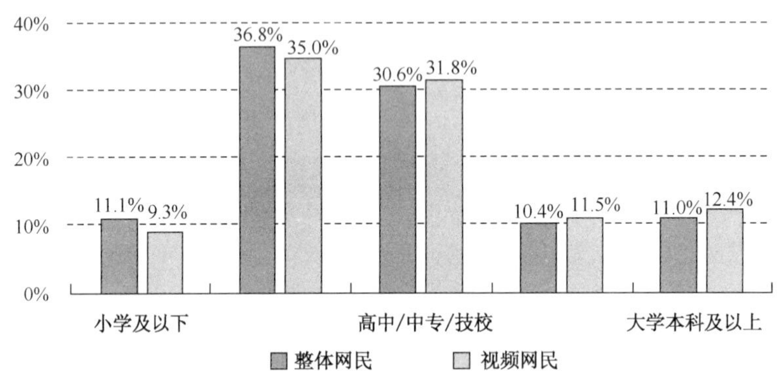

来源：CNNIC 中国互联网发展状况统计调查。

图15.20　2014年网络视频用户学历结构

与整体网民相比，视频网民中高收入人群占比较大，个人月收入在 3000 元以上的占比为 36.8%，比整体网民占比高出 2.2 个百分点（见图 15.21）。

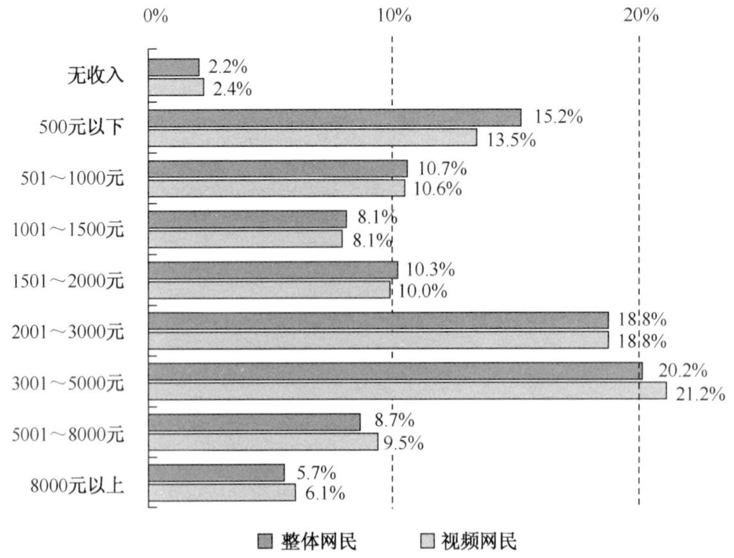

来源：CNNIC 中国互联网发展状况统计调查。

图15.21　2014年网络视频用户个人收入结构

15.6　发展趋势

自 2004 年网络视频进入中国，至今已有十余年的历史。在这十余年中，随着风险投资的大量进入，网络视频行业迅速发展并成熟，成为休闲娱乐类的主要应用。目前视频行业的格局基本确立，行业玩家都在商业模式上寻求新的突破。结合 35 次中国互联网络调查的数据，CNNIC 预测未来视频行业会朝着以下几个方向发展。

多屏幕、一体化，PC、手机、平板、电视等多屏协同发展，互联网电视将成为未来客厅娱乐生态的中心。网络视频发展初期，PC 是人们收看视频节目的主要渠道，在移动互联网时代，人们使用 PC 看视频的比重逐渐下降，对手机、平板电脑等移动端产品的使用比例在上升。自 2013 年起，众多互联网公司陆续推出自己的互联网电视、机顶盒产品，加速布局客厅生态。经过互联网模式改造后的客厅，电视这一大屏幕会在其中发挥重要的作用。

下沉至硬件，平台+内容+终端的方式会成为未来视频行业的主流。此前的视频行业中，大家争抢的主要是内容，靠内容来吸引用户，而未来，软硬件结合的布局才是视频巨头拼抢的关键。2014 年上半年，视频行业的智能硬件市场异常活跃，这同样是一场入口之争，与互联网流量入口有着同样重要的作用。

上升至内容，内容依然是视频网站的核心竞争力。在视频版权逐渐走向规范化的情况下，优质版权内容带来的用户流量优势更加凸显。因此，各大视频厂商针对优质版权内容的激烈竞争仍将持续；在自制内容方面，各大视频厂商也会从自身资源、运营优势出发进行持续投入，未来，自制战略将持续成为视频厂商的重要着力点；视频网站与影视公司的合作将进一步加强，通过另一种“自制”的方式获取内容版权，保证内容质量，加强视频厂商的品牌打造。

（中国互联网络信息中心　谭淑芬）

第 16 章　2014 年中国网络游戏发展情况

16.1　发展环境

1. 宏观政策鼓励网络游戏产业发展

2014 年，国家在宏观政策方面对网络游戏产业的支持重点在于鼓励发展、简化审核和保护知识产权等方面。首先，国务院在年初的常务会议上确立了包括鼓励创新、扶持人才、开放市场准入、绿色导向、完善政策服务五大方向的措施，以及推进文化创意和设计服务与相关产业融合发展的政策。8 月 12 日，国务院出台《国务院对确需保留的行政审批项目设定行政许可的决定》，决定取消新闻出版广电总局的“电子出版物出版单位与境外机构合作出版电子出版物审批”职能，简化了游戏审核流程。10 月 20 日，文化部市场司司长陈通在移动游戏发展联盟主办的“第四届 MGS 中国移动游戏大会”上表示，将“保护行业创新，鼓励行业创新，保护原创，鼓励原创”。网络游戏作为文化产业的一部分，在此大政策环境下将会面临新的发展机遇。

2. 多元化游戏设备普及

2014 年 1 月 6 日，国务院办公厅宣布在上海自贸区内“允许外资企业从事游戏游艺设备的生产和销售，通过文化主管部门内容审查的游戏游艺设备可面向国内市场销售”，开启了海外游戏主机进入国内的大门。同时根据工信部《2014 年电子信息产业统计公报》所提供的数据，我国 2014 年共生产 16.3 亿部手机，增速达到 6.8%，各智能设备厂商也在纷纷推出带有游戏功能的智能电视、盒子等设备，预期未来网络游戏市场多屏多终端的发展趋势将更加明显。

3. 移动网络环境提升

2014 年年底，中国移动宣布已建成超过 70 万个 4G 基站，用户突破 1 亿，实现了 4G 网络对绝大部分城市、县城的连续覆盖。移动网络环境的发展是保证移动游戏重度化、精品化的物质基础，4G 网络的普及一方面提升优化了玩家的游戏体验，另一方面降低了用户下载移动游戏的时间成本，为移动网游产业的发展创造了更多机会。

4. 人才储备充分

国产网络游戏自出现以来已经发展了十五年，资深从业人员不断积累，游戏开发者的技术水平也在不断提高，近年来海外留学生纷纷归国又为网络游戏产业的人才储备注入了新的血液。总体来说，目前我国网络游戏产业人才储备充足、年龄结构均衡、从业经验丰富，这在客观上保证了我国由“网游大国”向“网游强国”转型的人才基础。

5. 网游融资热度不减

2013 年移动游戏公司的融资热潮在 2014 年得到了延续，民间资本作为主要投资力量，众筹作为辅助投资力量的模式正在逐渐改变游戏产业的投资环境。2014 年，多家游戏公司通过上市、融资、并购、收购等模式成功获得国内外资本的支持，除了上市的昆仑、乐逗、蓝港外，包括小米在内的中国互联网甚至传统行业巨头公司也砸下巨资布局移动游戏领域。

6. IP 成为竞争核心

正版 IP 在 2014 年得到前所未有的巨大重视，移植自家已成功作品的 IP 成为游戏公司获取用户的有效手段，同时也是破解各类游戏同质化的关键。在产品投向市场的初期，原始积累的用户能够迅速而低成本地转化为游戏玩家，这使得 IP 开始成为游戏产品成功的“催化剂”。与此同时，由于 IP 在游戏内容的竞争中的价值越来越大，成功 IP 的抢购与维权就成了游戏公司竞争的关键行动。

16.2 市场发展状况

16.2.1 中国网络游戏总体发展现状

1. 中国网络游戏市场规模

如图 16.1 所示，2014 年中国网络游戏行业总营收为 1144.3 亿元，同比增长 37.7%。网络游戏营收规模的高速增长主要得益于国内移动游戏用户规模的扩大和营收模式的日趋成熟，而端游和页游收入的稳步提升也对这一结果有所贡献。预计未来网络游戏行业的增长将随着人口红利的消失而逐渐趋于稳定，更高的游戏品质将逐渐取代用户规模成为新的增长点。

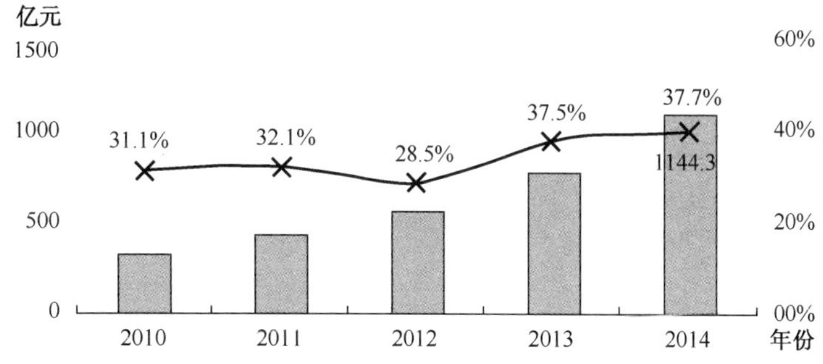

来源：GPC/IDC/CNG。

图16.1　2010—2014年中国网络游戏市场规模

2. 中国网络游戏市场结构

在 2014 年中国网络游戏市场规模中，端游、页游、手游的营收占比分别为 38.9%、14.9% 和 25.3%，端游作为网络游戏收入支柱的地位已经削弱，页游的地位基本保持不变，而手游所占比重快速提升，目前已经达到整体收入的 1/4（见图 16.2）。

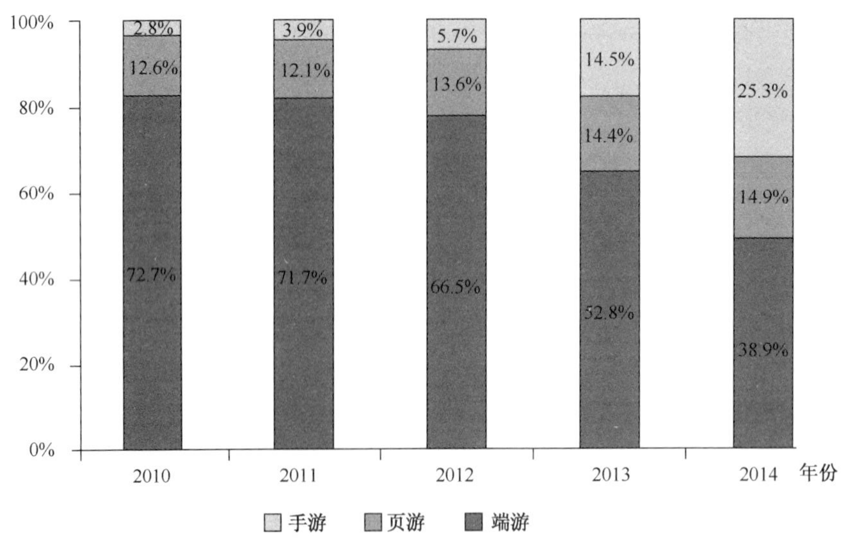

来源：GPC/IDC/CNG。

图16.2　2010—2014年中国网络游戏市场规模结构

3. 中国网络游戏上市企业 Top10

从 2014 年网络游戏收入的排名来看（见图 16.3），腾讯依然占据其霸主地位，在端游、页游、手游领域均拥有巨大优势，而盛大游戏则成为榜单中唯一较 2013 年收入有明显下降的公司。值得注意的是，在游戏收入方面，百度和奇虎 360 在过去一年的收入同比增长均超过 150%，而未上榜的中手游和乐逗游戏作为当前移动游戏行业的典型代表，2013 年的营收增速也非常高，都超过了 300%。

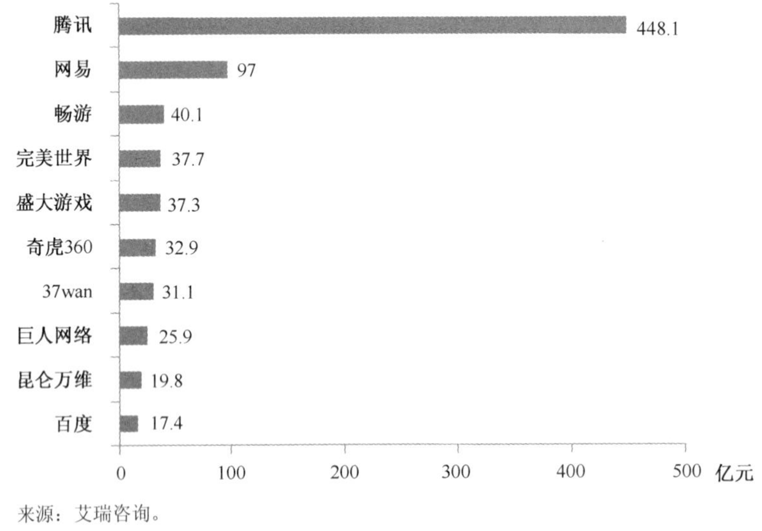

来源：艾瑞咨询。

图16.3　2014年中国网络游戏上市企业游戏收入规模

16.2.2 中国网络游戏各细分领域发展现状

1. 中国客户端游戏市场发展状况

2014 年，中国客户端网络游戏市场实际销售收入 608.9 亿元，比 2013 年增长了 13.5%

（见图 16.4）。自 2011 年起，客户端网络游戏市场的销售收入增速逐渐降低，但至今仍然维持了超过 10%的年增长率，可谓稳步发展。从用户规模、在线时长以及付费能力上看，端游一直吸引着最具价值的深度用户而成为整个网络游戏产业的核心支柱，虽然目前移动游戏发展迅速且在整个网游产业营收中的占比逐渐加大，但二者之间的相互影响并不明显，因此预计未来国内客户端游戏仍将保持稳中有升的发展态势。

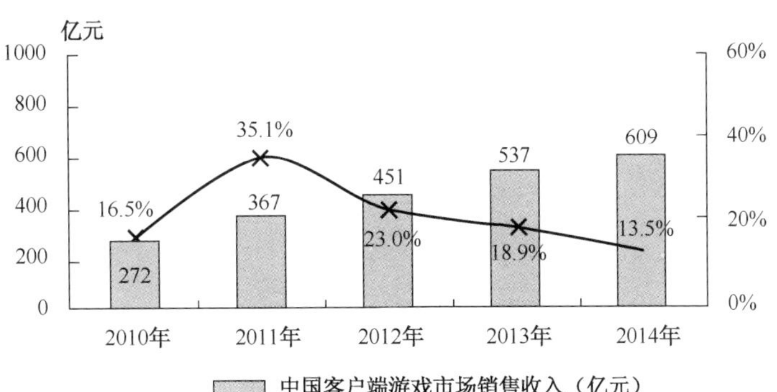

来源：GPC/IDC/CNG。

图16.4　2010—2014年中国客户端游戏市场规模

在产品价值方面，一款成功的客户端网络游戏寿命不仅可以长达十余年，其用户留存率、付费率等各方面数据都将长久保持高水平，更加重要的是，用户对该游戏的感情很容易移植到其他设备上，如畅游的手机游戏《天龙八部 3D》就在其端游上线 7 年之后再次获得成功。

而在产品研发方面，根据 2014 年客户端网络游戏企业的财报显示，大多数企业的游戏研发投入成本都在增长，其整体比例不低于游戏收入的 1/3，这造成了端游行业整体高投入、高产出、精品生存的竞争特点，从客观上抬高了行业门槛，形成了中小型游戏公司很难进入的壁垒。

2. 中国网页游戏市场发展状况

如图 16.5 所示，2014 年中国网页游戏市场虽然实际销售收入 203 亿元，比 2013 年增长了 58.8%，但用户规模却较 2013 年下降了 6.5%，这表明拥有较强付费能力的用户留存率很高，而且这些用户的消费增长迅猛，但很多付费能力较低的用户已经开始流失。从用户规模上看，当前页游的用户量已经达到瓶颈并且开始出现衰退征兆，这一方面是由于用户群被移动游戏

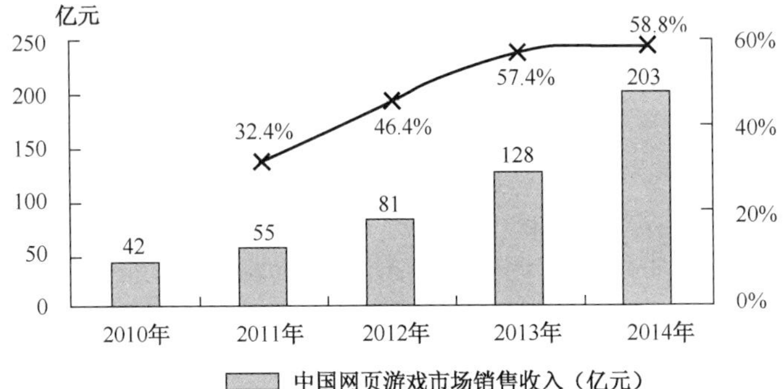

来源：GPC/IDC/CNG。

图16.5　2010—2014年中国网页游戏市场规模

分流造成的影响，另一方面还有大批页游公司转型手游，造成页游行业整体研发能力下降的原因。预计未来网页游戏市场将随着用户的缓慢流失逐渐萎缩，而高消费用户也将逐渐迁移到手机端。

3. 中国移动游戏市场发展状况

如图 16.6 所示，2014 年，中国移动游戏市场实际销售收入为 275 亿元，比 2013 年增长了 144.6%，成为整个游戏产业收入增长的核心动力。而在用户规模上，移动游戏经历了 2013 年的爆发式增长，目前已经达到 2.5 亿人，基本度过人口红利时期。

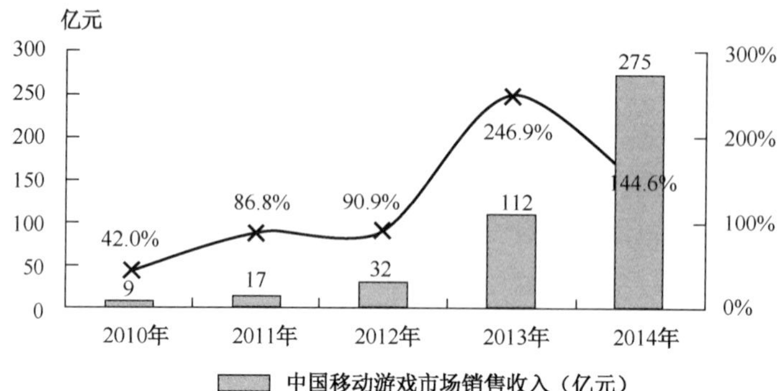

来源：GPC/IDC/CNG。

图16.6　2010—2014年中国移动游戏市场规模

在基础设施方面，智能手机的普及和硬件水平的提升，为手机游戏的精品化发展奠定了物质基础，同时 2014 年中国移动宣布 4G 网络用户过亿，也标志着移动网络带宽已经上升到了一个新的水平，可以承载更多新的游戏玩法，提升用户体验。

资本方面，2014 年的移动游戏市场跨界收购屡见不鲜，乐逗、蓝港、飞鱼纷纷上市，百度、阿里等巨头也逐渐将资本转移过来，为整个行业的发展提供了前所未有的巨大动力。

资本的注入直接导致了人才的迁移，移动游戏的快速盈利机会吸引了大量非游戏从业者创业与大批其他游戏产业从业者跨行进入该领域，而随着移动业务的日趋成熟，销售收入的不断提升，游戏制作商也开始需要更强、更完整的研发、管理和支持团队，使得人才需求更加明显。

在高速增长的背后，移动游戏产业的问题也逐渐暴露出来，大规模的投入创造了近万余款游戏产品，但能够满足玩家游戏需求的精品游戏却极少出现，使获得成功的 5%的游戏占有整个市场 80%的营收。以“三国”、“仙剑”、“武侠”为代表的 IP 被重复炒作，造成玩家审美疲劳，侵犯知识产权的现象更是屡屡发生。很多创业团队抱着“一夜暴富”的心理入行，但还没有来得及盈利就受到端游公司进场所带来的毁灭性打击，因为无论从资金储备、人才积累，还是管理经验，创业公司都完全没有能力与端游公司抗衡。

整体来说，目前国内移动游戏市场仍在高速发展阶段，并且已经开始了精品化进程，预计未来营收仍有广阔的增长空间，但大厂壁垒已经开始逐渐建立，整个市场极度红海，创业型公司淘汰率极高且业内人员流动性大。

16.3　用户情况分析

16.3.1　2014 年中国网络游戏用户规模

如图 16.7 所示，截至 2014 年年底，网民中整体网络游戏用户的规模达到 3.65 亿人，占网民总体的 56.4%。网络游戏作为互联网娱乐性应用的代表，因其丰富的游戏内容、代入感强、拥有社交属性等特点，已经成为大多数网民日常生活中不可或缺的重要组成部分。

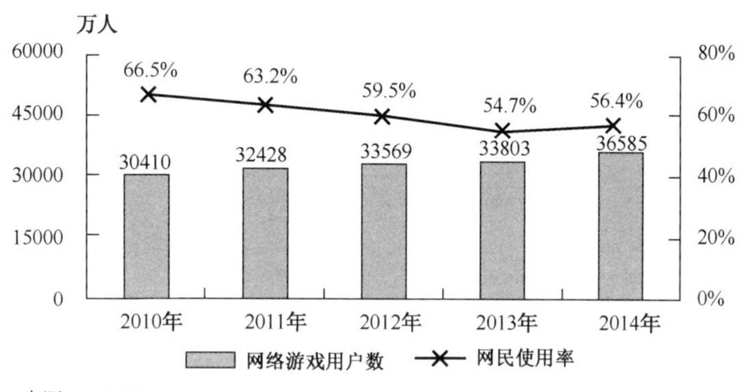

来源：CNNIC。

图16.7　中国网络游戏用户规模及使用率

2010—2013 年，网游用户在整体网民中的使用率逐年下降，这主要归因于手机网民的增长远高于 PC 网民的增长，而对应的手机网游的发展则比较滞后。随着 2014 年手机网络游戏逐步走向成熟以及游戏用户终端设备的普及，这一状况正在被扭转。

16.3.2　中国网络游戏用户的设备选择

网络游戏用户对上网设备的使用表现得更为前沿和多样化，台式电脑/笔记本电脑和手机/平板电脑是网游用户最主要使用的游戏设备，而以电视游戏主机和手持游戏机为代表的专业游戏设备使用率不高。随着游戏主机政策的进一步完善，2014 年 9 月 29 日 Xbox One 于国内正式发售，而 PS4 国行版也预期于 2015 年年初发售，使得国内游戏用户的设备选择进一步拓宽，为未来的家庭娱乐中心和主机游戏市场的发展拉开了序幕（见图 16.8）。

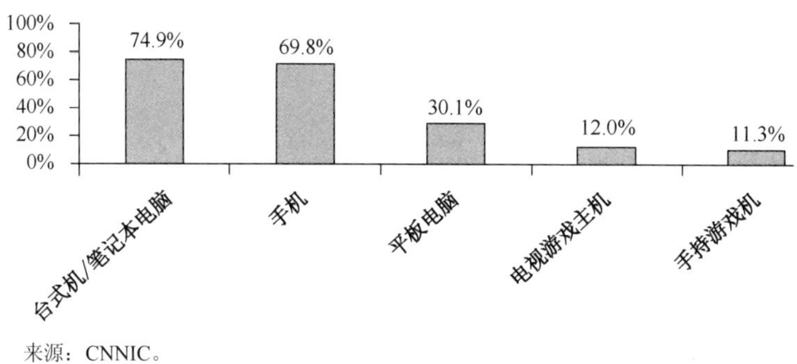

来源：CNNIC。

图16.8　中国网络游戏用户的设备选择

16.3.3 PC 网游游龄分布

PC 网游游龄在 3 年以上的老用户占到 50.6%，而半年以内的新增用户只有 7.3%，半年以内的新增用户为 7.3%，从游龄的分布也可以看出 PC 网游增长放缓的趋势（见图 16.9）。

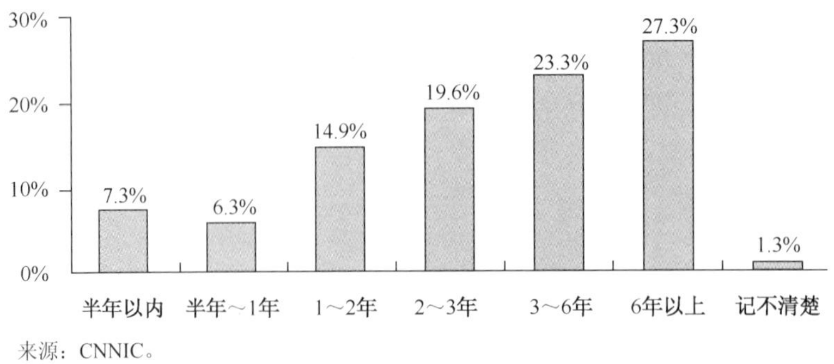

来源：CNNIC。

图16.9　PC网游游龄分布

16.3.4 PC 网游游戏时长

PC 网游用户游戏日均在线时长主要集中在 2 小时以内，2 小时以上的占比为 35.5%（见图 16.10）。一般来说，用户在某款游戏上花费的时间较多，付费能力也往往较强，因此在线时长较高的用户往往是 PC 网游收入的主要来源。

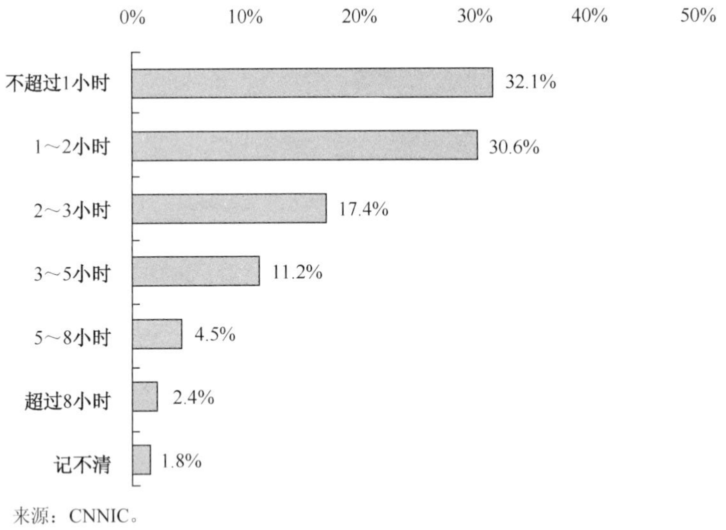

来源：CNNIC。

图16.10　PC网游日均在线时长

16.3.5 PC 网络游戏付费情况

如图 16.11 所示，PC 网游用户中，付费用户占到 24.9%，月均付费集中于 11～300 元。PC 端游用户的付费率则达到了 48.2%，且付费用户中月均付费在 300 元以上的超过 30%，可见端游依然以其强大的代入感和丰富细致的游戏体验扮演着 PC 网游收入支柱的角色。

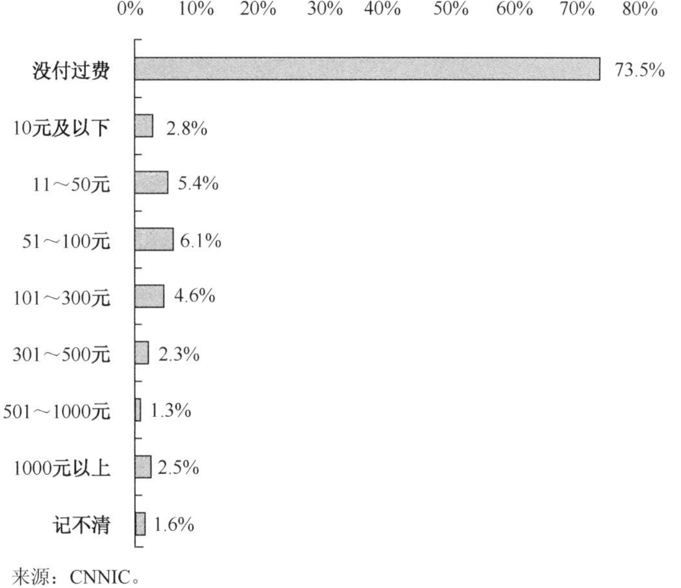

图16.11　PC网游付费情况

16.3.6　PC 网游游戏信息获取和下载渠道

如图 16.12 和图 16.13 所示，PC 网游玩家的信息获取渠道较为多元，游戏网站/论坛和朋友推荐（口碑）是最重要的两大渠道。而 PC 网游的下载渠道则较为集中，游戏官网是最重要的下载渠道，这反映了 PC 网游的运营商对渠道具有绝对优势的掌控力。

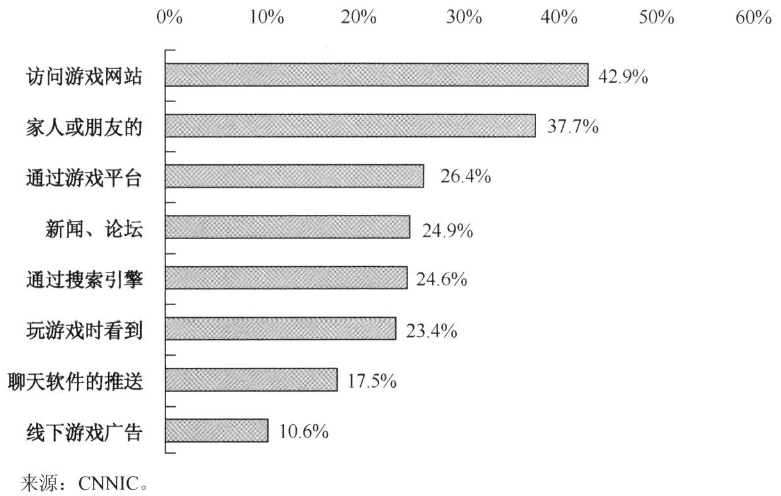

图16.12　PC网游信息获取渠道

16.3.7　手机游戏游龄分布

手机游戏方面，49.7%的手机游戏用户都是 2 年以内的新用户，反映了手机游戏在最近 2 年内的爆发式增长（见图 16.14）。移动网络环境的改善、智能手机性能的提升和价格的下降，资本和游戏厂商的发力都是推动手机游戏发展的重要因素。

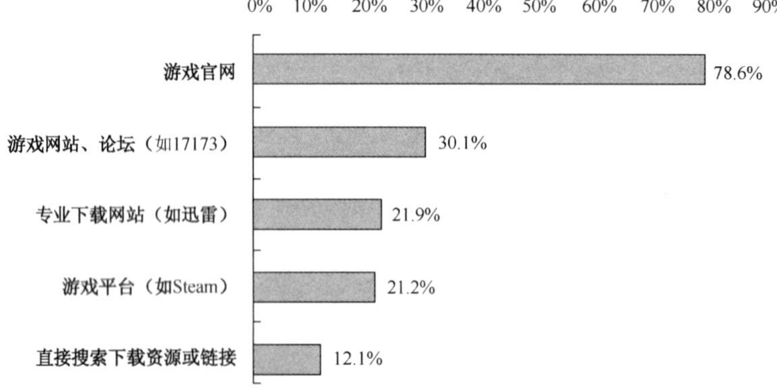

来源：CNNIC。

图16.13　PC网游下载渠道

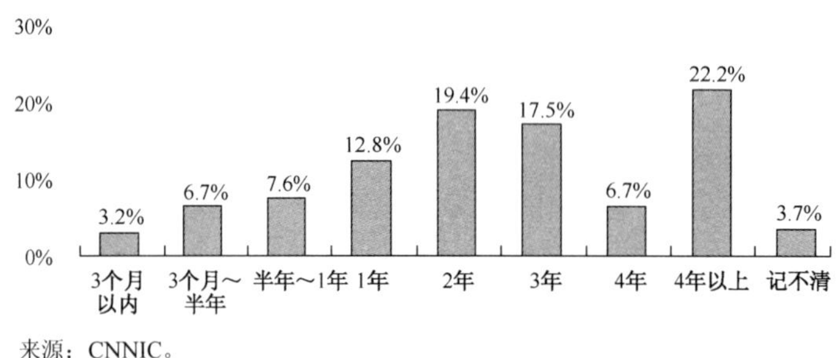

来源：CNNIC。

图16.14　手机游戏用户游龄结构

16.3.8　手机游戏类型偏好

手机游戏已经逐渐从以单机为主过渡到以网游为主。类型方面，跑酷躲避类、棋牌类、休闲益智类等轻游戏最受玩家青睐，而作为手机重度游戏的动作格斗类、角色扮演类、战争策略类发展势头良好，用户使用率为 10%～20%，未来手机游戏收入的增长将主要来自这部分玩家（见图 16.15）。

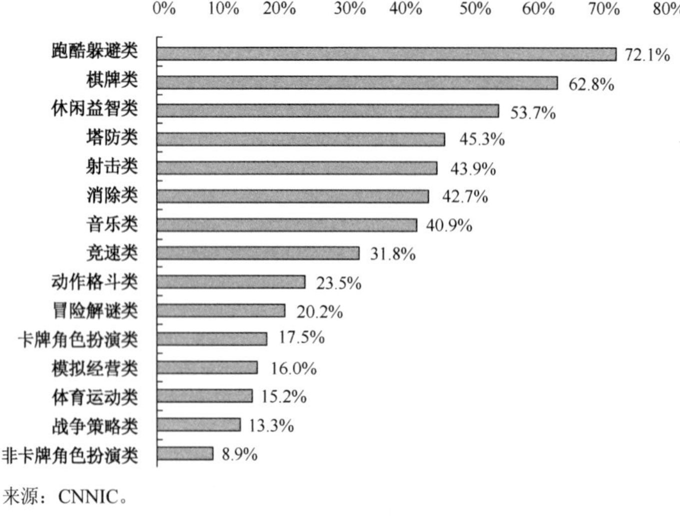

来源：CNNIC。

图16.15　手机游戏类型偏好

16.3.9　手机游戏时长分布

手机游戏日均在线时长在 2 小时内的用户占到 79.6%，表现出碎片化的特征（见图 16.16）。随着移动游戏制作商的注意力逐渐从轻度网游转移到精品的重度网游、智能终端硬件水平的提升和 4G 网络的发展，预计手机游戏将向重度化过渡而使得日均在线时长逐渐上升。

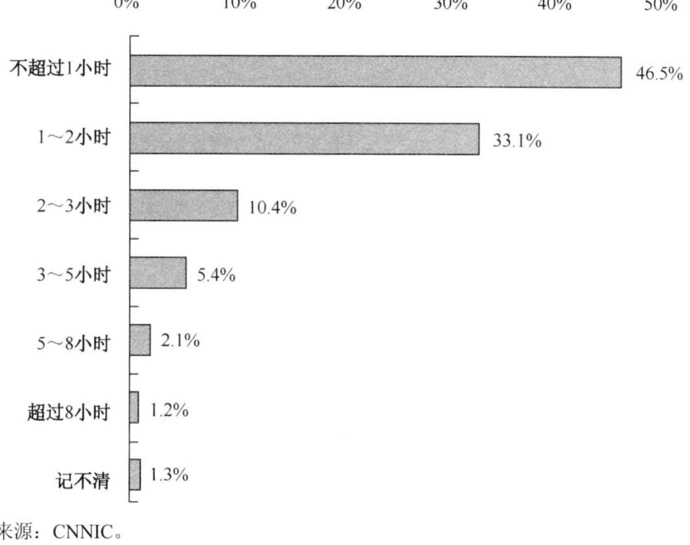

来源：CNNIC。

图16.16　手机游戏日均在线时长

16.3.10　手机游戏付费情况

手机游戏用户中，付费用户占到 25.2%，月均付费在 100 元以下的占到 67.3%（见图 16.17）。随着用户成熟度的提升、手机支付功能的完善，以及重度手机游戏的增多，未来手机游戏的付费情况依然有很大的提升空间。

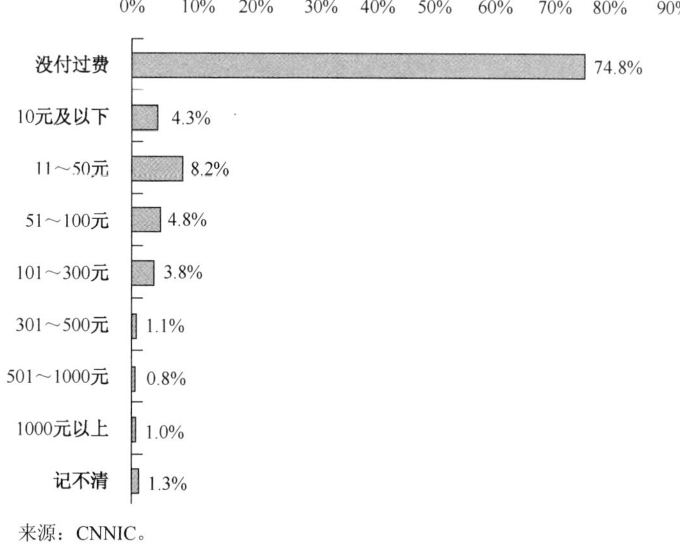

来源：CNNIC。

图16.17　手机游戏付费情况

16.3.11 手机游戏信息获取和下载渠道

从用户的手机游戏信息获取和下载渠道来看，和 PC 网游不同，手机游戏的推广对渠道的依赖性非常高，这直接导致手机游戏推广的费用居高不下，众多小型的手游厂商生存困难，研发费用受到挤压，手游精品难以出现。可以预见，拥有强势渠道的手游厂商将进一步垄断手游市场（见图 16.18 和图 16.19）。

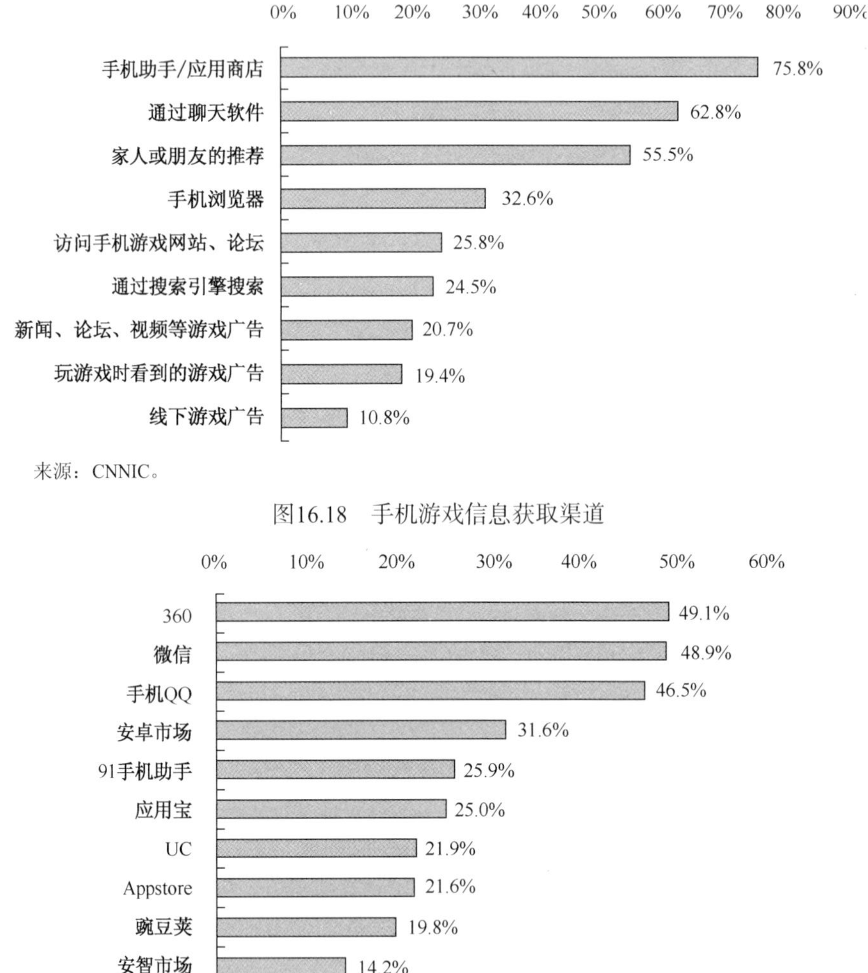

来源：CNNIC。

图16.18 手机游戏信息获取渠道

来源：CNNIC。

图16.19 手机游戏下载渠道

16.4 总结与展望

总体来说，2014 年由于手机游戏产业营收的爆炸性增长，使得这一年网游行业内的几乎所有重大变化都是或多或少地围绕着手机游戏进行的。目前，中国网游玩家规模达到 3.7 亿人，手机游戏玩家达到 2.5 亿人，并且每年还保持着 1.5%的平均增长速度，加上玩家的高付费能力，使得中国毫无疑问地成为全球最具潜力的游戏市场。伴随着智能设备的新一波浪潮，网络游戏产业的精品化与多元化发展成为从业者所关心的首要问题，而对于知识产权的保护、海外业务的拓展以及新商业模式的开发也逐渐被人们所重视。

1. 客户端游戏的稳步发展与竞技化

虽然 2014 年几乎可以说是属于手机游戏的一年，但客户端游戏仍然在低调、稳健地发展，并保持着它作为网游产业营收支柱的地位。与此同时，端游厂商也在不断探索适合于自己的新商业模式，逐渐从原本单纯依靠游戏内的装备收费发展到线上游戏与线下比赛，甚至与电视节目相结合。越来越多的商业化竞技游戏比赛开始走入人们的视线，2014 年 7 月在美国西雅图举行的 DOTA2 国际邀请赛，中国队伍包揽该项赛事的冠亚军并获得了超过 600 万美元的奖金，而这些奖金主要是通过众筹方式从游戏玩家购买比赛的电子门票中抽取一部分添加到比赛奖金池获得的。在竞技游戏的商业比赛中，普通玩家、参赛选手、俱乐部赞助商和赛事举办方各取所需，这种变化不仅给玩家带来了更多参与感，给端游产业本身注入了新的活力，同时也带动游戏周边产业有了新的发展。专业的竞技游戏直播平台被投资人普遍看好，如雨后春笋般纷纷出现。通过这些游戏直播平台，游戏玩家可以直接与自己喜欢的竞技游戏选手进行交流，而游戏主播则可以与直播平台对直播过程中的产生收益进行分成，形成了又一条完整的新产业链。随着行业的不断规范和主流媒体的日益关注，竞技游戏将网络游戏与竞技体育进行融合，采用已经非常成熟的商业化运作模式，作为端游的新方向或许将成为未来网络游戏的下一个支柱。

2. 网页游戏市场逐渐萎缩

虽然从营收上看，网页游戏在 2014 年经历了高增长，但开发商与用户规模的流失带来的长期影响必将使得网页游戏市场产生萎缩。因为页游相比于端游的特点在于低安装成本、碎片化的游戏时间以及相对较低的研发成本，而这三点在手机游戏面前优势全无，同时资本对于手游的火爆投入直接导致整个 2014 年页游市场融资冷淡，在缺少资本支持与用户流失的双重作用下，全年行业内产出的优秀页游也寥寥可数。在可以预见的未来，页游的市场份额将逐渐被手游侵蚀，而在历史上成为一款承接端游与手游的过渡性产品。

3. 移动游戏产业成熟化与 IP 乱象

手机游戏的爆发式增长在 2014 年上半年达到最高峰，下半年开始逐渐进入洗牌期。缺乏创新、技术实力较差的中小型开发者相继被淘汰出局，预计 2015 年在延续这一趋势的同时，手机游戏的市场仍将进一步扩大。

数据显示，随着玩家使用手机进行游戏的时间上升，其付费能力也会相应提高，因此 2014 年在营收上获得成功的大作，如《刀塔传奇》、《全民奇迹》都是相对重度的手机游戏，可见未来手机游戏的精品化、重度化是必然趋势。

IP 的争夺将在 2015 年更加激烈，同时 IP 的重复炒作问题也成为当前阻碍手机游戏健康发展的一大问题。随着端游公司对手机游戏领域的重视，很多成熟的端游 IP 开始移植到手机平台，如《天龙八部 3D》、《魔力宝贝》都获得了很大成功，但也有些如“三国”、“武侠”等免费热门 IP 被反复使用，造成市场上很多产品同质化严重，无法带给玩家更多新鲜感。值得注意的是，仅 2015 年 3 月市场上就出现了大宇授权的四款“仙剑”手游产品，这种对经典 IP 破坏式的挖掘不仅很难促成游戏的成功，反而会降低玩家对经典 IP 的品牌期望，造成核心用户流失。

在 IP 被重复使用的同时，知识产权的维护也将越发受到业内重视。2015 年年初暴雪于我国台湾发起对《刀塔传奇》涉嫌侵害其游戏产品《魔兽争霸》元素的起诉，而几乎同一时间《刀塔传奇》的制作商莉莉丝游戏也在美国起诉 Ucool 公司的《Heroes Charge》涉嫌抄袭《刀塔传奇》，可见游戏制作商的维权和行业规范的制定将成为 2015 年手机游戏领域的一大重点。

4. 国产游戏纷纷出海

随着国内手机游戏的新玩家获取成本不断升高，很多游戏公司开始将目光转向海外。网易游戏在美国加州成立新总部，致力于开发移动游戏，莉莉丝投资了提供海外游戏发行与服务的盖娅网络，《我叫 MT2》、《刀塔传奇》等均在 2015 年年初于欧美市场上市，中国手机游戏开始在全球市场扬帆起航。

5. 主机游戏国内前景迷茫

虽然很多厂家认为国内主机游戏市场是“一个潜在用户可达 4000 万、规模近千亿元的市场”，且我国长达 13 年的游戏机禁售规定已经正式解除，Xbox One 和 PS4 分别于 2014 年年底和 2015 年年初在国内发售，但市场反应却并未达到预期。一方面，国内玩家的游戏设备使用习惯已经养成，很难在短时间内迁移到游戏主机上；另一方面，虽然主机解禁，但游戏并没有通过审核，造成市面上玩家可以选择的游戏很少。随着游戏的逐渐丰富与玩家对游戏主机的不断认识，主机游戏可能在未来进入很多家庭，但这需要相对较长的时间，而且很难成为一个拥有巨大规模的市场。

6. 电视游戏得到国内厂商重视

电视机顶盒在 2014 年火爆一时，阿里、小米等厂商都希望借此实现其在电视游戏上的远大抱负。相比于游戏主机，电视机顶盒最重要的优势就在于其低廉的价格，但也正因为此，电视机顶盒的硬件性能完全不可能与游戏主机或者手机、PC 相提并论，而要把这种硬件水平能够支持的游戏放到未来主流的 4K 电视上展现，效果可想而知。另外，当前国内电视游戏产业的生态基础还很薄弱，这种薄弱表现在多个方面。首先，当前电视机顶盒缺乏统一的操作系统和游戏引擎，只能移植手机上的安卓系统进行二次开发。其次，没有统一的交互设备，这给开发商进行游戏制作造成了极大困难。再次，国内的电视游戏开发水平还很低，绝大部分高水平的研发人员都集中在端游和手游，电视游戏开发门槛高、成本大、见不到短期收益，即便有资本的支持，也很难有研发人员愿意投身到这个领域。最后，目标用户规模未知，这主要是由于电视的受众主要集中于 30 岁以上的成年人，而电视游戏的受众则要剔除其中的老年人，30 岁以下愿意为游戏付费的年轻人主要以电脑和手机作为首选休闲设备，不少青少年甚至已经不看电视，因此电视游戏的用户规模是否足够支撑其成为一个能够盈利的产业目前尚不得而知，而且即便克服了以上诸多困难，仍很难判断它的体量可以达到端游或者手游的规模。在可以预见的未来，除非电视游戏和主机游戏在交互设备上取得突破性成就并以此拉开与 PC、手机游戏的体验差距，而且价格要达到绝大多数用户可以承担的水平，否则这个产业在国内只能局限于相对小众的领域。

（中国互联网络信息中心　郭　悦）

第17章　2014年中国搜索引擎发展情况

17.1　发展概况

17.1.1　搜索引擎用户规模

截至2014年12月，我国搜索引擎用户规模达5.22亿人，使用率为80.5%，用户规模较2013年增长3257万人，增长率为6.7%（见图17.1）。

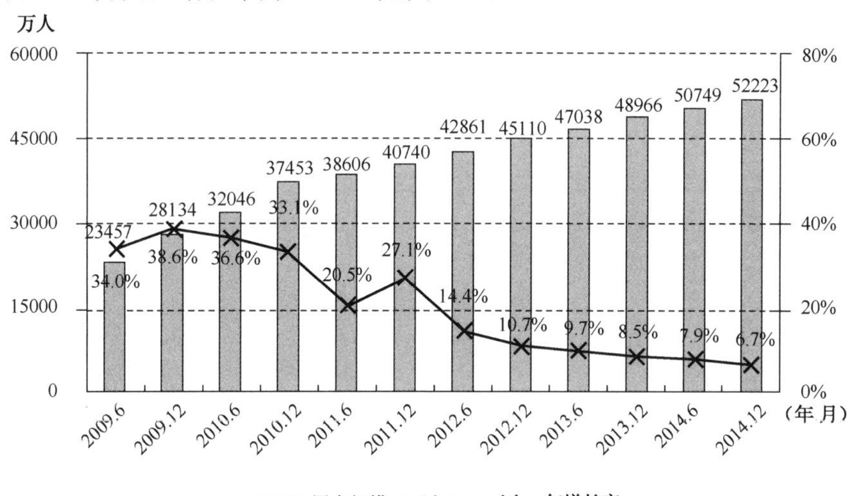

来源：CNNIC。

图17.1　中国搜索引擎用户规模和年增长率

搜索引擎应用在2014年表现出的发展特点是：搜索服务与产品形式更加多样化，线上搜索连接线下消费的趋势凸显。搜索服务已经从单一文字链结果的展示方式，转变为文字、表格、图片、应用等多种形式相结合的丰富展现方式，从关键词搜索转向自然语言搜索、图片搜索、实体搜索；另外，通过优化算法，以及结合用户搜索记录、社交活动及地理位置等信息形成的个性化搜索，成为搜索引擎的主推服务。同时，随着互联网O2O商业模式的发展，搜索引擎的角色也出现了重要转变，正在逐渐摆脱单纯的流量入口角色，通过旧产品升级、新产品开发、其他业务的收购和布局等举措，转型为对企业的综合服务提供商和对用户的一站式生活服务平台，除了传统的将用户流量与互联网服务相连接的服务外，更加注重与线下商业的直接对接，打造 O2O 闭环，这也是目前搜索引擎持续提高流量和收入的重要发展路径。

17.1.2 手机搜索用户规模

截至 2014 年 12 月，我国手机搜索用户数达 4.29 亿人，使用率达 77.1%，用户规模较 2013 年增长 6411 万人，增长率为 17.6%（见图 17.2）。

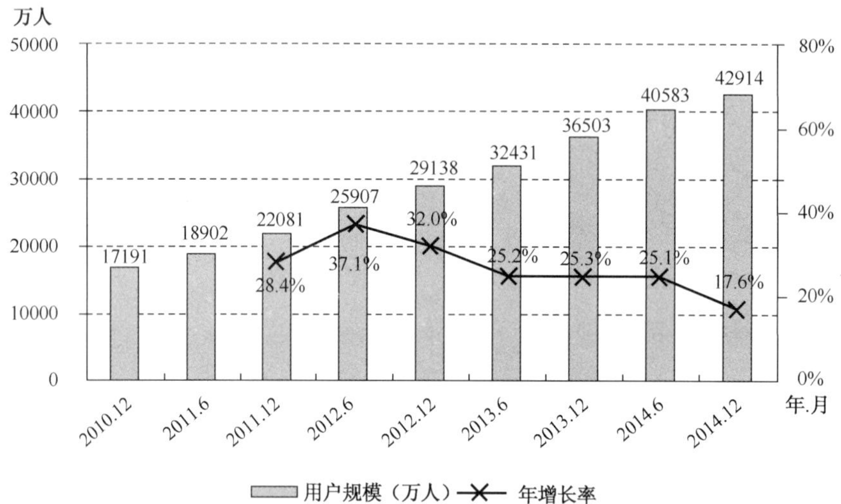

来源：CNNIC。

图17.2 中国手机搜索引擎用户规模和年增长率

在手机互联网应用中，搜索引擎是网民除即时通信外使用率最高的应用。除了手机网页搜索，各大搜索引擎企业纷纷推出独立搜索 App 争夺移动端流量，同时着力发展应用内搜索、创新应用分发模式，通过打破 App 之间的信息壁垒、增加 App 活跃度、激活长尾应用市场，为用户呈现高度相关的优质内容，提高移动搜索的精准度。

17.2 市场分析

2014 年，搜索引擎技术创新与实际应用取得了显著进展，企业基于“语义搜索”与“知识图谱”技术，整合社交、视频、旅游、软件应用下载等多类信息，开发上线新的搜索产品，提高搜索精准性，优化用户体验。同时，搜索引擎服务也呈现多样化，搜索引擎企业通过与应用分发平台、社交网站、团购等多领域内互联网服务企业的合作、投资或并购，丰富流量来源和搜索产品内容与形式，不断拓展流量渠道，搜索引擎在 PC 端及移动端均形成了以搜索产品为核心，集地图、娱乐、购物、社交、本地生活服务等应用于一体的搜索服务，提升了用户体验和使用黏性。

17.2.1 搜索引擎用户规模增长稳定，使用的搜索引擎种类丰富

随着互联网对日常生活的渗透程度日益加深、互联网应用的极大丰富和数据信息量的爆炸式增长，搜索已经成为网民正常获取互联网信息必不可少的途径，信息搜索行为发生在互

联网生活的方方面面，加之移动互联网的发展，实现了随时随地任意搜。因此，搜索用户的规模稳定增长。此外，以智能手机为代表的移动设备已经超过 PC 设备，成为网民接入互联网的最主要选择，各大搜索引擎企业竞相争夺移动搜索市场、大力推广移动搜索应用，手机搜索用户增长超过总体增速。

综合搜索引擎仍然是搜索用户的主要搜索工具，但随着各个互联网细分市场的发展，各类搜索网站都获得了长足发展，如微博已经逐渐转型成为信息发布交流平台，其热点事件、事实新闻搜索的重要性逐渐得到体现，网络购物的普及化带动网购搜索成为用户进行网络购物行动链中不可或缺的一环。

17.2.2　搜索引擎市场呈现寡头竞争格局，企业谋求差异化竞争

由于搜索引擎具有高技术门槛的特征，尤其是大型综合搜索引擎品牌拥有众多技术专利，造成综合搜索引擎市场呈现百度一家独大、相对稳定的竞争格局，用户的集中度很高。百度、360 搜索、腾讯搜搜与搜狗搜索几大搜索品牌，占据市场主要份额。根据 CNNIC《第 35 次中国互联网络发展状况统计报告》，2014 年下半年搜索引擎用户中，使用过百度搜索的比例为 92.1%，搜搜/搜狗搜索位列第二，渗透率为 45.8%，360 搜索位列第三，渗透率为 38.6%；在移动搜索市场中，百度搜索以 90.3%的使用率排名第一，其后是搜搜/搜狗搜索和 360 搜索，渗透率不足 30%。

近年来，搜索引擎企业竞相开展差异化竞争策略，纷纷推出以优化用户搜索体验为核心的新产品，如语义搜索、知识图谱搜索、图片搜索等，或是通过与安全产品、浏览器等互联网常用工具的绑定为网民提供更方便的搜索入口，或是通过与购物和旅游等多种互联网产品或服务，甚至是线下休闲娱乐和餐饮企业的融合互通，服务于网民生活的方方面面，从而谋求市场份额的持续提高以及整体互联网业务的布局扩张。

17.2.3　综合搜索引擎在移动端搜索市场的优势有所减弱

与桌面端搜索入口不同，移动端的搜索流量并非集中于浏览器，而是分散在移动端的浏览器应用、搜索 App、购物 App、应用商店 App 等多种流量入口中，故移动端搜索用户的搜索入口较为分散；同时，移动互联网的碎片化及移动应用的丰富性，移动搜索向垂直、纵深市场发展，而桌面端的搜索用户则更加集中于综合搜索引擎上。

在不同的搜索场景下，使用不同终端设备的用户对搜索引擎种类的偏好也有所不同。在购物搜索时，手机搜索用户最常使用购物网站，尽管大型综合搜索引擎企业都曾试图涉足网络购物领域，但从实际效果来看，并未改变用户的搜索习惯，尤其是在手机端综合搜索引擎在购物搜索方面的劣势更加明显。但除购物搜索以外，用户在休闲娱乐搜索、出行信息搜索、工作和学习搜索、新闻和热点事件搜索时，综合搜索引擎都具有明显的流量集中优势，但 CNNIC 调查发现，综合搜索引擎品牌在移动端的渗透率普遍低于桌面端，其优势并未随着移动互联网的发展而顺利转移到手机端上，受手机端多种信息、娱乐应用的分流作用较为明显。

17.2.4　搜索引擎企业抢占 App 分发市场

在手机端，用户更多地直接通过丰富的应用满足信息搜索需求，但是仍有大批用户会通

过搜索引擎查找 App，即搜索引擎的角色从信息的直接提供者转变为信息载体的分发入口。因此，搜索引擎企业在移动互联网的全面布局，除了传统的网页搜索，更加注重在应用商店、轻应用分发等领域进行投入，拓展移动搜索业务范围，建立集浏览器和安全软件、网页搜索框、网页轻应用搜索、应用商店本地 App 搜索等多位于一体的新流量入口。

从目前的 App 搜索市场情况看，各大搜索厂商的全面布局已初见成效：百度综合搜索与搜索 App、百度轻应用、百度手机助手及 91 手机助手、安卓市场已经基本完成了全面布局；360 则借助已有的搜索产品、360 浏览器及轻应用分发平台、360 手机助手占据了应用分发市场的一定份额，其搜索 App 也即将推出；腾讯与搜狗的合作则将 App 分发渠道的覆盖度进一步提升，包括搜狗搜索、微信、应用宝、腾讯手机助手、腾讯浏览器及搜狗浏览器、搜狗输入法等。另外，UC 则反向通过浏览器和轻应用分发平台占有市场份额，并借势推出神马手机搜索，也开始涉足搜索市场。

17.2.5 搜索广告公信力较低，不利于安全健康的网络环境建设

受网民互联网应用水平不断加深，搜索用户对推广信息和广告的识别能力逐渐加强，而近些年由媒体公开披露的有关搜索虚假信息与诈骗广告对搜索引擎市场造成了一定的消极影响，很多用户对搜索推广信息和广告持怀疑态度，搜索的公信力水平与市场发展速度相比略显落后，大量用户对搜索引擎广告抱有不信任态度。

搜索引擎起着流量入口和信息分发的重要作用，搜索的公信力较低，这可能会增加非网民对使用互联网的顾虑，不利于现有网民对互联网使用水平的进一步加深；同时，还会影响正规企业在搜索引擎上进行推广的效果，如导致低点击量，或是遭受欺诈信息和虚假广告的恶性竞争而无法获得正常展示等；更重要的是，作为重要的互联网基础应用和海量信息分发平台，搜索引擎的信息准确性和搜索安全性，是影响网络安全的重要因素之一。所以，搜索环境的完善，不应仅着眼于服务产品的丰富、用户体验的提升，还应保证搜索结果的精准性和可信度，保护用户与企业的权益，为中国互联网环境的安全性提升和稳定健康发展起到积极作用。

17.3 用户分析

17.3.1 搜索引擎用户整体搜索行为

1. 各类搜索引擎渗透率[1]

如图 17.3 所示，截至 2014 年 6 月，95.4%的搜索用户通过综合搜索网站搜索信息，综合搜索网站仍然稳稳占据着互联网的流量入口位置。

除综合搜索网站外，网民搜索行为也相对集中于购物网站，渗透率达 78.5%。随着中国网络购物市场的蓬勃发展，网络购物平台数量不断增加，用户需要在购物社区、比价、返利等网站上进行搜索来对比不同平台商品的价格和服务；另外，为满足用户“一站式”购物需

[1] 渗透率定义：过去半年使用过某类型搜索的网民数占总搜索网民数的百分比。

求，购物网站的商品品类正在日益丰富，网购站内搜索已经成为用户购买行为链中必不可少的一环。此外，搜索用户在视频网站、知识资讯类网站、微博上进行搜索的比例也较高，分别达到 75.2%、57.2%和 57.1%。主动搜索信息的能力间接反映了网民的互联网使用深度，购物搜索、旅游搜索、微博搜索、社交网站搜索的使用水平，与中国网民互联网应用现状较为一致。

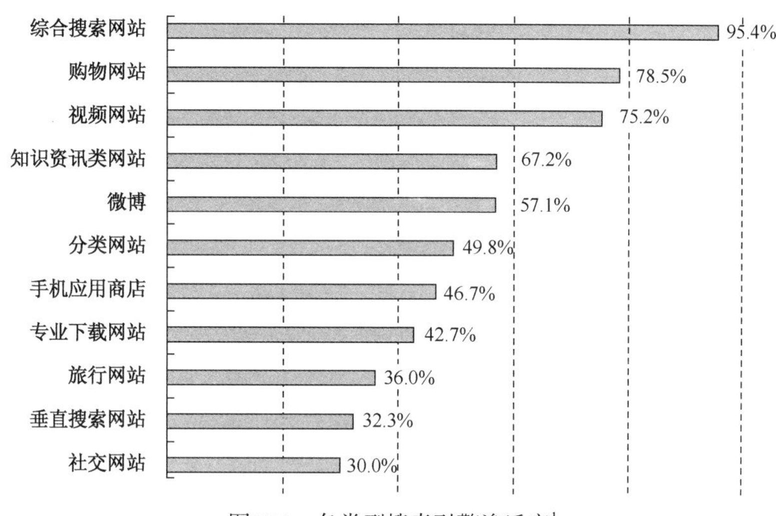

图17.3　各类型搜索引擎渗透率[1]

2. 综合搜索引擎品牌渗透率

如图 17.4 所示，截至 2014 年 6 月，过去半年使用过综合搜索引擎的用户中，有 97.4%使用过百度搜索，品牌渗透率最高；腾讯搜搜/搜狗位列第二，渗透率为 43.6%；谷歌借助品牌影响力以及较好的英文搜索用户体验，其品牌渗透率达 41.7%，居综合搜索引擎品牌渗透率第三位。

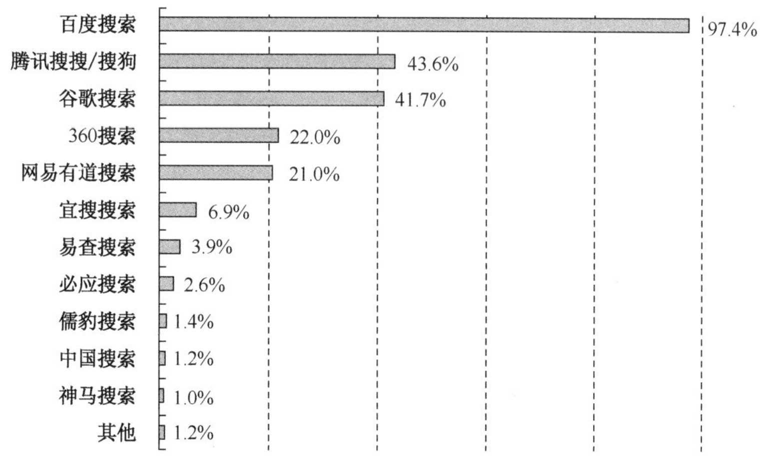

图17.4　综合搜索引擎品牌渗透率

[1] 2013 年中国网民搜索行为调查未设置“知识资讯类网站”类别。

3. 搜索引擎使用场景

调查结果显示（见图 17.5），目前用户搜索引擎使用场景偏休闲和娱乐化，当用户存在查找或下载电影、音乐、书籍、游戏等娱乐需求时，进行搜索的比例高达 79.7%。另外，有70%左右的用户在有购物需求时、在工作和学习时、在寻找软件应用时，以及在新闻、热点事件发生时会进行搜索。作为基础的互联网应用，信息搜索发生在互联网生活的方方面面，同时受到移动互联网发展的推动，搜索场景随时随地、无处不在。

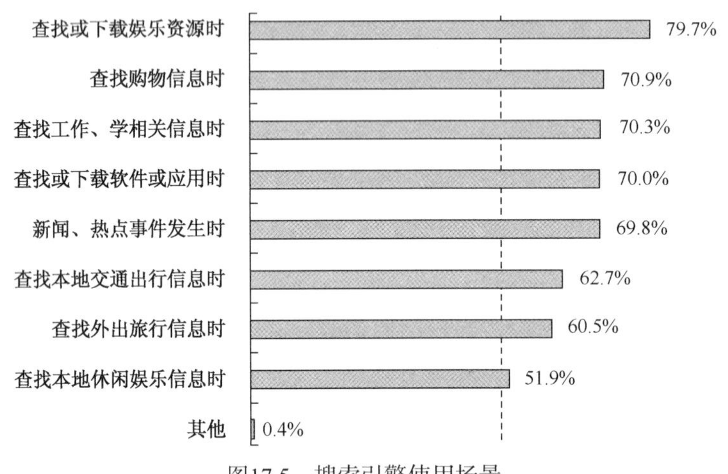

图17.5　搜索引擎使用场景

17.3.2　搜索引擎用户 PC 端搜索行为

1. PC 端各类搜索引擎渗透率

调查结果显示，过去半年内，用户在 PC 端进行搜索时，通过综合搜索网站、购物网站、视频网站进行搜索的比例位列前三，渗透率分别为 95.0%、75.0%和 71.6%（见图 17.6）。

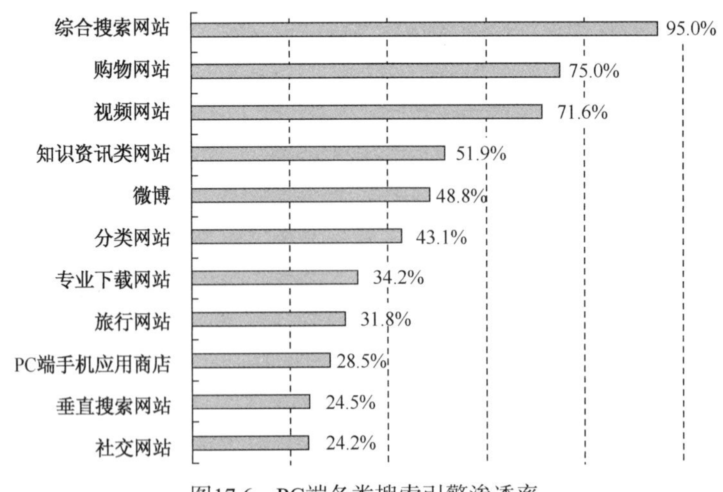

图17.6　PC端各类搜索引擎渗透率

2. PC 端综合搜索引擎品牌渗透率

截至 2014 年 6 月，在 PC 端用户使用的综合搜索引擎中，百度搜索的品牌渗透率达 96.7%，

位居第一；谷歌搜索位列第二，渗透率为 37.1%。除此以外，腾讯搜搜/搜狗、360 搜索两大阵营占据市场第三、第四位，渗透率分别为 35.7%和 17.6%。国内搜索引擎市场比较成熟、格局相对稳定，用户集中度很高（见图 17.7）。

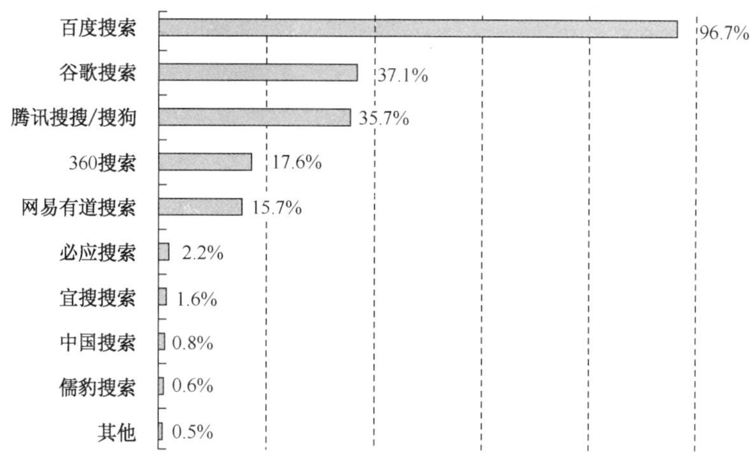

图17.7　PC端综合搜索引擎品牌渗透率

从综合搜索引擎品牌常用率看，百度以 88.7%的比例位居第一，使用过百度搜索的用户中，有 91.8%都将百度作为常用搜索引擎，用户黏性很高。360 搜索、谷歌搜索、腾讯搜搜/搜狗的常用率分别为 4.7%、2.2%和 2.2%，与各个品牌相对应的渗透率相比差异较大（见图 17.8）。

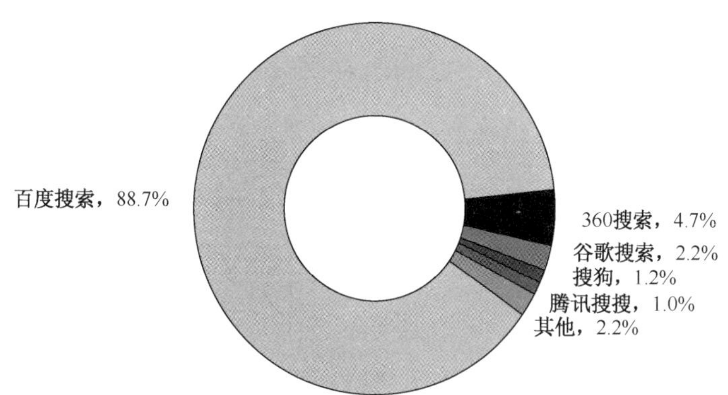

图17.8　PC端综合搜索引擎品牌常用率

3. PC 端用户地图搜索行为

调查结果显示，截至 2014 年 6 月，PC 搜索用户中有 43.0%的用户在过去半年中使用网络地图搜索过信息。其中，用户在进行地图搜索时最常用的是百度地图，常用率高达 82.3%（见图 17.9）。

调查结果显示，截至 2014 年 6 月，地图搜索用户中 85.2%在过去半年内搜索过交通路线。随着 O2O 电子商务模式的发展成熟，搜索网站已经将地图视为重要流量入口，地图搜索与购物和生活服务的结合也越来越紧密，并正在被用户广泛接受，调查显示通过地图搜索团购和优惠券的用户比例达到 42.7%（见图 17.10）。

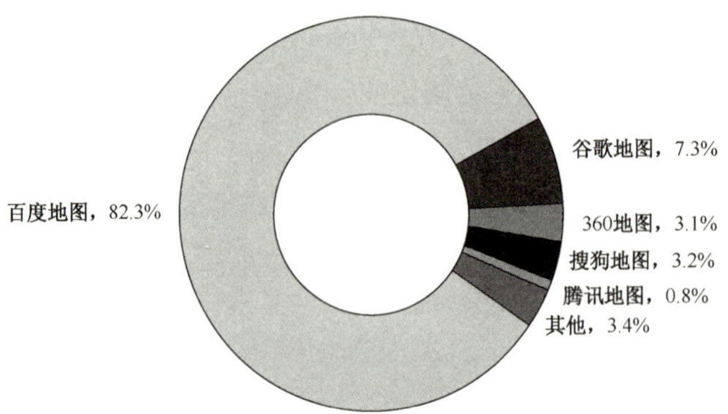

图17.9　PC端地图搜索品牌常用率

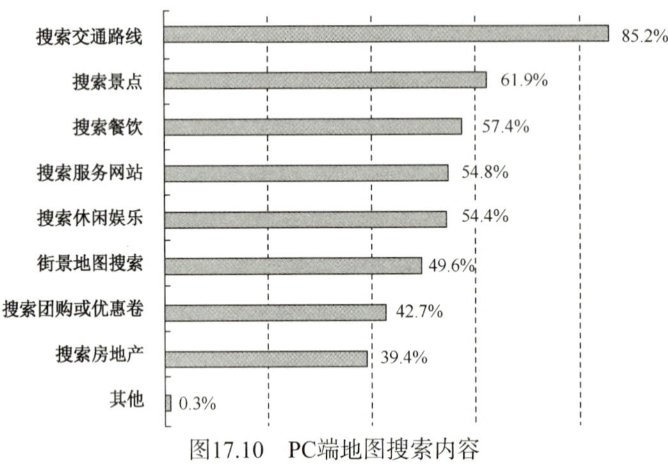

图17.10　PC端地图搜索内容

17.3.3　搜索引擎用户手机端搜索行为

1. 手机端各类搜索引擎渗透率

调查结果显示，截至 2014 年 6 月，用户在过去半年内使用手机搜索时，通过综合搜索网站或应用、购物网站或应用、视频网站或应用进行搜索的比例位列前三，渗透率分别为 92.4%、78.1%和 74.9%（见图 17.11）。

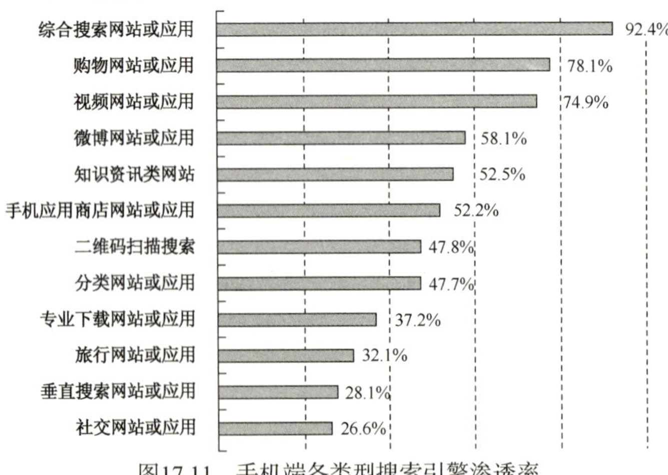

图17.11　手机端各类型搜索引擎渗透率

2. 手机端综合搜索引擎品牌渗透率

截至 2014 年 6 月，使用手机综合搜索引擎的用户中，在过去半年内使用过百度搜索的比例为 95.8%，腾讯搜搜/搜狗、谷歌搜索分列第二、第三位，渗透率分别为 36.8%和 33.1%。值得注意的是，专注于手机搜索的品牌，如宜搜搜索、易查搜索、儒豹搜索、神马搜索的品牌渗透率并不高，用户对手机搜索引擎品牌的使用习惯表现出与 PC 高度一致的特点（见图 17.12）。

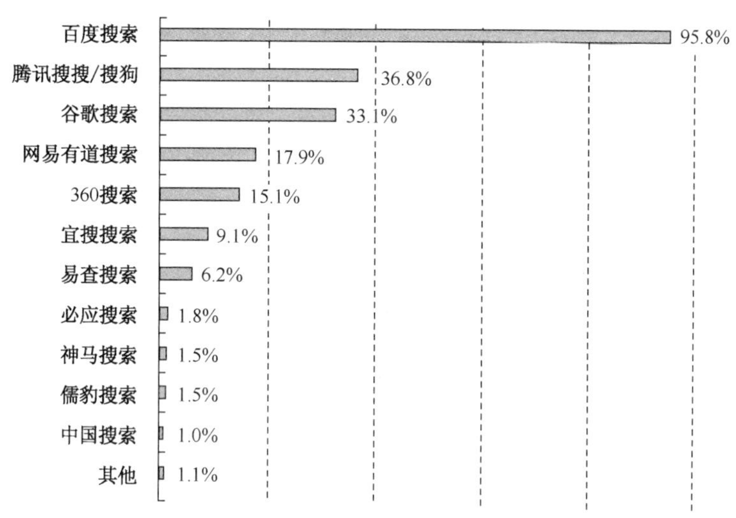

图17.12　手机端综合搜索引擎品牌渗透率

3. 手机端用户地图搜索行为

调查结果显示，截至 2014 年 6 月，手机搜索用户中有 56.6%的用户在过去半年中使用网络地图搜索过信息，明显高于 PC 的 43.0%。其中，用户在进行手机地图搜索时最常用的是百度地图，常用率为 66.3%，其次为高德地图，常用率为 15.6%（见图 17.13）。

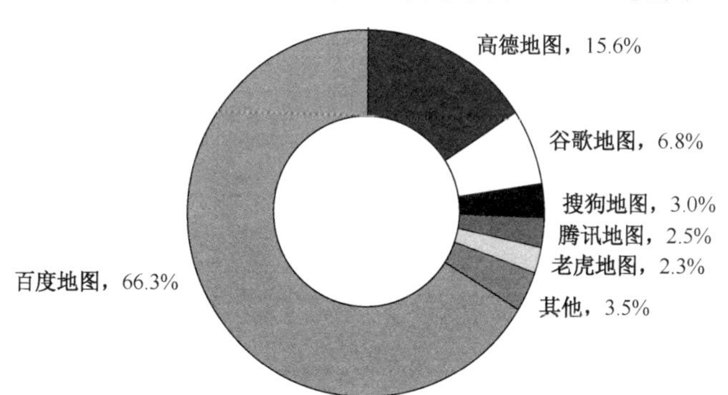

图17.13　手机端地图搜索品牌常用率

手机的移动性与地图相结合，产生了 PC 地图搜索无法实现的功能与服务：在过去半年内，71.6%的手机地图搜索用户使用导航，69.3%的手机地图搜索用户使用位置定位，仅次于搜索交通路线这一最基本的地图搜索服务（见图 17.14）。

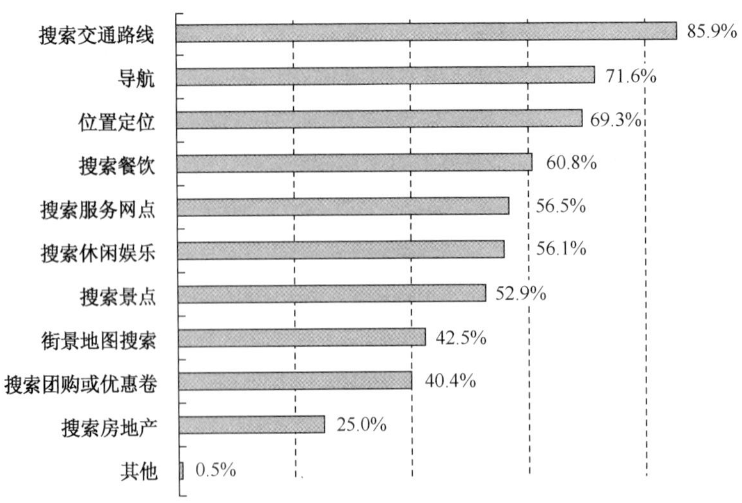

图17.14　手机地图搜索内容

4. 手机 App 的搜索行为分析

调查结果显示，手机搜索用户对 App 的搜索需求偏娱乐化，搜索过音乐播放、视频播放、摄影美化等多媒体手机 App 的用户比例为 63.9%；其次为游戏类手机 App，搜索过的用户比例为 61.9%（见图 17.15）。

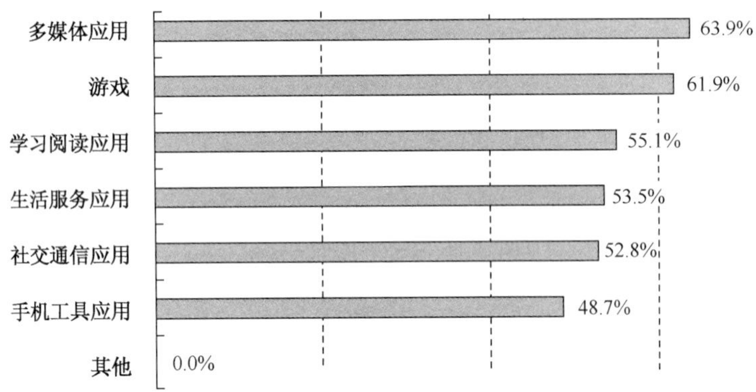

图17.15　手机App的搜索类型

调查结果显示，截至 2014 年 6 月，手机搜索用户在过去半年内最常通过应用商店搜索 App，比例为 60.8%，其次为应用官方网站和搜索引擎网站或搜索应用，比例分别为 54.6% 和 53.4%（见图 17.16）。

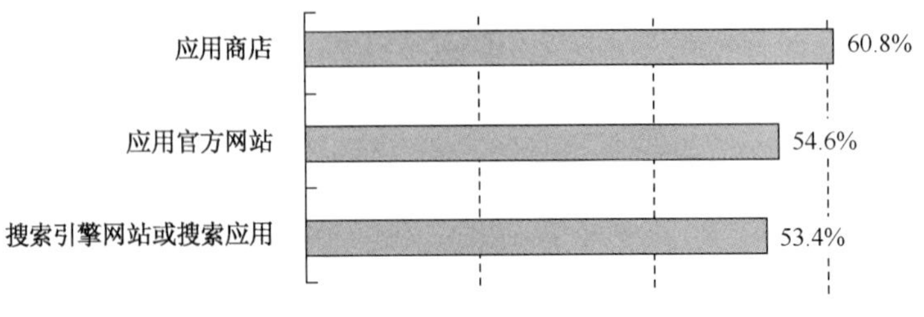

图17.16　手机App搜索渠道

通过综合搜索引擎查找过手机 App 的用户中，91.7%都使用过百度搜索，另有 22.4%的用户使用过腾讯搜搜/搜狗，14.2%的用户使用过谷歌搜索（见图 17.17）。

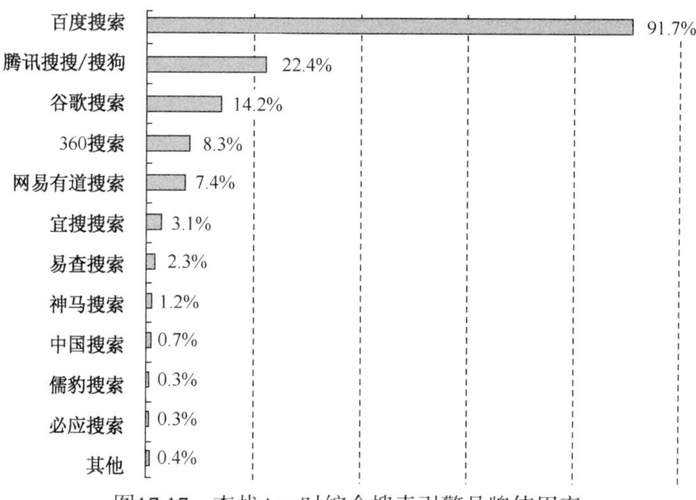

图17.17　查找App时综合搜索引擎品牌使用率

调查结果显示，手机搜索用户在通过应用商店查找 App 时，使用率最高的是安卓市场，为 53.0%，其他如 360 手机助手、腾讯手机助手和应用宝、百度手机助手、安智市场等应用商店的使用率也都在 40%左右；另外，由于苹果 iOS 系统的特殊性，在苹果手机上通过应用商店搜索和下载 App，一般都要通过苹果 App Store，故本次调查中其使用率高达 39.6%（见图 17.18）。

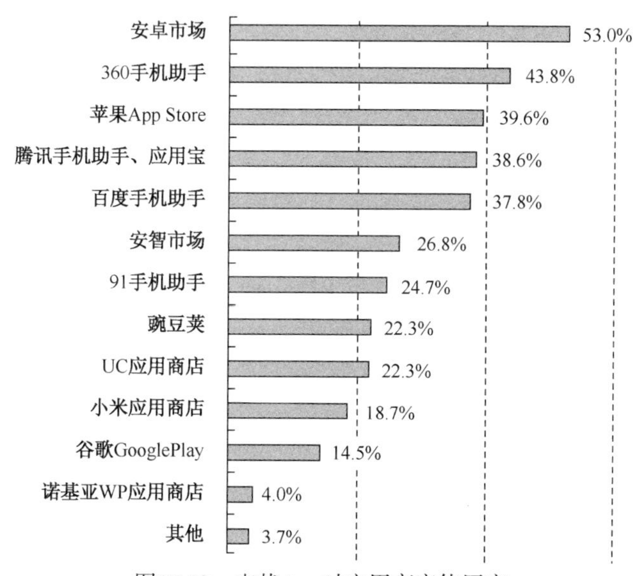

图17.18　查找App时应用商店使用率

17.3.4　不同终端用户搜索行为对比

1. 用户在不同终端使用的搜索引擎类型对比

随着网民从 PC 端向手机端持续转移，除综合搜索网站外，各类搜索引擎在手机端的渗透率均高于 PC 端。根据调查结果，用户使用手机微博搜索的比例较高（58.1%）；基于手机应用商店的天然特点，其手机端的使用率（52.2%）远高于 PC 端（28.5%）；另外，手机特有的二维码扫描搜索方式受到手机搜索用户的广泛使用，渗透率高达 47.8%（见图 17.19）。

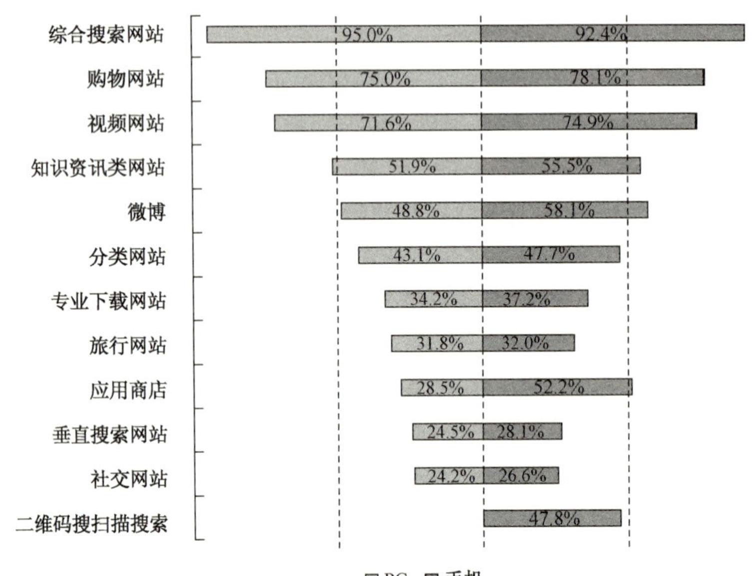

图17.19 不同终端各类搜索引擎渗透率

2. 用户在不同终端的搜索情境对比

调查结果显示，在使用手机搜索时，用户对新闻热点事件发生时搜索相关信息、查找外出旅行信息、查找本地交通出行信息、查找本地休闲娱乐信息时等有一定移动性、即时性的场景存在更多的搜索需求；另外，由于手机应用的极大丰富，用户对软件应用的手机搜索需求较高（见图 17.20）。

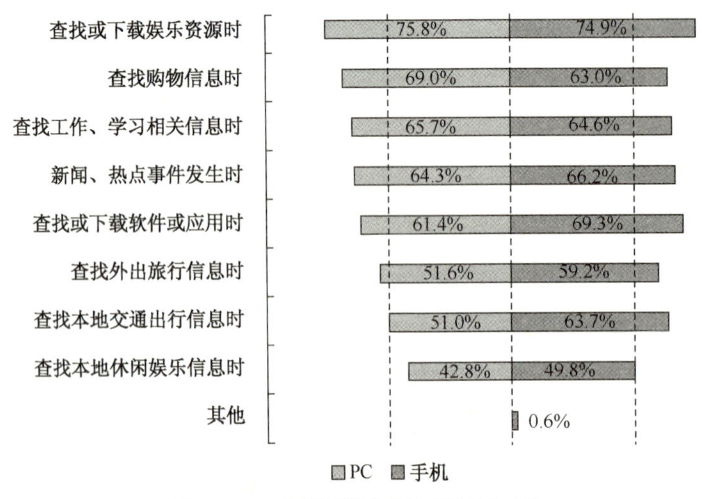

图17.20 不同终端搜索使用场景对比

3. 不同搜索场景下用户对搜索引擎类型的选择

（1）购物搜索。

调查结果显示，当用户存在购物搜索需求时，59.5%的 PC 搜索用户通常直接通过购物网站进行搜索，另有 35.0%的 PC 用户最常使用综合搜索网站；而手机搜索用户在进行购物搜索时，63.5%的用户最常使用购物网站或购物应用，27.5%的用户最常使用综合搜索网站或应用。受到手机屏幕大小的限制，综合搜索网站的搜索结果展示空间有限，这使得手机用户更倾向于使用专业的购物网站或应用（见图 17.21）。

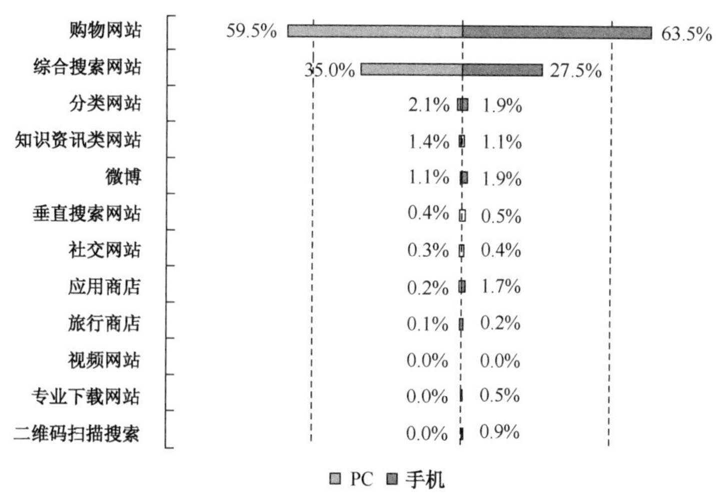

图17.21　购物搜索时各类搜索引擎常用率

（2）休闲娱乐搜索。

调查结果显示，搜索用户在查找本地休闲娱乐信息，如餐馆、影院、公园查询或预订时，PC 搜索用户最常使用的是综合搜索，比例高达 72.5%；而对手机搜索用户来说，常用购物网站或应用进行休闲娱乐搜索的比例远高于 PC 搜索用户，主要原因在于网络购物企业对其移动产品的大力推广，以及移动网络通信质量的提升，用户体验更佳（见图 17.22）。

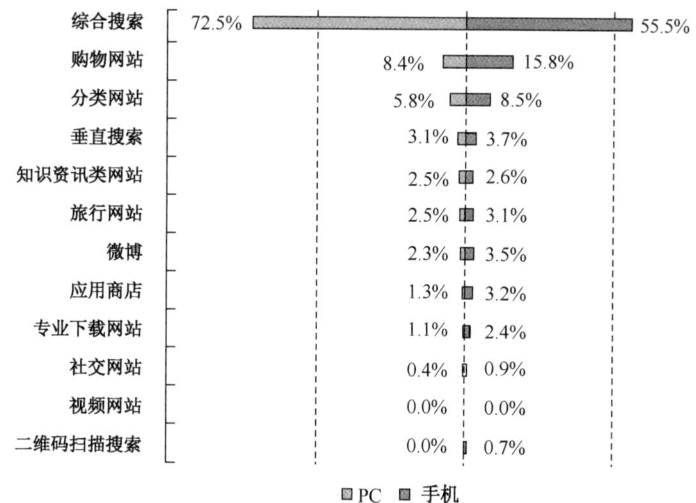

图17.22　休闲娱乐搜索时各类搜索引擎常用率

此外，用户在查找或下载电影、音乐、书籍、游戏等娱乐资源时，除了综合搜索网站或应用外，手机视频网站的常用率达到 30.4%，这与手机视频的快速发展密切相关；手机娱乐的发展也带动了应用商店流量入口地位的提高，经常使用应用商店的手机搜索用户比例为 8.1%（见图 17.23）。

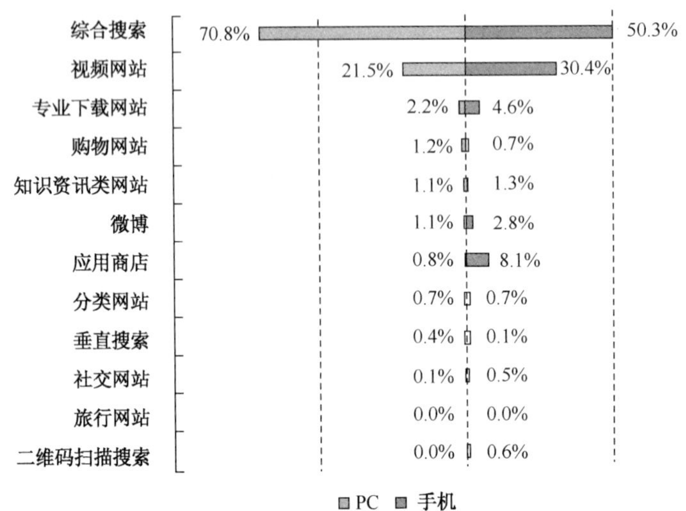

图17.23　娱乐资源搜索时各类搜索引擎常用率

（3）出行信息搜索。

调查结果显示，搜索用户在查找本地交通出行信息，如查找公交、地铁、自驾线路时，无论是 PC 搜索用户，还是手机搜索用户，都表现出集中于综合搜索网站或应用的特点，二者的常用比例分别都达到 88.0%与 77.0%（见图 17.24）。

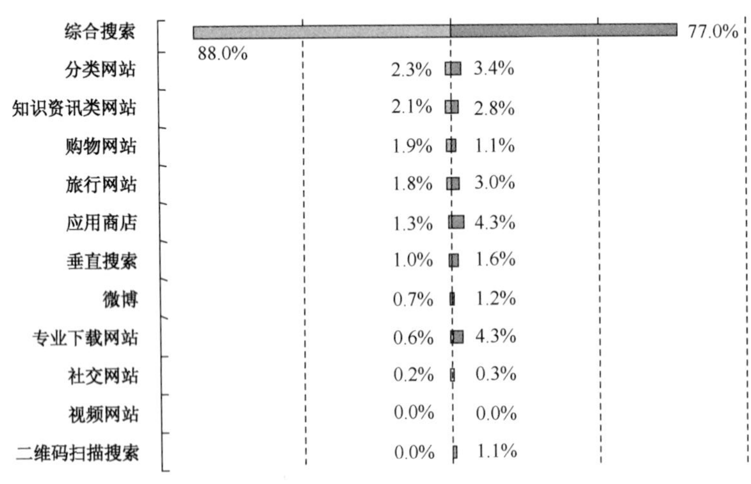

图17.24　本地交通出行搜索时各类搜索引擎常用率

在查找外出旅行信息，如路线、车票、酒店、景点查询或预订时，PC 搜索用户与手机搜索用户分别有 11.0%与 14.9%经常使用旅行网站，垂直搜索与分类搜索网站也分流了小部分搜索用户（见图 17.25）。

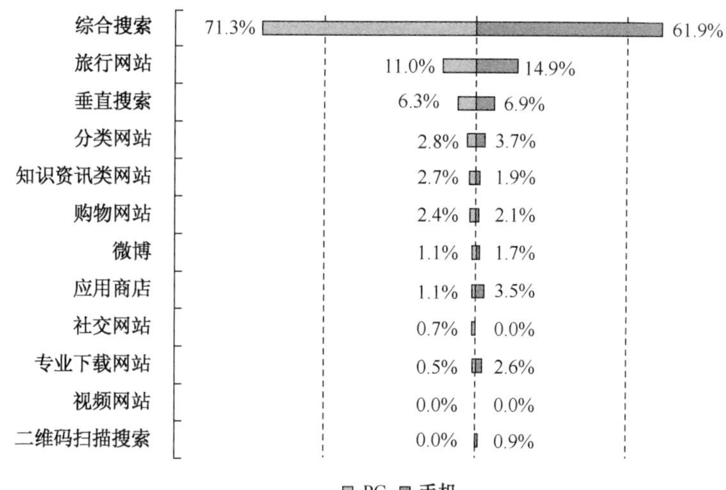

图17.25　旅行搜索时各类搜索引擎常用率

（4）工作、学习搜索。

调查结果显示（见图 17.26），搜索用户在查找工作、学习相关信息时，最常使用的除综合搜索网站或应用外，分类网站或应用、知识资讯类网站或应用也受到部分用户的青睐。尤其是通过 UGC（User Generated Content）快速丰富、完善起来的百科类网站、问答类网站、知识分享社区类网站，已经成为用户搜索专业信息和寻求帮助的重要选择。

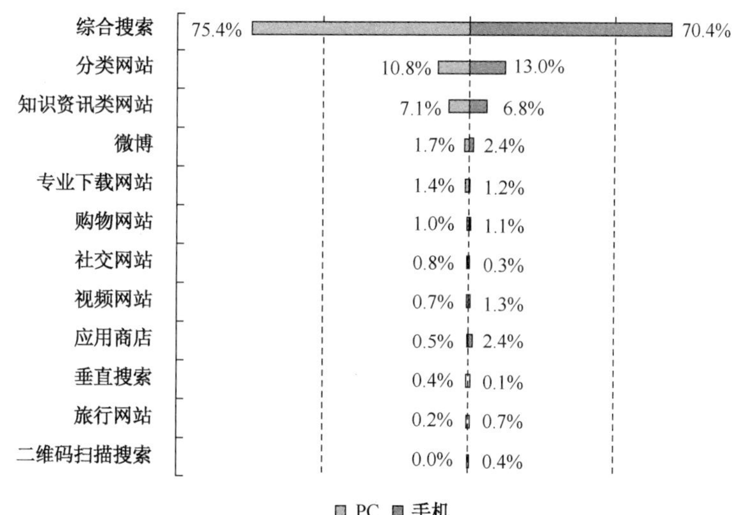

图17.26　工作、学习时各类搜索引擎常用率

（5）新闻、热点事件搜索。

调查结果显示，在新闻、热点事件发生时，分别有 12.1%的 PC 搜索用户和 18.0%的手机搜索用户通过微博进行相关搜索；此外，视频网站也成为部分搜索用户获取突发事件相关信息的重要途径（见图 17.27）。

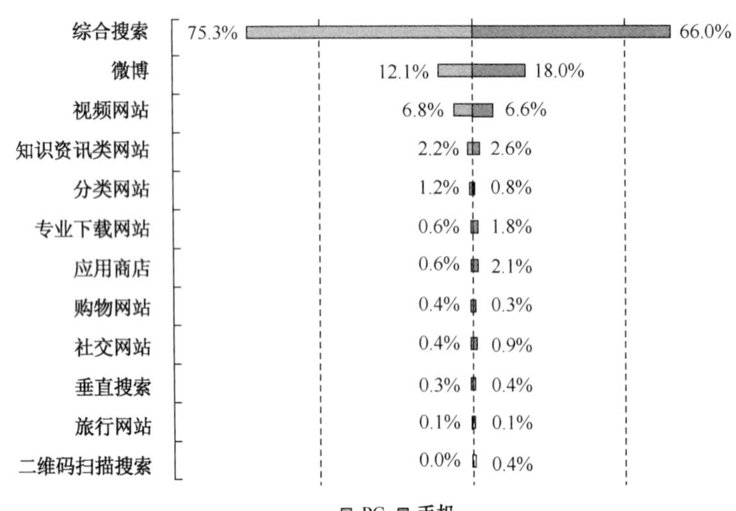

图17.27 新闻、热点事件搜索时各类搜索引擎常用率

17.3.5 搜索引擎广告用户接受度

1. 用户对搜索引擎广告的关注情况

根据调查结果，截至 2014 年 6 月，在过去半年内进行过搜索的用户中，有 48.8%注意到了搜索结果中的推广信息或广告（见图 17.28）。

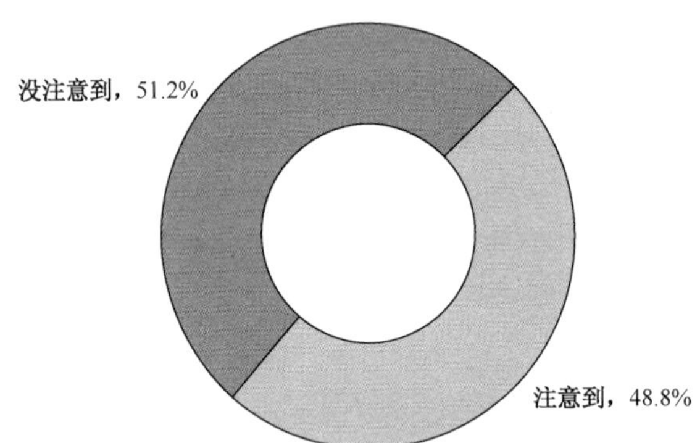

图17.28 搜索引擎广告识别情况

用户对搜索引擎广告的信任程度不高，明确表示信任的用户占比不足 6%，而有接近 1/3 的用户对搜索引擎广告非常不信任（见图 17.29）。搜索引擎虚假、诈骗广告引发的不良事件近些年屡见不鲜，尤其是医疗健康领域虚假广告频现，个别国家明令禁止或限制的广告类别也会出现在搜索结果中，对消费者的搜索引擎使用体验造成了不良影响。对此，部分搜索引擎提供了网站信用认证服务、建立消费者赔付机制，以保障消费者合法权益，全力营造可信的信息搜索环境。

2. 用户对购物搜索广告的接受度

根据本次调查，过去半年内进行过购物搜索的用户中，有 64.8%注意到了购物搜索结果中的推广信息或广告（见图 17.30）。

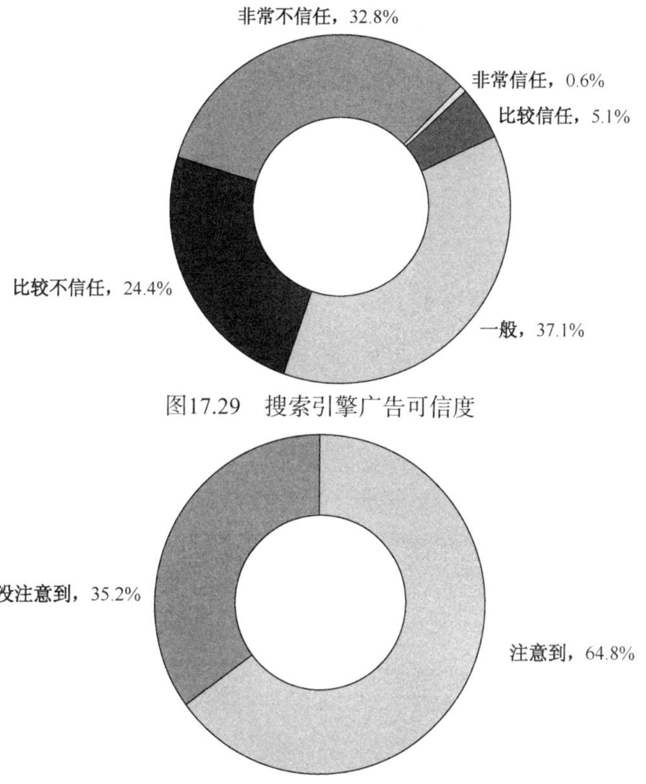

图17.29　搜索引擎广告可信度

图17.30　购物搜索广告识别情况

相较于用户对搜索引擎广告的信任程度，购物搜索广告的现状不容乐观，没有用户对购物搜索的广告或推广信息是完全信任的，有 57.2%的用户对其保持中立态度，而 32.1%的用户对其并不信任（见图 17.31）。

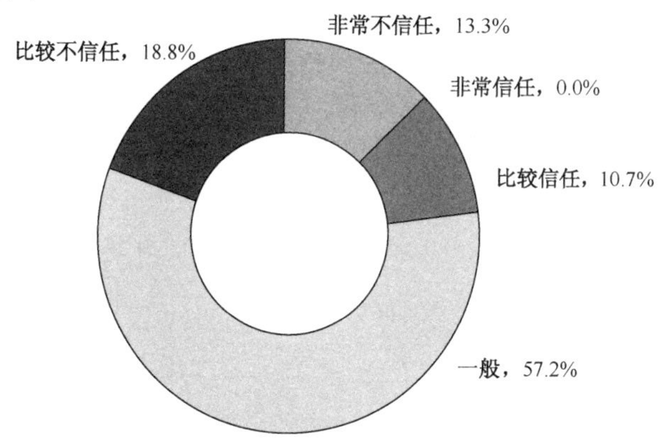

图17.31　购物搜索广告可信度

从购物搜索的广告信息来看，76.8%的用户会因为广告中商品有更好的用户评价而影响其购物决策，有 72.2%的用户表示来自“更知名的生产企业或品牌”的广告信息会影响他们的购物决策，而产品销量、销售平台的知名度和产品价格的影响力稍弱（见图 17.32）。从购物搜索广告设计策略上来看，在保证信息真实性的前提下，突出用户评价与品牌效应，能够起到更好的推广作用。

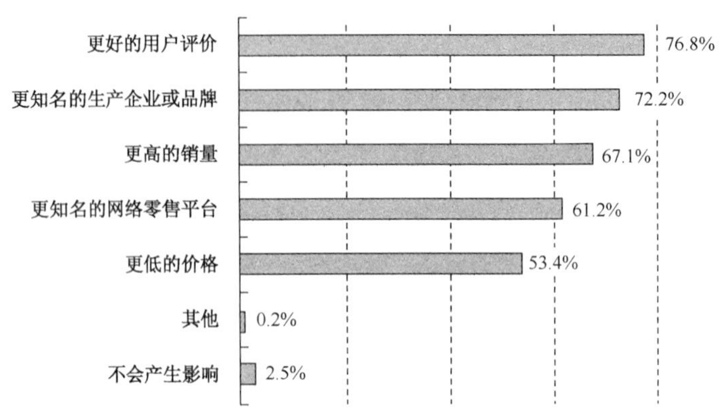

图17.32　对用户购物决策产生影响的购物搜索广告内容

目前，搜索引擎仍然是互联网广告市场中最成熟的商业模式，相关企业营业收入一直处于强劲增长态势。综合搜索引擎市场中，2014 年第二季度企业财报显示，百度未经审计的网络营销收入 117.37 亿元（约合 19.08 亿美元），同比增长 57.0%，搜狗的搜索及其他业务营收为 8500 万美元，同比增长 84%，后发进入搜索引擎市场竞争的奇虎 360 本年第一季度在线广告营收为 1.4 亿美元，同比增长高达 120.9%；同时，网络购物市场快速发展，由网络零售平台开放业务带来购物搜索的广告收入规模也不容小觑，淘宝及天猫、京东、当当等平台的广告收入占比逐年增加。提升用户对搜索广告的信任度，增加搜索引擎的公信力，成为下一步搜索市场发展中要重点解决的问题。

17.4　搜索引擎营销

17.4.1　搜索引擎营销市场整体规模

根据易观智库 Enfodesk 产业数据库发布的《中国搜索引擎市场季度监测报告 2014 年第四季度》数据显示，2014 第四季度中国搜索引擎运营商市场规模为 162.6 亿元，相较于 2014 年第三季度增长 3.7%。2014 年全年达到 571.4 亿元，较 2013 年增长 45.2%（见图 17.33）。

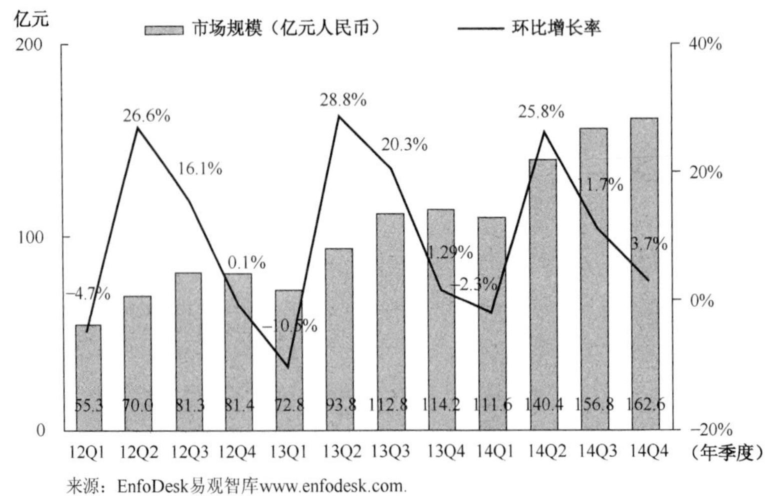

图17.33　2012Q1—2014Q4中国搜索引擎运行商市场收入规模

搜索市场规模保持高速增长，源于搜索引擎营销客户数量及每个客户平均花费（ARPU）的持续上升，尤其是移动流量的增长带来移动搜索商业化速度加快，尽管国内各大主要搜索引擎移动端的每千次搜索收入和每次点击付费（CPC）数还不及 PC 端，但是移动搜索收入已经成为推动搜索引擎市场整体规模上升的重要动力。

17.4.2　移动搜索引擎营销市场规模

如图 17.34 所示，2014 年第四季度移动搜索市场规模预计为 63.5 亿元，环比增长 28.7%，同比增长 566.9%（见图 17.34 和表 17.1）。全年来看，2014 年移动搜索引擎市场规模预计将达到 155.3 亿元，相比 2013 年大幅增长了 388.5%。相比移动流量的增长速度，移动搜索的商业化速度较慢，尽管如此，随着网民向移动端的转移和商业模式的发展成熟，移动搜索逐渐受到企业客户的认可。预计在未来很长时间内，移动端搜索引擎市场规模增速将远远超过 PC 端。

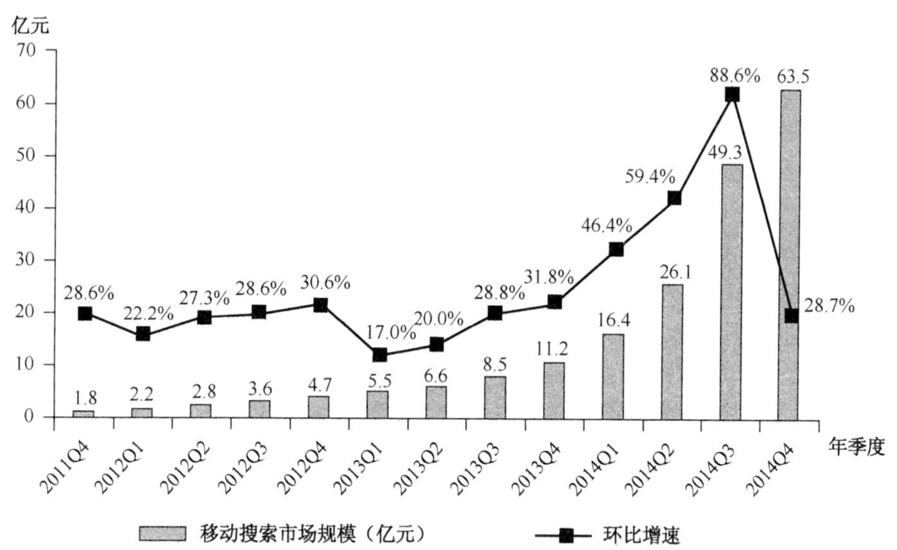

图17.34　中国移动搜索引擎营销市场规模及环比增速

表 17.1　中国移动搜索市场规模

年　季　度	移动搜索市场规模（亿元）		
	当季市场规模	环比增速	同比增长率
2011Q1	1.0		
2011Q2	1.1	10.0%	
2011Q3	1.4	27.3%	
2011Q4	1.8	28.6%	
2012Q1	2.2	22.2%	120.0%
2012Q2	2.8	27.3%	154.5%
2012Q3	3.6	28.6%	157.1%
2012Q4	4.7	30.6%	161.1%
2013Q1	5.5	17.0%	150.0%
2013Q2	6.6	19.4%	134.6%
2013Q3	8.5	29.3%	135.9%

续表

年　季　度	移动搜索市场规模（亿元）		
	当季市场规模	环比增速	同比增长率
2013Q4	11.2	32.0%	138.5%
2014Q1	16.4	46.6%	198.7%
2014Q2	26.1	59.4%	296.1%
2014Q3	49.3	88.6%	580.2%
2014Q4	63.5	28.7%	566.9%

17.4.3　移动搜索营销引擎市场行业格局

2014 年第四季度，国内综合搜索引擎市场格局基本保持稳定。从营收方面看，搜索引擎市场营收份额主要由百度、360 搜索、搜狗占据，而移动搜索引擎市场集中度更高，百度占据了主要部分，其他如搜狗、360、神马、宜搜等搜索引擎收入份额占比较低。从覆盖用户规模看，根据中国互联网数据平台（www.cnidp.cn）的监测数据，2014 年 12 月，综合搜索中，百度、360 搜索、搜狗的用户覆盖率超过 50%，其中百度为 86.1%，360 搜索为 63.4%、搜狗为 52.8%；从 PV（总页面浏览量）来看，百度、360 搜索、搜狗仍位列前三，占比分别为 64.5%、24.3%和 5.2%；在垂直搜索市场领域，购物搜索一淘网用户覆盖比例为 19.6%，视频搜索搜库为 8.9%，新浪爱问搜索为 7.0%。

从搜索业务营收规模看，根据企业财报数据，2014 年全年百度网络营销营收为 484.95 亿元，比 2013 年增长 52.5%，活跃网络营销客户数量约为 81.3 万家，比 2013 年增长 8.0%。奇虎360公司2014财年在线广告营收为7.564亿美元，比2013财年的4.171亿美元增长81.3%，主要得益于搜索和移动商业化的继续加速，2014 年 360 提前完成了全年 PC 搜索市场份额的目标，同时在无线搜索新品牌建设和产品功能创新上也获得了市场广泛的关注。搜狗营收达 3.86 亿美元，同比增长 79%，盈利 3300 万美元，首次实现全年持续性盈利。

17.5　发展趋势

17.5.1　搜索服务与产品形式将更加多样化

搜索服务已经从单一文字链结果的展示方式，逐渐转变为文字、表格、图片、应用等多种形式相结合的丰富展现方式，同时也从关键词搜索转向自然语言搜索，即实体搜索、语义搜索，如谷歌的知识图谱搜索、百度的知心搜索和框计算等，这些产品经过一年多的实践和升级，将会在 2015 年得到大范围的应用展示；另外，基于算法的优化，结合用户的搜索记录、社交活动及地理位置等各类信息，同时结合搜索引擎开发的多种搜索产品以及其他互联网服务和产品后形成的个性化搜索服务、多形式结果展现，也将成为搜索引擎的主推服务。

17.5.2　搜索引擎企业主打“连接”战略，向多业态发展

随着互联网流量经济向商品与服务经济发展，搜索引擎作为入口提供信息分发的单一服务模式，以及由此产生的搜索关键字或展示广告的盈利模式，已经远远不能满足市场发展与

企业需要，百度、搜狗、360 等企业纷纷开展其他互联网服务业务。第一，搜索引擎企业正在将积累的用户与企业客户作为资源，建设开放平台，吸引第三方服务商接入，为用户与企业服务；第二，搜索引擎企业正在积极涉足线下实体商业，扩大品牌效益，如百度云手机、筷搜、眼镜、智能盒子，360 手机、智能儿童手表，搜狗儿童智能手表糖猫等；第三，搜索引擎企业直接与线下实体商业共同开展线下业务，涉足影视娱乐、教育医疗、房地产、连锁百货、汽车交通等领域的业务。

17.5.3　线上搜索连接线下消费的趋势凸显

随着互联网将线上与线下越来越紧密地连接起来，搜索引擎的角色也出现了重要转变。搜索引擎正在逐渐摆脱单纯的流量入口角色，通过产品升级、新产品开发、其他业务的收购和布局等种种措施，转型为对企业的综合服务提供商和对用户的一站式生活服务平台。除了将用户流量与互联网服务相连接，更加注重与线下商业的直接对接，打造 O2O 商业模式，这也是搜索引擎持续提高流量和收入的重要手段。截至目前，百度的 O2O 搜索服务“直达号”已拥有超过四十万名来自各个行业的注册用户，直达号将用户的搜索行为直接导向面向线下商户的消费行为，部分商户已经获得了很好的导流效果。未来，搜索引擎将成为连接线上与线下的直接而重要的渠道。

17.5.4　移动搜索与本地生活服务和社交的结合更加紧密

在 O2O 商业模式下，搜索引擎正在成为连接线上与线下的重要渠道，通过新连接创造新价值：百度依托其海量搜索入口建立的 O2O 服务产品“直达号”是除支付宝服务窗外，被广泛认为有能力与微信 O2O 生态相竞争的 O2O 产品，未来将随着百度为商户提供更优质的技术和推广服务、商户的服务质量持续得到提高，搜索引擎将会帮助参与 O2O 项目的企业提高电商转换率，从而带来直接收益。除了与多种线上商业模式相互融合或开展合作，搜索引擎还正在向社交领域渗透：腾讯微信与搜狗的合作，一方面，帮助搜狗在移动搜索市场化中建立差异化竞争优势，为用户提供更智能、更具价值、更加个性化的搜索服务；另一方面，搜狗通过实现微信内场景化的搜索，从而有助于微信 O2O 业务的推进。

（中国互联网络信息中心　高　爽）

第 18 章　2014 年中国社交网络平台发展情况

18.1　发展概况

18.1.1　社交类应用简介

“社交类应用”泛指具有社交功能的互联网应用，包括社交网站、微博、即时通信工具、博客、论坛等，本章重点介绍当前使用较为频繁的社交网站、微博、即时通信工具。

本章提及的“社交网站”是指狭隘的社交网站概念，即与 Facebook 形态和功能类似、基于用户线下社交关系而诞生、旨在为用户提供一个沟通交流平台的社交网站，在中国这类网站主要包括 QQ 空间、朋友网、人人网、开心网、豆瓣网等。

本章提及的“微博”即微博客（MicroBlog）的简称，是一个基于用户关系的信息分享、传播以及获取平台，用户可以通过 Web、WAP 以及各种客户端组建个人社区，以 140 字左右的文字更新信息，并实现即时分享。本章把微博从一般意义上的社交网站分离，单独研究，主要因为微博晚于一般意义上的社交网站诞生，其发展速度以及使用行为与社交网站相比都有较大的不同，放在一起分析难以反映各自发展趋势。

本章提及的“即时通信工具”又被称为聊天软件、聊天工具等，英文为 Instant Messaging，简称 IM，指能够通过有线或者无线设备登录互联网，实现用户间文字、语音或者视频等实时沟通方式的软件。随着即时通信工具的发展，部分工具已经在传统满足人们聊天社交功能的基础上，发展成为用户全方位的社交活动平台。此外，专门针对移动设备开发的移动即时通信工具（Mobile Instant Messaging，MIM）也应运而生，并且产生了巨大影响。

18.1.2　社交类应用的整体覆盖率[1]

在三大类社交应用中，整体网民覆盖率最高为即时通信，其次为社交网站，最后为微博。即时通信在整体网民中的覆盖率达到了 90.6%，即时通信工具一直是网民重要的互联网应用之一，传统的聊天工具 QQ、阿里旺旺等是网民互联网交流沟通的重要工具，近年来伴随移动互联网的快速发展，针对移动设备而推出的移动即时通信工具也迅速普及，微信、易信、

[1] 覆盖率：过去半年使用过某互联网应用的人数占整体网民数的百分比。

来往等工具纷纷出现。即时通信工具中，QQ 等传统工具推出时间较长，用户行为较为稳定，而微信推出后发展迅速，影响较大，所以本章在即时通信工具这部分侧重研究微信。

社交网站（包含 QQ 空间）覆盖率为 61.7%[1]，尽管传统社交网站近年来活跃度呈现下降趋势，但由于 QQ 空间转型成一般意义上的社交网站，整体来看覆盖率仍较为广阔。

2009 年 8 月，新浪微博上线，并迅速成长为中国最具影响力的微博。在新浪微博的带动下，综合门户网站微博、垂直门户微博、新闻网站微博、电子商务微博、SNS 微博、独立微博客网站纷纷成立，甚至电视台、电信运营商也开始涉足微博业务。中国真正进入微博时代，微博市场进入激烈的竞争状态。2014 年，随着腾讯、网易和搜狐等公司纷纷减少对微博的投入，各个微博服务商之间竞争逐步趋缓，用户群体主要向新浪微博倾斜，这也促使新浪“微博”用户较以往略有提升，微博一家独大的格局明朗。本次调查结果显示（见图 18.1），在我国网民中，微博覆盖率为 38.4%，新浪微博的渗透率居各微博之首。

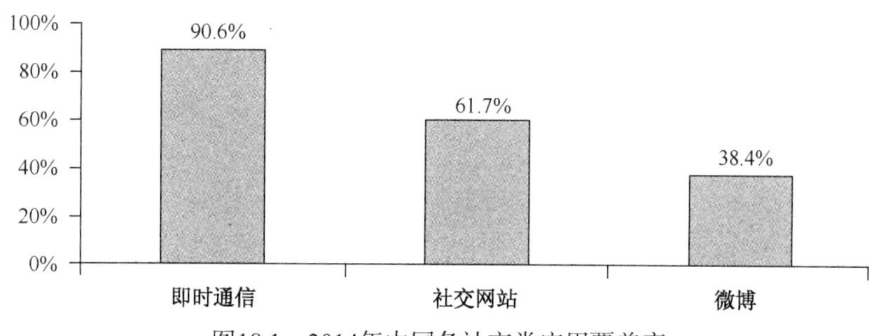

图18.1　2014年中国各社交类应用覆盖率

18.1.3　社交类应用的用户结构

从三类社交应用的用户结构来看，微博用户呈年轻化、高收入、高学历的趋势，即时通信用户年龄相对较大，社交网站用户学历、收入相对较低。

1. 年龄结构

年龄结构上，微博用户最为年轻，68.2%的用户年龄在 30 岁以上，30 岁以上的用户占比为 31.8%；即时通信工具的使用者相对大众化，用户年龄结构与整体网民的结构最为相似（见图 18.2）。

用户年龄结构差异，导致用户在使用行为上也有差异，使得针对不同应用的营销策略和广告策略都会有所不同。

2. 收入结构

整体来说，即时通信、微博用户的收入水平相对较高，社交网站收入水平相对较低。近年来，随着 QQ 空间的转型，社交网站用户群体向大众群体转移，收入层次有下降的趋势。

即时通信用户中，42.6%的用户月收入在 3000 元以上，微博的相应比例为 42.5%，社交网站的相应比例为 39.9%（见图 18.3）。

[1] 此处的社交网站包括 QQ 空间，而《第 34 次中国互联网络发展状况统计报告》里社交网站的未包括 QQ 空间，因此，二者覆盖率有较大差异。

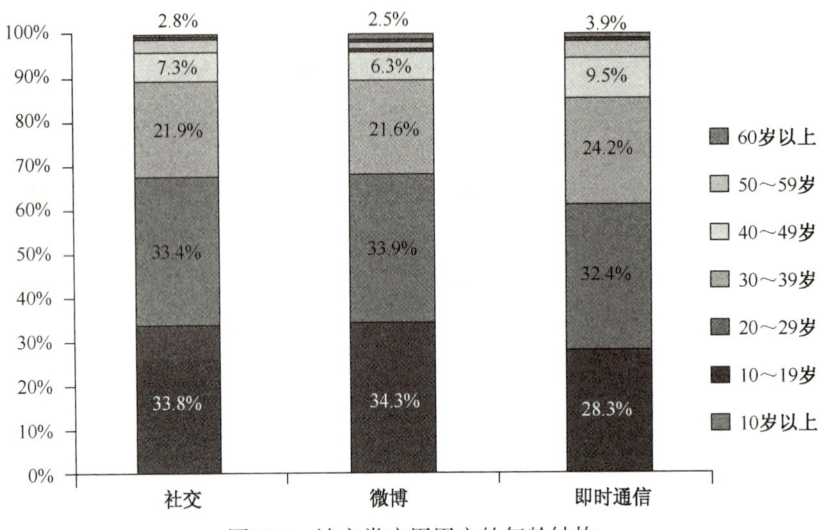

图18.2 社交类应用用户的年龄结构

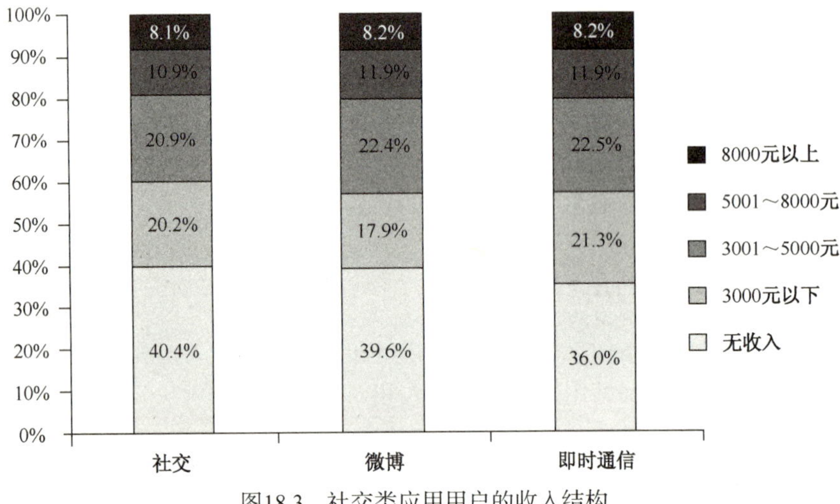

图18.3 社交类应用用户的收入结构

3. 学历结构

从调查样本的学历结构来看，微博高学历用户比重相对较大，大专及以上用户比例为49.9%；即时通信工具次之，大专及以上用户比例为46.7%；最后为社交网站，大专及以上用户比例为45.6%（见图18.4）。

18.1.4 社交类应用对相关产业的影响

1. 社交类应用与新闻资讯

社交类应用普及后，网民网上收看新闻资讯的渠道从单一的新闻资讯类媒体转变成以新闻资讯类网站为主体，微博、社交网站并存的格局。

当用户网上浏览新闻资讯时，除了新闻资讯类网站以及新闻客户端外，21%的网民会通过微博关注新闻，13.9%的网民会通过社交网站关注时下发生的热点问题（见图18.5）。

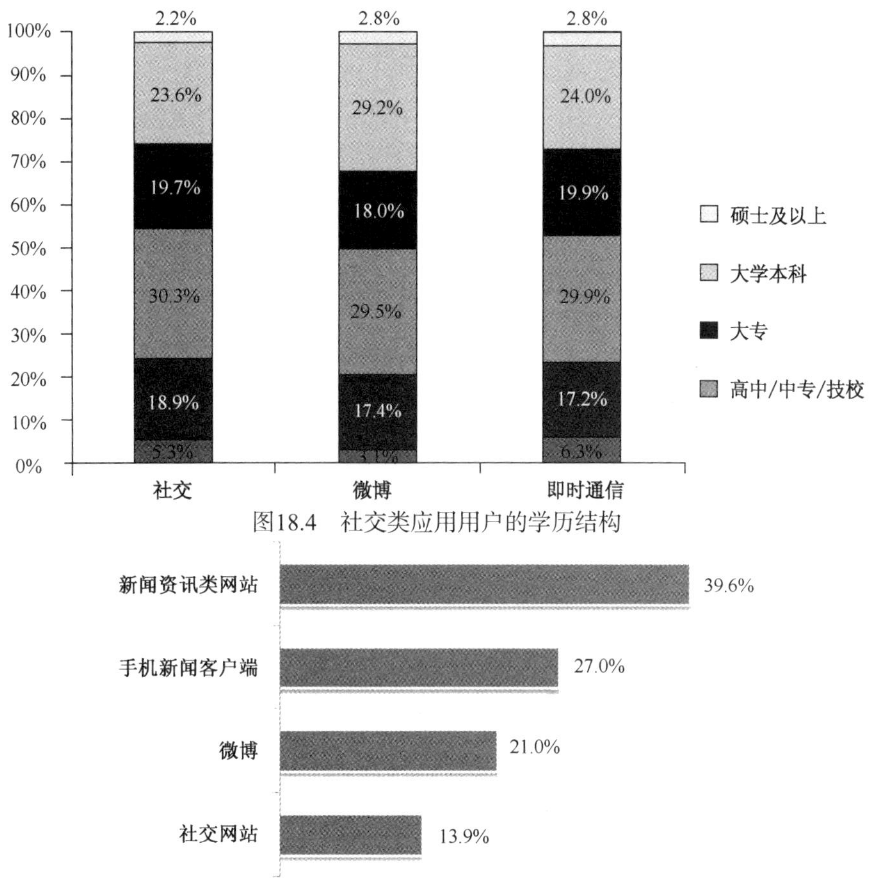

图18.4　社交类应用用户的学历结构

图18.5　网民网上获取新闻资讯的渠道

网民之所以使用社交类应用收看新闻资讯，是因为社交类应用能从多方面满足网民接触新闻的需求（见图 18.6）。首先，62.0%的网民表示“喜欢看大家都关注的热点新闻”，社交类应用的属性决定了进入关系圈内进行分享的话题多是圈内热点或共同关注、感兴趣的热点，如微博搜索热点、社交网站热点话题推荐等，网民通过这些渠道能更快地接触到正在发生的热点事件。其次，45.2%的网民喜欢看短新闻，微博能很好地满足网民此类需求。最后，还有 41.9%的网民喜欢看别人转发的新闻，20.9%的人喜欢看到新闻后转发到社交类应用上面，20.1%的网民喜欢看新闻后进行评论，而社交类应用能很好地满足网民的这些需求。

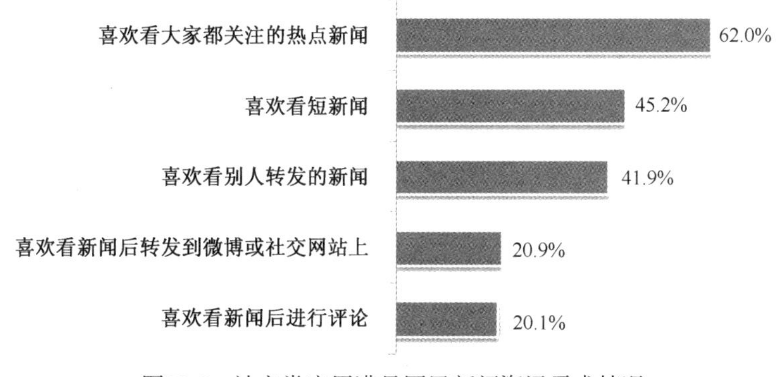

图18.6　社交类应用满足网民新闻资讯需求情况

对于社交类网民来说，需要关注热门事件或话题时，首选的社交平台是新浪微博，提及率为 17%，其次是论坛/贴吧，提及率为 6.3%，与新浪微博之间拉开较大差距，再次是人人网和豆瓣网，用户从这两个渠道关注热门事件或话题的比例较小（见图 18.7）。

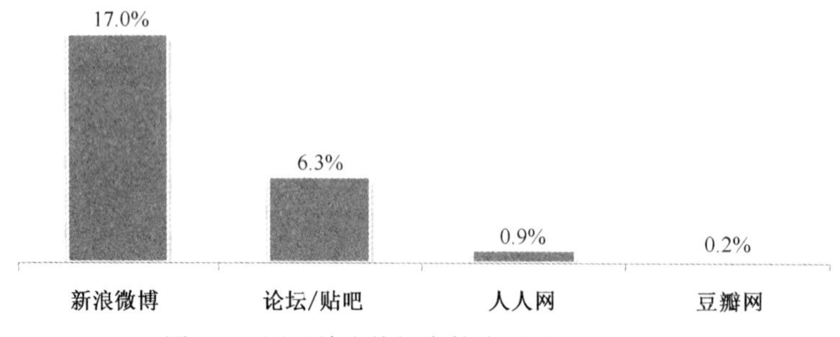

图18.7　网民关注热门事件或话题的首选平台

2. 社交类应用与网络购物

社交类应用的基础在于人与人之间的关系和交互，这样的关系可能是亲戚、朋友、同事、同学等亲近关系，也可能是兴趣爱好相同或经历类似的感情共鸣关系，还可能是有信任感的意见领袖。电商企业通过这些关系中的部分人推荐或分享传播购物信息，将带动整个社交圈子里的人对企业和产品的认知和信任，最终转化为销售。

当前网民分享购物信息的比例较低，导致通过购物分享传递购物信息的力度不大。在有过网上购物经历的网民人群中，仅有 3.5%的网络购物网民常常分享购物信息，19.8%的人偶尔分享购物信息，二者之和仅占 23.3%，高达 76.7%的网络购物网民从不分享购物信息（见图 18.8）。

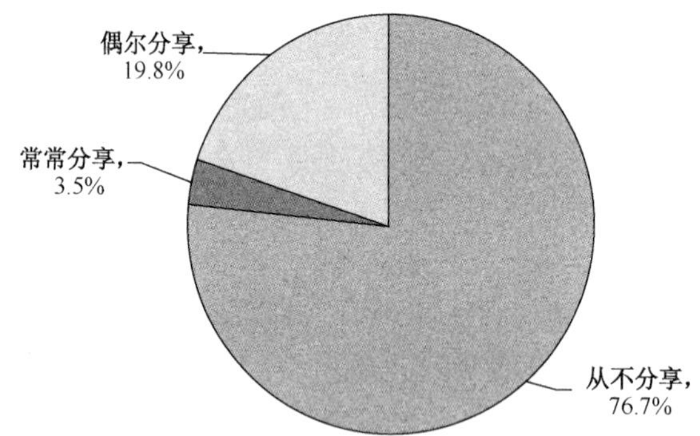

图18.8　网购用户分享购物信息意愿

与 2013 年同期相比，愿意分享购物信息的网民占比上升了 3.7 个百分点，在商家的推动下，以及部分意见领袖及关系亲近者的参与下，越来越多的网民认可并分享购物信息。

当前网民购买别人推荐的产品的意愿不高。仅有 35.8%的网络购物网民表示会购买别人推荐的产品，64.2%的人表示不会购买（见图 18.9）。

愿意购买的比例与 2013 年同期相比提升了 7.6 个百分点，经过不断实践和市场教育，越来越多的网民已经逐步认可分享在社交应用上的购物信息并对这些信息产生了信任。

3. 社交类应用与网络视频

网络视频是流媒体的代表性产品，随着我国基础宽带的建设、智能手机的普及和移动网络的升级，网络视频的传播渠道已经发生了深刻的改变。不少企业将社交应用作为推广网络视频的重要渠道，以争取更大范围的覆盖，更精准地到达目标受众。用户的分享是网络视频通过社交应用推广的重要前提。

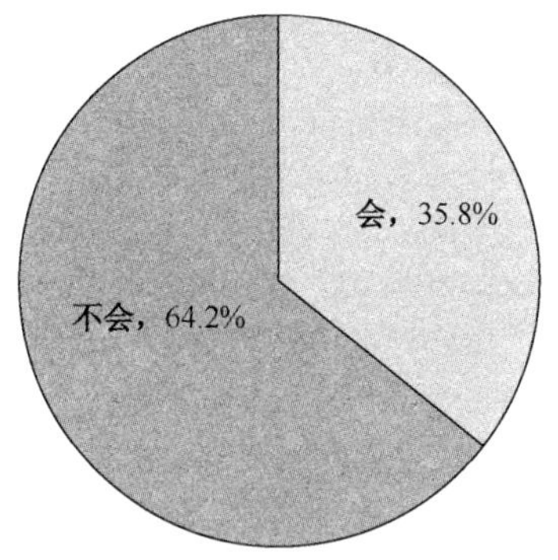

图18.9　网购用户接受别人推荐产品程度

调查数据显示（见图 18.10），网络视频用户中，有 35.8%的人分享或转发过网络视频，其中 6.1%的人常常分享网络视频，29.7%的人偶尔分享，分享过网络视频的用户比例高于分享过购物信息的比例，与 2013 年调查结果相比上升了 3.1 个百分点。

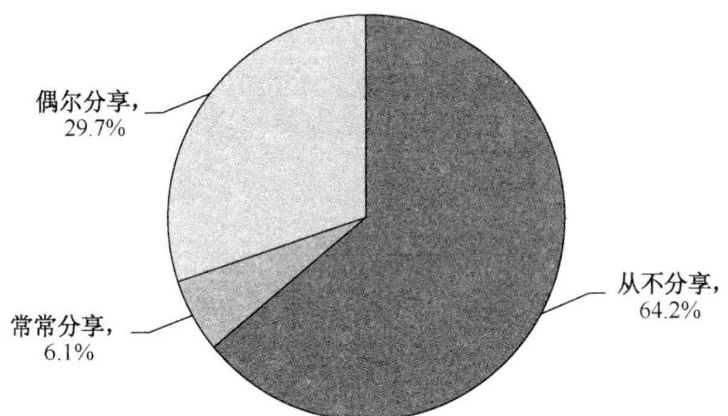

图18.10　网络视频用户视频分享情况

同时，65.8%的网络视频用户会在微博或社交网站里收看别人推荐的视频（见图 18.11）。

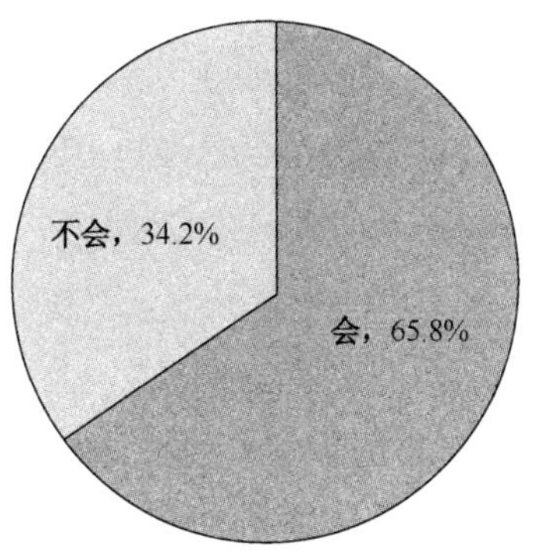

图18.11　网络视频用户收看他人分享的视频的情况

最后，愿意在微博或社交网站里点击进入视频网站收看视频的比例也较高，达到了 55.1%

（见图 18.12）。由于网民在微博和社交网站里分享和收看视频的积极性较高，网络视频企业可通过视频推荐、确认核心人物转发等多种方式促进用户在社交网站里收看视频，从而增加视频的覆盖率、点击率，提升网络视频网站的流量。

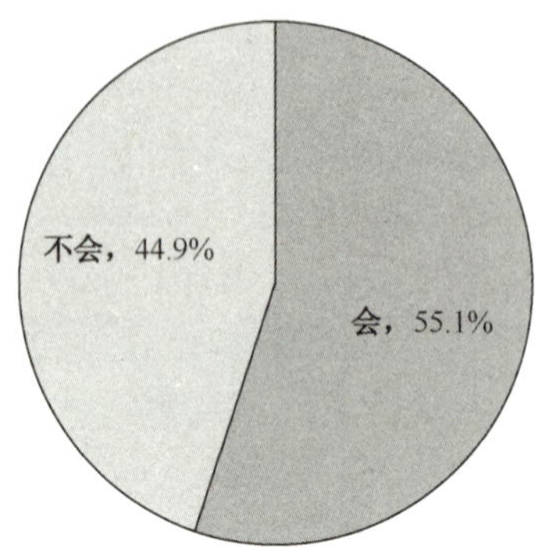

图18.12 网络视频用户从社交网站点击进入视频网站的意愿

18.1.5 社交类应用的商业化

1. 网民对商业化产品的参与程度

从网民对商业化产品的参与程度来看，社交网站、微博、微信这三类产品的商业化模式呈不同特征，社交网站的商业化主打站内购物和付费游戏，微博的商业化产品最丰富，目前用户参与较多的是周边信息搜索和站内广告，微信用户的商业化产品参与偏重于公众号的订阅和扫一扫购买商品（见图 18.13）。

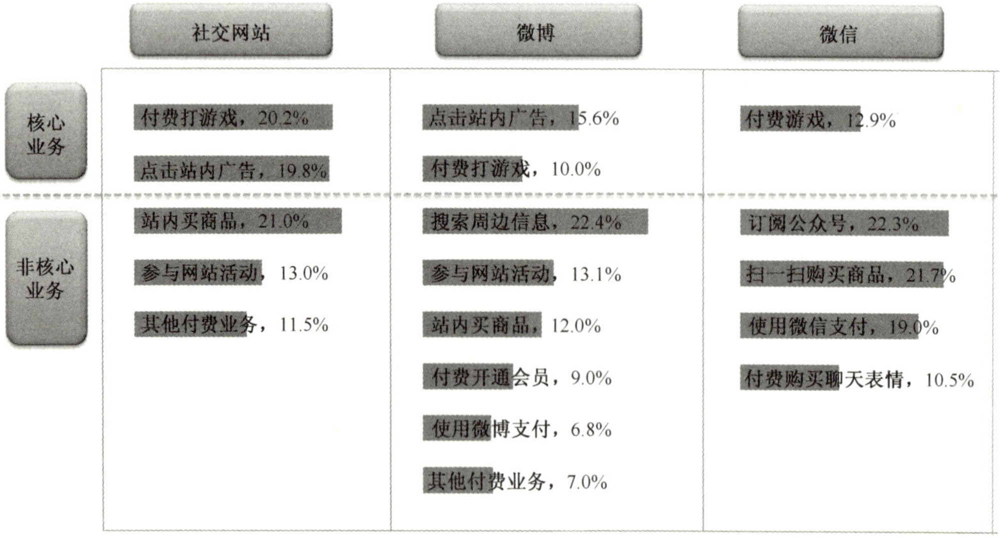

	社交网站	微博	微信
核心业务	付费打游戏，20.2%	点击站内广告，15.6%	付费游戏，12.9%
	点击站内广告，19.8%	付费打游戏，10.0%	
非核心业务	站内买商品，21.0%	搜索周边信息，22.4%	订阅公众号，22.3%
	参与网站活动，13.0%	参与网站活动，13.1%	扫一扫购买商品，21.7%
	其他付费业务，11.5%	站内买商品，12.0%	使用微信支付，19.0%
		付费开通会员，9.0%	付费购买聊天表情，10.5%
		使用微博支付，6.8%	
		其他付费业务，7.0%	

图18.13 各社交应用网民对商业活动的参与程度

2. 社交类应用商业化对网民使用体验的影响

社交类应用商业化行为，尤其是发布广告等内容，势必会影响用户体验，如何在盈利和用户体验方面做好平衡，是社交类应用商业化过程中尤其要注意的问题。就当前商业化举措对网民体验的影响来看，64.5%的微博用户认为微博的商业化活动对使用体验没有影响，社交网站的这一比例为 56.7%，相对而言，微博商业化对用户的体验影响较小（见图 18.14）。

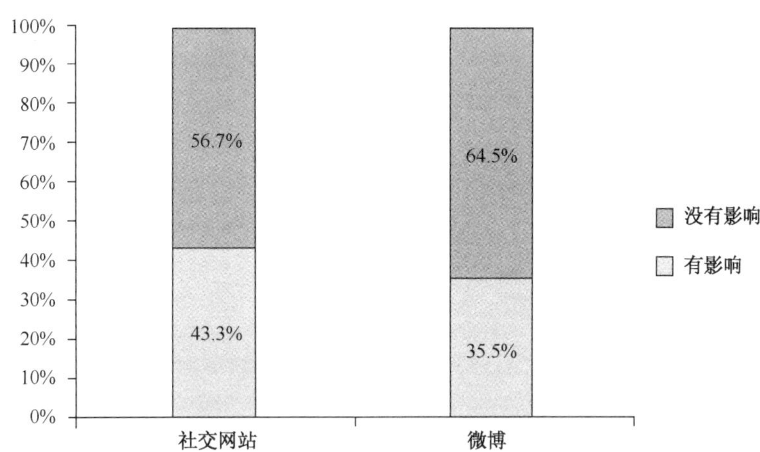

图18.14　社交类应用商业活动对网民的影响

18.2　即时通信发展

截至 2014 年 12 月，我国即时通信网民规模达 5.88 亿人，比 2013 年年底增长了 5561 万人，年增长率为 10.4%。即时通信使用率为 90.6%，较 2013 年年底增长了 4.4 个百分点，使用率位居第一。

即时通信服务作为互联网最基础的应用之一，伴随着智能手机的不断普及，在手机端也一直保持着稳步增长的趋势。截至 2014 年 12 月，我国手机即时通信网民数为 5.08 亿人，较 2013 年年底增长了 7683 万人，年增长率达 17.8%。手机即时通信使用率为 91.2%，较 2013 年年底提升了 5.1 个百分点（见图 18.15）。

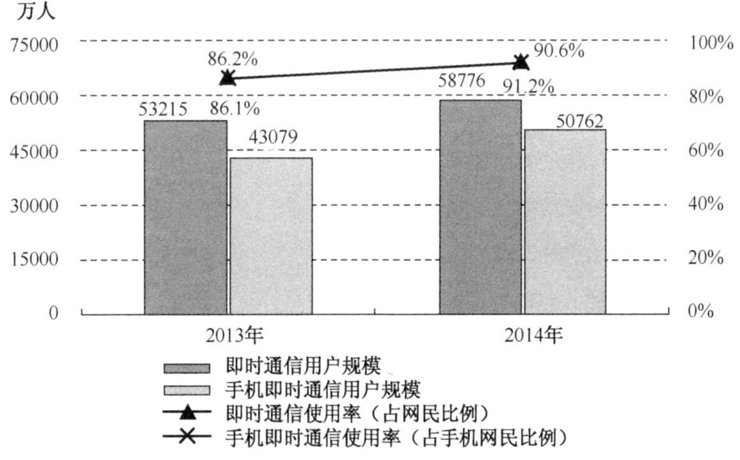

来源：CNNIC 中国互联网发展状况统计调查。

图18.15　2013—2014年即时通信/手机即时通信用户规模及使用率

手机即时通信由于其随身、随时、拥有社交属性和可以提供用户位置的特点，自身定位逐渐从以前单一的通信工具演变成支付、游戏、O2O 等高附加值业务的用户入口，以其庞大的用户基数为其他服务提供了巨大的潜在商业价值。在未来，寻求差异化路线与独特定位，为用户提供更多有价值的服务，将成为即时通信发展的新方向。

微信作为手机端即时通信的代表工具之一，推出后迅速向人群渗透。截至 2014 年 12 月，微信在网民中的渗透率超过 80%，仅次于 QQ。

微信最早的出发点和核心就是社交工具，与他人交流沟通是微信用户最主要的目的，网民在微信上使用较多的内容分别为文字聊天、语音聊天，二者使用比例均在 80%以上。此外，使用朋友圈的比例为 77%、群聊天的比例为 61.7%，社交因素在微信应用中表现较强（见图 18.16）。

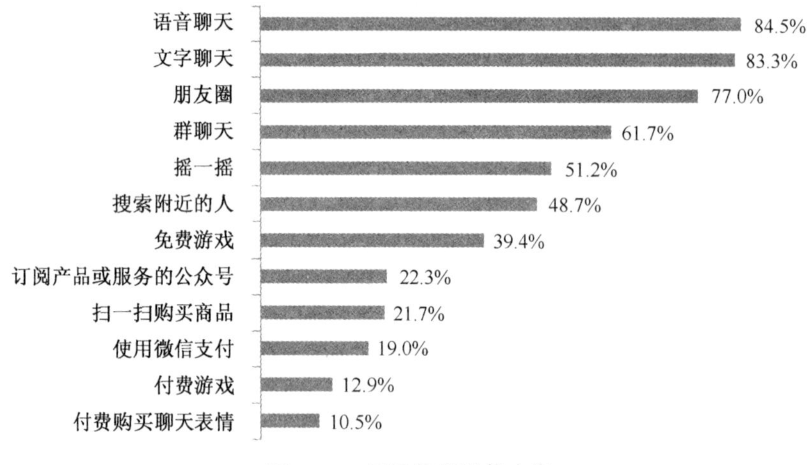

图18.16　网民使用微信内容

微信用户关注的公共账号中，41.5%的微信用户会关注媒体类账号，微信是用户获取新闻资讯的一个重要手段；此外，明星名人、行业资讯的关注度也都在 20%以上（见图 18.17）。

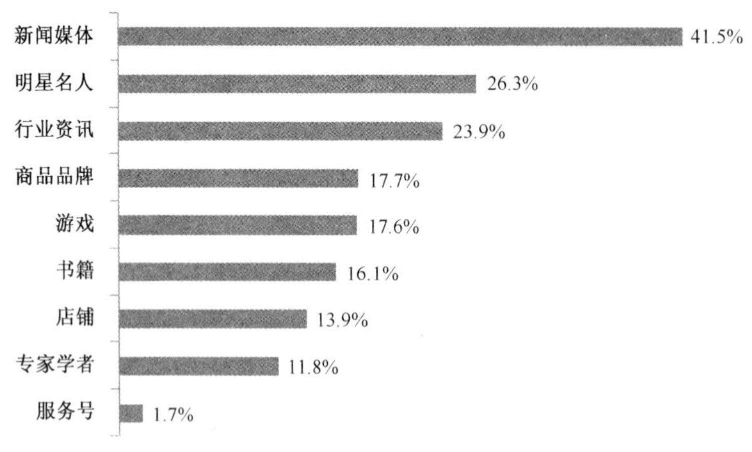

图18.17　网民微信公共账号关注度

目前，微信支付的功能涉及打车、话费充值、彩票、购物、公益等多方面，从本次调查的结果来看，微信支付的各项业务中，知名度最高的是嘀嘀打车，52.3%的微信用户表示知道嘀嘀打车，29.1%的微信用户使用过嘀嘀打车，2014 年伊始，嘀嘀打车与快的打车的烧钱补贴大战，给这两个打车软件积累了大量的用户；手机话费充值的知名度为 51.8%，排在第二位，使用率为 32.6%；Q 币充值的知名度为 40.7%，排在第三位（见图 18.18）。

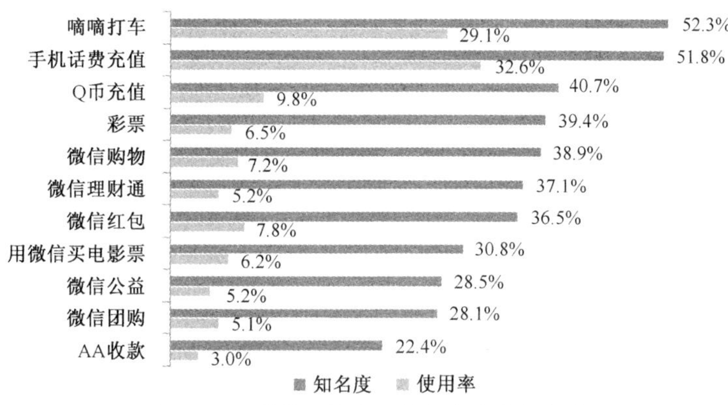

图18.18　微信支付内容的知名度和使用率

1. 微信站内联系人

微信也是基于熟人关系链的在线社交，微信联系人中，主要有现实生活中的朋友、同学、亲人/亲戚、同事，占比为 70%～90%（见图 18.19）。

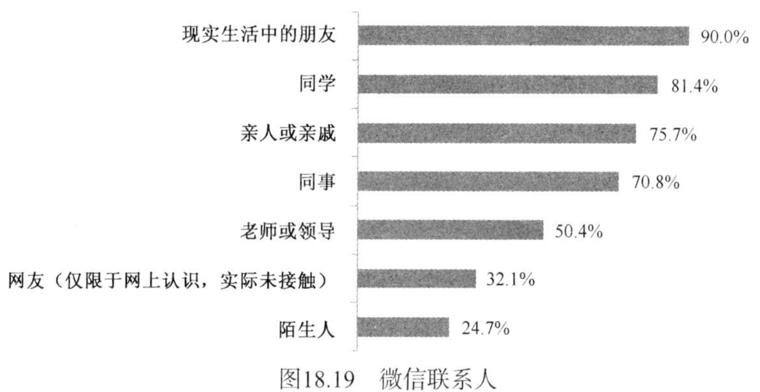

图18.19　微信联系人

2. 微信使用频次

从微信的使用频次来看，31.4%的用户每天都使用微信，此外有 24.9%的用户每周使用两次以上（见图 18.20）。

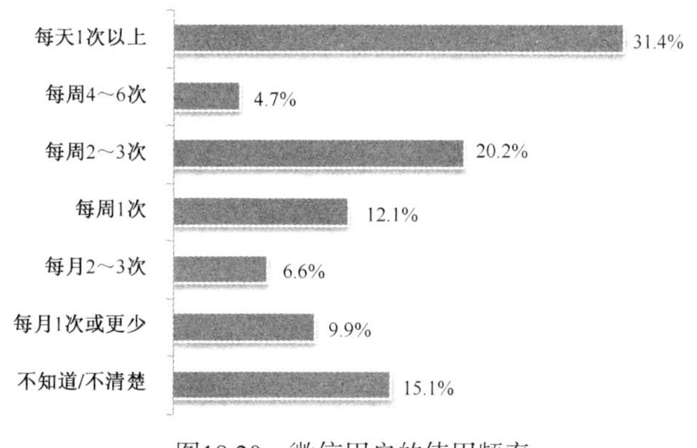

图18.20　微信用户的使用频率

18.3 微博使用情况

截至 2014 年 12 月，我国微博用户规模为 2.49 亿人，较 2013 年年底减少了 3194 万人，网民使用率为 38.4%，与 2013 年年底相比下降了 7.1 个百分点。其中，手机微博用户数为 1.71 亿人，相比 2013 年年底下降了 2562 万人，使用率为 30.7%（见图 18.21）。

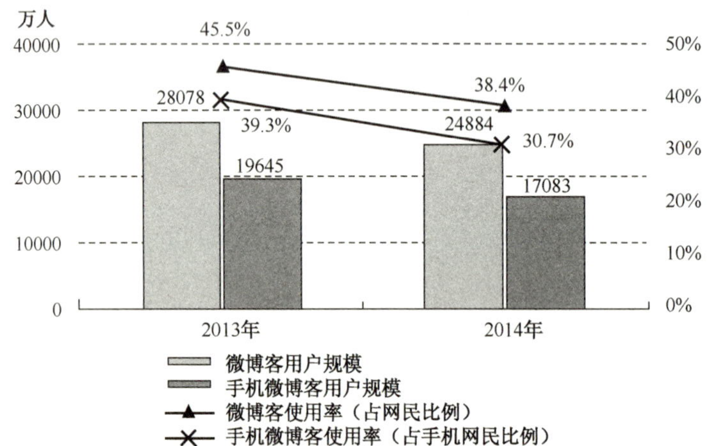

来源：CNNIC 中国互联网发展状况统计调查。

图18.21　2013—2014年微博客/手机微博客用户规模及使用率

2014 年，随着腾讯、网易和搜狐等公司纷纷减少对微博的投入，各个微博服务商之间的竞争逐步趋缓，用户群体主要向新浪微博倾斜，这也促使新浪微博用户较以往略有提升，微博客一家独大的格局明朗。

社交媒体与社交类沟通应用体现出不同的应用属性。2014 年上半年的“马航事件”和 2014 年下半年的“冰桶挑战”凸显了新浪微博作为社交媒体的快速的传播速度、深远的传播范围和积极的社会影响力。

传统媒体时代，信息内容的传播是人们通过阅读、收看、收听之类的订阅方式，多个人从少数信息源获得信息的。在微博这样的社会化媒体出现之后，信息内容的传播是通过人与人之间的“关注”、“被关注”网络，一层层传播开来。这种传播方式覆盖面广、速度快，同时有信任关系的存在，信息的被接受程度比较好。

从对微博功能的使用情况来看，新浪微博用户对微博主要功能的使用率较高，与整体相比，新浪微博用户活跃度更高。

80.3%的新浪微博用户通过新浪微博关注新闻/热点话题，新浪微博已经成为一个大众舆论平台，成为人们了解时下热点信息的主要渠道之一；68.1%的新浪微博用户关注感兴趣的人，60.3%的新浪微博用户主动发微博（分享/转发信息），另外，50%左右的新浪微博用户在微博上发照片、看视频/听音乐，各种需求均可以在新浪微博上实现，新浪微博成为他们生活中的一个主要沟通交流平台（见图 18.22）。

微博天生就是一个传播和媒体的工具。微博消息发布后，会经历一个相对较慢的传播过程，而当用户转发积累到某个点的时候，会出现一个非常快速的增长的过程。这是典型的“蒲公英式”传播，尤其是凭借“大 V”的号召力，可以完成非常广泛的传播，并且微博之间相互影响并传播信息，导致信息在微博平台的快速“洪泛”。

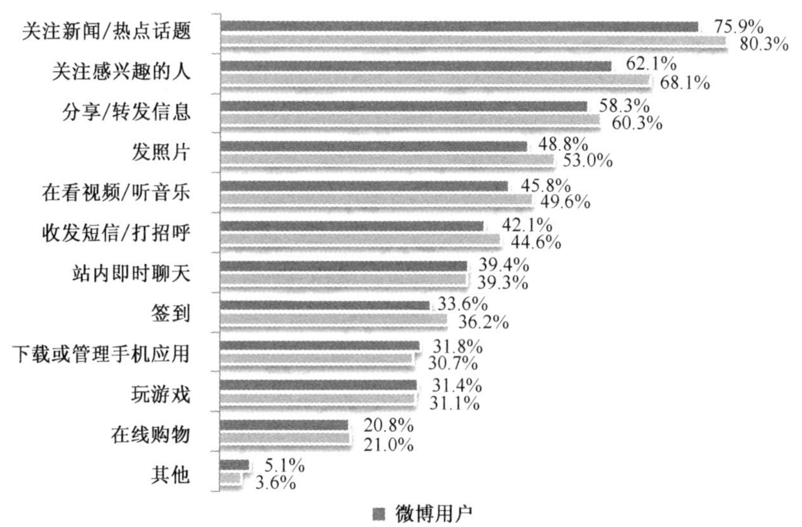

图18.22　网民使用微博功能

微博用户之所以选择微博来关注新闻/热点话题，主要的原因是微博的快速响应速度和话题的高关注度，这两个因素获得了一半以上的认同（见图 18.23）。对于新浪微博用户来说，这两个因素的提及率都在 60%以上。在传播速度和传播深度上，微博都比传统的新闻媒体有天然的优势，而新浪微博一直都是各类重大新闻事件的首发源头。每逢遇到社会重大事件，新浪微博上的内容发送量都会出现显著上涨。

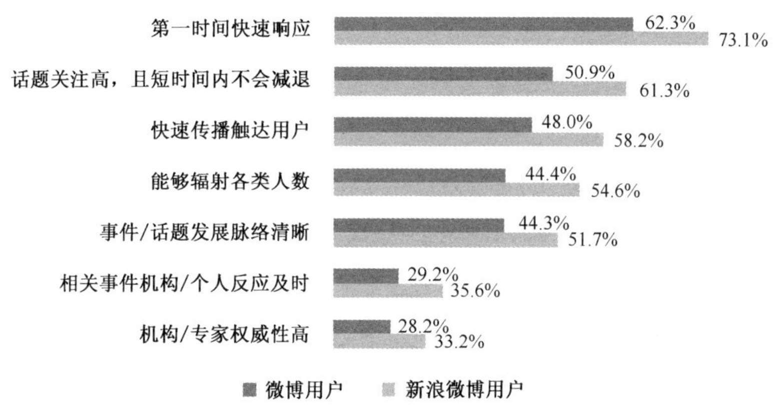

图18.23　从微博上获取新闻/热点话题的原因

此外，微博用户对“事件/话题发展脉络清晰”、“相关事件机构/个人反应及时”、“机构/专家权威性高”等原因的提及率分别为 44.3%、29.2%、28.2%，新浪微博用户对以上因素的提及率比整体水平高出 5 个百分点以上。微博时代，信息的传播变得简单，谣言也随之蔓延，而且速度更快、杀伤力更强，用户对新浪微博平台信息整合性、及时性、权威性的认可，从另一方面也体现了微博辟谣的效果。正是由于微博的这种“自净性”，微博平台才变得可信任。

1. 站内联系人

微博联系人中，现实生活中的朋友、同学占比最高，均在 70%以上；其次是同事、明星，50%以上的微博用户会关注（见图 18.24）。

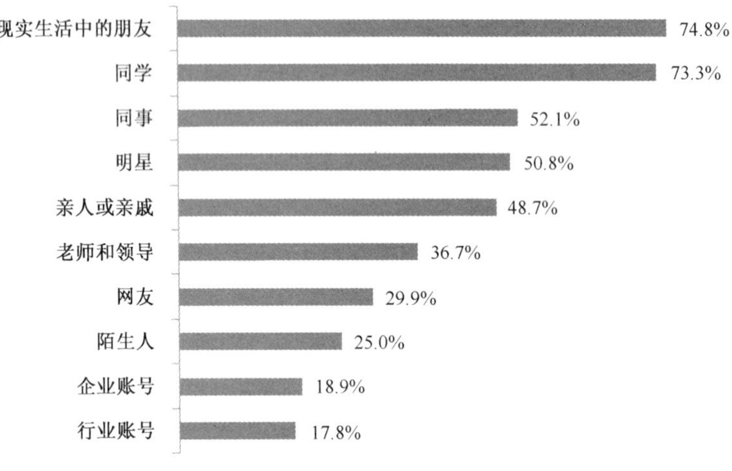

图18.24 微博联系人

与社交网络不同，微博除了熟人关系链的在线交互外，还有基于生人网络弱关系链和虚拟空间相关性的社交关系模式。在微博中，我们除了与现实生活中的朋友进行互动外，还会关注明星大 V、垂直行业 V 用户，形成一个非常庞大的追随网络，还会因为对某一话题的关注，而迅速走到一起，从而造成很大的传播效应，这也是微博社交媒体属性的一个重要基因。

2. 使用频次与时长

用微博会形成习惯，本次调查中，31.4%的微博用户会每天使用微博，另外有近 24.9%的用户每周会登录微博 2 次以上，微博成为他们生活中一个非常重要的社交媒体（见图 18.25）。

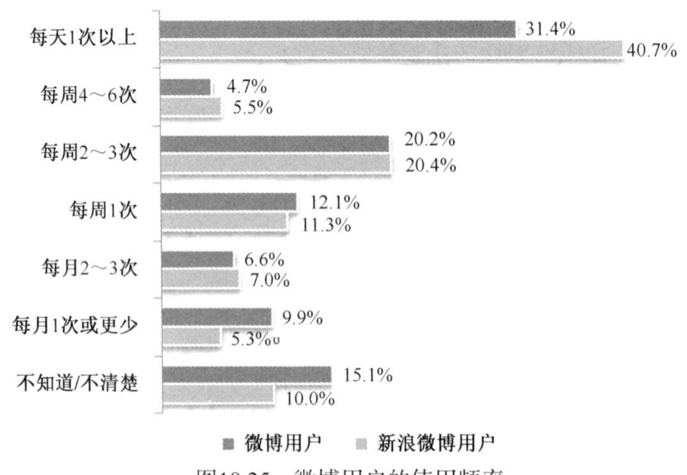

图18.25 微博用户的使用频率

新浪微博用户中，40.7%的用户每天都会登录微博，25.9%的用户每周会登录 2 次以上，用户活跃度和用户黏性均高于微博用户整体。

从每次的使用时长来看，34.4%的用户每次登录的使用时长为 11～30 分钟，此外有 24%

的用户每次登录的使用时长在半小时以上，用户黏性较强（见图 18.26）。

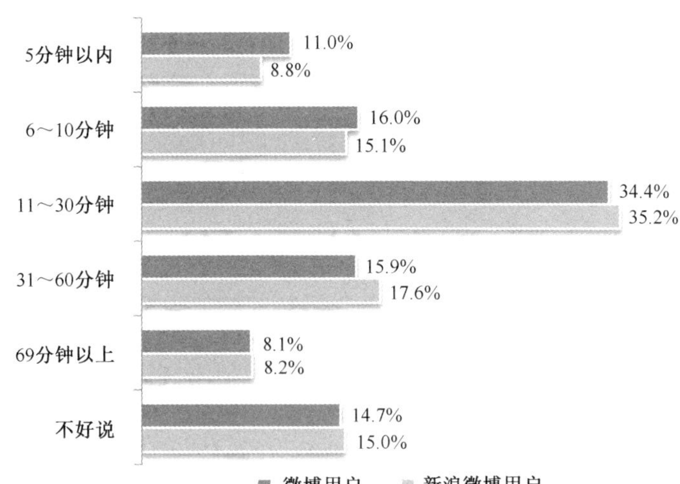

图18.26　微博用户的使用时长

与整体微博用户相比，新浪微博用户每次登录时长在 10 分钟以内的用户占比较低，时长在 10 分钟以上的用户占比较高，整体的使用时长相对较长。

3. 使用设备

随着智能手机的普及和移动互联网的发展，手机成为人们刷微博的主要设备之一，近 85%的微博用户会在手机端使用微博，近 90%的新浪微博用户用手机上微博，随时关注微博动态，随时参与微博话题，新浪微博是他们移动互联生活中重要的一环（见图 18.27）。

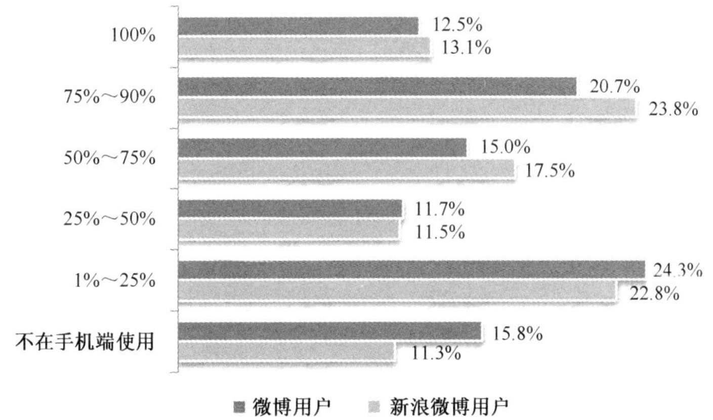

图18.27　网民手机端使用微博占总时长的比例

4. 微博对当下社会的影响

微博作为新兴媒体，除了其社交媒体的属性外，还有很大的服务价值（见图 18.28）。很多政府机关、名人、新闻媒体纷纷开通微博，与网民展开互动。政府方面主要利用微博征求民众意见，让民众自由发表观点建议，尽力在民众心中树立亲民民主形象；名人们通过微博发表自己正面、积极、有趣的信息，以获得更多支持；新闻媒体则利用微博发表精短新闻消息，以扩大知名度。总体而言，微博对当下社会的影响主要集中在“让新闻资讯传播更加便捷”（78.2%）、是“最直接展示个人意见的平台”（71%）、“能推动公益事业的发展”（68%）、“对政府政务透明起到推动作用”（64.4%）。

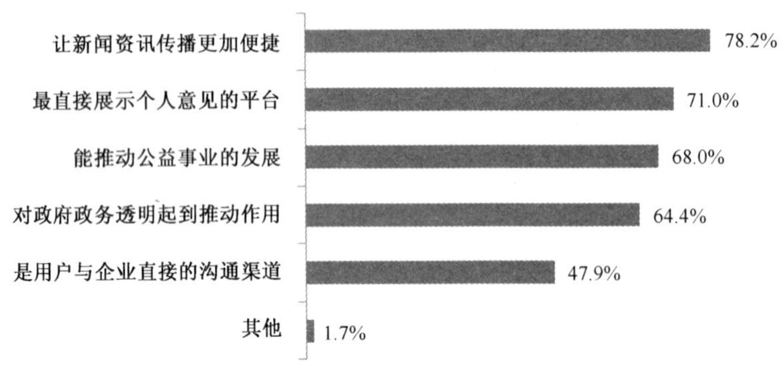

图18.28 微博对当下社会的影响

18.4 社交网站使用情况

社交网站有两个主要功能：一方面是认识更多的人；另一方面就是维系当前的熟人关系。调查结果显示，用户在社交网站上使用较多的功能依次为上传照片、发布/更新状态、发布日志/日记/评论、分享/转发信息、看视频/听音乐，这些内容的使用比例都在60%以上，这些都是社交网站的基本功能，各个功能之间的使用率无明显差异（见图 18.29）。

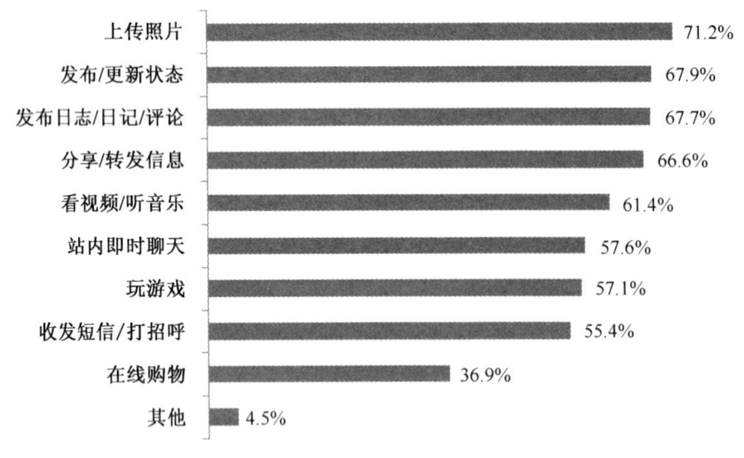

图18.29 网民使用社交网站功能

1. 站内联系人

社交网站联系人中，同学、现实生活中的朋友占比最高，在 88%左右；其次是亲人或亲戚，关注比例为 75.6%；同事的关注比例为 68.4%，排在第四位。本次调查的几大社交网站，都是基于熟人关系链的在线交互，因此在社交网站的联系人中，以同学、同事、亲朋好友为主（见图 18.30）。

2. 使用频次

从用户对社交网站的使用频率来看，57.9%的用户每天都会使用社交网站，另外有 20%

以上的用户每周都会访问 2 次以上，用户黏性较强（见图 18.31）。

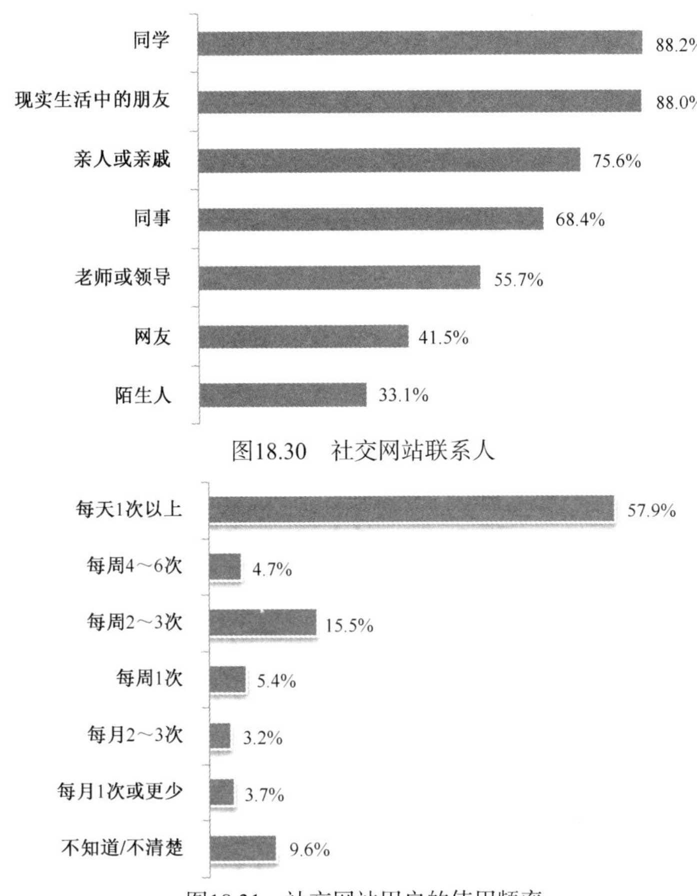

图18.30　社交网站联系人

图18.31　社交网站用户的使用频率

3. 使用设备

手机成为人们访问社交网站的主要设备，90.1%的用户会用手机访问社交网站（见图 18.32）。社交网站平台供应商们应加强在移动端的布局，产品设计要符合移动端的特征，让用户有更好的使用体验，以增强用户黏性。

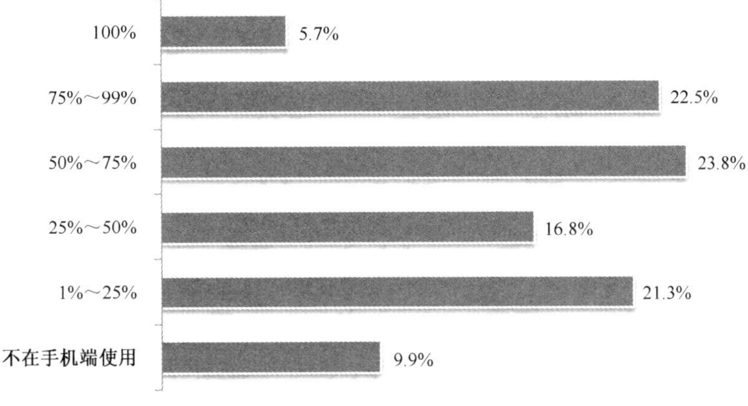

图18.32　网民手机端使用占社交网站总时长的比例

18.5 各社交应用用户使用行为差异

1. 使用功能差异

社交网站、微博、微信虽然同属于社交类应用，但满足的是用户不同层次的需要，用户在使用不同产品时，使用的功能也完全不一样（见图 18.33）。

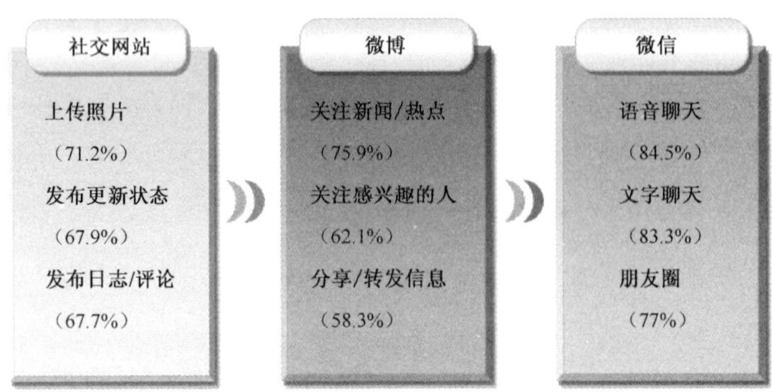

图18.33 不同社交应用主要使用功能

以 QQ 空间为代表的社交类网站，用户主要用它来上传照片、发布更新状态、发布日志/评论，以微信为代表的即时通信工具，用户主要用它来聊天或者是关注朋友圈，这两类应用主要是用来沟通、交流、维系当前的熟人关系，而对微博的使用主要是关注新闻热点话题和关注感兴趣的人，微博社交媒体的属性凸显。

2. 社交圈子差异

根据美国社会学家格兰诺维特提出的人际关系理论，人际关系网络可以分为强关系网络和弱关系网络两种。强关系是指个人的社会网络同质性较强，即交往的人群从事的工作、掌握的信息都是趋同的，并且人与人的关系紧密，有很强的情感因素维系着人际关系。反之，弱关系的特点是个人的社会网络异质性较强，即交往对象可能来自各行各业，因此可以获得的信息也是多方面的，并且人与人关系并不紧密，也没有太多的感情维系。格兰诺维特认为，关系的强弱决定了个人获得信息的性质以及个人达到其行动目的的可能性。

依据这种理论，把互联网网民的社交网络各联系人区分如下：依据掌握信息的同质性程度和双方情感关系的紧密程度两个维度，把社交应用中的各类联系人划分成强关系社交圈子和弱关系社交圈子，如图 18.34 所示。

强关系社交圈子有：现实生活中的朋友、亲人/亲戚、老师/领导、同学、同事等，这些圈子个人关系较为紧密，或者接触的人群或掌握信息较为相似。

弱关系的圈子有：陌生人、明星、网友（仅限于网上接触并未在现实生活中接触的朋友）等群体。

社交关系弱，信息的传播呈现点对面的趋势，传播速度快，加之微博平台有效的监督机制，明星大 V 和垂直行业的 V 用户一起充分发挥“意见领袖”的作用，实现传播速度和质量的双重保证。

社交关系较强，彼此之间有现实感情维系，信任度高、影响深，美中不足的是传播速度慢，在营销中可以带来再次消费与口碑效应。

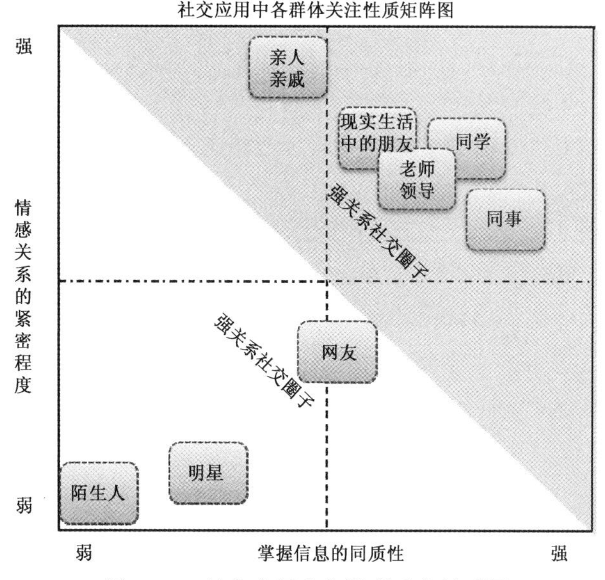

图18.34 社交应用中各类联系人关系图

依据上面的划分，三种社交应用里不同人群出现的比例如图 18.35 所示。

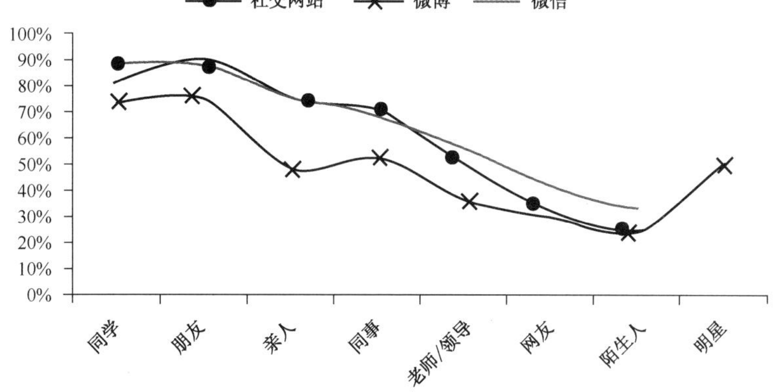

图18.35 三类社交应用中各类联系人覆盖率

从社交关系的强弱来看，微信、社交网站的联系人更倾向于强关系，微博的联系人更倾向于弱关系。

微信、社交网站的强关系体现在：现实生活中的朋友、同学出现在联系人名单中的比例都在 80%以上，亲人/亲戚出现的比例在 75%以上，同事出现的比例在 70%左右，老师/领导出现的比例为 50%～60%。

微博的弱关系体现在：现实生活中的朋友、同学、亲人/亲戚、同事、老师/领导等强关系联系人出现比例低于微信和社交网站，而明星这种极弱关系联系人出现的比例较高。

18.6 发展趋势

18.6.1 即时通信

即时通信一直是网民最基础的应用，通过即时通信产品，整个互联网的生态链条被打通，游戏、电子商务、O2O 等服务都将通过即时通信入口到达用户。尤其在移动端，手机即时通信由于其随身、随时、社交属性及定位等特点，逐渐演变成集游戏、购物、支付等高附加值业务于一体的用户入口。依靠其庞大的用户基数为其他服务提供了巨大的潜在商业价值。目前，从发展成功的垂直手机即时通信产品来看，寻求差异化路线，拥有独特定位，才能不断增加用户数量并提升用户黏性。

2015 年 1 月，即时通信类的主打产品微信发布了第一条广告，微信此举预示着其将在商业化道路上更进一步。这一类推广信息流支持点赞、评论，未来也有可能支持分享。在微商发展受阻的情况下，微信正在尝试新的商业模式。3 月，微信官方通过多个公众账号发布了微信行业解决方案和《微信朋友圈使用规范》，以此来规范用户分享行为，挤压非微信官方团队的受益空间，规避政策风险，降低监督成本。商业化和规范化是以微信为代表的即时通信工具的发展趋势。

18.6.2 微博

从发展趋势分析，微博呈现应用间竞争愈加激烈，应用内品牌逐步集中的趋势。首先，作为既有媒体性又有社交性的服务而言，微博需要面对来自即时通信、新闻媒体客户端等应用的竞争，未来应该充分利用自身在信息、交流方面的优势，逐步提升内容的专业性和用户定位的精准性，以建立竞争壁垒。其次，而从应用内部分析，2014 年随着腾讯、网易等公司纷纷减少对微博的投入，各个微博服务商之间竞争逐步趋缓，用户群体主要向新浪微博倾斜，这也促使新浪用户较以往略有提升，微博一家独大的格局明朗，但由于各个微博服务商对于服务投入的减小，整体微博用户规模依然保持下降趋势。最后，如何提升变现能力依然是微博发展的关注重点，一方面，受到展现形式的影响，微博依靠展示广告盈利空间有限，而社交化营销地位应提升；另一方面，作为信息媒体平台，微博应该利用大数据技术为其他行业进行商业价值挖掘，进而提升自身盈利能力。

18.6.3 社交网站

社交网站主要可分为泛社交网站和个人空间（主要指 QQ 空间），传统的社交网站近年来一方面不断面对来自竞争对手的压力，用户被分流，使用率下滑；另一方面则因为自身的创新缓慢、运营重心偏离，不能满足用户的核心需求，从而降低了用户的使用意愿，造成用户的活跃度下降。虽然社交网站的发展前景不容乐观，但是社交作为互联网应用的基本元素，与其他应用相融合，已经成为一种常态。网络购物、网上支付、网络游戏、网络视频、搜索等服务纷纷引入社交元素，通过借助社交关系对用户行为的牵引促进应用本身的发展。

个人空间的发展情况则与泛社交网站恰恰相反，它保持与用户共同成长的产品创新能力，集合了当下流行的社交产品的多种功能，完成了向社交类应用的转型，满足了用户的社交需求，用户规模和使用率一直保持在较高水平，并且在发展过程中不断催生新的盈利模式，在商业化方面也有很好的发展。

（中国互联网络信息中心　谭淑芬）

第 19 章　2014 年中国网络音乐发展情况

19.1　发展概况

网络音乐是指音乐作品通过互联网、移动通信网等各种有线和无线方式进行传播，其主要特点是形成了数字化的音乐产品制作、传播和消费模式。网络音乐主要由两部分组成：一是通过电信互联网提供在电脑终端下载或者播放的互联网在线音乐，二是无线网络运营商通过无线增值服务提供在手机终端播放的无线音乐，又被称为移动音乐。

在文化产业政策环境不断优化的背景下，中国网络音乐产业逐步形成了以原创内容和独立版权为核心，以跨终端、跨媒介的平台为渠道，以满足用户体验为市场导向的服务型文化经济业态。整合、创新构成了 2014 年中国音乐产业的发展主题。

2014 年，中国网络音乐的市场规模和用户规模继续保持增长，但速度呈现放缓趋势。阿里巴巴、百度和网易等企业继 2013 年涉足音乐业务后开始发力，国内网络音乐市场出现大规模整合与洗牌，酷我、酷狗音乐合并为海洋音乐集团，阿里巴巴将旗下两款音乐服务虾米音乐、天天动听共同组建成“阿里音乐”。整合后的几大音乐巨头对商业模式和版权经营方式进行创新推进，国内网络音乐市场预计将在未来几年迎来新一轮高速增长。

随着市场整合和洗牌的逐渐推进，版权成为音乐企业争夺市场的重要方式之一。在线音乐以及演艺直播平台逐渐成为音乐产业新的利润增长模式，越来越多的音乐平台尝试在线音乐直播互动。

虽然网络音乐市场整体取得了较大发展，但仍面临版权竞争加剧、商业化程度不足等众多挑战。

19.2　宏观环境分析

19.2.1　政策环境

2015 年政府工作报告中，李克强总理首提“互联网+”行动计划，着力培育新的经济增长点，支持发展移动互联网、新能源汽车等战略性新兴产业，这对包括网络音乐在内的文化创意产业而言无疑是利好消息。2014 年 2 月 26 日，国务院印发《关于推进文化创意和设计服务与相关产业融合发展的若干意见》。其中指出，加快数字内容产业发展，推动文化产品和服务的生产、传播、消费的数字化、网络化进程，支持利用数字技术、互联网、软件等高新技术支撑文化内容、装备、材料、工艺、系统的开发和利用，加快文化企业技术改造步伐。音乐内容与技术的深度融合使得音乐厂商进军硬件领域，成为网络音乐在2014年的一大亮点。

2013年12月1日，《网络文化经营单位内容自审管理办法》正式实施，网络音乐、移动游戏行业的审查备案工作先在企业内部进行，在总结经验的基础上再扩大自审范围，逐步减少政府审查事项，降低审查层级。网络音乐企业从政府部门手中接过第一道审核职责，有助于音乐行业的多元化发展。

19.2.2 技术环境

音乐行业从PC时代向移动互联网时代的变革，与技术前沿的创新和积累密不可分。大数据、云计算、人工智能等IT新技术与传统分析挖掘技术的融合，以高度的信息整合提高了对数据的洞察能力，为用户提供快速、准确的个性化、智能化服务。网络音乐企业通过先进的技术，感知用户所处的时间、位置、场景等信息，针对性地提供音乐服务，极大地提升了用户体验。

流媒体音乐服务将原本的一对一购买变成了一次购买多次享用的模式，深刻地改变了人们收听和发现音乐的过程，朱尼普研究公司的数据显示，2013年移动流媒体音乐收入增长将超过40%，达到17亿美元。技术层面的突破成为网络音乐新增个性化功能的关键，将为音乐产业带来颠覆性的影响。

19.3 市场情况

19.3.1 市场规模

据易观智库发布的《中国移动音乐市场年度综合报告2014》显示，2014年数字音乐市场仍将保持高速增长，市场规模将达到97.6亿元，较2013年同比增长31.6%；其中2014年中国移动音乐市场规模将达到35.2亿元，实现13.1%的增长率。据易观智库预测，2015年中国移动音乐市场规模将达到136.7亿元，较2014年同比增长29.7%，2017年将有望达到179亿元（见图19.1）。

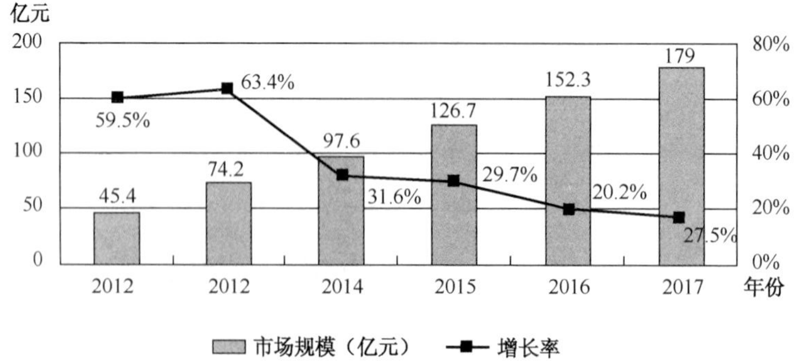

来源：易观智库。

图19.1 2012—2017年中国数字音乐市场规模及未来预测

2014 年在线音乐市场规模继续保持增长，整体规模将达到 62.4 亿元（见图 19.2，在线演艺+在线音乐），其中在线演艺市场规模达 52.4 亿元，约占在线音乐整体市场的 84%，仍是在线音乐整体市场的主要收入来源。2015 年，预计在线音乐市场规模将达到 86.6 亿元，较 2014 年同比增长 36.6%。

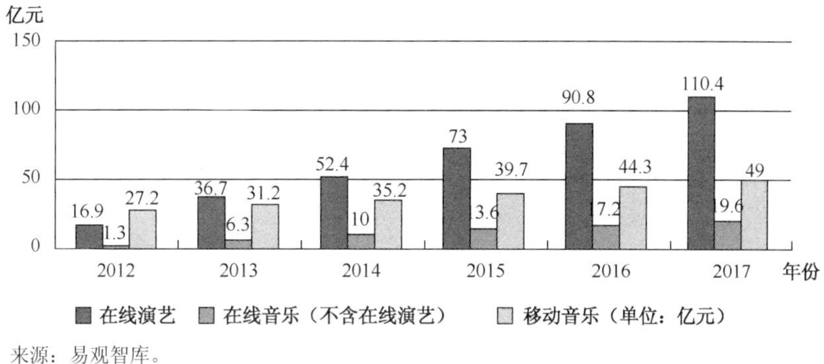

来源：易观智库。

图19.2　2012—2017年中国数字音乐构成及市场规模预测

随着政府监管制度的不断完善和对版权的逐渐规范，2014 年移动音乐市场规模达到 35.2 亿元，较 2013 年增长 13.1%；2015 年将达到 39.7 亿元；2017 年较 2016 年同比增长 10.7%，将达 49 亿元，市场规模的增长速度将稳中有升。

19.3.2　市场格局

2014 年，随着网络音乐行业产业链的不断成熟和音乐业务布局的完善，BAT（百度、阿里巴巴、腾讯）巨头纷纷进入音乐市场，音乐行业集中度加剧。各大音乐厂商通过提升产品专业性，结合个性化功能和应用创新的差异化策略塑造品牌，打造用户喜爱的产品，以提高忠实用户的黏性。目前的网络音乐市场主要是以酷狗音乐、酷我音乐、QQ 音乐、天天动听、虾米音乐、百度音乐和网易云音乐等旗下移动音乐客户端为代表，音乐市场格局趋于稳定。为了摆脱产品、功能同质化现象，个性化功能和应用创新成为各家音乐厂商差异化经营的竞争焦点。

以酷狗音乐、QQ 音乐、百度音乐、天天动听、网易云音乐为代表，考察不同的网络音乐厂商的受关注度可以发现，2014 年网络音乐的搜索指数整体呈现上升趋势。其中，酷狗音乐、QQ 音乐在 2014 年的受关注度全年远超其他对手，显示出二者较强的竞争实力，搜索指数的优势带来的是品牌知名度的提升。2014 年 9 月，酷狗音乐与旗下在线演艺直播平台酷狗繁星网举办 O2O 选秀活动，“音乐+O2O”的模式创新使其在当月的受关注度达到年度最高峰（见图 19.3）。

由图 19.4 可以看出，在 PC 端，QQ 音乐的受关注度全年居于首位，酷狗音乐位列第二。2013 年发布的网易云音乐在 7 月后受关注度呈现稳步上升的趋势。据艾瑞 musertracker 数据显示，2014 年 7 月，网易云音乐月度覆盖人数环比上涨 12.2%，同比上涨 19.1%，月度启动次数同比上涨 58.7%。

在移动端，虽然天天动听、网易云音乐不断创新产品性能，但用户的习惯性较强，忠诚度依旧较高。由图 19.5 可以看出，酷狗音乐、QQ 音乐的搜索指数全年居于前列。据艾媒咨询的《2014—2015 年中国手机音乐客户端市场研究报告》显示，2014 年，酷狗音乐在中国手机网民中的品牌知名度排行首位，占比为 72.4%，其次为 QQ 音乐，占比为 60.9%。酷狗音乐凭借其品牌知名度与渠道优势，PC 端与移动端的用户安装率较其他品牌稍占上风；QQ 音乐凭借其渠道优势，PC 端与移动端的用户安装率分别为 36.0%与 24.8%。

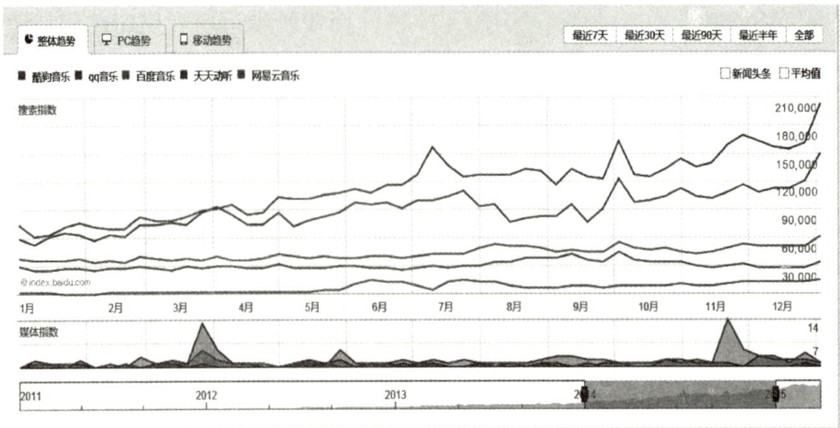

来源：百度指数。

图19.3　网络音乐搜索指数整体趋势

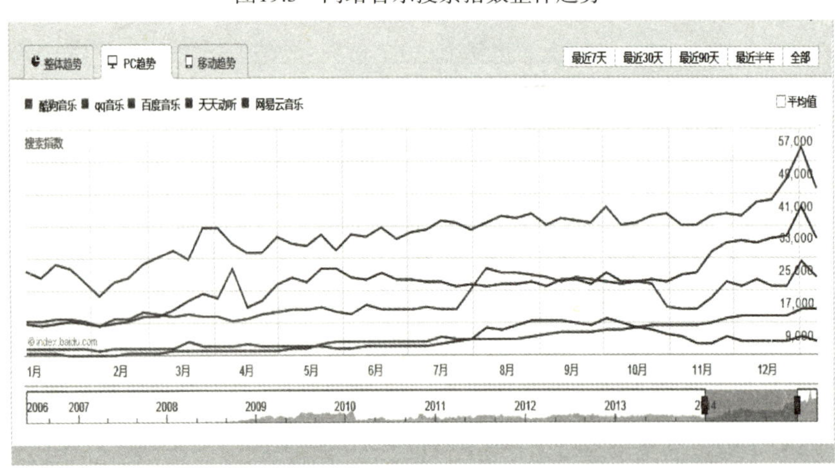

来源：百度指数。

图19.4　网络音乐搜索指数PC端趋势

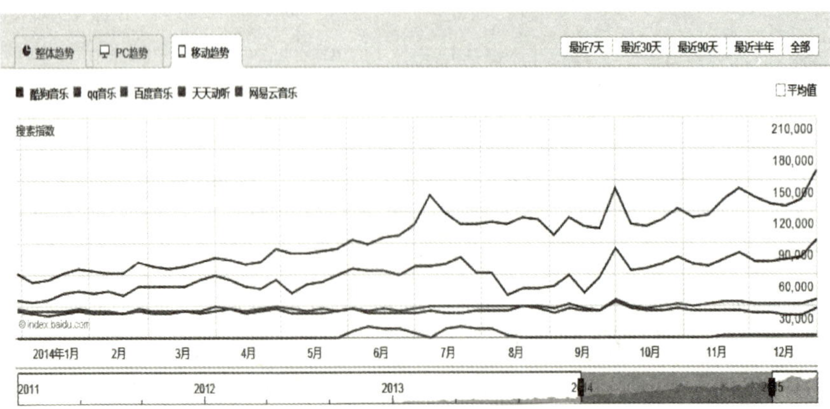

来源：百度指数。

图19.5　网络音乐搜索指数移动端趋势

19.3.3　商业模式

根据音乐产业链各主体的版权关系和利益分配方式，网络音乐的传统商业模式主要包括广告分成、歌曲下载收费、增值服务三种。其中，广告分成模式利用用户规模、收听音乐流量、用户点击量等数据吸引广告主投放广告，获得相应的广告收入，服务提供商与音乐内容提供商按照一定的比例进行分成；歌曲下载收费模式，按照单曲或包月收费，因国内收费环境尚不成熟、服务商销售数据难以监管等原因推广起来存在一定难度；增值服务模式通过提供高品质音乐或运营商流量包等个性化增值服务来吸引用户，是网络音乐市场规模化收入的主要来源。

2014 年，网络音乐行业不断推进商业模式的创新，出现以下新模式（见图 19.6）。

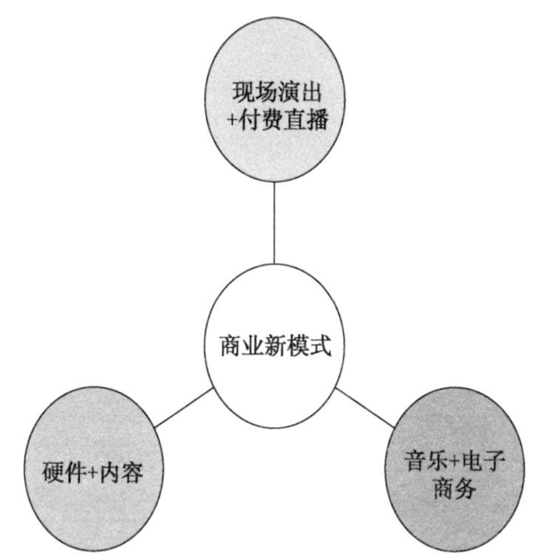

图19.6　网络音乐新型商业模式

1. “现场演出+付费直播”O2O 模式

尽管音乐版权大战日益激烈，但通过内容与广告的收益仍然有限，在线音乐直播互动的模式被越来越多的音乐平台尝试，利用粉丝经济，增值服务等方式成为网络音乐行业的新增长点。酷狗的在线演艺平台酷狗繁星网、腾讯投资的呱呱视频，酷我音乐、天天动听等均投入在线演艺市场。YY、9158 和唱吧等在线演艺平台收入已占在线音乐市场收入的 80%以上。O2O 模式将互联网基因注入传统音乐产业，在线演唱会通过实时弹幕、吐槽、鲜花等互动方式吸引用户的参与，成功案例包括乐视联手汪峰鸟巢演唱会、QQ 音乐推出的华晨宇演唱会等。

2. “硬件+内容”新服务模式

音乐产品同质化严重，通过音乐的优质内容和良好产品体验已经很难持续保持用户的黏性，为了寻求差异化竞争优势，音乐企业追随互联网巨头掀起了硬件热潮，开始涉足音乐周边产品。

QQ 音乐、百度音乐推出 Wi-Fi 音乐盒子，天天动听推出好音质 T1 耳机，A8 电媒音乐联合多米音乐推出了首款多米晶饰耳机。类似音乐盒子、耳机等音乐周边产品更为广泛地扩展了用户群体，尤其是耳机这类体现个性化、携带方便、利用率高的产品较容易被用户接受。通过这种低风险的营销手段，音乐企业在品牌认知度、用户精准定位、产品线扩充和商业变现等方面更容易获得更高的价值。

但是，目前音乐企业推出的硬件产品大部分仍处于初级程度，没有达到增强软件的效果。跨界硬件领域，从挑选硬件合作厂商到生产、供应链各环节管控、品质控制、成本控制、营销推广、售后等每一环节都需要大量的经验、精力和资本投入，网络音乐企业面临的挑战依然非常严峻。

3. “音乐+电子商务”模式

虾米音乐被阿里巴巴收购后，开始尝试“虾米音乐+淘宝商家”这种创新商业模式的探索。通过使用虾米提供的 15 元/月的付费背景音乐，购买虾米 VIP 权益卡赠送消费者，音乐人为商家提供软性代言等多种方式，借助其他应用来扩大音乐的使用场景，让商家通过音乐塑造起更具特色的品牌，以此鼓励更多的音乐人投身创作。

19.4 用户情况

19.4.1 用户规模

据 CNNIC 数据显示，截至 2014 年 12 月，国内网络音乐在 2014 年的用户规模为 4.78 亿人；其中手机网络音乐用户规模为 3.66 亿人。由图 19.7 可以看出，2014 年，在各类互联网应用中，网络音乐的使用率为 73.7%，全年增长率为 5.5%，其用户规模居即时通信、搜索引擎、网络新闻之后，位列第四。

	2014年		2013年		
应　用	用户规模(万人)	网民使用率	用户规模(万人)	网民使用率	全年增长率
即时通信	58776	90.6%	53215	86.2%	10.4%
搜索引擎	52223	80.5%	48966	79.3%	6.7%
网络新闻	51894	80.0%	49132	79.6%	5.6%
网络音乐	47807	73.7%	45312	73.4%	5.5%
网络视频	43298	66.7%	42820	69.3%	1.1%
网络游戏	36585	56.4%	33803	54.7%	8.2%
网络购物	36142	55.7%	30189	48.9%	19.7%
网上支付	30431	46.9%	26020	42.1%	17.0%
网络文学	29385	45.3%	2741	44.4%	7.1%
网上银行	28211	43.5%	25006	40.5%	12.8%
电子邮件	25178	38.8%	25921	42.0%	−2.9%
微博	24884	38.4%	28078	45.5%	−11.4%
旅行预订	22173	34.2%	18077	29.3%	22.7%
团购	17267	26.6%	14067	22.8%	22.7%
论坛/bbs	12908	19.9%	12046	19.5%	7.2%
博客	10896	16.8%	8770	14.2%	24.2%

来源：CNNIC。

图19.7　2013—2014年中国网络音乐用户规模

由图 19.8 可以看出，中国网络音乐用户规模在经历了前些年的快速增长后，在 2014 年迎来了较为平稳的增长，网民使用率比 2013 年上涨了 0.3%。

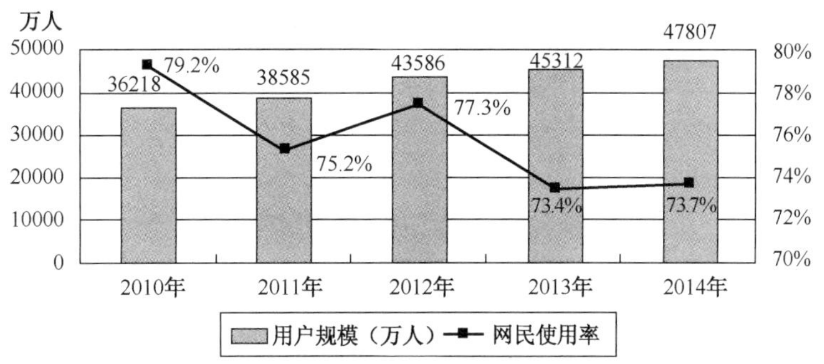

来源：CNNIC。

图19.8　2010—2014年中国网络音乐用户规模与网民使用率

据 CNNIC 发布的数据显示，国内手机音乐用户人数由 2013 年的 2.91 亿人急剧增长至 2014 年年底的 3.66 亿人。庞大的网络音乐市场，尤其是增长迅猛的移动音乐用户规模，已吸引各大互联网公司从 2013 年开始悄然布局，2014 年加大投资力度。

由图 19.9 可以看出，2010—2014 年，中国手机网络音乐网民使用率一直保持上升趋势。移动终端的快速发展、智能手机的普及带动音乐向全民化的方向发展。用户对音乐的情感需求较为旺盛，欣赏音乐的时间更加碎片化，但频次大大增加，一天多次欣赏音乐，移动互联网的随时随地性、自主性等特点满足了用户在移动端的场景化需求。

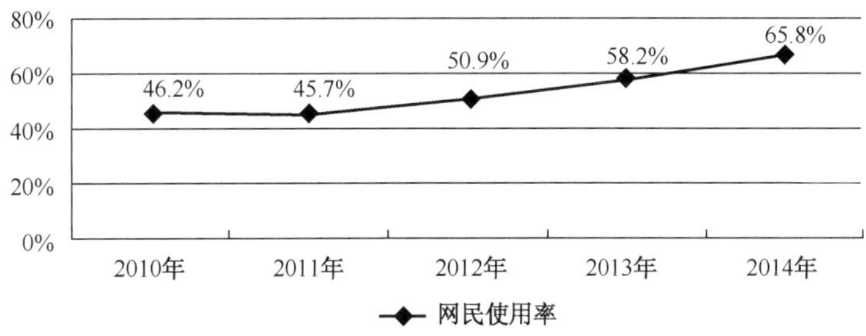

来源：CNNIC。

图19.9　2010—2014年中国手机网络音乐网民使用率

19.4.2　用户使用频次与场景

据艾媒咨询的数据显示，37.5%的中国手机音乐客户端用户的使用频次为 4～6 天/周，“每天都使用”的用户占比为 14.9%；在使用场景方面，57.9%的用户在“乘坐交通工具时”使用手机音乐客户端，其次为家里，占比为 40.8%（见图 19.10 和图 19.11）。

19.4.3　用户使用设备

在用户使用设备方面，手机是用户收听欣赏音乐的第一设备选择，使用频率达 57.4%。其次为个人电脑，使用频率为 27.5%。车载音响设备的使用频率为 15.4%，车联网将为无线音乐市场发力车载系统提供新的契机（见图 19.12）。

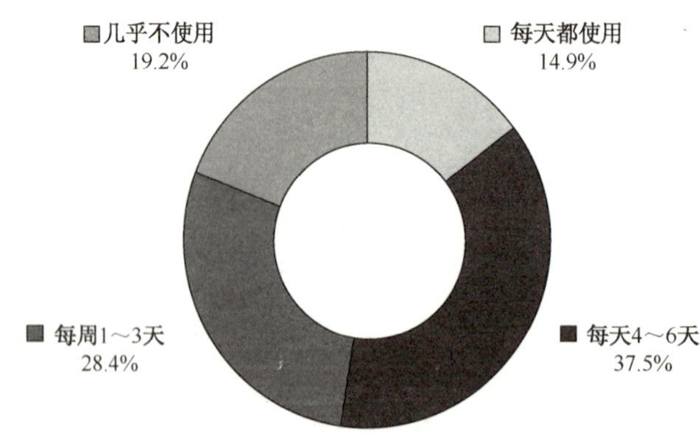

来源：艾媒咨询。

图19.10　2014年网络音乐用户客户端使用频率

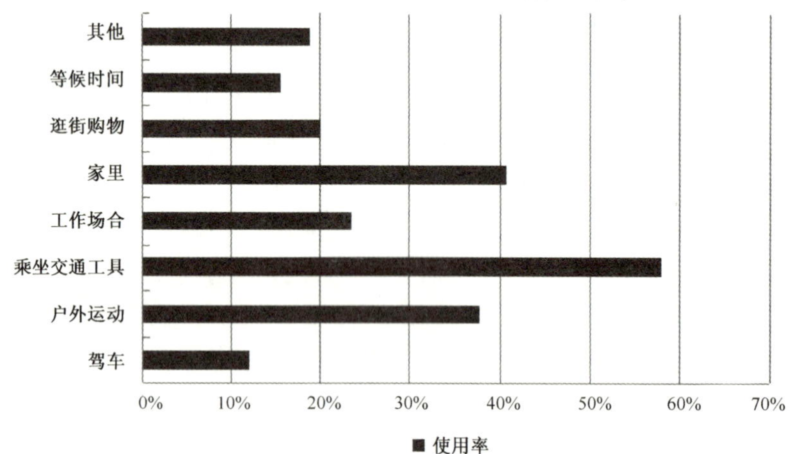

注：同一用户或多个场景下使用网络音乐，故比例相加大于100%。

来源：艾媒咨询。

图19.11　2014年网络音乐用户使用场景分布

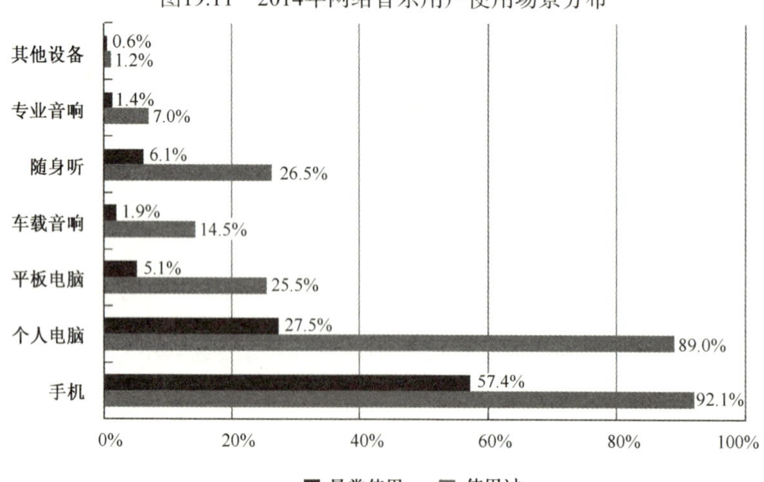

注：同一网民或使用一种或一种以上设备收听音乐，故“使用过”比例相加大于100%。

来源：艾媒咨询。

图19.12　2014年网络音乐用户的设备选择

19.5　音乐网站发展情况

19.5.1　发展现状

据比达咨询（BigData-Research）数据中心的数据显示，2014 年，酷狗音乐累计用户市场份额最高，达 24.3%，QQ 音乐排名第二，市场份额为 21.1%，酷我音乐和天天动听分别以 14.9%、11.8%的市场占比排名第三、第四。百度音乐、多米音乐、虾米音乐、唱吧等其他手机音乐 App 累计用户市场份额均不足 10.0%。活跃用户渗透率方面，酷狗音乐的最高，达 55.5%，QQ 音乐排名第二，为 51.1%。用户满意度方面，天天动听最高，为 83.5%，QQ 音乐、酷狗音乐的用户满意度分别为 80.6%和 78.9%。

由图 19.13 可以看出，2014 年，酷狗音乐在中国手机网民中的品牌知名度排行首位，占比为 72.4%，其次为 QQ 音乐，占比为 60.9%；网易云音乐的品牌知名度居于第三位，达 43.6%。

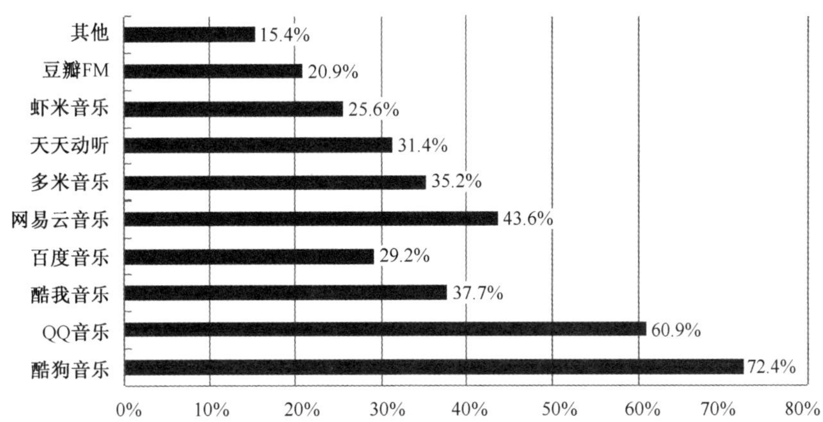

注：同一网民或对一个或多个音乐客户端有品牌印象，故比例相加大于 100%。

来源：艾媒咨询。

图19.13　2014年网络音乐客户端品牌知名度排行

在 PC 端与移动端网络音乐客户端品牌安装分布方面，酷狗音乐凭借其品牌知名度与渠道优势，PC 端与移动端的用户安装率较其他品牌稍占优势；QQ 音乐凭借其渠道优势，PC 端与移动端的用户安装率占比分别为 36.0%与 24.8%（见图 19.14）。

19.5.2　发展趋势

1. 优质内容独家版权将成为行业竞争新焦点

2014 年，各大音乐企业围绕版权开展了激烈争夺，2015 年这一竞争趋势仍将延续。2015 年 1 月 29 日，中国网络正版音乐促进联盟在北京宣告成立，首批参与者包括中国音乐著作权协会、腾讯公司、酷狗公司等。随着对盗版打击力度的不断增大，文化版权的规范进一步加剧了各大音乐企业对内容的竞争。“内容”是数字音乐平台生存的基础，获取优质音乐内容的独家版权，对于音乐企业提升自身的竞争力有着不容忽视的作用。高昂的内容购买费用考验着音乐企业的经济实力，对音乐内容的最大化利用则考验各大厂商平台的创新力。

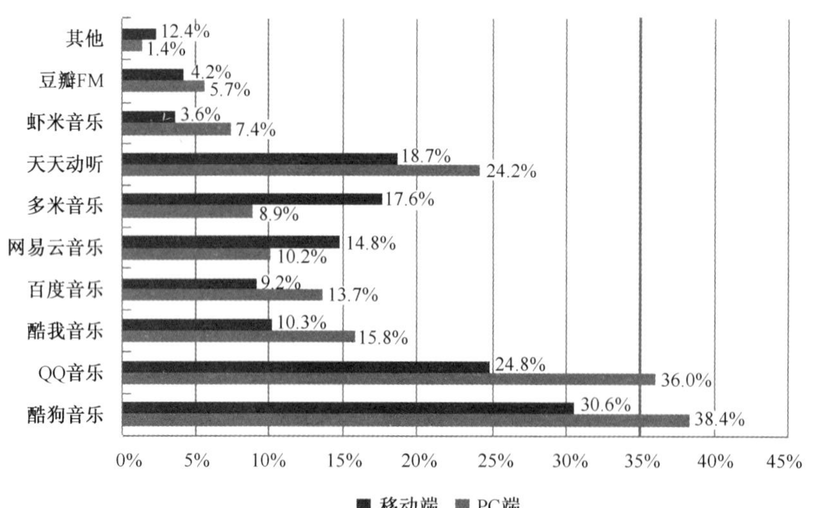

注：同一用户或在 PC 端与移动端安装一款或一款以上客户端，故比例相加大于 100%。

来源：艾媒咨询。

图19.14　2014年PC端与移动端网络音乐客户端品牌安装分布

主流音乐客户端进一步加速版权布局，网络音乐数字版权价格不断推高，音乐版权壁垒也将逐渐加高。昂贵的版权推动互联网平台走向内容原创，QQ 音乐、百度音乐、虾米音乐、天天动听等 BAT 巨头通过自制影音节目，以与唱片公司或电视节目结盟等方式争抢独家版权。《我是歌手》、《中国好声音》、《最美和声》等音乐选秀节目的热播进一步凸显优质内容在音乐市场产业链中的重要性，虾米音乐、QQ 音乐、网易云音乐等纷纷推出原创音乐人计划。

2. 流媒体音乐服务将成为重要的盈利方式

单曲下载和专辑下载收费是国外数字音乐产业盈利的主要模式，但国内版权保护体系不完善，网民没有付费使用的习惯等原因让该模式在国内水土不服。

流媒体音乐服务大多采取包月付费的形式，付费之后可以在网页和移动端随时享用流媒体服务所提供的海量正版音乐库，将原本的一对一购买变成了一次购买多次享用的模式。流媒体音乐具有更多的服务属性，用户每月仅须支付少量的费用即可无限制收听服务提供商曲库中的所有歌曲。消费者不购买内容只享受服务，节约了大量经济成本，廉价又促使更多用户原意使用付费的服务。

与单曲付费下载的颓势相比，流媒体音乐点播在近些年迎来了快速发展的时期，根据美国唱片业协会 RIAA 的数据报告，2014 年，流媒体音乐营收达到 18.7 亿美元，比 2013 年增长了 29%。而 CD 的营收为 18.5 亿美元，相比 2013 年下降了 12.7%。

用户体验影响着音乐的消费方式，将成为支撑未来音乐产业发展的轴心理念。“所听即所得”的音乐消费方式更加普遍，流媒体直观的情境服务和扁平的体验模式，正好迎合了这一极的用户需求和习惯。让为体验付费成为主流用户习惯，不但能将盗版对行业的伤害降到最小，还可能重新厘定音乐行业的利益分配格局。

3. O2O 模式将成为新的行业增长点

在线音乐以及演艺直播平台通过仿效视频网站提供增值服务成为在线音乐产业新的利润增长模式，QQ 音乐、酷狗音乐不断推动音乐线上线下融合发展，唱吧扩大线下 KTV 门店规模。整合线下资源，让线上用户获取更好的用户体验，将成为手机音乐 App 发展的新趋势。庞大的线上用户，也将给手机音乐 App 厂商带来众多机会。今后手机音乐 App 在线上线下融合方面将更加深入。

O2O 演唱会当前主要有用户付费和用户免费两种模式，二者均可实现盈利。付费的收益显而易见，但可能会限制用户数量的增长；免费则会吸引更庞大的用户，通过直播冠名和插播广告等关联方式实现盈利。互联网独有的长尾价值通过巨大的规模来支撑出不逊色于甚至远超过实体演出的商业价值。

无论是互联网企业对线下音乐活动的渗透，还是传统演艺企业对在线音乐平台的收购，在线音乐 O2O 市场逐渐显现。传统的线下音乐市场与线上网络平台相结合，寻求产业链整合和模式创新，线上线下 O2O 打通，转变传统经营模式，将为网络音乐市场带来新的机遇。

19.6　网络音乐案例分析

19.6.1　电商模式与数字音乐深度融合

阿里巴巴在布局数字音乐业务时，将电商模式与数字音乐进行了深度融合。目前阿里巴巴旗下的虾米音乐网已与淘宝商家展开合作，包括使用虾米音乐网提供的付费背景音乐，购买虾米 VIP 权益卡赠送消费者等。虾米音乐网联手《中国好声音》开设天猫中国好声音旗舰店，试水艺人经纪电商模式，邀请《中国好声音》学员为店铺做短期代言。

阿里音乐计划依托阿里巴巴数亿用户所产生的大数据，反向输出给唱片公司，开发出更大的商业价值，朝向艺人经纪和数娱整合营销方向，打通阿里巴巴集团“数据”与“娱乐”的核心脉络。其最终的目标是希望能够建立起自己的音乐生态圈，同时为艺人最大化挖掘潜在商业价值。利用音乐娱乐资源反哺淘宝、天猫、支付宝等主线业务，通过联动音乐、影视、综艺、明星等对普通大众消费具有直接影响与号召力的资源，为阿里平台优质的卖家与品牌服务，通过网络视频、社交媒体等渠道将载有电商信息的内容进行分发和传播，活跃整个产业链的每个环节并创造全新的价值，打造“互联网音乐全产业链”。

19.6.2　收购合并推动音乐市场整合

酷我音乐和酷狗音乐在 2014 年 4 月完成合并，并与海洋音乐共同组成新的在线音乐集团——海洋音乐集团。新公司成立时获得了上亿美元融资，计划在 2015 年年底前完成海外上市。合并后的酷我音乐、酷狗音乐将保持独立运营，协同作战。据易观智库的数据显示，合并后酷狗、酷我将在移动端达到 30%以上的市场份额，并与追赶者拉开距离，这也将是国内在线音乐行业目前为止最大的一次收购整合。

“酷狗音乐”和“酷我音乐”的合并，加强了其版权、曲库、渠道和用户资源的实力。酷我与雷石零距离打通合作雷石 VOD 点播系统模式，在全国有 80%的 KTV 均能使用酷我音乐点歌系统。将跨平台的移动 KTV 点歌模式与粉丝经济结合，有效提升音乐产品的用户体验，满足 KTV 娱乐粉丝们的需求，而且适应了移动互联网用户群体不断扩张的发展趋势。

2015 年 3 月，阿里巴巴把旗下两款音乐服务虾米音乐、天天动听共同组建成“阿里音乐”。

组建完成后，阿里音乐旗下的两款产品及其品牌仍保留，并进行差异化运营，虾米音乐走专业音乐人路线，天天动听继续主打大众用户。

据比达咨询 2014 年度调查数据显示，中国数字音乐平台的市场份额，天天动听占 17.3%，虾米音乐占 4.6%，两者之和达到了 21.9%，阿里音乐跃升为中国数字音乐行业的 NO.1。虾米音乐多年以来一直坚持对独立音乐人的扶持与推广，“寻光计划”和“寻光集”等项目更在业界成为典范，虾米并入阿里音乐之后，“虾米音乐人”正式更名为“阿里音乐人”，其平台具有独立作品的音乐人数量已经超过 8000 人。

19.6.3 技术革新丰富音乐服务形式

2014 年 12 月，百度音乐 App 推出新功能“智能场景电台”。百度音乐运用大数据技术结合百度领先的人工智能研究，通过感知用户所处的时间、速度、位置等信息提供音乐服务。该功能与生活场景无缝对接，提供线上线下双维度的立体服务，改变了 PC 时代只能围绕 ID 单一维度提供音乐服务的模式。

19.6.4 音乐社交带动新的增长点

网易云音乐专注于点对点精确的“音乐社交”，融入用户、明星、主播的社交模式，以歌曲和专辑作为评论聚焦的对象，为用户提供音乐社交平台，用音乐趣味帮助用户寻找喜好相同的人，从而快捷地获得自己感兴趣的信息。音乐评论和发现功能保证了较高的用户黏性，实现了在享受音乐的同时和音乐互动，提高了用户的参与感，帮助更多的音乐爱好者发出自己的声音。

2014 年 9 月，QQ 音乐独家互动直播选秀歌手“华晨宇”演唱会，并推出献花、抢沙发等在线互动方式，这种现场演出+付费直播+线上互动的方式，不仅为传统演唱会商业领域开拓了一片全新蓝海，也为移动音乐的盈利提供了全新思维。

（国家计算机网络应急技术处理协调中心　任　艳）

第 20 章　2014 年中国政府在线服务发展情况

20.1　发展概况

2014 年以来，党中央进一步加强了对信息化工作的统筹领导，成立中央网络安全和信息化领导小组，同时加强对电子政务和政府网站规范安全运行和发展的管理。中办、国办、中央网信办、中编办、工信部等主管部门也针对政府网站出台了相关的文件，诸如《关于加强党政机关网站安全管理的通知》（中网办发文〔2014〕1 号）、《关于建立健全信息发布和政策解读机制的意见》（中办发〔2014〕21 号）、《国务院办公厅关于印发 2014 年政府信息公开工作要点的通知》（国办发〔2014〕12 号）、《关于加强政府网站信息内容建设的意见》（国办发〔2014〕57 号）等，数量为历史最多。政府网站已愈发成为宣传党的路线方针政策、公开政务信息的重要窗口，成为各级党政机关履行社会管理和公共服务的职能、为民办事和了解掌握社情民意的重要平台。2014 年 10 月，中国共产党第十八届中央委员会第四次全体会议发布《全面推进依法治国若干重大问题的决定》，对建设法治透明政府提出了更高要求，进一步突出了信息公开对建设法治政府、创新政府、廉洁政府的重要作用。

总体来看，2014 年中国政府网站进一步加强了行政权力、财政资金、公共监管等重点领域的信息公开，信息公开渠道进一步多元化，形式进一步亲民化，多媒体的引导效果进一步加强。评估结果显示，多数政府网站进一步强化了日常运维保障，定期开展自查自纠，及时发现并整改问题，网站的可用性进一步提高。部委、省、副省级、省会城市政府网站的首页链接全年可用性达到了 99.3%。在网站评估的各项指标中，部委网站在信息公开和网站功能方面相对较好，地方政府在信息公开和互动交流上更加突出。整体上看，2014 年各级政府网站在信息公开方面均有显著成效（见图 20.1 和图 20.2）。

政府信息公开方面，存在横向与纵向的发展不平衡。一方面，政府信息公开整体水平有所提升，但发展水平仍然参差不齐，地方网站总体呈现省级、地市和区县由高到低的阶梯式发展态势；另一方面，重点领域信息公开持续加强，舆情引导重视程度不断提升，与在线服务、网站管理等相比，政府信息公开表现较好，但与此同时，也存在着内容实用性、全面性、可视性等方面的不足。

政府网站在线办事方面，部委在线服务覆盖度显著提升，绝大多数部委网站能够结合业务职能和用户需求，提供办事指南、表格下载等基础性办事服务内容，行政办事清单公开较好，大量实用性较强的业务查询服务以及分类整合服务使得便民度进一步提升，但服务的深度和规范性还有待增强，用户体验仍有较大的提升空间。地方网站服务丰富度不断提升，民生领域服务不断充实完善，但还存在高公众关注度服务匮乏、服务内容不够实用、重点服务不好用、维护机制不畅通等问题。

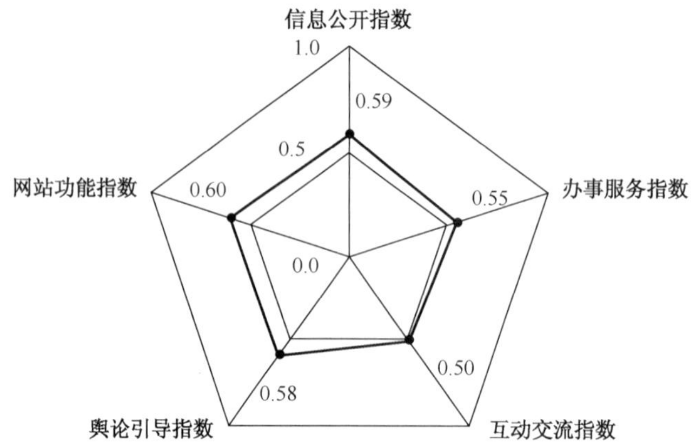

来源：2014 年中国政府网站绩效评估报告。

图20.1　部委网站各项评估结果

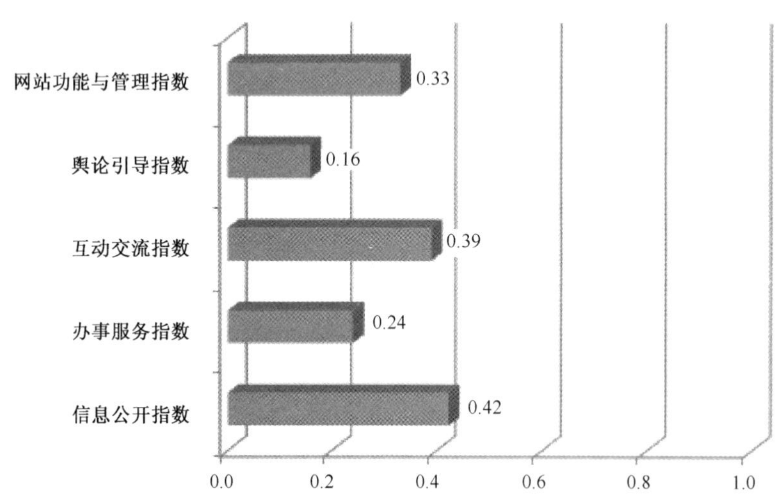

来源：2014 年中国政府网站绩效评估报告。

图20.2　地方网站各项评估结果

20.2　政府门户网站建设

20.2.1　整体情况

2014 年，中国政府网站建设继续稳步提升，整体来说，仍存在发展不平衡的现象。2014 年政府网站绩效评估显示，部委网站平均得分为 55.95 分，高于 2013 年的 54.61 分，提升了 2.4 个百分点。其中，有 33 家部委网站得分超过了平均分，占网站数的 59%。但仍有 8 家网站（占网站数的 14%）由于信息公开程度较低、服务覆盖不全面、网上交流互动效果不突出等原因，得分均低于 40 分，两极分化情况仍然存在（见图 20.3）。

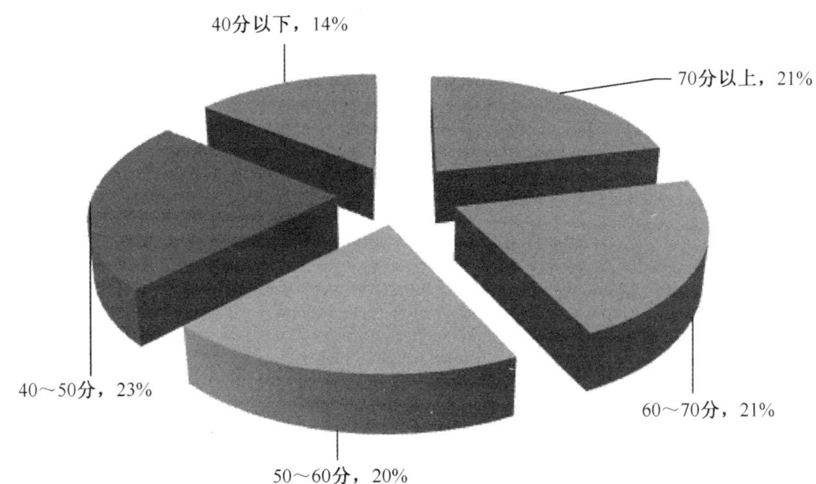

来源：2014 年中国政府网站绩效评估报告。

图20.3　部委网站得分情况

省、市、县政府网站总体上仍呈现由高到低的“阶梯式”发展，省级政府网站相对较好，绩效水平达到 0.45；地市级政府网站居中，整体水平为 0.38；区县政府网站相对较差，为 0.25。

在国际化程度方面，中国社会科学院公布的 2014 中国政府网站国际化程度测评结果显示（见图 20.4），各级政府网站英文版拥有率不断提升，省、直辖市及自治区网站英文版拥有率从 2013 年的 54.84%提升至 61.29%，英文版的建设得到进一步重视。部委政府网站在英文版动态信息维护、互动交流建设、外事服务资源深度和广度方面还须进一步加强（见图 20.5）。

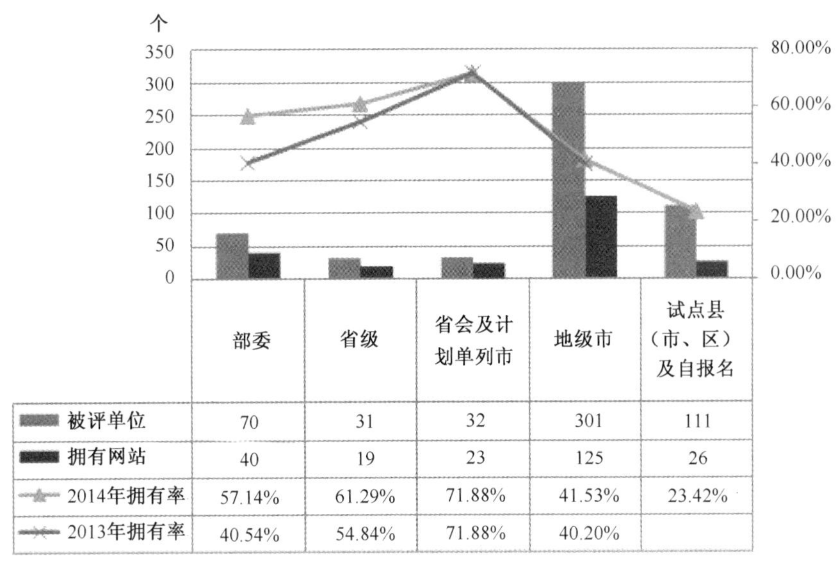

	部委	省级	省会及计划单列市	地级市	试点县（市、区）及自报名
被评单位	70	31	32	301	111
拥有网站	40	19	23	125	26
2014年拥有率	57.14%	61.29%	71.88%	41.53%	23.42%
2013年拥有率	40.54%	54.84%	71.88%	40.20%	

来源：2014 年中国政府网站国际化程度测评报告。

图20.4　2014年各级政府网站英文版数量

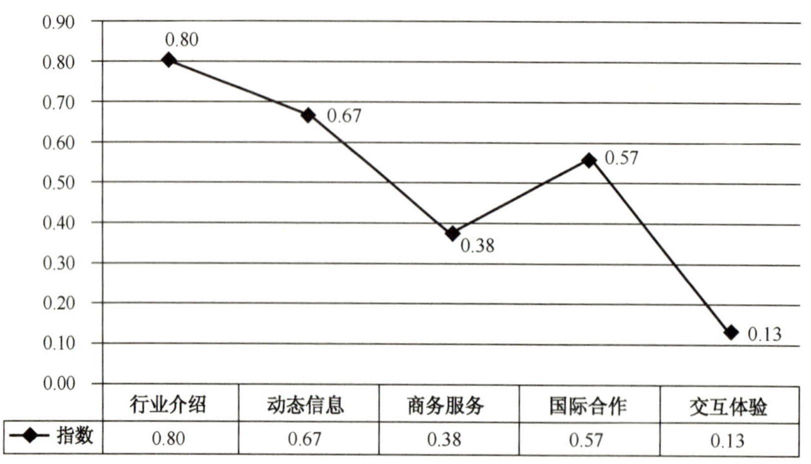

	行业介绍	动态信息	商务服务	国际合作	交互体验
指数	0.80	0.67	0.38	0.57	0.13

来源：2014 年中国政府网站国际化程度测评报告。

图20.5　2014年部委政府网站国际化各指标指数对比分析

20.2.2　主要特点

一是重点领域公开的效果持续改善。各级政府网站进一步加大重点领域、政府信息公开的力度，其中 60 家部委网站按照统一的标准公开了本部门的行政权力清单，实现了对国务院现有行政权力最全面、最透明的覆盖；省市、区县等网站开通专栏的比例达到 43%，比 2013 年提升 8 个百分点；超过 30%的网站提供了行政权力运行的流程图，近 27%的网站在公开行政许可的基础上，进一步延伸覆盖到行政处罚、行政确认等其他权力信息的公开。此外，公共监管类、公共服务类、公共资源配置类信息公开效果也有一定程度的改善，网站开通了环境保护、安全生产、食品药品监管等信息专栏，并将执法监督的结果作为公开的内容，比 2013 年有了比较明显的提高。

二是进一步整合互动资源，形式更加丰富亲民。各级政府网站积极利用多元化互动渠道提高互动交流效果，以教育部、国资委为代表的 43 家政府网站形成了以网站为核心、政务微博/政务微信为侧翼的多媒一体的宣传渠道；国防部、科技部、商务部、卫生计生委、上海、深圳等网站在网上提供新闻发布会的通知公告、视频播放、文字回放等功能；工商总局、海关总署、济南、宿迁、佛山禅城区等网站能够将电话、热线、知识库和网站交流互动的资源库进行整合，打通两者之间的咨询答复处理流程。同时，政府网站互动形式更加亲民化，例如商务部、海关总署、北京市等网站采用图解政策、图说会议等方式，对最新的政策文件、重要的政策决策进行通俗化、重点化的解读。

三是民生领域服务不断充实完善，公共便民服务不断提升。各部委网站结合业务职能，围绕教育、环境保护、医疗卫生、食品药品安全等民生热点重点，支持和引导企业发展、改善营商环境等企业关注焦点，以及服务三农生产等工作重点，提供了大量实用性较强的业务查询服务。八成以上地方政府网站能够围绕用户和企业需求，在不同程度上整合教育、医疗卫生、交通、就业、社保、住房、企业服务等领域的相关政策、指南信息、业务表格、名单名录、业务查询、常见问题等资源，方便用户和企业使用。

四是服务的规范性、便捷性不足，服务资源的广度、深度有待提升。虽然各级政府不断完善网站建设，但仍大量存在挂一漏万、避重就轻、内容脱节、语焉不详的问题。纵览各级政府网站，许多公众关注度较高的信息未能公开，焦点服务缺失的情况普遍存在。此外，服务深度和规范性不足、内容更新及时性较差、内容分散、检索不便等问题也较为突出，亟须理顺网站管理机制，提升服务人性化程度，改善用户体验。

五是安全管理亟须重视，安全形势不容乐观。据中国互联网协会和国家互联网应急中心监测的数据显示，政府网站面临的威胁依然严重，尤其是地方政府网站成为黑客攻击的重灾区。各部委网站均不同程度地存在不同级别的 Web 类、信息收集类等安全漏洞风险，需要采取系统加固、漏洞加固处理、更新漏洞库等方式进行针对性的安全加固。同时，少数地方网站存在低俗、庸俗和媚俗信息，个别网站甚至存在暗链等现象，严重影响政府形象。

20.3　政府信息公开

2014 年，中央网络安全和信息化领导小组组建成立并召开第一次领导小组会议，进一步肯定了政府信息公开的重要性。《国务院办公厅关于印发 2014 年政府信息公开工作要点的通知》（国办发〔2014〕12 号）文件指出，各地区、各部门要统筹推进政府信息公开，加强信息发布、解读和回应工作，强化制度机制建设，不断增强政府信息公开实效，进一步提高政府公信力，更好地发挥信息公开对建设法治政府、创新政府、廉洁政府的促进作用。在党中央、国务院的高度重视下，政府信息公开得到进一步加强。

20.3.1　部委在线服务

2014 年政府网站绩效评估结果显示，九成以上部委网站主动发布通知、公告、公示等信息，内容较为丰富、更新较为及时；73%的部委网站能够主动公开规章文件，并对政策文件进行解读，便于公众查阅和理解；61%的部委网站能够公开人事任免、干部选拔、人员考录、事业单位招聘等信息，且深度不断提升，多数能够公开笔试成绩、面试成绩、体检等情况，便于查阅和监督；半数以上部委网站及时发布业务统计数据，并对数据进行较为细致的解读、说明；40 余家部委网站公开了 2014 年财政预算和 2013 年财政决算、2013 年“三公”经费决算和 2014 年“三公”经费预算；多数部委网站能够按照国务院的工作部署公开权力清单，按时公布年度工作报告。但与此同时，各部委网站公开目录不同程度存在信息更新不及时、栏目长期不更新、空栏目等现象，有将近四成的部委网站信息公开目录存在框架不合理、覆盖不全面、分类不够细化等问题，行政处罚、执法结果、违法对象名单等信息少有公开，各部委直属企事业单位情况缺乏整合，信息公开的深度和质量还存在较大上升空间。

20.3.2　地方政府在线服务

1. 重点领域信息公开持续推进，但内容实效有待提升

政府网站评估结果显示，地方政府对信息公开重视程度不断提高，重点领域信息公开持续推进。三成以上网站通过不同形式加大了重点信息公开专栏建设力度，一些网站不仅公开政府集中采购目录，还及时发布招标、中标、废标、更正等公告信息，以及招投标违法违规行为、企业名单及处理情况，基础信息公开更加全面、深入，公开范围和公开数量有所改善。

大多数政府网站能够按照政府信息公开条例的要求，主动公开政府信息、建立政府信息公开目录体系、提供依申请公开政府信息渠道。但总体来看，政府信息公开水平仍显不足，各级网站信息公开水平参差不齐，涉及公众切身利益的、需要公众广泛知晓的、反映政府办事职能的诸多政府深度信息没有得到有效公开，目录维护仍不理想。

2. 信息公开水平参差不齐，舆情引导整体发展滞后

政府网站评估结果显示，我国地方网站的信息公开情况相对较好，平均绩效指数为 0.42，是所有地方政府网站评估指标中得分最高的。从具体结果来看，总体呈现省级、地市和区县由高到低的阶梯式态势，发展水平仍参差不齐。地方政府网站不断重视网络舆论引导工作，62.5%的地方政府网站通过政策解读栏目，以文字、图片、视频、访谈等多样化形式积极开展决策解读，开通新闻发布会专栏妥善回应公众质疑、澄清不实传言，同时，越来越多的网站整合利用政务微博、微信发布信息，微博、微信等新媒体利用情况同比快速发展。但是，大多数网站在内容发布实用性及舆情引导能力方面，还与公众需求存在较大差距。

20.4 政府网站在线办事

与 2013 年相比，2014 年部委办事服务绩效方面取得明显改善，评估结果显示，部委网站办事服务平均绩效指数为 0.58，较 2013 年的 0.52 有明显提升；而地方网站在线办事服务绩效指数仅为 0.24，发展滞后。八成以上的部委网站能够按照统一的规范要求提供办事指南，整合了办理依据、办理程序、所需材料、收费标准与依据、办理时限、联系方式等信息，方便用户办事；多数地方政府网站围绕公众和企业需求，加大行政办事服务和便民公共服务资源整合力度，合理组织相关内容，加强服务内容的实用化建设，整体水平不断提升。但与此同时，一些服务内容在范围和深度上还不能匹配公众和企业需求，并存在因更新维护不及时导致与实际情况不符、一体化服务程度较低、用户不易查找等现象，服务的准确性、时效性、规范性、实用性、便捷性还有待进一步提升。

20.4.1 部委在线服务

评估显示，2014 年，部委网站在线服务在内容全面性、导航人性化和服务实用程度等方面整体呈上升趋势。八成以上的部委网站能够按照统一的规范要求提供办事指南，四成以上部委网站能够提供示范文本和样表下载或填写说明等服务，指导用户填写。同时，各部委分析用户需求和业务职能，通过梳理整合服务资源，提供了大量实用性较强的业务查询服务，半数左右的部委网站提供了分类行政办事和便民公共服务。但是，各部委网站在服务覆盖范围、服务的人性化程度上还存在较大的提升空间，部分公众关注度较高、办理量较大的服务事项并没有实现全流程的网上办理，仅有不足 30%的部委网站针对办理量大、公众关注度高的事项实现在线预约、网上预审、在线申报等服务，半数以上的部委网站未能主动公开行政审批的结果公示信息，多数网站仍存在用户体验较差、服务便捷度较低的状况。

20.4.2 地方政府在线服务

2014 年，地方政务网站服务丰富程度持续提升，评估结果显示，八成以上的地方政府网站能够围绕用户和企业需求，在不同程度上整合教育、医疗卫生、交通、就业、社保、住房、企业服务等领域的相关政策、指南信息、业务表格、名单名录、业务查询、常见问题等资源，方便用户和企业使用；重点服务建设方面，三成以上的政府网站建设重点服务专栏，整合提供户籍办理、保障性住房申请、公积金贷款、老年人优待、残疾人服务等服务，同比显著提高。但诸如学区划分、招生计划、加分公示、预约挂号、医保药品目录、社保待遇、停水停电、文化设施活动等公众关注度高、使用量大的民生服务仍较为匮乏，整合度较低，或仅仅是对事项进行简单罗列、初步分类，针对性较差，且不同程度地存在语焉不详的现象，服务资源的实用性亟待提升。此外，大多数网站存在服务建而不管的现象，导致内容不准确或严重滞后，内容维护机制有待健全。

20.5　政府在线服务公众参与

2014 年，政府部门网站的互动交流水平显著提高，互动效果也得到了明显提升，大多数政府部门建立起了多样化的互动渠道，通过在线咨询、投诉、访谈、意见征集、智能互动等多种形式开展互动交流，越来越多的政府部门开始借助政务微博、微信、App 等新媒体拓展与公众的交流形式，取得了良好的互动效果。此外，各级政府越来越注重舆论的引导作用，开始主动围绕当前工作重点和社会关注热点，通过专题专栏、新闻发布会等多种方式，做好重要政策法规解读，妥善回应公众质疑，及时发布各类权威政务信息，与公众进行互动交流。但也存在互动交流保障机制不到位、整体水平不平衡，互动效果亟待进一步加强等问题。

20.5.1　部委在线服务

1. 多数部委网站网上交流水平显著提升

多数部委网站的互动交流水平和效果显著提升，咨询答复时间进一步缩短、围绕社会热点的在线访谈和民意征集次数有所增加。部分部委网站的互动交流平台已经成为其履行职能的主要平台阵地，有效地支撑了业务工作的开展；多数部委网站能够在规定时间内对用户留言给予有效答复，答复内容比较有针对性，语气和缓，内容较为细致，有理有据，基本能够满足用户问询的需求，答复质量较高；一些部委网站能够围绕社会公众较为关注的热点话题和工作重点，邀请有关领导、专家与网民进行面对面交流，切实解答公众疑惑；一些网站能够围绕重大政策制定、社会公众关注热点重点开展意见征集活动，广泛征求社会公众意见，促进科学、民主决策。

2. 舆情引导重视智能化交流平台搭建

部委网站对舆情引导的重视程度不断提升，部分部委网站已开始围绕当前工作重点和社会关注热点，主动策划专题专栏，集中发布政策文件、会议报道、工作简报等相关内容，通过新闻发布会等方式做好重要政策法规解读、妥善回应公众质疑、及时澄清不实传言、权威发布重大突发事件信息，探索利用政务微博、微信等新媒体，及时发布各类权威政务信息，与公众进行互动交流，在政策宣贯、舆论引导等方面发挥了明显作用。

20.5.2　地方政府在线服务

1. 地方政府网站互动交流渠道不断完善

地方网站已经建立了多样化的互动渠道，积极解答公众的咨询、投诉等，并结合业务工作重点和社会热点开展了在线访谈、民意征集、网上调查等活动。九成以上的地方政府网站通过领导信箱、公众留言、在线咨询、在线投诉等渠道，接受公众和企业的咨询、投诉、意见和建议；七成的地方政府网站建设了网上调查、民意征集、意见征集等栏目，实现在线意见提交功能；将近三成的政府网站开通了直播面对面、在线访谈、直播间等实时交流平台，与公众进行深入交流。同时，各级地方政府网站结合用户使用习惯，不断完善改进网站功能，实现无须注册即可实现在线提交信件、提交意见、参与访谈。各级地方政府网站不断完善互动参与的保障机制，努力提升互动质量，扩大网站社会影响力。据不完全统计，在 2014 年地方政府网站的互动工作中，公开反馈各类信件、留言超过 65 万封；组织在线访谈 6000 余次，整理访谈实录 1300 余万字；百余万人次参与网上调查和民意征集活动，为政务工作出谋划策、对政府行为进行监督。

2. 智能互动建设仍处于起步阶段

地方政府网站不断重视网络舆论引导工作，注重政策解读、组织新闻发布会等，特别是微博、微信等新媒体的利用情况同比快速发展。62.5%的地方政府网站开通政策解读栏目，以文字、图片、视频、访谈等多样化的解读方式，对相关政策的制定背景、依据、意图、实施路径等进行详细解读，便于社会公众理解；一些地方政府网站开通新闻发布会专栏，以文字、图片或视频等方式，直播、录播、转播新闻发布会，公开较为持续、及时，在重要政策法规解读、妥善回应公众质疑、及时澄清不实传言、权威发布重大突发事件信息等方面起到积极作用。

20.6 政府在线服务特点和趋势

1. 舆情引导作用日益突显，互联网舆论引导由主动发布向宣传引导过渡

我国政府部门越来越重视舆情引导的作用，各级政府网站在做好信息主动发布的基础上也纷纷加大了对政策的解读宣传、热点事件的回应力度，互联网舆论引导由主动发布向宣传引导过渡，政府网站在信息公开和回应社会关切方面的作用更加明显。各级政府已经充分认识到政府网站在产业政策决策、解疑释惑、化解矛盾、理顺情绪等方面发挥的积极作用，进一步强化了网络舆论引导的指标，加大了对利用网站感知群众情绪，回应社会关切的问题，提升政府声音在互联网上的影响力、传播力等方面的要求。与此同时，各级政府在互动宣传方面更加多元、更加亲民。

2. 利用新媒体创新互动形式，拓展沟通渠道，完善互动功能

在进一步完善在线交流互动机制建设的基础上，越来越多的政府部门重视并利用新的互联网平台对传统网站交流互动平台的支撑作用，强化宣传和互动效果。外交部、教育部、商务部、证监会、北京市、上海市、湖南省等通过政务微博、政务微信等，积极开展微访谈、微直播、微话题、微答疑，拓宽了政府互联网互动渠道，拉近了网民与政府之间的距离；教育部通过政务微博开展了丰富多彩的微访谈活动，访谈嘉宾涵盖了正副部长、司局长、教育专家、教育工作者、普通学生等各方面代表，访谈话题丰富多彩。其中，围绕“教育领域综合改革”的主题，专门邀请部长进行了深度交流。期间，共收到网友问题 2100 多个，部长针对其中 19 个问题进行了回复。

3. 搭建“多媒一体”互动平台，建立部门互动共建机制

目前，政府互联网的互动交流机制呈现“多媒一体”的发展趋势。各地区、各部门不仅停留在抓某一渠道的建设，或将多个渠道分别独立运维，而且已建立起以政府网站为基石，微博、微信等新媒体渠道为补充的交流矩阵，并在多渠道资源共享的基础上，进行统一的、多维互补的多平台互动交流。与此同时，为加强与公众的互动交流，政府网站建立起了网站主管部门与业务部门、多业务部门的共同建设维护机制。目前，网民与政府网站进行互动交流呈现专业化、多维化的趋势，只有建立起网站主管部门综合协调，各业务部门通力配合的互动机制，才能有效满足网民的实时互动需求。

4. 推进智能互动建设，在线交流的时效性、人性化水平进一步提升

近年来，基于知识库、智能交互等技术而形成的智能互动应用，已经在电子商务、社交类网站大行其道，为网民获取服务、交流沟通提供了极大的帮助。在这一趋势的影响下，部分政府机关也开始探索智能互动对提升网站交流互动能力的支撑作用。政府网站开始利用语义和话题识别、自动分类等自然语言处理技术，以及大数据分析技术等，对历史互动资源进行分析梳理，建立统一的互动知识库，借助智能互动技术提供在线实时、自动化的互动服务，以更好地满足用户交流需求，降低网站主管部门和业务部门的运行维护压力。

（国家计算机网络应急技术处理协调中心　李　超、张文娟）

第 21 章　2014 年互联网涉农信息服务发展情况

21.1　发展概况

1. 农村非网民转化难度不断提升，年轻网民所占比例较大

截至 2014 年 12 月，我国网民中农村网民占比为 27.5%，规模达 1.78 亿人，较 2013 年年底增加 188 万人（见图 21.1）。在整体网民规模增幅逐年收窄、城市化率稳步提高的背景下，农村非网民的转化难度也随之加大，未来将需要进一步的政策和市场激励，推动农村网民规模增长。从年龄结构来看，农村网民更趋于年轻化，30 岁以下各年龄段的农村网民比例均高于城镇网民，而 30 岁以上的农村网民比例则均低于城镇网民。其中，20～29 岁是农村网民的最大群体，占比为 32%，高出城镇网民 1.1 个百分点；其次为 10～19 岁群体，比例为 25.1%，较城镇网民高 1.7%。

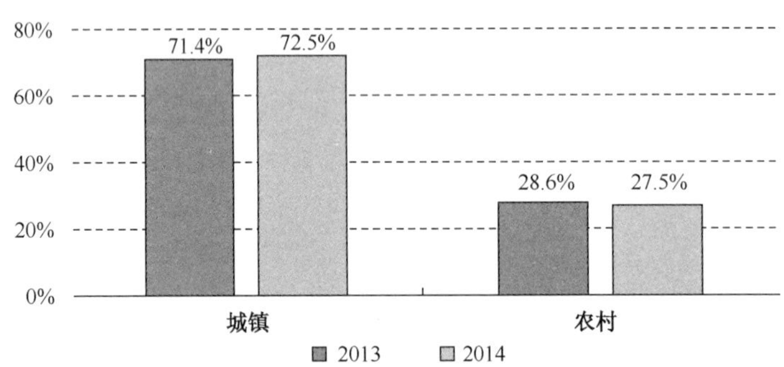

来源：CNNIC 中国互联网发展状况统计调查，2014.12。

图21.1　中国网民城乡结构

2. 中青年农民对互联网涉农信息的关注程度高于其他年龄群体

从整体上讲，25 岁以下的青年农民更热衷于网络，但是他们对于农业推广的具体内容并不感兴趣，他们的时间基本都在社区交友和网络游戏之中。但是，年龄为 26～35 岁的中青年农民对互联网中的农业信息尤其关注，他们大多是通过其他媒体看到互联网在农业科学技术和农副产品市场信息领域的积极作用后，才开始尝试获取互联网信息服务内容。然而，超过 35 岁的中年人及很多老年农民对互联网中的农业信息保持着远离态度，他们大多不会使用或者不相信通过互联网能够给农业生产、农产品交易带来帮助。

3. 互联网涉农信息的接受程度受农民活动的地理位置影响

通过研究发现，离城市最近的郊区农民的互联网行为最多，他们关注的农业互联网信息也最多。这些以水产品、畜牧产品、蔬菜水果生产为主的村镇，农业经济实力比较领先，对农业互联网信息关注程度较高，尤其是关注农产品价格相关的信息。然而，离市区偏远、以种植业为主、单纯依靠农业手工生产的落后村落，对农业互联网信息比较漠视，并且对未来通过互联网改变生产生活也不感兴趣。因此，农民与城市的距离越近，对互联网涉农信息服务的使用频度越高。

4. 经营致富和农业科技类的互联网涉农信息受到的关注程度最高

通过对农业信息网站的访问情况进行统计，可以发现很多农民对“致富之路”或“致富典型”和“在线学习”或“远程教育”等内容较为重视。这些内容之所以受人喜欢，一是比较贴近农民实际生活，与农民所处的环境息息相关。二是能够带给农民各种希望和可能，比如脱贫的可能、获得尊重尊严的可能、走向大都市的可能。因此，农业互联网信息工作还需要信息推广者们不断加强基础性工作，来获取更多农民的接受。

5. 移动互联网将逐步发展成为农民获取涉农信息的主要渠道

随着 4G 时代的来临，我国手机网民的普及率大幅度提升，这主要是由于智能手机价格的降低，并且在易用性等方面更能够被农民接受。目前农业类的 App 鲜有人关注，其主要原因在于目前农业类 App 功能单一，基本以信息服务为主，与用户的生活没有契合点，缺少互动，移动互联网在传统的种业、农业机械、特种养殖、农田水利等细分领域，发挥空间相对有限。然而，通过手机 App、移动互联网关注食品安全和创立现代农业品牌，可以通过品牌运作对种植、养殖、加工、物流、营销等产业链各环节进行垂直整合，并且可以向休闲农业、循环农业、高科技农业、有机农业、旅游农业甚至农业金融等方面进行横向拓展。涉农信息移动手机客户端和各种农业微信公众平台的大范围建设，可以让农民能够从即时学习到随时沟通，由于操作起来相对简单方便，农民对于很多信息可以边学习边与人沟通，这样的学习交流方式极大地促进了其学习兴趣。

6. 农民工对当地农民涉农互联网信息的接受程度具有较大的影响

由于农民工经常往返于城市和农村之间，这部分农民对互联网农业信息格外关注，他们时刻关注手机中的农业新闻、政策以及致富道路，这就产生了很明显的群体效应。群体效应是群体成员之间相互作用、相互影响下形成的心理活动，受经济和政治地位、种族或民族、社区、年龄、性别、职业、血缘、兴趣、信仰等诸多方面因素的影响。农民工群体与城镇、乡村的其他农民群体融合，带动其他农民群体提高互联网接收程度。

21.2　农业网站发展

2014 年，我国在确立新型城镇化路径的基础上，进一步提出“促进工业化、信息化、城镇化、农业现代化同步发展”，从原来的“三化（工业化、城镇化、农业现代化）同步”到“四化同步”，标志着对信息化和农业现代化关系的认识达到一个新的历史水平，也表明信息化不再只是推进农业现代化的一种技术工具，而是作为一种新型生产力的核心要素融入现代农业产业体系和价值链。在这种背景下，互联网农业已经呈现方兴未艾之势。

1. “互联网+农业”在政策的引导推动下逐步由理论发展成为现实

近年来，随着互联网技术对农业的渗透，互联网与农业逐渐紧密结合起来，从对农业的深度改造开始，到颠覆农业的传统营销模式，再到互联网公司跨界进入农业生产领域，一场轰轰烈烈的互联网农业盛宴正在上演。2015 年全国两会上，李克强总理在政府工作报告中首次提出“互联网+”，这一概念在各个行业都引起热议。总体来看，在互联网技术的推动下，基于人机互动、社交新媒体、大数据、云计算、物联网等新兴科技发展的基础，预示着互联网已经由我们传统意义上的一种工具、一种载体、一种思维方式，全面渗透进产业的各个环节，整合为一体，并在其中居于主导地位。所以，“互联网+农业”不是正在讨论的未来问题，而是正在发生的当代问题，不是理论问题，而是实践问题。

2. 专业类农业网站数量增加，助推农业生产经营决策更加科学、合理

截至 2014 年 12 月，中国已有 4 万余家农业类网站，演化出综合门户、研究分析、专业集成、产销对接等不同定位的农业网站，并进一步呈现加快细分的态势，不仅种植业、畜牧业、渔业、农产品加工等次级行业已经分开，就是每个行业内部也逐渐专业化，玉米、马铃薯、牛、羊、猪等专业网站不断涌现。特别是近几年，农业新媒体开始活跃，微博、微信、手机平台相继出现，农业信息化向纵深挺进。传统的农业生产经营模式正因为互联网的普及而加速改变，大量的农民正在运用互联网决策自己的生产经营活动。由于互联网的信息收集优势，大量农业相关的市场信息、产品信息、技术信息、资源信息开始网上汇集，并出现专业分析，大大方便了农业生产经营决策。

3. 政府类农业网站逐步成为提供各类涉农信息服务的重要平台

政府类农业网站是指以各级政府机关为主办主体，以追求社会效益为主要目的，为履行职能、面向社会提供服务的官方网站，使农民、农业企业与政府工作人员接入相关农业政府部门的政务信息与业务应用，并获得个性化的服务，是政府机关实现农业信息公开、服务农业企业和农民百姓、互动交流的重要渠道。目前，政府类农业网站主要分为两类：一类是面向全国农业发展的信息服务平台，如中国农业新闻网、全国农产品商务信息公共服务平台（新农村商网）、中国农业机械化信息网；另一类是服务于地方农业发展的信息服务平台，如山东农业信息网、江苏农业信息网、安徽农网等。

4. 多数农业网站仍旧存在功能单一、网络影响力薄弱等问题

在农业网站蓬勃发展的同时，应该看到当前农业网站依然面临着很大挑战。目前，大多数农业网站还很简陋，属于初创阶段，较少更新、内容陈旧，也很少有人访问，发挥的作用相对有限。农业网站普遍存在信息资源分散、内容同质化、信息及时性和深度性不强、网站雷同、千篇一律、互相转抄、服务性功能有限等问题。与此同时，农业网站知名度不大、美誉度不高，而且缺乏家喻户晓的农业信息类网站和专业网站。并且，农业网站盈利模式尚不清晰，缺少相关政策监管；同时，其发展受到农村网络基础设施不完善、农民自身的文化水平不高的制约。要解决好这个问题，就要注重吸引社会资金，鼓励多种形式办网，走商业化运作的道路，加强体系建设，鼓励社会力量和有志于农业信息化的人士投身到农业网站建设事业中来。

21.3　网上农产品贸易发展

1. 网上农产品贸易已经成为各类农产品销售的重要渠道

2014 年，农产品网上贸易达到 1000 亿元。并且，阿里研究院预测 2016 年全国农村网购市场总量有可能突破 4600 亿元，将持续缩小与城市网购规模间的差距。随着电子商务的进一步崛起，农产品流通领域互联网应用程度明显提高，国家级大型农产品批发市场大部分实现了电子交易和结算；网上农产品贸易销售形态得到重大改变，从最初的干果、茶叶、初加工品网上销售开始，在仓储物流技术和条件不断改善的情况下，生鲜农产品的网上销售也取得突破，大量生鲜网上农产品贸易创新案例涌现，出现生鲜电子商务八大平台，跨境生鲜网上贸易风生水起。有代表性的案例包括乐视网宣布其有机农业运营借鉴 C2B 订单销售模式，大量农业类众筹企业开始出现，互联网正让农业的生产方式根本性转变。与此同时，微博、微信与网上农产品贸易结合来推销农产品的成功案例层出不穷，微营销中农产品的身影频频出现。因此，利用互联网将产销之间的距离大大拉近，让产销充分对接、消费者与生产者直接沟通成为可能，有利于减少生产的盲目性，扩大销售的范围，从而有效对抗市场风险。

2. 以“淘宝村”为代表的网上农产品贸易呈现由点到面蔓延趋势

农民逐步发展成为电子商务创业的新兴生力军，农村正在成为我国电子商务发展的新蓝海。与城市相比，我国农村的实体商业基础设施严重不足，电子商务正成为农村重要的消费渠道。从商务部、农业部到各大电子商务巨头，都认识到农村巨大的消费潜力，开展了一轮波澜壮阔的“下乡运动”。淘宝网为农民提供了一个低门槛的创业途径，目前在淘宝网约 10%的卖家来自农村，农村卖家的崛起，还催生了淘宝村这一新型的电子商务生态现象，农民扎堆开网店，不仅提升了自身的收入，解决了生存问题，也拉动了农村经济的快速发展，为新型城镇化指明了一条新路径。在东风村、东高庄、青岩刘村之后，近年来国内的淘宝村的发展呈现雨后春笋之势，截至 2013 年年底，全国已经发现各类淘宝村 20 个，而到 2014 年 12 月，淘宝村数量猛增至 211 个，同时，全国还涌现出 19 个淘宝镇。淘宝村（镇）正在经历从点到面的跨越，成为一股不可忽视的农村新经济浪潮。

3. 高素质农民群体促使网上农产品交易逐步实现规范化、品牌化

2014 年，农产品电子商务的崛起正成为电子商务的又一波新浪潮。大量具备较高知识水平的新型农民群体加入网上农产品交易中来，他们活跃在各类社交平台上，成为领域内最具活力的群体，在各类电子商务平台上积极推动着农产品电子商务的实践。与此同时，各类电子商务平台都认识到农产品电子商务将是下一片蓝海，进行了积极的谋划和布局，各类专业 B2C 网站更是努力做深做强，欲将多年的积累化为先发的优势。在这种情况下，多种农产品在网络热销，“储橙、柳桃、潘苹果”成了生态、环保、健康的代名词，也使得更多的优质农产品原产地看到了电子商务的力量，开始积极研发产品上网销售。随着物流、人才等瓶颈的逐渐改善，农产品电子商务将逐步实现规范化、品牌化、平台化的转型发展，未来网上农产品贸易将迎来更大的发展空间，从而带动中国农业的跨越式发展。

4. 基于大数据分析的网上农产品贸易已经开始初具雏形

互联网在与传统产业的结合中，越来越表现出不甘于配角地位的特征，一步一步渗透并

最终主导传统产业的发展方式。近年出现的互联网营销让农业的发展方式从根本上发生改变，颠倒了一般意义上的“生产—销售”模式，而是运用大数据分析定位消费者的需求，按照消费者的需求去组织农产品的生产和销售，从而让农产品不再难卖在理论上成为可能，也在现实中得到初步的实践，形成网上农产品贸易发展的“C2B”模式，即消费者对企业（Customer to Business）。随着网上农产品贸易数据的积累，大数据分析技术在南菜北运、北果南运、西菜东输的物流通道建设，在保障城市食品供应、确保食品安全与质量、平抑和稳定食品价格、提高农产品供应链的流通效率、帮助农户实现产品价值并增加农民收入、带动农业产业化发展、促进各地“三农”问题的解决等方面，将发挥越来越重要的作用。

5. 移动互联网将在网上农产品贸易过程中发挥更加重要的作用

在移动通信技术高度发达的今天，移动互联网开发的应用层出不穷，这为农产品行业利用移动互联网展开新型营销创造了可能，农产品生产和经营商家可利用移动互联网搭建完善的新型营销平台，从而实现企业规模的增长。我国农产品行业应当把握住移动互联网带来的发展契机，积极构建完善的移动互联网营销平台，实现企业经济效益的增长，带动整个行业产业化和规模化发展。凭借移动互联网的优势搭建完善的营销平台，对于农产品生产和经营企业而言，不仅能够帮助企业展开精准、高效的市场营销，同时还能够为企业节约生产成本。并且，由于手机上网成本低、易操作，使农村地区居民上网成为可能，成为农村居民上网的主流设备。因此，手机终端作为上网设备的使用率远高于台式电脑、笔记本电脑和平板电脑。与传统的营销模式相比，通过移动互联网这种新型的营销模式，将使得农民获得更加长久的效益。

21.4 农业信息服务

1. 互联网农业科技信息服务可以有效提升农产品的质量和效益

农业科技信息服务主要是将互联网技术运用到传统农业生产中，利用互联网固有的优势提升农业生产水平和农产品质量控制能力，并进一步畅通农业的市场信息渠道、流通渠道，使农业的产、供、销体系紧密结合，从而使农业的生产效率、品质、效益等得到明显改善。

陕西现代农业科技网是由陕西省科技厅、陕西省科技资源统筹中心、陕西现代农业运营推广中心共同打造的农业科技综合服务平台（见图 21.2）。在借鉴全国优秀地区农技服务的基础上，对其涵盖的各项功能做了细化、完善和提升，农民可以借助该平台工具实现线下线上农技服务与市场的有效结合，进一步落实“政府引导、企业主体、市场运作、合作互利”的现代农业服务新体系的推广原则。

陕西现代农业科技网整合农业科技服务支撑，农资农检与集中采购，农副产品线上线下结合及农村合作社推广宣传于一体的现代农业科技服务体系，采用 O2O 的互联网思维模式，整合现有的农技服务资源，完善“农技服务—电子商务”的服务功能，为农业领域提供从产前—产中—产后的系统性的闭环服务。

2. 互联网农产品交易信息服务有利于农民和企业经营效益的提高

中国有着广泛的农业基础和生产条件。我国共拥有耕地 18 亿亩，已具备生产 5 亿吨粮食、4 亿吨蔬菜、5000 多万吨水果、5000 多万吨肉类、3500 万吨水产品和 2000 多万吨油料的能力。我国农产品行业在保持较快发展速度的同时，也暴露出一些问题。我国大部分地区农产品生产和经营多为个体农户，产业化意识薄弱，而且大部分农产品生产和经营农户多是依靠传统的线下市场进行产品营销和销售，很容易受到时间和地域的限制，不利于我国农产品交易的产业化和规模化发展。

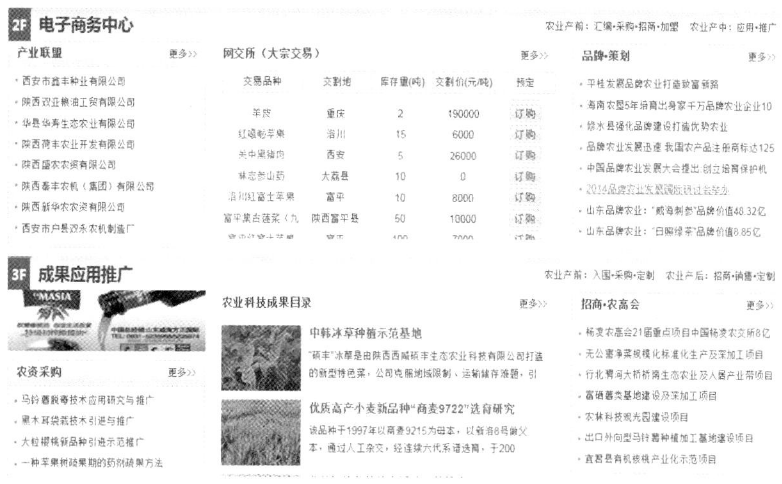

图21.2　陕西现代农业科技网

中国农产品门户手机客户端（见图 21.3）是以农产品为主题的专业移动平台，其以宣传农业企业、促销农产品服务为主，采用政府支持搭建平台、农业生产经营企业加盟的运作模式。通过对农业生产经营主体的信息服务，促进农产品流通和市场营销，从而为生产厂家、商家与市场流通之间建立经济、快捷、准确、丰富的专业信息服务及电子商务服务。通过该平台可以查阅到海量精选的有关此行业的行业资讯、专家预测、展会、供求信息、商家商友交流、企业商铺等。

图21.3　中国农产品门户手机客户端

中国农产品门户这样的信息平台，可以帮助农产品生产和经营企业进行高效、精准的市场营销，首次突破了传统线下营销模式受时间和地域限制的弊端，实现了企业与移动互联网消费群体的无缝对接，从而为企业开拓新的销售渠道、开发新的潜在客户，实现企业经济效益的增长。

3. 互联网农村金融信息服务将有效解决农民和企业融资难的问题

2014 年，互联网金融的创新和发展正在积极改变整个金融生态，互联网对金融业的渗透程度正在与日俱增，将互联网金融的创新接入农村金融领域，把互联网金融的文化理念植入农村金融机构，将会极大地推动我国普惠金融体系的发展。随着农民收入水平的提高，信息通信技术（ICT）在农村地区得到了较快发展，这为互联网金融对接农村金融发展提供了坚实基础。目前，在我国农村地区的互联网接入方式主要有电脑和手机两种方式。随着电脑的普及和宽带的迅速发展，我国已形成多层次、多元化的涉农网站服务体系，为农民提供了必需的技术和产量信息；同时，以移动通信网络为载体的农村信息服务模式，已成为农民使用互联网的最主要途径。在农村信息通信技术快速发展的基础上，互联网金融文化为农村普惠金融体系的构建提供了新的可能性。

农业是大投资、长周期、高风险的行业，实现农业的跨越式发展，增强农产品的品牌建设，创新农业发展形式，要敢于突破，善于借助互联网平台寻求全新的突破口。互联网金融接入可以通过大数据技术，将分散的农民和农业企业的各类信息进行整合处理，解决信息不对称问题，创新信用模式并扩大贷款抵质押担保物范围。在互联网金融思维影响下的金融机构，可以向农民、农业企业提供创新的、定制的微型金融服务。同时也会进一步规范农民、农业企业等普惠金融受益者的行为。互联网金融文化接入农村金融体系，在未来将促进农村金融信用评级的科学化、规范化，形成全方位的征信体系，让金融机构可以提供更加完善的服务，从总体上提升农村普惠金融体系的效率。

4. 互联网涉农公共信息服务将助推农业现代化进程的全面实现

2014 年 2 月 17 日，由商务部主办的全国农产品商务信息公共服务平台正式开通。全国农产品商务信息公共服务平台（以下简称全国平台）是商务部在新农村商网功能基础上，通过全面升级改造和资源融合建设的农产品流通领域公共服务平台，旨在利用现代信息技术，进一步发挥政府在涉农公共信息服务方面的作用，帮助农产品供需双方更好地实现良性互动和日常对接，拓宽农产品销路，促进农产品流通，带动农村经济发展，帮助农民增收（见图 21.4）。

图21.4　全国农产品商务信息公共服务平台

全国平台在消除城乡数字鸿沟，服务“三农”建设方面成效显著。针对当前农村信息化建设基础薄弱，农民获取市场信息困难等情况，商务部启动了农村商务信息服务工程，以公共商务信息服务的形式，帮助农民拓展销售渠道和销售市场，促进农村流通，增加农民收入。全国平台从信息发布、咨询互动、交易对接三个角度，帮助农民发布供求信息，为农民解答流通方面的问题，提供购销信息对接服务，为促进农产品流通，增加农民收入发挥了积极的促进作用，是商务部通过信息化建设服务“三农”的重要体现。

农业部网站设置农机购置补贴信息公开专栏（见图 21.5），及时发布农机购置补贴信息，方便农民申请、查询、监督。农业机械购置补贴是一项农业机械化技术支持措施，其实施效益突出，作用明显，有利于促进农业机械化的发展，提高我国农业机械化综合水平，有利于提高农业生产能力，稳步提高粮食产量。

图21.5　农业部农机购置补贴信息公开专栏

农业部网站通过公开公共信息内容并接受监督，可以有效保证农业机械购置补贴资金的合理使用，对提高农业机械化水平，对促进农村剩余劳动力转移，提高农业机械化技术进步，增强农业综合生产能力，发展现代农业，繁荣农村经济，提高农民收入，及时稳定农业生产，推进农业发展和推动农村社会进步具有积极意义。

5. 基于互联网的现代信息技术将不断创新智慧农业的发展模式

长期来看，现代农业可能在互联网的影响下走上一条智能化、多样化的发展道路，这将取决于互联网在农业中的渗透程度与实际运用融合程度。互联网的信息集成、远程控制、数据快速处理分析等技术优势在农业中将得到充分发挥，4G、云计算、物联网等最新技术已经广泛地运用于农业生产之中，集感知、传输、控制、作业于一体的智能农业系统不断涌现和完善，自动化、标准化、智能化和集约化的精细农业深度发展。一些现代化的种养殖基地已经告别传统的人力劳动场景，养殖场管理人员只要打开电脑就能控制牲畜的饲喂、挤奶、粪便收集处理等工作，农民打开手机就能知晓水、土、光、热等农作物生长基本要素的情况；工作人员轻点鼠标就能为远处的农作物调节温度、浇水施肥。基于互联网技术的大田种植、设施园艺、畜禽水产养殖、农产品流通及农产品质量安全追溯系统加速建设，长期困扰农业的标准化、安全监控、质量追溯等问题，因为互联网的存在而变得更加容易解决。

（中国互联网络信息中心　张建光）

第 22 章　中国物联网及工业互联网发展情况

22.1　发展概况

22.1.1　物联网产业发展情况

受益于国家的大力支持和应用领域的不断扩张，近几年我国物联网产业规模实现了年复合增长率近 30%的快速增长，2009 年国内物联网市场规模为 1725 亿元，2010 年接近 2000 亿元，2011 年超过 2600 亿元，2012 年达到 3650 亿元，2013 年进一步增长到 4896 亿元。据预测，2014 年我国物联网产业规模有望达到 6800 亿元至 7000 亿元，增速超过 40%（见图 22.1），继续呈现迅猛发展态势。同时，经济近几年的快速发展，中国已初步形成了涵盖芯片、元器件、软件、系统集成、电信运营、物联网服务等各产业环节的较为完整的物联网产业体系，以及长三角、珠三角、环渤海和中西部四大物联网产业聚集区，成为目前世界上少数拥有完整物联网产业链的国家之一。

据 IDC 发布的最新统计报告显示，到 2020 年预计将有 300 亿元设备接入物联网，全球物联网市场规模将由 2014 年的 2656 亿美元增长至 2020 年的 3.04 万亿美元，年复合增长率高达 50%。据思科最新报告称，未来 10 年，物联网将带来一个价值 14.4 万亿美元的巨大市场，未来 1/3 的物联网市场机会在美国，30%在欧洲，而中国和日本将分别占据 12%和 5%。从国内看，未来随着物联网技术的日益成熟和应用领域的不断扩展，物联网产业仍存在巨大潜在市场需求，工信部预测，到 2020 年，我国物联网产业规模将突破 1 万亿元。

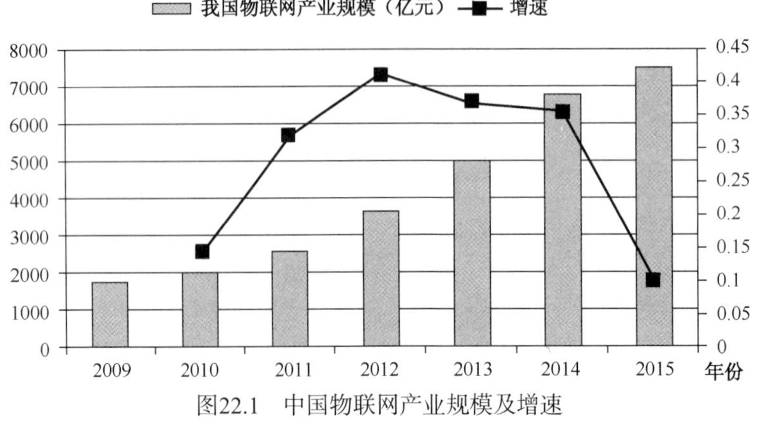

图22.1　中国物联网产业规模及增速

22.1.2　工业互联网发展情况

工业互联网的本质就是基于“物联网系统”实现“智能工厂”，通过将无处不在的传感器、嵌入式终端系统、智能控制系统、通信设施连接起来形成一个智能网络，使人与人、人与机器、机器与机器以及服务与服务之间能够互联。目前，我国已成为全球 M2M（智能机器）市场的领导者，据 GSMA 研究报告显示，我国市场 M2M 连接数已超过 5000 万个，占全球 M2M 市场总量的 27%，超过了美国和日本的总和。工信部在“宽带中国”2015 专项行动中提出，2015 年将支撑 100 家规模以上工业企业积极探索智能工厂、智能装备和智能服务的新模式、新业态，新增 M2M 终端 1000 万个，促进工业互联网发展。除机器互通互联以外，近两年我国工业企业制造流程智能化也实现了较大发展，目前我国规模以上工业企业的数字化研发设计工具的普及率及数字化工序数控类装备比重分别达到 54%和 30%，5 年来均提高了 4 个百分点；根据国际机器人协会（IFR）的数据显示，2014 年我国工业机器人销量达到 5.6 万台左右，增速达 54%，远高于全球工业机器人 27%的销量增速，连续两年成为全球第一大机器人市场。据国际权威机构测算，未来 20 年，中国工业互联网发展至少可带来 3 万亿美元左右的 GDP 增量，应用工业互联网后，企业的效率会提高大约 20%，成本可以下降 20%，节能减排可以下降 10%。

22.2　发展环境

22.2.1　经济环境

2014 年，我国电子信息产业实现了较快发展，全年完成销售收入总规模达到 14 万亿元，同比增长 13%；其中，软件和信息技术服务业实现软件业务收入 3.7 万亿元，同比增长 20.2%，比电子信息制造业增速快 10 多个百分点，软件业所占比重持续提高，对传统制造业的渗透带动作用进一步增强。以物联网等为代表的新兴信息技术服务继续保持高速增长，2014 年信息技术咨询服务、数据处理和存储类服务收入同比分别增长 22.5%和 22.1%，增速分别高出全行业平均水平 2.3 个和 1.9 个百分点，占全行业比重分别达 10.3%和 18.4%。

22.2.2　社会环境

无线通信网络的发展和宽带中国战略的深入推进为物联网的发展提供了坚实的基础设施支持。我国移动互联网在网络规模、网络用户、网络应用方面位居世界前列。据不完全统计，截至目前，各部委发布的不同类型智慧城市试点总计已超过 400 个，未来随着智慧城市建设的深入推进，将为物联网应用提供巨大市场。2014 年，物联网应用也实现从消费服务领域向工业生产领域的扩展，覆盖制造、采矿、农业、油气以及公用事业等多个行业，这将显著扩大物联网应用的潜在市场，据牛津经济研究院分析，产业物联网所涉及产值可占二十国集团 GDP 总量的 62%，据最保守的独立估算，至 2020 年全球产业物联网支出将达到 5000 亿美元，更乐观的估计，至 2030 年，全球 GDP 总量中高达 15 万亿美元的产值都将来源于产业物联网范畴。

国内工业互联网发展也迎来最好机遇。从信息技术水平看，一是智能传感和物联网的发展将连续的生产流程分解成可供处理的各类数字化信息和模型，实现了物理设备和生产过程的实时监控调节；二是信息网络向宽带、泛在、融合的演进突破了海量工业数据尤其是各种非结构化数据传输的瓶颈；三是云计算和大数据技术的日益成熟使超大规模计算能力、数据存储及分析能力大幅攀升，满足了海量的生产、市场和供应链数据的协同处理需求，物联网、云计算、大数据等新一代信息技术的发展为工业互联网的实现提供了可能。同时，来自国内外行业、企业等力量也为工业互联网的发展营造了良好的环境。美国通用电气公司于 2014 年 2 月与 Cisco、IBM、AT&T、Intel 等公司联合成立了美国工业互联网联盟，推高了国内制造业和互联网企业对工业互联网的重视程度；德国政府于 2014 年 4 月发布了“工业 4.0”标准化路线图，进一步激起了国内对工业互联网的研究和应用推动的高潮；国内业界也积极响应，2014 年 7 月，中国互联网协会、工业和信息化部信息中心、中国家用电器协会三家单位发起成立了中国互联网协会互联网工业应用委员会，为工业企业和互联网企业打造跨界融合发展的平台。

22.2.3 政策环境

物联网作为国家未来重点发展的战略性新兴产业，近几年国家出台了多个顶层规划和政策措施支持其发展。2010 年 10 月，国务院出台了《国务院关于加快培育和发展战略性新兴产业的决定》，将物联网产业确定为七大战略新兴产业之一，明确了物联网作为战略性新兴产业未来发展的重点方向、主要任务和扶持政策。2011 年 11 月，工信部制定了《物联网“十二五”发展规划》，明确提出到 2015 年，我国要在核心技术研发与产业化、关键标准研究与制定、产业链条建立与完善、重大应用示范与推广等方面取得显著成效，初步形成创新驱动、应用牵引、协同发展、安全可控的物联网发展格局。2012 年，国务院《“十二五”国家战略性新兴产业发展规划》中进一步提出“构建物联网基础和共性标准体系，在典型领域开展基于创新产品和解决方案的物联网示范应用，培育和壮大物联网新兴服务业，加强物联网安全保障能力建设”。2013 年，《国务院关于推进物联网有序健康发展的指导意见》进一步提出了保障物联网健康发展的六项措施，随后发改委、工信部等十部委制定了 10 个物联网发展专项行动计划，多头并进推动物联网产业发展。2014 年 2 月，全国物联网工作电视电话会议在北京召开，国务院副总理马凯在会上指出要以更大决心、更有效措施，扎实推进物联网有序健康发展，努力打造具有国际竞争力的物联网产业体系，为促进经济社会发展做出积极贡献。充分发挥财政资金的引导和扶持作用，加强对物联网产业的支持力度。2011 年，工信部和财政部联合设立了物联网发展专项资金，“十二五”期间计划累计发放 50 亿元支持物联网发展；2012 年，发改委又启动了物联网技术研发及产业化专项资金，进一步加大对物联网发展的支持力度。国家的顶层设计和政策支持为物联网产业的发展营造了良好的政策环境。

随着德国工业 4.0 和美国先进制造业伙伴计划政策效果的日益显现，我国政府也高度重视对工业互联网发展的顶层设计，近两年也出台了多项政策指引其发展。2013 年 8 月，在工信部发布的《信息化和工业化深度融合专项行动计划》中，专门将“互联网与工业融合创新”列为一项专项行动，并于 2014 年 6 月发布了 24 家企业的试点通知；2014 年 12 月，工信部又明确提出要以智能制造为主攻方向，全面提升制造业产品、装备、生产、管理和服务的智能化应用水平，并于 2015 年 3 月发布《关于开展 2015 年智能制造试点示范专项行动的通知》以及《2015 年智能制造试点示范专项行动实施方案》，正式启动智能制造试点；同时发展工业互联网也已上升到国家战略高度，国务院总理李克强在《2015 年政府工作报告》中三次提及工业互联网，并首次提出要“制定‘互联网+’行动计划，推动移动互联网、云计算、大数据、物联网等与现代制造业结合，促进电子商务、工业互联网和互联网金融健康发展”。

22.3　应用情况

22.3.1　物联网领域

2014 年，随着我国物联网产业的蓬勃发展，相关技术应用也逐渐普及，在可穿戴设备、智能家居、智能交通及车联网、智能电网和智慧城市等领域都出现了广泛的物联网应用，对社会经济发展起到了积极的拉动作用。

1. 可穿戴设备

可穿戴设备是物联网在消费电子领域的重要应用。随着国民购买力的提升，以及互联网和移动互联网的普及，消费者对于个人电子产品的消费意愿开始释放，对可穿戴设备的购买力和购买意愿也随之提高。同时，国家的政策也对可穿戴设备给予了大力支持，发改委将可穿戴设备列入“支持重点”；财政部政策鼓励支持中小企业，促进研发生产可穿戴设备的中小微企业、创业企业的发展。在需求推动和政策支持下，2014 年我国可穿戴设备市场出现了爆发式的增长，根据易观智库数据（见图 22.2），2014 年我国智能可穿戴设备市场规模达到 22 亿元，比 2013 年增长 144%。其同时预计，随着 2015 年 AppleWatch 的正式上市，将会极大地刺激整个智能可穿戴设备市场规模的增加，预计市场规模将会达到 135.6 亿元，到 2017 年，市场规模将接近 300 亿元。

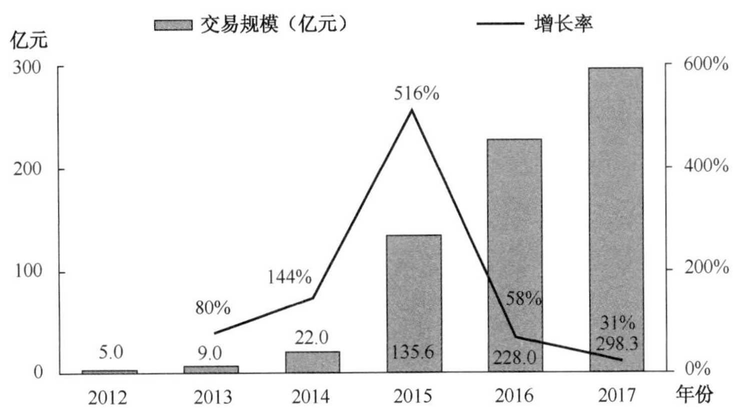

来源：EnfoDesk 易观智库，www.enfodesk.com。

图22.2　2014—2017年中国智能可穿戴设备市场交易规模预测

可穿戴设备的一项重要应用领域为移动健康管理领域。我国罹患各类慢性疾病人群的数量逐年提升，医疗健康支出日益增长，这也激发了消费者购买智能可穿戴设备的热情。同时，社会老龄化严重，服务于老年人的智能可穿戴设备也开始成为子女孝敬父母的重要礼物。根据 TalkingData 发布的数据，2014 年，我国移动健康管理行业和移动医疗用户规模分别达到 1.2 亿人和 7000 万人，较年初翻了一番以上。百度公司推出 dulife-百度健康设备和“北京健康云”，小米、华为等国内外厂商相继发布手环、手表等可穿戴设备，这些智能健康设备与智能手机的组合，可以帮助用户更好地进行运动健康监测、管理，也有助于政府和企业收集公众健康信息，通过大数据分析，开展有针对性的活动，激励人们改善健康状况，降低地区总体发病率，降低医疗保险开支。

2. 智能家居

2014 年是我国家电业智能化之年，海尔、美的作为领导者引领智能家居风潮，其他行业企业也悉数跟进，家电智能化成为行业主流。2014 年 3 月，海尔发布了全球首个智慧生活操作系统——U+智慧生活操作系统，该系统打破了智能家居不同品牌的界限，用户只需要 12 秒就能实现与所有品牌、不同品类的智能家居互联互通，用时仅为行业平均水平的 40%。美的集团也发布了 M-Smart 战略，拟实现美的旗下全品类产品互联互通，并与阿里巴巴合作共同构建基于阿里云的物联网开放平台，实现家电产品的连接对话和远程控制。

除两大家电巨头外，其他家电企业也均纷纷开始发力智能家居。长虹旗下美菱公司发布全球首款人体状态感知空调——CHiQ 启客空调，实现了空调由“硬件+功能”向“软件+模式”的转变；创维携手华为海思联合推出应用了中国首款具有自主知识产权并实现量产的智能电视芯片的 GLED 电视；小天鹅率先迈出洗衣机智能化步伐，推出洗涤剂自动投放洗衣机，使洗衣机洗净比提升 20%、洗涤剂残留下降 17%；以抽油烟机为主打产品的老板电器推出全球第一台搭载 ROKI 智能系统的大吸力油烟机，实现了人与厨电的智能化交互和远程控制，并可通过智能烹饪导航系统自动控制油烟机的风量大小和灶具的火力大小。

3. 智能交通与车联网

伴随智慧城市的兴起，以“科技+交通”概念为主的智能交通行业已成为目前细分领域中最具前景、政策倾斜最多的行业。据中国智能交通协会估计，2014 年我国智能交通应用投资规模将超 500 亿元，并预计未来 2～3 年内，随着传感、定位等技术的日益成熟，以及国内智能交通领域信息化应用的不断实践和创新，我国智能交通行业 IT 应用市场规模仍将保持 20%以上的增长。

2014 年，我国智能交通领域最重要的事件之一就是京津冀等 14 省份实现 ETC 联网。本次 ETC 联网覆盖 5.2 万公里高速，6659 条 ETC 专用车道，约千万用户可以实现高速不停车快速通行。根据规划，2015 年 9 月全国 ETC 将实现联网，届时有卡用户可以“一卡通全国”。随着 ETC 的联网，出行效率将得到显著提高，通过收费站的平均时间将由 14 秒降低到 3 秒；同时对车辆的燃油消耗平均可降低 20%、二氧化碳排放减少约 50%，一氧化碳排放减少约 70%。

2014 年，智能交通领域另一项重要进展就是车联网加快落地。“车联网”一词是伴随物联网的发展出现的，所谓车联网，是指利用先进的传感技术、网络技术和无线通信技术，通过汽车收集、处理和共享大量信息，实现车与路、车与车、车与人、车与城市网络的互相连接，达到智能化识别、定位、跟踪、监控和管理目的的一个网络。目前，我国车联网用户规模已达到 900 万人。2014 年，面对来势汹汹的互联网技术冲击，不少汽车厂家纷纷主动出击拥抱互联网，上汽集团与阿里巴巴签署“互联网汽车”战略协议共同打造互联网汽车，北汽集团与乐视达成合作共同生产超级电动汽车，随后东风汽车和长安汽车又先后与华为在车联网、智能汽车及信息化建设等方面达成合作。除汽车厂商积极布局车联网外，汽车电子厂商、运营服务商、内容供应商等产业链上的众多角色及互联网巨头也均积极涉足车联网领域。汽车电子厂商热衷于开发基于汽车 CAN 总线的 OBD“盒子”产品，其原理是通过盒子对车辆运行数据进行抓取，给驾驶者提供相应的驾驶反馈，让驾驶者有一种联网体验，过去一年里国内市场上已先后涌现出元征科技的 golo 盒子、博泰电子的 iVoka MiniX 以及九五智驾的智驾盒子等不同品牌的盒子产品。随着 4G 网络等信息基础设施的不断完善，流量收入已成为运营商收入的重要来源和增长的主要驱动力，而车联网在未来将是移动网络的主要应用之一，所以我国三大运营商也在纷纷布局车联网，2014 年 4 月，中国联通与宝马公司合作推出宝马互联驾驶车联网系统（BMW ConnectedDrive），随后，中国联通又进一步加强了与特斯拉的深度合作，在原有提供 3G/4G 网络服务的基础上，还与其共同建立超级充电站，进一步落实汽车信息化的应用。以“BAT”为代表的国内互联网公司也利用自身技术优势纷纷布局车联网，即阿里巴巴与上汽集团达成合作后，腾讯公司正式发布了旗下首款车联网硬件产品“路宝盒子”+路宝 App，并携手中国人保和壳牌公司成立“i 车生活平台”，试水车联网；百度在 2015 年年初也推出了车联网解决方案 CarLife，借此全面布局车联网领域，并与奥迪、现代、上海通用三大汽车厂商签署车联网方面的战略合作协议。

4. 智能电网

2014 年，我国智能电网建设步伐继续加快。国家电网公司新启动 50 座新一代智能变电站建设，完成 200 座变电站智能化改造，累计建成智能变电站 1550 余座，在整体集成设计、智能设备制造与检测、模块化建设等核心技术方面取得重大突破，有力地提升了变电站智能化水平，“国家电网智能电网创新工程”项目荣获 2014 年度国家科学技术进步一等奖；新启动 6 类 41 项智能电网创新示范工程，累计建成智能电网试点项目 305 项；新安装智能电表超过 6000 万只，是 2013 年的两倍，智能电表安装量已超过 2.5 亿只。南方电网公司也加快了智能电网建设步伐，2014 年投运了全国首个智能配网自愈控制系统，该系统可在 1.5 秒内完成故障定位、故障隔离和非故障区域自动复电等工作，大大提高了供电可靠性和检修、抢修效率，故障隔离和复电时间达到秒级为国内首次。

5. 智慧城市

智慧城市是物联网技术的集中应用。随着我国“新四化”建设步伐的加快，建设“智能、集约、节能、绿色”的智慧城市得到广泛认同。近年来，我国城市建设思路经历了“数字城市”、“无线城市”到“智慧城市”这样的衍变历程。通过有针对性地引入包括物联网、大数据、云计算、移动互联网等新兴技术手段，城市内不同业务部门之间乃至各城市之间将被有效贯通，通过数据的智慧化分析、信息整合和数据挖掘，能够更好地满足产业发展、民生保障以及政府服务等方面的城市管理需求。据不完全统计，截至目前我国各部委发布的不同类型智慧城市试点总计已超过 400 个，智慧城市的投资规模达千亿元以上，“十二五”期间，全国智慧城市计划投资规模预计将超过 1.6 万亿元，标志着当下智慧城市试点工作已经从概念导入期步入了实质性的启动和建设阶段。

作为智慧城市百强前列城市，上海一直是关注的焦点，也取得了不小成就。上海市全面运用物联网技术，深化智慧应用，注重区域示范，在教育、健康、交通、养老、文化等公众关注度高的民生领域实施 8 个重点专项，全面推进民生领域信息化应用的广度和深度。例如，在城市交通方面，搭建了交通综合信息服务平台，通过情报板、车载导航、App、广播电视等多种渠道为公众提供道路通行情况信息服务，启动建设全市公共停车信息系统，为驾车人提供空车位引导、车位预订等服务，公交电子站牌建设加速推进，市民可通过“上海公交”App，查询近 600 条线路的实时到站信息；在智慧医疗方面，通过实施卫生信息化工程实现了市区及医联等多平台互联互通，动态采集、维护了 3000 多万份健康档案；在食品安全方面，建立了统一的食品安全投诉举报热线，办理时间从 30 天缩减到 19 天。

22.3.2 工业互联网典型应用情况

2014 年我国工业互联网开始发力，在各行业纷纷得以应用，显现出方兴未艾的蓬勃之势，互联网产业的影响从改变个人的生活方式，向改变企业的生产方式扩散。从具体情况来看，我国互联网技术已经融入家电、纺织、冶金、机械、汽车、石化、制药等工业制造领域，在工业流程监控、生产链管理、物资供应链管理、产品质量监控、装备维修、检验检测、安全生产、用能管理等生产环节实现了应用示范，显著提高了工业生产效率和产品质量，实现了工业的集约化生产、企业的智能化管理和节能降耗。

1. 家电行业

在家电行业，海尔集团利用工业互联网技术，建成全球首个家电行业智能互联工厂——沈阳冰箱工厂，通过打造自动化、智能化生产线，搭建信息化、数字化信息系统，率先形成企业与用户需求数据无缝对接的智能化制造体系，实现内外互联、信息互联、虚实互联三大互联，满足用户个性化、碎片化需求。内外互联指的是通过搭建信息智能交互平台，实现了用户、工厂、供应商之间的信息互联。与用户互联后，用户可通过线上平台下单，根据自己的喜好选择冰箱的颜色、款式、性能等，这些信息可直接传送到生产线工位，输入个性化定制需求。与供应商互联后，供应商都可无障碍参与产品及方案的前端设计，交互出一流的模块、一流的自动化解决方案，实现产品迭代引领目标。信息互联指的是在海尔互联工厂内，随着机器设备的高度自动化及无线网络的覆盖，工厂具备了自主“思考”能力，工厂可以根据用户需求自生产、自驱动、自运行。该工厂最典型的信息互联案例就是 U 壳智能配送线，该配送线颠覆传统的工装车运输方式，在行业内首次实现无人配送情况下，点对点精准匹配生产和全自动即时配送。在这里，传统 100 多米长的生产线被 4 条 12 米长的智能化生产线所替代，几百个零部件被优化成十几个主要模块，这些模块可根据用户不同需求进行快速任意组装，生产个性化冰箱产品的速度可以秒来记。虚实互联主要是应用虚拟仿真系统及信息技术实现虚拟与现实世界的互通互联，具体而言是通过虚拟仿真系统获取 3D 模型，自动检测生产全流程。该项技术不仅可以应用在生产环节的虚拟仿真中，也可以应用在物流仿真当中，有利于提前判断并检测出生产环节的纰漏、降低出错率、规避生产风险等。目前，海尔沈阳冰箱工厂通过生产模块化布局，单线产能、单位面积的产出翻番，物流配送距离也比原来减少 43%左右。

2. 汽车行业

江淮汽车也通过建立车间实时信息采集与处理平台，对生产运作、物流进行优化，集成已有软硬件平台，消除信息孤岛，构建了数字化工厂。实施数字化工厂战略后，冲压在制品库存降低了 30%，商务车生产节拍从 3.5 分钟缩短至 2.5 分钟，轿车生产节拍从 96 秒缩短至

88 秒，基本消除了因为物料短缺导致的非正常停线。

3. 机械行业

三一集团打造了机械行业的第一个智能化工厂的样板。2014 年 9 月，由湖大海捷、华工制造、华中科大、三一重工共同承担的“工程机械产品加工数字化车间系统的研制与应用示范”项目通过专家组验收。由此，三一重工总装车间成为行业较为先进的数字化工厂。作为亚洲较大、较先进的智能化制造车间，18 号厂房经过智慧化改造后，在制品减少 8%，物料齐套性提高 14%，单台套能耗平均降低 8%，人均产值提高 24%，现场质量信息匹配率 100%，原材料库存降低 30%，效率和效能都得到了极大提升。三一重工在产品上增加通信功能，目前已经有超过 10 万台设备通过网络与三一企业控制中心及快速反应团队连接。企业控制中心可以运用 3G 网络、视频远程故障诊断等信息服务系统远程监控设备的运转情况，并基于工业大数据实现故障预警，并据此有针对性地提供维修等服务，实现了向“服务型制造”转型。

4. 能源行业

在能源行业，工业互联网同样发挥着极大的作用。青海油田开采环境较为恶劣，部分开采区域位于雪线和终年冻土层，冬季极端最低气温达–30 度，大部分开采环境处于戈壁地貌，人烟稀少，常年风沙，职工工作环境非常艰苦。青海油田以部署油气生产互联网为手段，以油气田的数字化管理代替人工巡检作业，提升生产效率，保障生产安全。通过高密度，低成本的 SCADA/工业现场视频监控回传、无线巡检、无线应急指挥调度等业务的部署，解决了高寒油气田一直存在的工作环境艰苦，生产效率不高，安全隐患亟待解决等问题，大大减少了油气田职工的室外艰苦环境作业量，在环境宜人的中控室内可以完成大部分生产作业的工作，而且可以实时监测生产状况，从而提升了生产效率，保证了生产安全。

22.4 发展趋势

在 2014 年政府工作报告中，李克强总理首次提出“制定‘互联网+’行动计划，推动移动互联网、云计算、大数据、物联网等与现代制造业结合，促进电子商务、工业互联网和互联网金融健康发展，引导互联网企业拓展国际市场”，将推进互联网和传统产业深度跨界融合正式纳入国家战略。在“互联网+”时代，我国物联网和工业互联网将迎来前所未有的发展机遇，新一轮互联网红利蓄势待发。

在物联网方面，以最具前景的物联网应用——车联网为例，汽车企业和互联网企业合作共赢的车联网生态体系有望形成。目前，我国的车联网产业发展尚处于初级阶段，汽车企业和互联网企业分而治之。然而，无论是汽车厂商主导的前装市场，还是互联网、IT 等行业企业引领的后装市场，其核心价值是大数据。基于各类硬件、软件 App 收集的数据需要传输到云端进行数据汇总、数据分析等工作，并最终将结果呈现给用户端。而鉴于汽车行业的特殊性，单一行业企业很难独自支撑车联网市场产业链的发展，须协同多方资源，实现数据的对接共享。因此，汽车厂商通过加强与 IT、互联网行业巨头的深度合作，开放车载信息服务与 CAN 总线协议，构造完善的商业合作模式，统一行业技术标准，多方协作形成规范合法的 O2O 营销方式，这也是推动车联网市场发展的核心动力。奥迪已经宣布将推出同时兼容 Android Auto 和 CarPlay 双系统的 Q7 车型，用户只要通过奥迪 MMI（多媒体界面）操作，就可以直接进入 Android Auto 和 CarPlay 的手机界面，通过手机语音对车辆进行导航等功能操作，同时也可以通过语音操作系统完成通信服务。

基于数据分析结果为消费者提供个性化服务将是行业未来的盈利增长点。目前车联网受限于整车厂商阻碍以及无线网络传输及覆盖等问题，信息流主要在车载端和整车厂商的车联网服务平台之间流转，并没有后续的产业链延伸及增值服务。未来车联网的发展趋势为信息流打破现有壁垒的约束，进到独立平台运营商中并伴随后续的产业链延伸及增值服务。未来除基本的导航、通信等服务外，还会将驾驶记录、车辆信息等数据接入保险企业、4S 店、维修厂商及车辆管理部门，基于针对驾驶行为数据的分析进行大数据定价或增值服务推送。因此，未来的趋势必然是信息流的延伸、大数据增值及其他增值服务的兴起。2014 年 12 月，由腾讯+人保+嘉实多合力打造的“i 保养”平台于深圳正式发布，该平台通过联合优质合作伙伴，连接多方服务资源，全力打造“新型后市场生态圈”，为国内广大车主提供更为便捷、优惠及愉悦的养车体验。

在工业互联网方面，“互联网+工业”融合创新程度将日益加深，工业互联网将助力打造“中国经济升级版”工业篇。工业互联网是实现智能制造的必备基础，是智能制造生产体系中“系统的系统”。目前，工业互联网正在引领新一轮技术革命和产业变革，推动着制造业产品、装备、工艺、服务的智能化，也带动工业生产组织方式逐步由大批量集中生产向分散化、个性化定制生产转变。新一轮科技革命和产业变革带来的挑战，迫切要求我国加快工业互联网的发展进程，打造信息化背景下的国家制造业新优势。当前互联网也正重新定义制造业的研发设计、生产制造、经营管理、销售服务等全生命周期，以生产者、产品和技术为中心的制造模式加速向社会化和用户深度参与转变。预计未来几年，制造企业将以互联网思维变革传统的“闭门造车”模式，以用户思维和用户需求探索“与用户交互、让用户吐槽、最终由用户定义”的新模式。

工业互联网的发展目前已经纳入国家战略，一批相关支持政策措施也即将出台。我国将研究制定工业互联网发展路线图，明确工业互联网发展路径；制定工业互联网整体网络架构方案，开展工业互联网 IPv6 地址资源管理示范工程，科学规划互联网地址资源。深化物联网应用，在食品、药品等领域开展试点示范，培育智能检测、全产业链追溯等新模式；组织开发 CPS 相关工具和应用软件、传感和通信系统协议，在制造业、智慧城市、网络和信息安全等领域加强前瞻部署和应用推广。同时将互联网引导到工业企业、工业行业中，和工业企业密切融合，实现“互联网+工业”，助力打造“中国经济升级版”，合奏出经济新常态下的最强音。

（工业和信息化部信息中心 姜成彪、于佳宁）

第 23 章　2014 年中国云计算发展情况

23.1　发展概况

2014 年被业界冠之为“中国云计算元年”。中国的云计算市场目前已基本结束了发展培育期，正在步入技术创新步伐不断加快、产业结构不断优化、市场需求空间不断扩大、产业规模快速增长、新的产业格局正在形成的新时期。

云计算是一种新型的计算模式，其主要特点是在互联网存在的基础上通过动态可伸缩的虚拟化资源来进行计算，具有数据可靠性、数字化服务便捷性、技术可用性高、开发成本经济性、服务多样性、编程便利性等技术特点及优势，广泛应用于科研、医学、互联网服务等各个领域。随着云计算技术的不断深入，云计算也逐渐融入人们的日常生活中，为人类的生产生活带来了极大的便利。云计算技术已成为全球信息技术的发展趋势，对各行各业带来了巨大的推进作用。

近年来，在政府重视以及业界支持的大环境下，中国云计算市场获得了较快发展，成果瞩目。据 ICT 研究机构计世资讯发布的《2014—2015 年中国云计算市场现状与发展趋势研究报告》的数据则显示，2014 年中国云计算市场规模达到 1645.8 亿元，同比增长 28.0%；云建设市场规模为 383.6 亿元，同比增长达 44.1%；中国云计算服务市场规模正在以每年平均 50%的增长速度发展[1]。另据美国市场研究公司 Forrester 于 2014 年年底预测，中国公有云市场规模将从 2011 年的 2.97 亿美元发展到 2020 年的 38 亿美元[2]。

与此同时，虽然中国云计算市场发展的速度惊人，但同国外较为成熟的市场体系及技术环境相比，中国的云计算行业整体实力还不够强大。统计数据显示，美国的云计算市场规模占到了全球市场的近 60%，而中国仅占全球的 3%[3]，这预示着中国云计算市场未来还将有较大的提升空间。随着中国云计算产业及云存储技术产品的日益成熟，中国的云计算产业将迎来黄金发展期。据清科研究中心测算，中国云计算服务市场规模正以年平均 50%的速度增长，在全球的市场份额也将持续上升。

---

[1] 来源：计世资讯，《2014—2015 年中国云计算市场现状与发展趋势研究报告》。

[2] 来源：《惠普 COO：中国公有云市场机会巨大》，《新浪科技》。

[3] 来源：清科研究中心，《2013 年中国云计算产业投资研究报告》。

23.2 产业特点

云计算作为信息技术应用创新和服务模式创新的集中体现，已经成为中国战略性新兴产业的重点领域。

1. 政府继续大力推动云计算市场增长

通过贯彻云计算“十二五”、制定“十三五”规划等形式，将云计算行业的发展列为引领未来科技及产业创新的制高点，成为事关国家核心竞争力的产业。

2014 年，工业和信息化部正式启动针对云计算的“十三五”规划，提出了培育龙头企业，打造完整的产业链；鼓励有实力的大型企业兼并重组、集中资源；发挥龙头企业对产业发展的带动辐射作用，打造云计算产业链资本市场等发展思路和工作重点。与此同时，国家发展改革委、财政部等多部委也积极组织实施 2014 年云计算工程，借助专项重点推动公共云计算服务平台建设、基于云计算平台的大数据服务、云计算和大数据解决方案及推广等领域的发展。这些国家层面的战略规划正引领着中国云计算市场的快速发展。

2. 各地方兴起的云计算热潮继续蔓延

地方政府继续对发展云计算保持高度热情。继 2010 年北京、上海、杭州、深圳和无锡 5 个城市被国家发展改革委等确定为先行开展云计算服务创新发展试点城市之后。2014 年 2 月，黑龙江省哈尔滨市和陕西省“西安—西咸新区”获得国家发改委和工信部的联合批复，成为第二批国家级云计算服务创新发展试点示范城市。另外，经济大省广东省也发布了《广东省云计算发展规划（2014—2020 年）》，贵州省发布了《关于加快大数据产业发展应用若干政策的意见》和《贵州省大数据产业发展应用规划纲要（2014—2020 年）》，着力推动云计算在城市建设和行业发展中的应用。

3. 云计算产业格局和企业群体已初步形成

我国云计算产业相关的研发及产业化能力明显提高，用户对云服务的认可度及信息也普遍提高和增强。一方面，各类云计算模式新业态、新商业模式和融合创新形式层出不穷，为信息行业中小企业乃至万众创新创业带来巨大机遇；另一方面，国务院常务会也多次明确鼓励个人信息消费，这也为以物联网、软件应用、云计算为核心的企业发展带来了一定的市场和增长空间。与此同时，越来越多的企业用户，如游戏、互联网、电商等客户把信息技术系统建在云端，面向企业的云计算“工业云”将发挥更大潜能。例如，以近年来兴起的 P2P 行业为例，截至 2014 年 11 月底，国内 P2P 平台已超过 1540 家，其中有数百家活跃在阿里云平台上[1]。

在这一过程中，运营商以宽带、IDC 资源为基础的“云+网”能力发挥了重要作用。国内三大运营商也均将云计算视为未来成长业务系统布局。例如，中国电信在全国建设了超过 330 个数据中心，占全国 50%以上的份额，是国内数据中心资源最丰富的拥有者[2]。同时，其还以内蒙、贵州两大云数据中心集群以及北京、上海、广东、四川四大云资源池，形成了“4+2”

[1] 来源：孙翼飞，《阿里金融“局中局”》，《天津日报》。

[2] 来源：李晓玉、张丽伟，《中国电信布局“4+2”云数据中心成型》，《通信信息报》。

云数据中心布局。据业界数据统计，目前中国建设大型数据中心的省市已超过 28 个。

23.3 细分领域

根据市场调研公司 IDC 于 2014 年 11 月发布的统计数据，2014 年全球公有云市场规模将达到 566 亿美元，其中，SaaS 会继续占据公有云服务投资的主要部分，占据该市场高达 70%的份额；紧随其次的是 IaaS 市场[1]。另外，IDC 认为，随着云服务开发的增多以及大数据驱动的解决方案的进一步发展，PaaS 和云存储服务将会是未来云计算市场中增长最快的部分。

23.3.1 SaaS

2014 年，企业级 SaaS 服务和企业移动应用是最大亮点。在市场方面，传统管理 SaaS 厂商增长乏力，如在线 ERP、CRM、OA、在线客户和网络营销；而工具型 SaaS 厂商大行其道，增长快速。例如，在线会议/视频、在线教育/培训、网游、动漫、电商应用广泛。用友、金蝶等传统软件企业积极转型云计算。云解决方案提供商神州数码、华胜天成、东软集团在细分行业 IT 信息化领域具有丰富的经验，并掌握一定的渠道与客户资源。云设备供应商如华为、中兴通讯、浪潮信息提供具有自主知识产权的云计算基础设备，相对于单纯的解决方案提供商而言，优势在于掌握构建云计算的技术优势。云终端供应商如星网锐捷发展势头良好。

在市场份额方面，据 IDC 数据显示，阿里云在 2014 年上半年中以 22.8%的市场份额首次登顶中国 IaaS 服务市场；电信运营商紧随其后，中国电信与中国联通分列第二、第三位；列第四、第五位的为 Windows Azure 和亚马逊 AWS。这一结果也彰显出国际品牌开始稳步进入中国云计算服务市场，并得到一定中国用户的认可。

23.3.2 PaaS

2014 年，中国 PaaS 市场发展较为平稳。由于较小的企业数量、不完善的增值服务以及较为弱化的市场效用，这一市场规模在三大分类中依旧最小。但在 PaaS 市场中，中国的私有云市场发展势头比公有云市场好很多。鉴于当前云计算市场中混合云长期存在的发展趋势，这就为 PaaS 在私有云、公有云、混合云中，以及各种系统应用的互联互通、无缝切换提供了一定的发展市场，未来 PaaS 平台的重要性也将日益凸显。虽然百度、腾讯、阿里等国内企业都开放了自己的平台，但是目前主要吸引的还是互联网应用、移动应用，还不能完全满足企业级市场的要求。未来，这一市场的竞争也将进一步加剧。

23.3.3 IaaS

2014 年，IaaS 市场增长最为明显，但竞争也最为激烈。据 IDC 预测分析，受大规模云计算中心等基础资源建设投资拉动，IaaS 市场进一步快速扩张，其在整体公有云服务市场中的占比将由 2013 年的 44%上升至 2018 年的 61.3%，成为公有云服务市场的最大子市场。另外，针对计算、存储等传统 IT 硬件及基础资源的更新建设一直是中国企业用户在 IT 投资方

[1] 来源：IDC，《2014 上半年度中国公有云服务追踪研究》。

面的重点领域。

在 IaaS 市场中，IaaS 企业不仅在规模、数量上有大幅提升，而且吸引资本市场关注出现数笔大额融资案例，显示出这一市场的旺盛和生机。另外，IaaS 市场也呈现多样化竞争的格局，国内 IDC 厂商、电信运营商、软件服务商等纷纷构建自己的生态系统并积极进行生态布局。

23.4 发展趋势

1. 云计算迈向 2.0 时代

目前云计算已从 1.0 时代迈向 2.0 时代，云计算的使用主体及应用范围发生了转变，如从 1.0 时代的主要由互联网或初创企业使用，扩展到目前的社会各个层面都在重视和利用云计算给生活、生产、商业等带来的便利和优势。IBM 大中华区云计算架构师王攀表示：“在云计算 1.0 时代，企业级用户更多地将云计算引入非核心系统或测试开发系统，进入云计算 2.0 时代，其核心系统也会不断地向云计算迁移和演进。”在云计算技术上，可以提高 30～100 倍处理效率的 Spark 技术的兴起，意味着 2015 年云计算的核心技术将发生变化。业内专家何宝宏认为：“云计算正由原来简单虚拟化的 1.0 时代，向优质虚拟化云计算 2.0 时代转变。”同时，业内专家李嘉俊表示：“云计算的服务模式也在发生转变，尤其是软件服务模式。在运维层面，只有对专业技术掌握得更好、技术更贴近用户，才能赢得用户的青睐。”另外，在云计算 2.0 时代，隐私问题非常突出，安全方面得到了业界的普遍关注，因而需要重新定义隐私的内涵和边界。

2. 混合云成为最受企业欢迎的运用模式

随着云计算技术的加速发展和普及，以及云计算生态链的日益完善，越来越多的企业开始运用并深入融合云计算。对于企业而言，利用云计算的便利性与保护内部管理及资源的安全性具备同等重要意义，特别是出于数据安全性顾虑，因此，混合云提供了一条较为综合平衡的通道。据 Gartner 相关统计数据，到 2015 年年底，将有近 70%的企业计划应用混合云；到 2017 年，50%的企业将会具体部署混合云。Gartner 经理 Eric 表示，混合云在亚洲的采用率有望最高，并将成为企业 IT 的支柱。它将公共云和私有云的特点结合在一起，能够实现各种所需的安全水平（首席安全官的优先考虑事项）、敏捷性和可扩展性（企业和首席信息官的优先考虑事项）、成本效率（首席财务官的优先考虑事项）以及灵活性（最终用户的优先考虑事项）。目前，混合云正处于市场成熟周期的早期阶段，部分云计算供应商已开始推动混合云的落地，但包括一些关键应用技术程序等还都需要时间和实践来发展和验证。国内方面，2014 年 VMware 携手中国电信在中国落地混合云服务。另外，2014 年 11 月，IBM 和微软也宣布将合作加速混合云的广泛采用，他们将各自的应用和基础架构软件提供到对方的云平台中，以确保在如何混合搭配产品及服务上有更大的弹性。

3. 产业“云计算+”融合度需进一步深入

尽管近年来我国云计算产业发展较快，但是与美国等具备成熟产业生态系统的国家和地区相比，我国的云计算产业仍处于发展初期。目前我国云计算企业基本形成了技术研发和产业化的能力，在关键的云计算资源管理调动系统方面也涌现一批自主创新成果，并获得了市场应用，但整体而言企业实力仍然不够强大，核心技术受制于人的被动局面仍然没有得到根本性改变。随着云服务在产业界普及度的进一步增强，在当前国家加大经济改革力度以及积极推动产业向“互联网+”转型的大背景下，云服务企业不断拓展云计算与移动互联网、大数据、物联网等技术的交叉运用，推动云计算与工业、农业等相关领域产业深度融合势在必行。国内企业应抓住当前“宽带中国”战略进一步落实、移动互联网及大数据快速发展等机遇，不断进行技术业务和商业模式的创新应用，可以政府支持的政务云发展为主导，着力推动电子政务云计算领域的普及应用，另外，还应积极针对云服务新业态进行发力，在民生、教育、社保、疾控等领域开展云计算实践应用示范，让数据云助力万众创新创业、便利千家万户。

4. 用户对于云安全的要求进一步提高

云计算的发展和安全应该是并行不悖的两个拳头。便利与安全相较而言，往往用户的第一选择是安全。随着国内外网络信息安全形势的加剧，行业对于云安全的要求进一步提高，特别是金融、证券、保险、政府等特殊行业。因此，云计算企业应主动加强信息安全评估和防护，对云服务的安全性、标准性进行进一步细化，只有通过自主可靠的设备与高标准的服务模型才能打造出真正的可信云，才能在市场中获得胜利。成立于 2009 年的阿里云近年来获得快速发展，特别是在同政府电子政务和民生服务系统的合作方面取得了较好的成绩，究其根源，这同阿里云重视云安全的发展战略密不可分。据了解，阿里已研发出云盾，可提供基于云端的 DDOS 防护、主机入侵防护、安全体检，以及数据库防火墙等一整套云安全服务。此外，阿里云对涉密数据采取了严格的内部审计制度和数据加密措施。2014 年 11 月，运行在阿里云计算上的“中国药品电子监管网”通过了国家信息安全等级保护三级测评，这是中国首例部署在“云端”的部委级应用系统。2014 年 11 月，阿里巴巴集团先后同新疆、甘肃两地达成云服务战略合作，而在此之前已有海南、广西、宁夏、河南、河北、浙江、贵州七省同阿里建立云计算合作。正是基于安全防护方面的自信，阿里巴巴董事局主席马云表示，希望阿里云未来十年能打造成数据时代中国商业发展的基础设施。

5. 云计算节能化需进一步深入

一直以来，如何有效降低能源消耗都是各行各业关注的热点。从全球范围来看，信息和通信技术的总耗电量大约占全球耗电总量的 8%，另据绿色和平组织估计，如果把全球云计算产业比做一个国家，其能耗排在第六位，介于德国和俄罗斯之间。对于数据中心等云计算系统的部署规模都比较大的行业而言，如何在加速市场发展的同时，推动企业积极创新绿色节能技术，提高云计算能效水平，促进云计算产业绿色健康可持续发展等问题，需要全行业认真思考和探索。数据显示，到 2020 年，云计算产业的电能需求增长将超过 60%。随着互联网信息化革命的进一步深入，未来数据量势必将飞速增长，云计算能耗也将不可估量。因此，无论是从保护环境的角度，还是从云计算运营成本的角度，绿色节能技术都将成为云计算未来所需的关键技术。目前，谷歌、Facebook 和苹果等国外大型互联网公司已经在使用清洁能源运行互联网基础设施方面取得巨大进步，而中国作为一个能源消耗大国，国内企业也需加强在绿色节能技术方面的研发和部署。

（中国互联网协会　陈　侠）

第 24 章　2014 年中国大数据发展情况

24.1　发展概况

20 世纪 70 年代，全世界开始进入计算机时代；20 世纪 90 年代，进入互联网时代；而在 21 世纪，属于大数据的时代到来了。互联网普及是产生大数据的背景，更推动了大数据由后台走向前台。2014 年，大数据得到极大发展，概念得到更为广泛的传播，影响力初步显现。

与美国等大数据先行一步产业链成熟的国家相比，中国的数据产业生态仍处于构建中。目前整体产业结构可分为采集层、传输层、系统层、应用层（见图 24.1），处于各层级的企业或单独、或合作，向大数据的应用者如政府部门、企业、机构、个人用户提供大数据服务和应用。据计世资讯数据，2014 年中国大数据市场达到了 5.8 亿元，增长率为 48.7%（见图 24.2）。

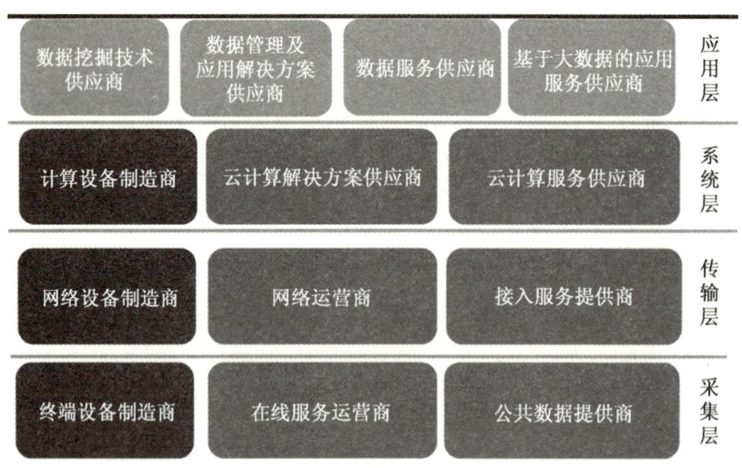

图24.1　大数据产业结构图

2014 年，大数据在诸多领域付诸应用，金融、零售、电信、公共管理、医疗卫生、营销、电商、娱乐等行业均开展有效探索。就整体而言，大数据应用在各行各业的发展呈现“阶梯式”格局：互联网行业是大数据应用的领跑者，特别是基于互联网的营销对大数据的应用趋于体系化的深入探索；金融、娱乐、公共管理、智能家居和可穿戴设备等一些领域的先行者完成大数据的初步应用，积极寻求适于本领域的大数据落地；更为广泛的传统企业、公众对于大数据概念渐渐熟悉、关注，开始筹备、试水应用大数据。

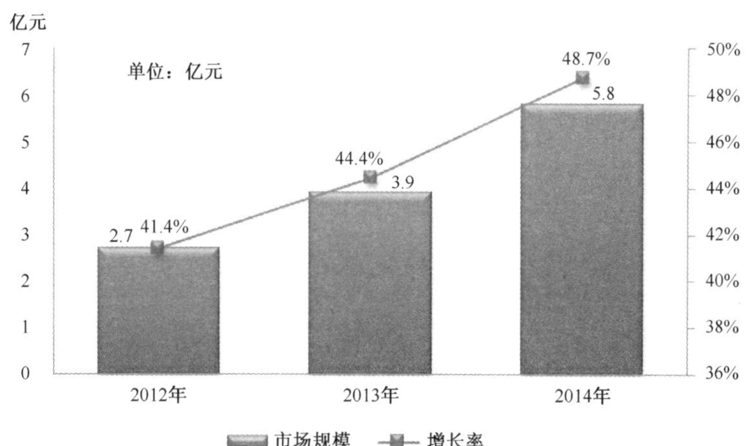

数据来源：CCWReserch 2014/12。

图24.2　2012—2014年中国大数据市场规模

24.2　行业应用

24.2.1　网络营销更加精准

2014 年，以大数据为基础的精准营销前景及价值已为市场接受，传统广告营销公司的高级人才不断向互联网营销行业转移，市场格局由零散趋向整合。各互联网巨头对这一领域的投入持续加大，腾讯、淘宝、百度、谷歌、阿里、新浪等积极推广、升级自有的 AdExchange（广告交易平台）及配套的 DSP（Demand-Side Platform，需求方平台）。例如，阿里上线了 Tanx 移动平台，并正式对合作 DSP 开放视频推广资源，全面支持视频流量的大规模投放。京东商城在其专属的 DSP 广告平台“JD 商务舱”基础上，推出升级后的“京准通”营销推广平台。同时，独立 DSP 发展迅速，已多达数十家。各方独立 DSP 积极构建自身的技术平台、系统，如品友互动宣布免费提供 DSP 系统，易传媒推出程序化交易操作系统平台 TradingOS，品友互动宣布中国程序化购买首个 PDB 产品成功运营，聚效与 360 联合发布 360 聚效平台。

2014 年，数据营销领域里企业合并与投资活跃。奇虎 360 收购 Media V，蓝色光标在 2014 年实施了包括入股精硕科技和晶赞科技的 6 起数字营销投资并购，新浪注资集奥聚合。DSP 与拥有有价值数据的巨头合作补充数据短板，而拥有海量数据的互联网巨头也希望借此实现数据变现。互联网巨头及营销行业的推动使越来越多的广告主开始接受实时竞价（Real Time Bidding，RTB），尝试将更多的预算投向 RTB。例如，宝洁公司 70%～75%的广告预算用于程序化购买、海尔集团则停止杂志硬广投放而选择数字广告营销渠道。

24.2.2　移动数据受到重视

移动互联网的数据可以分钟、甚至秒这样更小的时间单位收集，其规模潜力较固定互联网更为庞大。同时，移动互联网意味着消费者随时随地的使用模式，以及更为专一、更为精准、更有黏性的应用习惯，因此其产生的数据具有更大的价值潜力——用户所到之处，所做之事，都会留下数据轨迹。

为此，构建移动支撑网络的运营商在加大 4G 网络建设之时，也在大力发展其大数据研发。2014 年，中国移动成立了苏州研发中心，构建 3000～4000 人的研发团队和运营团队，以进一步完善云计算和大数据产品体系。中国电信则组织编制了大数据领域深化改革方案，明确要建立“统筹管理、两级运营”的大数据运营体系，中国电信市场部还组织开展了大数据 RTB 精准广告业务、景区流动人口监测业务等试点。中国联通构建了移动性洞察解决方案，从网络数据中提炼出有价值的信息，创造行业、政府新服务及新应用。上海联通通过已离网用户的时空数据分析需要优化的网络区域，结合 ROI 分析最需要优化的区域以及最需要关怀的频繁进入质差区域未离网高价值用户；在集客区重点识别客户来自哪里，以便考虑是否对所在的位置进行针对性的广告投放。

带有更多互联网基因的移动 App 则在大数据的应用上更面向用户。目前已有多款 App 拥有接近上亿活跃用户，如微信、手机淘宝、手机百度、微博、高德地图及墨迹天气等，这些 App 或多或少都在对用户数据进行分析整理的基础上提取有效信息，成为 App 大数据应用的先行者。例如，快的打车通过软件实现对用户打车习惯、打车路径等数据的积累，进而分析，再叠加地图服务、生活信息服务等内容，实现智能服务模式，增加客户黏性。

移动互联网大数据应用较固定互联网更为复杂。如何在移动环境下更正确、有效、恰当地获得用户数据，如何实现不同 App、平台间的用户数据打通，如何保护用户的个人信息安全及隐私等问题，在移动互联网环境下将面临更为艰巨的挑战。

24.2.3 娱乐产业融合数据

2014 年，国内影视、娱乐行业广泛探讨如何利用互联网大数据为影视娱乐产业服务，相关动作频频出现。2014 年，一些制作以网络为平台，采集受众的意愿，在制作过程中即最大可能地迎合市场，内容的生产者和消费者呈现合一趋势。例如，《爸爸去哪儿》、《老男孩之猛龙过江》、《小时代 3》等，都借助对观众的大数据分析，在制作中进行相应设计。“大数据”分析可以运用到电影产业的剧本选择、拍摄、营销、商业植入等各个环节。但对中国影视、娱乐行业来说，仍较多地停留在营销环节，大数据的潜力还远未得到充分利用。

24.2.4 政务数据提升管理

大数据使政府部门能够更加科学地制定政策，更高效、合理地进行公共事务管理，实现精细化资源配置和宏观调控。中国政府在 2012 年批复了《“十二五”国家政务信息化建设工程规划》，提出构建完整统一的国家电子政务网络，并深化国家基础信息资源开发利用，形成人口、法人、空间、宏观经济和文化五大资源库的五大建设工程。

大数据为决策的科学性提供了重要的技术基础。例如，上海形成中国最大的亿联共享系统，建成了覆盖千万级城市构建的社区管理网络化平台，通过交通综合信息平台，遍布全市的交流浏览感知数据得以在情报板、网站、导航设备等终端共享。再如，一些地区建立的数字城管网络体系延伸到了城市的每个镇街，通过在重点区域、窗口地带设立监控探头，搭建覆盖建设、交通、综治、应急指挥、安全生产、环境保护和社会服务等各方面的综合型城市管理平台，实现城市管理的动态化和全覆盖。

政务部门的数据开放、分享日益受到重视。在国家层面上，国家统计局与阿里巴巴、百度、58 同城等 11 家企业签署《大数据战略合作框架协议》，利用企业数据补充完善政府统计数据，并一起探讨建立大数据应用的统计标准。在地方层面上，广东、北京、上海等地积极探索政府部门数据的对外开放，鼓励社会对其进行加工运用。上海市 2014 年确定重点开放领域达 190 项数据内容，涵盖 28 个市级部门，涉及公共安全、公共服务、交通服务、教育科技、产业发展、金融服务、能源环境、健康卫生、文化娱乐等 11 个领域。在北京市政务数据资源网上，北京市教委、科委、公安局、民政局、司法局、国土局、环保局等部门公布了 307 个数据包，覆盖旅游住宿、交通服务、餐饮美食、医疗健康、文体娱乐、消费购物、生活安全、宗教信仰、教育科研、社会保障、劳动就业、生活服务、政府机构与社会团体、环境与资源保护、企业服务、农业农村等主题。

24.3　发展趋势

24.3.1　数据共享进一步提升

丰富的数据源是大数据产业发展的前提，不打通的数据毫无意义。如果数据不能实现互通和共享，那么所谓的“大数据”在某种意义上会越用越小。数据应用的前提是数据开放，我国数字化的数据资源总量仍然有限，同时，我国政府、企业和行业信息化系统建设缺少统一规划和科学论证，系统之间缺乏统一的标准，形成了众多“信息孤岛”，而且受行政垄断和商业利益所限，数据开放程度较低，导致全社会数据信息的不完整或重复投资，给数据利用造成极大障碍。

建立良性发展的数据共享生态系统，是大数据时代不得不行的前进之路。正如全球知名的咨询公司埃森哲报告里曾指出，Web 2.0 时代，企业内部数据的权重要远远超过外部数据；但是当 Web 3.0 时代到来时，数据就会真正流通起来，企业外部数据的权重会越来越高。而中国计算机学会专家委员会更指出：大数据时代有两点非常有利于中国信息产业的发展，第一点是大数据技术以开源技术为主，迄今为止没有形成技术垄断；第二点是中国的人口和经济规模决定了中国的数据资产规模全球最大。因此，政府、学界、产业界和资本市场应该通力合作，在确保国家数据安全的前提下，最大限度地开放数据资产，释放大数据的巨大价值。

24.3.2　数据技术进一步发展

（1）云计算成为大数据资源保障的平台：自 2009 年，资源的组织和调度方式已逐渐从跨域分布的网格计算向本地分布的云计算转变，这是因为大数据分析需要一个安全、稳定、可靠的审计环境。越来越多的公司开始跟云服务公司合作，希望得到一个能够横跨多个部门的云平台来支持公司的数据分析业务。随着云平台成本的降低，这个趋势将越发明显。

（2）开源系统成为主流技术：Hadoop、YARN、Spark、HBase、Kafka、OceanBase 等开源软件近年来发展十分迅速。例如，EMC、Microsoft、Intel、Teradata、Cisco 等众多巨头都加大了 Hadoop 方面的投入。在 Hadoop 普及的过程中，大数据将不会止步于云服务，而是部署于企业的云平台中和云服务有效结合，建立在 Hadoop 平台上的交互式应用程序将呈爆发式增长，其中包括 Web 应用、移动应用和社交应用，人们可以与之进行实时的交互。

（3）人工智能推动大数据从“看”到“用”：包括大数据与神经计算、深度学习、语义计算以及人工智能其他相关技术结合，成为大数据分析领域的热点。随着移动互联网、物联网进一步兴起，非结构化数据的规模将进一步几何级放大，靠人工建立数学模型去挖掘深藏其中的价值将极为困难。通过人工智能和机器学习技术分析大数据，被业界认为具有很好的前景。Google、IBM、微软、百度、阿里、腾讯对机器学习领域的投入越来越高，囊括了芯片设计、系统结构（异构计算）、软件系统、模型算法和深度应用各个方面。

（4）一体化融合的大数据处理平台成为趋势：内存计算将继续成为提高大数据处理性能的主要手段。以 Spark 为代表的内存计算逐步走向商用，并与 Hadoop 融合共存。大数据多样化处理模式与软硬件基础设施逐步夯实，大数据处理多样化模式将并存融合，形成一体化融合的大数据处理平台。

24.3.3 巨量数据源分析更有效

从大数据到极端海量数据，数据的体积、速度和类型将继续呈指数级增长，形成“数据洪流”。IEEE 表示，数据洪流并不只是 3 个 V 让大数据难以管理，数据科学家及行业所需简单工具也是个难题，许多行业（金融和保险公司营销、医疗和科学研究机构）无独立提取数据价值的能力。

大数据的范围界定困难，分布广泛，实时变化更新，不易确定采集范围；结构整理困难，数据结构混乱，不易整理成为“干净”的数据库；意义整理困难，对自更新知识库和自然语言处理要求很高；数据形式多样性趋势越来越显著，海量的文本信息的标签化处理难度越来越大。

海量数据时代，更需要数据管理和分析上新模式和实践。在“有”数据的基础上，需要建立统一的数据分类、标准化的管理，形成循环、全流程、可视化的数据系统，将以往庞杂、无序、非结构化的数据转化成海量、有序、结构化的数据，以不断挖掘出有价值的数据，将之转化为能应用的、有价值的数据。

24.3.4 用户信息安全更受重视

互联网无处不在，人们在互联网上的行为以数据形式留存，基于用户对隐私失守的担忧，对于信息安全的关注也成为大数据发展必须面对的重要课题。

大数据在采集过程中必定会涉及隐私数据的收集，用户产生的数据又会被存在云端或各个厂商的服务器上，如果保护不当会造成严重的后果。2014 年，总体网民中有 46.3%的网民遭遇过网络安全问题，其中，以电脑或手机中病毒或木马、账号或密码被盗情况最为严重，分别达到 24.7%和 25.9%。2014 年，出现了多起关于用户信息的“泄密门”。

数据安全的问题既有可能是服务商内部人员偷盗售卖，也有可能由于网络服务安全漏洞被利用，木马、钓鱼网站恶意盗取，黑客攻击等。在互联网技术高度发达的今天，几乎所有人都在使用各式各样的互联网服务，用户信息安全、隐私保护已成为大数据发展必须迈过的坎。为此，近两年，国家政府进一步强调信息安全，企业、用户对于信息安全问题也日益关注。

大数据产业发展要建立在用户信息安全、隐私保护基础之上，对于信息安全的恰当认知、适当约束也将是推动大数据产业发展的重要推力。一方面，过度强调大数据的商业应用而忽视大数据产业的隐私保护，会产生灾难性的后果；另一方面，过度强调隐私保护而滞后发展，则将错失大数据时代高速发展的机遇。

（缔元信网络数据高级分析师　樊咏梅）

第 25 章　2014 年其他行业网络服务发展情况

25.1　网络教育发展情况

25.1.1　市场动向

学历教育、职业教育和语言培训是市场规模高速增长的主要动力，占市场规模的 75%以上。随着在线教育用户群体的不断扩大，网络教育的市场规模还将有更大的发展，预计到 2017 年将达到 1733.9 亿元（见图 25.1）。

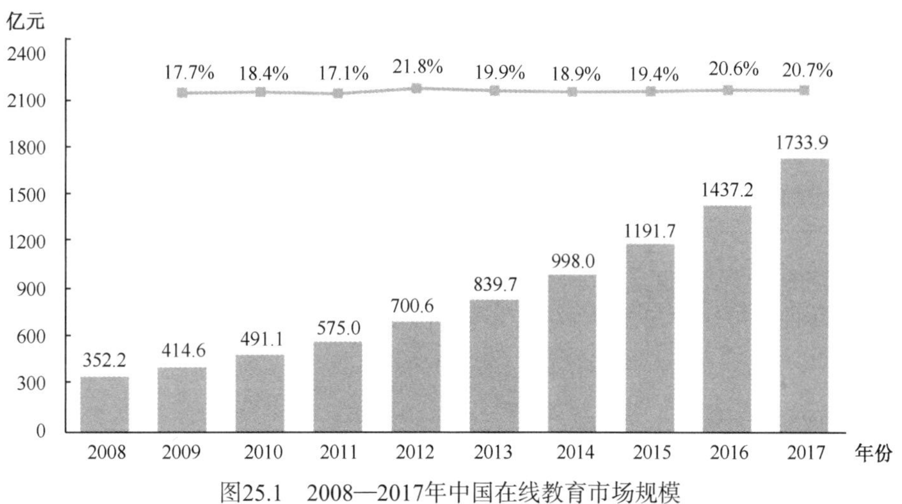

图25.1　2008—2017年中国在线教育市场规模

2014 年，我国网络教育市场仍是各方资本争相角逐的热点领域，投融资十分活跃。据《2013—2017 年中国网络教育行业市场前瞻与投资预测分析报告》显示（见图 25.2），网络教育投融资主要涉及外语教育、K12 教育、早期教育、IT 教育、出国留学、职业教育、平台类七类，合计投融资金额超过 44 亿元。据搜狐教育不完全统计，截至 2014 年 11 月，外语教育类投融资案例为 11 例，投资总额超过 20.48 亿元；K12 教育类投融资案例为 12 例，投资总额超过 4.69 亿元；早期教育类投融资案例为 4 例，投资总额超过 3 亿元；IT 教育类投融资案例为 6 例，投资总额超过 4.44 亿元；职业教育类投融资案例为 7 例，投资总额超过 9.26 亿元；出国留学类投融资案例为 4 例，投资总额超过 0.66 亿元；平台类案例为 4 例，投资总额超过 2 亿元。

2014年国内在线教育融资数据统计表（截至2014年11月）					
教育机构	投资机构	投资额度	投资轮次	投资时间	投资方向
宝宝树	好未来	1.5亿元	C轮融资	2014年2月	早期教育
开课吧（慧科教育）	复星昆仲资本	2000万美元	A轮融资	2014年2月	IT教育
TutorGroup	阿里巴巴集团、新加坡投资公司淡马锡、启明创投	1亿美元	B轮融资	2014年2月	外语教育
一起作业网	老虎基金、DST	200万美元	C轮融资	2014年2月	K12教育
北风网	祥峰投资	数百万美元	A轮融资	2014年2月	职业教育
100教育	雷军	10亿元	创办	2014年2月	外语教育
正保远程教育	未知	1.2亿美元	增发	2014年2月	职业教育
学霸君	祥峰投资	500万美元	A轮融资	2014年2月	K12教育
学尔森集团	中信资本	超亿元	A轮融资	2014年3月	职业教育
真朴教育	银泰资本	千万美金	A轮融资	2014年3月	K12教育
乐易考	立思辰	2000万人民币	购买股权及增资	2014年3月	职业教育

来源：《2014 中国在线教育行业发展分析报告》。

图25.2　在线教育融资情况一览

据百度公司统计数据显示，首先，网民对教育行业需求持续上涨，总体增长 15%，移动端更实现同比 54%的大幅增长。其次，基于智能手机的移动端在线教育将加速增长。国泰君安在其所发布的《2014 年中国在线教育深度研究分析报告》中提出，国内在线教育市场空间巨大，随着 4G 资费下降和智能手机的普及，以及盈利模式的创新，在线教育尤其是移动端在线教育将加速增长。以语言类学习为例，直播互动可以实现直接有效的交流，能让外语回归到语言工具，而不仅局限于课程的讲解、语法和单词的重复。据预测，在 4G 资费下降到一定程度后，再加上智能手机的进一步普及，移动端在线教育会突破拐点呈现爆发式增长。最后，在线教育将对传统体制内教育造成更大的冲击，新技术将得到普及，并深刻嵌入传统教育体系。

25.1.2　网站情况

网络教育网站按照业务领域可以细分为分类信息与门户服务、语言教育类、考试考证培训等。具体而言，2014 年各业务领域比较有代表性的网站如下：分类信息与门户服务——中国考研网、教育在线、厚学网、淘课网等；语言教育类——91 外教、沪江网校等；K12 阶段教育——学而思网校、一起作业等；考试考证培训——嗨学网等；技能提升和成人学习——网易公开课、邢帅网络学院、天下网校等；公务员考试与出国咨询——华图网校等；儿童兴趣培养与早教——61 时光网、宝宝巴士等；营销与推荐服务——决胜网、360 教育等；在线学习工具——海词、拓词、有道翻译等。

25.1.3 用户情况

中国互联网调查社区数据显示，被调查者中，66.95%的用户愿意或者考虑过接受网络教育。其中，19.09%的被调查者困于找不到合适的网络教育途径；37.05%的被调查愿意接受免费形式，收费则看价格；10.81%的被调查者犹豫不定，综合考虑因素较多。

调查数据显示，大学本科学历网民群体接受免费网络教育的意愿最高。从严峻的就业形势看，工程、金融、语言、管理等符合社会就业需求的专业知识课程是进入职场的学位学历门槛，从业资格、语言等非大学课程的认证考试成为职场竞争的筹码。另外，在职学历教育需求促使这一群体较高的接受意愿。网络教育中的职业认证、在职学历更具有服务特色，量身定做“选—学—测—考”学习模式的服务，有助于吸引迷茫的用户、留住成熟的用户。

25.2 健康与医疗发展情况

25.2.1 市场动向

动脉网互联网医疗研究院发布的投融资统计数据显示，2014 年全国互联网医疗行业融资事件 103 起，融资额达 141790.09 万美元。2014 年互联网医疗融资风风火火：天使轮融资 30 起，融资额 969.91 万美元；A 轮融资 48 起，融资额 20997.38 万美元；B 轮融资 10 起，融资额 14027.5 万美元；C 轮融资 10 起，融资额 68732.3 万美元；2014 年 8 月，春雨医生 C 轮融资 5000 万美元；同年 9 月，丁香园获得腾讯 7000 万美元战略投资，趣医网获得弘晖资本、软银两家知名投资基金千万美元 A 轮融资。

如图 25.3 所示，我国互联网医疗市场规模及结构仍处于迅速发展时期。随着智能手机的普及、移动互联网的发展，移动电子商务已初具雏形。我国现阶段移动医疗 App 已达 2000 多款。这些移动终端操作系统的医疗类应用分为 5 种：医药产品电商应用，如提供药品介绍和购药服务的应用（掌上药店、用药助手、药品指南、1 号店等）；满足专业人士了解专业信息和查询医学参考资需求的应用，如医学时间、医学文献；满足寻医问诊的应用，如春雨医生、寻医问药等；预约挂号、导医生，如挂号管家、挂号助手等；细分功能产品，如测量心率的“心率区”等。易观智库《中国在线医疗市场专题研究报告 2014》数据显示，中国在线医疗市场目前正处于市场启动期，增速平稳，占互联网医疗市场份额逐年递增。

25.2.2 网站情况

根据 Alexa 数据显示，2014 年 12 月健康类网站月度日均覆盖数排名前三位的分别为 39 健康网、寻医问药网、飞华健康网。有问必答、新浪健康、闻康资讯网、好大夫在线、家庭医生在线、三九养生堂、丁香园网站月度日均覆盖数分列第四位至第十位（见图 25.4）。

Alexa 数据显示，2014 年 12 月大型药品保健类网站行业排名情况基本保持不变，壹药网综合实力继续大幅领跑医药网站领域，日均覆盖人数达 70.7 万人，位居第一；桔色网日均覆盖数 9.9 万人，位居第二；开心人网上药店日均覆盖数达 9.7 万人，位居第三（见图 25.5）。

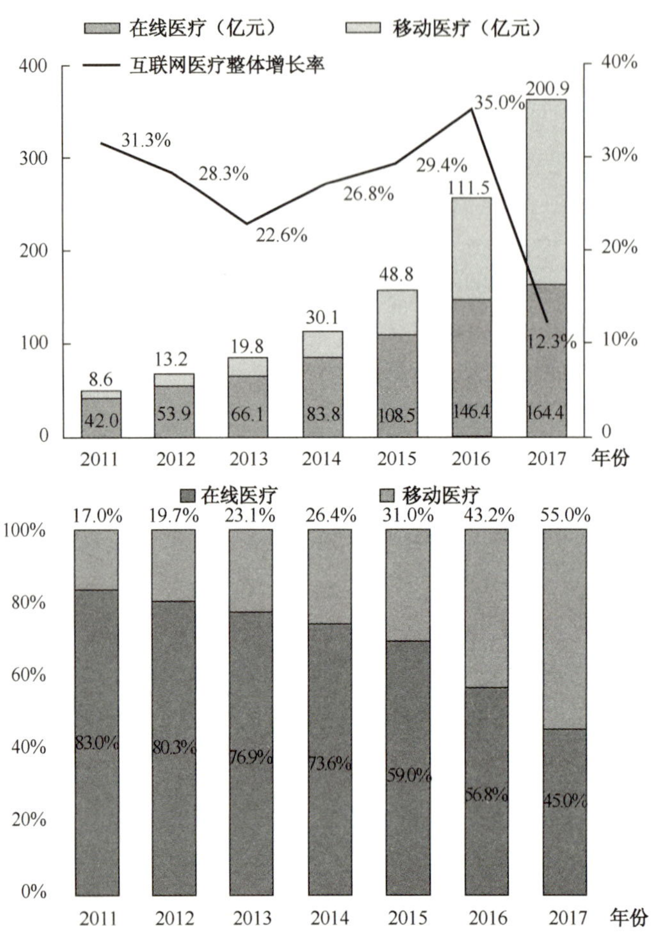

图25.3　2014—2017年中国互联网医疗市场规模及结构预测

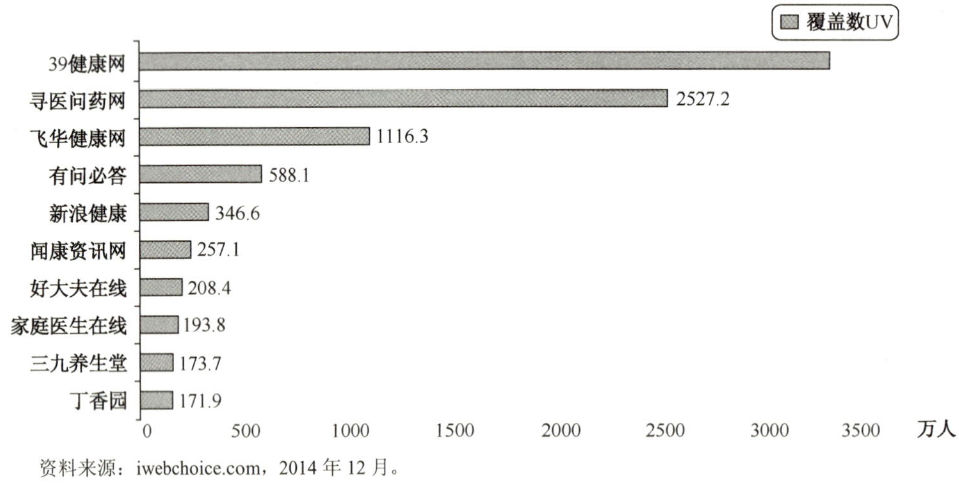

资料来源：iwebchoice.com，2014 年 12 月。

图25.4　2014年12月健康类综合月度日均覆盖数UV统计排名

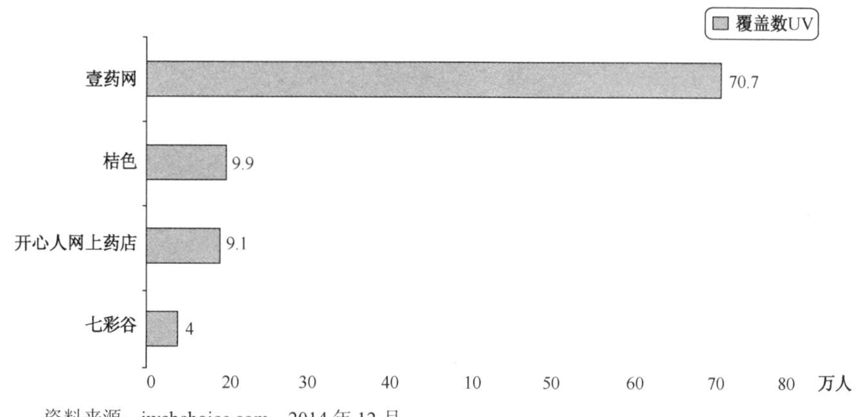

资料来源：iwebchoice.com，2014 年 12 月。

图25.5　2014年12月药品保健类综合月度日均覆盖数UV统计排名

25.2.3　用户情况

易观智库《中国在线医疗市场专题研究报告 2014》数据显示，我国在线医疗用户普及度处于培养期，医院拥挤成为患者使用在线医疗的主要原因。从用户性别看，男女比例基本平衡；从用户年龄看，使用者以年轻群体为主，其中 26～35 岁用户占比达到了 39.9%；从用户居住的区域看，一、二线城市用户占比较高；从用户收入水平看，月收入在 2000～6000 元的中低收入群体占比达 46.9%（见图 25.6）。

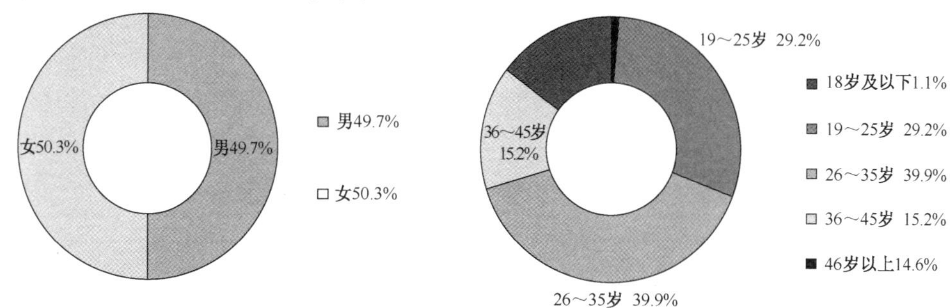

（a）2014年中国在线医疗用户性别分布比例　　（b）2014年中国在线医疗用户年龄分布比例

来源：易观智库。

图25.6　2014年中国在线医疗用户性别、年龄分布

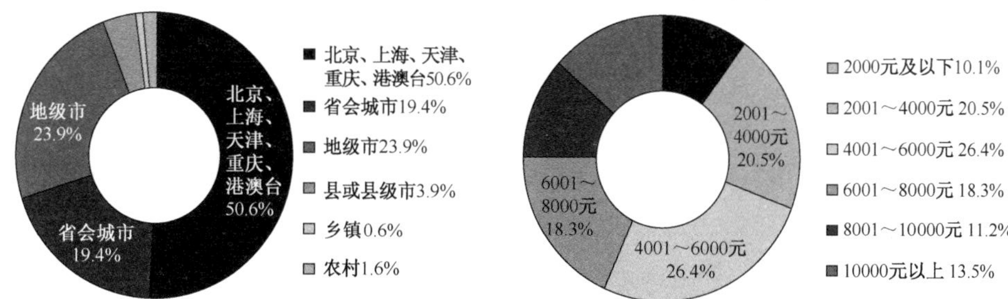

（a）2014年中国在线医疗用户地域分布比例　　（b）2014年中国在线医疗用户收入分布比例

来源：易观智库。

图25.7　2014年中国在线医疗用户地域、收入分布

25.3 房地产信息服务发展情况

25.3.1 市场动向

2014 年是房地产和互联网深度融合的一年，搜房网、新浪乐居等电商平台仍然占据着房产电商销售的主要市场份额，不过好屋中国、吉屋科技等新崛起的力量却对他们发起了强烈的挑战信号，更重要的是他们还将面临互联网巨头和地产大鳄的威胁。虽然尚未形成成熟的运营模式，从营销端口切入以 O2O 模式买房，似乎是房企目前能得到的最快、最直接产生效果的合作方式，万科、远洋、富力、保利、方兴、合生创展等多家房企 2014 年都开始积极地拥抱互联网，纷纷跨界试水“互联网营销大战”，马云对赌王健林、万科淘宝合作卖房、万达联手腾讯推销房产、百度成立 O2O 业务平台，房产电商的持续快速增长推动了房地产信息服务行业的发展。

2014 年还是最传统的房地产行业与最创新的移动互联网深度碰撞的一年。万达、百度、腾讯组成了强大的商业地产 O2O 电商平台，更是直接掀起了开发商涌入电商的序幕，房产电商 O2O 平台、租房 O2O 平台、短租 O2O 平台等不断涌入，蘑菇公寓、房多多等众多房产平台搅局 O2O，在移动互联网的布局也是效果明显，据中国电子商务研究中心监测数据显示，移动找房用户单次访问时间在 10 分钟以内的用户占到了 78%，移动找房用户平均访问房源数是 PC 找房用户的 2.7 倍。无论是万科的全民经纪人，还是以房多多为代表的地商模式发展，还是乐居不断推出的微信服务号、百度直达号等，2014 年度房地产行业无处不充斥着移动互联的影子。根据《互联网周刊》发布的《2014 年中国 App 分类排行榜》，搜房网房天下 App 目前覆盖了全国 300 多个主要城市，用户数超过 1000 万，位居生活类房地产 App 下载量排名第一位。

25.3.2 网站情况

房地产信息网站受到行业黄金期结束、供给饱和库存高企、价格下滑等负面因素影响，加上云计算、移动网络、大数据等新技术的影响，发展态势呈现以下几个方面：一是国家宏观调控政策逐渐收紧，随着中央和各地房产限购政策的落实，开发商的流动资金紧缺，投入房地产信息网站的资金受到影响；二是各房地产信息网站广告模式越来越难以吸引广告主，搜索、社交互动广告正在分食广告投入资金；三是移动互联网房产信息提供模式正在取代 PC 互联网成为新的入口，但通过移动互联网入口提供单一房产信息服务却无法形成商业模式；四是移动互联网时代，分类信息类高频应用辗压单独的房产信息等低频应用，利用大数据等技术手段了解消费者在不同时间的房屋需求，精准推送产品与服务成为发展方向，房地产信息服务网站提供找房、看房、交易、贷款等“一站式人居服务”颇具发展前景。

25.3.3 用户情况

数据显示，2014 年中国房地产信息网站月度覆盖人数总体呈季节性波动趋势。1～4 月房地产信息网站月度覆盖人数呈快速上升趋势，并在 4 月达到全年月度覆盖人数的峰值 4213.4 万人。6～8 月，随着高校毕业生租房需求升高，房地产信息网站月度覆盖人数又迎来一个小高峰，8 月网站月度覆盖人数达 3554.9 万人。总体而言，2014 年我国房地产信息网站的月度覆盖人数前高后低，并在下半年基本趋于平稳，月度平均覆盖人数在 3000 万人左右（见图 25.8）。

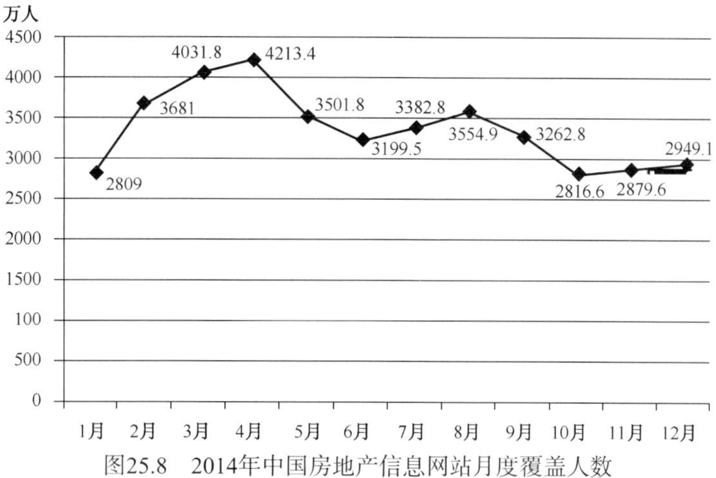

图25.8　2014年中国房地产信息网站月度覆盖人数

25.4　网络招聘发展情况

25.4.1　市场分析

2014 年，前程无忧、智联招聘、中华英才网等网络招聘巨头持续发展，网络招聘市场规模增长较快。在激烈的市场竞争之下，伴随着雇主、用户规模的双增长，综合招聘网站服务能力的提升以及对于细分市场的深度耕耘，移动招聘、社交招聘以及垂直招聘网站等创新业务模式基于整体网络招聘市场的强力增量支撑，加上互联网渗透率的进一步提升，基层求职市场将迎来爆发，网招聘市场未来几年依然看好。据统计，2013 年全年中国网络招聘市场营收规模预计达到 30.8 亿元，同比增长 15.2%，随着招聘网站的成熟，2014 年中国网络招聘市场营收规模达到 36.9 亿元，2015 年中国网络招聘市场营收为 44.3 亿元，2016 年中国网络招聘市场营收为 52.7 亿元（见图 25.9）。

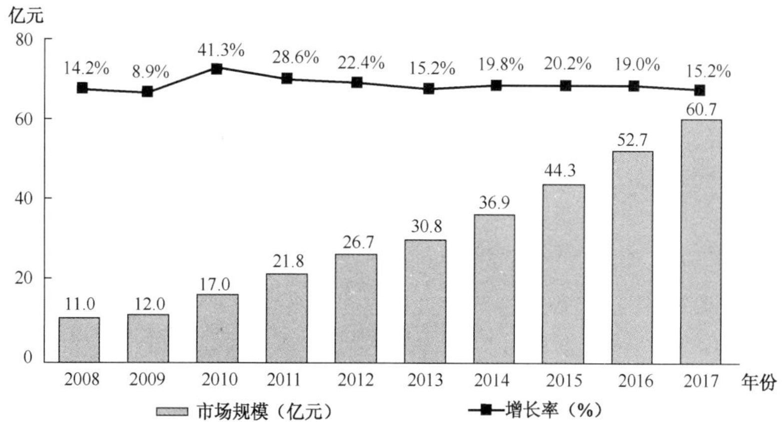

来源：艾瑞咨询。

图25.9　2008—2017年中国网络招聘市场营收规模

2014 年，综合类招聘网站持续发力，新业务拓展成果逐步显现，校园招聘、测评服务等发展迅速。移动招聘成为全新发展路径，继前程无忧推出手机 App 之后，在 2013—2014 年，各大网络招聘企业相继推出移动端产品。从全行业角度看，私密性、碎片化、移动数据是移动端相较于 PC 端的特殊优势；不过，移动端也存在着天然的劣势，从体验的角度看，偏小的屏幕、PC 端和 App 端同步的时间差异导致用户体验存在障碍；终端本身的局限性导致 PC 端首页的展示类招聘广告向移动端转移受到限制。不同类型的网络招聘企业对于移动端的核心诉求会有明显的差异，综合性招聘网站因其特殊展示形态，在工作时间和某些特定场合下，将提供比 PC 网站更为私密的求职空间，方便求职者利用碎片化时间进行职位的检索和简历的投递；商务社交网站核心经营指标是用户覆盖和黏性，移动端在发展社交产品、提升用户黏性、时效性和精准性方面具有天然优势；分类信息网站可通过移动终端覆盖广泛的蓝领和基层求职者，充分发挥无简历求职、直接电话应聘等特点。

2014 年，商务社交、信息分类网络招聘平台呈现挑战传统网络招聘形态。社交化是网络招聘发展的重要趋势，以“商务”为基础、以“社交”为基础，搭建出全新的社交招聘模式，国内典型代表企业是大街网、天际网；同时社交网站依托广泛的用户基础和数据积累，以“社交”为基础平台、“商务”为商业模块搭建出新型商务社交形态，前者优势在于“商务”的专业性，后者优势在于“社交”用户基础。社交化正在成为各网络招聘网站的重要工具，期待通过“大数据”和“社交”元素获得企业创新和发展空间。分类信息平台正在依托其广泛的用户基础、灵活的市场布局以及明确的市场定位快速布局网络招聘市场，国内典型代表企业是赶集网和 58 同城，其重点推出的版块核心定位于中小企业和基层蓝领求职者群体，弱化简历等特点更契合基层求职者的需求，伴随着小伟、民营经济的蓬勃发展，雇主对于蓝领、技术工人及基层求职者的招聘需求极其旺盛，市场发展空间广阔。

25.4.2 网站情况

2014 年，我国网络招聘网站呈现五大特点。一是前程无忧（51job）、智联招聘依然凭借品牌积累以及庞大信息量优势牢牢占据综合性招聘网站的前两位，应届毕业生求职网紧随其后，显示出网络招聘行业内针对某一特定群体的市场仍然有一定发展潜力。二是近两三年，垂直互联网领域招聘的拉勾网、引入职场吐槽的脉脉、专注于猎头的猎聘网等应用的兴起，在一定程度上解决了细分领域精确性不足的问题，有力冲击传统网络招聘市场，但仍未摆脱人才与需求的不匹配、盈利模式不清等问题。三是社交网站等形式的在线招聘市场任重道远。我国 2011 年涌现的一批领英模式效仿产品进军在线招聘市场，将用户的个人信息、职业发展、人脉等进行了全方位的展示，如大街网、天极网、优士网等。但“弱关系”前提下的职场社交对于中国用户接受度较低，所以社交招聘网站用户覆盖人数相对较低。且因产品局限性、对市场没有足够耐心以及对高端职场市场把握能力不足，成绩并不理想，未来仍需着力培养用户习惯。四是分类信息网站抢占中低端人才招聘市场。近年来，赶集网、58 同城等分类信息网站将重心转移到招聘。在赶集网的收入排名中，招聘、房产与分类服务占据前三，招聘类收入已经超过房产广告，赶集网瞄准的正是中基层人群，主要以鲜花店、餐饮店等微型企业或个人为主，招聘信息则主要是保安、销售、前台等。58 同城和赶集类似，都是定位中低端人才招聘。五是移动终端网络招聘前景可期。目前 PC 端还是网络招聘的主要领域，但随着移动互联网的迅速崛起、智能终端的普及和运营商对于移动端应用开发和运营的投入加大，移动端将会给网络招聘提供新的想象。

25.4.3　用户情况

数据显示，2014 年中国网络招聘网站月度覆盖人数总体上呈现前高后低的趋势，并且表现出较为明显的季节性特征。上半年网络招聘网站月度覆盖人数明显高于下半年的数据，用户月度覆盖人数最高点出现在 3 月，达到了 6486.7 万人。分析认为，每年春节前后为应届生招聘和在职人员“跳槽”的高峰期，网络招聘网站用户覆盖度和浏览量都随之升高；下半年网络招聘网站使用人数高峰集中在 7 月、8 月和 9 月，正是高校毕业生离开学校走向社会时期，随着 10 月以后求职招聘活动的减少，相关网站的用户覆盖度和浏览量也随之下降（见图 25.10）。

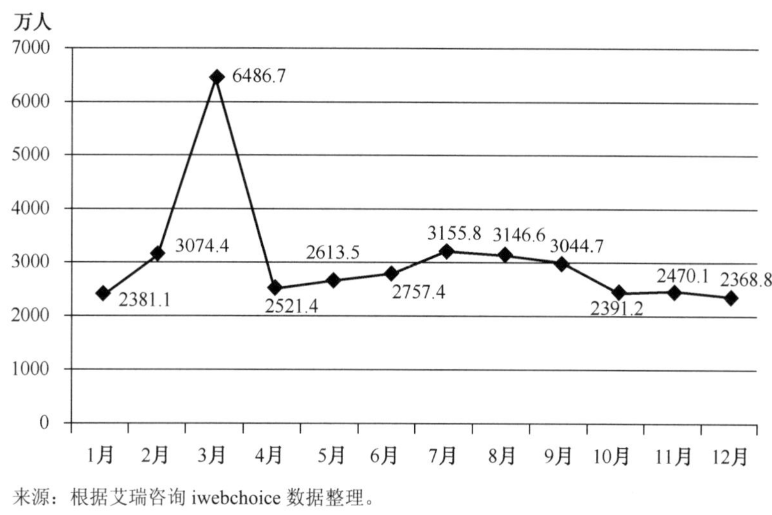

来源：根据艾瑞咨询 iwebchoice 数据整理。

图25.10　2014年中国网络招聘网站月度用户覆盖人数趋势

25.5　旅游/旅行信息服务发展情况

25.5.1　市场动向

艾瑞咨询数据显示（见图 25.11），2014 年中国在线旅游市场交易规模达 2772.9 亿元，比 2013 年增长 27.1%，占旅游业总收入的比重为 8.3%，比 2013 年提升 0.9 个百分点。2014 年中国在线旅游市场的稳定增长主要受机票、酒店、度假三大核心板块的利好发展驱动。从细分领域来看，机票是在线旅游市场中发展最成熟的领域，由于其基数较大，因此发展增速相对较慢；近两年国内休闲用途住宿需求逐渐释放，酒店市场持续火热，2014 年中国在线酒店市场增速升至 30.0%左右；度假是在线旅游行业中最热门、发展增速最快的板块，2014 年在线度假市场规模突破 400.0 亿元，增速保持在 40.0%以上。

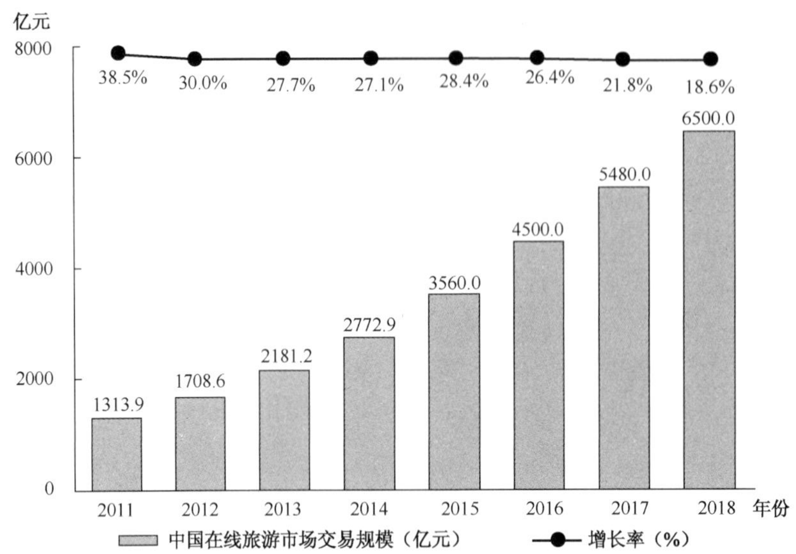

注释：1.在线旅游市场交易规模指在线旅游服务提供商通过在线或者Call Ceter预订并交易成功的机票、酒店、度假等旅行产品的价值总额；2.包括供应商的网络直销和第三方在线代理商的网络分销。

图25.11　2011—2018年中国在线旅游市场交易规模及增速

从营收层面来看，2014 年中国在线旅游 OTA 市场营收规模达 142.6 亿元，比上一年增长 25.6%。从市场竞争格局层面来看，2014 年 OTA 市场集中度进一步加大。根据艾瑞统计数据，2014 年携程总营收约为 77.5 亿元，占整体市场的份额为 54.3%，比 2013 年提升 4.3 个百分点；艺龙占比为 8.4%，位列第二；同程营收占比为 5.3%，排名第三位（见图 25.12）。分析认为，中国在线旅游 OTA 市场竞争愈加激烈，面对激烈的市场竞争，核心 OTA 企业或调整战略，对市场做出较快反应；或优化升级，在某一领域持续深耕。① 2014 年年初，携程调整了其两大主营业务，将传统酒店预订调整为包括酒店、客栈、旅馆等在内的大住宿预订

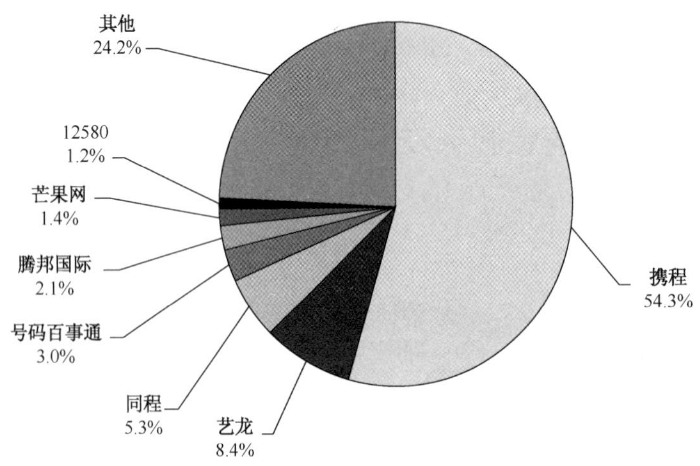

注释：1.营收规模指在线旅游OTA企业佣金营收规模总和；2.考虑到目前用户电话预订比例较高，故营收规模包括电话预订的营收，并包含号码百事通、12580等电信旗下企业相应的营收。
来源：根据企业公开财报、行业访谈及艾瑞统计预测模型估算，仅供参考。

图25.12　2014年中国在线旅游OTA市场份额（按营收规模）

业务，将机票、火车票预订调整为大交通服务；另外，近两年携程也加快投资步伐，版图扩张意图明显，相继投资酒店、短租、租车、度假、邮轮等多个领域，涉足产业链上下游。② 2014 年艺龙坚持在住宿领域深耕，截至 6 月，艺龙签约合作的国内酒店数量达 12 万家，国际酒店为 32.5 万家，前三个季度艺龙酒店预订共计 2476.4 万间夜。③ 2014 年同程先后获得来自腾讯、携程的两笔融资，市场动作不断，上半年掀起“1 元门票”价格战，年末高调宣布将加大出境游和邮轮市场投入，意欲分羹市场。④ 途牛将品牌建设、移动布局及区域拓展作为其 2014 年三大发展战略，从第二季度起途牛加大电视及网络渠道的品牌营销投入，并积极扩充旅游顾问团队，向二三线城市扩张，截至 2014 年年底，途牛在全国共发展了 75 个区域中心，而且二三线城市贡献的交易额已达 50.0%。

25.5.2　网站情况

根据艾瑞咨询监测数据（见图 25.13），针对我国在线旅游市场，途牛旅游网月平均访问次数为 1319.1 万次，比 2013 年同期增长 100.1%；携程与驴妈妈量级相近，月平均访次分别为 948.5 万次和 896.6 万次。分析认为，网站访次能在一定程度上反映出整体用户活跃度，途牛、携程度假、驴妈妈网站访问次数相对较高，表明 3 家企业用户活跃度较高。

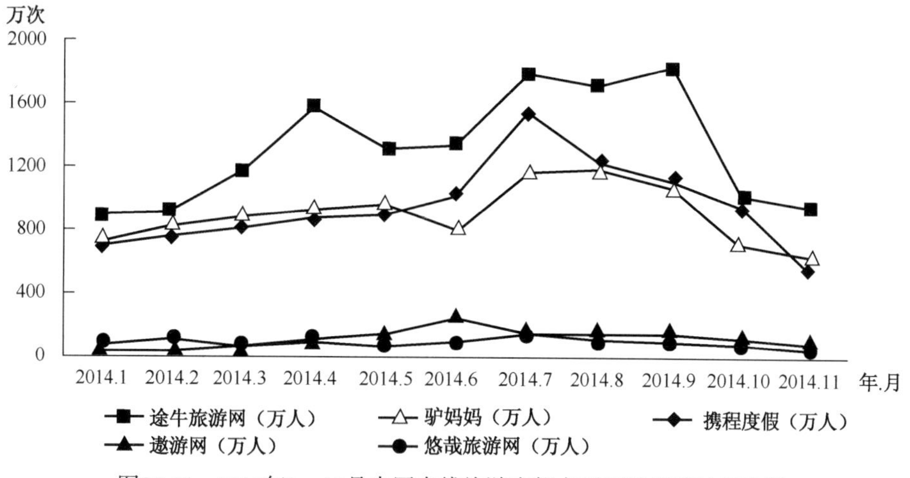

图25.13　2014年1～11月中国在线旅游度假主要网站月度访问次数

25.5.3　用户情况

在线旅游行业发展受明显的季节变化影响，但整体呈稳步上升趋势。根据艾瑞监测数据，2014 年中国在线旅游服务月度覆盖用户增长平稳，11 月覆盖人数达 1.2 亿人，比 2013 年同期增长 14.8%（见图 25.14）。

近两年，移动在线旅游高速发展，根据艾瑞咨询监测数据（见图 25.15），2014 年上半年中国移动在线旅游服务月度覆盖人数增速均在 100.0%以上。分析认为，移动互联网与在线旅游产品和服务的特质更加契合，移动时代的来临将为在线旅游提供新的发展契机，促使其保持高速发展。

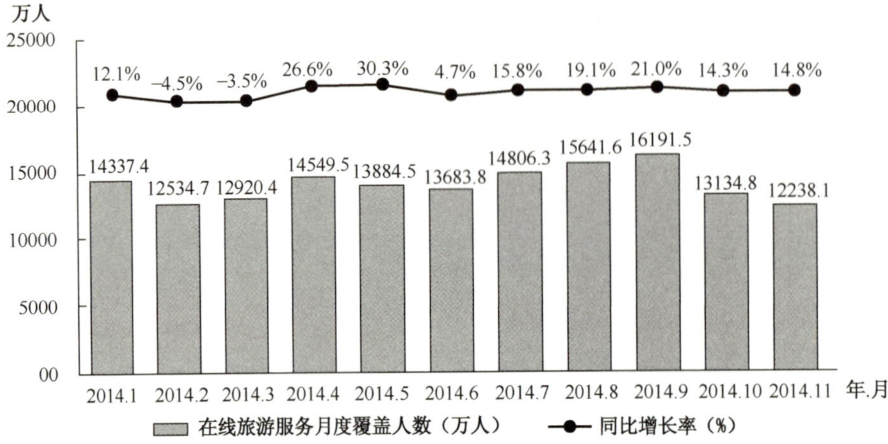

来源：iUserTracker。

图25.14　2014年1～11月中国在线旅游服务月度覆盖人数

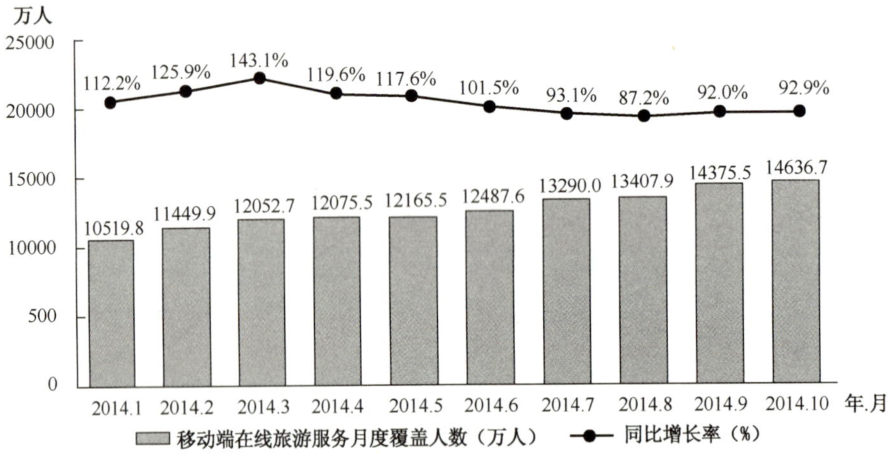

来源：mUserTracker。

图25.15　2014年1～11月中国移动在线旅游服务月度覆盖人数

25.6　婚恋交友信息服务发展情况

25.6.1　市场动向

根据艾瑞咨询统计，2014 年中国网络婚恋交友行业市场营收为 23 亿元，同比增长 13.7%（见图 25.16）。2010—2016 年的年度复合增长率为 31.8%。网络婚恋市场整体在线上和线下表现迥异，从线上来看，PC 端营收增长缓慢，移动端处于盈利模式探索与用户付费习惯培养的阶段；从线下看，核心企业积极布局线下服务，开设门店，红娘服务成为网络婚恋交友行业新的增长点。未来几年，随着移动端用户付费的提升，以及线下业务的增长，网络婚恋交友行业市场规模增速将有所提升。

2014 年，中国网络婚恋交友行业在整体婚恋市场中占比为 26.8%，预计到 2016 年网络婚恋交友市场规模在整体婚恋市场中的占比将超过 33.0%。网络婚恋企业在线下市场与移动端积极布局，逐渐侵蚀线下原有的婚介所等传统婚恋机构的市场规模，网络婚恋交友在整体婚恋市场中占比将逐渐提升（见图 25.17）。

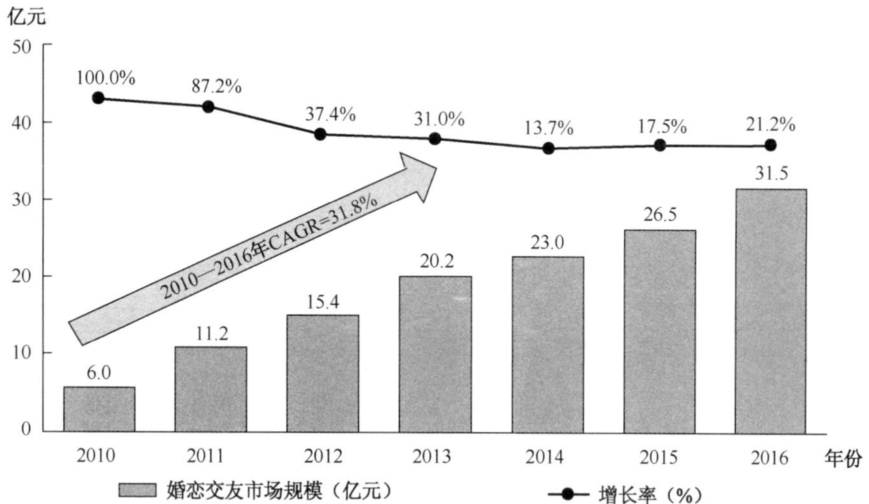

来源：综合企业财报及专家访谈、据艾瑞统计预测模型核算及预估。

图25.16　2010—2014年中国婚恋市场营收

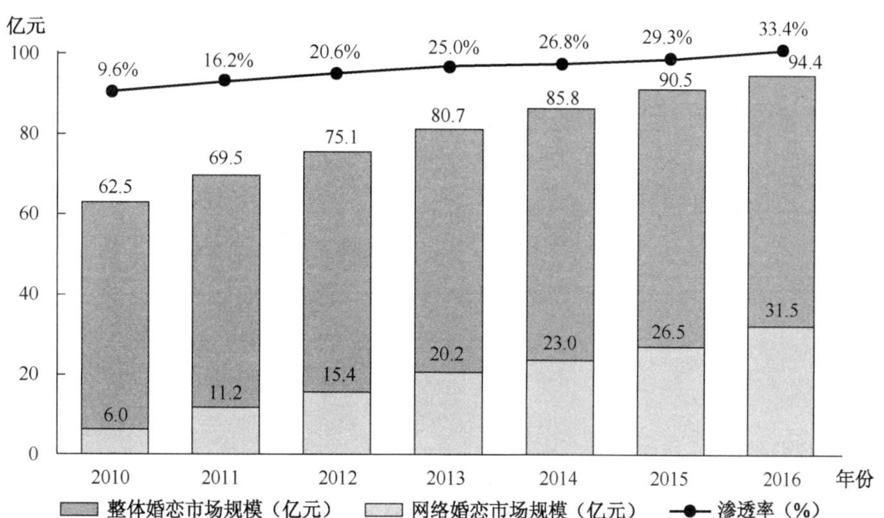

来源：综合企业财报及专家访谈，根据艾瑞统计预测模型核算及预估。

图25.17　2010—2016年中国整体婚恋与网络婚恋市场规模及预测

25.6.2　网站情况

根据艾瑞咨询 iUserTracker 监测数据显示（见图 25.18），2013 年 12 月至 2014 年 11 月，世纪佳缘在中国 PC 端婚恋交友网站日均覆盖人数中居首位，其余依次为网易花田&同城交友、百合网、珍爱网与有缘网。

2014 年 11 月，世纪佳缘 PC 端日均覆盖人数为 103 万人，用户规模大，且活跃度高。网易花田&同城交友与百合网用户活跃度较为接近。

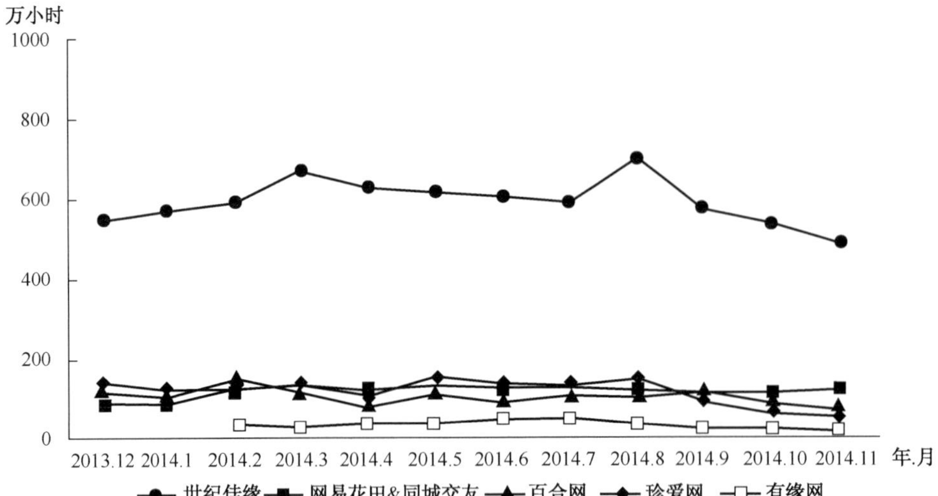

注释：1.网易旗下婚恋交友服务包括同城交友与网易花田；2.有缘网从 2014 年 2 月开始加入监测。

来源：iUserTracker。

图25.18　2013.12—2014.11 中国婚恋交友服务PC端月度浏览时长Top5

25.6.3 用户情况

婚恋网站用户的年龄主要分布在 22～34 岁；性别比例大致相当，男性略多于女性，约 3 个百分点；大学本科与大专为最主要的学历（见图 25.19）。

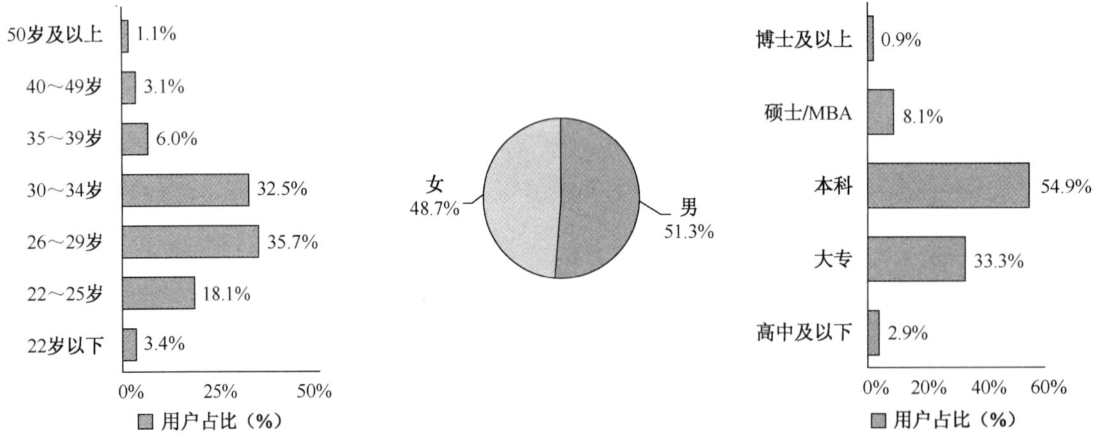

（a）2014年中国婚恋网站用户年龄分布　（b）2014年中国婚恋网站用户性别分布　（c）2014年中国婚恋网站用户学历分布

注：样本数量为 2102 个，于 2014 年 12 月通过艾瑞 iUserSurvey 对婚恋网站用户上网行为调研获得。

图25.19　2014年中国婚恋网站用户年龄、性别、学历分布

婚恋网站用户主要为企业一般管理人员、企业普通员工以及专业人士；月收入主要集中在 2000～14999 元，其中比例最高的是 5000～9999 元，该区间用户占比达到 57.5%（见图 25.20）。

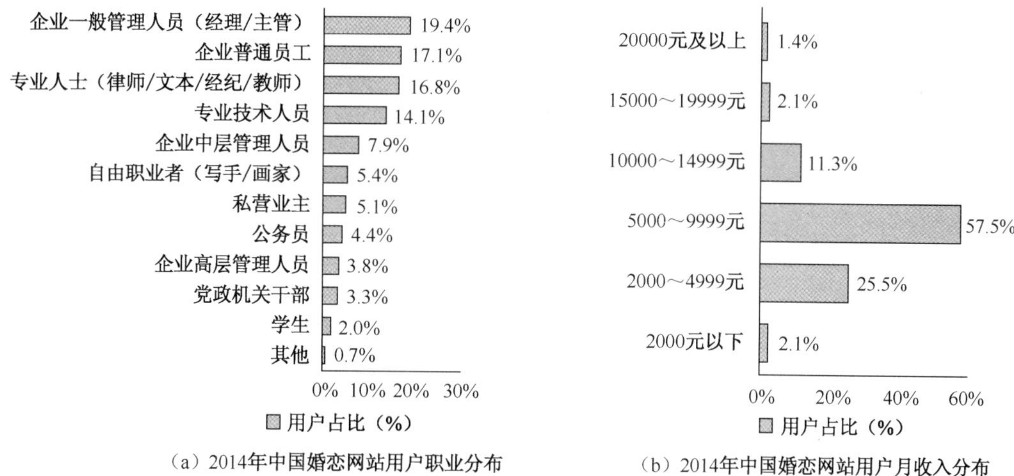

注：样本数量为 2102 个，于 2014 年 12 月通过艾瑞 iUserSurvey 对婚恋网站用户上网行为调研获得。

图25.20　2014年中国婚恋网站用户分布

25.7　母婴网络信息服务发展情况

25.7.1　市场动向

2014 年中国母婴行业市场规模达 1.65 万亿元，预计 2015 年将达到约 2 万亿元（见图 25.21）。据此分析，随着单独二胎政策的放开，新生儿迎来一个小高峰，我国母婴行业迎来黄金时代；另外，新生代父母的消费潜力大，消费意识与消费能力升级，二者共同促使母婴行业在接下来的五年将迎来一次爆发。

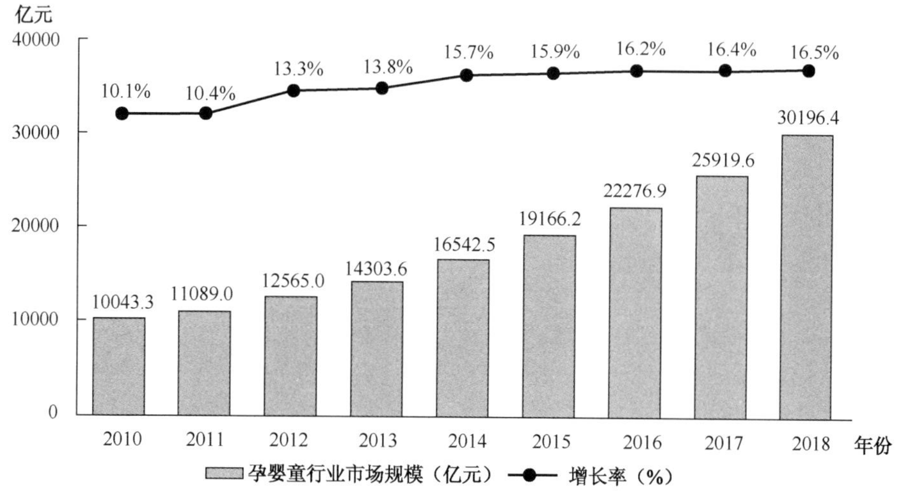

来源：艾瑞咨询。

图25.21　2010—2018年中国孕婴童行业市场规模及增长率

2013 年我国母婴用品线上渠道交易规模为 860.3 亿元，2014 年市场规模达 1317.9 亿元，预计 2017 年规模可达 2472 亿元，年复合增长率为 30%（见图 25.22）。母婴用品线上渠道交易规模保持快速增长，线上渠道渗透率进一步加深。

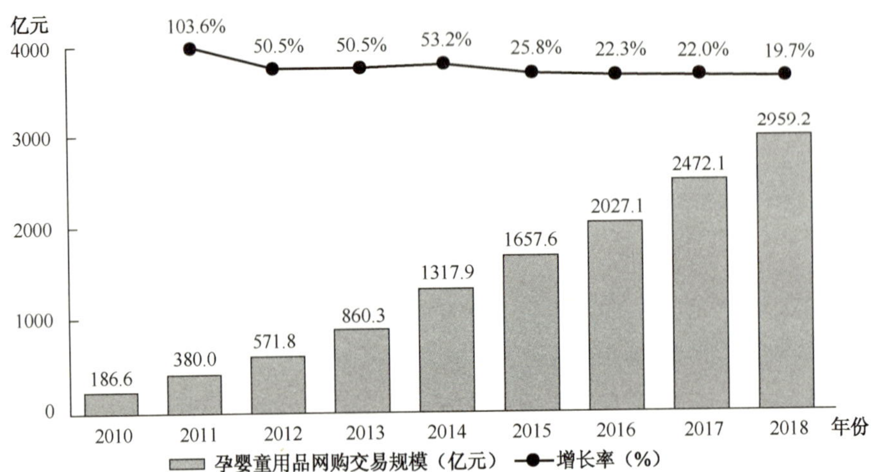

来源：艾瑞咨询。

图25.22　2010—2018年中国孕婴童用品网购交易规模及增长率

25.7.2　网站情况

整体而言，除传统孕婴童企业发展线上业务（如乐友官方商城等）和传统网络媒体母婴频道发展电商业务（如太平洋亲子）外，目前垂直母婴电商参与者主要有以下几类。

（1）垂直母婴或亲子类社区及生活服务类网站的电商业务，部分企业销售商品以特色产品为主，部分企业将电商作为主营业务，部分企业将会大力开拓电商业务，以宝宝树、妈妈网、摇篮网和育儿网等为代表。

（2）垂直母婴电商网站主要以常规销售和特卖两种，如以母婴之家、麦乐购为代表的常规销售为主（也有闪购业务）的母婴购物网站，如以贝贝网、蜜芽宝贝、唯一优品为代表的特卖的母婴购物网站，各家业务以自营或平台为主，特卖或商城为定位，企业差异化发展较为明显。

（3）移动互联网快速发展，且工具类 App 顺势发展。各 App 目前的变现模式依然还是以游戏、广告和电商为主，用户付费意愿依然不高。女性母婴类工具也开始加入电商尤其是导流/闪购业务，也成为垂直母婴市场中的参与者之一，如辣妈帮。

根据 Alexa 数据，2014 年 12 月母婴网站中摇篮网、妈妈网、宝宝树月度日均覆盖数名列前三甲。太平洋亲子网、育儿网、星宝宝教育网、亲亲宝宝网、中国育婴网、六一宝宝网、妈妈网—重庆月度日均覆盖数排名分列第四位至第十位（见图 25.23）。

25.7.3　用户情况

母婴网购用户女性占比略大于男性，从年龄分布看，25～35 岁人群占比超过 50%。女性用户集中度为 116，25～40 岁用户集中度为 133.6，其中 30～35 岁用户集中度达 154.1（见图 25.24）。

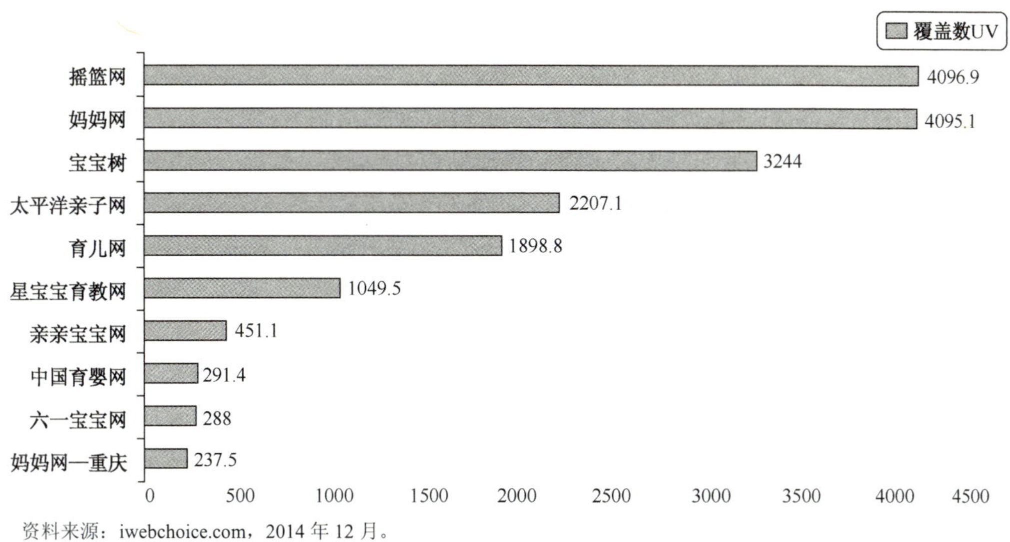

资料来源：iwebchoice.com，2014 年 12 月。

图25.23　2014年12月母婴类综合月度日均覆盖UV统计排名

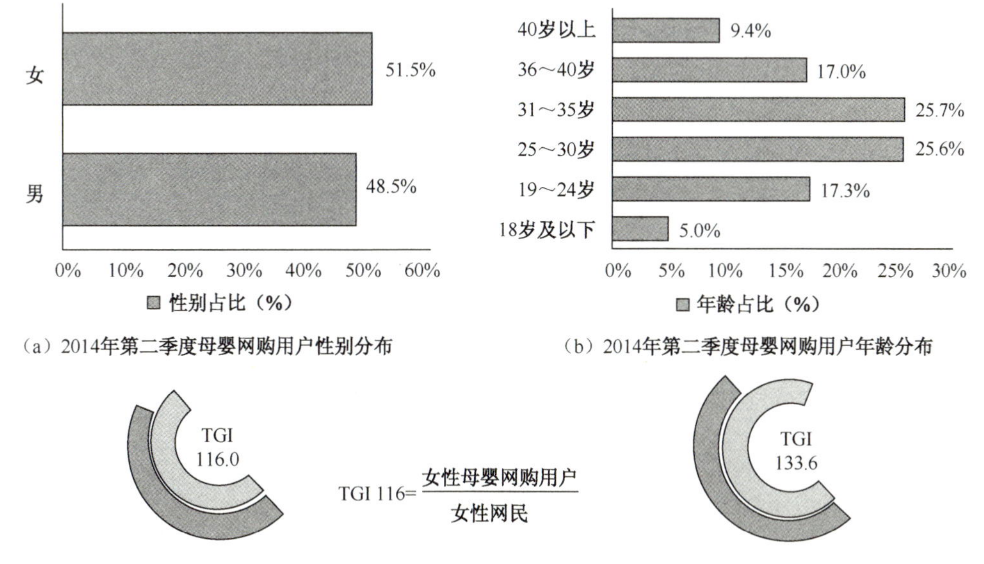

（a）2014年第二季度母婴网购用户性别分布　（b）2014年第二季度母婴网购用户年龄分布

（c）2014年第二季度女性母婴网购用户集中度　（d）2014年第二季度25～40岁母婴网购用户集中度

来源：艾瑞咨询。

图25.24　2014年第二季度母婴网购用户分布

从大区看，母婴网购用户以华东、华南和华北为主；从省市来看，广东、山东、江苏、浙江、北京、上海六省市母婴网购用户占比达 53%；从城市看，北京、上海、广州、深圳等一线城市仍是母婴网购用户覆盖人数较多的城市。从大区、省市和城市三个层级来看，母婴网购用户覆盖与当地的经济发展水平正相关（见图 25.25）。

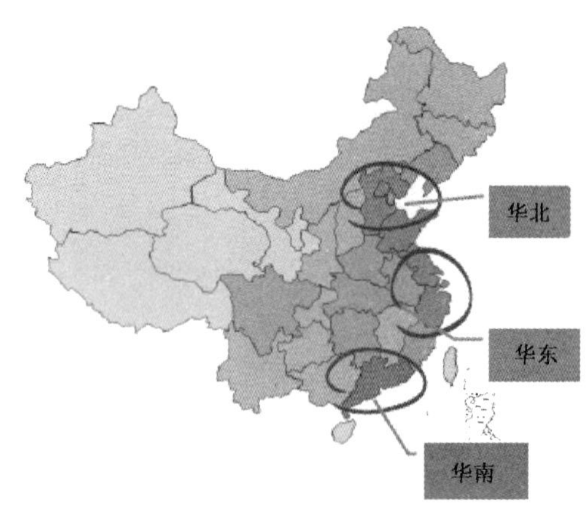

城市	覆盖人数占比（%）	排名
北京市	7.13%	1
上海市	6.79%	2
天津市	3.21%	3
广州市	2.73%	4
深圳市	2.25%	5
杭州市	1.94%	6
南京市	1.84%	7
苏州市	1.75%	8
宁波市	1.73%	9
济南市	1.64%	10

（a）2014年第二季度母婴网购用户区域覆盖情况　　（b）2014年第二季度母婴网购用户城市Top10

来源：艾瑞样本真实行为监测挖掘，数据区间为 2014 年第二季度。

图25.25　2014年第二季度母婴网购用户区域、城市分布

25.8　网络文学服务发展情况

25.8.1　市场动向

尽管对互联网全产业而言，网络文学的盘子并不大，但它的连年高速成长十分引人注目。2007 年，网络文学网站整体收入为 5000 万元；2014 年，保守估计网络文学网站整体收入突破 65 亿元。2014 年的网络文学市场貌似平静，实则暗潮涌动。盛大文学一家独大的情况，在这一年之中悄然改变，腾讯文学以其迅速的扩张展现了强大实力。腾讯在泛娱乐战略的指引下逐步将触角延伸至音乐、影视、文学、动漫、出版和周边制造等多个产业。此外，百度文学正式加入中国网络文学市场的战局。2014 年 11 月，百度文学正式成立。以打造完整产业链为前提，主打原创平台与分发平台。原创平台方面，百度文学以“纵横中文网”为核心，签约作者超过 1 万名，注册作者超过 40 万名，书库作品超过 16 万个；分发平台方面，百度文学拥有“百度书城”App 和页面站，以及“熊猫看书”等自有平台，在移动阅读市场表现抢眼。

2014 年网络文学界发生了两件大事：2014 年 4 月中旬至 11 月，公安等部门在全国范围内开展了打击网上淫秽色情信息的“扫黄打非·净网 2014”专项行动，行动中，“烟雨红尘小说网”、“翠微居小说网”等知名网络文学网站因涉嫌传播淫秽色情信息被依法取缔或关闭。纵观“净网行动”，虽然淘汰掉了一些网站和作者，但却给整个网络文学界带来了勃勃生机和希望。2014 年下半年“中央文艺工作座谈会”召开，网络作家周小平、花千芳与会。这两件事充分表明了网络文学的地位不断增强，网络文学正朝着规范、有序、健康的道路前进。

对于网络文学市场未来发展趋势，分析认为，文学类网站可能会走大型门户网站等的发展道路，将会在海外建立分站，向庞大的海外华文市场拓展；与影视机构进行深入合作，或者独立开发影视作品，拍摄以网络小说为剧本的影视作品，更大范围地占领文化市场；开发无线阅读平台，利用 3G、4G 无线通信技术将文学作品送到读者手上。按照网络文学现在的发展势头，如果再配以充分的市场挖掘，潜力不可限量。预计在 2015 年，网络文学整体市场规模将突破 70 亿元。

25.8.2　网站情况

根据艾瑞咨询推出的网民连续用户行为研究系统 iUserTracker 数据显示，2014 年 12 月，垂直文学网站日均覆盖人数 1074.1 万人。其中，起点中文网日均覆盖人数达 179 万人，网民到达率达 0.7%，位居第一位；晋江原创网日均覆盖人数达 133 万人，网民到达率达 0.5%，位居第二位；小木虫日均覆盖人数达 128 万人，网民到达率达 0.5%，位居第三位。17k、纵横中文网、中国散文网、潇湘书院、笔下文学、起点女生网、小说阅读网日均覆盖用户人数分列第四位至第十位（见图 25.26）。

排　名	网　站	日均覆盖人数 万人	日均网民到达率 %	排名变化
1	起点中文网	179	0.7%	→
2	晋江原创网	133	0.5%	↑
3	小木虫	128	0.5%	↓
4	17k	60	0.2%	→
5	纵横中文网	53	0.2%	→
6	中国散文网	49	0.2%	↑
7	潇湘书院	48	0.2%	↓
8	笔下文学	40	0.2%	↓
9	起点女生网	32	0.1%	→
10	小说阅读网	30	0.1%	→
注：日均网民到达率=该网站日均覆盖人数/所有网站总日均覆盖人数				
Source：iUserTracker.家庭办公版2014.12，基于对40万名家庭及办公（不含公共上网地点）样本网络行为的长期监测数据获得。				

图25.26　2014年12月垂直文学网站日均覆盖人数排名

艾瑞 iUserTracker 数据显示，2014 年 12 月，垂直文学网站有效浏览时间达 1.4 亿小时。其中，潇湘书院有效浏览时间达 1496 万小时，占总有效浏览时间达 10.7%，位居第一位；起点中文网有效浏览时间达 1382 万小时，占总有效浏览时间的 9.9%，位居第二位；我听评书网有效浏览时间达 1225 万小时，占总有效浏览时间的 8.8%，位居第三位。晋江原创网、零点看书、小木虫、17k、纵横中文网、起点女生网、就爱网有效浏览时间分列第四位至第十位（见图 25.27）。

排　名	网　站	月度有效浏览时间 万小时	月度有效浏览时间比例 %	排名变化
1	潇湘书院	1496	10.7%	→
2	起点中文网	1382	9.9%	→
3	我听评书网	1225	8.8%	→
4	晋江原创网	1047	7.5%	→
5	零售看书	505	3.6%	→
6	小木虫	328	2.4%	↑
7	17k	255	1.8%	↓
8	纵横中文网	228	1.6%	↓
9	起点女生网	206	1.5%	→
10	就爱网	200	1.4%	↓
注：月度有效浏览时间比例=该网站月度有效浏览时间/该类别所有网站总月度有效浏览时间				
Source：iUserTracker.家庭办公版2014.12，基于对40万名家庭及办公（不含公共上网地点）样本网络行为的长期监测数据获得。				

图25.27　2014年12月垂直文学网站有效浏览时间排名

25.8.3 用户情况

据第 35 次《中国互联网络发展状况统计报告》统计，截至 2014 年 12 月，我国网络文学用户规模为 2.94 亿人，较 2013 年年底增长 1944 万人，年增长率为 7.1%。网络文学使用率为 45.3%，较 2013 年年底增长了 0.9 个百分点（见图 25.28）。

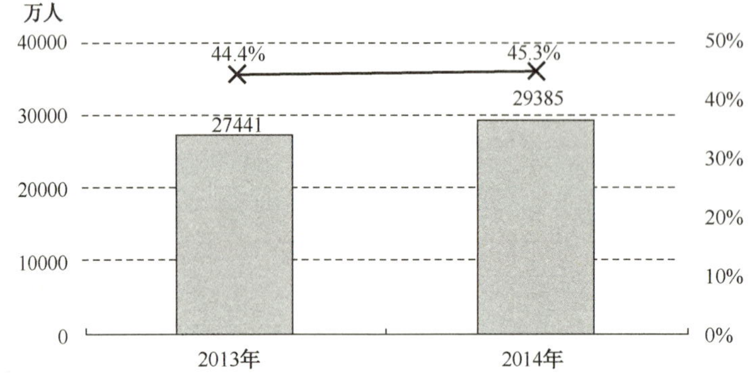

来源：CNNIC 中国互联网发展状况统计调查，2014，12。

图25.28 2013—2014年网络文学用户规模及使用率

2014 年 11 月，百度数据研究中心发布了《网络文学行业白皮书》。根据白皮书发布的数据显示，网络文学用户需求向移动端移动明显，移动端搜索指数占比超过 80%并持续增加。从具体消费内容来看，无论是 PC 端还是移动端，接近或者超过 60%的阅读量或搜索量首先集中在玄幻类作品，其次占比比较大的是都市类和仙侠类作品。不同内容，其目标用户的年龄段是有差异的，如漫画类作品有近 50%的读者是在 19 岁以下，悬疑类作品有 40%的读者年龄在 19～29 岁，奇幻类和竞技类作品的读者有 60%集中在 30～39 岁。网络文学读者高中及以上学历占了将近 70%。从地域来看，超过一半的网络文学读者集中在四大城市，且东部沿海城市较多，一线城市里面广东网络文学搜索率达 18%，位居全国首位。

25.9 网络科普发展情况

25.9.1 国家高度重视科普信息化工作

2014 年 1 月 25 日，中共中央政治局委员、国家副主席李源潮在中国科协八届五次全委会议上指出，“要提高科普传播水平，加快推进科普信息化。推动科普信息化建设，对于普及科学知识、倡导科学方法、传播科学思想、弘扬科学精神，提高全民科学文化素质，引导广大公众理解科学、文明、健康的生活方式和建设创新型国家具有重大意义，是党和国家的一项重要战略举措”。2014 年，中国科学技术协会科学技术普及部组织实施了《全国网络科普现状专项调查》等六个网络科普课题的研究工作。2014 年 12 月，中国科协印发了《中国科协关于加强科普信息化建设的意见》的通知。该通知从科普信息化是推动科普创新发展的深刻变革等四个方面对科普信息化建设给出了具体的意见。刘延东副总理 2015 年 1 月 28 日在听取《全民科学素质行动计划纲要》实施情况汇报时的讲话指出，“总书记强调，现在群众都在网上。能不能有效利用互联网，在很大程度上已经成为决定科普工作能不能跟上时代步伐、实现跨越发展的首要因素。”利用互联网传播科普信息已经成为科普传播的重要渠道之一。为推进科普信息化建设，中国科协拟于 2015 年开始，会同社会各方面大力推动实施科普信息化建设工程。根据政府采购和招标投标的有关规定，项目将采用公开招标方式开展，相关内容已在中国政府采购网发布招标公告。

25.9.2　网站情况

《中国科普统计》数据显示，2013 年我国科普网站数量增至 2430 个。中国科协科普部委托北京市科学技术情报研究承担了《全国网络科普现状专项调查》项目，该项目组通过人工识别和软件自动提取的方式获得全国科普网站 1577 个，包含地方科协、学会、政府部门和中央事业单位、中科院及其他部分教育科研、科技场馆、企业和个人、新闻门户、报纸杂志在内的所有科普网站。各级政府、教育科研机构建设的科普网站发展较快，新闻和商业门户网站的科技频道明显增加，企业建设的科普网站稳步增长，科协系统建设的科普网站平稳发展，科普网站技术应用水平不断提高，提供多样化的网络科普信息服务。目前，在我国科普网站中，涌现出以中国数字科技馆、中国公众科技网、中国科普博览、化石网、北京科技之窗、苏州科技之窗、新浪科学探索、人民网科技频道、网易探索频道、科学松鼠会等为代表的一批特色科普网站，在我国科普网站的发展当中起到了示范作用。2014 年，中国数字科技馆网站日均页面浏览量近 228 万人，Alexa 国内网站排名从年初的 2000 多名上升并稳定在 200 余名，位居国内科普网站前列；网站资源总量 9.014TB；官方资源总量 8.032TB；网站注册用户总数 881839 人；青稞周刊订阅总人数 757889 人。（摘自《十三五”科普基础设施发展规划专题研究总报告》）

25.9.3　用户情况

目前，网络科普使用频率越来越高。调查发现，网络科普使用频率和停留时间在网络科普使用频率方面，约 70%的被调查受众表示他们每周都从网络上获取科普信息，其中约 6%的受众表示几乎每天都在使用网络科普。在网络科普使用者停留网页时间方面，约一半被调查受众表示他们停留的时间在 30 分钟以下，只有约 5%的受众表示他们每次停留的时间超过 2 小时。这显示出受众对网络科普的“黏腻”程度不高。调查显示，吸引受众长时间停留的科普内容主要是科普游戏、电影和视频。

调查显示，受众在获取网络科普信息上有围绕生活实用服务的目的指向性，他们关注的主要是与生活关系密切的青少年科普（自然科学、工程技术）、生活常识、医学保健、节能环保、食品安全和公共安全等领域。他们实际使用的和期望的网络科普呈现形式存在较大差别。他们比较感兴趣的网络科普形式是运用多媒体技术视频、音频、Flash 动画、虚拟博物馆、科技馆和体现交互性的各种科学论坛。

调查显示，受众对网络科普信息的信任度和网络科普使用的满意度呈“中等”状态，一半左右的人处在“中度信任”和“中度满意”状态。在“高度信任”、“高度满意”和“低度信任”、“低度满意”的受众比例均不高。受众普遍期待的网络科普应在内容、形式和易用性等方面都有所改进和创新。（摘自《信息社会发展对全民科学素质需求研究》）

（国家计算机网络应急技术处理协调中心　毕　涛
中国信息通信研究院　聂秀英）

第四篇

附录

2014 年中国互联网发展大事记

2014 年中国互联网产业发展综述

2014 年中国互联网政策法规

2014 年通信运营业统计公报

2014 年中国互联网发展状况分析报告

2014 年中国网民权益保护调查报告

附录A　2014年中国互联网发展大事记

一、中央网络安全和信息化领导小组成立，提出建设“网络强国”战略目标

2014年2月，中央网络安全和信息化领导小组宣告成立，中共中央总书记习近平亲自担任组长，显示出中国最高层在保障网络安全、维护国家利益、推动信息化发展的方面决心。在第一次小组会议上，习近平提出“没有网络安全，就没有国家安全；没有信息化，就没有现代化”、“建设网络强国的战略部署要与‘两个一百年’奋斗目标同步推进”等重要论断，深刻阐释了党中央关于加强网络安全和信息化工作的指导思想和方针路线，标志着中国这一网络大国正加速向网络强国挺进。

二、“净网2014”系列行动出重拳，依法治网常态化

2014年4月起，互联网管理部门相继组织开展“净网2014”、“剑网2014”、“打击新闻敲诈和假新闻”、“微信等即时通信工具治理”等专项行动，全面治理网络乱象。《最高人民法院关于审理利用信息网络侵害人身权益民事纠纷案件适用法律若干问题的规定》出台，网民权益得到法律保护；十八届四中全会通过《中共中央关于全面推进依法治国若干重大问题的决定》，明确互联网领域立法重点与立法方向，依法规范网络行为，依法治网正成为依法治国的重要基础工程。

三、中国迎来全功能接入国际互联网20周年，发展成就世界瞩目

2014年4月，中国互联网迎来全功能接入全球互联网20周年。目前，中国已建成全球最大的4G网络；拥有全球最大的用户规模，移动互联网用户总数达到8.7亿人；在全球十大互联网企业中，中国占有4席；2014年，电子商务步入一个新的发展阶段，交易额突破12万亿元。中国互联网发展站在新的起点上，成为世界互联网格局中的重要一极。

四、“宽带中国”战略加速实施落实，4G商用全力推进

2014年5月，工业和信息化部等14部委联合出台《关于实施“宽带中国”2014专项行动的意见》，“宽带中国”战略加速实施落实。39个城市（城市群）列为“宽带中国”示范城市（城市群），“宽带乡村”试点工程快速推进，宽带网络能力持续增强，宽带接入水平稳步提升。4G网络建设加速推进，用户总数预计达到9000万人，基站总数超过70万个，信息消费规模将达到2.8万亿元。

五、传统媒体和新兴媒体加速融合

2014年8月，中央全面深化改革领导小组第四次会议审议通过《关于推动传统媒体和新兴媒体融合发展的指导意见》，从发展战略的高度明确了媒体改革与发展的方向。坚持以先进技术为支撑、内容建设为根本、机制创新为动力、重点项目为抓手、队伍建设为基础，加快推动传统媒体和新兴媒体深度融合，成为传媒界的共识。实践中，传统媒体积极布局于微信及新闻客户端，进行“移动化”、“碎片化”、“矩阵化”传播，取得良好的传播效果，开辟了文化传播新阵地。

六、中国互联网企业全球化跃上新台阶

2014 年 9 月，阿里巴巴在美国纽约证券交易所上市，成为世界第二大互联网公司，引发全球聚焦。同年，新浪微博、聚美优品、京东等企业也先后赴美上市，掀起中国互联网企业海外上市热潮。中国互联网企业在价值创造、经营模式创新、行业格局改善等多个领域取得了长足进步。

七、搭台举办首届世界互联网大会，凝聚全球共识

2014 年 11 月，国家互联网信息办公室以“互联互通 共享共治”为主题的首届世界互联网大会在浙江乌镇成功举办，这是中国举办的规模最大、层次最高的世界级互联网大会，首次会集全球互联网领军人物共商发展大计。中国提出促进网络空间互联互通、尊重各国网络主权等 9 点倡议，成功为中国与世界互联互通和国际互联网共享共治搭建了平台。

八、网络和信息安全受到高度重视，安全管理多措并举

2014 年 11 月，中央网信办等部门联合举办首届国家网络安全宣传周活动，引导社会公众提高网络安全风险防范意识，共同维护网络安全。2014 年，信息泄露、木马病毒、网络侵权等安全问题再度给人们敲起了醒钟。“维护网络安全”首次列入政府工作报告；国务院授权国家互联网信息办公室负责全国互联网信息内容管理工作；工业和信息化部发布了《关于加强电信和互联网行业网络安全工作指导意见》；有关政府部门围绕网络强国建设的总体目标，坚持多措并举，从行政决策、技术保障及公益宣传等多方面合力推动我国网络和信息安全保障体系建设。

九、互联网上网服务行业管理政策调整，行业服务进入新常态

2014 年 11 月，文化部联合公安部、国家工商总局、工业和信息化部等部门对互联网上网服务行业管理政策进行了重大完善和调整，取消了总量控制等与市场发展不相适应的政策限制，为行业的发展营造公平竞争、优胜劣汰的市场环境，行业服务进入新常态。上网服务场所正在逐步成为适合不同消费群体，兼具信息服务、社交休闲、竞技娱乐、教育培训、远程咨询等功能，在公众文化生活中起引领作用的社区信息服务平台和多功能文化活动场所。

十、工业互联网时代到来，中国制造业加速转型

2014 年 12 月，工业和信息化部明确提出“要以智能制造为主攻方向，大力发展新一代信息技术、高端装备制造等新兴产业，全面提升制造业产品、装备、生产、管理和服务的智能化应用水平”，加快研究出台互联网与工业融合创新指导意见，绘制工业互联网发展路线图。国内大型工业企业和互联网企业共同推进中国制造业转型，新技术、新产品、新业态、新商业模式不断涌现，生产的网络化、智能化、绿色化特征日趋明显。中国互联网协会顺应态势，成立工业应用工作委员会、中小企业服务工作委员会、创新创业基地和产业互联网实践园区等，与政府、企业和社会共同推动互联网与工业融合创新发展，助力工业生产的网络化、智能化转变，不断推动产业合作、完善产业环境。

十一、大众创业创新潮涌起，成为繁荣经济发展新动力

2014年12月，国务院常务会议部署新政策推动大众创业、万众创新，互联网进一步成为大众创业、万众创新的新工具，掀起“大众创业”、“草根创业”的新浪潮，形成“万众创新”、“人人创新”的新态势。中国互联网协会主办的第13届中国互联网大会以“创造无限机会，打造新时代经济引擎”为主题，成功为发现和培育新的网络经济增长点、为创新创业搭建了平台。

十二、互联网金融百花齐放，普惠社会民生

2014年，互联网金融呈现出爆发式增长，以余额宝、理财通、支付宝、京东小银票为代表的互联网金融产品百花齐放，涉足银行、基金、票据、保险、证券等诸多金融业态。同时，互联网金融产品和服务创新加速，百姓理财需求更旺盛、渠道也更多元，业务规范化管理受到重视，市场竞争环境逐步走向理性。

（中国互联网协会　李　娟）

附录B　2014年中国互联网产业发展综述

2014年是中国全功能接入国际互联网20周年。20年来，互联网在我国迅速落地生根并不断发展壮大，逐渐成为提振经济发展、服务社会民生的新引擎。我国正在从网络大国向网络强国迈进，从消费型互联网向生产型互联网转型。2014年中国互联网产业健康可持续发展，呈现“新业态、深融合”态势，产业格局加速变革，产业链更加细分，业务应用日益丰富，商业模式不断创新。

当前，中国互联网产业呈现以下发展态势和特点。

一、移动互联网助推产业纵深发展

2014年移动通信网络持续稳健发展，移动智能终端快速普及，线上线下（O2O）应用体系不断创新，信息消费内涵丰富，新兴业态前景广阔。仅2014年第三季度，我国移动互联网市场规模达515.6亿元，同比增速93.4%[1]。移动互联网助推产业纵深发展，业务模式加速创新。

（一）移动通信网络演进发展

宽带中国战略顺利推进，惠民规模不断扩大。工业和信息化部、国家发展和改革委员会等14部门提出《关于实施“宽带中国”2014专项行动的意见》。“宽带中国”战略全面落地，宽带网络能力持续增强，宽带接入水平稳步提升，宽带惠民工程加速推进。截至10月9日，39个城市（城市群）列为2014年度“宽带中国”示范城市（城市群）。网络加速升级，民生服务水平逐步提升。

4G商用全力推进，整个产业链不断创新。截至2014年年底，中国移动已经建成全球最大的4G网络，4G基站70万个，用户数量超过8000万人。4G带动了我国应用、智能终端、操作系统和芯片等整个产业链条的创新和突破。

基础网络不断升级，带动虚拟运营商崛起。2014年共有42家企业获得虚拟运营商牌照。虚拟运营商的运营体系逐渐完善，业务范围涵盖传媒、商务应用、金融支付、终端渠道、通信行业和云计算等领域[2]。多数企业推出通信运营品牌，如阿里巴巴利用电商平台整合流量资源，京东打造互联网化的通信运营公司，助推虚拟运营商不断崛起。

无线Wi-Fi分类布局，商业模式初步形成。作为接入移动互联网的底层入口之一，用户

---

[1] 艾瑞咨询，2014Q3中国移动互联网市场规模报告。

[2] 艾瑞咨询，2014年中国虚拟运营商行业发展报告。

对 Wi-Fi 的依赖程度越来越强。与此同时，众多企业纷纷挖掘 Wi-Fi 的商业价值。个人 Wi-Fi 以硬件 Wi-Fi 和软件 Wi-Fi 分别布局；家庭 Wi-Fi 路由器逐步向智能化转型；商业 Wi-Fi 以免费 Wi-Fi+“广告媒体运营”模式进行布局；公共 Wi-Fi 围绕未来智慧城市发展，不少先行者正在积极布局公共 Wi-Fi 服务。

（二）线上线下（O2O）引领移动应用服务

O2O 商务应用全面拓展，产业价值凸显。2014 年，O2O 商务应用服务全面布局，在招聘、电影票、交通票务、旅游门票、打车代驾租车、餐饮、美容美体、汽车保养等领域热点不断，服务民生的应用体系逐步成熟，市场规模加速扩大。以移动网购为例，2014 年第三季度，中国移动网购市场交易规模达 2103.2 亿元，同比增长高达 238.7%。

大数据技术促使 O2O 商业服务更加精准。O2O 商家不断挖掘数据价值，为用户提供决策咨询服务，进行个性化推荐。同时，海量数据分析为商家开展会员管理、位置预定、客户点单、广告投放等服务提供便利，企业市场盈利空间广阔。

互联网公司纷纷布局 O2O。2014 年中国互联网领域融资不断，阿里巴巴收购美团、新浪微博、高德、投资银泰，形成“支付宝+微博+高德地图+淘点点+美团+聚划算”的 O2O 闭环网络；腾讯收购大众点评、入股京东，全力布局生活类 O2O，形成“微信+搜搜地图+大众点评”的移动电商生态圈；百度进行“糯米网+百度团购+百度地图”的商业布局。

（三）智能产品提升移动用户新体验

网络性能快速提升，我国成为智能终端生产消费大国。目前，4G 终端销售达 1 亿部，在售 4G 终端达到 664 款，其中千元 4G 智能手机占比为 65%。国产智能手机开始注重品牌创新，市场份额快速提升。2014 年第二季度，华为、联想、小米、酷派、中兴等 9 家中国手机制造商占据全球市场份额的 31.3%，超过韩国三星和 LG 所占的份额 30.1%[1]。

智能硬件从个性体验向场景互联演进。2014 年，智能硬件从面向个人可穿戴设备延伸到场景互联领域，智能产品范围进一步拓宽。运动健康类可穿戴设备成为市场热点，智能手表紧随其后，智能硬件领域加速细分。映趣、土曼等公司不断创新智能手表设计思路；小米、猎豹关注民生需求，推出智能空气净化器；百度推出“Baidu Eye”，对手势、语音进行识别，具有智能推送、视频、拍照、导航功能；360 家庭卫士、联想“看家宝”市场需求激增；搜狐、搜狗亲子互动类产品受到众多家庭欢迎。

互联网与传统产业结合催生智能硬件新业态。2014 年，可穿戴设备、互联网电视等领域软件、硬件结合产品出现在大众视野。移动互联网与传统产业结合催生智能硬件新业态。智能路由器、醛知道、空气盒子、智能烤箱、冰箱卫士、智能插座、智能门锁、智能洗衣机等硬件产品逐渐从概念化走向实用化，产业创新不断加速，家庭生活智能化成为热点话题。

二、电子商务促进资源优化配置

移动端市场潜力释放，服务领域不断细分。2014 年，移动电子商务发展迅速。截至 2014 年 6 月，中国移动电子商务市场交易规模达 2542 亿元，同比增长 378%[2]。2014 年下半年，仅“双十一”当天，淘宝购物来自移动端交易额高达 243 亿元。电子商务服务领域不断细分，

[1] 韩国全国经济人联合会，（FKI）2014年度第二季度报告。

[2] 中国电子商务研究中心（100EC.CN），2014年（上）中国电子商务市场数据监测报告。

上半年 B2B 电子商务占比为 76.9%；网络零售交易规模市场份额达到 18.5%；网络团购占比为 0.5%；其他占 4.1%[1]。

跨境电商业务成为亮点，多边资源优化配置。2014 年，跨境电子商务业务范围不断拓展，物流仓储、融资服务有效提升。顺丰"海购丰运"上线，为海淘用户提供转运服务；京东"网银在线"取得跨境电商业务准入证，开始资金融通服务。跨境电商企业分类维度多样，B2B 交易仍是主流。随着交易主体的变化，跨境交易订单趋向碎片化与小额化，B2C 交易占比出现一定的提升。"双十一"购物节，有 217 个国家和地区的网民参与其中，刷新全球网上零售记录。随着中欧 B2B 电子商务平台"鑫网易商"上线，互联网"鑫思路"搭建起联结中西方贸易的平台，促进多边资源优化配置。

网络购物诚信环境有效改善，网购服务质量明显提升。商务部、工业和信息化部、公安部、人民银行等九部门联合下发《关于进一步推进网络购物领域打击侵犯知识产权和制售假冒伪劣商品行动的通知》，大力打击网络售假行为，网络购物产品质量不断提升。国家工商总局联合中国互联网协会等单位积极推进网络购物 7 天无理由退货制度，网络购物诚信环境得到有效改善。海关总署发布《关于跨境贸易电子商务进出境货物、物品有关监管事宜的公告》，海淘交易行为逐步规范。网购服务质量明显提升，销售模式不断创新，个性化定制服务备受关注，货物配送服务高效，快递企业积极推出预约配送和当日送达等服务。

三、互联网金融服务模式不断创新

2014 年，第三方支付、P2P 网络借贷、众筹、互联网基金销售和互联网保险等热点不断涌现，移动互联网、大数据、云计算等新一代信息技术大幅拓宽金融生态边界。

互联网金融发展迅速，服务模式不断创新。2014 年，互联网金融对传统产业、用户和制度产生深远影响，消费金融市场快速增长。截至 2014 年 6 月，我国互联网支付用户总数达到 2.92 亿人，其中手机支付用户突破 2 亿人，半年内增长 63.4%[2]。上半年，P2P 网络借贷平台发展迅速，平台数量已达到 1263 家，半年成交金额接近 1000 亿元[3]。众筹网站回归理性，小额众筹仍然是主流。9 月，全国首批 5 家民营银行获得牌照，腾讯和阿里巴巴两家企业设立的民营银行深受关注。互联网企业积极开展小额贷款业务，逐步建立大数据信用体系，推出新的理财产品，如京东白条消费产品、天猫分期产品，不断创新金融服务模式。

传统金融向互联网转型，金融服务普惠民生。互联网技术和思维加速传统金融服务转型，银行、保险、证券、基金等领域纷纷向互联网转型。传统银行业务基本实现互联网化办理。线上旅游险、数据丢失险成为大众购买热点，互联网优化保险买卖流程。国金证券与腾讯合作推出互联网证券产品"佣金宝"，实现券商服务与用户信息高度聚合。互联网基金降低投资门槛，基金服务模式不断创新，大众理财需求逐步满足。

互联网金融业务规范管理，竞争逐步走向理性。互联网金融业务规范化管理意义重大。风险管理体系的核心是生态闭环与数据的规范化。3 月，央行下调第三方支付转账限额，暂停二维码支付业务和虚拟信用卡业务。自 4 月 1 日起，央行要求 8 家第三方支付企业在全国

---

[1] 中国电子商务研究中心（100EC.CN），2014年（上）中国电子商务市场数据监测报告。

[2] 中国互联网络信息中心（CNNIC），第 34 次中国互联网络发展状况统计报告。

[3] 中国互联网协会，中国互联网金融报告（2014），金融世界。

范围内停止接入新商户。为遏制 POS 机违规套现、违规套用低费率行业商户类别码，央行处罚了 4 家支付机构。互联网金融秩序逐步走向规范，市场竞争环境逐步走向理性。

四、产业互联网逐步形成新业态

工业与信息化融合加深，产业加速转型。2014 年，工业和信息化部继续推进信息化与工业化深度融合等多个专项行动。国内的一些大型工业企业和互联网企业共同推进中国制造业转型，新技术、新产品、新业态、新商业模式不断涌现，生产的网络化、智能化、绿色化特征日趋明显。目前，大众创新成为产业转型升级的加速器，网络平台对接全球研发资源促进产品创新，互联网经济正在从消费型向生产型转型，工业互联网时代已经开启。

技术应用日臻成熟，产业生态链逐步形成。互联网企业积极打造产业生态链，助推产业加速升级，其中京东建立家电统一控制与数据处理体系；阿里巴巴打造云服务、智能硬件、智能路由、家居生态圈；海尔成立 U+开放平台，积极打造涵盖芯片、模组、电控、厂商、开发者、投资者、电子商务、云服务平台和跨平台合作的生态系统。产业互联网发展基础进一步夯实，市场潜力巨大。

产业价值链多维度进化，生产性服务业前景广阔。2014 年，产业互联网在中国崭露头角，IC 元器件流通平台、煤炭供应链管理服务平台、钢铁现货交易平台逐步建立，产业价值链多维度进化。产业互联网在中国经济转型过程中改变的不仅仅是产业销售体系，还包括整个生产体系、流通体系、融资体系、交付体系。

五、传统媒体与新兴媒体融合发展

传统媒体拥抱互联网，媒体边界不断拓展。2014 年，媒体与互联网融合发展，呈现移动化、智能化、社交化的特点。年中“新华社发布”总客户端正式上线，当日单条稿件最高点击率超过 1130 万人次，页面浏览量超过 5000 万。人民日报移动客户端扩展到报、网、微博、微信、二维码、电子阅报栏、手机报、手机网、移动客户端、网络电视 10 种载体。中央电视台初步实现内容、渠道、平台、经营、管理等方面的深度融合；中央人民广播电台提出“网台一体、以网带台”的发展思路；光明日报成立“融媒体”中心。

互联网媒体迭代加速，技术助推信息智能化推送。新兴媒体促进经济社会发展，仅上半年，百度、新浪、网易、搜狐、腾讯 5 家的广告收入达 292.76 亿元，同比增长 54.12%。新浪微博业务正式登录纳斯达克，成为全球范围内首家上市的中文社交媒体。随着信息处理技术不断升级，智能推荐成为新兴媒体发展亮点。微信继门户网站、微博之后成为 Web 3.0 时代的代表，新兴媒体开创信息消费的分享时代。

网络媒体逐渐规范化发展，网络空间不断净化。国家互联网信息办公室、工业和信息化部、公安部等相关部门联合开展多次专项整治行动，提出建设为民、文明、诚信、法治、安全、创新的网络空间。全国各地相关部门积极推动党政机关、企事业单位和人民团体运用即时通信工具开展政务信息服务工作。为加强新闻网站编辑记者队伍建设，提高队伍整体素质，国家互联网信息办公室和国家新闻出版广电总局联合下发《关于在新闻网站核发新闻记者证的通知》，对新闻网站实施新闻记者证制度。

六、网络安全与诚信环境建设受到多方重视

网络安全上升为国家战略。2 月，中央网络安全和信息化领导小组成立，习近平总书记提出“没有网络安全就没有国家安全”。10 月，党的十八届四中全会全力推进网络空间法治化建设，网络安全迎来了新契机。首届世界互联网大会进一步促进了网络安全领域的国际合作。11 月，首届国家网络安全宣传周正式启动，以增强全民网络安全意识，帮助人们掌握维护网络安全的技能和方法，提升公众抵御和防范网上有害信息的能力。

网络空间诚信建设积极推进，社会信用体系逐步建立。社会信用体系建设是互联网经济与信息社会发展的基础工程。政府部门、行业组织、企业积极推进网络空间诚信建设。6 月，国务院印发《社会信用体系建设规划纲要（2014—2020 年）》，被称为“中国社会信用体系建设历程中的里程碑”。随后，由工业和信息化部、国家互联网信息办公室指导，中国互联网协会与人民网主办的“2014 中国互联网企业社会责任论坛”，深入探讨了互联网企业以诚信为视角的社会责任。7 月，国家发展和改革委员会、国家互联网信息办公室共同举办“网站诚信建设座谈会”，中国互联网协会联合 22 家重点网站向全国互联网业界和全体网民发出题为“打造诚信网络，建设信用中国”的倡议书，努力营造良好的网络空间诚信环境。互联网企业积极作为，如阿里巴巴建立“阿里诚信体系”、新浪网推出《新浪微博社区公约》，网络空间秩序逐步走向规范。

（中国互联网协会　李美燕）

附录 C　2014 年中国互联网政策法规

表 C.1　2014 年中国互联网相关政策法规列表

	名　称	类　别	牵头单位	发布时间	涉及领域	内容
1	中共中央关于全面推进依法治国若干重大问题的决定	政策决定	中共中央	2014/10/23	依法治网	节选
2	中华人民共和国商标法实施条例	行政法规	国务院	2014/4/29	知识产权	节选
3	网络交易管理办法	部门规章	工商总局	2014/1/26	电子商务	全文
4	网络零售第三方平台交易规则制定程序规定	部门规章	商务部	2014/12/1	电子商务	全文
5	最高人民法院关于审理利用信息网络侵害人身权益民事纠纷案件适用法律若干问题的规定	司法解释	最高法	2014/6/23	网民权益	全文
6	国务院关于印发注册资本登记制度改革方案的通知（国发〔2014〕7 号）	行政法规	国务院	2014/2/7	工商管理	节选
7	国务院关于推进文化创意和设计服务与相关产业融合发展的若干意见（国发〔2014〕10 号）	行政法规	国务院	2014/2/26	网络文化	节选
8	国务院办公厅关于印发 2014 年全国打击侵犯知识产权和制售假冒伪劣商品工作要点的通知（国办发〔2014〕13 号）	行政法规	国务院	2014/3/29	知识产权	节选
9	国务院批转发展改革委关于 2014 年深化经济体制改革重点任务意见的通知（国发〔2014〕18 号）	行政法规	发改委	2014/4/30	行政管理	节选
10	国务院关于印发社会信用体系建设规划纲要（2014—2020 年）的通知（国发〔2014〕21 号）	行政法规	国务院	2014/6/14	网络信用	节选
11	国务院关于取消和调整一批行政审批项目等事项的决定（国发〔2014〕27 号）	行政法规	国务院	2014/7/22	行政管理	节选
12	国务院关于加快发展生产性服务业促进产业结构调整升级的指导意见（国发〔2014〕26 号）	行政法规	国务院	2014/7/28	生产性服务业	节选
13	国务院关于授权国家互联网信息办公室负责互联网信息内容管理工作的通知（国发〔2014〕33 号）	行政法规	国务院	2014/8/26	行政管理	全文
14	国务院关于取消和调整一批行政审批项目等事项的决定（国发〔2014〕50 号）	行政法规	国务院	2014/10/23	行政管理	节选
15	国务院关于创新重点领域投融资机制鼓励社会投资的指导意见（国发〔2014〕60 号）	行政法规	国务院	2014/11/16	网络金融	节选
16	国务院办公厅关于加强政府网站信息内容建设的意见（国办发〔2014〕57 号）	行政法规	国务院	2014/11/17	电子政务	全文

续表

	名　　称	类　别	牵头单位	发布时间	涉及领域	内容
17	国家新闻出版广电总局关于进一步完善网络剧、微电影等网络视听节目管理的补充通知（新广电发〔2014〕2 号）	部门规章	国家新闻出版广电总局	2014/1/2	网络视频	全文
18	工业和信息化部 上海市人民政府关于中国（上海）自由贸易试验区进一步对外开放增值电信业务的意见	部门规章	工信部	2014/1/6	电信增值	全文
19	工业和信息化部办公厅 发展改革委办公厅关于开展创建“宽带中国”示范城市（城市群）工作的通知（工信厅联通〔2014〕5 号）	部门规章	工信部	2014/1/8	宽带网络	全文
20	关于进一步加强互联网地图安全监管工作的通知（国测图发〔2014〕2 号）	部门规章	国家地理测绘信息局	2014/2/11	网络安全	全文
21	关于开展打击网上淫秽色情信息专项行动的公告	部门规章	扫黄打非办	2014/4/13	网络治理	全文
22	工业和信息化部 公安部 工商总局关于印发打击治理移动互联网恶意程序专项行动工作方案的通知（工信部联保〔2014〕153 号）	部门规章	工信部	2014/4/15	网络治理	全文
23	关于进一步规范出版境外著作权人授权互联网游戏作品和电子游戏出版物申报材料的通知（新广出办函〔2014〕111 号）	部门规章	国家新闻出版广电总局办公厅	2014/4/18	知识产权	全文
24	关于实施“宽带中国”2014 专项行动的意见（工信部联通〔2014〕190 号）	部门规章	工业和信息化部	2014/4/30	宽带网络	全文
25	关于防范利用网络实施保险违法犯罪活动的通知（保监稽查〔2014〕73 号）	部门规章	中国保监会	2014/5/12	网络治理	全文
26	工业和信息化部开展加强网站备案管理专项行动	部门规章	工信部	2014/5/12	网络治理	全文
27	工商总局关于发布《网络交易平台经营者履行社会责任指引》的公告（工商市字〔2014〕106 号）	部门规章	工商总局	2014/5/28	电子商务	全文
28	关于在打击治理移动互联网恶意程序专项行动中做好应用商店安全检查工作的通知	部门规章	工信部通信保障局	2014/5/30	网络治理	全文
29	关于办理网络犯罪案件适用刑事诉讼程序若干问题的意见（公通字〔2014〕10 号）	部门规章	公安部法制局	2014/5/4	网络犯罪	全文
30	工业和信息化部关于深入开展整治移动智能终端应用传播淫秽色情信息工作的通知	部门规章	工信部	2014/7/22	网络治理	全文
31	关于深入开展网络游戏防沉迷实名验证工作的通知（新广出办发〔2014〕72 号）	部门规章	国家新闻出版广电总局办公厅	2014/7/25	网络治理	全文
32	食品药品监管总局关于开展互联网第三方平台药品网上零售试点工作的批复（食药监药化监函〔2014〕127 号）	部门规章	国家食品药品监督管理总局	2014/7/25	电子商务	全文
33	工商总局关于发布《网络交易平台合同格式条款规范指引》的公告（工商市字〔2014〕144 号）	部门规章	工商总局	2014/7/30	电子商务	全文
34	工业和信息化部办公厅关于组织实施 2014 年度宽带建设发展示范项目的通知（工信厅通函〔2014〕507 号）	部门规章	工信部办公厅	2014/8/1	宽带网络	全文
35	即时通信工具公众信息服务发展管理暂行规定	部门规章	网信办	2014/8/7	网络治理	全文

续表

	名　　称	类　别	牵头单位	发布时间	涉及领域	内容
36	关于印发促进智慧城市健康发展的指导意见的通知（发改高技〔2014〕1770号）	部门规章	发改委	2014/8/27	智慧城市	全文
37	工业和信息化部关于加强电信和互联网行业网络安全工作的指导意见（工信部保〔2014〕368号）	部门规章	工信部	2014/8/28	网络安全	全文
38	工商总局 工业和信息化部关于加强境内网络交易网站监管工作协作积极促进电子商务发展的意见	部门规章	工商总局	2014/9/29	电子商务	全文
39	工业和信息化部办公厅　国家发展和改革委员会办公厅关于全面推进IPv6在LTE网络中部署应用的实施意见	部门规章	工信部	2014/10/15	宽带网络	全文
40	关于在新闻网站核发新闻记者证的通知（新广出发〔2014〕122号）	部门规章	国家新闻出版广电总局	2014/10/21	新闻传媒	全文
41	最高人民法院 中国银行业监督管理委员会关于人民法院与银行业金融机构开展网络执行查控和联合信用惩戒工作的意见（法〔2014〕266号）	司法解释	最高法	2014/10/24	网络金融	全文
42	质检总局办公厅关于印发《电子商务产品质量提升行动工作方案》的通知（质检办监〔2014〕1066号）	部门规章	质检总局办公厅	2014/12/2	电子商务	全文

1. 中共中央关于全面推进依法治国若干重大问题的决定（节选）

（2014年10月23日中国共产党第十八届中央委员会第四次全体会议通过）

（一）加强重点领域立法

建立健全坚持社会主义先进文化前进方向、遵循文化发展规律、有利于激发文化创造活力、保障人民基本文化权益的文化法律制度。制定公共文化服务保障法，促进基本公共文化服务标准化、均等化。制定文化产业促进法，把行之有效的文化经济政策法定化，健全促进社会效益和经济效益有机统一的制度规范。制定国家勋章和国家荣誉称号法，表彰有突出贡献的杰出人士。加强互联网领域立法，完善网络信息服务、网络安全保护、网络社会管理等方面的法律法规，依法规范网络行为。

（二）全面推进政务公开

涉及公民、法人或其他组织权利和义务的规范性文件，按照政府信息公开要求和程序予以公布。推行行政执法公示制度。推进政务公开信息化，加强互联网政务信息数据服务平台和便民服务平台建设。

（三）健全依法维权和化解纠纷机制

深入推进社会治安综合治理，健全落实领导责任制。完善立体化社会治安防控体系，有效防范化解管控影响社会安定的问题，保障人民生命财产安全。依法严厉打击暴力恐怖、涉黑犯罪、邪教和黄赌毒等违法犯罪活动，绝不允许其形成气候。依法强化危害食品药品安全、影响安全生产、损害生态环境、破坏网络安全等重点问题治理。

2. 中华人民共和国商标法实施条例（节选）

（2002年8月3日中华人民共和国国务院令第358号公布 2014年4月29日中华人民共和国国务院令第651号修订）

第八条　以商标法第二十二条规定的数据电文方式提交商标注册申请等有关文件，应当按照商标局或者商标评审委员会的规定通过互联网提交。

第七十五条 为侵犯他人商标专用权提供仓储、运输、邮寄、印制、隐匿、经营场所、网络商品交易平台等，属于商标法第五十七条第六项规定的提供便利条件。

3. 网络交易管理办法

（2014 年 1 月 26 日国家工商行政管理总局令第 60 号公布）

第一章 总 则

第一条 为规范网络商品交易及有关服务，保护消费者和经营者的合法权益，促进网络经济持续健康发展，依据《消费者权益保护法》、《产品质量法》、《反不正当竞争法》、《合同法》、《商标法》、《广告法》、《侵权责任法》和《电子签名法》等法律、法规，制定本办法。

第二条 在中华人民共和国境内从事网络商品交易及有关服务，应当遵守中华人民共和国法律、法规和本办法的规定。

第三条 本办法所称网络商品交易，是指通过互联网（含移动互联网）销售商品或者提供服务的经营活动。

本办法所称有关服务，是指为网络商品交易提供第三方交易平台、宣传推广、信用评价、支付结算、物流、快递、网络接入、服务器托管、虚拟空间租用、网站网页设计制作等营利性服务。

第四条 从事网络商品交易及有关服务应当遵循自愿、公平、诚实信用的原则，遵守商业道德和公序良俗。

第五条 鼓励支持网络商品经营者、有关服务经营者创新经营模式，提升服务水平，推动网络经济发展。

第六条 鼓励支持网络商品经营者、有关服务经营者成立行业组织，建立行业公约，推动行业信用建设，加强行业自律，促进行业规范发展。

第二章 网络商品经营者和有关服务经营者的义务

第一节 一般性规定

第七条 从事网络商品交易及有关服务的经营者，应当依法办理工商登记。

从事网络商品交易的自然人，应当通过第三方交易平台开展经营活动，并向第三方交易平台提交其姓名、地址、有效身份证明、有效联系方式等真实身份信息。具备登记注册条件的，依法办理工商登记。

从事网络商品交易及有关服务的经营者销售的商品或者提供的服务属于法律、行政法规或者国务院决定规定应当取得行政许可的，应当依法取得有关许可。

第八条 已经工商行政管理部门登记注册并领取营业执照的法人、其他经济组织或者个体工商户，从事网络商品交易及有关服务的，应当在其网站首页或者从事经营活动的主页面醒目位置公开营业执照登载的信息或者其营业执照的电子链接标识。

第九条 网上交易的商品或者服务应当符合法律、法规、规章的规定。法律、法规禁止交易的商品或者服务，经营者不得在网上进行交易。

第十条 网络商品经营者向消费者销售商品或者提供服务，应当遵守《消费者权益保护法》和《产品质量法》等法律、法规、规章的规定，不得损害消费者合法权益。

第十一条　网络商品经营者向消费者销售商品或者提供服务，应当向消费者提供经营地址、联系方式、商品或者服务的数量和质量、价款或者费用、履行期限和方式、支付形式、退换货方式、安全注意事项和风险警示、售后服务、民事责任等信息，采取安全保障措施确保交易安全可靠，并按照承诺提供商品或者服务。

第十二条　网络商品经营者销售商品或者提供服务，应当保证商品或者服务的完整性，不得将商品或者服务不合理拆分出售，不得确定最低消费标准或者另行收取不合理的费用。

第十三条　网络商品经营者销售商品或者提供服务，应当按照国家有关规定或者商业惯例向消费者出具发票等购货凭证或者服务单据；征得消费者同意的，可以以电子化形式出具。电子化的购货凭证或者服务单据，可以作为处理消费投诉的依据。

消费者索要发票等购货凭证或者服务单据的，网络商品经营者必须出具。

第十四条　网络商品经营者、有关服务经营者提供的商品或者服务信息应当真实准确，不得作虚假宣传和虚假表示。

第十五条　网络商品经营者、有关服务经营者销售商品或者提供服务，应当遵守《商标法》、《企业名称登记管理规定》等法律、法规、规章的规定，不得侵犯他人的注册商标专用权、企业名称权等权利。

第十六条　网络商品经营者销售商品，消费者有权自收到商品之日起七日内退货，且无须说明理由，但下列商品除外：

（一）消费者定做的；

（二）鲜活易腐的；

（三）在线下载或者消费者拆封的音像制品、计算机软件等数字化商品；

（四）交付的报纸、期刊。

除前款所列商品外，其他根据商品性质并经消费者在购买时确认不宜退货的商品，不适用无理由退货。

消费者退货的商品应当完好。网络商品经营者应当自收到退回商品之日起七日内返还消费者支付的商品价款。退回商品的运费由消费者承担；网络商品经营者和消费者另有约定的，按照约定。

第十七条　网络商品经营者、有关服务经营者在经营活动中使用合同格式条款的，应当符合法律、法规、规章的规定，按照公平原则确定交易双方的权利与义务，采用显著的方式提请消费者注意与消费者有重大利害关系的条款，并按照消费者的要求予以说明。

网络商品经营者、有关服务经营者不得以合同格式条款等方式作出排除或者限制消费者权利、减轻或者免除经营者责任、加重消费者责任等对消费者不公平、不合理的规定，不得利用合同格式条款并借助技术手段强制交易。

第十八条　网络商品经营者、有关服务经营者在经营活动中收集、使用消费者或者经营者信息，应当遵循合法、正当、必要的原则，明示收集、使用信息的目的、方式和范围，并经被收集者同意。网络商品经营者、有关服务经营者收集、使用消费者或者经营者信息，应当公开其收集、使用规则，不得违反法律、法规的规定和双方的约定收集、使用信息。

网络商品经营者、有关服务经营者及其工作人员对收集的消费者个人信息或者经营者商业秘密的数据信息必须严格保密，不得泄露、出售或者非法向他人提供。网络商品经营者、有关服务经营者应当采取技术措施和其他必要措施，确保信息安全，防止信息泄露、丢失。在发生或者可能发生信息泄露、丢失的情况时，应当立即采取补救措施。

网络商品经营者、有关服务经营者未经消费者同意或者请求，或者消费者明确表示拒绝的，不得向其发送商业性电子信息。

第十九条 网络商品经营者、有关服务经营者销售商品或者服务，应当遵守《反不正当竞争法》等法律的规定，不得以不正当竞争方式损害其他经营者的合法权益、扰乱社会经济秩序。同时，不得利用网络技术手段或者载体等方式，从事下列不正当竞争行为：

（一）擅自使用知名网站特有的域名、名称、标识或者使用与知名网站近似的域名、名称、标识，与他人知名网站相混淆，造成消费者误认；

（二）擅自使用、伪造政府部门或者社会团体电子标识，进行引人误解的虚假宣传；

（三）以虚拟物品为奖品进行抽奖式的有奖销售，虚拟物品在网络市场约定金额超过法律法规允许的限额；

（四）以虚构交易、删除不利评价等形式，为自己或他人提升商业信誉；

（五）以交易达成后违背事实的恶意评价损害竞争对手的商业信誉；

（六）法律、法规规定的其他不正当竞争行为。

第二十条 网络商品经营者、有关服务经营者不得对竞争对手的网站或者网页进行非法技术攻击，造成竞争对手无法正常经营。

第二十一条 网络商品经营者、有关服务经营者应当按照国家工商行政管理总局的规定向所在地工商行政管理部门报送经营统计资料。

第二节 第三方交易平台经营者的特别规定

第二十二条 第三方交易平台经营者应当是经工商行政管理部门登记注册并领取营业执照的企业法人。

前款所称第三方交易平台，是指在网络商品交易活动中为交易双方或者多方提供网页空间、虚拟经营场所、交易规则、交易撮合、信息发布等服务，供交易双方或者多方独立开展交易活动的信息网络系统。

第二十三条 第三方交易平台经营者应当对申请进入平台销售商品或者提供服务的法人、其他经济组织或者个体工商户的经营主体身份进行审查和登记，建立登记档案并定期核实更新，在其从事经营活动的主页面醒目位置公开营业执照登载的信息或者其营业执照的电子链接标识。

第三方交易平台经营者应当对尚不具备工商登记注册条件、申请进入平台销售商品或者提供服务的自然人的真实身份信息进行审查和登记，建立登记档案并定期核实更新，核发证明个人身份信息真实合法的标记，加载在其从事经营活动的主页面醒目位置。

第三方交易平台经营者在审查和登记时，应当使对方知悉并同意登记协议，提请对方注意义务和责任条款。

第二十四条 第三方交易平台经营者应当与申请进入平台销售商品或者提供服务的经营者订立协议，明确双方在平台进入和退出、商品和服务质量安全保障、消费者权益保护等方面的权利、义务和责任。

第三方交易平台经营者修改其与平台内经营者的协议、交易规则，应当遵循公开、连续、合理的原则，修改内容应当至少提前七日予以公示并通知相关经营者。平台内经营者不接受协议或者规则修改内容、申请退出平台的，第三方交易平台经营者应当允许其退出，并根据原协议或者交易规则承担相关责任。

第二十五条　第三方交易平台经营者应当建立平台内交易规则、交易安全保障、消费者权益保护、不良信息处理等管理制度。各项管理制度应当在其网站显示，并从技术上保证用户能够便利、完整地阅览和保存。

第三方交易平台经营者应当采取必要的技术手段和管理措施保证平台的正常运行，提供必要、可靠的交易环境和交易服务，维护网络交易秩序。

第二十六条　第三方交易平台经营者应当对通过平台销售商品或者提供服务的经营者及其发布的商品和服务信息建立检查监控制度，发现有违反工商行政管理法律、法规、规章的行为的，应当向平台经营者所在地工商行政管理部门报告，并及时采取措施制止，必要时可以停止对其提供第三方交易平台服务。

工商行政管理部门发现平台内有违反工商行政管理法律、法规、规章的行为，依法要求第三方交易平台经营者采取措施制止的，第三方交易平台经营者应当予以配合。

第二十七条　第三方交易平台经营者应当采取必要手段保护注册商标专用权、企业名称权等权利，对权利人有证据证明平台内的经营者实施侵犯其注册商标专用权、企业名称权等权利的行为或者实施损害其合法权益的其他不正当竞争行为的，应当依照《侵权责任法》采取必要措施。

第二十八条　第三方交易平台经营者应当建立消费纠纷和解和消费维权自律制度。消费者在平台内购买商品或者接受服务，发生消费纠纷或者其合法权益受到损害时，消费者要求平台调解的，平台应当调解；消费者通过其他渠道维权的，平台应当向消费者提供经营者的真实的网站登记信息，积极协助消费者维护自身合法权益。

第二十九条　第三方交易平台经营者在平台上开展商品或者服务自营业务的，应当以显著方式对自营部分和平台内其他经营者经营部分进行区分和标记，避免消费者产生误解。

第三十条　第三方交易平台经营者应当审查、记录、保存在其平台上发布的商品和服务信息内容及其发布时间。平台内经营者的营业执照或者个人真实身份信息记录保存时间从经营者在平台的登记注销之日起不少于两年，交易记录等其他信息记录备份保存时间从交易完成之日起不少于两年。

第三方交易平台经营者应当采取电子签名、数据备份、故障恢复等技术手段确保网络交易数据和资料的完整性和安全性，并应当保证原始数据的真实性。

第三十一条　第三方交易平台经营者拟终止提供第三方交易平台服务的，应当至少提前三个月在其网站主页面醒目位置予以公示并通知相关经营者和消费者，采取必要措施保障相关经营者和消费者的合法权益。

第三十二条　鼓励第三方交易平台经营者为交易当事人提供公平、公正的信用评价服务，对经营者的信用情况客观、公正地进行采集与记录，建立信用评价体系、信用披露制度以警示交易风险。

第三十三条　鼓励第三方交易平台经营者设立消费者权益保证金。消费者权益保证金应当用于对消费者权益的保障，不得挪作他用，使用情况应当定期公开。

第三方交易平台经营者与平台内的经营者协议设立消费者权益保证金的，双方应当就消费者权益保证金提取数额、管理、使用和退还办法等做出明确约定。

第三十四条 第三方交易平台经营者应当积极协助工商行政管理部门查处网上违法经营行为，提供在其平台内涉嫌违法经营的经营者的登记信息、交易数据等资料，不得隐瞒真实情况。

第三节 其他有关服务经营者的特别规定

第三十五条 为网络商品交易提供网络接入、服务器托管、虚拟空间租用、网站网页设计制作等服务的有关服务经营者，应当要求申请者提供经营资格证明和个人真实身份信息，签订服务合同，依法记录其上网信息。申请者营业执照或者个人真实身份信息等信息记录备份保存时间自服务合同终止或者履行完毕之日起不少于两年。

第三十六条 为网络商品交易提供信用评价服务的有关服务经营者，应当通过合法途径采集信用信息，坚持中立、公正、客观原则，不得任意调整用户的信用级别或者相关信息，不得将收集的信用信息用于任何非法用途。

第三十七条 为网络商品交易提供宣传推广服务应当符合相关法律、法规、规章的规定。

通过博客、微博等网络社交载体提供宣传推广服务、评论商品或者服务并因此取得酬劳的，应当如实披露其性质，避免消费者产生误解。

第三十八条 为网络商品交易提供网络接入、支付结算、物流、快递等服务的有关服务经营者，应当积极协助工商行政管理部门查处网络商品交易相关违法行为，提供涉嫌违法经营的网络商品经营者的登记信息、联系方式、地址等相关数据资料，不得隐瞒真实情况。

第三章 网络商品交易及有关服务监督管理

第三十九条 网络商品交易及有关服务的监督管理由县级以上工商行政管理部门负责。

第四十条 县级以上工商行政管理部门应当建立网络商品交易及有关服务信用档案，记录日常监督检查结果、违法行为查处等情况。根据信用档案的记录，对网络商品经营者、有关服务经营者实施信用分类监管。

第四十一条 网络商品交易及有关服务违法行为由发生违法行为的经营者住所所在地县级以上工商行政管理部门管辖。对于其中通过第三方交易平台开展经营活动的经营者，其违法行为由第三方交易平台经营者住所所在地县级以上工商行政管理部门管辖。第三方交易平台经营者住所所在地县级以上工商行政管理部门管辖异地违法行为人有困难的，可以将违法行为人的违法情况移交违法行为人所在地县级以上工商行政管理部门处理。

两个以上工商行政管理部门因网络商品交易及有关服务违法行为的管辖权发生争议的，应当报请共同的上一级工商行政管理部门指定管辖。

对于全国范围内有重大影响、严重侵害消费者权益、引发群体投诉或者案情复杂的网络商品交易及有关服务违法行为，由国家工商行政管理总局负责查处或者指定省级工商行政管理局负责查处。

第四十二条 网络商品交易及有关服务活动中的消费者向工商行政管理部门投诉的，依照《工商行政管理部门处理消费者投诉办法》处理。

第四十三条　县级以上工商行政管理部门对涉嫌违法的网络商品交易及有关服务行为进行查处时，可以行使下列职权：

（一）询问有关当事人，调查其涉嫌从事违法网络商品交易及有关服务行为的相关情况；

（二）查阅、复制当事人的交易数据、合同、票据、账簿以及其他相关数据资料；

（三）依照法律、法规的规定，查封、扣押用于从事违法网络商品交易及有关服务行为的商品、工具、设备等物品，查封用于从事违法网络商品交易及有关服务行为的经营场所；

（四）法律、法规规定可以采取的其他措施。

工商行政管理部门依法行使前款规定的职权时，当事人应当予以协助、配合，不得拒绝、阻挠。

第四十四条　工商行政管理部门对网络商品交易及有关服务活动的技术监测记录资料，可以作为对违法的网络商品经营者、有关服务经营者实施行政处罚或者采取行政措施的电子数据证据。

第四十五条　在网络商品交易及有关服务活动中违反工商行政管理法律法规规定，情节严重，需要采取措施制止违法网站继续从事违法活动的，工商行政管理部门可以依照有关规定，提请网站许可或者备案地通信管理部门依法责令暂时屏蔽或者停止该违法网站接入服务。

第四十六条　工商行政管理部门对网站违法行为作出行政处罚后，需要关闭该违法网站的，可以依照有关规定，提请网站许可或者备案地通信管理部门依法关闭该违法网站。

第四十七条　工商行政管理部门在对网络商品交易及有关服务活动的监督管理中发现应当由其他部门查处的违法行为的，应当依法移交相关部门。

第四十八条　县级以上工商行政管理部门应当建立网络商品交易及有关服务监管工作责任制度，依法履行职责。

第四章　法律责任

第四十九条　对于违反本办法的行为，法律、法规另有规定的，从其规定。

第五十条　违反本办法第七条第二款、第二十三条、第二十五条、第二十六条第二款、第二十九条、第三十条、第三十四条、第三十五条、第三十六条、第三十八条规定的，予以警告，责令改正，拒不改正的，处以一万元以上三万元以下的罚款。

第五十一条　违反本办法第八条、第二十一条规定的，予以警告，责令改正，拒不改正的，处以一万元以下的罚款。

第五十二条　违反本办法第十七条规定的，按照《合同违法行为监督处理办法》的有关规定处罚。

第五十三条　违反本办法第十九条第（一）项规定的，按照《反不正当竞争法》第二十一条的规定处罚；违反本办法第十九条第（二）项、第（四）项规定的，按照《反不正当竞争法》第二十四条的规定处罚；违反本办法第十九条第（三）项规定的，按照《反不正当竞争法》第二十六条的规定处罚；违反本办法第十九条第（五）项规定的，予以警告，责令改正，并处一万元以上三万元以下的罚款。

第五十四条　违反本办法第二十条规定的，予以警告，责令改正，并处一万元以上三万元以下的罚款。

第五章　附则

第五十五条　通过第三方交易平台发布商品或者营利性服务信息、但交易过程不直接通过平台完成的经营活动，参照适用本办法关于网络商品交易的管理规定。

第五十六条　本办法由国家工商行政管理总局负责解释。

第五十七条　省级工商行政管理部门可以依据本办法的规定制定网络商品交易及有关服务监管实施指导意见。

第五十八条　本办法自 2014 年 3 月 15 日起施行。国家工商行政管理总局 2010 年 5 月 31 日发布的《网络商品交易及有关服务行为管理暂行办法》同时废止。

4. 网络零售第三方平台交易规则制定程序规定（试行）

（2014 年 12 月 1 日商务部第 32 次部务会议审议通过，自 2015 年 4 月 1 日起施行）

第一条　为了促进网络零售的健康发展，保护依托第三方平台网络零售活动中各主体的合法权益，维护公共利益，加强公共信息服务，根据有关法律法规，制定本规定。

第二条　网络零售第三方平台经营者制定、修改、实施交易规则应当遵守本规定。

第三条　本规定所称交易规则，是指网络零售第三方平台经营者制定、修改、实施的适用于使用平台服务的不特定主体、涉及社会公共利益的公开规则。

本规定所称网络零售第三方平台经营者，是指为其他经营者进行网络零售提供虚拟经营场所及相关服务，且在中华人民共和国境内经营的法人及其他组织。

本规定所称网络零售，是指以互联网为媒介向消费者销售商品或提供经营性服务的行为。

第四条　网络零售第三方平台交易规则的制定、修改、实施应当遵循公开、公平、公正的原则，遵守法律、行政法规，尊重社会公德，不得扰乱社会经济秩序，损害社会公共利益。

第五条　商务部负责建设网络零售第三方平台交易规则备案系统，省、自治区、直辖市商务主管部门（以下称省级商务主管部门）负责网络零售第三方平台交易规则备案等日常管理。

第六条　网络零售第三方平台经营者制定、修改、实施的下列交易规则应按照本规定公示并备案：

（一）基本规则，指网络零售经营者和消费者在第三方平台注册的规则及关于交易成立、有效性和履行的基础性规则。

（二）责任及风险分担规则，指网络零售第三方平台经营者对网络零售经营者和消费者承担民事责任或者免除责任的规则及风险分担的规则。

（三）知识产权保护规则，指保护知识产权以及防止假冒伪劣商品的规则。

（四）信用评价规则，指网络零售第三方平台经营者为交易双方提供信用评价服务，以及收集、记录、披露交易双方信用情况的规则。

（五）消费者权益保护规则，指保护消费者知情权、合理退货权、获得赔偿权等合法权益，保护消费者个人信息及交易记录的规则。

（六）信息披露规则，指网络零售第三方平台经营者对网络零售经营者进行实名登记、审核其法定营业资格的规则。

（七）防范和制止违法信息规则，指网络零售第三方平台经营者防范和制止在其平台上发布违反国家法律法规规定的商品和服务信息、网络广告等规则。

（八）交易纠纷解决规则，指网络零售第三方平台经营者解决与网络零售经营者、消费者之间争议的机制及规则。

（九）交易规则适用的规定，指交易规则适用对象、范围和期限的规定。

（十）交易规则的修改规定，指交易规则变更、修改的程序和方式的规定。

（十一）其他必要的交易规则或与规则相关的措施。

第七条　网络零售第三方平台经营者制定或修改的交易规则，应当在网站主页面醒目位置公开征求意见，并应采取合理措施确保交易规则的利益相关方及时、充分知晓并表达意见，通过合理方式公开收到的意见及答复处理意见，征求意见的时间不得少于七日。

第八条　符合下列情形之一的交易规则，可以不公开征求意见：

（一）为符合法律法规要求修改的交易规则；

（二）根据省级人民政府有关部门要求，为保护消费者权益，须紧急采取措施的交易规则。

第九条　网络零售第三方平台经营者应在交易规则实施前七日在网站醒目位置予以公开，涉及商业秘密的除外。

第十条　网络零售第三方平台经营者制定、修改、实施的交易规则对网络零售经营者和消费者有重大影响的，应制定合理过渡措施。

第十一条　网络零售第三方平台经营者应当主动采取合理的方式保障利益相关方全面、方便地了解所实施的交易规则的内容，并提请其注意有关免除或限制网络零售第三方平台经营者或者利益相关方责任的内容。

网络零售第三方平台经营者应当按照利益相关方的要求，在收到申请之日起七日内以合理方式对交易规则做出说明。

第十二条　网络零售第三方平台经营者应在交易规则实施七日内自行登录网络零售第三方平台交易规则备案系统，提交本规定所列交易规则、征求的公众意见及意见答复处理情况。

第十三条　网络零售第三方平台经营者对其交易规则进行修改时，应按本规定第十二条的要求将修改部分重新备案。

第十四条　商务主管部门通过网络零售第三方平台交易规则备案系统免费提供已备案交易规则的公开查询服务。

第十五条　任何单位和个人可通过网络零售第三方平台交易规则备案系统向网络零售第三方平台经营者所在地省级商务主管部门举报违反本规定的交易规则。

省级商务主管部门确定举报内容属于本部门职责的应依法及时处理，不属于本部门职责的应及时移送相关部门。

第十六条　国家鼓励行业组织开展行业规范自律，对已备案的交易规则提出意见，建立与网络零售第三方平台经营者的互动机制，推进第三方平台交易规则的标准化与规范化。

第十七条　网络零售第三方平台经营者有下列情形之一的，根据举报，所在地省级商务主管部门可以向其提出行政指导建议书：

（一）未按本规定第十一条提醒利益相关方注意有关免除或者限制责任内容的；

（二）未按本规定备案交易规则的；

（三）备案信息不完整、不真实的。

第十八条 网络零售第三方平台经营者未按本规定制定、修改、实施交易规则的，由所在地省级商务主管部门依据职权责令限期改正，拒不改正的，处以警告，并向社会公布。

第十九条 网络零售第三方平台经营者制定、修改、实施交易规则损害社会公共利益，构成犯罪的，依法追究刑事责任。

第二十条 网络零售第三方平台经营者违反本规定第十二条、第十三条，未备案或提交虚假备案信息的，由所在地省级商务主管部门依据职权责令限期改正，拒不改正的，处以警告，并向社会公布。

第二十一条 商务主管部门及其工作人员违反本规定，拒不履行职责，依法给予处分；构成犯罪的，依法追究刑事责任。

第二十二条 本规定施行之日前已经实施的交易规则，网络零售第三方平台经营者应当在本规定施行之日起六十日内进行备案。

第二十三条 本规定自 2015 年 4 月 1 日起施行。

附件：行政指导建议书（范本）（略）

5. 最高人民法院关于审理利用信息网络侵害人身权益民事纠纷案件适用法律若干问题的规定

（法释〔2014〕11 号，2014 年 6 月 23 日由最高人民法院审判委员会第 1621 次会议通过，自 2014 年 10 月 10 日起施行）

为正确审理利用信息网络侵害人身权益民事纠纷案件，根据《中华人民共和国民法通则》《中华人民共和国侵权责任法》《全国人民代表大会常务委员会关于加强网络信息保护的决定》《中华人民共和国民事诉讼法》等法律的规定，结合审判实践，制定本规定。

第一条 本规定所称的利用信息网络侵害人身权益民事纠纷案件，是指利用信息网络侵害他人姓名权、名称权、名誉权、荣誉权、肖像权、隐私权等人身权益引起的纠纷案件。

第二条 利用信息网络侵害人身权益提起的诉讼，由侵权行为地或者被告住所地人民法院管辖。

侵权行为实施地包括实施被诉侵权行为的计算机等终端设备所在地，侵权结果发生地包括被侵权人住所地。

第三条 原告依据侵权责任法第三十六条第二款、第三款的规定起诉网络用户或者网络服务提供者的，人民法院应予受理。

原告仅起诉网络用户，网络用户请求追加涉嫌侵权的网络服务提供者为共同被告或者第三人的，人民法院应予准许。

原告仅起诉网络服务提供者，网络服务提供者请求追加可以确定的网络用户为共同被告或者第三人的，人民法院应予准许。

第四条 原告起诉网络服务提供者，网络服务提供者以涉嫌侵权的信息系网络用户发布为由抗辩的，人民法院可以根据原告的请求及案件的具体情况，责令网络服务提供者向人民法院提供能够确定涉嫌侵权的网络用户的姓名（名称）、联系方式、网络地址等信息。

网络服务提供者无正当理由拒不提供的，人民法院可以依据民事诉讼法第一百一十四条的规定对网络服务提供者采取处罚等措施。

原告根据网络服务提供者提供的信息请求追加网络用户为被告的，人民法院应予准许。

第五条　依据侵权责任法第三十六条第二款的规定，被侵权人以书面形式或者网络服务提供者公示的方式向网络服务提供者发出的通知，包含下列内容的，人民法院应当认定有效：

（一）通知人的姓名（名称）和联系方式；

（二）要求采取必要措施的网络地址或者足以准确定位侵权内容的相关信息；

（三）通知人要求删除相关信息的理由。

被侵权人发送的通知未满足上述条件，网络服务提供者主张免除责任的，人民法院应予支持。

第六条　人民法院适用侵权责任法第三十六条第二款的规定，认定网络服务提供者采取的删除、屏蔽、断开链接等必要措施是否及时，应当根据网络服务的性质、有效通知的形式和准确程度，网络信息侵害权益的类型和程度等因素综合判断。

第七条　其发布的信息被采取删除、屏蔽、断开链接等措施的网络用户，主张网络服务提供者承担违约责任或者侵权责任，网络服务提供者以收到通知为由抗辩的，人民法院应予支持。

被采取删除、屏蔽、断开链接等措施的网络用户，请求网络服务提供者提供通知内容的，人民法院应予支持。

第八条　因通知人的通知导致网络服务提供者错误采取删除、屏蔽、断开链接等措施，被采取措施的网络用户请求通知人承担侵权责任的，人民法院应予支持。

被错误采取措施的网络用户请求网络服务提供者采取相应恢复措施的，人民法院应予支持，但受技术条件限制无法恢复的除外。

第九条　人民法院依据侵权责任法第三十六条第三款认定网络服务提供者是否“知道”，应当综合考虑下列因素：

（一）网络服务提供者是否以人工或者自动方式对侵权网络信息以推荐、排名、选择、编辑、整理、修改等方式做出处理；

（二）网络服务提供者应当具备的管理信息的能力，以及所提供服务的性质、方式及其引发侵权的可能性大小；

（三）该网络信息侵害人身权益的类型及明显程度；

（四）该网络信息的社会影响程度或者一定时间内的浏览量；

（五）网络服务提供者采取预防侵权措施的技术可能性及其是否采取了相应的合理措施；

（六）网络服务提供者是否针对同一网络用户的重复侵权行为或者同一侵权信息采取了相应的合理措施；

（七）与本案相关的其他因素。

第十条　人民法院认定网络用户或者网络服务提供者转载网络信息行为的过错及其程度，应当综合以下因素：

（一）转载主体所承担的与其性质、影响范围相适应的注意义务；

（二）所转载信息侵害他人人身权益的明显程度；

（三）对所转载信息是否作出实质性修改，是否添加或者修改文章标题，导致其与内容严重不符以及误导公众的可能性。

第十一条　网络用户或者网络服务提供者采取诽谤、诋毁等手段，损害公众对经营主体的信赖，降低其产品或者服务的社会评价，经营主体请求网络用户或者网络服务提供者承担侵权责任的，人民法院应依法予以支持。

第十二条 网络用户或者网络服务提供者利用网络公开自然人基因信息、病历资料、健康检查资料、犯罪记录、家庭住址、私人活动等个人隐私和其他个人信息，造成他人损害，被侵权人请求其承担侵权责任的，人民法院应予支持。但下列情形除外：

（一）经自然人书面同意且在约定范围内公开；

（二）为促进社会公共利益且在必要范围内；

（三）学校、科研机构等基于公共利益为学术研究或者统计的目的，经自然人书面同意，且公开的方式不足以识别特定自然人；

（四）自然人自行在网络上公开的信息或者其他已合法公开的个人信息；

（五）以合法渠道获取的个人信息；

（六）法律或者行政法规另有规定。

网络用户或者网络服务提供者以违反社会公共利益、社会公德的方式公开前款第四项、第五项规定的个人信息，或者公开该信息侵害权利人值得保护的重大利益，权利人请求网络用户或者网络服务提供者承担侵权责任的，人民法院应予支持。

国家机关行使职权公开个人信息的，不适用本条规定。

第十三条 网络用户或者网络服务提供者，根据国家机关依职权制作的文书和公开实施的职权行为等信息来源所发布的信息，有下列情形之一，侵害他人人身权益，被侵权人请求侵权人承担侵权责任的，人民法院应予支持：

（一）网络用户或者网络服务提供者发布的信息与前述信息来源内容不符；

（二）网络用户或者网络服务提供者以添加侮辱性内容、诽谤性信息、不当标题或者通过增删信息、调整结构、改变顺序等方式致人误解；

（三）前述信息来源已被公开更正，但网络用户拒绝更正或者网络服务提供者不予更正；

（四）前述信息来源已被公开更正，网络用户或者网络服务提供者仍然发布更正之前的信息。

第十四条 被侵权人与构成侵权的网络用户或者网络服务提供者达成一方支付报酬，另一方提供删除、屏蔽、断开链接等服务的协议，人民法院应认定为无效。

擅自篡改、删除、屏蔽特定网络信息或者以断开链接的方式阻止他人获取网络信息，发布该信息的网络用户或者网络服务提供者请求侵权人承担侵权责任的，人民法院应予支持。接受他人委托实施该行为的，委托人与受托人承担连带责任。

第十五条 雇佣、组织、教唆或者帮助他人发布、转发网络信息侵害他人人身权益，被侵权人请求行为人承担连带责任的，人民法院应予支持。

第十六条 人民法院判决侵权人承担赔礼道歉、消除影响或者恢复名誉等责任形式的，应当与侵权的具体方式和所造成的影响范围相当。侵权人拒不履行的，人民法院可以采取在网络上发布公告或者公布裁判文书等合理的方式执行，由此产生的费用由侵权人承担。

第十七条 网络用户或者网络服务提供者侵害他人人身权益，造成财产损失或者严重精神损害，被侵权人依据侵权责任法第二十条和第二十二条的规定请求其承担赔偿责任的，人民法院应予支持。

第十八条　被侵权人为制止侵权行为所支付的合理开支，可以认定为侵权责任法第二十条规定的财产损失。合理开支包括被侵权人或者委托代理人对侵权行为进行调查、取证的合理费用。人民法院根据当事人的请求和具体案情，可以将符合国家有关部门规定的律师费用计算在赔偿范围内。

被侵权人因人身权益受侵害造成的财产损失或者侵权人因此获得的利益无法确定的，人民法院可以根据具体案情在 50 万元以下的范围内确定赔偿数额。

精神损害的赔偿数额，依据《最高人民法院关于确定民事侵权精神损害赔偿责任若干问题的解释》第十条的规定予以确定。

第十九条　本规定施行后人民法院正在审理的一审、二审案件适用本规定。

本规定施行前已经终审，本规定施行后当事人申请再审或者按照审判监督程序决定再审的案件，不适用于本规定。

6. 国务院关于印发注册资本登记制度改革方案的通知（国发〔2014〕7 号）（节选）

各省、自治区、直辖市人民政府，国务院各部委、各直属机构：

国务院批准《注册资本登记制度改革方案》（以下简称《方案》），现予印发。

一、改革工商登记制度，推进工商注册制度便利化，是党中央、国务院作出的重大决策。改革注册资本登记制度，是深入贯彻党的十八大和十八届二中、三中全会精神，在新形势下全面深化改革的重大举措，对加快政府职能转变、创新政府监管方式、建立公平开放透明的市场规则、保障创业创新，具有重要意义。

二、改革注册资本登记制度涉及面广、政策性强，各级人民政府要加强组织领导，统筹协调解决改革中的具体问题。各地区、各部门要密切配合，加快制定完善配套措施。工商行政管理机关要优化流程、完善制度，确保改革前后管理工作平稳过渡。要强化企业自我管理、行业协会自律和社会组织监督的作用，提高市场监管水平，切实让这项改革举措“落地生根”，进一步释放改革红利，激发创业活力，催生发展新动力。

三、根据全国人民代表大会常务委员会关于修改公司法的决定和《方案》，相应修改有关行政法规和国务院决定。具体由国务院另行公布。

《方案》实施中的重大问题，工商总局要及时向国务院请示报告。

国务院

2014 年 2 月 7 日

注册资本登记制度改革方案

根据《国务院机构改革和职能转变方案》，为积极稳妥推进注册资本登记制度改革，制定本方案。

二、放松市场主体准入管制，切实优化营商环境

（四）推行电子营业执照和全程电子化登记管理。建立适应互联网环境下的工商登记数字证书管理系统，积极推行全国统一标准规范的电子营业执照，为电子政务和电子商务提供身份认证和电子签名服务保障。电子营业执照载有工商登记信息，与纸质营业执照具有同等法律效力。大力推进以电子营业执照为支撑的网上申请、网上受理、网上审核、网上公示、网上发照等全程电子化登记管理方式，提高市场主体登记管理的信息化、便利化、规范化水平。

7. 国务院关于推进文化创意和设计服务与相关产业融合发展的若干意见（国发〔2014〕10号）（节选）

各省、自治区、直辖市人民政府，国务院各部委、各直属机构：

近年来，随着我国新型工业化、信息化、城镇化和农业现代化进程的加快，文化创意和设计服务已贯穿在经济社会各领域各行业，呈现出多向交互融合态势。文化创意和设计服务具有高知识性、高增值性和低能耗、低污染等特征。推进文化创意和设计服务等新型、高端服务业发展，促进与实体经济深度融合，是培育国民经济新的增长点、提升国家文化软实力和产业竞争力的重大举措，是发展创新型经济、促进经济结构调整和发展方式转变、加快实现由“中国制造”向“中国创造”转变的内在要求，是促进产品和服务创新、催生新兴业态、带动就业、满足多样化消费需求、提高人民生活质量的重要途径。为推进文化创意和设计服务与相关产业融合发展，现提出以下意见。

二、重点任务

（二）加快数字内容产业发展。推动文化产品和服务的生产、传播、消费的数字化、网络化进程，强化文化对信息产业的内容支撑、创意和设计提升，加快培育双向深度融合的新型业态。深入实施国家文化科技创新工程，支持利用数字技术、互联网、软件等高新技术支撑文化内容、装备、材料、工艺、系统的开发和利用，加快文化企业技术改造步伐。大力推动传统文化单位发展互联网新媒体，推动传统媒体和新兴媒体融合发展，提升先进文化互联网传播吸引力。深入挖掘优秀文化资源，推动动漫游戏等产业优化升级，打造民族品牌。推动动漫游戏与虚拟仿真技术在设计、制造等产业领域中的集成应用。全面推进三网融合，推动下一代广播电视网和交互式网络电视等服务平台建设，推动智慧社区、智慧家庭建设。加强通信设备制造、网络运营、集成播控、内容服务单位间的互动合作。提高数字版权集约水平，健全智能终端产业服务体系，推动产品设计制造与内容服务、应用商店模式整合发展。推进数字电视终端制造业和数字家庭产业与内容服务业融合发展，提升全产业链竞争力。推进数字绿色印刷发展，引导印刷复制加工向综合创意和设计服务转变，推动新闻出版数字化转型和经营模式创新。

（七）提升文化产业整体实力。坚持正确的文化产品创作生产方向，着力提升文化产业各门类创意和设计水平及文化内涵，加快构建结构合理、门类齐全、科技含量高、富有创意、竞争力强的现代文化产业体系，推动文化产业快速发展。鼓励各地结合当地文化特色不断推出原创文化产品和服务，积极发展新的艺术样式，推动特色文化产业发展。强化与规范新兴网络文化业态，创新新兴网络文化服务模式，繁荣文学、艺术、影视、音乐创作与传播。加强舞美设计、舞台布景创意和舞台技术装备创新。坚持保护传承和创新发展相结合，促进艺术衍生产品、艺术授权产品的开发生产，加快工艺美术产品、传统手工艺品与现代科技和时代元素融合。完善博物馆、美术馆等公共文化设施功能，提高展陈水平。

国务院

2014年2月26日

8. 国务院办公厅关于印发2014年全国打击侵犯知识产权和制售假冒伪劣商品工作要点的通知（国办发〔2014〕13号）（节选）

各省、自治区、直辖市人民政府，国务院各部委、各直属机构：

《2014 年全国打击侵犯知识产权和制售假冒伪劣商品工作要点》已经国务院同意，现印发给你们，请认真贯彻执行。

国务院办公厅

2014 年 3 月 29 日

2014 年全国打击侵犯知识产权和制售假冒伪劣商品工作要点（节选）

2014 年全国打击侵犯知识产权和制售假冒伪劣商品工作要贯彻党的十八届三中全会精神，落实国务院有关工作部署，围绕推动经济转型升级、保障和改善民生，强化执法打击，深化改革创新，健全长效机制，为加快完善现代市场体系、建设法治化营商环境提供有力保障。

一、针对突出问题，组织专项行动

（一）严厉打击利用网络侵权假冒违法犯罪。打击利用互联网发布虚假违法广告，以及销售假劣药品、农资等违法行为。对网络文学、音乐、影视、游戏、动漫、软件等重点方面，以及音像制品、电子出版物、网络出版物、图书等重点产品，深入开展“剑网行动”，重点打击通过移动互联网和利用机顶盒、电视棒实施侵权盗版的行为。加强对互联网视听节目网站，以及以手机、平板电脑等终端为载体的网络文化产品的监管，依法取缔非法视听节目网站，规范互联网传播作品的版权市场秩序。以大型购物网站、网上售书平台等为重点，加大对网络商品交易违法行为的整治力度。强化对网络接入服务商、域名注册服务商、信息服务商经营行为的监管。加强互联网信息内容管理，及时删除侵权假冒有害信息，依法关闭、屏蔽违法违规网站。建立国际多双边联合监管执法工作机制，打击利用互联网跨境制售假冒伪劣商品违法犯罪行为。

二、围绕重点领域，开展集中整治

（六）打击侵犯著作权违法行为。推进全国印刷复制委托书网络备案核验平台建设。打击针对含有著作权的标准类作品和书法作品的侵权盗版行为。开展印刷复制监管专项行动，严肃查处盗版教材教辅出版物、畅销书、工具书、影视剧和音乐作品等违法行为。

（七）打击侵犯专利权违法行为。开展知识产权执法维权“护航”专项行动，加大对民生、重大项目和优势产业等领域专利侵权行为的打击力度。开展大型商业场所、展会与电子商务领域专利执法维权工作。加大对专利纠纷的调处力度与对假冒专利的查处力度。

三、加强刑事司法，严厉打击犯罪

（一）加强刑事打击。开展集群战役，铲除链条化、产业化犯罪网络，严厉打击危害民生和社会公共安全的制售假冒伪劣商品犯罪。

（二）加强检察监督。开展危害食品药品安全犯罪专项立案监督活动，强化对相关领域制假售假犯罪的批捕、起诉和诉讼监督。以侵权假冒领域渎职犯罪为重点，开展预防和惩治发生在群众身边、损害群众利益的职务犯罪专项工作。

（三）依法开展审判。依法加强对侵权假冒重点行业、重点领域犯罪案件的审判工作，加大罚金刑适用力度，剥夺侵权人再犯罪能力和条件。组织对大案要案进行庭审直播。

9. 国务院批转发展改革委关于 2014 年深化经济体制改革重点任务意见的通知（国发〔2014〕18 号）（节选）

各省、自治区、直辖市人民政府，国务院各部委、各直属机构：

国务院同意发展改革委《关于 2014 年深化经济体制改革重点任务的意见》，现转发给你们，请认真贯彻执行。

国务院

2014 年 4 月 30 日

关于 2014 年深化经济体制改革重点任务的意见（节选）

2014 年是全面贯彻落实党的十八届三中全会精神的第一年，改革是今年政府工作的首要任务，经济体制改革是全面深化改革的重点。根据《中央全面深化改革领导小组 2014 年工作要点》和今年《政府工作报告》的部署，现就 2014 年深化经济体制改革重点任务提出以下意见。

三、着力推进财税金融价格改革

金融体制改革要更好地服务于实体经济和社会事业发展。加快推进利率汇率市场化改革，有序推进人民币资本项目可兑换。进一步完善人民币汇率市场化形成机制，加大市场决定汇率的力度，增强人民币汇率双向浮动弹性。有序放宽金融机构市场准入，在加强监管前提下，允许具备条件的民间资本依法发起设立中小银行等金融机构，引导民间资本参股、投资金融机构和融资中介服务机构。针对中小企业特别是小微企业和“三农”多层次、多样化融资需求，注重发展熟悉当地情况、特色鲜明的地方法人银行。推进政策性金融机构改革，健全可持续运营机制。建立存款保险制度，健全金融机构风险处置机制，保护存款人利益。加快发展多层次资本市场，发展并规范债券市场，提高直接融资比重。完善保险定价机制，建立健全农业保险和巨灾保险制度。处理好金融创新与金融监管的关系，促进互联网金融健康发展。加快建立统一、全面、共享的金融业综合统计体系，制定金融统计管理条例。通过完善制度、规范秩序、加强监管、坚守底线，切实防范系统性和区域性金融风险。

四、深化国有企业、科技体制等改革

提高服务业发展水平，让人民群众像选择商品一样有更多的服务可选择。依靠改革推动和开放倒逼机制，加快健康服务业、养老服务业、节能环保产业、文化创意和设计服务、现代物流、电子商务、信息消费、物联网和互联网等服务业发展。

10. 国务院关于印发社会信用体系建设规划纲要（2014—2020 年）的通知（国发〔2014〕21 号）（节选）

各省、自治区、直辖市人民政府，国务院各部委、各直属机构：

现将《社会信用体系建设规划纲要（2014—2020 年）》印发给你们，请认真贯彻执行。

国务院

2014 年 6 月 14 日

社会信用体系建设规划纲要（2014—2020 年）（节选）

社会信用体系是社会主义市场经济体制和社会治理体制的重要组成部分。它以法律、法规、标准和契约为依据，以健全覆盖社会成员的信用记录和信用基础设施网络为基础，以信用信息合规应用和信用服务体系为支撑，以树立诚信文化理念、弘扬诚信传统美德为内在要求，以守信激励和失信约束为奖惩机制，目的是提高全社会的诚信意识和信用水平。

二、推进重点领域诚信建设

（三）全面推进社会诚信建设

互联网应用及服务领域信用建设。大力推进网络诚信建设，培育依法办网、诚信用网理念，逐步落实网络实名制，完善网络信用建设的法律保障，大力推进网络信用监管机制建设。建立网络信用评价体系，对互联网企业的服务经营行为、上网人员的网上行为进行信用评估，记录信用等级。建立涵盖互联网企业、上网个人的网络信用档案，积极推进建立网络信用信息与社会其他领域相关信用信息的交换共享机制，大力推动网络信用信息在社会各领域推广应用。建立网络信用黑名单制度，将实施网络欺诈、造谣传谣、侵害他人合法权益等严重网络失信行为的企业、个人列入黑名单，对列入黑名单的主体采取网上行为限制、行业禁入等措施，通报相关部门并进行公开曝光。

五、完善以奖惩制度为重点的社会信用体系运行机制

（五）强化信用信息安全管理

健全信用信息安全管理体制。完善信用信息保护和网络信任体系，建立健全信用信息安全监控体系。加大信用信息安全监督检查力度，开展信用信息安全风险评估，实行信用信息安全等级保护。开展信用信息系统安全认证，加强信用信息服务系统安全管理。建立和完善信用信息安全应急处理机制。加强信用信息安全基础设施建设。

11. 国务院关于取消和调整一批行政审批项目等事项的决定（国发〔2014〕27 号）（节选）

各省、自治区、直辖市人民政府，国务院各部委、各直属机构：

经研究论证，国务院决定，取消和下放 45 项行政审批项目，取消 11 项职业资格许可和认定事项，将 31 项工商登记前置审批事项改为后置审批。另建议取消和下放 7 项依据有关法律设立的行政审批事项，将 5 项依据有关法律设立的工商登记前置审批事项改为后置审批，国务院将依照法定程序提请全国人民代表大会常务委员会修订相关法律规定。《国务院关于取消和下放 50 项行政审批项目等事项的决定》（国发〔2013〕27 号）和《国务院关于取消和下放一批行政审批项目的决定》（国发〔2013〕44 号）中提出的涉及修改法律的行政审批项目，有 8 项国务院已按照法定程序提请全国人民代表大会常务委员会修改了相关法律，现一并予以公布。

附件：

1. 国务院决定取消和下放管理层级的行政审批项目目录（共计 53 项）
2. 国务院决定取消的职业资格许可和认定事项目录（共计 11 项）
3. 国务院决定改为后置审批的工商登记前置审批事项目录（共计 31 项）

国务院

2014 年 7 月 22 日

国务院决定取消和下放管理层级的行政审批项目目录（共计 53 项）

序　号	项目名称	审批部门	其他共同审批部门	设 定 依 据	处理决定	备　注
3	设立互联网域名注册服务机构审批	工业和信息化部	无	《国务院对确需保留的行政审批项目设定行政许可的决定》（国务院令第 412 号）	下放至省级通信管理局	
22	设立互联网上网服务营业场所经营单位审批	文化部	县级以上地方人民政府文化行政主管部门	《互联网上网服务营业场所管理条例》（国务院令第 363 号）	改为后置审批	

12. 国务院关于加快发展生产性服务业促进产业结构调整升级的指导意见（国发〔2014〕26 号）（节选）

各省、自治区、直辖市人民政府，国务院各部委、各直属机构：

国务院高度重视服务业发展。近年来陆续出台了家庭、养老、健康、文化创意等生活性服务业发展指导意见，服务供给规模和质量水平明显提高。与此同时，生产性服务业发展相对滞后、水平不高、结构不合理等问题突出，亟待加快发展。生产性服务业涉及农业、工业等产业的多个环节，具有专业性强、创新活跃、产业融合度高、带动作用显著等特点，是全球产业竞争的战略制高点。加快发展生产性服务业，是向结构调整要动力、促进经济稳定增长的重大措施，既可以有效激发内需潜力、带动扩大社会就业、持续改善人民生活，也有利于引领产业向价值链高端提升。为加快重点领域生产性服务业发展，进一步推动产业结构调整升级，现提出以下意见：

二、发展导向

（三）加快生产制造与信息技术服务融合

支持农业生产的信息技术服务创新和应用，发展农作物良种繁育、农业生产动态监测、环境监控等信息技术服务，建立健全农产品质量安全可追溯体系。鼓励将数字技术和智能制造技术广泛应用于产品设计和制造过程，丰富产品功能，提高产品性能。运用互联网、大数据等信息技术，积极发展定制生产，满足多样化、个性化消费需求。促进智能终端与应用服务相融合、数字产品与内容服务相结合，推动产品创新，拓展服务领域。发展服务于产业集群的电子商务、数字内容、数据托管、技术推广、管理咨询等服务平台，提高资源配置效率。

三、主要任务

（四）信息技术服务

发展涉及网络新应用的信息技术服务，积极运用云计算、物联网等信息技术，推动制造业的智能化、柔性化和服务化，促进定制生产等模式创新发展。加快面向工业重点行业的知识库建设，创新面向专业领域的信息服务方式，提升服务能力。加强相关软件研发，提高信息技术咨询设计、集成实施、运行维护、测试评估和信息安全服务水平，面向工业行业应用提供系统解决方案，促进工业生产业务流程再造和优化。推动工业企业与软件提供商、信息服务提供商联合提升企业生产经营管理全过程的数字化水平。支持工业企业所属信息服务机构面向行业和社会提供专业化服务。加快农村互联网基础设施建设，推进信息进村入户。

（七）电子商务

深化大中型企业电子商务应用，促进大宗原材料网上交易、工业产品网上定制、上下游关联企业业务协同发展，创新组织结构和经营模式。引导小微企业依托第三方电子商务服务平台开展业务。抓紧研究制定鼓励电子商务创新发展的意见。深化电子商务服务集成创新。加快并规范集交易、电子认证、在线支付、物流、信用评估等服务于一体的第三方电子商务综合服务平台发展。加快推进适应电子合同、电子发票和电子签名发展的制度建设。建设开放式电子商务快递配送信息平台和社会化仓储设施网络，加快布局、规范建设快件处理中心和航空、陆运集散中心。鼓励对现有商业设施、邮政便民服务设施等的整合利用，加强共同配送末端网点建设，推动社区商业电子商务发展。深入推进国家电子商务示范城市、示范基地和示范企业建设，发展电子商务可信交易保障、交易纠纷处理等服务。建立健全促进电子商务发展的工作保障机制。加强网络基础设施建设和电子商务信用体系、统计监测体系建设，不断完善电子商务标准体系和快递服务质量评价体系。推进农村电子商务发展，积极培育农产品电子商务，鼓励网上购销对接等多种交易方式。支持面向跨境贸易的多语种电子商务平台建设、服务创新和应用推广。积极发展移动电子商务，推动移动电子商务应用向工业生产经营和生产性服务业领域延伸。

（十）售后服务

鼓励企业将售后服务作为开拓市场、提高竞争力的重要途径，增强服务功能，健全服务网络，提升服务质量，完善服务体系。完善产品“三包”制度，推动发展产品配送、安装调试、以旧换新等售后服务，积极运用互联网、物联网、大数据等信息技术，发展远程检测诊断、运营维护、技术支持等售后服务新业态。大力发展专业维护维修服务，加快技术研发与应用，促进维护维修服务业务和服务模式创新，鼓励开展设备监理、维护、修理和运行等全生命周期服务。积极发展专业化、社会化的第三方维护维修服务，支持具备条件的工业企业内设机构向专业维护维修公司转变。完善售后服务标准，加强售后服务专业队伍建设，健全售后服务认证制度和质量监测体系，不断提高用户满意度。

国务院

2014年7月28日

13. 国务院关于授权国家互联网信息办公室负责互联网信息内容管理工作的通知（国发〔2014〕33号）

各省、自治区、直辖市人民政府，国务院各部委、各直属机构：

为促进互联网信息服务健康有序发展，保护公民、法人和其他组织的合法权益，维护国家安全和公共利益，授权重新组建的国家互联网信息办公室负责全国互联网信息内容管理工作，并负责监督管理执法。

国务院

2014年8月26日

14. 国务院关于取消和调整一批行政审批项目等事项的决定（国发〔2014〕50号）（节选）

各省、自治区、直辖市人民政府，国务院各部委、各直属机构：

经研究论证，国务院决定，取消和下放58项行政审批项目，取消67项职业资格许可和认定事项，取消19项评比达标表彰项目，将82项工商登记前置审批事项调整或明确为后置审批。另建议取消和下放32项依据有关法律设立的行政审批和职业资格许可认定事项，将7项依据有关法律设立的工商登记前置审批事项改为后置审批，国务院将依照法定程序提请全国人民代表大会常务委员会修订相关法律规定。

附件：

1. 国务院决定取消和下放管理层级的行政审批项目目录（共计58项）
2. 国务院决定取消的职业资格许可和认定事项目录（共计67项）
3. 国务院决定取消的评比达标表彰项目目录（共计19项）
4. 国务院决定调整或明确为后置审批的工商登记前置审批事项目录（共计82项）

国务院

2014年10月23日

附件4　国务院决定调整或明确为后置审批的工商登记前置审批事项目录（共计82项）

序号	项目名称	实施机关	设定依据	处理决定
22	设立经营性互联网文化单位审批	省级人民政府文化行政主管部门	《国务院对确需保留的行政审批项目设定行政许可的决定》（国务院令第412号） 《国务院关于第五批取消和下放管理层级行政审批项目的决定》（国发〔2010〕21号）	改为后置审批
23	港、澳服务提供者在内地设立互联网上网服务营业场所	省级人民政府文化行政主管部门	《〈内地与香港关于建立更紧密经贸关系的安排〉补充协议九》 《〈内地与澳门关于建立更紧密经贸关系的安排〉补充协议九》	改为后置审批
40	互联网药品交易服务企业审批	食品药品监管总局或省级人民政府食品药品监管部门	《国务院对确需保留的行政审批项目设定行政许可的决定》（国务院令第412号）	改为后置审批
41	药品、医疗器械互联网信息服务审批	省级人民政府药品监督管理部门	《互联网信息服务管理办法》（国务院令第292号）	改为后置审批

15. 国务院关于创新重点领域投融资机制鼓励社会投资的指导意见（国发〔2014〕60号）（节选）

各省、自治区、直辖市人民政府，国务院各部委、各直属机构：

为推进经济结构战略性调整，加强薄弱环节建设，促进经济持续健康发展，迫切需要在公共服务、资源环境、生态建设、基础设施等重点领域进一步创新投融资机制，充分发挥社会资本特别是民间资本的积极作用。为此，特提出以下意见。

七、推进信息和民用空间基础设施投资主体多元化

（二十二）鼓励电信业进一步向民间资本开放。进一步完善法律法规，尽快修订电信业务分类目录。研究出台具体试点办法，鼓励和引导民间资本投资宽带接入网络建设和业务运营，大力发展宽带用户。推进民营企业开展移动通信转售业务试点工作，促进业务创新发展。

（二十三）吸引民间资本加大信息基础设施投资力度。支持基础电信企业引入民间战略投资者。推动中国铁塔股份有限公司引入民间资本，实现混合所有制发展。

（二十四）鼓励民间资本参与国家民用空间基础设施建设。完善民用遥感卫星数据政策，加强政府采购服务，鼓励民间资本研制、发射和运营商业遥感卫星，提供市场化、专业化服务。引导民间资本参与卫星导航地面应用系统建设。

国务院

2014 年 11 月 16 日

16. 国务院办公厅关于加强政府网站信息内容建设的意见（国办发〔2014〕57 号）

各省、自治区、直辖市人民政府，国务院各部委、各直属机构：

政府网站是信息化条件下政府密切联系人民群众的重要桥梁，也是网络时代政府履行职责的重要平台。近年来，各级政府积极适应信息技术发展、传播方式变革，运用互联网转变政府职能、创新管理服务、提升治理能力，使政府网站成为信息公开、回应关切、提供服务的重要载体。但一些政府网站也存在内容更新不及时、信息发布不准确、意见建议不回应等问题，严重影响政府公信力。建好管好政府网站是各级政府及其部门的重要职责，为进一步做好政府网站信息内容建设工作，经国务院同意，现提出以下意见。

一、总体要求

（一）指导思想。深入贯彻落实党中央、国务院的决策部署，围绕建设法治政府、创新政府、廉洁政府的目标，把握新形势下政务工作信息化、网络化的新趋势，加强政府网站信息内容建设管理，提升政府网站发布信息、解读政策、回应关切、引导舆论的能力和水平，将政府网站打造成更加及时、准确、有效的政府信息发布、互动交流和公共服务平台，为转变政府职能、提高管理和服务效能，推进国家治理体系和治理能力现代化发挥积极作用。

（二）基本原则。

——围绕中心，服务大局。紧密结合政府工作主要目标和重点任务，充分反映重要会议、活动和决策内容，解读重大政策，使公众理解和支持政府工作。

——以人为本，心系群众。坚持执政为民，把满足社会公众对政府信息的需求作为出发点和落脚点，密切政府同人民群众的关系，增强政府的公信力和凝聚力。

——公开透明，加强互动。及时准确发布政府信息，开展交流互动，倾听公众意见，回应社会关切，接受社会监督，使政府网站成为公众获取政府信息的第一来源、互动交流的重要渠道。

——改革创新，注重实效。把握互联网传播规律，适应公众需求，理顺管理体制，完善协调机制，创新表现形式，提高保障能力，加强协同联动，打造传播主流声音的政府网站集群。

二、加强政府网站信息发布工作

（三）强化信息发布更新。各地区、各部门要将政府网站作为政府信息公开的第一平台，建立完善信息发布机制，第一时间发布政府重要会议、重要活动、重大政策信息。依法公开政府信息，做到决策公开、执行公开、管理公开、服务公开、结果公开。健全政府网站信息内容更新的保障机制，提高发布时效，对本地区、本部门政府网站内容更新情况进行监测，对于内容更新没有保障的栏目要及时归并或关闭。

（四）加大政策解读力度。政府研究制定重大政策时，要同步做好网络政策解读方案。涉及经济发展和社会民生等政策出台时，在政府网站同步推出由政策制定参与者、专业机构、专家学者撰写的解读评论文章或开展的访谈等，深入浅出、通俗易懂地解读政策。要提供相关背景、案例、数据等，还可通过数字化、图表图解、音频、视频等方式予以展现，增强网站的吸引力亲和力。

（五）做好社会热点回应。涉及本地区、本部门的重大突发事件、应急事件，要依法按程序在第一时间通过政府网站发布信息，公布客观事实，并根据事件发展和工作进展及时发布动态信息，表明政府态度。围绕社会关注的热点问题，相关部门和单位要通过政府网站作出积极回应，阐明政策，解疑释惑，化解矛盾，理顺情绪。

（六）加强互动交流。各地区、各部门要通过政府网站开展在线访谈、意见征集、网上调查等，加强与公众的互动交流，广泛倾听公众意见建议，接受社会的批评监督，搭建政府与公众交流的“直通车”。进一步完善公众意见的收集、处理、反馈机制，了解民情，回答问题。开办互动栏目的，要配备相应的后台服务团队和受理系统。收到网民意见建议后，要进行综合研判，对其中有价值、有意义的应在 7 个工作日内反馈处理意见，情况复杂的可延长至 15 个工作日，无法办理的应予以解释说明。

三、提升政府网站传播能力

（七）拓宽网站传播渠道。通过开展技术优化、增强内容吸引力，提升政府网站页面在搜索引擎中的收录比例和搜索效果。政府网站要提供面向主要社交媒体的信息分享服务，加强手机、平板电脑等移动终端应用服务，积极利用微博、微信等新技术新应用传播政府网站内容，方便公众及时获取政府信息。有条件的政府网站可发挥优势，开展研讨交流、推广政府网站品牌等活动。

（八）建立完善联动工作机制。各级政府面向公众公开举办重要会议、新闻发布、经贸活动、旅游推广等活动时，政府网站要积极参与，做好传播工作。各级政府网站之间要加强协同联动，发挥政府网站集群效应。国务院发布对全局工作有指导意义、需要社会广泛知晓的政策信息时，各级政府网站应及时转载、链接；发布某个行业或地区的政策信息时，涉及的部门和地方政府网站应及时转载、链接。

（九）加强与新闻媒体协作。加强政府网站与报刊、杂志、广播、电视等媒体的合作，增进政府网站同新闻网站以及有新闻资质的商业网站等的协同，最大限度地提高政府信息的影响力，将政府声音及时准确传递给公众。同时，政府网站也可选用传统媒体和其他网站的重要信息、观点，丰富网站内容。

（十）规范外语版网站内容。开设外语版网站要有专业、合格的支撑能力，用专业外语队伍保障内容更新，确保语言规范准确，尊重外国受众文化和接受习惯。精心组织设置外语版网站栏目，加快信息更新频率，核心信息尽量与中文版网站基本同步。加强与中央和省（区、市）外宣媒体的合作，解决语言翻译问题。没有相应条件的可暂不开设外语版。

四、完善信息内容支撑体系

（十一）建立信息协调机制。由各地区、各部门办公厅（室）牵头，相关职能部门参加，建立主管主办政府网站的信息内容建设协调机制，统筹业务部门、所属单位和相关方面向政府网站提供信息，分解政策解读、互动回应、舆情处置等任务。各地区、各部门办公厅（室）要根据实际需要，确定一位负责人主持协调机制，每周定期研究政府网站信息内容建设工作，按照“谁主管谁负责”、“谁发布谁负责”，根据职责分工，向有关方面安排落实信息提供任务。办公厅（室）政府信息公开或其他专门工作机构承担日常具体协调工作。

（十二）规范信息发布流程。职能部门要根据不同内容性质分级分类处理，选择信息发布途径和方式，把握好信息内容的基调、倾向、角度，突出重点，放大亮点，谨慎掌握敏感问题的分寸。要明确信息内容提供的责任，严格采集、审核、报送、复制、传递等环节程序，做好信息公开前的保密审查工作，防止失泄密问题。按照政府网站信息内容的格式、方式、发布时限，做好原创性信息的编制和加工，保证所提供的信息内容合法、完整、准确、及时。网站运行管理团队要明确编辑把关环节的责任，做好信息内容接收、筛选、加工、发布等，对时效性要求高的信息随时编辑、上网。杜绝政治错误、内容差错、技术故障。

（十三）加强网上网下融合。业务部门要切实做好网上信息提供、政策解读、互动回应、舆情处置等线下工作，使线上业务与线下业务同步考虑、同步推进。建立政府网站信息员、联络员制度，在负责提供信息内容的职能部门中聘请若干信息员、联络员，负责网站信息收集、撰写、报送及联络等工作。

（十四）理顺外包服务关系。各地区、各部门要组建网站的专业运行管理团队，负责重要信息内容的发布和把关。对于外包的业务和事项，严格审查服务单位的业务资质、服务能力、人员素质，核实管理制度、响应速度、应急预案，确保服务人员技术水平能够满足网站运行要求。签订合作协议，应划清自主运行和外包服务的关系，明确网站运行管理团队、技术运维团队、信息和服务保障团队的职责与关系，细化外包服务人员、服务内容、服务质量等要求，既加强沟通交流，又做好监督管理，确保人员到位、服务到位。

五、加强组织保障

（十五）完善政府网站内容管理体系。按照属地管理和主管主办的原则，全国政府网站内容管理体系分为中央和地方两个层级：国务院办公厅负责推进全国政府网站信息内容建设，指导省（区、市）和国务院各部门政府网站信息内容建设；省（区、市）政府办公厅负责推进、指导本地区各级各类政府网站信息内容建设。各部门由其办公厅（室）等机构负责推进本部门政府网站信息内容建设，中央垂直管理或以行业管理为主的部门由其办公厅（室）负责管理本系统政府网站信息内容建设。

（十六）推进集约化建设。完善政府网站体系，优化结构布局，在确保安全的前提下，各省（区、市）要建设本地区统一的政府网站技术平台，计划单列市、副省级城市和有条件的地级市可单独建立技术平台。为保障技术安全，加强信息资源整合，避免重复投资，市、县两级政府要充分利用上级政府网站技术平台开办政府网站，已建成的网站可在 3~5 年内迁移到上级政府网站技术平台。县级政府各部门、乡镇政府（街道办事处）不再单独建设政府网站，要利用上级政府网站技术平台开设子站、栏目、频道等，主要提供信息内容，编辑集成、技术安全、运维保障等由上级政府网站承担。国务院各部门要整合所属部门的网站，建设统一的政府网站技术平台。

（十七）建立网站信息内容建设管理规范。国务院办公厅牵头组织编制政府网站发展指引，明确政府网站内容建设、功能要求等。各地区、各部门办公厅（室）要结合本地区、本部门的实际情况和工作特点，制定政府网站内容更新、信息发布、政策解答、协同联动等工作规程，完善政府网站设计、内容搜索、数据库建设、无障碍服务、页面链接等技术规范。加强标准规范宣传与应用推广。

（十八）加强人员和经费等保障。各地区、各部门要在人员、经费、设备等方面为政府网站提供有力保障。要明确具体负责协调推进政府网站内容建设的工作机构和专门人员，建设专业化、高素质网站运行管理队伍，保障网站健康运行、不断发展。各级财政要把政府网站内容保障和运行维护等经费列入预算，并保证逐步有所增加。政府网站经费中要安排相应的部分，用于信息采编、政策解读、互动交流、回应关切等工作，向聘用的信息员、联络员等支付劳动报酬或稿费。

（十九）完善考核评价机制。把政府网站建设管理作为主管主办单位目标考核和绩效考核的内容之一，建立政府网站信息内容建设年度考核评估和督查机制，分级分类进行考核评估，使之制度化、常态化。对考核评估合格且社会评价优秀的政府网站，给予相关单位和人员表扬，推广先进经验。对于不合格的，通报相关主管主办部门和单位，要求限期整改，对分管负责人和工作人员进行问责和约谈。完善专业机构、媒体、公众相结合的社会评价机制，对政府网站开展社会评价和监督，评价过程和结果向社会公开。

（二十）加强业务培训。各地区、各部门要把知网、懂网、用网作为领导干部能力建设的重要内容，引导各级政府领导干部通过政府网站解读重大政策，回应社会关切。国务院办公厅和各省（区、市）政府办公厅每年要举办培训班或交流研讨会，对政府网站分管负责人和工作人员进行培训，切实提高政府办网和管网水平。

各地区、各部门要根据本意见要求制定具体落实措施，并将贯彻落实情况报送国务院办公厅。

国务院办公厅

2014 年 11 月 17 日

17. 国家新闻出版广电总局关于进一步完善网络剧、微电影等网络视听节目管理的补充通知（新广电发〔2014〕2 号）

各省、自治区、直辖市广播影视局：

《关于进一步加强网络剧、微电影等网络视听节目管理的通知》（广发〔2012〕53 号）下发以来，各地落实情况总体良好，对规范网络剧、微电影等网络视听节目管理起到了促进作用。但是，也有一些地方反映，有的互联网视听节目服务单位自审自播网络剧、微电影等网络视听节目，审核标准尺度不同，导致同一节目出现不同版本；个别节目的制作方不具备广播电视节目制作资质，一些需编辑的节目难以联系制作方进行重新编辑；还有一些节目未按要求及时备案。为进一步完善管理，营造文明健康的网络环境，防止内容低俗、格调低下、渲染暴力色情的网络视听节目对社会产生不良影响，现就有关问题补充通知如下：

一、各地新闻出版广电行政部门要指导辖区内互联网视听节目服务单位全面履行开办主体职责，认真落实好先审后播的管理制度，严把播出关，制作播出适合网络传播、体现时代精神、弘扬真善美、人民群众喜闻乐见的网络剧、微电影等网络视听节目。

二、从事生产制作网络剧、微电影等网络视听节目的机构，应依法取得广播影视行政部门颁发的《广播电视节目制作经营许可证》。互联网视听节目服务单位不得播出未取得《广播电视节目制作经营许可证》机构制作的网络剧、微电影等网络视听节目。

三、个人制作并上传的网络剧、微电影等网络视听节目，由转发该节目的互联网视听节目服务单位履行生产制作机构的责任。互联网视听节目服务单位只能转发已核实真实身份信息并符合内容管理规定的个人上传的网络剧、微电影等网络视听节目，不得转发非实名用户上传的此类节目。

四、各地新闻出版广电行政部门要加强广播电视节目制作经营机构的管理，对生产制作网络剧、微电影等网络视听节目的主创人员开展有针对性的培训，加强网络剧、微电影选题管理，确保所选题材积极健康向上。同时，采取举办创作座谈会、开展优秀节目评奖、行业自律和文艺批评等方式，引导主创人员自觉坚持正确导向。

五、互联网视听节目服务单位自审自播的网络剧、微电影等网络视听节目，应在上网播出前完成节目信息备案和备案号标注工作。未按要求备案或未标注备案号的节目不得上网播出。

六、网络剧、微电影等网络视听节目播出后，群众举报或新闻出版广电行政部门发现节目内容不符合国家有关规定的，要立即下线。其中，有些节目虽然存在问题，但重新编辑后可以播出的，要立即联系节目制作机构重新编辑，重编节目经相应行政部门审核通过并形成统一版本后，方可重新上线。

七、广播电视节目制作经营机构生产制作网络剧、微电影等网络视听节目，节目内容违反广播影视有关管理规定的，主管部门要按照《广播电视管理条例》、《广播电视节目制作经营管理规定》（广电总局令第34号）予以处罚。

各地新闻出版广电行政部门要及时将本《通知》通知到辖区内《信息网络传播视听节目许可证》持证机构，并督促持证机构落实好通知提出的各项要求。

特此通知。

国家新闻出版广电总局

2014年1月2日

18. 工业和信息化部 上海市人民政府关于中国（上海）自由贸易试验区进一步对外开放增值电信业务的意见

为贯彻落实党中央、国务院关于建立中国（上海）自由贸易试验区（以下简称试验区）的重大决策，实施更加积极主动的开放战略，支持试验区实现以开放促发展、促改革、促创新，形成可复制、可推广的经验，根据《国务院关于同意中国（上海）自由贸易试验区总体方案的批复》，现就试验区内进一步对外开放增值电信业务，提出如下意见：

一、指导思想

积极推动试验区内增值电信业务进一步试点对外开放。加强管理，引导外商投资企业规范经营电信业务。完善服务，维护公平竞争的市场环境，促进电信市场持续健康发展。

二、开放领域

（一）已经对WTO承诺开放，但外资股比不超过50%的信息服务业务、存储转发类业务等两项业务外资股比可试点突破50%。其中信息服务业务仅含应用商店。

（二）新增试点开放四项业务：呼叫中心业务、国内多方通信服务业务、因特网接入服务业务（为上网用户提供因特网接入服务）、国内因特网虚拟专用网业务。其中，呼叫中心业务、国内多方通信服务业务、因特网接入服务业务（为上网用户提供因特网接入服务）外资股比可突破50%；国内因特网虚拟专用网业务外资股比不超过50%。

（三）在线数据处理与交易处理业务（经营类电子商务）外资股比不超过55%。

（四）申请经营上述电信业务的企业注册地和服务设施须设在试验区内。因特网接入服务业务（为上网用户提供因特网接入服务）的服务范围限定在试验区内，其他业务的服务范围可以面向全国。

三、保障措施

（一）制定细则

根据国务院总体部署，在试验区内暂停实施《外商投资电信企业管理规定》（国务院 534 号令）相关规定内容。同时加快制定试点管理办法，调整相关管理制度，简化审批手续，缩短审批时限。

（二）营造环境

引导外资企业依法规范经营增值电信业务，鼓励外资企业研发中心进驻试验区。切实保护电信用户合法权益，培育和维护公平竞争的市场环境，促进电信市场持续健康发展。

（三）完善服务

加大政策宣传力度，搭建服务交流平台，加强与外资企业的沟通。为外资企业提供政策咨询和服务，积极为外资企业解决实际困难和问题。

（四）加强监管

完善相关信息收集和统计分析，明确对网络基础设施、数据资源、用户信息保护等方面的要求。加强对国际通信业务和网络运行安全的监管，维护网络和信息安全。

为推进试验区进一步开放增值电信业务的工作，由工业和信息化部联合上海市人民政府建立部市协调工作机制，推动相关工作的落实。上海市通信管理局应当加强对外资企业的引导和监督，对各项业务试点开放的落实和管理情况，要定期报工业和信息化部和上海市人民政府。

19. 工业和信息化部办公厅 发展改革委办公厅关于开展创建“宽带中国”示范城市（城市群）工作的通知（工信厅联通〔2014〕5 号）

各省、自治区、直辖市通信管理局，各省、自治区、直辖市及计划单列市、新疆生产建设兵团工业和信息化主管部门、发展改革委：

为落实《国务院关于印发“宽带中国”战略及实施方案的通知》（国发〔2013〕31 号），加快提升城市宽带发展水平，推动我国城镇化和信息化同步发展，促进经济转型和信息消费，工业和信息化部、发展改革委决定联合开展创建“宽带中国”示范城市（城市群）工作。现将《创建“宽带中国”示范城市（城市群）工作管理办法》印发给你们，请按要求和程序组织做好本地区“宽带中国”示范城市（城市群）创建工作。

工业和信息化部办公厅

国家发展和改革委员会办公厅

2014 年 1 月 8 日

创建“宽带中国”示范城市（城市群）工作管理办法

第一条　为落实《国务院关于印发“宽带中国”战略及实施方案的通知》（国发〔2013〕31 号），加快提升城市宽带发展水平，推动我国城镇化和信息化同步发展，促进经济转型和信息消费，特开展创建“宽带中国”示范城市（城市群）工作。

第二条　“宽带中国”示范城市（城市群）是指具有良好的宽带发展基础，通过创建示范实现本地区宽带发展水平大幅提升，其整体宽带发展水平及发展模式对于全国同类地区具有较大的示范和引领作用的城市（城市群）。

第三条　工业和信息化部、国家发展改革委负责创建“宽带中国”示范城市（城市群）的组织管理工作。各省（自治区、直辖市）通信管理局、工业和信息化主管部门、发展改革委负责指导本地区的创建示范工作。

鼓励各地在创建示范组织工作中，积极发挥各级相关行业协会、学会、联盟等社会组织的支持作用。

第四条　创建对象范围：地级及以上城市、直辖市下辖区县以及省直管县可以申报创建“宽带中国”示范城市（直辖市可以整体申报，但不得与下辖区县同时申报）；中央或省级政府正式批复的城市群可以创建“宽带中国”示范城市群。

第五条　“宽带中国”示范城市（城市群）创建期为 3 年。

第六条　申报创建“宽带中国”示范城市（城市群）应具有良好的宽带发展基础，下述指标中应至少满足其中 4 项要求：

（一）城市家庭 20Mbps 及以上宽带接入能力达到 85%；

（二）农村家庭 4Mbps 及以上宽带接入能力达到 90%；

（三）固定宽带家庭普及率达到 55%；

（四）3G/LTE 移动电话人口普及率达到 40%；

（五）4Mbps 及以上宽带用户渗透率达到 80%；

（六）8Mbps 及以上宽带用户渗透率达到 35%。

第七条　创建“宽带中国”示范城市（城市群）由符合上述基本条件要求的城市（城市群）人民政府提出申报（城市群由相关城市人民政府联合申报或由省级政府指定的相关部门负责申报、直辖市由其指定的相关部门负责申报），由所在省（自治区、直辖市）通信管理局牵头汇总材料，并联合工业和信息化主管部门、发展改革委向工业和信息化部、国家发展改革委进行申报。

第八条　城市（城市群）人民政府结合本地区实际情况，编制“宽带中国”示范城市（城市群）创建方案。创建方案须满足如下要求：

（一）建立工作机制。创建“宽带中国”示范城市（城市群）应建立完备的推进宽带发展工作的组织决策和协调机制，细化具体工作任务及责任部门。

（二）明确创建目标。创建“宽带中国”示范城市（城市群）应结合《“宽带中国”战略及实施方案》的任务要求及 2020 年发展目标，制定本地区未来三年的具体工作目标，其中“第六条”所要求的 6 项指标，均应在创建期末达到全国领先水平。

（三）创新发展思路。创建“宽带中国”示范城市（城市群）应能紧密结合本地区经济社会发展需求，注重发挥宽带在推进经济转型、促进信息消费、服务社会民生等方面的作用，加强宽带与下一代互联网、第四代移动通信等有关工作的统筹衔接，探索具有地方特色的宽带发展模式，对全国同类地区产生较大的示范和引领作用。

（四）加大政策保障。创建“宽带中国”示范城市（城市群）所采取的政策措施应能充分体现宽带网络作为战略性公共基础设施的定位，应将宽带发展纳入当地城乡规划、土地利用总体规划，且在推进网络建设、用户普及、应用发展等方面有具体的保障措施。

第九条　申报创建“宽带中国”示范城市（城市群）需提交以下材料（相关模板可在工

业和信息化部官方网站下载）：

（一）城市（城市群）宽带发展现状；

（二）“宽带中国”示范城市（城市群）创建方案；

（三）申报创建“宽带中国”示范城市群须提供中央或省级政府对城市群批复的规划等文件；

（四）其他补充材料。

第十条 “宽带中国”示范城市（城市群）按年度接受申报。相关省（自治区、直辖市）通信管理局应于每年 2 月 15 日至 3 月 15 日期间，将“宽带中国”示范城市（城市群）创建方案等申报材料报送工业和信息化部；“宽带中国”示范城市（城市群）申报材料中提供的各项指标数据应使用上年度 9 月份以后的统计数据。

第十一条 工业和信息化部、国家发展改革委组织专家对创建“宽带中国”示范城市（城市群）申报材料进行评审并组织实地抽查后，确定年度“宽带中国”示范城市(城市群)名单并在工业和信息化部、国家发展改革委官方网站上公布。

第十二条 工业和信息化部、国家发展改革委在官方网站上适时更新“宽带中国”示范城市（城市群）名单，并公开“宽带中国”示范城市（城市群）的创建方案要点。

第十三条 “宽带中国”示范城市（城市群）在创建期内，应于每年 3 月底前通过所在省（自治区、直辖市）通信管理局，向工业和信息化部报送上一年度工作进展情况。创建期结束后，工业和信息化部将联合国家发展改革委组织对“宽带中国”示范城市（城市群）的创建工作进行总结。

第十四条 工业和信息化部、国家发展改革委将在信息通信新技术新业务试点、示范项目等方面，优先对“宽带中国”示范城市（城市群）进行支持。

第十五条 根据我国宽带发展情况，工业和信息化部、国家发展改革委适时对创建“宽带中国”示范城市（城市群）工作的基础条件和指标进行更新调整。如遇调整，工业和信息化部、国家发展改革委将依据更新后的基础条件和指标，组织对之前确定的“宽带中国”示范城市（城市群）的宽带发展水平进行评估。

第十六条 本办法由工业和信息化部、国家发展改革委负责解释。

第十七条 本办法自颁布之日起施行。

附：申报材料模板（略）

20. 关于进一步加强互联网地图安全监管工作的通知（国测图发〔2014〕2 号）

各省、自治区、直辖市测绘地理信息行政主管部门，各有关单位：

为进一步加强互联网地图安全监管工作，深入落实经国务院同意，国家测绘地理信息局、外交部、公安部等 8 部门印发的《关于加强互联网地图和地理信息服务网站监管的意见》（国测图字〔2008〕1 号），建立健全上下联动、部门协作的监管体系，维护网上地理信息安全，促进地理信息产业健康发展，现就有关事项通知如下：

一、高度重视互联网地图安全监管工作。当前，随着科学技术的发展，移动互联网地图、实景地图等新应用、新服务的不断涌现，网上地理信息泄密等违法、违规现象呈多样化趋势，通过互联网地图发布或者标注上传敏感、涉密信息，对国家将造成极大的安全隐患。各地、各单位要本着对国家安全和利益高度负责的精神，切实加强组织领导，积极履行国务院赋予测绘地理信息行政主管部门组织协调地理信息安全监管工作的重要职责，进一步完善工作机制，增强工作的联动性，提升监管的能力和水平，切实维护国家安全和利益。

二、明确互联网地图安全监管职责分工。国家测绘地理信息局负责统筹协调全国互联网地图安全监管工作，重点监管全国范围内有影响的、涉及地图的大型商业网站、相关政府和新闻媒体等网站，指导各地开展监管工作。省级测绘地理信息行政主管部门按照属地化管理原则，重点监管ICP在本地注册备案、涉及本地化服务的地图商业网站以及本地政府和新闻媒体等网站。

三、建立健全协同处理机制。国家测绘地理信息局对发现的有关互联网地图问题，根据情况联合相关部门或及时通知相应省级测绘地理信息行政主管部门处理。各地对涉及跨省区的互联网地图问题，可协同或移交相应省级测绘地理信息行政主管部门处理；对互联网地图问题涉及专业信息的，应联合相关部门共同判定和处理；重大情况应报国家测绘地理信息局。各地要加强与外事、通信、公安、工商、保密等部门的联系，建立情况互通、部门协作的联合监管机制。

四、依法开展日常监管工作。各地要充分利用互联网地图监管系统，根据监管职责分工，实现对互联网地图网站不间断地持续监测与跟踪。各地要联合有关部门，及时查处互联网地图网站存在的问题。对互联网地图网站存在的一般性问题地图或敏感信息，应及时通知网站改正；对存在损害国家主权、泄露国家秘密等严重问题的互联网地图网站，在充分取证后，要求互联网地图服务单位立即停止提供服务并严格依法立案查处。

五、大力推进监管系统建设。国家测绘地理信息局将组织有关单位加强技术创新，改进、完善互联网地图监管系统，为监管工作提供技术支撑。国家测绘地理信息局地图技术审查中心具体承担国家级互联网地图日常安全监控，并作为国家监控主节点承担与省级监控节点间信息共享、交流和技术支持工作。各地要加大投入，明确监控工作专门人员，配置工作必需的软硬件设备和网络环境，尽快形成全国联动的互联网地图监管网络。

六、加强监管工作信息交流。各地要充分依托互联网地图监管系统技术平台，充分开展工作交流、技术研讨、协调处理等工作，建立互联网地图安全监管联络员制度（请各地按附件要求于2014年3月15日前提交有关联络员信息）。国家、省级间应加强信息共享，各地要定期向国家测绘地理信息局报送本地监管情况，国家测绘地理信息局积极为各地提供监管技术支持，组织开展有关工作交流和业务培训活动，提升各地互联网地图安全监控工作能力与水平。

七、深入开展宣传教育工作。各地要大力宣传和推广应用“天地图”，充分发挥“天地图”在维护国家主权、安全方面的示范、标榜作用。要通过培训、讲座、以案说法等多种形式，面向互联网地图服务单位开展国家版图意识和互联网地图管理法制教育活动，增强互联网地图服务从业人员积极维护国家主权、安全、利益的自觉性和责任感，共同促进互联网地图市场的健康、快速发展。

附件：互联网地图安全监管联络员信息表（略）

国家测绘地理信息局

2014年2月11日

21. 关于开展打击网上淫秽色情信息专项行动的公告

当前，网络淫秽色情信息屡禁不止、屡打不绝，严重危害未成年人身心健康，严重败坏社会风气，社会各界对此深恶痛绝，人民群众要求严厉整治的呼声强烈。为依法严厉打击利用互联网制作传播淫秽色情信息行为，全国“扫黄打非”工作小组办公室、国家互联网信息办公室、工业和信息化部、公安部决定，自 2014 年 4 月中旬至 11 月，在全国范围内统一开展打击网上淫秽色情信息“扫黄打非 · 净网 2014”专项行动。现将有关事项公告如下:

一、全面清查网上淫秽色情信息。各地各有关部门对互联网站、搜索引擎、应用软件商店等互联网信息服务提供者和网络电视棒、机顶盒等设备，进行全面彻底清查。凡含有淫秽色情内容的文字、图片、视频、广告等信息，一律立即予以删除。

二、依法严惩制作传播淫秽色情信息的企业和人员。对制作传播淫秽色情信息问题严重的网站、频道、栏目，坚决依法责令停业整顿或予以关闭，依法依规吊销相关行政许可。对非法网站，一律依法予以关闭或取消联网资格。根据《中华人民共和国刑法》和最高人民法院、最高人民检察院关于办理利用互联网等传播淫秽电子信息刑事案件具体应用法律若干问题的司法解释等法律法规，对制作、复制、出版、贩卖、传播淫秽电子信息涉嫌构成犯罪的，依法追究刑事责任。对为淫秽色情信息传播提供条件的电信运营服务、网络接入服务、广告服务、代收费服务等经营者，依法追究相关刑事行政责任。自本公告发布之日起，对制作传播淫秽色情信息的，按照有关法律法规从严惩处。

三、严格落实互联网企业主体责任。各互联网站、基础电信运营企业、网络接入服务企业立即开展自查自纠，主动清理网上淫秽色情信息或链接，严格落实信息安全管理制度，完善内容审核把关机制，研发应用防范淫秽色情信息传播的技术措施，不得为淫秽色情信息提供传播条件、渠道。

四、严肃追究失职渎职责任。按照相关管理职责，对疏于监管发生制作传播淫秽色情信息事件、造成恶劣社会影响的，依法依纪严肃追究有关行业监管部门、行政许可审批或备案部门责任人失职渎职责任。对违法违规的基础电信运营企业、互联网信息服务企业等，依法严肃追究法定代表人和主管人员责任。

五、欢迎群众投诉和举报。按照有关举报奖励办法，对举报人予以奖励，并依法保护举报人的个人信息及安全。全国“扫黄打非”工作小组办公室举报中心的举报网址为 http://www.shdf.gov.cn/，举报电话为 12390 和 010－65212870、65212787; 互联网违法和不良信息举报中心的举报网址为 net.china.com.cn，举报电话为 12377，举报邮箱为 jubao@china.org.cn; 12321 网络不良与垃圾信息举报受理中心的举报网址为 www.12321.cn，举报电话为 010－12321，举报邮箱为 abuse@12321.cn; 网络违法犯罪举报网站的网址为 www.cyberpolice.cn。

特此公告。

全国“扫黄打非”工作小组办公室
国家互联网信息办公室
工业和信息化部
公安部
2014 年 4 月 13 日

22. 工业和信息化部 公安部 工商总局关于印发打击治理移动互联网恶意程序专项行动工作方案的通知（工信部联保〔2014〕153号）

各省、自治区、直辖市通信管理局、公安厅（局）、工商行政管理局：

为了维护网络和信息安全，净化移动互联网环境，保护用户合法权益，工业和信息化部、公安部、工商总局决定自2014年4月至9月，在全国范围内联合开展打击治理移动互联网恶意程序专项行动。现将《打击治理移动互联网恶意程序专项行动工作方案》印发给你们，请认真贯彻落实。

工业和信息化部

公安部

工商总局

2014年4月15日

（联系电话：010-68206190/66022093）

打击治理移动互联网恶意程序专项行动工作方案

移动互联网的迅速发展极大地促进了经济社会的发展和进步。但与此同时，具有恶意扣费、资费消耗、信息窃取、诱骗欺诈等恶意行为的移动互联网恶意程序（以下简称恶意程序），危害网络和信息安全，严重损害人民群众利益。为遏制利用恶意程序从事违法犯罪活动的蔓延势头，维护人民群众合法权益，创造安全的移动互联网信息消费环境，工业和信息化部、公安部、工商总局决定，自2014年4月至9月，在全国范围联合开展打击治理移动互联网恶意程序专项行动（以下简称专项行动）。

一、指导思想

以党的十八大和十八届三中全会精神为指引，按照依法治理、标本兼治的工作思路，充分发挥通信、公安、工商等部门的职能作用和行业自律、社会监督的作用，加强移动应用程序制作、传播、使用环节的安全管理，依法打击利用恶意程序从事违法犯罪活动，维护人民群众合法权益，保障网络与信息安全。

二、工作目标

发现处置一批感染规模较大、危害严重的恶意程序；督促应用商店建立健全移动应用程序安全管理机制；查处一批利用恶意程序从事违法犯罪的案件；打击利用恶意程序非法牟利行为；提高用户安全防护意识；推动建立恶意程序治理的长效机制。

三、组织领导

成立打击治理移动互联网恶意程序专项行动领导小组，领导小组组长由工业和信息化部主管副部长担任，工业和信息化部、公安部、工商总局相关司局领导担任副组长。工业和信息化部负责牵头开展专项行动，公安部负责依法打击利用恶意程序从事违法犯罪的活动，工商总局负责依法查处销售非法植入恶意程序的不合格商品违法行为。打击治理移动互联网恶意程序专项行动领导小组下设办公室（以下简称专项办），负责统筹协调、信息汇总、信息报送等。专项办设在工业和信息化部通信保障局，专项办主任由工业和信息化部通信保障局主管领导担任，工业和信息化部、公安部、工商总局相关司局的处级负责同志担任办公室成员。

四、时间安排

为保证专项行动有计划、有步骤地实施，整个行动分三个阶段进行：

第一阶段：部署准备阶段（本通知下发之日起至 5 月 31 日）。组织各相关单位、企业进行宣传和部署，明确工作要求，开展自查自纠。认真梳理排查，明确工作对象，制定本行政辖区、本部门专项行动实施方案，并报专项办。

第二阶段：集中打击治理阶段（6 月 1 日至 8 月 31 日）。根据行动方案工作目标和工作措施要求，开展实施专项行动，同时做好专项行动新闻宣传工作。

第三阶段：巩固总结阶段（9 月 1 日至 9 月 30 日）。做好专项行动总结工作，推动建立长效机制。

五、工作措施

（一）加强移动智能终端生产企业预装应用程序管理，确保获证终端符合安全管理要求。进一步落实《关于加强移动智能终端进网管理的通知》要求，强化移动智能终端进网安全检测和预装应用程序管理；组织开展移动智能终端证后监督检查，重点对获证终端预装应用程序符合通信行业标准情况及与进网/备案一致性进行检测、核查，对于不符合要求的依法予以处理。

（二）加强对应用商店的监督检查，落实应用商店安全责任。督促和检查应用商店建立开发者真实身份信息验证、应用程序安全检测、安全审核、社会监督举报、恶意程序下架等制度，完善处置响应与反馈流程；组织专业检测机构对应用商店中的应用程序开展安全抽查，并通知相关应用商店下架恶意程序，对不履行安全责任的应用商店依法予以处理。指导行业协会探索开展应用商店信誉评估机制，宣传引导用户从信誉良好的应用商店下载安装应用程序；建立恶意程序黑名单共享机制。

（三）开展应用程序开发者第三方签名认证试点，探索应用程序开发源头管理机制。指导行业协会组织移动应用程序开发者、应用商店、电子认证服务机构、移动智能终端生产企业等开展技术验证和试点工作，探索建立应用程序开发者第三方签名认证体系的可行性，实现应用程序的防篡改和可溯源；推广移动应用程序开发者白名单机制。

（四）加大恶意程序监测处置力度，切断恶意程序利益链条。督促基础电信运营企业完善恶意程序监测与处置技术手段，落实网络安全责任；监督指导相关单位认真执行《移动互联网恶意程序监测与处置机制》，加大对恶意程序控制服务器和传播服务器所使用恶意域名和 IP 地址的监测与处置力度；结合用户举报、安全抽查、网络监测等工作，组织专业机构对恶意程序黑色地下产业链进行深入分析，挖掘线索，对利用恶意程序损害用户权益的恶意程序开发商、移动智能终端生产企业、经销商、信息服务提供者等责任主体，依法进行处理。

（五）加强部门协同，形成打击合力。各部门要加强沟通、密切协作，着力形成打击整治工作合力。通信主管部门组织发现和依照有关通信行业标准认定恶意程序，并将有关违法犯罪线索提交工商部门或者公安部门。工商部门加强移动智能终端销售市场监督检查，受理和处理消费者投诉，按照职责依法查处销售非法植入恶意程序的不合格商品违法行为，对涉嫌犯罪的及时移交公安部门。公安部门根据通信主管部门、工商部门提供的线索或自身掌握的情况，对涉嫌利用恶意程序从事违法犯罪活动开展立案侦查和依法打击。

（六）开展网络安全宣传教育活动，提高用户安全防护意识。指导基础电信运营企业、相关互联网企业、移动智能终端生产企业、行业协会等综合利用多种方式和多种渠道，加大对移动互联网安全的宣传力度，普及网络安全知识，提高用户的安全防护意识，引导用户安装手机安全软件，从正规渠道购买移动智能终端和下载应用程序；建立健全恶意程序举报处理机制，充分发挥社会监督作用。

六、工作要求

（一）高度重视，精心组织。各相关单位要充分认识移动恶意应用程序对网络安全和用户利益的危害性，明确专项行动的主管领导、牵头部门和责任人、联系人，加强工作监督检查，确保各项任务落到实处、取得实效。

（二）协同配合，健全机制。各地通信主管部门会同当地公安、工商部门组织开展本行政辖区专项工作，并制定具体实施方案。各部门间要健全完善信息沟通、协作配合机制。公安、工商部门要积极配合，及时将专项行动有关情况反馈通信主管部门。通信主管部门要及时将有关工作开展情况汇总上报专项办。

（三）加强宣传，扩大影响。各单位要加强专项行动中的典型、重大恶意程序事件跟踪、处置的宣传报道，及时向社会公众反映专项行动取得的成果，进一步营造强大的社会舆论声势，有力震慑利用恶意程序的违法犯罪活动。

（四）认真总结，完善措施。各单位要对本次专项行动开展情况及时进行认真总结，针对专项行动中反映的问题分析研究，提出对策建议，推动建立恶意程序治理的长效机制。

23. 关于进一步规范出版境外著作权人授权互联网游戏作品和电子游戏出版物申报材料的通知（新广出办函〔2014〕111号）

有关省、自治区、直辖市新闻出版广电局：

为进一步完善出版境外著作权人授权互联网游戏作品和电子游戏出版物的审批工作，避免因申报材料缺项、内容不全等引起的受理及审查延时问题，提高受理和审批工作效率，切实维护申请单位利益，本着精简材料、缩减流程的原则，总局对原申报材料要求进行了重新梳理，调整了申报材料说明（见附件1、附件2）和《出版境外著作权人授权互联网游戏作品申请书》（附件3）、《出版境外著作权人授权电子游戏出版物申请书》（附件4）。

省级新闻出版行政部门报送相关申报材料时应注意以下问题：

一、出版境外著作权人授权互联网游戏作品和电子游戏出版物，省级新闻出版行政部门的审核文件中应标明游戏的出版单位、运营（发行）单位及著作权单位。

二、省级新闻出版行政部门对申请单位提交的相关材料进行认真的格式性核验，具体包括：

1.《出版境外著作权人授权互联网游戏作品申请书》或《出版境外著作权人授权电子出版物申请书》的填写应详实完整；

2. 书面申报材料应齐全，且按材料目录顺序装订或排列整齐；

3. 电子文档的光盘应能正常读取，内容应齐全；

4. 互联网游戏作品客户端、境外著作权人授权电子出版物光盘应能正常安装使用，互联网游戏网站或服务器应能正常登录与连接，测试账号应能正常进入，相关功能设置应完全开放。

三、省级新闻出版行政部门审核材料齐全后，原则上在5个工作日内出具审核意见。

材料要求及相关表格将于近期上传至新闻出版广电总局网站（www.gapp.gov.cn），可登录网站首页“行政许可”栏目查询和下载。

自 2014 年 6 月 1 日起，总局将按上述要求办理受理手续及审批事宜。

特此通知。

附件：

1. GAPP33B 出版境外著作权人授权互联网游戏作品审批申报材料说明（略）
2. GAPP33A 出版境外著作权人授权电子游戏出版物审批申报材料说明（略）
3. 出版境外著作权人授权互联网游戏作品申请书（略）
4. 出版境外著作权人授权电子游戏出版物申请书（略）

国家新闻出版广电总局办公厅

2014 年 4 月 18 日

24. 关于实施“宽带中国”2014 专项行动的意见（工信部联通〔2014〕190 号）

各省、自治区、直辖市通信管理局，各省、自治区、直辖市及计划单列市、新疆生产建设兵团工业和信息化主管部门、发展改革委、教育厅（委、局）、科技厅（委、局）、财政厅（局）、国土资源厅（局）、环境保护厅（局）、住房城乡建设厅（委、局）、交通运输厅（委、局）、农业厅（局、委）、卫生计生主管部门、国家税务局、地方税务局、新闻出版广电局：

为加快落实《“宽带中国”战略及实施方案》（国发〔2013〕31 号），进一步加强信息基础设施建设、促进信息消费，现就实施“宽带中国”2014 专项行动提出以下意见：

一、指导思想

以党的十八届三中全会全面深化改革的精神为指导，以打造新时期我国经济社会发展的战略性公共基础设施为总体目标，以“坚持市场主导、发挥政府引导、促进部省联动、加强示范引领”为核心思路，充分激发各地各企业积极性，优化宽带发展环境，完善宽带网络覆盖，深化宽带应用普及，提升用户上网体验，持续增强宽带支撑国家经济社会发展、服务百姓民生的基础作用。

二、主要原则

（一）坚持企业主导与政府推动相结合。坚持企业在宽带建设与发展中的主体地位，主要通过市场竞争促进提升城市地区宽带发展水平；坚持发挥政府在优化宽带发展环境、促进市场公平竞争方面的作用，加大对农村地区和中西部宽带发展的投入和支持，推动缩小城乡和区域宽带发展差距。

（二）注重引导示范与整体推进相衔接。在全面推进宽带发展的同时，支持和引导具有较好宽带发展条件的地区创建“宽带中国”示范城市（城市群），探索有地方特色的宽带发展经验和模式，通过示范引领促进全国宽带整体发展水平提升。

（三）加快 TD-LTE 建设与加强共建共享同步。大力支持加快 TD-LTE 网络建设和发展，同步深入推进电信基础设施共建共享，努力建成覆盖完善、质量稳定、资源节约的 TD-LTE 网络。

（四）推进建设扩容与提高运行效率并重。在不断完善网络覆盖和加强网站扩容的同时，促进网络、网站应用各环节协同贯通，持续改善互联网互联互通，提高光纤宽带实装率和无线宽带利用水平，提升宽带网络整体运行效率。

（五）加强网络建设与发展宽带应用协同。在加强宽带网络建设的同时，支持宽带应用创新发展模式，促进信息资源开放共享，拓展宽带行业应用领域，推动宽带应用服务经济民生、促进信息消费，实现宽带产业健康持续发展。

（六）加快宽带发展与加强安全保障并举。在大力促进宽带发展的同时，切实加强通信网络安全防护和网络安全环境治理，为用户打造安全可信的宽带上网环境。

三、引导目标

2014年主要引导目标是：宽带网络能力持续增强，新增FTTH覆盖家庭3000万户，新建TD-LTE基站30万个，新增1.38万个行政村通宽带。惠民普及规模不断扩大，发展固定宽带接入用户2500万户，发展TD-LTE用户3000万户。宽带接入水平进一步提升，使用8Mbps及以上接入速率的固定宽带接入用户占比达到30%，其中东部地区力争达到40%，鼓励有条件的地区推广50Mbps、100Mbps等高带宽接入服务。创建示范效果初步显现，推动创建20个以上“宽带中国”示范城市（城市群）。

四、工作任务

（一）组织创建宽带示范，引领全国宽带发展。创建“宽带中国”示范城市（城市群），推动具有良好宽带基础的地区，通过“建立工作机制、明确创建目标、创新发展思路、加大政策保障”等开展创建工作，探索有地方特色的宽带发展模式，引领带动全国宽带发展。

（二）深入推进光纤到户，提升城市宽带能力。全面贯彻落实《住宅区和住宅建筑内光纤到户通信设施工程设计规范》和《住宅区和住宅建筑内光纤到户通信设施工程施工及验收规范》两项国家标准，推动各地完善光纤到户验收备案工作机制，在加大光纤覆盖的同时，重视利用VDSL等多种技术解决老旧小区宽带改造问题，不断提升城市宽带接入能力和城域网传输交换能力。引导各地充分利用现有有线电视网络基础，加大有线电视网络升级改造力度，加快推进下一代广播电视网建设，不断优化网络性能。

（三）大力发展TD-LTE，建设高速无线网络。引导各地加大对TD-LTE建设和发展的支持力度，推动基础电信企业加快TD-LTE网络建设进度，年底前实现300个以上城市网络覆盖。引导基础电信企业加大市场推广力度，推动实施4G用户异网漫游，切实保障网络质量和服务水平，为广大用户提供高速、便捷、实惠的4G无线宽带服务。

（四）加大政策支持力度，提高农村普及水平。持续实施“通信村村通”工程，在推进行政村通宽带过程中，优先考虑完善集中连片特困地区已通电行政村互联网覆盖、推进农村学校宽带接入，加大对农业农村信息服务的支持力度，支持中西部和偏远地区经济社会发展。推动完善电信普遍服务补偿机制，加强公共财政对农村宽带发展的支持。

（五）继续深化共建共享，促进设施集约发展。不断加大电信基础设施共建共享工作力度，持续拓展共建共享领域和范围，积极研究探索共建共享新技术、新机制，大力促进资源节约，不断提高共建共享工作成效。

（六）深入推进互联互通，提高网间通信质量。推进实施“东扩西增、全方位、立体化”的网间互联架构优化方案，做好新增7个互联网骨干直联点建设；健全和完善技术手段，加强互联网互联互通监测，提高网间通信质量。

（七）优化宽带网络性能，改善用户上网体验。引导和支持互联网企业通过扩容网站服务能力、增加网站接入带宽、优化网站设计、部署内容分发网络等措施，提升网站和应用服务能力，改善用户上网体验。继续组织开展宽带网络优化示范项目。加强高性能宽带技术、产品与系统研发，推动突破宽带网络关键核心技术。加强宽带产品质量测试能力建设，保证宽带产品质量。

（八）加大升级改造力度，加快 IPv6 商用进程。以 LTE 发展为契机，组织实施“中国 LTEv6 工程”（支持 IPv6 的 LTE 网络部署与应用工程），打通终端、网络、应用端到端关键环节，推动典型移动互联网应用 IPv6 改造，加快移动互联网 IPv6 商用化进程。继续推动 IPv6 网络和网站改造，鼓励 IPv6 业务创新，推动加快 IPv6 商用部署进程。

（九）鼓励宽带应用创新，增强发展内生动力。鼓励和支持各类企业创新宽带应用，搭建超高速宽带应用实验平台，积极推广各地各企业宽带应用创新发展模式。拓展宽带网络在农业各领域的应用，推动信息进村入户和农业物联网发展；积极推动宽带在教育、医疗、养老、交通出行、创新社会管理等领域应用，提升行业信息化应用水平，优化信息消费环境。

（十）加强安全风险管控，保障用户信息安全。指导督促基础电信企业落实网络与信息安全“三同步”要求，同步建设网络与信息安全技术保障手段，定期开展自查整改和风险评估，提升网络安全防护水平和网络与信息安全保障能力。加快移动互联网恶意程序监测和处置、异常流量监控等技术手段建设，研究制定移动互联网应用程序安全管理机制，推动营造安全可靠的上网环境。

五、保障措施

（一）各地要进一步加强组织领导，完善工作机制，落实责任分工，不断优化宽带发展制度环境，切实推动本地区宽带发展。

（二）积极推动完善电信普遍服务补偿机制，进一步支持农村宽带发展。工业和信息化部会同国资委，不断完善电信基础设施共建共享管理机制，指导基础电信企业进一步深化电信基础设施共建共享。

（三）发展改革委、科技部、财政部、国土资源部、住房城乡建设部、环境保护部、税务总局、新闻出版广电总局等部委进一步贯彻落实《“宽带中国”战略及实施方案》支持宽带建设发展的各项政策措施，教育部、交通运输部、农业部、卫生计生委等部委积极推广宽带在教育、交通、农业、卫生等领域的普及应用。

（四）各地电信监管部门要加强对本地区宽带发展工作的总体协调，进一步加强市场监管，深入优化互联网互联互通，规范各类宽带接入商的服务要求，保障用户权益；加强网络与信息安全监督和管理，切实保障网络与信息安全；加大对宽带相关知识宣传力度，进一步普及上网技能。

（五）各地电信监管、工业和信息化部门及相关政府部门，要积极研究出台支持本地区宽带发展的支持政策，落实“宽带中国”战略，促进本地区信息消费。

（六）各地住房城乡建设、电信监管部门，要采取有效措施持续推进光纤到户国家标准的贯彻落实，各地电信监管部门要积极推进完善光纤到户验收备案工作机制；住房城乡建设部、工业和信息化部适时组织调研、经验交流和监督检查，加强对各地相关工作的督导。

（七）各地国土资源部门要将宽带网络建设纳入土地利用总体规划统筹安排。各地住房城乡建设部门在具体组织编制城乡规划时，要统筹通信工程规划，合理确定通信管道和相关设施规划内容与要求，采取措施切实落实宽带网络设施建设通行权，减免光缆敷设赔补费用，进一步规范通信建设秩序。各地环境保护部门要加快对基站环评审批进度及简化审批手续等，积极推动无线宽带建设。

（八）各地发展改革、科技、工业和信息化部门要综合利用本地各项支持政策，按照国家战略部署，加大对高性能宽带技术、产品、系统研发及产业化的支持，推动宽带相关产品的产业化和应用。

（九）各地教育、交通运输、农业、卫生计生部门要联合当地电信监管部门，积极探索多种举措带动本地区各领域信息化应用水平提升，充分发挥宽带对各行业发展的支撑服务作用。

（十）各相关企业要切实发挥信息化主力军作用，进一步加强宽带网络建设和网站升级改造，切实履行网络与信息安全责任，加大宽带应用产品开发和推广力度，有效服务地区经济发展和社会民生。

（十一）各研究机构、协会、学会、联盟等社会组织要充分发挥决策建议、沟通协调、行业自律等作用，促进宽带健康发展。

（十二）各地电信监管部门和相关企业要及时发现研究专项行动实施过程中存在的问题，定期向工业和信息化部报送专项行动重要进展情况。工业和信息化部将进一步完善宽带发展标准体系，及时将专项行动进展情况向有关部门和社会进行通报。

工业和信息化部
国家发展和改革委员会
教 育 部
科学技术部
财 政 部
国土资源部
环境保护部
住房和城乡建设部
交通运输部
农 业 部
国家卫生和计划生育委员会
国务院国有资产监督管理 委员会
国家税务总局
国家新闻出版广电总局
2014年4月30日

25. 关于防范利用网络实施保险违法犯罪活动的通知（保监稽查〔2014〕73号）

各保监局，各保险公司，各保险资产管理公司，各保险中介机构：

近一段时期以来，利用网络实施保险违法犯罪活动时有发生，严重扰乱了保险市场秩序，侵害了保险消费者合法权益。为防范涉网保险违法犯罪活动，现将有关事项通知如下：

一、警惕各类利用网络实施保险违法犯罪活动。近期发现一些不法分子通过互联网投保后诈骗保险金、利用互联网非法经营保险业务，以及在网络支付环节盗划、侵占保险客户资金等违法犯罪行为。各单位应提高警惕，发现相关或类似情况，及时向中国保监会稽查局报告。

二、强化网络安全技术防范和管理。各保险机构应加强互联网保险的风险管控，组织开展自查，堵塞网络漏洞，加强安全防护。各保监局应指导和监督保险机构提高安全技术防范意识和措施，密切关注新型网上金融业务手段应用中的新情况和新问题。

三、按规定移送保险违法犯罪线索。各保险机构在发现涉网保险违法犯罪线索时，应按规定向监管部门报告，并依法向公安机关报案，积极配合案件调查工作。

四、加强与相关部门的沟通协调。各保监局在防范风险和查处案件工作中，应加强与当地公安司法部门和其他金融监管部门的协作配合，指导行业协会充分发挥组织协调作用，依法严厉打击涉网保险违法犯罪活动。

中国保监会

2014 年 5 月 12 日

26. 工业和信息化部开展加强网站备案管理专项行动

为深入贯彻落实党的十八届三中全会精神，进一步加强互联网管理工作，落实网络实名制，有效支撑各项互联网管理工作，工业和信息化部决定从 2014 年 5 月至 11 月在全国开展加强网站备案管理专项行动。

本次专项行动按照“谁接入谁负责”、“谁运营谁负责”的原则，重点加强对接入企业管理，创新管理手段，实施接入企业分级管理，查处未备案接入等违法违规行为，继续提高网站备案率和备案信息准确率，力争到 2014年年底全国网站备案率和备案信息准确率分别达到 99.8%和 80%。

专项行动主要有九项重点任务：一是进一步完善网站备案管理政策；二是重点清理“未备案接入”和“黑名单网站再接入”；三是加强网站备案信息准确率抽查评估及审核工作；四是实施接入服务企业分级管理；五是推进存量网站备案信息真实性核验材料电子化处理；六是加强对内容分发网络等服务提供者管理；七是开展入网广播 IP 地址报备工作；八是完善接入服务企业基本信息，九是加强接入服务企业人员培训。

27. 工商总局关于发布《网络交易平台经营者履行社会责任指引》的公告（工商市字〔2014〕106 号）

为规范网络商品交易及有关服务行为，引导网络交易平台经营者积极履行社会责任，保护消费者和经营者的合法权益，促进网络经济持续健康发展，工商总局制定了《网络交易平台经营者履行社会责任指引》，现予以发布，并自发布之日起施行。

特此公告。

工商总局

2014 年 5 月 28 日

网络交易平台经营者履行社会责任指引

第一章　总则

第一条　为规范网络商品交易及有关服务行为，引导网络交易平台经营者积极履行社会责任，保护消费者和经营者的合法权益，促进网络经济持续健康发展，依据《消费者权益保护法》、《产品质量法》、《反不正当竞争法》、《合同法》、《商标法》、《广告法》、《侵权责任法》、《网络交易管理办法》等法律法规和规章，制定本指引。

第二条 网络交易平台（即第三方交易平台），是指在网络商品交易活动中为交易双方或多方提供网页空间、虚拟经营场所、交易规则、交易撮合、信息发布等服务，供交易双方或者多方独立开展交易活动的信息网络系统。

网络交易平台经营者（即第三方交易平台经营者），是指从事网络交易平台运营并为交易双方或多方提供服务的企业法人。

网络交易平台内经营者（简称平台内经营者），是指在网络交易平台内从事网络商品交易及有关服务的法人、其他经济组织、个体工商户或自然人。

第三条 本指引所称社会责任是指网络交易平台经营者在经济活动中，对平台内经营者、消费者、企业员工、政府、社会等利益相关者所承担的责任和义务，包括法律社会责任、经济社会责任和道德社会责任。

第四条 网络交易平台经营者履行社会责任应坚持以人为本，统筹兼顾，积极实践，成为依法经营、诚实守信的表率，服务至上、消费者至上的表率，节约资源、保护环境的表率，维护职工权益、热心公益事业的表率。

第五条 网络交易平台经营者要坚持履行社会责任与诚信守法经营相结合，认真遵守法律法规和规章，遵守社会公德和商业道德，严格自律，自觉接受政府相关部门和社会公众的监督。

第六条 网络交易平台经营者要坚持履行社会责任与促进网络经济发展相结合，把履行社会责任作为建立现代企业制度和促进网络经济发展的重要内容，加快改革创新，转变发展方式，为促进网络经济持续健康发展作出积极贡献。

第七条 网络交易平台经营者要坚持履行社会责任与构建和谐社会相结合，把妥善解决消费纠纷、有效保护平台内经营者和消费者合法权益作为工作重点，以实际行动赢得消费者和全社会的信赖和支持，实现企业与消费者、企业与社会的和谐发展。

第二章 履行社会责任的主要内容

第八条 经营者设立网络交易平台应遵守《中华人民共和国电子签名法》、《中华人民共和国电信条例》、《互联网信息服务管理办法》、《网络交易管理办法》等法律法规和规章。

第九条 网络交易平台经营者应在其网站主页面显著位置公开营业执照登载的信息或其营业执照的电子链接标识。

第十条 网络交易平台经营者应采取必要的技术手段和管理措施以保障交易平台的正常运行，提供安全可靠的交易环境和交易服务，维护良好的交易秩序。

第十一条 网络交易平台经营者应建立健全平台内交易规则、交易安全保障、消费者权益保护、不良信息处理等管理制度，各项管理制度应以显著的方式提请平台内经营者和消费者注意，方便用户阅览和保存。

第十二条 网络交易平台经营者订立、履行合同，应遵守法律法规和规章的有关规定，尊重社会公德，不得扰乱社会经济秩序，损害社会公共利益。

网络交易平台经营者与他人订立合同，不仅应考虑自身的商业利益和发展战略，更应兼顾社会责任，建立规则应遵循公平透明、平等协商的原则，合理引入多元化社会主体的参与，充分考虑各方利益主体的诉求。

第十三条 网络交易平台经营者应与平台内经营者签订服务合同，合同应明确双方的权利义务、违约责任、争议解决、平台准入和退出、商品质量安全保障、消费者权益保护、不良信息处理等内容。

网络交易平台经营者应与消费者签订服务合同，合同应明确双方的权利义务、违约责任、争议解决、个人信息保护、交易安全保障等内容。

网络交易平台经营者不得以格式条款、通知、声明、公告等方式，作出排除或者限制相对人权利、减轻或者免除自身责任、加重相对人责任等不公平、不合理的规定，不得利用格式条款并借助技术手段强制交易。

第十四条 网络交易平台经营者应对进驻平台的经营者进行审查和登记，建立登记档案并定期核实更新，记载的信息应真实、全面。平台内经营者信息从经营者在平台注销之日起保存不少于两年。

网络交易平台经营者对于法人、其他经济组织或者个体工商户，应在其从事经营活动的主页面醒目位置公开营业执照登载的信息或者其营业执照的电子链接标识；对于自然人，应在其从事经营活动的主页面醒目位置加载证明个人身份信息真实合法的标识，同时标明经营地址、电话邮箱等有效联系方式。

第十五条 网络交易平台经营者收集、使用平台内经营者和消费者相关信息，应遵循合法、正当、必要的原则，明示收集、使用信息的目的、方式和范围，并经被收集者同意。经营者收集、使用相关信息，应公开其收集、使用规则，不得违反法律、法规的规定和双方的约定收集、使用信息。

网络交易平台经营者及其工作人员对其收集的相关信息必须严格保密，不得泄露、出售或者非法向他人提供。经营者应采取技术措施和其他必要措施，确保信息安全，防止信息泄露、丢失。在发生或者可能发生信息泄露、丢失的情况时，应立即采取补救措施。

未经平台外经营者主动申请或同意，网络交易平台经营者不得擅自将其作为平台内经营者或以其名义发布相关信息。网络交易平台经营者未经消费者同意或者请求，或者消费者明确表示拒绝的，不得向其发送商业性消息。

第十六条 网络交易平台经营者应通过适当方式要求平台内经营者严格遵守《消费者权益保护法》、《产品质量法》、《反不正当竞争法》、《合同法》、《商标法》、《广告法》、《侵权责任法》、《网络交易管理办法》等法律法规和规章。

第十七条 网络交易平台经营者应建立信息检查和不良信息处理制度，对于发现有违反法律法规和规章的行为，应向有关部门报告，并及时采取措施制止，必要时可以停止对其提供网络交易平台服务。同时，网络交易平台经营者还应积极配合监管部门依法查处相关违法违规行为。

网络交易平台经营者应采取技术手段屏蔽侵犯知识产权和制售假冒伪劣等违法商品信息，及时排查隐患，处理违法违规行为，发现苗头性、倾向性、危害性严重的问题及时上报。

第十八条 平台内经营者实施商标侵权等侵权行为的，被侵权人要求网络交易平台经营者采取删除、屏蔽、断开链接等必要措施，网络交易平台经营者接到通知后未及时采取必要措施的，对损害的扩大部分与平台内经营者承担连带责任。

网络交易平台经营者明知或者应知平台内经营者利用其平台侵害消费者和其他经营者

合法权益，未采取必要措施的，依法与平台内经营者承担连带责任。

第十九条 网络交易平台经营者应建立消费纠纷和解和消费维权自律制度。消费者在平台内购买商品或者接受服务，发生消费纠纷或者其合法权益受到损害时，消费者要求网络交易平台经营者调解的，网络交易平台经营者应调解。消费者通过投诉、诉讼、仲裁或其他方式解决争议的，网络交易平台经营者应予以协助。

发生侵害消费者合法权益的情形时，网络交易平台经营者应向消费者提供平台内经营者的真实名称、地址和有效联系方式；不能提供的，消费者可以向网络交易平台经营者要求赔偿。网络交易平台经营者赔偿后，有权向平台内经营者追偿。

第二十条 网络交易平台经营者应采取相关措施确保网络交易数据和资料的完整性和安全性，并应保证原始数据的真实性。网络交易数据和资料从交易完成之日起保存不少于两年。

第二十一条 网络交易平台经营者在经营活动中，应遵守《反不正当竞争法》、《网络交易管理办法》等法律法规和规章，不得虚假宣传、侵犯商业秘密、损害竞争对手的商业信誉，不得利用网络技术手段或者载体等方式，擅自使用、仿冒知名网站的域名、名称、标识，造成与他人知名网站相混淆；不得擅自使用、伪造政府部门或者社会团体电子标识。

第二十二条 团购网站经营者作为提供网络交易平台服务的经营者，应切实保障团购商品（服务）质量，考查确认商品库存、发货速度、物流体系、服务细则等关键因素，防止出现虚高报价。

第二十三条 鼓励网络交易平台经营者建立健全先行赔付制度，一旦发生消费纠纷，消费者与平台内经营者协商无果的，由网络交易平台经营者先行赔偿，确保消费者安全放心消费。

鼓励网络交易平台经营者建立健全对平台内经营者的信用评价实施办法，公平、公正、透明地开展信用信息的征集、评价、公示，完善行业自律机制，促进诚信经营。

鼓励网络交易平台经营者建立健全消费者权益保护公示制度，定期公示消费者纠纷处理情况、保护消费者权益相关措施、加强对平台内经营者管理的相关措施等。

第二十四条 网络交易平台经营者拟终止提供网络交易平台服务的，应至少提前三个月在其网站主页面醒目位置予以公示并通知相关经营者和消费者，采取必要措施保障相关经营者和消费者的合法权益。

第二十五条 网络交易平台经营者应建立和完善技术创新机制，加大研究开发力度，提高自主创新能力，切实提高产品质量和服务水平，推动电子商务产业健康发展。

第二十六条 网络交易平台经营者应强化知识产权意识，实施知识产权战略，实现技术创新与知识产权的良性互动。

第二十七条 网络交易平台经营者应遵循按劳分配、同工同酬原则，构建合理的激励约束机制，保障员工各项合法权益。

第二十八条 网络交易平台经营者应坚持可持续发展战略，重视环境和生态保护，合理利用和开发资源，通过科技创新和管理创新，提高资源利用率。

第二十九条 网络交易平台经营者应积极参与社会公益事业和社区建设，鼓励职工志愿服务社会。热心参与慈善、捐助等社会公益事业，关心支持教育、文化、卫生等公共福利事业。

第三章 履行社会责任的保障措施

第三十条 网络交易平台经营者应不断完善工作机制，把履行社会责任融入企业发展战略，把履行社会责任纳入每年工作的总体规划，努力实现企业履行社会责任与日常经营的有机结合。

第三十一条 网络交易平台经营者应加强宣传和教育培训力度，普及相关法律法规，提高员工的法律意识和社会责任意识，努力形成履行社会责任的企业价值观和企业文化。

第三十二条 网络交易平台经营者应建立和完善企业社会责任指标统计和考核体系，主动接受新闻媒体、消费者、经营者、政府和社会的广泛监督，及时了解和回应相关意见和建议，不断改进工作。

第三十三条 网络交易平台经营者应定期发布社会责任报告，公布企业履行社会责任的措施、成效、规划等，努力营造良好的工作氛围。

第四章 附则

第三十四条 本指引由国家工商行政管理总局负责解释。

第三十五条 本指引自发布之日起施行。

28. 关于在打击治理移动互联网恶意程序专项行动中做好应用商店安全检查工作的通知

各省、自治区、直辖市通信管理局，国家计算机网络应急技术处理协调中心、部电信研究院：

根据《工业和信息化部 公安部 工商总局关于印发打击治理移动互联网恶意程序专项行动工作方案的通知》（工信部联保〔2014〕153 号），为做好专项行动期间应用商店安全检查工作，现将有关事项通知如下：

一、检查目的

梳理境内应用商店基本情况，了解应用商店基本安全状况，督促引导应用商店建立开发者信息审核、应用程序上架前安全检测、用户举报投诉受理等安全管理制度，落实网络安全责任。通过对应用商店的安全检查，为建立应用商店安全管理长效机制打好基础。

二、检查依据

应用商店属于互联网信息服务，应当遵守《全国人大常委会关于加强网络信息保护的决定》、《中华人民共和国电信条例》、《互联网信息服务管理办法》、《电信业务经营许可管理办法》、《非经营性互联网信息服务备案管理办法》、《通信网络安全防护管理办法》、《电信和互联网用户个人信息保护规定》等法律法规、部门规章的规定，落实相关网络安全责任。

三、主要任务

（一）开展摸底调查。各通信管理局要按照应用商店主体所在地梳理核实本地区应用商店情况，并将核实后的情况于 6 月 12 日前报通信保障局。应用商店的基本情况包括许可/备案号、服务器接入地址、域名、开办主体、负责人、联系人及联系方式、上线应用程序数量等。国家计算机网络应急技术处理协调中心（以下简称 CNCERT）给予协助。

（二）组织宣贯培训。各通信管理局要于 6 月 30 日前组织属地应用商店、基础电信企业开展专项行动宣贯工作。参照《移动互联网应用商店网络安全责任指南》（见附件），向应用商店告知其应当履行的安全责任和义务，督促其开展自查整改，建立相关安全管理制度。

（三）开展现场检查。各通信管理局要参照《移动互联网应用商店网络安全责任指南》，结合本地区应用商店数量和类型，选取一定数量的应用商店进行现场检查，督促其落实安全责任、建立安全管理制度。检查可委托有条件的专业机构进行。根据检查情况，填写《移动互联网应用商店安全管理调查表》和《移动互联网应用商店安全管理情况调查结果统计表》，报通信保障局。

（四）开展应用程序安全检测。各通信管理局要组织技术力量对本地区应用商店中的应用程序进行远程或现场抽检。对发现的具有手机窃听、隐私窃取、恶意扣费、诱骗欺诈等明显侵害用户权益的恶意程序，通知应用商店进行下架处置，对拒不下架的进行公开曝光等。抽检过程中，各通信管理局要加强对相关技术力量的指导，保证检测结果的公平公正。

通信保障局委托 CNCERT、部电信研究院等对全国范围内应用商店中的上架应用程序开展远程抽测，抽测结果由 CNCERT 负责汇总核实，报通信保障局，同时通报相关通信管理局，由相关通信管理局通知应用商店下架恶意程序。汇总核实过程中，CNCERT 要对恶意程序认定做好把关工作，如认定出现歧义，可组织多家专业检测机构共同认定。

附件：移动互联网应用商店网络安全责任指南

工业和信息化部通信保障局

2014 年 5 月 30 日

移动互联网应用商店网络安全责任指南

为明确应用商店网络安全责任，突出安全检查要点，督促应用商店建立完善安全管理制度，依据《全国人大常委会关于加强网络信息保护的决定》、《互联网信息服务管理办法》、《电信业务经营许可管理办法》、《非经营性互联网信息服务备案管理办法》、《通信网络安全防护管理办法》、《电信和互联网用户个人信息保护规定》等法律法规和部门规章，结合工作实践，特制定本指南，供应用商店安全检查中参考使用。

一、应用商店对本商店内上架的应用软件负有安全管理的责任。

二、应用商店应要求应用软件提供者如实提供身份信息（包括个人身份信息、营业执照、联系方式等），并由应用商店进行信息核验和留存。

三、应用商店应在与应用软件提供者的合作协议中明确应用软件提供者的安全责任，要求应用软件提供者承诺不提交违反我国网络与信息安全相关法律法规以及含有恶意行为的应用软件（含版本升级后的应用软件）。

四、应用商店应要求应用软件提供者在提交应用软件时声明其获取的使用权限及用途。应用商店应将上述信息向应用软件下载用户明示。

五、在应用软件上架前，应用商店应自行或委托第三方对其进行安全检测，对含有恶意扣费、信息窃取、远程控制、恶意传播、资费消耗、系统破坏、诱骗欺诈等行为，以及含有法律法规禁止内容的应用软件，不得上架发布，并将其纳入应用软件黑名单。应用商店应定期对已上架的应用软件进行安全复查。

六、应用商店应留存应用软件及其基本信息（版本、上线时间、应用软件简介、用途等）、状态信息（上线、下架）等，相关信息的留存时间不短于 60 日。

七、应用商店应建立应用软件举报制度，提供便利的举报渠道，当收到存在安全问题的应用软件举报时，应及时验证、处理。同时，建立与行业协会组织间的公众监督举报渠道。

八、应用商店应建立应用软件黑名单管理制度、黑名单申述机制，并积极推动黑名单信息行业内共享。

九、应用商店应按电信管理机构的要求及时下架存在安全问题的应用软件。

十、应用商店应当为电信管理机构开展安全检查提供便捷的获取上架应用软件的条件。

十一、应用商店应当加强自身系统的安全防护，保障自身系统安全和用户个人信息安全。

十二、应用商店应指定专人负责安全管理工作，加强对相关人员的安全教育和培训。

29. 关于办理网络犯罪案件适用刑事诉讼程序若干问题的意见（公通字〔2014〕10号）

各省、自治区、直辖市高级人民法院，人民检察院，公安厅、局，新疆维吾尔自治区高级人民法院生产建设兵团分院，新疆生产建设兵团人民检察院、公安局：

为解决近年来公安机关、人民检察院、人民法院在办理网络犯罪案件中遇到的新情况、新问题，依法惩治网络犯罪活动，根据《中华人民共和国刑法》、《中华人民共和国刑事诉讼法》及有关司法解释的规定，结合侦查、起诉、审判实践，现就办理网络犯罪案件适用刑事诉讼程序问题提出以下意见：

一、关于网络犯罪案件的范围

1. 本意见所称网络犯罪案件包括：

（1）危害计算机信息系统安全犯罪案件；

（2）通过危害计算机信息系统安全实施的盗窃、诈骗、敲诈勒索等犯罪案件；

（3）在网络上发布信息或者设立主要用于实施犯罪活动的网站、通讯群组，针对或者组织、教唆、帮助不特定多数人实施的犯罪案件；

（4）主要犯罪行为在网络上实施的其他案件。

二、关于网络犯罪案件的管辖

2. 网络犯罪案件由犯罪地公安机关立案侦查。必要时，可以由犯罪嫌疑人居住地公安机关立案侦查。

网络犯罪案件的犯罪地包括用于实施犯罪行为的网站服务器所在地，网络接入地，网站建立者、管理者所在地，被侵害的计算机信息系统或其管理者所在地，犯罪嫌疑人、被害人使用的计算机信息系统所在地，被害人被侵害时所在地，以及被害人财产遭受损失地等。

涉及多个环节的网络犯罪案件，犯罪嫌疑人为网络犯罪提供帮助的，其犯罪地或者居住地公安机关可以立案侦查。

3. 有多个犯罪地的网络犯罪案件，由最初受理的公安机关或者主要犯罪地公安机关立案侦查。有争议的，按照有利于查清犯罪事实、有利于诉讼的原则，由共同上级公安机关指定有关公安机关立案侦查。需要提请批准逮捕、移送审查起诉、提起公诉的，由该公安机关所在地的人民检察院、人民法院受理。

4. 具有下列情形之一的，有关公安机关可以在其职责范围内并案侦查，需要提请批准逮捕、移送审查起诉、提起公诉的，由该公安机关所在地的人民检察院、人民法院受理：

（1）一人犯数罪的；

（2）共同犯罪的；

（3）共同犯罪的犯罪嫌疑人、被告人还实施其他犯罪的；

（4）多个犯罪嫌疑人、被告人实施的犯罪存在关联，并案处理有利于查明案件事实的。

5. 对因网络交易、技术支持、资金支付结算等关系形成多层级链条、跨区域的网络犯罪案件，共同上级公安机关可以按照有利于查清犯罪事实、有利于诉讼的原则，指定有关公安机关一并立案侦查，需要提请批准逮捕、移送审查起诉、提起公诉的，由该公安机关所在地的人民检察院、人民法院受理。

6. 具有特殊情况，由异地公安机关立案侦查更有利于查清犯罪事实、保证案件公正处理的跨省（自治区、直辖市）重大网络犯罪案件，可以由公安部商最高人民检察院和最高人民法院指定管辖。

7. 人民检察院对于公安机关移送审查起诉的网络犯罪案件，发现犯罪嫌疑人还有犯罪被其他公安机关立案侦查的，应当通知移送审查起诉的公安机关。

人民法院受理案件后，发现被告人还有犯罪被其他公安机关立案侦查的，可以建议人民检察院补充侦查。人民检察院经审查，认为需要补充侦查的，应当通知移送审查起诉的公安机关。

经人民检察院通知，有关公安机关根据案件具体情况，可以对犯罪嫌疑人所犯其他犯罪并案侦查。

8. 为保证及时结案，避免超期羁押，人民检察院对于公安机关提请批准逮捕、移送审查起诉的网络犯罪案件，第一审人民法院对于已经受理的网络犯罪案件，经审查发现没有管辖权的，可以依法报请共同上级人民检察院、人民法院指定管辖。

9. 部分犯罪嫌疑人在逃，但不影响对已到案共同犯罪嫌疑人、被告人的犯罪事实认定的网络犯罪案件，可以依法先行追究已到案共同犯罪嫌疑人、被告人的刑事责任。在逃的共同犯罪嫌疑人、被告人归案后，可以由原公安机关、人民检察院、人民法院管辖其所涉及的案件。

三、关于网络犯罪案件的初查

10. 对接受的案件或者发现的犯罪线索，在审查中发现案件事实或者线索不明，需要经过调查才能够确认是否达到犯罪追诉标准的，经办案部门负责人批准，可以进行初查。

初查过程中，可以采取询问、查询、勘验、检查、鉴定、调取证据材料等不限制初查对象人身、财产权利的措施，但不得对初查对象采取强制措施和查封、扣押、冻结财产。

四、关于网络犯罪案件的跨地域取证

11. 公安机关跨地域调查取证的，可以将办案协作函和相关法律文书及凭证电传或者通过公安机关信息化系统传输至协作地公安机关。协作地公安机关经审查确认，在传来的法律文书上加盖本地公安机关印章后，可以代为调查取证。

12. 询（讯）问异地证人、被害人以及与案件有关联的犯罪嫌疑人的，可以由办案地公安机关通过远程网络视频等方式进行询（讯）问并制作笔录。

远程询（讯）问的，应当由协作地公安机关事先核实被询（讯）问人的身份。办案地公安机关应当将询（讯）问笔录传输至协作地公安机关。询（讯）问笔录经被询（讯）问人确认并逐页签名、捺指印后，由协作地公安机关协作人员签名或者盖章，并将原件提供给办案地公安机关。询（讯）问人员收到笔录后，应当在首页右上方写明“于某年某月某日收到”，并签名或者盖章。

远程询（讯）问的，应当对询（讯）问过程进行录音录像，并随案移送。

异地证人、被害人以及与案件有关联的犯罪嫌疑人亲笔书写证词、供词的，参照本条第二款规定执行。

五、关于电子数据的取证与审查

13. 收集、提取电子数据，应当由二名以上具备相关专业知识的侦查人员进行。取证设备和过程应当符合相关技术标准，并保证所收集、提取的电子数据的完整性、客观性。

14. 收集、提取电子数据，能够获取原始存储介质的，应当封存原始存储介质，并制作笔录，记录原始存储介质的封存状态，由侦查人员、原始存储介质持有人签名或者盖章；持有人无法签名或者拒绝签名的，应当在笔录中注明，由见证人签名或者盖章。有条件的，侦查人员应当对相关活动进行录像。

15. 具有下列情形之一，无法获取原始存储介质的，可以提取电子数据，但应当在笔录中注明不能获取原始存储介质的原因、原始存储介质的存放地点等情况，并由侦查人员、电子数据持有人、提供人签名或者盖章；持有人、提供人无法签名或者拒绝签名的，应当在笔录中注明，由见证人签名或者盖章；有条件的，侦查人员应当对相关活动进行录像：

（1）原始存储介质不便封存的；

（2）提取计算机内存存储的数据、网络传输的数据等不是存储在存储介质上的电子数据的；

（3）原始存储介质位于境外的；

（4）其他无法获取原始存储介质的情形。

16. 收集、提取电子数据应当制作笔录，记录案由、对象、内容，收集、提取电子数据的时间、地点、方法、过程，电子数据的清单、规格、类别、文件格式、完整性校验值等，并由收集、提取电子数据的侦查人员签名或者盖章。远程提取电子数据的，应当说明原因，有条件的，应当对相关活动进行录像。通过数据恢复、破解等方式获取被删除、隐藏或者加密的电子数据的，应当对恢复、破解过程和方法作出说明。

17. 收集、提取的原始存储介质或者电子数据，应当以封存状态随案移送，并制作电子数据的复制件一并移送。

对文档、图片、网页等可以直接展示的电子数据，可以不随案移送电子数据打印件，但应当附有展示方法说明和展示工具；人民法院、人民检察院因设备等条件限制无法直接展示电子数据的，公安机关应当随案移送打印件。

对侵入、非法控制计算机信息系统的程序、工具以及计算机病毒等无法直接展示的电子数据，应当附有电子数据属性、功能等情况的说明。

对数据统计数量、数据同一性等问题，公安机关应当出具说明。

18. 对电子数据涉及的专门性问题难以确定的，由司法鉴定机构出具鉴定意见，或者由公安部指定的机构出具检验报告。

六、关于网络犯罪案件的其他问题

19. 采取技术侦察措施收集的材料作为证据使用的，应当随案移送批准采取技术侦察措施的法律文书和所收集的证据材料。使用有关证据材料可能危及有关人员的人身安全，或者可能产生其他严重后果的，应当采取不暴露有关人员身份、技术方法等保护措施，必要时，可以由审判人员在庭外进行核实。

20. 对针对或者组织、教唆、帮助不特定多数人实施的网络犯罪案件，确因客观条件限制无法逐一收集相关言词证据的，可以根据记录被害人数、被侵害的计算机信息系统数量、涉案资金数额等犯罪事实的电子数据、书证等证据材料，在慎重审查被告人及其辩护人所提辩解、辩护意见的基础上，综合全案证据材料，对相关犯罪事实做出认定。

30. 工业和信息化部关于深入开展整治移动智能终端应用传播淫秽色情信息工作的通知

随着移动互联网的高速发展和移动智能终端的迅速普及，淫秽色情信息的传播形式日益多样化，出现了利用移动互联网、移动智能终端应用（App）传播淫秽色情非法有害信息的新情况、新问题，严重危害广大青少年的身心健康。为落实全国“扫黄打非•净网2014”专项行动工作要求，结合正在开展的“打击治理移动互联网恶意程序专项行动”，依法打击利用移动互联网传播淫秽色情信息的不法行为，工业和信息化部将组织各通信管理局、部电信研究院、中国互联网协会等单位深入开展整治利用App传播淫秽色情信息相关工作，建立长效工作机制，打造清朗的网络空间。主要包括以下工作措施：

（一）严格落实企业主体责任，督促企业建立健全管理制度。加强对基础电信企业、移动智能终端厂家、应用商店等企业的管理力度，督促其建立健全App开发者真实身份核验、App先审后发等事前审核机制，淫秽色情违法信息监测、排查等事中监管机制，违法App下架等事后处置机制。

（二）加强移动智能终端预装App管理，严把进网关。贯彻落实《关于加强移动智能终端进网管理的通知》和两项移动智能终端安全能力技术标准要求，在终端进网环节加强对预置App的测试，严禁移动智能终端预置传播淫秽色情等有害信息的App。

（三）加强技术手段建设，提升对淫秽色情App的发现能力。督促指导网站、论坛、搜索引擎、应用商店等互联网信息服务企业不断提升现有技术监测水平，对各自上线传播的App进行淫秽色情违法关键字自动比对、图片识别、人工排查等多层次审查监控。加强管理技术手段建设，推动App测试水平不断提高，定期组织开展App抽测，提升对淫秽色情App的发现能力，为依法处置提供技术支撑。

（四）完善处置流程，加大对淫秽色情App的打击力度。督促指导属地内应用商店等App分发渠道定期开展自查自纠，清理下架淫秽色情App。定期排查属地内应用商店的开办资质，未经许可或备案的应用商店，不得从事互联网信息服务。根据应用商店自查、日常监测、各方举报淫秽色情App的相关情况，建立App黑名单数据库，定期向应用商店下发并通知下架，同时通知相关接入服务企业停止黑名单App的互联网接入和域名解析服务。

（五）倡导企业自律诚信，强化宣传举报监督。组织基础电信企业、移动智能终端厂家、应用商店、App开发者共同建立企业间监督制度，倡导从业企业及个人加强自律，切实履行社会责任，反对和抵制制作、传播含有淫秽色情信息的App。加强面向社会的宣传报道，曝光典型案例，倡导青少年健康、文明上网，形成积极向上的舆论氛围。不断完善举报监督机制，研究开发“12321举报助手”，鼓励手机安全软件厂家开发淫秽色情App一键举报功能，拓展举报渠道，发挥社会监督作用。推动开展App第三方认证工作。

（六）加强部门协同配合，完善联动工作机制。积极配合“扫黄打非”办、互联网信息办、文化等相关管理部门严厉打击通过App传播淫秽色情信息的违法违规行为，根据各部门认定结果，做好淫秽色情App处置工作，不断完善部门间联动工作机制，形成管理合力。

31. 关于深入开展网络游戏防沉迷实名验证工作的通知（新广出办发〔2014〕72号）

各省、自治区、直辖市新闻出版广电局，新疆生产建设兵团新闻出版广电局，解放军总政治部宣传部新闻出版局，各互联网出版机构、网络游戏运营企业:

为保护未成年人身心健康，新闻出版总署、中央文明办、教育部、公安部、工业和信息化部(原信息产业部)、共青团中央、中华全国妇女联合会、中国关心下一代工作委员会等八部委于 2007 年 4 月、2011 年 7 月先后联合下发《关于保护未成年人身心健康实施网络游戏防沉迷系统的通知》、《关于启动网络游戏防沉迷实名验证工作的通知》（以下简称“两个《通知》”）。自两个《通知》发出以来，在有关部门、社会各界、互联网出版机构、网络游戏运营企业的共同努力下，网络游戏防沉迷系统实施工作取得了阶段性成果，网络游戏企业保护未成年人身心健康的社会责任意识显著增强，未成年人的网络游戏消费理念得到普遍优化、不良网络游戏习惯得到明显改变。

为巩固网络游戏防沉迷系统实施工作，健全长效机制，更好地保护未成年人身心健康，适应网络游戏产业发展新情况新变化，国家新闻出版广电总局研究决定，切实采取有效措施，进一步激发出版行政主管部门、互联网出版机构、网络游戏运营企业保护未成年人合法权益的自觉性、主动性、积极性，深入开展网络游戏防沉迷实名验证工作。现将有关事项通知如下:

一、工作要求

全国各级出版行政主管部门、互联网出版机构及网络游戏运营企业，要进一步增强保护未成年人身心健康的社会责任感，深入落实两个《通知》关于网络游戏防沉迷实名验证工作要求，把网络游戏防沉迷系统实施工作作为一项长期任务，常抓不懈。

二、适用范围

网络游戏防沉迷系统实施工作适用于除移动网络游戏之外的所有网络游戏。受硬件及技术等因素限制，网络游戏防沉迷系统实施工作暂不适用于移动网络游戏。

三、监管措施

（一）各级出版行政主管部门要将网络游戏防沉迷实名验证工作水平作为有关出版机构能否从事游戏出版业务的重要指标，深入调研实际情况，加强管理与督导，提升出版者责任意识及其对相关网络游戏运营企业的协调能力，把本行政区域网络游戏防沉迷系统实施工作落实到位。

（二）各级出版行政主管部门受理网络游戏出版申请时，须要求申报单位所申报出版网络游戏的运营企业完备网络游戏防沉迷实名验证手续，并提供全国公民身份证号码查询服务中心出具的证明文件；否则，不予受理。

（三）各级出版行政主管部门扶持深入开展网络游戏防沉迷实名验证工作的互联网出版机构、网络游戏运营企业发展，优先推荐其参与国家、地方组织的出版项目，参加相关评优、评奖等活动。

四、实行通报制度

国家新闻出版广电总局数字出版司将在每季度初向社会发布互联网出版机构、网络游戏运营企业上一季度防沉迷实名验证数据，接受社会各界监督，听取社会各界意见。

本通知自 2014 年 10 月 1 日起实施。

国家新闻出版广电总局办公厅

2014 年 7 月 25 日

32. 食品药品监管总局关于开展互联网第三方平台药品网上零售试点工作的批复（食药监药化监函〔2014〕127号）

上海市食品药品监督管理局:

你局《关于“1号店”申请开展互联网第三方平台药品网上零售试点的请示》（沪食药监流通〔2013〕731号)和《上海市食品药品监督管理局关于“1号店”申请开展互联网第三方平台药品网上零售试点有关事宜的补充报告》（沪食药监药械流〔2014〕462号）收悉。经研究，现批复如下:

一、同意你局以纽海电子商务（上海）有限公司为试点单位，开展互联网第三方平台上的药品网上零售试点相关工作。你局应当不断完善并严格实施试点方案，督促和指导纽海电子商务（上海）有限公司规范运营，认真分析和总结试点工作运行情况，为总局研究制定相关规定提供实践经验。

二、你局应当负责做好试点单位及其交易平台试点整体工作的监督管理，并对平台上所发生互联网药品交易行为进行监督，平台上所交易的药品质量监管工作仍由各药品零售连锁企业所在地食品药品监管部门承担。你局应当要求入驻平台药品零售企业在入驻合同签订后15日内向其《药品互联网交易服务资格证书》发证部门进行书面报告，并予以督促检查。

三、未经总局批准，试点单位不得扩大试点范围和内容。试点期间总局如有政策调整或发布有关规定，你局应当监督试点单位严格执行。试点工作为期一年，期中请将试点进展情况定期报告总局，期满请提交全面总结报告。遇到新情况、新问题应及时报告，并提出意见和建议。

国家食品药品监督管理总局

2014年7月25日

33. 工商总局关于发布《网络交易平台合同格式条款规范指引》的公告（工商市字〔2014〕144号）

为规范网络交易平台合同格式条款，引导网络交易平台经营者依法履行合同义务，保护消费者和经营者合法权益，促进网络经济持续健康发展，工商总局制定了《网络交易平台合同格式条款规范指引》，现予发布，并自发布之日起施行。

特此公告。

工商总局

2014年7月30日

网络交易平台合同格式条款规范指引

第一章 总则

第一条 为规范网络交易平台合同格式条款，保护经营者和消费者的合法权益，促进网络经济持续健康发展，依据《中华人民共和国合同法》、《中华人民共和国消费者权益保护法》、《网络交易管理办法》等法律、法规和规章，制定本规范指引。

第二条 中华人民共和国境内设立的网络交易平台的经营者通过互联网（含移动互联网），以数据电文为载体，采用格式条款与平台内经营者或者消费者（以下称“合同相对人”）

订立合同的，适用本规范指引。

第三条 本指引所称网络交易平台合同格式条款是网络交易平台经营者为了重复使用而预先拟定，并在订立合同时未与合同相对人协商的以下相关协议、规则或者条款：

（一）用户注册协议；

（二）商家入驻协议；

（三）平台交易规则；

（四）信息披露与审核制度；

（五）个人信息与商业秘密收集、保护制度；

（六）消费者权益保护制度；

（七）广告发布审核制度；

（八）交易安全保障与数据备份制度；

（九）争议解决机制；

（十）其他合同格式条款。

网络交易平台经营者以告示、通知、声明、须知、说明、凭证、单据等形式明确规定平台内经营者和消费者具体权利义务，符合前款规定的，依法视为合同格式条款。

第四条 工商行政管理机关在职权范围内，依法对利用合同格式条款侵害消费者合法权益的行为进行监督处理。

第五条 鼓励支持网络交易行业组织对本行业内合同格式条款的制定和使用进行规范，加强行业自律，促进行业规范发展。

第二章 合同格式条款的基本要求

第六条 网络交易平台经营者在经营活动中使用合同格式条款的，应当符合法律、法规和规章的规定，按照公平、公开和诚实信用的原则确定双方的权利与义务。

网络交易平台经营者修改合同格式条款的，应当遵循公开、连续、合理的原则，修改内容应当至少提前七日予以公示并通知合同相对人。

第七条 网络交易平台经营者应当在其网站主页面显著位置展示合同格式条款或者其电子链接，并从技术上保证平台内经营者或者消费者能够便利、完整地阅览和保存。

第八条 网络交易平台经营者应当在其网站主页面适当位置公示以下信息或者其电子链接：

（一）营业执照以及相关许可证；

（二）互联网信息服务许可或者备案信息；

（三）经营地址、邮政编码、电话号码、电子信箱等联系信息；

（四）法律、法规规定其他应披露的信息。

网络交易平台经营者应确保所披露的内容清晰、真实、全面、可被识别和易于获取。

第九条 网络交易平台经营者使用合同格式条款的，应当采用显著方式提请合同相对人注意与其有重大利害关系、对其权利可能造成影响的价款或者费用、履行期限和方式、安全注意事项和风险警示、售后服务、民事责任等内容。网络交易平台经营者应当按照合同相对人的要求对格式条款作出说明。鼓励网络交易平台经营者采取必要的技术手段和管理措施确保平台内经营者履行提示和说明义务。

前款所述显著方式是指，采用足以引起合同相对人注意的方式，包括：合理运用足以引起注意的文字、符号、字体等特别标识。不得以技术手段对合同格式条款设置不方便链接或者隐藏格式条款内容，不得仅以提示进一步阅读的方式履行提示义务。

网络交易平台经营者违反合同法第三十九条第一款关于提示和说明义务的规定，导致对方没有注意免除或者限制责任的条款，合同相对人依法可以向人民法院提出撤销该合同格式条款的申请。

网络交易平台经营者使用的合同格式条款，属于《消费者权益保护法》第二十六条第二款和《最高人民法院关于适用〈中华人民共和国合同法〉若干问题的解释（二）》第十条规定情形的，其内容无效。

第十条　网络交易平台经营者不得在合同格式条款中免除或者减轻自己的下列责任：

（一）造成消费者人身损害的责任；

（二）因故意或者重大过失造成消费者财产损失的责任；

（三）对平台内经营者提供商品或者服务依法应当承担的连带责任；

（四）对收集的消费者个人信息和经营者商业秘密的信息安全责任；

（五）依法应当承担的违约责任和其他责任。

第十一条　网络交易平台经营者不得有下列利用合同格式条款加重平台内经营者或者消费者责任的行为：

（一）使消费者承担违约金或者损害赔偿明显超过法定数额或者合理数额；

（二）使平台内经营者或者消费者承担依法应由网络交易平台经营者承担的责任；

（三）合同附终止期限的，擅自延长平台内经营者或者消费者履行合同的期限；

（四）使平台内经营者或者消费者承担在不确定期限内履行合同的责任；

（五）违法加重平台内经营者或消费者其他责任的行为。

第十二条　网络交易平台经营者不得在合同格式条款中排除或者限制平台内经营者或者消费者的下列权利：

（一）依法变更、撤销或者解除合同的权利；

（二）依法中止履行或者终止履行合同的权利；

（三）依法请求继续履行、采取补救措施、支付违约金或者损害赔偿的权利；

（四）就合同争议提起诉讼、仲裁或者其他救济途径的权利；

（五）请求解释格式条款的权利；

（六）平台内经营者或消费者依法享有的其他权利。

第十三条　对网络交易平台经营者提供的合同格式条款内容理解发生争议的，应当按照通常理解予以解释；对相应内容有两种以上解释的，应当作出不利于网络交易平台经营者的解释。格式条款与非格式条款不一致的，应当采用非格式条款。

第三章　合同格式条款的履行与救济

第十四条　网络交易平台合同格式条款可以包含当事各方约定的争议处理解决方式。对于小额和简单的消费争议，鼓励当事各方采用网络消费争议解决机制快速处理。

第十五条 支持消费者协会、网络交易行业协会或者其他消费者组织通过座谈会、问卷调查、点评等方式收集消费者对网络交易平台合同格式条款的意见，发现合同格式条款违反法律、法规和规章规定的，可以向相关主管部门提出。

认为网络交易平台合同格式条款损害消费者权益或者存在违法情形的，可以向相关主管部门投诉和举报。

第十六条 消费者因网络交易平台合同格式条款与网络交易平台经营者发生纠纷，向人民法院提起诉讼的，消费者协会或者其他消费者组织可以依法支持消费者提起诉讼。

第十七条 鼓励、引导网络交易平台经营者采用网络交易合同示范文本，或者参照合同示范文本制定合同格式条款。

第四章 附则

第十八条 本规范指引所称网络交易平台是指第三方交易平台，即在网络商品交易活动中为交易双方或者多方提供网页空间、虚拟经营场所、交易规则、交易撮合、信息发布等服务，供交易双方或者多方独立开展交易活动的信息网络系统。

第十九条 网络商品经营者，通过互联网（含移动互联网），以数据电文为载体，采用格式条款与消费者订立合同的，参照适用本规范指引。

第二十条 本指引由国家工商行政管理总局负责解释。

第二十一条 国家工商行政管理总局将根据网络经济发展情况，适时发布相关领域合同格式条款规范指引。

第二十二条 本规范指引自发布之日起实施。

34. 工业和信息化部办公厅关于组织实施 2014 年度宽带建设发展示范项目的通知（工信厅通函〔2014〕507 号）

相关企业：

为加快落实《“宽带中国”战略及实施方案》（国发〔2013〕31 号），探索解决宽带发展中面临的农村宽带发展相对滞后、高带宽应用缺乏、中西部地区用户上网体验相对较差等问题，2014 年工业和信息化部将组织实施宽带建设发展示范项目，现就有关事项通知如下：

一、项目重点支持范围和要求

（一）农村宽带应用和网络建设示范

支持在部分农村地区开展宽带建设应用示范，在提高宽带接入能力和普及程度的同时，探索农村建用结合的宽带可持续发展模式。

项目目标：一是支持试点农村地区提升宽带接入能力，结合当地社会、经济和产业发展特色，以点带面开展农村/农业特色宽带应用示范；二是通过示范探索农村宽带基础设施建设与宽带应用协调发展的模式，探索和创新政府公共财政资金支持农村地区宽带可持续发展的机制，形成可复制推广的经验。

项目要求：

（1）项目申报主体应提出 1 项或多项紧密结合地区社会经济发展状况，具有鲜明特色的宽带服务应用建设方案（例如，教育、医疗等公共服务、农业科技服务、农产品生产/加工应用、特色农业电子商务、农村综合社会管理应用等，可选择若干具体应用重点申报），同时对宽带服务应用覆盖的地域范围、人口，项目的经济社会效益、实施的具体目标，项目的实施效果以及商业模式进行分析和说明；

（2）项目申报主体提出的宽带服务应用，应具有良好的市场或发展潜力，具备在全国同类地区进行示范推广的价值；

（3）项目应建设具备覆盖全省（区、市）农村用户能力的宽带应用平台，并在1个省级区域内选择2～3个示范县（约600个行政村）重点进行网络升级改造和宽带应用推广示范；

（4）在示范区域内，提供的宽带服务应用应能够覆盖大多数的农村人口，对于开展如教育、医疗等基本公共服务的宽带应用，应能够在实施区域内完成相应服务机构的100%覆盖（例如，开展教育宽带应用的，应能实现实施区域内所有义务教育学校的100%覆盖；开展卫生医疗宽带应用的，应能实现实施区域内卫生医疗机构的100%覆盖）；对于开展其他农村/农业宽带服务应用，在示范区域内，宽带服务应用能够覆盖所有农村家庭宽带用户；

（5）项目完成时，在示范区域内，农村宽带用户全部具备4Mbps及以上宽带接入能力，农村家庭宽带渗透率比实施前（数据以2014年6月为准）提高15个百分点以上，鼓励采用例如资费补贴等各种方式发展新用户。对已有的低速宽带用户实现至少达到4Mbps宽带接入速率的免费提速；

实施要求：自项目合同签订起一年内完成。如联合申报，联合单位（不包括牵头单位）数量不超过3家。

（二）高清视频业务应用示范

支持在部分城市地区部署高清视频业务平台及优化流媒体分发技术，拉动用户对高带宽应用的需求，探索通过高带宽应用提升光纤接入实装率、带动高带宽用户发展的模式。

项目目标：一是示范区域建设或升级改造高清视频业务平台，建设高清节目库，新增一定规模的高清视频用户；二是通过对应用基础设施能力的优化改造，提升示范区域内用户高清视频业务的体验。

项目要求：

（1）高清视频节目源应达到不低于 1920×1080 的分辨率，鼓励采用具有高压缩比的先进视频压缩算法，高清节目库容量不少于200TB;

（2）新增至少30万以上的用户（不少于2个省级区域）使用高清视频业务；

（3）项目开展区域内使用该业务的用户观看高清视频首次缓冲时间<5s，平均每小时卡顿次数<2次。

实施要求：自项目合同签订起一年内完成。鼓励已具备全国性视频服务能力的大型互联网视频企业申报（优先在“宽带中国”示范城市中部署）。

（三）面向家庭的社区综合宽带应用示范

支持在部分城市地区部署社区综合宽带应用平台及开展相关应用，拉动用户高带宽需求，提升高带宽用户渗透率，推动形成宽带基础能力和宽带应用相互协调发展的良性模式。

项目目标：一是重点支持部署社区综合宽带应用平台，开展基于宽带网络的家庭老人医疗看护、儿童健康和教育、信息服务、在线视频等应用；二是支持用户灵活接入，以创新应用拉动用户高带宽需求，提升高带宽用户渗透率。

项目要求：

（1）建成社区综合宽带应用平台，具备大数据采集和分析服务能力，支持示范社区内用户通过固定和移动终端访问各类应用；

（2）示范项目至少覆盖 10 个社区（建议选取 1 个省/自治区的两个城市各 5 个社区，或者 1 个直辖市的 10 个社区），每个社区服务家庭在 2000 户以上，要求示范社区已经实现光纤覆盖；

（3）项目完成时，示范社区家庭用户接入能力提升到 20Mbps 以上，且 20Mbps 家庭用户渗透率比项目实施前（数据以 2014 年 6 月为准）提高 15 个百分点以上；

（4）申报主体应提出项目整体实施方案和应用方案，包括但不限于家庭老人医疗看护、儿童健康和教育、信息服务、在线视频等应用；

实施要求：自项目合同签订起一年内完成。鼓励基础电信企业与应用服务提供企业联合申报（优先在“宽带中国”示范城市中部署）。

（四）宽带网速体验提升示范

支持在部分城市地区（优先支持中西部地区）开展宽带网络优化升级，优化网络资源布局，提升用户感知网速和应用服务体验，推进宽带网络区域协调发展。

项目目标：支持通过利用多种技术和方式开展宽带网络优化升级，大幅提升项目开展地区的宽带传输速率，切实改善用户宽带网速体验。

项目要求：

（1）至少选择 3 个以上的省份进行网络优化的示范部署建设，增加和升级网络优化节点 10～15 个以上，带宽扩容 450G 以上，在项目开展省份内覆盖的宽带用户上网体验速率提升 30%以上；

（2）研究网络优化的智能调度和智能路由技术，优化试点地区的本地互联网流量，试点地区的跨省流量降低 50%，网内访问量提升 30%以上，网内流量占比提升 40%以上；

（3）鼓励网络升级支持 IPv6，开展部分 IPv6 的应用。

实施要求：自项目合同签订起一年内完成。

二、项目申报主体基本要求

项目申报主体须符合以下各项条件：

（一）具有独立法人资格的基础电信企业、互联网企业；

（二）具有健全的财务核算与管理体系，运行管理规范；

（三）具备项目实施所需的各项能力、各种设施、技术和人员，自有资金必须落实到位；

（四）项目负责人为单位法人代表或具有独立承担项目实施能力并得到授权的人员。

三、项目申报与审查程序

（一）项目申报单位应严格按照本通知要求，认真填写《宽带建设发展示范项目申请表》，编制《宽带建设发展示范项目申请报告》，向工业和信息化部申报。其中，“农村宽带应用和网络建设示范”和“面向家庭的社区综合宽带应用示范”须经当地省（区、市）通信管理局签署意见。

（二）工业和信息化部组织专家进行评审，公开择优确定项目承担单位和补贴金额。

（三）后续将针对项目承担单位具体申报项目内容拟定项目合同，项目承担单位须依据项目合同要求，开展相关工作。项目承担、考核、验收等相关具体要求，在合同签订时将进一步落实。

四、申报材料要求

（一）项目申报材料包括《宽带建设发展示范项目申请表》和《宽带建设发展示范项目申请报告》（具体要求详见附件1和附件2）。申报材料纸质一式2份（同时需附电子文档光盘1份）。

（二）受理项目申报截止时间为2014年8月25日。申报材料邮寄地址：北京市西长安街13号工业和信息化部通信发展司，邮编：100804。联系电话：010-68206158。

附件：

1. 宽带建设发展示范项目申请表（略）
2. 宽带建设发展示范项目申请报告（略）

工业和信息化部办公厅

2014年8月1日

35. 即时通信工具公众信息服务发展管理暂行规定

第一条　为进一步推动即时通信工具公众信息服务健康有序发展，保护公民、法人和其他组织的合法权益，维护国家安全和公共利益，根据《全国人民代表大会常务委员会关于维护互联网安全的决定》、《全国人民代表大会常务委员会关于加强网络信息保护的决定》、《最高人民法院最高人民检察院关于办理利用信息网络实施诽谤等刑事案件适用法律若干问题的解释》、《互联网信息服务管理办法》、《互联网新闻信息服务管理规定》等法律法规，制定本规定。

第二条　在中华人民共和国境内从事即时通信工具公众信息服务，适用本规定。

本规定所称即时通信工具，是指基于互联网面向终端使用者提供即时信息交流服务的应用。本规定所称公众信息服务，是指通过即时通信工具的公众账号及其他形式向公众发布信息的活动。

第三条　国家互联网信息办公室负责统筹协调指导即时通信工具公众信息服务发展管理工作，省级互联网信息内容主管部门负责本行政区域的相关工作。

互联网行业组织应当积极发挥作用，加强行业自律，推动行业信用评价体系建设，促进行业健康有序发展。

第四条　即时通信工具服务提供者应当取得法律法规规定的相关资质。即时通信工具服务提供者从事公众信息服务活动，应当取得互联网新闻信息服务资质。

第五条　即时通信工具服务提供者应当落实安全管理责任，建立健全各项制度，配备与服务规模相适应的专业人员，保护用户信息及公民个人隐私，自觉接受社会监督，及时处理公众举报的违法和不良信息。

第六条　即时通信工具服务提供者应当按照“后台实名、前台自愿”的原则，要求即时通信工具服务使用者通过真实身份信息认证后注册账号。

即时通信工具服务使用者注册账号时，应当与即时通信工具服务提供者签订协议，承诺遵守法律法规、社会主义制度、国家利益、公民合法权益、公共秩序、社会道德风尚和信息真实性“七条底线”。

第七条 即时通信工具服务使用者为从事公众信息服务活动开设公众账号，应当经即时通信工具服务提供者审核，由即时通信工具服务提供者向互联网信息内容主管部门分类备案。

新闻单位、新闻网站开设的公众账号可以发布、转载时政类新闻，取得互联网新闻信息服务资质的非新闻单位开设的公众账号可以转载时政类新闻。其他公众账号未经批准不得发布、转载时政类新闻。

即时通信工具服务提供者应当对可以发布或转载时政类新闻的公众账号加注标识。

鼓励各级党政机关、企事业单位和各人民团体开设公众账号，服务经济社会发展，满足公众需求。

第八条 即时通信工具服务使用者从事公众信息服务活动，应当遵守相关法律法规。

对违反协议约定的即时通信工具服务使用者，即时通信工具服务提供者应当视情节采取警示、限制发布、暂停更新直至关闭账号等措施，并保存有关记录，履行向有关主管部门报告义务。

第九条 对违反本规定的行为，由有关部门依照相关法律法规处理。

第十条 本规定自公布之日起施行。

36. 关于印发促进智慧城市健康发展的指导意见的通知（发改高技〔2014〕1770号）

各省、自治区、直辖市人民政府，国务院各部委、各直属机构:

经国务院同意，现将《关于促进智慧城市健康发展的指导意见》印发你们，请认真贯彻落实。各地区、各有关部门要充分认识促进智慧城市健康发展的重要意义，切实加强组织领导，采取有力措施，扎实推进各项工作，认真落实本指导意见提出的各项任务，确保智慧城市建设健康有序推进。

附件：关于促进智慧城市健康发展的指导意见

国家发展改革委
工业和信息化部
科学技术部
公安部
财政部
国土资源部
住房和城乡建设部
交通运输部
2014年8月27日

关于促进智慧城市健康发展的指导意见

智慧城市是运用物联网、云计算、大数据、空间地理信息集成等新一代信息技术，促进城市规划、建设、管理和服务智慧化的新理念和新模式。建设智慧城市，对加快工业化、信息化、城镇化、农业现代化融合，提升城市可持续发展能力具有重要意义。近年来，我国智慧城市建设取得了积极进展，但也暴露出缺乏顶层设计和统筹规划、体制机制创新滞后、网络安全隐患和风险突出等问题，一些地方出现思路不清、盲目建设的苗头，亟待加强引导。

为贯彻落实《中共中央国务院关于印发〈国家新型城镇化规划（2014—2020 年）〉的通知》（中发〔2014〕4 号）和《国务院关于促进信息消费扩大内需的若干意见》（国发〔2013〕32 号）有关要求，促进智慧城市健康发展，经国务院同意，现提出以下意见。

一、指导思想、基本原则和主要目标

（一）指导思想。

按照走集约、智能、绿色、低碳的新型城镇化道路的总体要求，发挥市场在资源配置中的决定性作用，加强和完善政府引导，统筹物质、信息和智力资源，推动新一代信息技术创新应用，加强城市管理和服务体系智能化建设，积极发展民生服务智慧应用，强化网络安全保障，有效提高城市综合承载能力和居民幸福感受，促进城镇化发展质量和水平全面提升。

（二）基本原则。

以人为本，务实推进。智慧城市建设要突出为民、便民、惠民，推动创新城市管理和公共服务方式，向城市居民提供广覆盖、多层次、差异化、高质量的公共服务，避免重建设、轻实效，使公众分享智慧城市建设成果。

因地制宜，科学有序。以城市发展需求为导向，根据城市地理区位、历史文化、资源禀赋、产业特色、信息化基础等，应用先进适用技术科学推进智慧城市建设。在综合条件较好的区域或重点领域先行先试，有序推动智慧城市发展，避免贪大求全、重复建设。

市场为主，协同创新。积极探索智慧城市的发展路径、管理方式、推进模式和保障机制。鼓励建设和运营模式创新，注重激发市场活力，建立可持续发展机制。鼓励社会资本参与建设投资和运营，杜绝政府大包大揽和不必要的行政干预。

可管可控，确保安全。落实国家信息安全等级保护制度，强化网络和信息安全管理，落实责任机制，健全网络和信息安全标准体系，加大依法管理网络和保护个人信息的力度，加强要害信息系统和信息基础设施安全保障，确保安全可控。

（三）主要目标。

到 2020 年，建成一批特色鲜明的智慧城市，聚集和辐射带动作用大幅增强，综合竞争优势明显提高，在保障和改善民生服务、创新社会管理、维护网络安全等方面取得显著成效。

公共服务便捷化。在教育文化、医疗卫生、计划生育、劳动就业、社会保障、住房保障、环境保护、交通出行、防灾减灾、检验检测等公共服务领域，基本建成覆盖城乡居民、农民工及其随迁家属的信息服务体系，公众获取基本公共服务更加方便、及时、高效。

城市管理精细化。市政管理、人口管理、交通管理、公共安全、应急管理、社会诚信、市场监管、检验检疫、食品药品安全、饮用水安全等社会管理领域的信息化体系基本形成，统筹数字化城市管理信息系统、城市地理空间信息及建（构）筑物数据库等资源，实现城市规划和城市基础设施管理的数字化、精准化水平大幅提升，推动政府行政效能和城市管理水平大幅提升。

生活环境宜居化。居民生活数字化水平显著提高，水、大气、噪声、土壤和自然植被环境智能监测体系和污染物排放、能源消耗在线防控体系基本建成，促进城市人居环境得到改善。

基础设施智能化。宽带、融合、安全、泛在的下一代信息基础设施基本建成。电力、燃气、交通、水务、物流等公用基础设施的智能化水平大幅提升，运行管理实现精准化、协同化、一体化。工业化与信息化深度融合，信息服务业加快发展。

网络安全长效化。城市网络安全保障体系和管理制度基本建立，基础网络和要害信息系统安全可控，重要信息资源安全得到切实保障，居民、企业和政府的信息得到有效保护。

二、科学制定智慧城市建设顶层设计

（四）加强顶层设计。城市人民政府要从城市发展的战略全局出发研究制定智慧城市建设方案。方案要突出为人服务，深化重点领域智慧化应用，提供更加便捷、高效、低成本的社会服务；要明确推进信息资源共享和社会化开发利用、强化信息安全、保障信息准确可靠以及同步加强信用环境建设、完善法规标准等的具体措施；要加强与国民经济和社会发展总体规划、主体功能区规划、相关行业发展规划、区域规划、城乡规划以及有关专项规划的衔接，做好统筹城乡发展布局。

（五）推动构建普惠化公共服务体系。加快实施信息惠民工程。推进智慧医院、远程医疗建设，普及应用电子病历和健康档案，促进优质医疗资源纵向流动。建设具有随时看护、远程关爱等功能的养老信息化服务体系。建立公共就业信息服务平台，加快推进就业信息全国联网。加快社会保障经办信息化体系建设，推进医保费用跨市即时结算。推进社会保障卡、金融 IC 卡、市民服务卡、居民健康卡、交通卡等公共服务卡的应用集成和跨市一卡通用。围绕促进教育公平、提高教育质量和满足市民终身学习需求，建设完善教育信息化基础设施，构建利用信息化手段扩大优质教育资源覆盖面的有效机制，推进优质教育资源共享与服务。加强数字图书馆、数字档案馆、数字博物馆等公益设施建设。鼓励发展基于移动互联网的旅游服务系统和旅游管理信息平台。

（六）支撑建立精细化社会管理体系。建立全面设防、一体运作、精确定位、有效管控的社会治安防控体系。整合各类视频图像信息资源，推进公共安全视频联网应用。完善社会化、网络化、网格化的城乡公共安全保障体系，构建反应及时、恢复迅速、支援有力的应急保障体系。在食品药品、消费品安全、检验检疫等领域，建设完善具有溯源追查、社会监督等功能的市场监管信息服务体系，推进药品阳光采购。整合信贷、纳税、履约、产品质量、参保缴费和违法违纪等信用信息记录，加快征信信息系统建设。完善群众诉求表达和受理信访的网络平台，推进政府办事网上公开。

（七）促进宜居化生活环境建设。建立环境信息智能分析系统、预警应急系统和环境质量管理公共服务系统，对重点地区、重点企业和污染源实施智能化远程监测。依托城市统一公共服务信息平台建设社区公共服务信息系统，拓展社会管理和服务功能，发展面向家政、养老、社区照料和病患陪护的信息服务体系，为社区居民提供便捷的综合信息服务。推广智慧家庭，鼓励将医疗、教育、安防、政务等社会公共服务设施和服务资源接入家庭，提升家庭信息化服务水平。

（八）建立现代化产业发展体系。运用现代信息化手段，加快建立城市物流配送体系和城市消费需求与农产品供给紧密衔接的新型农业生产经营体系。加速工业化与信息化深度融合，推进大型工业企业深化信息技术的综合集成应用，建设完善中小企业公共信息服务平台，积极培育发展工业互联网等新兴业态。加快发展信息服务业，鼓励信息系统服务外包。建设完善电子商务基础设施，积极培育电子商务服务业，促进电子商务向旅游、餐饮、文化娱乐、家庭服务、养老服务、社区服务以及工业设计、文化创意等领域发展。

（九）加快建设智能化基础设施。加快构建城乡一体的宽带网络，推进下一代互联网和广播电视网建设，全面推广三网融合。推动城市公用设施、建筑等智能化改造，完善建筑数据库、房屋管理等信息系统和服务平台。加快智能电网建设。健全防灾减灾预报预警信息平台，建设全过程智能水务管理系统和饮用水安全电子监控系统。建设交通诱导、出行信息服务、公共交通、综合客运枢纽、综合运行协调指挥等智能系统，推进北斗导航卫星地基增强系统建设，发展差异化交通信息增值服务。建设智能物流信息平台和仓储式物流平台枢纽，加强港口、航运、陆运等物流信息的开发共享和社会化应用。

三、切实加大信息资源开发共享力度

（十）加快推进信息资源共享与更新。统筹城市地理空间信息及建（构）筑物数据库等资源，加快智慧城市公共信息平台和应用体系建设。建立促进信息共享的跨部门协调机制，完善信息更新机制，进一步加强政务部门信息共享和信息更新管理。各政务部门应根据职能分工，将本部门建设管理的信息资源授权有需要的部门无偿使用，共享部门应按授权范围合理使用信息资源。以城市统一的地理空间框架和人口、法人等信息资源为基础，叠加各部门、各行业相关业务信息，加快促进跨部门协同应用。整合已建政务信息系统，统筹新建系统，建设信息资源共享设施，实现基础信息资源和业务信息资源的集约化采集、网络化汇聚和统一化管理。

（十一）深化重点领域信息资源开发利用。城市人民政府要将提高信息资源开发利用水平作为提升城市综合竞争力的重要手段，大力推动政府部门将企业信用、产品质量、食品药品安全、综合交通、公用设施、环境质量等信息资源向社会开放，鼓励市政公用企事业单位、公共服务事业单位等机构将教育、医疗、就业、旅游、生活等信息资源向社会开放。支持社会力量应用信息资源发展便民、惠民、实用的新型信息服务。鼓励发展以信息知识加工和创新为主的数据挖掘、商业分析等新型服务，加速信息知识向产品、资产及效益转化。

四、积极运用新技术新业态

（十二）加快重点领域物联网应用。支持物联网在高耗能行业的应用，促进生产制造、经营管理和能源利用智能化。鼓励物联网在农产品生产流通等领域应用。加快物联网在城市管理、交通运输、节能减排、食品药品安全、社会保障、医疗卫生、民生服务、公共安全、产品质量等领域的推广应用，提高城市管理精细化水平，逐步形成全面感知、广泛互联的城市智能管理和服务体系。

（十三）促进云计算和大数据健康发展。鼓励电子政务系统向云计算模式迁移。在教育、医疗卫生、劳动就业、社会保障等重点民生领域，推广低成本、高质量、广覆盖的云服务，支持各类企业充分利用公共云计算服务资源。加强基于云计算的大数据开发与利用，在电子商务、工业设计、科学研究、交通运输等领域，创新大数据商业模式，服务城市经济社会发展。

（十四）推动信息技术集成应用。面向公众实际需要，重点在交通运输联程联运、城市共同配送、灾害防范与应急处置、家居智能管理、居家看护与健康管理、集中养老与远程医疗、智能建筑与智慧社区、室内外统一位置服务、旅游娱乐消费等领域，加强移动互联网、遥感遥测、北斗导航、地理信息等技术的集成应用，创新服务模式，为城市居民提供方便、实用的新型服务。

五、着力加强网络信息安全管理和能力建设

（十五）严格全流程网络安全管理。城市人民政府在推进智慧城市建设中要同步加强网络安全保障工作。在重要信息系统设计阶段，要合理确定安全保护等级，同步设计安全防护方案；在实施阶段，要加强对技术、设备和服务提供商的安全审查，同步建设安全防护手段；在运行阶段，要加强管理，定期开展检查、等级评测和风险评估，认真排查安全风险隐患，增强日常监测和应急响应处置恢复能力。

（十六）加强要害信息设施和信息资源安全防护。加大对党政军、金融、能源、交通、电信、公共安全、公用事业等重要信息系统和涉密信息系统的安全防护，确保安全可控。完善网络安全设施，重点提高网络管理、态势预警、应急处理和信任服务能力。统筹建设容灾备份体系，推行联合灾备和异地灾备。建立重要信息使用管理和安全评价机制。严格落实国家有关法律法规及标准，加强行业和企业自律，切实加强个人信息保护。

（十七）强化安全责任和安全意识。建立网络安全责任制，明确城市人民政府及有关部门负责人、要害信息系统运营单位负责人的网络信息安全责任，建立责任追究机制。加大宣传教育力度，提高智慧城市规划、建设、管理、维护等各环节工作人员的网络信息安全风险意识、责任意识、工作技能和管理水平。鼓励发展专业化、社会化的信息安全认证服务，为保障智慧城市网络信息安全提供支持。

六、完善组织管理和制度建设

（十八）完善管理制度。国务院有关部门要加快研究制定智慧城市建设的标准体系、评价体系和审计监督体系，推行智慧城市重点工程项目风险和效益评估机制，定期公布智慧城市建设重点任务完成进展情况。城市人民政府要健全智慧城市建设重大项目监督听证制度和问责机制，将智慧城市建设成效纳入政府绩效考核体系；建立激励约束机制，推动电子政务和公益性信息服务外包和利用社会力量开发利用信息资源、发展便民信息服务。

（十九）完善投融资机制。在国务院批准发行的地方政府债券额度内，各省级人民政府要统筹安排部分资金用于智慧城市建设。城市人民政府要建立规范的投融资机制，通过特许经营、购买服务等多种形式，引导社会资金参与智慧城市建设，鼓励符合条件的企业发行企业债募集资金开展智慧城市建设，严禁以建设智慧城市名义变相推行土地财政和不切实际的举债融资。城市有关财政资金要重点投向基础性、公益性领域，优先支持涉及民生的智慧应用，鼓励市政公用企事业单位对市政设施进行智能化改造。

各地区、各有关部门要充分认识促进智慧城市健康发展的重要意义，切实加强组织领导，认真落实本指导意见提出的各项任务。发展改革委、工业和信息化部、科技部、公安部、财政部、国土资源部、环境保护部、住房城乡建设部、交通运输部等要建立部际协调机制，协调解决智慧城市建设中的重大问题，加强对各地区的指导和监督，研究出台促进智慧城市健康发展以及信息化促进城镇化发展的相关政策。各省级人民政府要切实加强对本地区智慧城市建设的领导，采取有力措施，抓好全过程监督管理。城市人民政府是智慧城市建设的责任主体，要加强组织，细化措施，扎实推进各项工作，主动接受社会监督，确保智慧城市建设健康有序推进。

37. 工业和信息化部关于加强电信和互联网行业网络安全工作的指导意见（工信部保〔2014〕368号）

各省、自治区、直辖市通信管理局，中国电信集团公司、中国移动通信集团公司、中国联合网络通信集团有限公司，国家计算机网络应急技术处理协调中心，工业和信息化部电信研究院、通信行业职业技能鉴定指导中心，中国通信企业协会、中国互联网协会，各互联网域名注册管理机构，有关单位：

近年来，各单位认真贯彻落实党中央、国务院决策部署及工业和信息化部的工作要求，在加强网络基础设施建设、促进网络经济快速发展的同时，不断强化网络安全工作，网络安全保障能力明显提高。但也要看到，当前网络安全形势十分严峻复杂，境内外网络攻击活动日趋频繁，网络攻击的手法更加复杂隐蔽，新技术新业务带来的网络安全问题逐渐凸显。新形势下电信和互联网行业网络安全工作存在的问题突出表现在：重发展、轻安全思想普遍存在，网络安全工作体制机制不健全，网络安全技术能力和手段不足，关键软硬件安全可控程度低等。为有效应对日益严峻复杂的网络安全威胁和挑战，切实加强和改进网络安全工作，进一步提高电信和互联网行业网络安全保障能力和水平，提出以下意见。

一、总体要求

认真贯彻落实党的十八大、十八届三中全会以及中央网络安全和信息化领导小组第一次会议关于维护网络安全的有关精神，坚持以安全保发展、以发展促安全，坚持安全与发展工作统一谋划、统一部署、统一推进、统一实施，坚持法律法规、行政监管、行业自律、技术保障、公众监督、社会教育相结合，坚持立足行业、服务全局，以提升网络安全保障能力为主线，以完善网络安全保障体系为目标，着力提高网络基础设施和业务系统安全防护水平，增强网络安全技术能力，强化网络数据和用户信息保护，推进安全可控关键软硬件应用，为维护国家安全、促进经济发展、保护人民群众利益和建设网络强国发挥积极作用。

二、工作重点

（一）深化网络基础设施和业务系统安全防护。认真落实《通信网络安全防护管理办法》（工业和信息化部令第11号）和通信网络安全防护系列标准，做好定级备案，严格落实防护措施，定期开展符合性评测和风险评估，及时消除安全隐患。加强网络和信息资产管理，全面梳理关键设备列表，明确每个网络、系统和关键设备的网络安全责任部门和责任人。合理划分网络和系统的安全域，理清网络边界，加强边界防护。加强网站安全防护和企业办公、维护终端的安全管理。完善域名系统安全防护措施，优化系统架构，增强带宽保障。加强公共递归域名解析系统的域名数据应急备份。加强网络和系统上线前的风险评估。加强软硬件版本管理和补丁管理，强化漏洞信息的跟踪、验证和风险研判及通报，及时采取有效补救措施。

（二）提升突发网络安全事件应急响应能力。认真落实工业和信息化部《公共互联网网络安全应急预案》，制定和完善本单位网络安全应急预案。健全大规模拒绝服务攻击、重要域名系统故障、大规模用户信息泄露等突发网络安全事件的应急协同配合机制。加强应急预案演练，定期评估和修订应急预案，确保应急预案的科学性、实用性、可操作性。提高突发网络安全事件监测预警能力，加强预警信息发布和预警处置，对可能造成全局性影响的要及时报通信主管部门。严格落实突发网络安全事件报告制度。建设网络安全应急指挥调度系统，提高应急响应效率。根据有关部门的需求，做好重大活动和特殊时期对其他行业重要信息系统、政府网站和重点新闻网站等的网络安全支援保障。

（三）维护公共互联网网络安全环境。认真落实工业和信息化部《木马和僵尸网络监测与处置机制》、《移动互联网恶意程序监测与处置机制》，建立健全钓鱼网站监测与处置机制。在与用户签订的业务服务合同中明确用户维护网络安全环境的责任和义务。加强木马病毒样本库、移动恶意程序样本库、漏洞库、恶意网址库等建设，促进行业内网络安全威胁信息共享。加强对黑客地下产业利益链条的深入分析和源头治理，积极配合相关执法部门打击网络违法犯罪。基础电信企业在业务推广和用户办理业务时，要加强对用户网络安全知识和技能的宣传辅导，积极拓展面向用户的网络安全增值服务。

（四）推进安全可控关键软硬件应用。推动建立国家网络安全审查制度，落实电信和互联网行业网络安全审查工作要求。根据《通信工程建设项目招标投标管理办法》（工业和信息化部令第 27 号）的有关要求，在关键软硬件采购招标时统筹考虑网络安全需要，在招标文件中明确对关键软硬件的网络安全要求。加强关键软硬件采购前的网络安全检测评估，通过合同明确供应商的网络安全责任和义务，要求供应商签署网络安全承诺书。加大重要业务应用系统的自主研发力度，开展业务应用程序源代码安全检测。

（五）强化网络数据和用户个人信息保护。认真落实《电信和互联网用户个人信息保护规定》（工业和信息化部令第 24 号），严格规范用户个人信息的收集、存储、使用和销毁等行为，落实各个环节的安全责任，完善相关管理制度和技术手段。落实数据安全和用户个人信息安全防护标准要求，完善网络数据和用户信息的防窃密、防篡改和数据备份等安全防护措施。强化对内部人员、合作伙伴的授权管理和审计，加大违规行为惩罚力度。发生大规模用户个人信息泄露事件后要立即向通信主管部门报告，并及时采取有效补救措施。

（六）加强移动应用商店和应用程序安全管理。加强移动应用商店、移动应用程序的安全管理，督促应用商店建立健全移动应用程序开发者真实身份信息验证、应用程序安全检测、恶意程序下架、恶意程序黑名单、用户监督举报等制度。建立健全移动应用程序第三方安全检测机制。推动建立移动应用程序开发者第三方数字证书签名和应用商店、智能终端的签名验证和用户提示机制。完善移动恶意程序举报受理和黑名单共享机制。加强社会宣传，引导用户从正规应用商店下载安装移动应用程序、安装终端安全防护软件。

（七）加强新技术新业务网络安全管理。加强对云计算、大数据、物联网、移动互联网、下一代互联网等新技术新业务网络安全问题的跟踪研究，对涉及提供公共电信和互联网服务的基础设施和业务系统要纳入通信网络安全防护管理体系，加快推进相关网络安全防护标准研制，完善和落实相应的网络安全防护措施。积极开展新技术新业务网络安全防护技术的试点示范。加强新业务网络安全风险评估和网络安全防护检查。

（八）强化网络安全技术能力和手段建设。深入开展网络安全监测预警、漏洞挖掘、恶意代码分析、检测评估和溯源取证技术研究，加强高级可持续攻击应对技术研究。建立和完善入侵检测与防御、防病毒、防拒绝服务攻击、异常流量监测、网页防篡改、域名安全、漏洞扫描、集中账号管理、数据加密、安全审计等网络安全防护技术手段。健全基于网络侧的木马病毒、移动恶意程序等监测与处置手段。积极研究利用云计算、大数据等新技术提高网络安全监测预警能力。促进企业技术手段与通信主管部门技术手段对接，制定接口标准规范，实现监测数据共享。加强与网络安全服务企业的合作，防范服务过程中的风险，在依托安全服务单位开展网络安全集成建设和风险评估等工作时，应当选用通过有关行业组织网络安全服务能力评定的单位。

三、保障措施

（一）加强网络安全监管。通信主管部门要切实履行电信和互联网行业网络安全监管职责，不断健全网络安全监管体系，积极推动关键信息基础设施保护、网络数据保护等网络安全相关立法，进一步完善网络安全防护标准和有关工作机制；要加大对基础电信企业的网络安全监督检查和考核力度，加强对互联网域名注册管理和服务机构以及增值电信企业的网络安全监管，推动建立电信和互联网行业网络安全认证体系。国家计算机网络应急技术处理协调中心和工业和信息化部电信研究院等要加大网络安全技术、资金和人员投入，大力提升对通信主管部门网络安全监管的支撑能力。

（二）充分发挥行业组织和专业机构的作用。充分发挥行业组织支撑政府、服务行业的桥梁纽带作用，大力开展电信和互联网行业网络安全自律工作。支持相关行业组织和专业机构开展面向行业的网络安全法规、政策、标准宣贯和知识技能培训、竞赛，促进网络安全管理和技术交流；开展网络安全服务能力评定，促进和规范网络安全服务市场健康发展；建立健全网络安全社会监督举报机制，发动全社会力量参与维护公共互联网网络安全环境；开展面向社会公众的网络安全宣传教育活动，提高用户的网络安全风险意识和自我保护能力。

（三）落实企业主体责任。相关企业要从维护国家安全、促进经济社会发展、保障用户利益的高度，充分认识做好网络安全工作的重要性、紧迫性，切实加强组织领导，落实安全责任，健全网络安全管理体系。基础电信企业主要领导要对网络安全工作负总责，明确一名主管领导具体负责、统一协调企业内部网络安全各项工作；要加强集团公司、省级公司网络安全管理专职部门建设，加强专职人员配备，强化专职部门的网络安全管理职能，切实加大企业内部网络安全工作的统筹协调、监督检查、责任考核和责任追究力度。互联网域名注册管理和服务机构、增值电信企业要结合实际健全内部网络安全管理体系，配备网络安全管理专职部门和人员，保证网络安全责任落实到位。

（四）加大资金保障力度。基础电信企业要制定本企业网络安全专项规划，在加大网络和业务发展投入的同时，同步加大网络安全保障资金投入，并将网络安全经费纳入企业年度预算。互联网域名注册管理和服务机构、增值电信企业要结合实际加大网络安全资金投入力度。

（五）加强人才队伍建设。基础电信企业要积极开展网络安全专业岗位职业技能鉴定工作，建立健全网络安全专业岗位持证上岗制度；加强网络安全培训，把相关培训纳入员工培训计划；积极组织和参与网络安全知识技能竞赛，形成培养、选拔、吸引和使用网络安全人才的良性机制。

38. 工商总局 工业和信息化部关于加强境内网络交易网站监管工作协作积极促进电子商务发展的意见

各省、自治区、直辖市及计划单列市工商行政管理局、市场监督管理部门、通信管理局：

为进一步形成监管合力，加强境内网络交易网站管理，有力打击境内网络交易网站违法经营行为，着力营造公平竞争的网络交易市场环境，切实维护消费者、经营者的合法权益，积极促进电子商务健康有序发展，依据《电信条例》、《互联网信息服务管理办法》、《网络交易管理办法》有关规定，工商总局、工业和信息化部就加强境内网络交易网站监管工作协作，积极促进电子商务发展提出以下意见。

一、加强工作协作的意义

近年来，随着电子商务的快速创新发展，网络交易呈现爆发态势，对推动经济社会发展作用显著。同时，一些实体经济中的不良现象也延伸至网络空间，网上伪造或冒用合法市场主体名义设立网站、侵犯知识产权和销售假冒伪劣商品、恶意欺诈、不正当竞争、虚假宣传等问题时有发生，既破坏网络交易市场秩序，严重侵害消费者和经营者的合法权益，又在一定程度上影响了人们对电子商务发展的信心。

工商行政管理部门承担网络交易市场监管职责，电信主管部门承担互联网行业管理职责，通过充分发挥各自的职能优势，加强网络交易网站监管工作协作，强化对网络经营主体和载体的管理，有利于及时发现和快速解决网络交易市场中的不良现象，有效遏制网络交易市场违法违规行为，营造透明有序、公平正义的市场环境，推动网络交易市场诚信机制的形成，促进我国电子商务实现又好又快发展。

二、加强工作协作的原则与目标

工商行政管理部门应充分利用自身在市场管理、机构设置方面的优势，积极配合电信主管部门强化对互联网行业的监管，在涉网市场主体工商登记注册信息、网站主办者主体信息真实性核验等方面配合电信主管部门开展工作。电信主管部门应发挥在互联网行业管理方面的职能和技术优势，在网站备案信息核查、网络接入服务信息核查等方面积极配合工商行政管理部门开展工作。

要建立健全简便高效的网络交易管理工作协作机制，及时准确定位载有违法信息的网站及服务器相关信息，实现对网络交易违法行为及时、有效、务实、强力打击的工作目标。

三、加强工作协作主要措施

（一）建立部门协调配合工作机制。

工商总局与工业和信息化部建立部际工作协作机制，设立常规工作沟通渠道和流程。支持各地工商行政管理部门与电信主管部门积极探索工作协作方法和机制，紧密结合注册资本登记制度改革相关要求，进一步转变职能，选择部分省市研究开展工作协作试点工作。各级工商行政管理部门、电信主管部门要进一步加强网络交易管理工作协调配合，省、自治区、直辖市等省级建制单位中要确定互相协调配合的机构，共同签署协作备忘录，定期召开协调工作会议，研究部署联合管理工作，建立常规的交流沟通和查处违法行为的工作机制。

（二）加强信息共享与工作协作。

各级工商行政管理部门、电信主管部门应通过有效方式实现市场主体的工商登记注册信息和网站备案信息等数据共享，对相互提出的涉网经营主体信息、网站主办者主体信息的查询、比对、核实等予以配合，从多方面保障网络经营主体、物理经营地址、网络接入信息真实有效。

各级工商行政管理部门、电信主管部门要充分发挥职能作用，加强对网络交易及电信业务经营行为的日常监督管理，对检查发现的违法线索或收到的投诉举报，属本部门管辖的依据有关法律法规予以处理；超越本部门职责管辖范围、属对方部门管辖范围的，应依法及时办理抄告、移交手续，并做好协查协办工作。

（三）处理各类违法网络交易网站的工作协作方式。

各级工商行政管理部门在查处网络交易违法行为工作中，应按照《互联网信息服务管理办法》、《非经营性互联网信息服务备案管理办法》、《关于建立境内违法互联网站黑名单管理制度的通知》的要求，对境内违法网络交易网站（以下简称违法网站）提请电信主管部门处理时，按照不同情况依法采取以下方式：

1. 对未履行备案手续的违法网站的处理。网站接入地在本省（含自治区、直辖市，下同）的，由当地省级工商行政管理部门将违法网站名单送交省级电信主管部门进行核实并依法处理；网站接入地在省外的，由当地省级工商行政管理部门将违法网站名单报送工商总局，由工商总局转送工业和信息化部依法处理。

2. 对已履行备案手续的违法网站的处理。对已在本省履行备案手续的违法网站，由当地省级工商行政管理部门向当地省级电信主管部门通报查处情况；对已在省外履行备案手续的违法网站，由当地省级工商行政管理部门转请网站备案地省级工商行政管理部门向备案地省级电信主管部门通报查处情况。省级电信主管部门根据工商行政管理部门的通报情况对违法网站依法进行处理。

3. 其他有关事项。各级工商行政管理部门查处违法网站经营者过程中，遇到危及国家安全、社会公共安全和人民财产安全等重大且紧急的特殊案件时，为及时制止违法网站的违法行为，可以先行函请电信主管部门依法对违法网站采取停止互联网接入服务的紧急处置措施。案件查处结束后，对违法行为情节严重需要关闭网站的，应将《行政处罚决定书》、《行政建议函》等函件一并提交电信主管部门，由电信主管部门根据相关法律法规对违法网站采取进一步处置措施，主要包括：注销违法网站主办者的经营许可或备案，并通知相关接入服务商停止接入服务，相关域名服务提供商停止域名解析服务，纳入网站黑名单管理。函请文书格式参照《关于建立境内违法互联网站黑名单管理制度的通知》（工信部联电管〔2009〕371号）执行。对于违法主体及涉及网站的查处信息，应在网上网下查处完成后，录入在工商行政管理部门、电信主管部门的数据库，并互相备份。

四、加强工作协作要求

（一）坚持依法行政。

各级工商行政管理部门、电信主管部门在网络交易违法行为查处工作的各个环节中，要各司其职，坚持依法行政，严格依照法定程序开展工作，做到不错位、不缺位、不越位。

（二）加强调查研究。

各级工商行政管理部门、电信主管部门要注意在实际工作中总结经验，充分研究目前网络交易违法行为查处工作在法律适用、职责分工、监管技术、监管机制等方面存在的主要问题，共同推动网络交易监管法律体系与监管技术的建设进程，实现监管信息互通、监管资源共享和监管行动协同。

（三）增强监管合力。

各级工商行政管理部门、电信主管部门要进一步加强配合，适应信息技术、信息网络快速发展的趋势，不断提高网络管理、信息处理等技术能力，增强有效监管电子商务活动的能力。

工商总局　工业和信息化部
2014年9月29日

39. 工业和信息化部办公厅　国家发展和改革委员会办公厅关于全面推进 IPv6 在 LTE 网络中部署应用的实施意见

为深入贯彻落实《“宽带中国”战略及实施方案》（国发〔2013〕31 号）及《关于下一代互联网“十二五”发展建设的意见》（发改办高技〔2012〕705 号），把握 LTE 网络建设契机，全面推进 IPv6 在 LTE 网络中的部署和应用，加快基于 IPv6 的下一代互联网建设，工业和信息化部、发展改革委提出如下实施意见：

一、总体思路

坚持市场主导与政府推动相结合的原则，以推进 IPv6 在 LTE 网络中的部署和应用为出发点，以强化 LTE 移动终端支持 IPv6、带动移动互联网应用和信源支持 IPv6 为主攻方向，启动“中国 LTEv6 工程”，推动产业链打通 LTE 网络中 IPv6 端到端应用的各环节，在发展模式、推进机制、技术方案、产业支持和政策配套等方面形成可推广、可复制的经验，进一步提升宽带网络基础设施的水平。

二、引导目标

（一）新建 LTE 网络全面支持并开启 IPv6，LTE 语音解决方案全面使用 IPv6，推动 CDN（内容分发网络）支持移动 IPv6 业务，提升 IPv6 业务访问的服务质量。

（二）提升国产 LTE 基带芯片、自主操作系统和移动终端支持 IPv6 的能力，推动在国内有一定影响力的国产手机品牌全面支持 IPv6。

（三）推动国内用户使用量大、覆盖面广的典型移动互联网应用支持 IPv6，到 2016 年末，下载量超过 50 万的 IPv6 移动互联网应用达到 50 款以上，基于 IPv6 的业务创新能力显著提升，IPv6 信源不断丰富。

（四）到 2016 年年末，通过 LTE 网络建设带动发展 3000 万以上 IPv6 用户，率先实现 IPv6 在移动互联网中的规模应用，并促进固定互联网对 IPv6 的支持。

三、重点任务

（一）加强网络和应用基础设施建设，提升 IPv6 业务承载能力。重点推进 LTE 核心网、接入网及移动终端支持 IPv6，形成端到端 IPv6 承载支持能力；进一步提升 CDN、DNS（域名系统）等应用服务基础设施对 IPv6 的支持程度，推动 CDN 在 LTE 网络中的部署应用，增强 CDN 对 IPv6 内容的快速分发能力，提升基于 LTE 网络的移动互联网业务服务质量。支持在下一代互联网示范城市试点示范。

（二）推进应用创新发展，丰富 IPv6 应用信源。加快推动基于 IPv6 的移动互联网商用进程，促进新型业务研发、现网试验和在线应用。加大力度推动视频、社交、电子商务等用户使用量大、覆盖范围广的移动互联网应用开展 IPv6 升级改造；支持中小微型互联网服务提供商开展基于 IPv6 的业务创新，激发和培育 IPv6 业务创新氛围，不断丰富 IPv6 信源；支持主流的移动应用商店开展 IPv6 升级改造，为 IPv6 移动互联网应用提供公共服务平台。

（三）完善产业配套支撑，提升 IPv6 发展能力。积极推动 LTE 芯片、终端、网络和应用等产业链各环节协同发展，完善 LTE 网络环境下的 IPv6 支持度评测标准体系，研究制定 LTE 设备 IPv6 测试规范，建设 LTE 网络 IPv6 支持度信息采集和数据分析评测平台，为“中国 LTEv6 工程”后续实施提供技术支撑。

（四）加强产业协同配合，确保 IPv6 用户体验。推动网络、终端、DNS、数据中心、内容源等各业务环节实现联动，共同采取措施保证IPv6用户优先访问IPv6资源，提升IPv6业务质量。

四、保障措施

（一）工业和信息化部、发展改革委将牵头成立包括各相关企业人员参加的“中国LTEv6工程”工作协调小组（以下简称“工作协调小组”），加强统筹和配合，协调推进IPv6在LTE网络中的部署和应用。

（二）依托工作协调小组和CNGI（中国下一代互联网示范工程）专家组共同组建技术工作组，为IPv6在LTE网络应用的关键技术研究、试验、验证、标准测试等提供技术指导，推进IPv6在LTE网络中部署和应用过程中的科研成果转化。

（三）工业和信息化部、发展改革委将多渠道组织资金支持IPv6在LTE网络中的部署和应用。工业和信息化部将在移动智能终端进网管理中支持IPv6移动终端，并明示产品信息。各地通信管理局、发展改革委要做好当地IPv6在LTE网络中部署应用的协调推进工作。

（四）基础电信企业、设备制造企业、互联网企业等各相关企业要从下一代互联网部署和应用的大局出发，加大基于IPv6的产品开发和推广力度，切实保障LTE网络建设、LTE移动终端推广使用和IPv6应用部署同步进行，切实履行网络与信息安全责任，有效服务地区经济发展和社会民生。

（五）基础电信企业要及时向工作协调小组通报IPv6用户上线的区域、规模和地址分配情况，其他相关企业要定期向工作协调小组上报IPv6在LTE网络中的部署和应用情况；工作协调小组要及时完善信息报送机制，互通信息，推动产业链同步发展。

工业和信息化部办公厅
国家发展和改革委员会办公厅
2014年10月15日

40. 关于在新闻网站核发新闻记者证的通知（新广出发〔2014〕122号）

各省、自治区、直辖市新闻出版广电局、网信办，新疆生产建设兵团新闻出版局、网信办，解放军总政治部宣传部新闻出版局、网信办，中央和国家机关各部委、各民主党派、各人民团体新闻机构主管单位，中央新闻网站：

为加强新闻网站编辑记者队伍建设，提高队伍整体素质，根据中央有关要求，按照《国务院关于授权国家互联网信息办公室负责互联网信息内容管理工作的通知》《互联网信息服务管理办法》《互联网新闻信息服务管理规定》《新闻记者证管理办法》等相关规定，决定在已取得互联网新闻信息服务许可一类资质并符合条件的新闻网站中按照“周密实施、分期分批、稳妥有序、可管可控”的原则核发新闻记者证。现将有关事项通知如下：

一、申领范围

经国家互联网信息办公室批准的，取得互联网新闻信息服务许可一类资质并符合条件的新闻网站中，专职从事新闻采编业务的在岗人员。

下列人员不发新闻记者证：（1）新闻网站中党务、行政、后勤、广告、发行、经营、技术等非采编岗位工作人员；（2）新闻网站以外的工作人员，包括为新闻网站提供稿件或节目的通讯员、特约撰稿人、特约记者，专职或者兼职为新闻网站提供稿件的党政机关、企事业等单位的工作人员以及其他社会人员；（3）在新闻采编活动中因违法违纪受过严重处罚的人员以及有不良从业记录的人员。

新闻网站采编人员申领新闻记者证不收取任何费用。

二、申领条件

新闻网站中申领新闻记者证的人员须同时具备下列条件：

（一）遵守国家法律、法规和新闻工作者职业道德。

（二）新闻网站编制内或者正式聘用，专职从事新闻采编工作且具有一年以上新闻采编工作经历的人员。

（三）具备大学专科及以上学历。

（四）获得国家互联网信息办公室颁发的《互联网新闻采编培训合格证》或新闻出版广电行政部门颁发的职业资格证。

三、申领程序

中央新闻网站申领新闻记者证的人员经国家互联网信息办公室审核后，由国家新闻出版广电总局核发；地方新闻网站申领新闻记者证的人员经所在地省级互联网信息主管部门和省级新闻出版广电行政部门审核后，报国家互联网信息办公室复审，由国家新闻出版广电总局核发。

申请领取新闻记者证的新闻网站，须按照规定填报书面申请材料（包括《领取中国记者网加密终端申请表》《领取新闻记者证登记表》《领取新闻记者证人员情况表》等），并通过中国记者网“全国新闻记者证管理及核验网络系统”（以下简称中国记者网，网址 http://press.gapp.gov.cn）报送电子材料。中国记者网的加密终端由国家新闻出版广电总局免费提供。

（一）中央新闻网站按照有关要求，填写和准备书面申请材料，报国家互联网信息办公室审核并在《领取中国记者网加密终端申请表》《领取新闻记者证登记表》的“主管部门（单位）意见”栏签章后，报国家新闻出版广电总局审核并免费领取加密终端，同时通过中国记者网报送电子材料，经国家互联网信息办公室网上审核同意后，由国家新闻出版广电总局核发新闻记者证。

（二）地方新闻网站按照有关要求，填写和准备书面申请材料，报所在地省级互联网信息主管部门审核并在《领取中国记者网加密终端申请表》《领取新闻记者证登记表》的“主管部门（单位）意见”栏签章后，报所在地省级新闻出版广电行政部门审核并免费领取加密终端，同时通过中国记者网报送电子材料，依次经省级互联网信息主管部门、省级新闻出版广电行政部门、国家互联网信息办公室网上审核同意后，由国家新闻出版广电总局核发。

四、申领时间

从 2015 年 1 月起及时组织符合条件的新闻网站申领核发新闻记者证工作。

五、相关要求

（一）为确保在新闻网站核发新闻记者证工作顺利开展，新闻网站须严格审核本单位申领人的资格条件，严格控制记者证发放范围，在申领过程中须如实填写相关表格，及时完整提交申请材料，按时完成新闻记者证的申领工作，并在今后的管理中严格遵守《新闻记者证管理办法》等有关规定；对不如实填写申报材料或者提供虚假申报材料的，一律取消申领资格；要指定专人负责保管和使用加密终端，建章立制，确保数据传输安全。

（二）新闻网站主办及主管部门须认真履行审核职责，严格审核新闻网站提交的申报材料，指导新闻网站按时完成新闻记者证核发工作，并不断加强对新闻网站新闻记者的监督管理工作。

（三）各级新闻出版广电行政部门、互联网信息主管部门要进一步完善工作联动机制，各司其职，协同配合，严格按照《新闻记者证管理办法》规定的标准、范围、程序核发新闻网站新闻记者证，加强新闻网站新闻记者的教育培训、日常管理、违法违规查处等工作，推动新闻网站采编人员队伍建设。

国家新闻出版广电总局
国家互联网信息办公室
2014年10月21日

41. 最高人民法院 中国银行业监督管理委员会关于人民法院与银行业金融机构开展网络执行查控和联合信用惩戒工作的意见（法〔2014〕266号）

各省、自治区、直辖市高级人民法院，解放军军事法院，新疆维吾尔自治区高级人民法院生产建设兵团分院；各银监局；各政策性银行、国有商业银行、股份制商业银行、邮储银行、各省级农村信用联社：

为维护司法权威，防范金融风险，保障当事人合法权益，推动社会信用体系建设，根据《中华人民共和国民事诉讼法》《中华人民共和国商业银行法》及《关于建立和完善执行联动机制若干问题的意见》等规定，结合工作实际，最高人民法院和中国银行业监督管理委员会就人民法院和银行业金融机构开展网络执行查控和联合信用惩戒工作，提出如下意见：

一、最高人民法院、中国银行业监督管理委员会鼓励和支持各级人民法院与银行业金融机构通过网络信息化方式，开展执行与协助执行、联合对失信被执行人进行信用惩戒等工作。

二、最高人民法院、中国银行业监督管理委员会鼓励和支持银行业金融机构与人民法院建立网络执行查控机制，通过网络查询被执行人存款和其他金融资产信息，办理其他协助事项。

银行业金融机构应当推进电子信息化建设，协助人民法院建立网络执行查控机制。

三、中国银行业监督管理委员会督促指导各银行业金融机构确定专门机构和人员负责网络执行查控工作，及时准确反馈办理结果；鼓励和支持开发批量自动查控功能，实现查询数据的准确和高效。

四、中国银行业监督管理委员会鼓励和支持人民法院与银行业金融机构在完备法律手续、保证资金安全的情况下，逐步通过网络实施查询、冻结、扣划等执行措施。

银行业金融机构尚未与人民法院建立网络执行查控机制，或者协助事项不能通过网络办理的，应当根据法律、司法解释和有关规定，协助人民法院现场办理。

五、中国银行业监督管理委员会鼓励和支持银行业金融机构与人民法院以全国法院执行案件信息系统为基础，建立全国网络执行查控机制。

全国网络执行查控机制建设主要采取两种模式。一是“总对总”联网，即最高人民法院通过中国银行业监督管理委员会金融专网通道与各银行业金融机构总行网络对接。各级人民法院通过最高人民法院网络执行查控系统实施查控。二是“点对点”联网，即高级人民法院通过当地银监局金融专网通道与各银行业金融机构省级分行网络对接。本地人民法院通过高级人民法院执行查控系统实施本地查控，外地法院通过最高人民法院网络中转接入当地高级人民法院执行查控系统实施查控。

各级人民法院与银行业金融机构及其分支机构已协议通过专线或其他网络建立网络查控机制的，可继续按原有模式建设和运行。本意见下发后，采用第二款以外模式建设的，应当经最高人民法院和中国银行业监督管理委员会同意。

六、人民法院与银行业金融机构建立了网络执行查控机制的，通过网络执行查控系统对被执行人存款或其他金融资产采取查控措施，按照《最高人民法院关于网络查询、冻结被执行人存款的规定》（法释〔2013〕20 号）执行。

七、各级法院应当加强管理，确保依照法律、法规、司法解释以及金融监管规定，查询和使用被执行人银行账户等信息，确保有关人员严格遵守保密规定。

八、最高人民法院、中国银行业监督管理委员会鼓励和支持银行业金融机构与人民法院建立联合信用惩戒机制。银行业金融机构与人民法院通过网络传输等方式，共享失信被执行人名单及其他执行案件信息；银行业金融机构依照法律、法规规定，在融资信贷等金融服务领域，对失信被执行人等采取限制贷款、限制办理信用卡等措施。

九、上级法院和银行业监管机构应当加强对网络执行查控机制和联合信用惩戒机制建设的监督指导，协调处理两个机制建设和运行中产生的分歧和争议。

建立了合作关系的人民法院、银行业金融机构应当安排专人协调处理两个机制运行中发生的争议。协调无果的，可通过上级法院、银行业监管机构协调解决。

建立了合作关系的人民法院、银行业金融机构应当制定应急预案，配备专门的技术人员处理两个机制运行中的突发事件，保障系统安全。

十、银行业金融机构依法协助人民法院办理网络执行查控措施，当事人或者利害关系人有异议的，银行业金融机构应当告知其根据民事诉讼法第二百二十五条之规定向执行法院提出，但银行业金融机构未按照协助执行通知书办理的除外。

十一、人民法院与银行业金融机构关于协助执行的有关规范性文件与本意见不一致的，以本意见为准。

最高人民法院

中国银行业监督管理委员会

2014 年 10 月 24 日

42. 质检总局办公厅关于印发《电子商务产品质量提升行动工作方案》的通知（质检办监〔2014〕1066 号）

各直属检验检验局，各省、自治区、直辖市及计划单列市、副省级城市、新疆生产建设兵团质量技术监督局，认监委、标准委，总局各司局，各直属事业单位：

现将《电子商务产品质量提升行动工作方案》印发你们，请结合实际，认真贯彻落实。

质检总局办公厅

2014 年 12 月 2 日

电子商务产品质量提升行动工作方案

为促进电子商务健康发展，净化网络购物环境，维护消费者权益，筑牢产业发展基础，决定组织全国质检系统开展电子商务产品质量提升行动。工作方案如下：

一、指导思想

把产品质量作为电子商务健康发展的生命线，切实加强电子商务产品质量服务与监管，努力构建“放、管、治”的质量提升工作格局，为电子商务产业健康发展保驾护航。坚持企业主体，帮助电商企业提高质量保证能力，促进电商企业落实质量主体责任。坚持政府推动，强化部门协作，发挥地方政府作用，形成政府监管的强大合力和叠加效应。坚持市场引导，净化电子商务质量发展环境，充分利用市场机制倒逼质量提升。坚持社会共治，动员社会力量，凝聚社会资源，在电子商务领域形成人人重视质量、人人创造质量、人人享受质量的社会氛围。

二、工作目标

摸清电子商务产品质量状况，对症下药，标本兼治，解决一批影响电子商务产品质量的突出问题；加大电商生产企业质量帮扶力度，从生产源头严把产品质量关，会同地方政府共同开展区域质量提升工作，培育一批质量提升示范项目；指导电商经营企业建立健全产品质量管理制度，完善产品质量监控体系，帮扶一批骨干电商经营企业提升进货把关能力；创新电子商务产品质量监管，开展监督抽查、执法打假、风险监测等产品质量专项治理活动，查处一批电子商务产品质量违法行为；建立健全电子商务质量管理制度规范，完善电子商务标准体系，出台一批电子商务相关标准和规范性文件。力争到 2016 年年底，使电子商务产品质量国家监督抽查合格率提高 10 个百分点。

三、主要任务

（一）开展电商生产企业质量保障能力提升帮扶行动。

1. 夯实质量保障基础。充分发挥质检部门技术优势，及时为电商生产企业提供标准、计量、认证服务。开展质量法律法规和标准宣贯活动，提高电商生产企业执行相关法律法规、标准和正确标注标识的能力。推动企业完善计量保证体系，提高计量检测能力与计量管理水平，保证企业产品量值准确可靠。推动电子商务产品认证和企业管理体系认证，提高质量管理能力。依托检验检测技术机构建设公共检验检测服务平台，为企业提供技术支持；指导、帮助企业建立检测实验室，提升企业产品自检能力。

2. 深入企业开展帮扶活动。组织专家“问诊把脉”，帮助企业查找存在的产品质量问题，改进生产过程质量控制，推广先进质量管理方法，提高质量源头管控能力。召开产品质量分析会议，宣贯解读产品标准，研究分析质量问题，提升企业质量意识，促进行业健康发展。

3. 培育电子商务产品质量提升示范项目（区）。充分发挥电子商务产品生产集聚区地方政府的积极性，建设一批电子商务产品质量提升示范项目（区），促进区域产业提质增效和转型升级，发挥典型示范作用，带动电子商务产品质量整体水平提升。

（二）开展电商经营企业质量管理体系建设助力行动。

4. 提高进货把关能力。鼓励电商经营企业建立产品质量内部检测制度，及时发现并清理问题产品。发挥质检部门技术优势，为电商经营企业提供产品质量检测技术服务，开展质量管理知识培训、标准宣贯、认证和检测技术培训等活动，提升电商经营企业产品质量管控能力。组建电子商务产品质量信息协作网，搭建电子商务产品质量信息公共服务平台，及时提供质量信息服务，促进电商经营企业提高质量管理水平。建立“良好电子商务规范”及相关认证制度，在电子商务领域引入合格评定机制，开展服务质量监测。鼓励企业开展质量比对，自觉接受社会监督。

5. 建立电子商务产品质量追溯制度。指导电商平台企业以组织机构代码和商品条形码为基础，建立电子商务产品质量追溯制度。推动电商平台企业依据政府监管、企业内部检测、消费者投诉等情况，对网店经营者实行信用管理，建立退出机制，将存在严重产品质量问题的经营者清理出电商平台。加快研制电子商务主客体信息描述、电子商务交易过程监管、电子商务支付等关键环节标准，健全网上交易行为规范。

6. 完善网上产品质量分析系统和投诉处理系统。鼓励电商平台企业建立网上产品质量分析系统，运用大数据分析方法，查找产品质量风险，加大对高风险产品、区域、供货渠道的管控力度，对质量问题严重的产品和供货商及时做出调整。帮助电商平台企业制定规范的产品质量投诉处理程序，明确处理流程、处理期限、处理意见反馈等重点环节的工作要求，提高产品质量投诉处理的及时率和满意度。

（三）开展电子商务产品质量违法行为整治行动。

7. 加大电子商务产品质量监督力度。以网上热销、消费者投诉较多的大众消费品为重点，组织开展风险监测和监督抽查。向社会公布抽查结果，引导广大消费者“用脚投票”，利用市场机制倒逼生产企业提高产品质量。

8. 严厉打击电子商务产品质量违法行为。充分发挥电子商务产品质量 12365 投诉举报处置指挥中心的作用，加强与电商平台企业的对接，结合风险监测和监督抽查，积极发现问题，反溯生产源头，严查违法企业。开展电子商务产品质量执法打假专项行动，查处一批制售假冒伪劣产品窝点。适时公布电子商务制假售假典型案例，震慑质量违法行为。针对质量问题较多、生产企业相对集中的重点区域，开展区域质量问题集中整治。坚持“打治”结合，约谈地方政府和生产企业，扎实推进整改工作。

9. 建立电子商务产品质量监督机制。加快构建“网上抽查、源头追溯、属地查处”的电子商务产品质量监督机制，完善关键环节工作规范。积极推进电子商务诚信体系建设，营造良好的社会信用环境。

10. 加强跨境电子商务质量安全监管。建立跨境贸易电子商务产品质量安全监督和溯源机制，实行电子商务进出口企业及其产品备案管理制度、电子商务进出口产品全申报制度，探索建立跨境电子商务负面清单制度和风险监测制度，探索通过合格评定手段建立对跨境电子商务的第三方评价机制，推动我国电子商务认证结果的国际认可。加强跨境电子商务进口食品、化妆品安全检验检疫监管，纳入进口注册管理的进口食品须来自在华注册的境外食品生产企业。

四、实施步骤

电子商务产品质量提升行动自 2014 年 10 月开始，至 2016 年 12 月结束。总体上分三个阶段进行：

（一）动员部署阶段（2014 年 10 月）。举办电子商务产品质量提升行动启动仪式，明确目标任务、工作措施和责任分工，细化工作安排，推动工作落实。

（二）组织实施阶段（2014 年 10 月至 2016 年 10 月）。组织开展 3 个专项行动，加大宣传力度，努力做到电子商务产品质量提升行动有力度、有成效、有声势。对行动中存在的问题，组织调查研究，制定工作措施，促进行动顺利开展。

（三）总结提高阶段（2016 年 10 月至 2016 年 12 月）。总结行动成效，提炼可复制、可推广的做法和经验，形成电子商务产品质量提升长效机制。

五、工作要求

（一）高度重视，精心组织。充分认识电子商务在经济社会发展中的重要作用，深刻理解产品质量对电子商务产业健康发展的重大意义，把电子商务产品质量提升摆到全局工作的重要位置。要结合实际研究制定行动方案，细化工作措施，抓好组织落实，确保工作顺利推进。

（二）加强研究，把握规律。要深入研究电子商务行业特点、服务需求、监管难点，把握电子商务产品质量服务和产品质量监管关键环节。要注意研究工作中出现的新情况、新问题，解放思想、创新思路，积极探索解决问题的办法和途径。

（三）强化协作，稳步推进。要加强统筹协调，积极争取地方党委政府的支持，密切与发展改革委、工信、商务、工商等部门的沟通协作，建立联动工作机制，加强信息共享，齐抓共管，形成合力。要强化质量服务和监管各项措施的综合作用，形成上下联动、内外联合的质量提升工作格局。

（四）建章立制，注重长效。要及时总结质量提升工作成效，认真查找不足，不断改进服务模式和监管方式，建立健全电子商务产品质量监管制度，推动建立电子商务产品质量提升的长效工作机制。

（工业和信息化部政策法规司　朱秀梅）

附录 D　2014 年通信运营业统计公报

2014 年，我国通信运营业认真贯彻落实中央稳增长、促改革、调结构、惠民生、防风险等政策措施，深入推进"宽带中国"战略，提升 4G 网络和宽带基础设施水平，积极发展移动互联网、IPTV 等新型消费，全面服务国民经济和社会发展，全行业保持健康发展。

一、综合

（一）行业运行平稳，业务总量与收入增速差距拉大

经初步核算，2014 年电信业务收入完成 11541.1 亿元，按可比口径测算同比增长 3.6%，比上年回落 5.1 个百分点。电信业务总量完成 18149.5 亿元，同比增长 16.1%，比上年提高 0.7 个百分点。电信业务总量与电信业务收入增长的剪刀差由 2012 年的 1.8 个百分点持续拉大至 12.5 个百分点（见图 D.1）。电信综合价格指数同比下降 10.8%。

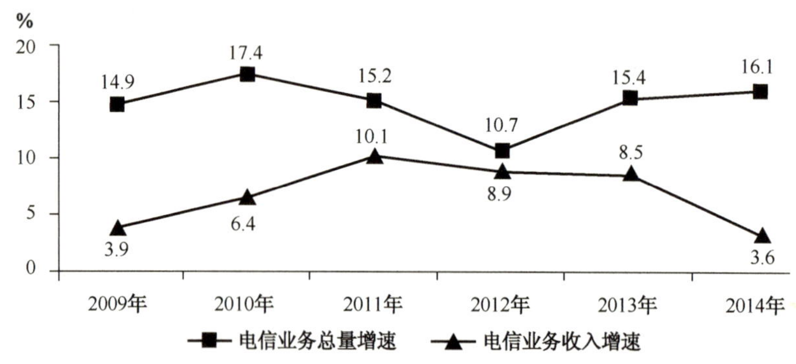

图D.1　2009—2014年电信业务总量与业务收入增长情况

（二）行业转型步伐加快，用户结构和业务增长日趋优化

2014 年，行业发展对话音业务的依赖大幅减弱，非话音业务收入占比由上年的 53.2%提高至 58.2%；移动数据及互联网业务收入对收入增长的贡献率突破 100%，占电信业务收入的比重从上年的 17%提高至 23.5%（见图 D.2）。移动宽带（3G/4G）用户加快发展，高速率宽带用户占比提升明显。移动宽带用户在移动用户中的渗透率达到 45.3%，比上年提高 12.6 个

百分点；8M 以上宽带用户占比达 40.9%，光纤接入（FTTH/0）用户占宽带用户的比重突破 1/3。融合业务发展渐成规模，截至 12 月末，IPTV 用户达 3363.6 万户。

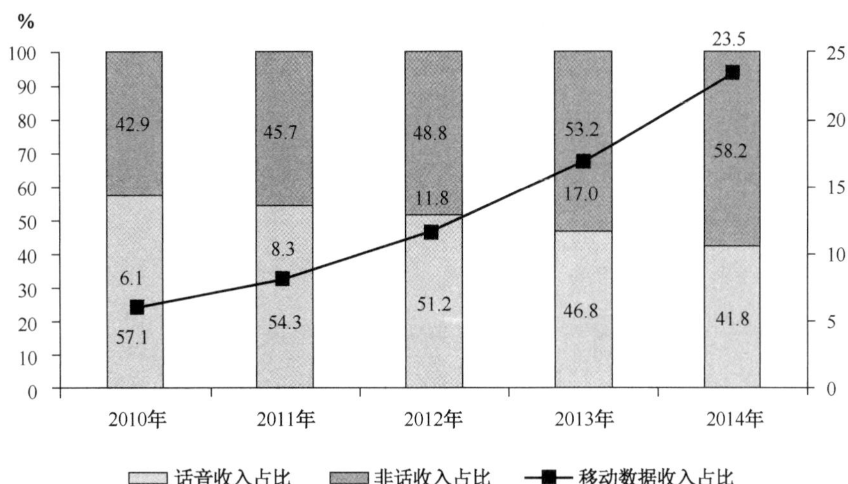

图D.2　2009—2014年话音业务和非话音业务收入占比变化情况

二、用户规模

（一）移动电话普及率稳步提升，10 省市突破 100 部/百人

2014 年，全国电话用户净增 3942.6 万户，总数达到 15.36 亿户，增长 2.6%，比上年回落 5 个百分点。其中，移动电话用户净增 5698 万户，总数达 12.86 亿户，移动电话用户普及率达 94.5 部/百人，比上年提高 3.7 部/百人。全国共有 10 省市的移动电话普及率超过 100 部/百人，分别为北京、辽宁、上海、江苏、浙江、福建、广东、海南、内蒙古和宁夏，其中，海南、宁夏首次突破 100 部/百人。固定电话用户总数 2.49 亿户，比上年减少 1755.5 万户，普及率下降至 18.3 部/百人（见图 D.3 和图 D.4）。

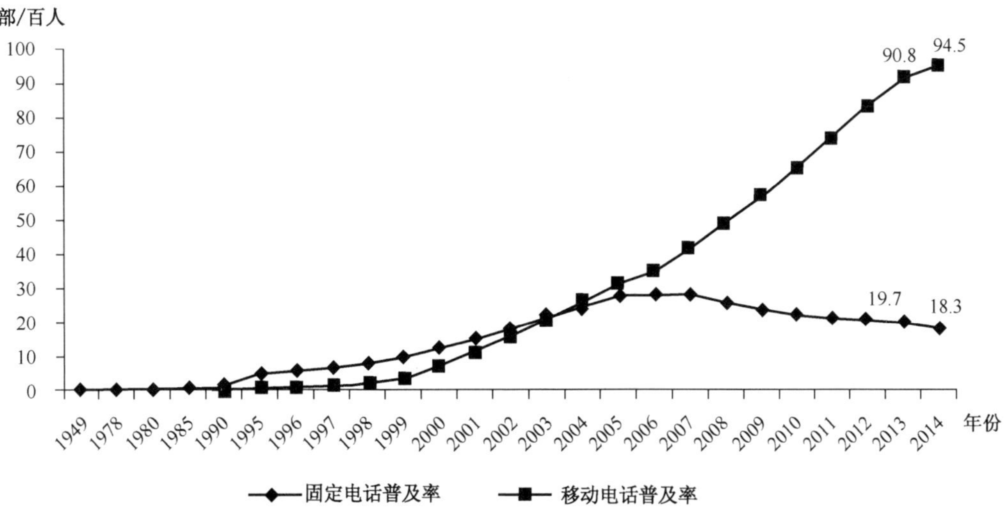

图D.3　1949—2014年固定电话、移动电话用户发展情况

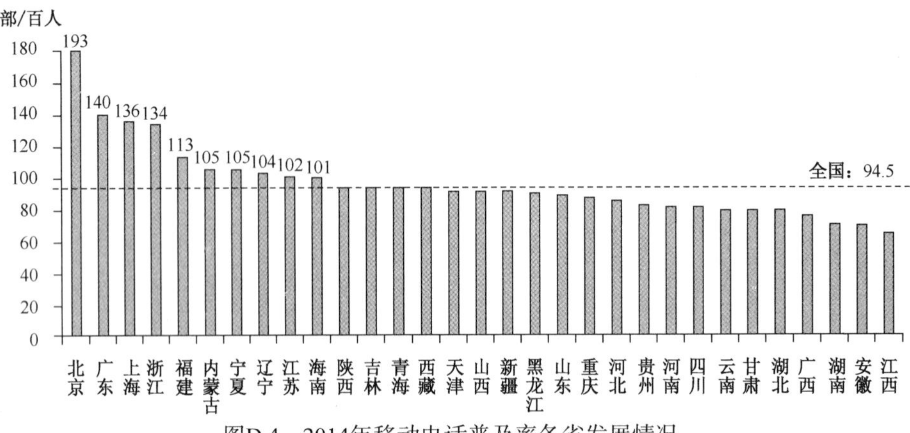

图D.4　2014年移动电话普及率各省发展情况

（二）移动用户结构加速优化，4G 移动电话用户发展迅速

2014 年，2G 移动电话用户减少 1.24 亿户，是上年净减数的 2.4 倍，占移动电话用户的比重由上年的 67.3%下降至 54.7%。4G 用户发展速度超过 3G 用户，新增 4G 和 3G 移动电话用户分别为 9728.4 万户和 8364.4 万户，总数分别达到 9728.4 万户和 48525.5 万户，在移动电话用户中的渗透率达到 7.6%和 37.7%。其中 TD-SCDMA 和 TD-LTE 用户总净增达到 1.43 亿户，比上年净增数多 4000 万户，在用户增量、总量中的份额分别达到 79.1%和 57.4%（见图 D.5 和图 D.6）。

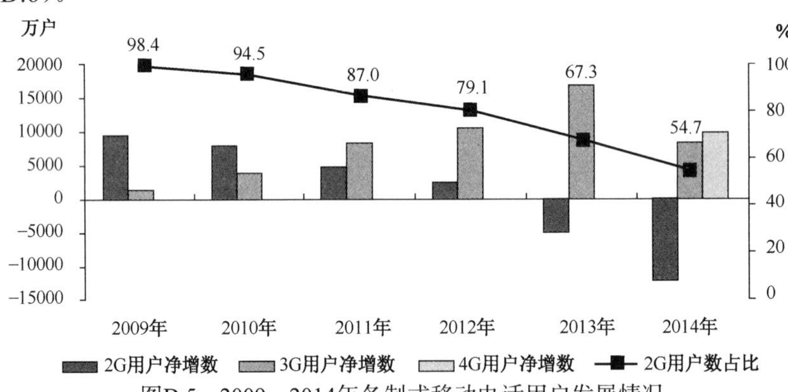

图D.5　2009—2014年各制式移动电话用户发展情况

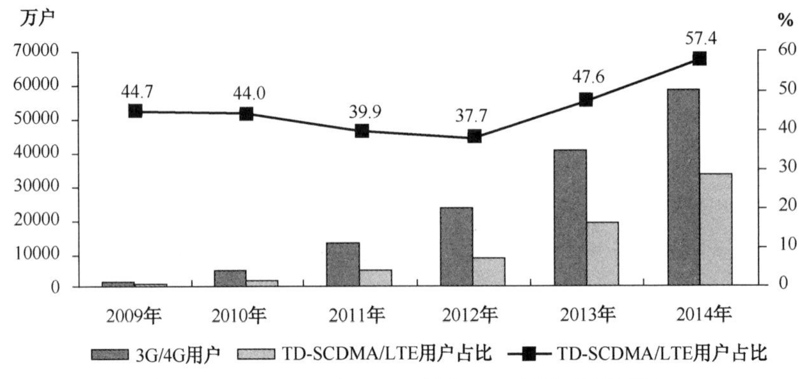

图D.6　2009—2014年3G/4G用户和TD用户发展情况

（三）光纤接入用户和高速率宽带用户占比提升明显

2014 年，三家基础电信企业固定互联网宽带接入用户净增 1157.5 万户，比上年净增减少 748.1 万户，总数突破 2 亿户。宽带城市建设继续推动光纤接入的普及，光纤接入（FTTH/0）用户净增 2749.3 万户，总数达 6831.6 万户，占宽带用户总数的比重比上年提高 12.5 个百分点达到 34.1%。8M 以上、20M 以上宽带用户总数占宽带用户总数的比重分别达到 40.9%、10.4%，比上年分别提高 18.3 个、5.9 个百分点（见图 D.7）。城乡宽带用户发展差距依然较大，城市宽带用户净增 1021 万户，是农村宽带用户净增数的 7.5 倍。

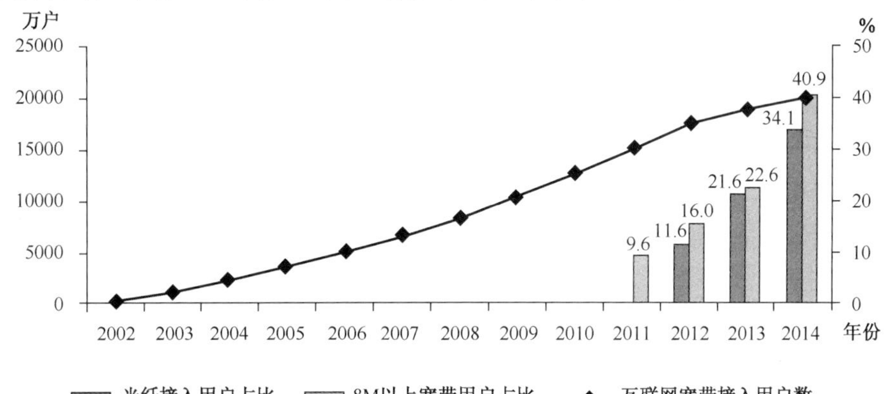

图D.7　2002—2014年互联网宽带接入用户发展和高速率用户占比情况

三、业务使用

（一）移动话音业务量增长低迷，MOU 值明显下降

2014 年，在移动电话用户增速明显放缓和互联网应用对话音和短信业务的替代双重影响下，全国移动电话去话通话时长 29270.1 亿分钟，同比增长仅 1%，比上年增速下降 4 个百分点。其中，移动本地去话和长途通话时长分别增长 0.8%和 1.5%，比上年增速下降 4 个和 4.3 个百分点。每用户月均贡献的移动话音业务量下降明显，移动本地和长途 MOU 值分别达到 148.4 分钟/月/户、45.3 分钟/月/户，同比分别下降 6%、5.4%（见图 D.8）。

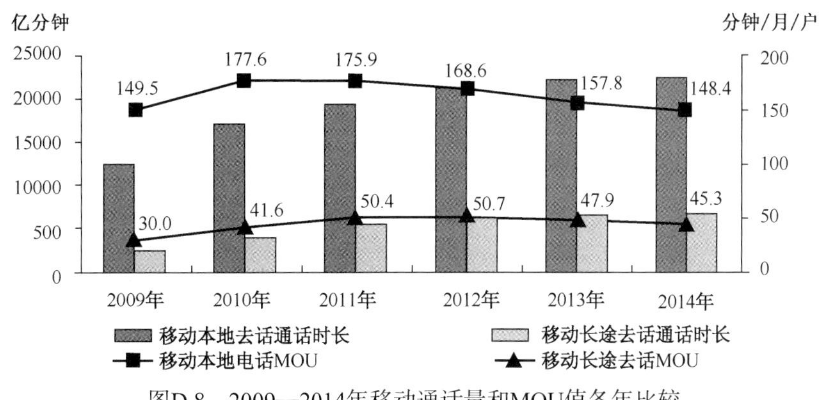

图D.8　2009—2014年移动通话量和MOU值各年比较

（二）移动短信业务量和收入降幅均超过 10%

2014 年，全国移动短信业务量 7630.5 亿条，同比下降 14.4%，降幅同比扩大了 13.8 个百分点。其中，由移动用户主动发起的点对点短信量同比下降 18.9%，占移动短信业务量比重由上年的 48.3%降至 45.8%。月户均点对点短信量连续五年持续下降，只有 36.8 条/月/户（见图 D.9）。微信等新型即时消息类应用对彩信业务的替代作用进一步加强，彩信业务量只有 647.4 亿条，由上年同比增长 23%变成同比下降 24.4%。移动短信业务收入同比下降 14.7%，收入规模同比减少 91.1 亿元。

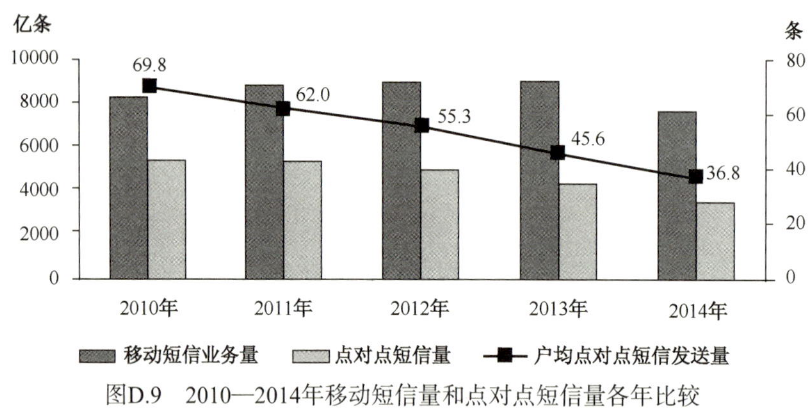

图D.9　2010—2014年移动短信量和点对点短信量各年比较

（三）移动互联网流量高速增长，手机上网流量贡献超 8 成

2014 年，在 4G 移动电话用户大幅增长、套餐中流量资费持续下降等影响下，移动互联网接入流量消费达 20.62 亿 G，同比增长 62.9%，比上年提高 18.8 个百分点。月户均移动互联网接入流量突破 200M，达到 205M，同比增长 47.1%（见图 D.10）。手机上网流量达到 17.91 亿 G，同比增长 95.1%，在移动互联网总流量中的比重达到 86.8%，成为推动移动互联网流量高速增长的主要因素。固定互联网使用量同期保持较快增长，固定宽带接入时长达 41.44 万亿分钟，同比增长 29.6%。

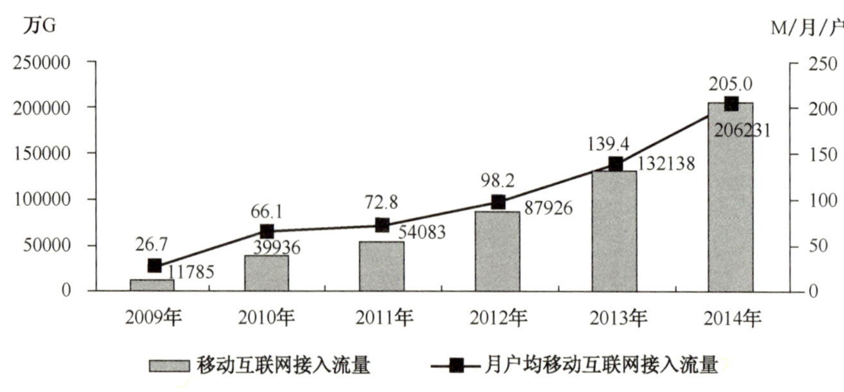

图D.10　2009—2014年移动互联网流量发展情况比较

四、网络基础设施

（一）宽带基础设施日益完善，“光进铜退”趋势明显

2014 年，互联网宽带接入端口数量突破 4 亿个，比上年净增 4160.1 万个，同比增长 11.5%（见图 D.11）。互联网宽带接入端口“光进铜退”趋势更加明显，xDSL 端口比上年减少 968.7 万个，总数达到 1.38 亿个，占互联网接入端口的比重由上年的 41%下降至 34.3%。光纤接入（FTTH/0）端口比上年净增 4763.9 万个，达到 1.63 亿个，占互联网接入端口的比重由上年的 32%提升至 40.6%（见图 D.12）。

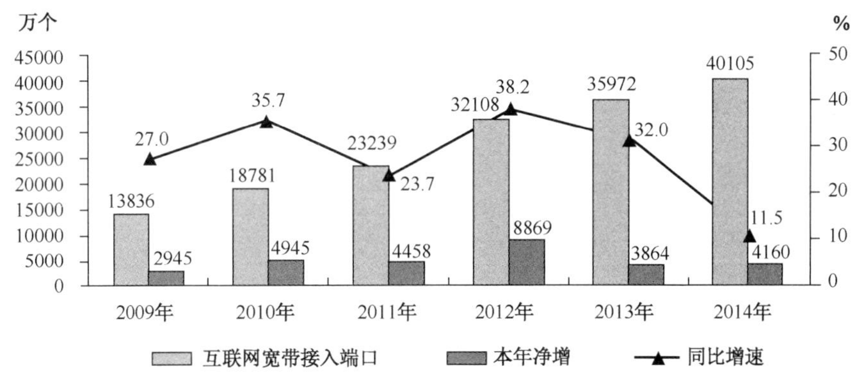

图D.11 2009—2014年互联网宽带接入端口发展情况

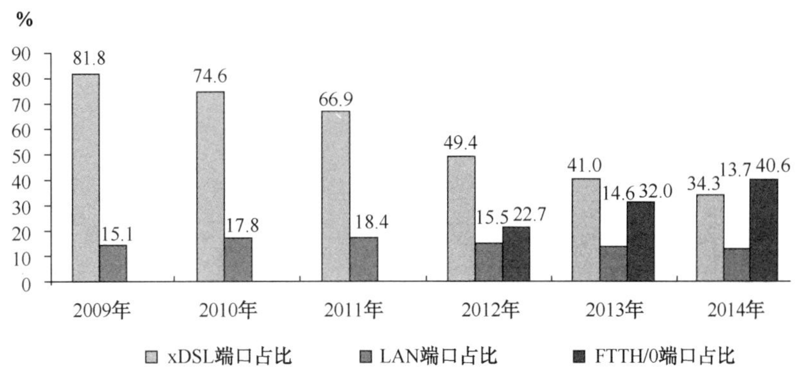

图D.12 2009—2014年互联网宽带接入端口按技术类型占比情况

（二）移动通信设施建设步伐加快，移动基站规模创新高

2014 年，随着 4G 业务的发展，基础电信企业加快了移动网络建设，新增移动通信基站 98.8 万个，是上年同期净增数的 2.9 倍，总数达 339.7 万个。其中 3G 基站新增 19.1 万个，总数达到 128.4 万个，移动网络服务质量和覆盖范围继续提升（见图 D.13）。WLAN 网络热点覆盖继续推进，新增 WLAN 公共运营接入点（AP）30.9 万个，总数达到 604.5 万个，WLAN 用户达到 1641.6 万户。

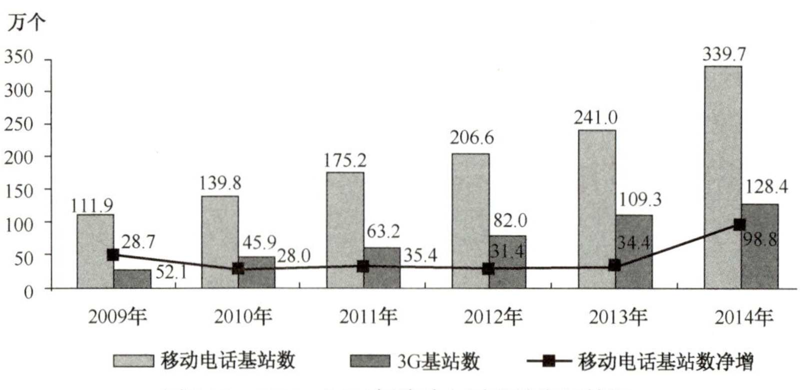

图D.13　2009—2014年移动电话基站发展情况

（三）传输网设施不断完善，本地网光缆规模与增长居首

2014 年，全国新建光缆线路 300.7 万公里，光缆线路总长度达到 2046 万公里，同比增长 17.2%，比上年同期回落 0.7 个百分点，整体保持较快的增长态势（见图 D.14）。

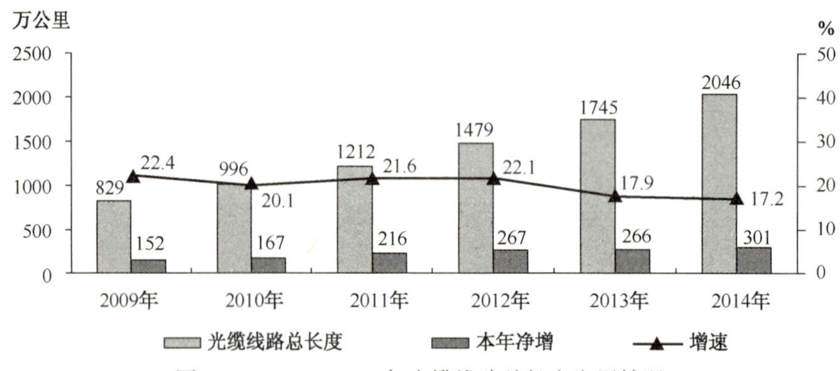

图D.14　2009—2014年光缆线路总长度发展情况

全国新建光缆中，接入网光缆、本地网中继光缆和长途光缆线路所占比重分别为 46.8%、48.7%和 4.5%。接入网光缆和本地网中继光缆长度同比分别增长 16.6%和 19.4%，分别新建 136 万公里和 160.7 万公里；长途光缆保持小幅扩容（见图 D.15）。

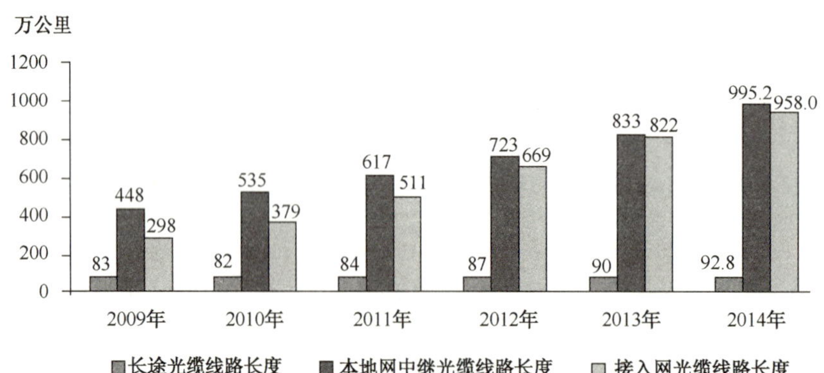

图D.15　2009—2014年各种光缆线路长度对比情况

五、收入结构

（一）移动通信业务收入增长放缓，占比小幅提升

2014 年，移动通信业务实现收入 8599.4 亿元，按可比口径测算同比增长 3.3%，比上年同期下降 6.6 个百分点。移动通信业务收入占电信业务收入的比重达到 74.5%，比上年提高 0.1 个百分点（见图 D.16）。其中，话音业务收入在移动通信业务收入中的占比达到 50.7%，比上年下降 5.9 个百分点。固定通信业务实现收入 2941.7 亿元，按可比口径测算同比增长 4.3%，其中固定话音业务收入在固定通信业务收入中的占比达到 16%，比上年下降 3.2 个百分点。

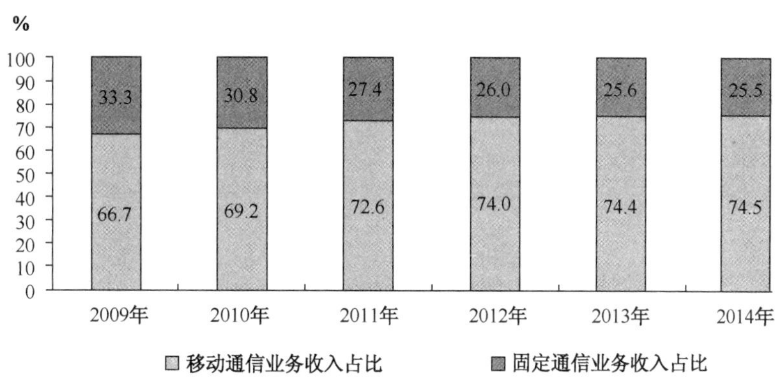

图D.16　2009—2014年电信收入结构（固定和移动）情况

（二）数据业务收入增长整体放缓，移动数据业务增长贡献突出

2014 年，固定数据及互联网业务收入完成 1524.7 亿元，按可比口径测算同比增长 5.5%，比上年下降 3.5 个百分点。受增值电信企业大力发展宽带接入业务带来的市场竞争，以及用户基数不断扩大的影响，三家基础电信企业宽带接入用户增长乏力，导致互联网宽带接入业务收入增长趋缓。移动数据及互联网业务收入完成 2707.2 亿元，按可比口径测算同比增长 41.8%，比上年下降 13.7 个百分点（见图 D.17）。移动数据及互联网业务收入在电信业务收入

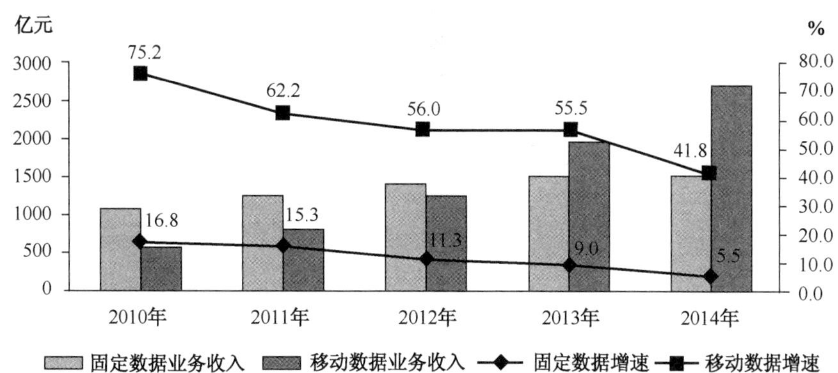

图D.17　2009—2014年固定与移动数据业务收入发展情况

中占比达到 23.5%，比上年提高 6.5 个百分点，拉动电信业务收入增长 7.2 个百分点，有效弥补了话音业务收入的增速下滑。

六、固定资产投资

（一）投资完成额创六年新高，同比增长 6.3%

2014 年，全行业固定资产投资规模完成 3993 亿元，达到自 2009 年以来投资水平最高点。投资完成额比上年增加 238 亿元，同比增长 6.3%，比上年增速提高 2.4 个百分点（见图 D.18）。

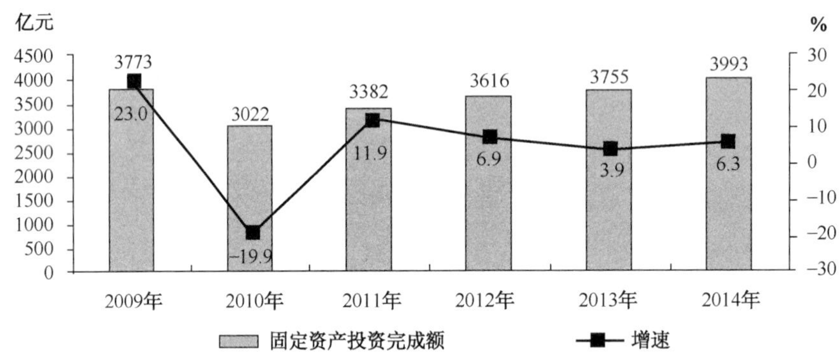

图D.18　2009—2014年电信固定资产投资完成情况

（二）移动通信投资比重加大，同比增长超过 20%

2014 年，移动投资稳占电信投资的重点，完成投资 1618.5 亿元，同比增长 20.2%，占全部投资的比重达到 40.5%，比上年提高 4.6 个百分点。传输投资比重逐步加大，其中，传输投资完成 967 亿元，同比增长 1.6%，占比达到 24.2%。互联网及数据通信投资规模与占比有所下降，完成 398.6 亿元，同比下降 22.1%，占比由上年的 13.6%下降至 10%（见图 D.19）。

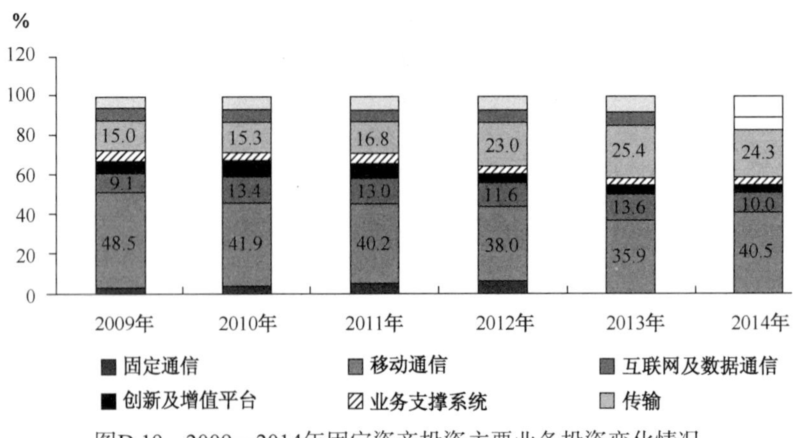

图D.19　2009—2014年固定资产投资主要业务投资变化情况

七、区域发展

（一）中西部地区移动用户增速快于东部地区，东部地区移动用户占比降至50%以下

2014年，东、中、西部地区移动电话用户增速均呈现放缓态势，中部地区用户增速超过西部地区，比东部地区和西部地区增速分别高3.5个和1.7个百分点。东部地区移动电话用户占比下降趋势加快，同比下降0.9个百分点，占比降至一半以下，中西部地区用户占比分别提高了0.5个和0.4个百分点（见图D.20和图D.21）。

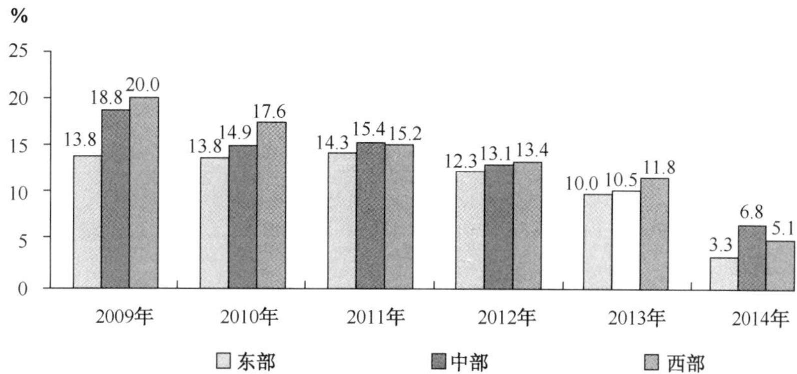

图D.20 2009—2014年东、中、西部地区移动电话用户增长率

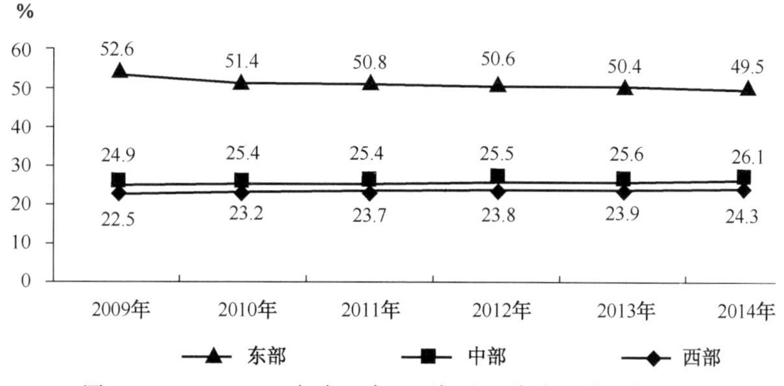

图D.21 2009—2014年东、中、西部地区移动电话用户比重

（二）东部地区收入和投资占比持续下降，区域差距进一步缩小

2014年，东部地区实现电信业务收入6422.8亿元，占全国电信业务收入比重为54.6%，同比下降0.6个百分点，自2009年以来占比持续下降。东、中、西部地区收入差距进一步缩小，东部地区与中部、西部地区收入占比差距分别为31.8%、32%，较上年分别下降0.6个和1.2个百分点（见图D.22）。

2014年，东部地区完成电信固定资产投资1840.5亿元，占东、中、西部地区固定资产投资的比重为47.2%，较上年下降1.9个百分点。东部地区与西部地区投资占比差距为19.4%，

较上年下降 3.3 个百分点，东部与中部投资占比差距为 22.1%，较上年下降 2.5 个百分点（见图 D.23）。

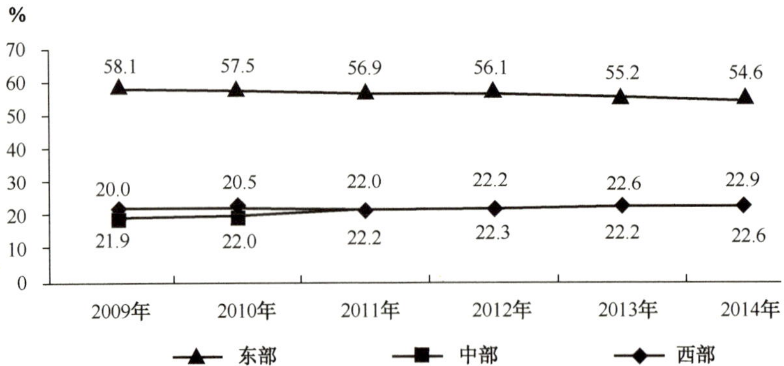

图D.22　2009—2014年东、中、西部地区电信业务收入比重

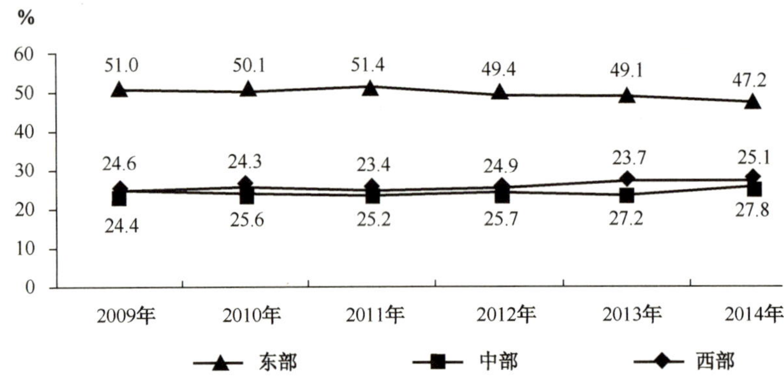

图D.23　2009—2014年东、中、西部地区电信投资比重

（工业和信息化部）

附录 E　2014 年中国互联网发展状况分析报告

一、网民规模

（一）总体网民规模

截至 2014 年 12 月，我国网民规模达 6.49 亿人，全年共计新增网民 3117 万人。互联网普及率为 47.9%，较 2013 年年底提升了 2.1 个百分点（见图 E.1）。

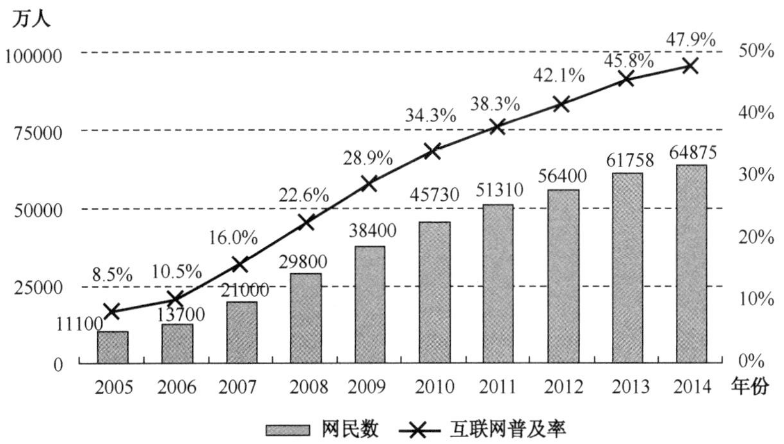

来源：CNNIC 中国互联网发展状况统计调查，2014.12。

图E.1　中国网民规模和互联网普及率

2014 年网民增长的宏观带动因素有以下三个方面。

政府方面。2014 年政府更加重视互联网安全，中央网络安全和信息化领导小组于 2014 年 2 月成立，旨在全力打造安全上网环境、投入更多资源开展互联网治理工作，消除非网民上网的安全顾虑；8 月，中央全面深化改革领导小组第四次会议审议通过了《关于推动传统媒体和新兴媒体融合发展的指导意见》，推动传统媒体与新媒体融合的工作正式提上社会经济发展日程，推动互联网成为新型主流媒体、打造现代传播体系，对非网民信息生活的渗透力度持续扩大；“宽带中国 2014 专项行动”持续开展，进一步推动了互联网宽带的建设和普及。

运营商方面。2014 年中国 4G 商用进程全面启动，根据工信部发布的《通信业经济运行情况》显示，截至 2014 年 12 月，中国 4G 用户总数达 9728.4 万户，在网民增长放缓背景下，4G 网络的推广带动更多人上网；运营商继续大力推广“固网宽带+移动通信”模式的产品，通过互联网 OTT 业务和传统电信业务的组合优惠，吸引用户接入固定互联网和移动互联网；随着虚拟运营商加入市场竞争，电信市场在 2014 年出现活跃的竞争发展态势，相比基础运营商，其在套餐内容方面灵活度更大，获得很多用户的认可。

企业方面。2014 年新浪微博、京东、阿里巴巴等知名互联网企业赴美上市，使“互联网”成为频频见诸报端的热点词，互联网应用得到广泛宣传，互联网应用与发展模式快速创新，比特币、互联网理财、网络购物、O2O 模式等一度成为社会性事件，这些宣传报道极大地拓宽了非网民认知、了解、接触互联网的渠道，提高了非网民的尝试意愿。

根据调查，2014 年新网民最主要的上网设备是手机，使用率为 64.1%，由于手机带动网民增长的作用有所减弱，故新网民手机使用率低于 2013 年的 73.3%（见图 E.2）。由于 2014 年新增网民学生群体占比为 38.8%，远高于老网民中的 22.7%，而学生群体的上网场景多为学校、家庭，故新网民使用台式电脑的比例相比 2013 年上升明显，达 51.6%。

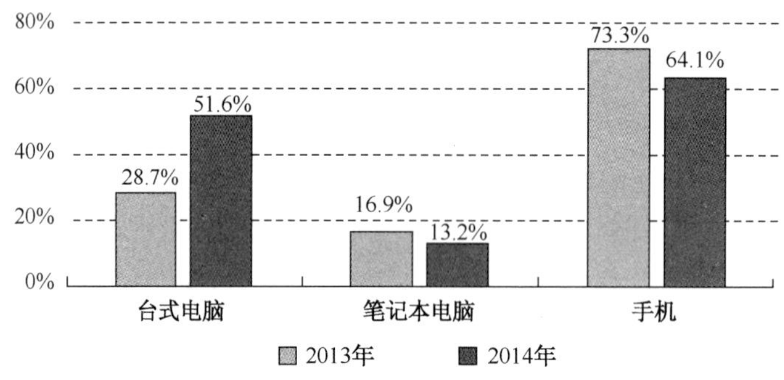

来源：CNNIC 中国互联网发展状况统计调查，2014.12。

图E.2　新网民互联网接入设备使用情况

数据显示，非网民不上网的原因，主要是不懂电脑/网络，比例为 61.3%，其次为年龄太大/太小，占比为 28.5%，相比 2013 年均有所上升。互联网知识与应用技能的缺乏，仍然是造成网民与非网民之间数字鸿沟的重要原因之一。另外，没有电脑等上网设备的比例为 10.7%，互联网接入设备的获取能力差异造成的使用鸿沟也不能忽视（见图 E.3）。

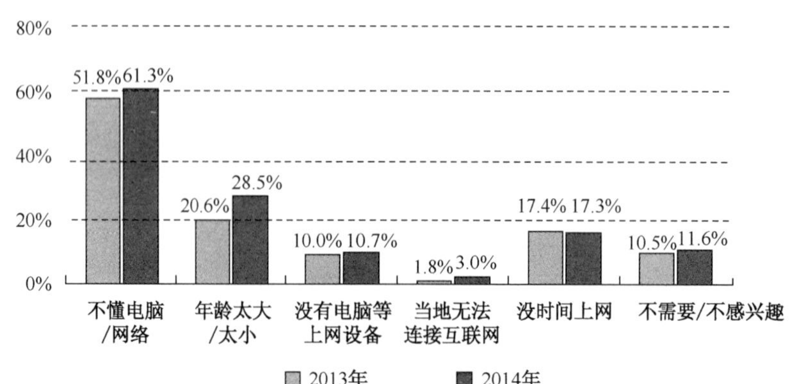

来源：CNNIC 中国互联网发展状况统计调查，2014.12。

图E.3　非网民不使用互联网的原因

数据显示，近年来非网民的上网意愿持续降低，肯定上网或可能上网的比例，从 2011 年的 16.3%逐渐下降至 2014 年的 11.1%，未来非网民的转化难度将进一步加大、网民规模的增速将继续减缓（见图 E.4）。

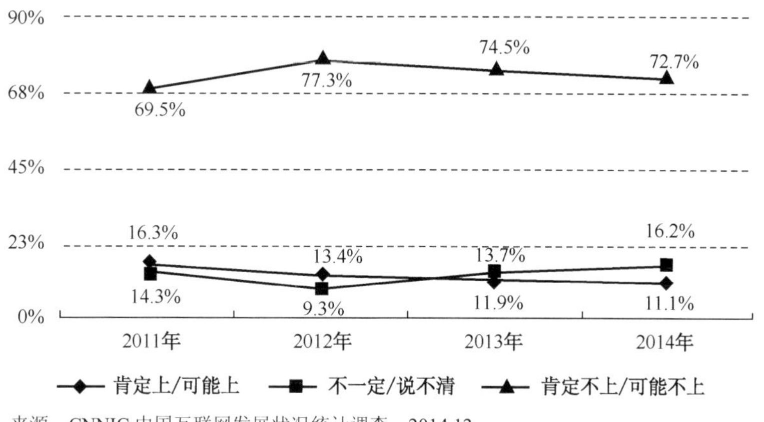

来源：CNNIC 中国互联网发展状况统计调查，2014.12。

图E.4　非网民未来上网意向

对潜在网民（肯定上/可能上）与非潜在网民（肯定不上/可能不上/不一定/说不清）进行对比发现，非潜在网民中小学及以下学历、农民、60 岁及以上的群体占比很高，分别达到 59.2%、43.3%和 36.7%，这些特征与该群体不上网的原因表现一致，即不懂电脑/网络(64.1%)、年龄太大/太小（30.6%）；而 30.2%的潜在网民不上网的主要原因是没有时间上网，这一群体具备互联网接入条件与使用技能，未来转化为网民的可能性更高。

（二）手机网民规模

截至 2014 年 12 月，我国手机网民规模达 5.57 亿人，较 2013 年增加 5672 万人。网民中使用手机上网的人群占比由 2013 年的 81.0%提升至 85.8%（见图 E.5）。

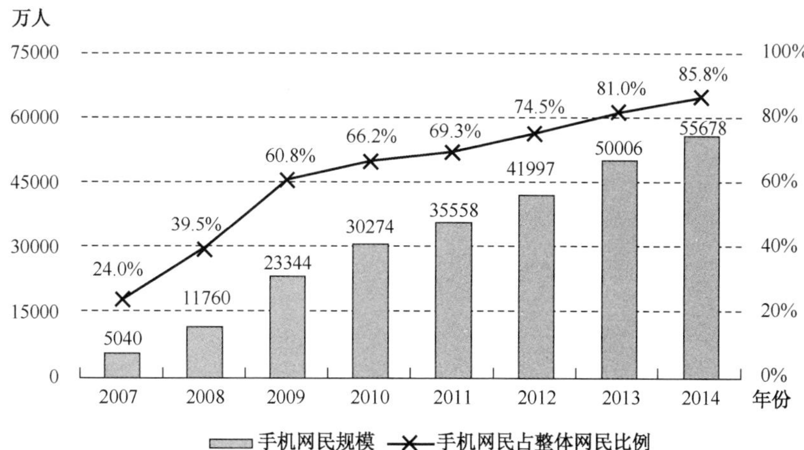

来源：CNNIC 中国互联网发展状况统计调查，2014.12。

图E.5　中国手机网民规模及其占网民比例

2014 年上半年手机网民增速为 5.4%，下半年为 5.6%，增速未出现明显增长，手机网民即将进入平稳增长阶段。一方面，移动电话的普及率已基本达到饱和，根据工信部发布的《通信业主要指标完成情况》显示，2014 年全年移动电话普及率由年初的 90.8%升至年底的 94.5%，上升空间逐渐缩窄；另一方面，从 6 月 1 日起运营商被纳入营业税改征增值税试点范围，曾对推动手机网民起到重要作用的“购话费送手机”的终端补贴政策随之出现重大调整，同时国资委要求运营商在三年内连续削减 20%的营销费用，以上政策变动对智能手机的推广渠道造成显著冲击，手机网民增长的重要推动力受到部分削弱。

（三）分省网民规模

截至 2014 年 12 月，中国大陆 31 个省、直辖市、自治区中网民数量超过千万规模的达 25 个，互联网普及率超过全国平均水平的省份达 12 个。分经济区域看，东部地区 10 省中，有 8 省的互联网普及率超过全国平均水平，中部地区 6 省中仅有 1 省，西部地区 12 省中有 2 省，东北部地区三省中有 1 省，不同经济区域间互联网普及率差异非常明显（见表 E.1）。

表 E.1 中国大陆地区网民数量超过千万规模的省份

省　份	网　民　数（万人）	普　及　率	网民规模增速	普及率排名
北京	1593	75.3%	2.4%	1
上海	1716	71.1%	2.0%	2
广东	7286	68.5%	4.2%	3
福建	2471	65.5%	2.9%	4
浙江	3458	62.9%	3.9%	5
天津	904	61.4%	4.4%	6
辽宁	2580	58.8%	5.2%	7
江苏	4274	53.8%	4.4%	8
山西	1838	50.6%	4.7%	9
新疆	1139	50.3%	4.2%	10
青海	289	50.0%	5.5%	11
河北	3603	49.1%	6.3%	12
山东	4634	47.6%	7.0%	13
海南	421	47.0%	2.3%	14
陕西	1745	46.4%	3.3%	15
内蒙古	1142	45.7%	4.5%	16
重庆	1357	45.7%	4.9%	17
湖北	2625	45.3%	5.4%	18
吉林	1243	45.2%	6.9%	19
宁夏	295	45.1%	4.2%	20
黑龙江	1599	41.7%	5.6%	21
西藏	123	39.4%	6.9%	22
广西	1848	39.2%	4.2%	23
湖南	2579	38.6%	7.0%	24
四川	3022	37.3%	6.6%	25
河南	3474	36.9%	5.8%	26
安徽	2225	36.9%	3.5%	27

续表

省 份	网 民 数（万人）	普 及 率	网民规模增速	普及率排名
甘肃	951	36.8%	6.4%	28
云南	1643	35.1%	7.5%	29
贵州	1222	34.9%	6.7%	30
江西	1543	34.1%	5.1%	31
全国	64875	47.9%	5.0%	—

通过变异系数来反映省间互联网普及率的差异，可以看到，我国互联网普及的地区差异呈现稳定的下降趋势，截至2014年12月，互联网普及率的省间差异为0.24，相比2013年年底下降了0.01。实现互联网接入以来，中国在推进互联网全面普及的工作上取得显著成效，但由于互联网普及率的省间差异仍然存在，进一步推动普及情况落后省份的互联网建设工作将成为一项长期工程（见图E.6）。

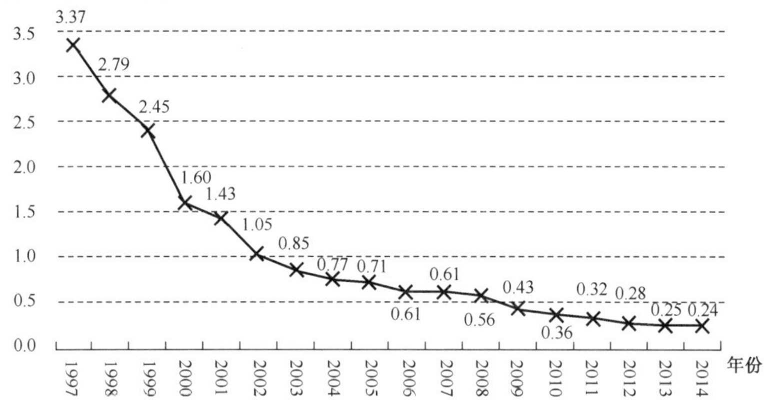

来源：CNNIC中国互联网发展状况统计调查，2014.12。

图E.6 互联网普及率的省间差异（变异系数）

（四）农村网民规模

截至2014年12月，我国网民中农村网民占比为27.5%，规模达1.78亿人，较2013年年底增加188万人。城镇网民增长幅度较大，相比2013年年底增长2929万人。在整体网民规模增幅逐年收窄、城市化率稳步提高的背景下，农村非网民的转化难度也随之加大，未来将需要进一步的政策和市场激励，推动农村网民规模增长。

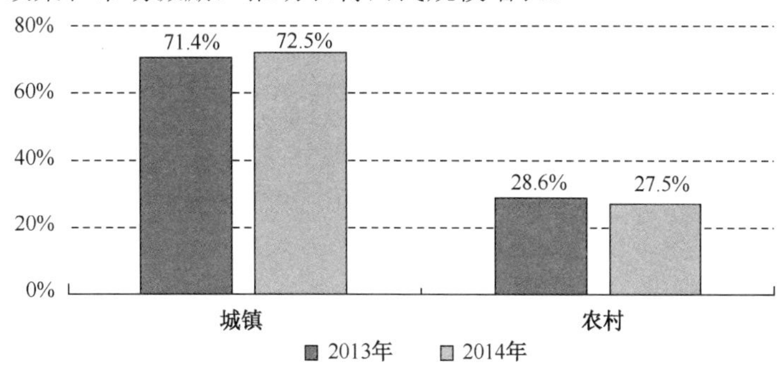

来源：CNNIC中国互联网发展状况统计调查，2014.12。

图E.7 中国网民城乡结构

尽管农村地区网民规模、互联网普及率不断增长，但是城乡互联网普及率差异仍有扩大趋势，2014 年城镇地区互联网普及率超过农村地区 34 个百分点（见图 E.8）。造成差距的原因，部分在于城镇化进程在一定程度上掩盖了农村互联网普及推进工作的成果，根本则是地区经济发展不平衡，妥善解决城乡数字鸿沟的方法仍然需要进一步探索创新。

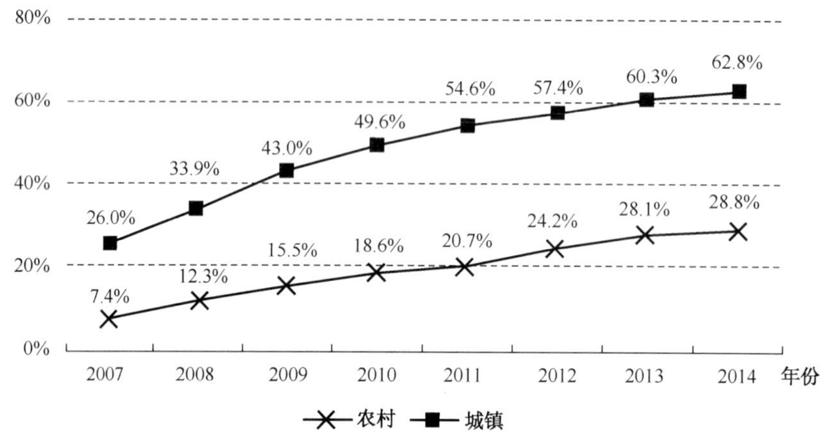

来源：CNNIC 中国互联网发展状况统计调查，2014.12。

图E.8 城乡互联网普及率

二、网民结构

（一）性别结构

截至 2014 年 12 月，中国网民男女比例为 56.4∶43.6，近年间基本保持稳定（见图 E.9）。

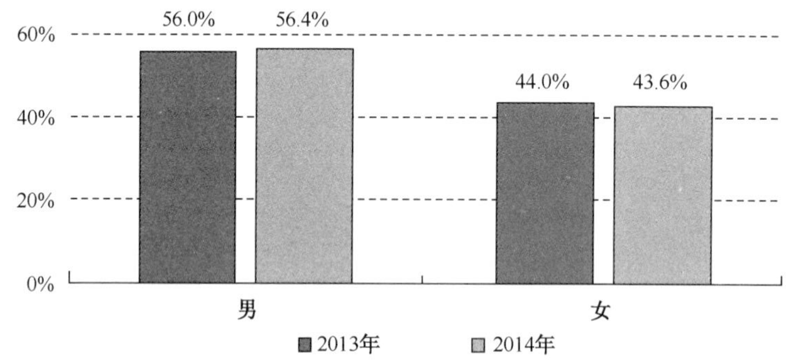

来源：CNNIC 中国互联网发展状况统计调查，2014.12。

图E.9 中国网民性别结构

（二）年龄结构

截至 2014 年 12 月，我国网民以 10～39 岁年龄段为主要群体，比例合计达到 78.1%。其中，20～29 岁年龄段的网民占比最高，达 31.5%。与 2013 年年底相比，40 岁及以上年龄段的网民比例有所增加，19 岁及以下青少年儿童网民的比例有所降低（见图 E.10）。一方面，网络接入环境日益普及、媒体宣传范围广泛，增加了中老年群体接触互联网的机会；另一方面，人口的老龄化。两方面因素共同导致网民的年龄结构出现年长化趋势。

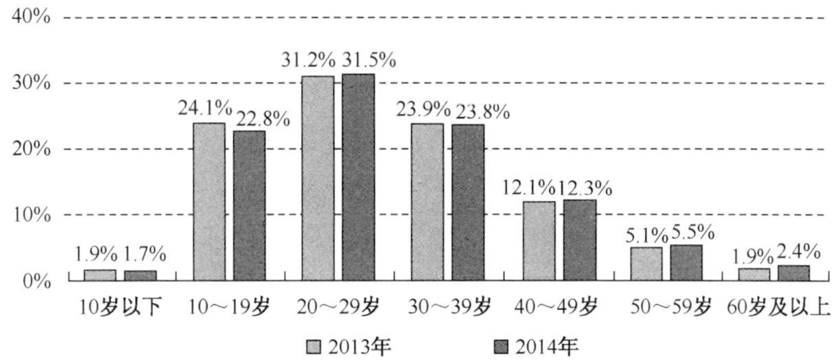

来源：CNNIC中国互联网发展状况统计调查，2014.12。

图E.10 中国网民年龄结构

（三）学历结构

截至2014年12月，网民中具备中等教育程度的群体规模最大，初中、高中/中专/技校学历的网民占比分别为36.8%与30.6%。与2013年年底相比，网民的学历结构保持基本稳定（见图E.11）。

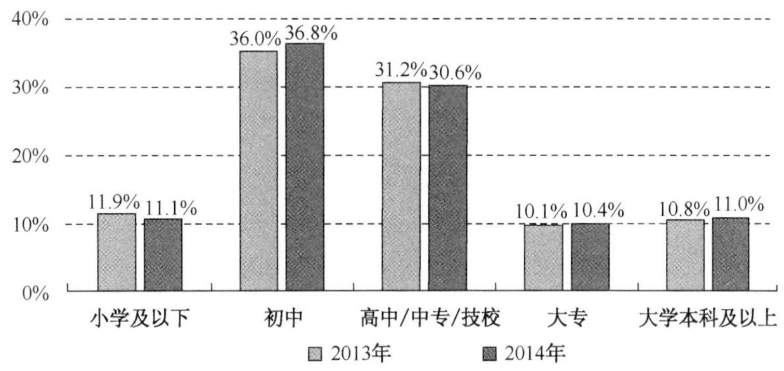

来源：CNNIC中国互联网发展状况统计调查，2014.12。

图E.11 中国网民学历结构

（四）职业结构

截至2014年12月，网民中学生群体的占比最高，为23.8%，其次为个体户/自由职业者，比例为22.3%，企业/公司的管理人员和一般职员占比合计达到17.0%（见图E.12）。

（五）收入结构

截至2014年12月，网民中月收入在2001～3000元、3001～5000元的群体占比最高，分别为18.8%和20.2%（见图E.13）。与2013年相比，网民的收入水平有一定的提升，一方面是由于城镇网民的增幅高于农村网民，另一方面与社会经济的快速发展、人民收入水平持续提高密不可分。

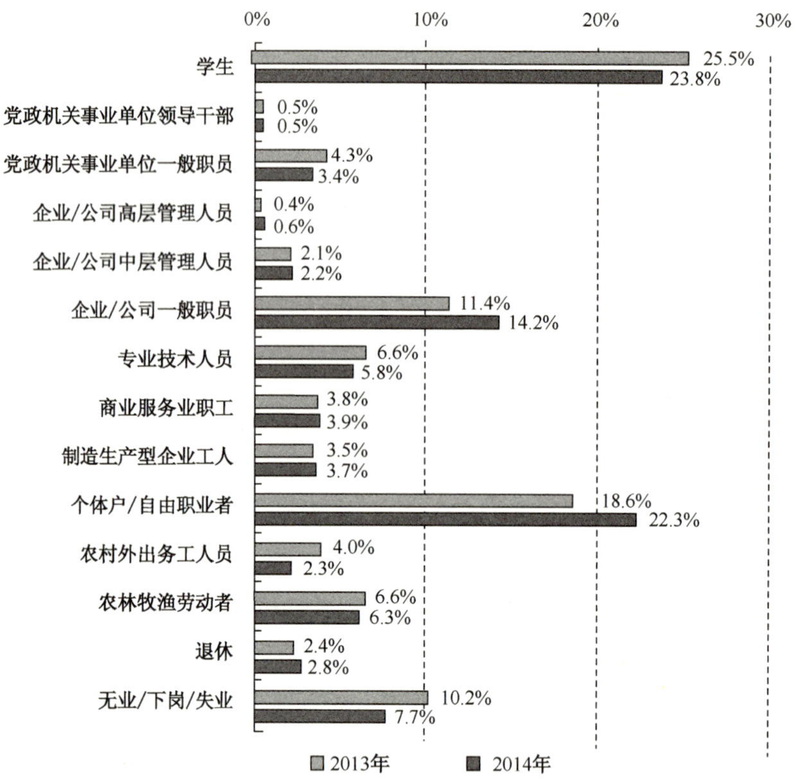

来源：CNNIC 中国互联网发展状况统计调查，2014.12。

图E.12　中国网民职业结构

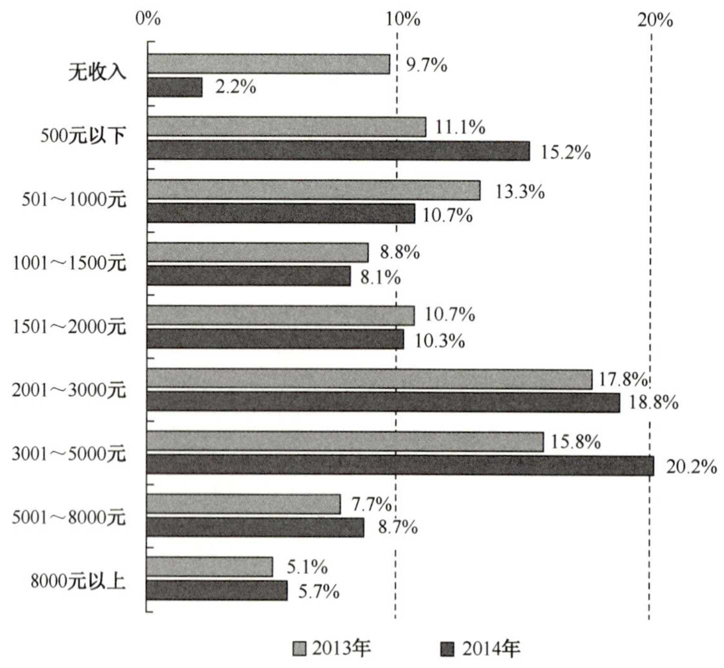

来源：CNNIC 中国互联网发展状况统计调查，2014.12。

图E.13　中国网民个人月收入结构

三、互联网基础资源概述

截至2014年12月，我国IPv4地址数量为3.32亿个，拥有IPv6地址18797块/32。

我国域名总数为2060万个，其中“.CN”域名总数年增长为2.4%，达到1109万个，在中国域名总数中占比达53.8%。

我国网站总数为335万个，年增长4.6%；“.CN”下网站数为158万个。

国际出口带宽为4118663Mbps，年增长20.9%。

（一）IP地址

截至2014年12月，我国IPv6地址数量为18797块/32，年增长12.8%（见图E.14）。

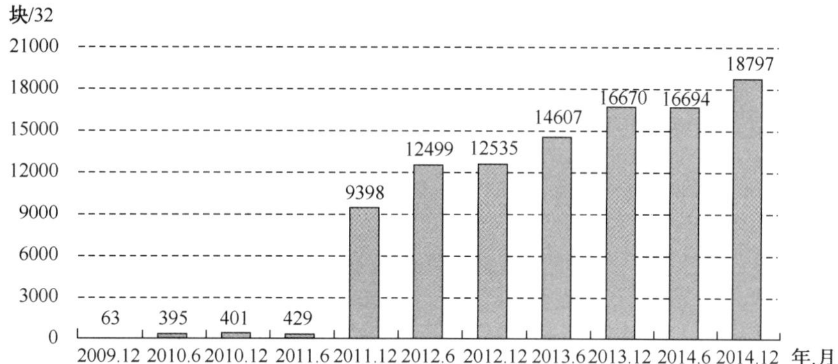

来源：CNNIC中国互联网发展状况统计调查，2014.12。

图E.14　中国IPv6地址数

全球IPv4地址数已于2011年2月分配完毕，自2011年开始我国IPv4地址总数基本维持不变，截至2014年12月，共计有33199万个（见图E.15）。

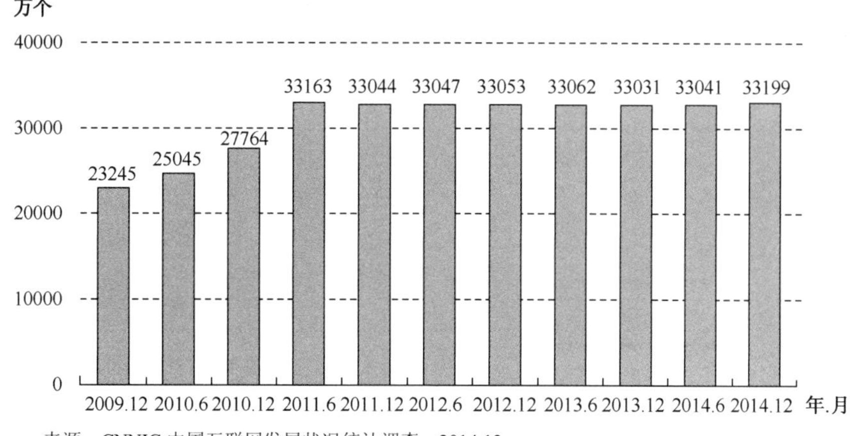

来源：CNNIC中国互联网发展状况统计调查，2014.12。

图E.15　中国IPv4地址数及其增长率

（二）域名

截至 2014 年 12 月，我国域名总数增至 2060 万个，年增长 11.7%。

截至 2014 年 12 月，中国“.CN”域名总数为 1109 万个，年增长 2.4%，占中国域名总数比例为 53.8%；“.COM”域名数量为 795 万个，占比为 38.6%；“.中国”域名总数达到 28.5 万个。

（三）网站

截至 2014 年 12 月，中国网站数量为 335 万个，年增长 4.6%（见图 E.16）。

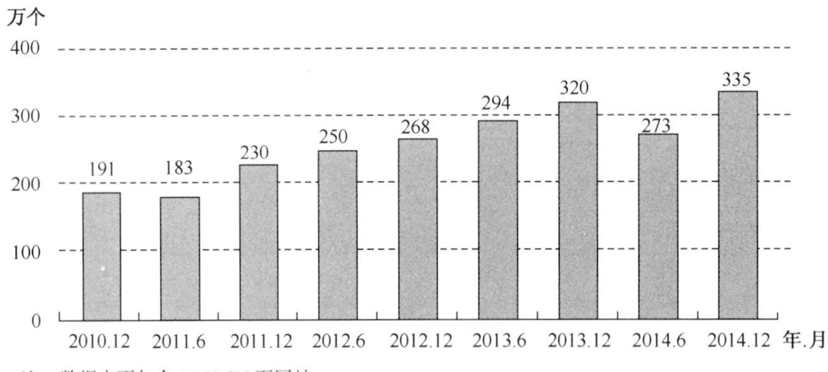

注：数据中不包含.EDU.CN 下网站。

来源：CNNIC 中国互联网发展状况统计调查，2014.12。

图E.16　中国网站数量

（四）网页

截至 2014 年 12 月，中国网页数量为 1899 亿个，年增长 26.6%（见图 E.17）。

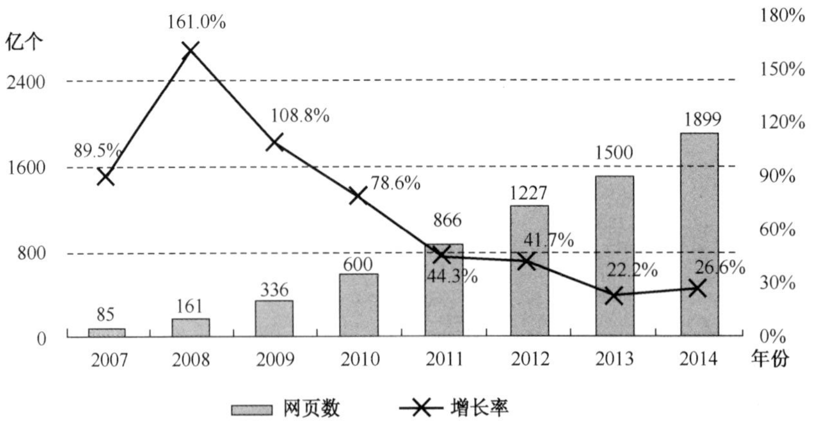

来源：CNNIC 中国互联网发展状况统计调查，2014.12。

图E.17　中国网页数量及增长率

其中，静态网页数量为 1127 亿个，占网页总数量的 59.36%；动态网页数量为 772 亿个，占网页总量的 40.64%。

（五）网络国际出口带宽

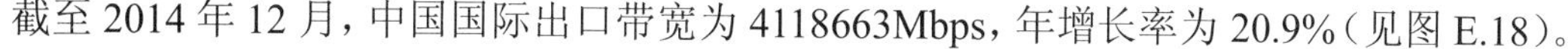

截至 2014 年 12 月，中国国际出口带宽为 4118663Mbps，年增长率为 20.9%（见图 E.18）。

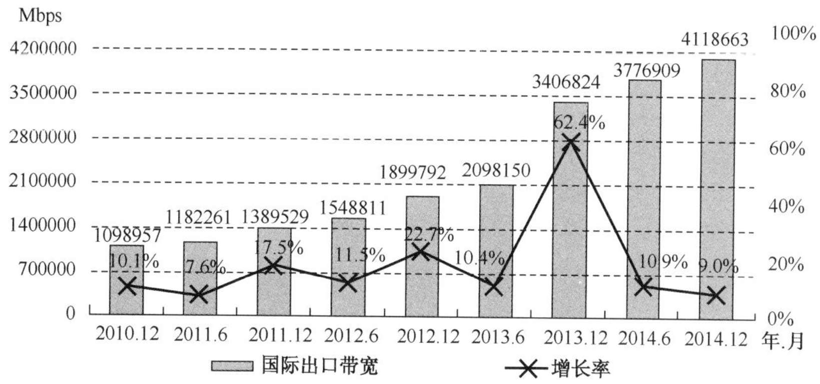

来源：CNNIC 中国互联网发展状况统计调查，2014.12。

图E.18　中国国际出口带宽及其增长率

四、个人互联网应用普及状况

2014 年，在移动互联网的推动下，个人互联网应用发展整体呈现上升态势。即时通信作为网民第一大上网应用，在高使用率水平的基础上继续攀升；微博、电子邮件等其他交流沟通类应用使用率持续走低；博客社交性退化，媒体功能凸显，使用率呈现回升态势；电子商务类应用依然保持快速发展，手机旅行预订应用表现突出（见表 E.2）。

（一）即时通信的基础地位进一步稳固

即时通信作为第一大上网应用，在网民中的使用率继续上升，达到 90.6%。2014 年，手机端即时通信使用也一直保持着稳步增长的趋势。截至 2014 年 12 月，手机即时通信使用率为 91.2%，较 2013 年年底提升了 5.1 个百分点。手机即时通信由于其随身、随时、拥有社交属性和可以提供用户位置的特点，自身定位逐渐从以前单一的通信工具演变成支付、游戏、O2O 等高附加值业务的用户入口，以其庞大的用户基数为其他服务提供了巨大的潜在商业价值。

（二）手机旅行预订进入爆发增长期

2014 年，中国网民手机商务应用发展大爆发，手机网购、手机支付、手机银行等手机商务应用用户年增长分别为 63.5%、73.2%和 69.2%，远超其他手机应用增长幅度。而长期处于低位的手机旅行预订，2014 年用户年增长达到 194.6%，是增长最为快速的移动商务类应用。随着我国国民休闲体系的形成，手机旅行预订发展已经进入新阶段。

（三）互联网理财热度消减、规模稳定

截至 2014 年 12 月，购买过网络理财产品的网民规模达到 7849 万人，较 2014 年 6 月增长 1465 万人。在网民中使用率为 12.1%，较 2014 年 6 月使用率增长 2 个百分点。由于收益

率下滑和中国股市回暖带来的分流作用，互联网理财已基本结束了其用户规模爆发式增长的态势，增速开始放缓，同时新产品扩容速度也有所放慢（见表 E.2）。

表 E.2 个人互联网应用及状况

	2014 年		2013 年		
应　用	用户规模（万）	网民使用率	用户规模（万）	网民使用率	全年增长率
即时通信	58776	90.6%	53215	86.2%	10.4%
搜索引擎	52223	80.5%	48966	79.3%	6.7%
网络新闻	51894	80.0%	49132	79.6%	5.6%
网络音乐	47807	73.7%	45312	73.4%	5.5%
网络视频	43298	66.7%	42820	69.3%	1.1%
网络游戏	36585	56.4%	33803	54.7%	8.2%
网络购物	36142	55.7%	30189	48.9%	19.7%
网上支付	30431	46.9%	26020	42.1%	17.0%
网络文学	29385	45.3%	27441	44.4%	7.1%
网上银行	28214	43.5%	25006	40.5%	12.8%
电子邮件	25178	38.8%	25921	42.0%	-2.9%
微博	24884	38.4%	28078	45.5%	-11.4%
旅行预订	22173	34.2%	18077	29.3%	22.7%
团购	17267	26.6%	14067	22.8%	22.7%
论坛/bbs	12908	19.9%	12046	19.5%	7.2%
博客	10896	16.8%	8770	14.2%	24.2%
互联网理财	7849	12.1%	—	—	—
手机即时通信	50762	91.2%	43079	86.1%	17.8%
手机搜索	42914	77.1%	36503	73.0%	17.6%
手机网络新闻	42539	74.6%	36651	73.3%	13.3%
手机网络音乐	36642	65.8%	29104	58.2%	25.9%
手机网络视频	31280	56.2%	24669	49.3%	26.8%
手机网络游戏	24823	44.6%	21535	43.1%	15.3%
手机网络购物	23609	42.4%	14440	28.9%	63.5%
手机网络文学	22626	40.6%	20228	40.5%	11.9%
手机网上支付	21739	39.0%	12548	25.1%	73.2%
手机网上银行	19813	35.6%	11713	23.4%	69.2%
手机微博	17083	30.7%	19645	39.3%	-13.0%
手机邮件	14040	25.2%	12714	25.4%	10.4%
手机旅行预订	13422	24.1%	4557	9.1%	194.6%
手机团购	11872	21.3%	8146	16.3%	45.7%
手机论坛/bbs	7571	13.6%	5535	11.1%	36.8%

（中国互联网络信息中心）

附录F　2014年中国网民权益保护调查报告

有关调查说明

1. 调查背景

2014年是我国全功能接入国际互联网20周年，互联网成为推动中国经济发展的新引擎。全国6亿网民的贡献，是这个新引擎的动力之源；维护网民的正当权益，就是维护互联网行业高速发展和繁荣兴旺的基础。

中国互联网协会作为沟通网民和互联网企业的桥梁，在网民权益保护工作方面责无旁贷。从2013年起，中国互联网协会开始开展系统的中国网民权益保护调查工作，形成了我国第一份关于网民权益保护领域的调查报告：《中国网民权益保护调查报告（2013）》。该报告发布后，得到了中央电视台等主流媒体的报道及境内500多家媒体转载，引起了强烈的社会反响。一方面，引发了全社会对网民权益保护工作的进一步关注；另一方面，引导互联网业界尊重用户体验，逐步达成"维护网民权益就是履行企业社会责任"的共识。

2. 调查内容和目的

（1）了解网民对网民权益的认知情况，进一步唤醒网民权益保护意识；

（2）了解网民权益损失状况，明确权益保护工作的重点；

（3）对当前侵犯网民权益的热点问题进行专项调查，了解相关问题发展现状和趋势；

（4）总结典型网络应用场景侵权现象，对不同场景下用户权益损失现状进行比较，确定各场景重点问题；

（5）对部分典型应用场景的具体保护措施进行探索。

3. 调查方式

网民权益保护调查，采用定性和定量调查相结合的方法。

定性部分，主要依靠桌面研究的方式；定量部分，主要采用在线问卷调查的方式进行，问卷名称为《中国网民权益保护调查问卷（2014）》（以下简称问卷），辅以第15次中国反垃圾短信半年度调查、第36次、第37次中国反垃圾邮件季度调查、2013年7月至2014年6月期间网民向12321网络不良与垃圾举报中心（以下简称12321举报中心）投诉的数据。

问卷调查对象为中国网民。通过在中国互联网协会网站、12321举报中心网站，以及部分中国互联网协会会员企业网站挂载问卷链接的方式，以网民主动参与填写问卷的方式，获得调查样本。

整个问卷调查历时一个月（6月25日—7月24日），吸引了独立IP访客6万多，获得答卷 13766 份，经过数据清洗和整理，获得有效问卷 12701 份。有效答卷平均用时为 13.4 分钟，答完率为 76.7%。

第一部分　网民权益认知与损失

1.1　什么是网民权益

网民权益是指“网民因使用互联网产品、服务及相关设备而应该享有的权利”。通过对媒体报道的相关案例以及网民向 12321 举报中心投诉案例的不完全统计，本次调查提炼出 13 项具体权利供调查者选择，分别是隐私权、肖像权、公平交易权、知情权、名誉权、财产权、人格尊严、选择权、姓名权、知识产权、求偿权、安宁权、被遗忘权。

1.2　网民对网民权益的认知

在问卷调查中，将 13 项具体权利做成一道半开放的多选题请网民选择（不限制选项数目，选项随机排列），结果如图 F.1 所示。

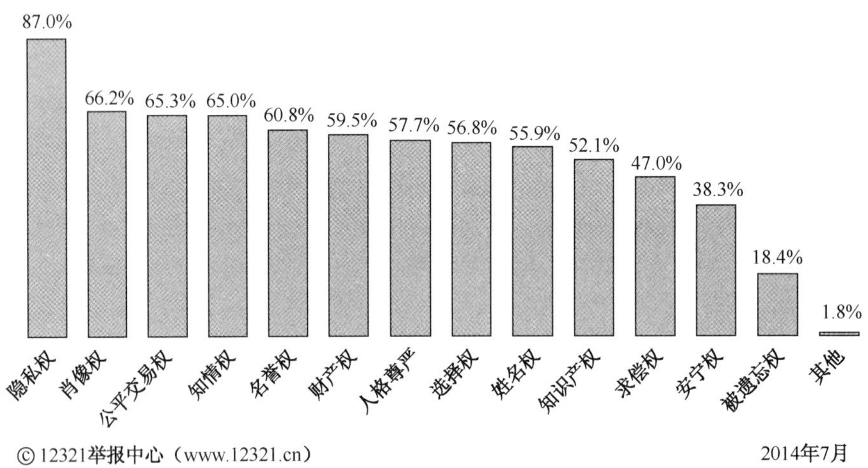

图F.1　网民权益认知

根据图 F.1 所示结果可知。

首先，网民对隐私权认可度最高。隐私权得到 87.0%的网民认可，远高于对其他权利的认可度。

其次，本报告诸选项对网民的权利总结覆盖比较全面。13 项具体的权利中，网民认可度超过 50%的有 10 项，“其他”权利的选择比例只有 1.8%。

最后，网民对互联网特征鲜明的新权利接受速度较快。“被遗忘权”指网民要求搜索引擎屏蔽相关个人信息、避免被公众搜索的权利，属于新潮和时髦的一种权利，尽管提出不到 1 年时间，但网民的认可度达到了 18.4%。

1.3　网民权益损失总体情况

不论哪种网民权益损失，最终都体现为时间损失、经济损失和精神损失。基于客观和容易测量的原则，本报告只调查时间损失和经济损失。综合网民的时间损失与经济损失，网民年度损失估计达 1433.6 亿元，其中时间损失为 340.5 亿元，经济损失为 1093 亿元。

1.3.1　时间损失

根据问卷调查，网民总体时间损失如图 F.2 所示，1/4 的网民表示没有时间损失，近 2 成的网民遭受的时间损失在 10 小时（不含 10 小时）以上，网民平均的时间损失为 227 分钟（3.8 小时）。

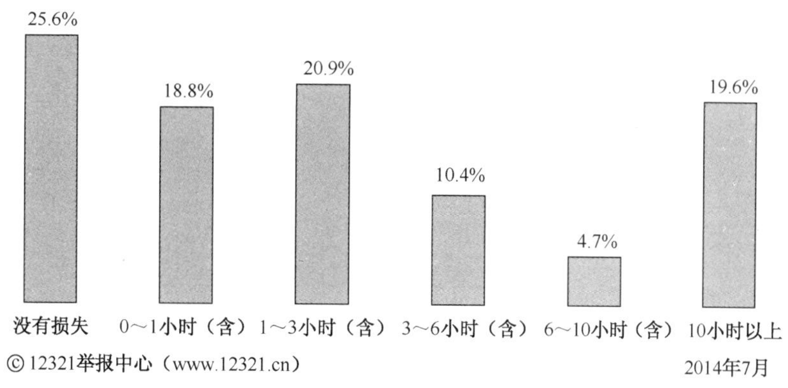

图F.2 网民总体时间损失（小时）

时间损失可以用金钱来进行衡量。根据 2014 年各省市、自治区的小时最低工资标准，取中间值 15 元/小时，则平均每个网民的时间损失估价为 56.75 元，按 6 亿网民人数计算，则网民一年的时间损失保守估算为 340.5 亿元。

1.3.2 不同网络应用场景时间损失比较

不同网络应用场景下网民的时间损失，如图 F.3 所示。其中，*X* 轴表示相对该应用场景用户遭损比例，*Y* 轴表示相对全体网民遭损比例，泡泡大小表示该场景用户时间损失平均值。因此，越靠近右上角的图标，表示该场景用户遭受时间损失的比例更高、损失规模更大，即损失更严重。

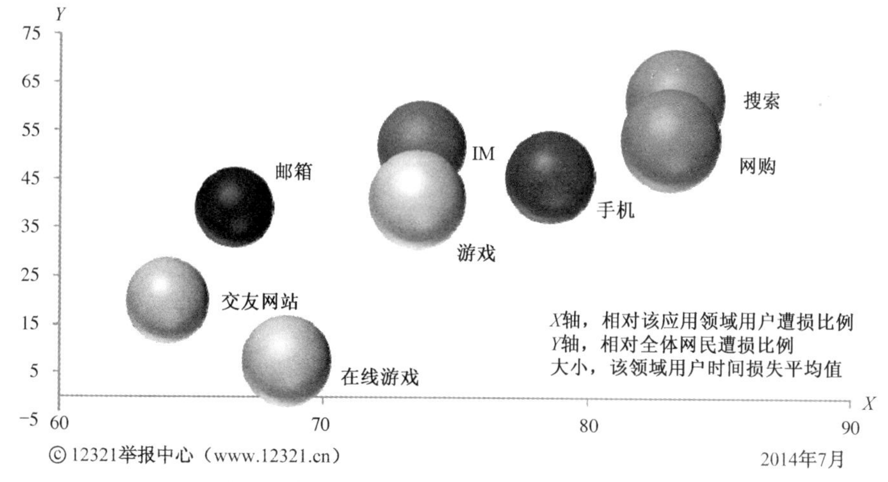

图F.3 应用场景用户时间遭损比例及平均规模

根据图 F.3 可知，搜索和网购是网民时间损失最严重的应用场景，时间损失分别为 56.2 分钟和 57.2 分钟，网民遭损比例分别为 61.6%和 53.4%。

1.3.3 经济损失

根据问卷调查，最近一年，网民因为网络诈骗、垃圾信息、个人信息泄露等侵权现象导致的经济损失情况如图 F.4 所示。按 6 亿网民人数估算，经济损失估计为 1093 亿元，总体损失额度惊人，具体情况如下。

（1）大部分网民没有遭受经济损失。56.4%的网民表示没有损失，17.0%的受访网民损失在 1～100 元，100～300 元的占 10.1%。

（2）平均损失程度不高。受访网民钱财平均损失为 182.2 元，但就 43.6%有损失的网民而言，其平均的经济损失达 417.9 元。

（3）少部分网民损失程度比较大，高达 8.9%的网民表示损失在 1000 元以上。

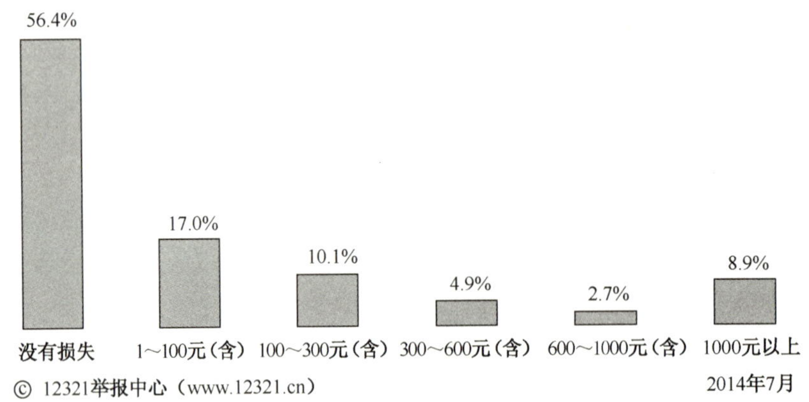

图F.4　网民总体经济损失

1.3.4　不同网络应用场景经济损失比较

网民在不同网络应用场景遭遇经济损失情况如图 F.5 所示。其中，*X* 轴表示相对该应用场景用户遭损比例，*Y* 轴表示相对全体网民遭损比例，泡泡大小表示该应用场景用户金钱损失平均值。根据图 F.5 可知。

（1）不同场景间经济损失的比例以及规模分化较大；

（2）网购是网民遭受经济损失最严重的场景；

（3）在线旅游用户遭受损害的平均规模最大，接近一半的在线旅游网站用户遭遇经济损失；

（4）智能手机用户遭受经济损失比例较高，规模一般；

（5）游戏用户遭受经济损失的比例和规模均比较高。

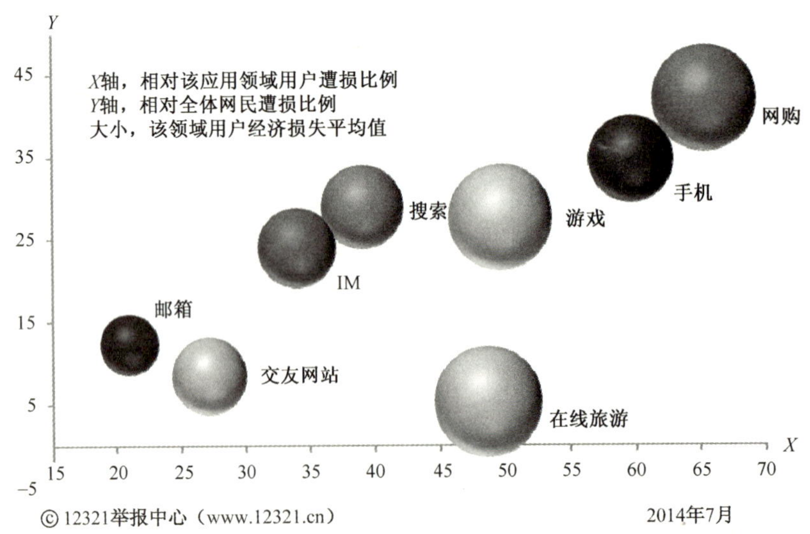

图F.5　不同场景经济损失比例及平均规模

第二部分　重点关注问题

2.1　垃圾信息

2.1.1　垃圾短信

1. 传统垃圾短信治理初见成效

2014 年上半年，“第 15 次中国反垃圾短信调查”表明，6 成多用户对 2014 年上半年的垃圾短信治理效果总体表示肯定，受访用户认为数量明显减少的为 15.2%，认为数量略有减少的达 45.2%，两者合计超过 60%（见图 F.6）。

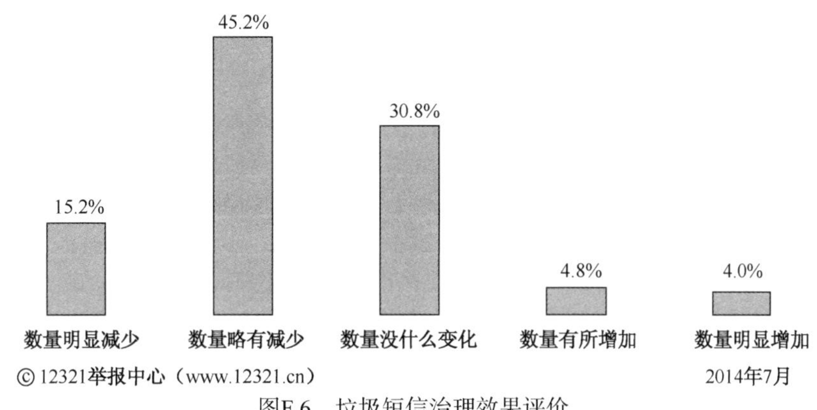

图F.6　垃圾短信治理效果评价

2. 伪基站短信成为垃圾短信新源头

伪基站短信具有“准、狠”特点，深受垃圾短信发送者青睐。通过强力打击，伪基站垃圾短信猖獗的势头得到了初步的遏制，但伪基站带来的垃圾短信治理难题，短时间内恐难以解决。

3. iMessage 垃圾短信成为新型垃圾短信代表

苹果手机 iMessage 群发垃圾短信是当前融合通信情况下新型垃圾短信的代表。

iMessage 是苹果公司 2011 年推出的一款即时通信功能，用户在苹果设备之间发送信息全部免费，这些信息包含文字、图片和视频，由于 Apple ID 通常绑定手机，所以只要知道对方手机号码或者 Apple ID，就可以免费给对方推送信息，发送者几乎没有成本，而且能避开运营商和第三方手机软件的拦截。

iMessage 垃圾短信已经对众多苹果手机用户产生影响。2013 年来，苹果手机用户举报的此类以 ID 为发送方的垃圾短信数量直线上升；根据《北京晨报》2014 年 4 月 29 日的报道《iPhone 垃圾短信内幕：掌握 400 万北京有效用户》，全国至少 1800 万苹果用户被这种新的垃圾短信骚扰，iMessage 广告发送已形成相当规模的产业，一些人甚至组装价值数万元的推送设备公然销售。

iMessage 垃圾短信发送的前提，是获知用户的个人信息：手机号码或者苹果的注册 ID。在传统的垃圾短信治理方式和方法已经难以为继的情况下，有必要加大对 iMessage 短信营销公司用户账号来源的合法性调查，以确定是否存在非法获取、滥用用户个人信息的情况。

4. 主要垃圾短信侵权现象

垃圾短信侵权现象如图 F.7 所示。根据第 15 次中国反垃圾短信调查（2014 年上半年），63.9%的用户收到带链接的短信，45.6%的用户收到邮箱发送的短信，无法退订或者不知道如何退订的用户达 37.5%。

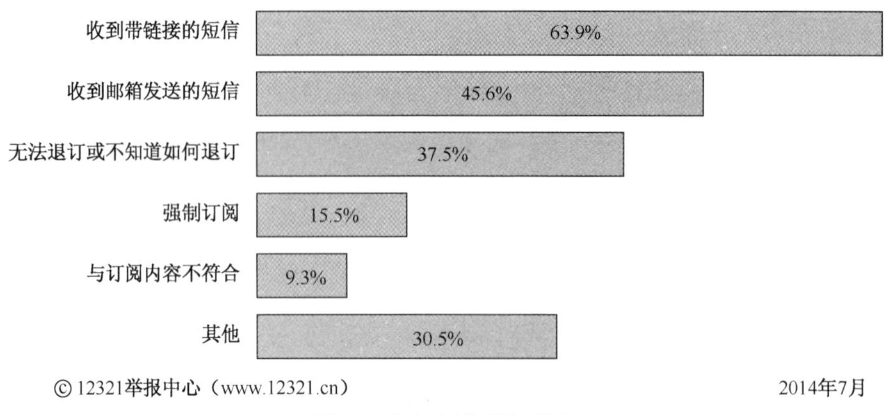

图F.7 垃圾短信侵权现象

2.1.2 垃圾邮件

1. 垃圾邮件接收数量情况

电子邮箱是网民使用频率最高的应用之一，根据 12321 举报中心举办的中国第 36 次和第 37 次反垃圾邮件调查（2014 年第一季度和第二季度）数据，2014 年上半年，受访网民人均每周收到垃圾邮件 17.5 封，具体情况如图 F.8 所示。

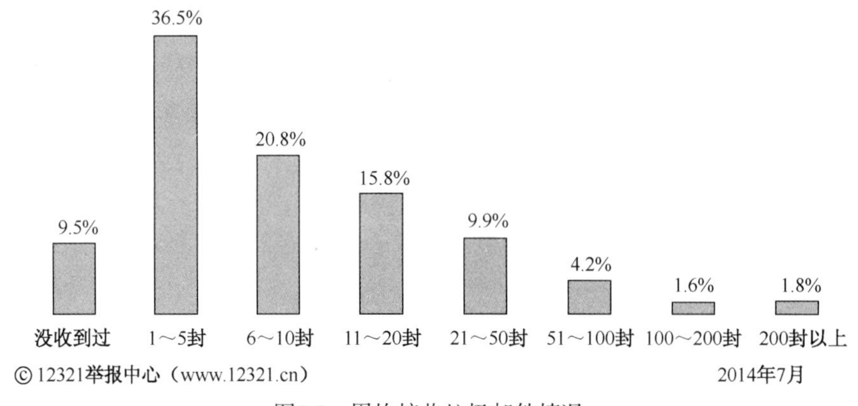

图F.8 周均接收垃圾邮件情况

2. 电子邮箱使用中的侵权现象

网民使用电子邮箱过程中，碰到主要问题是垃圾邮件、违法邮件以及反垃圾邮件系统漏拦、误拦的问题，如图 F.9 所示。

（1）商业邮件。63.9%的用户表示“收到未经订阅的商业邮件”，并且有 32.4%的用户表示“商业邮件无法退订”。

（2）分别有 46.2%和 43.9%的用户表示“收到含有病毒、欺诈内容的邮件”和“收到含有违法内容的邮件”。

（3）邮件的“误拦”。35.7%的用户表示“正常邮件被当成了垃圾邮件”。

3. 电子邮箱用户的年度损失

如图 F.10 所示，66.6%的邮箱用户遭受过时间损失，但损失相对较轻，平均时间损失为

34.9 分钟，大部分邮箱用户的时间损失为 1～30 分钟，不过仍有 1 成的邮箱用户时间损失在 2 个小时以上。

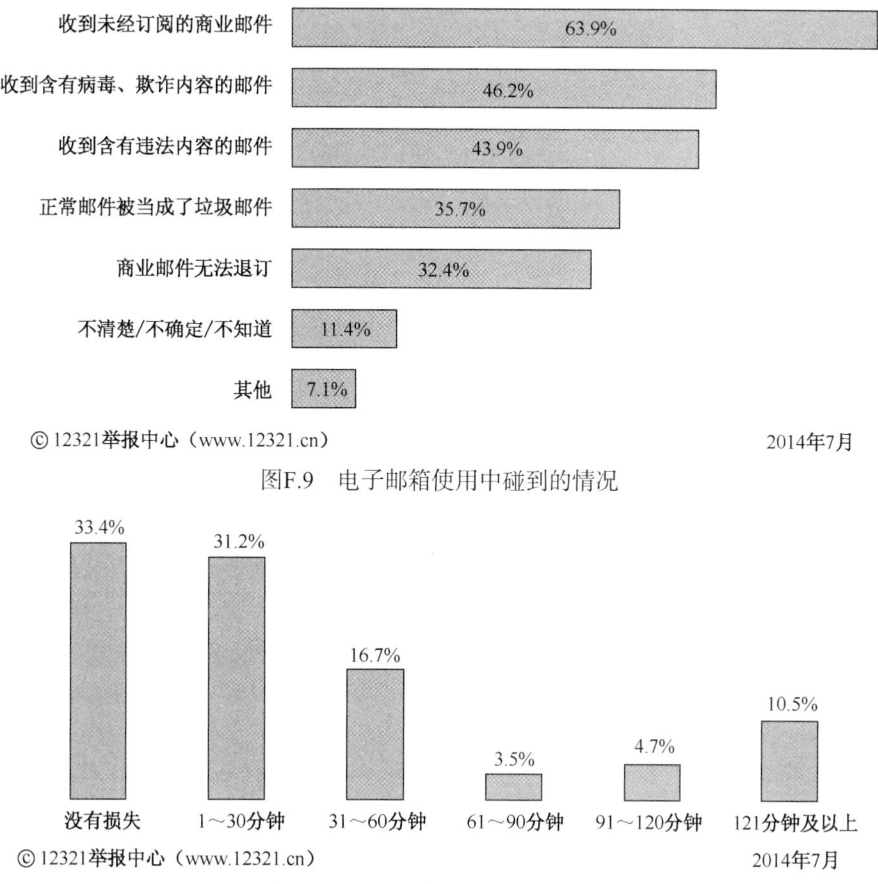

图F.9　电子邮箱使用中碰到的情况

图F.10　电子邮箱用户的时间损失

如图 F.11 所示，遭受经济损失的电子邮箱用户只有 2 成以上，平均损失为 56.2 元。总体来说，电子邮箱属于损失比较小的网络使用场景。

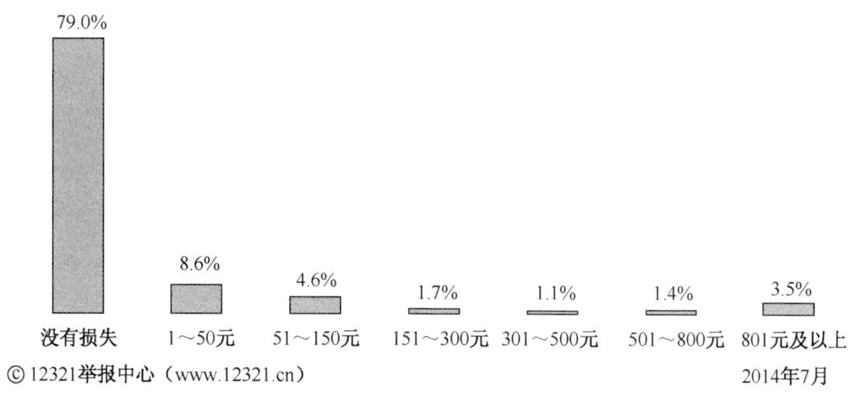

图F.11　电子邮箱用户的经济损失

2.1.3 骚扰电话

1. 垃圾短信治理力度加大 骚扰电话有所抬头

2014 年 1～7 月，12321 举报中心共接到用户投诉骚扰电话 63362 件次，各月举报情况如图 F.12 所示，2014 年 3～7 月，有关骚扰电话的举报量一直居高不下。

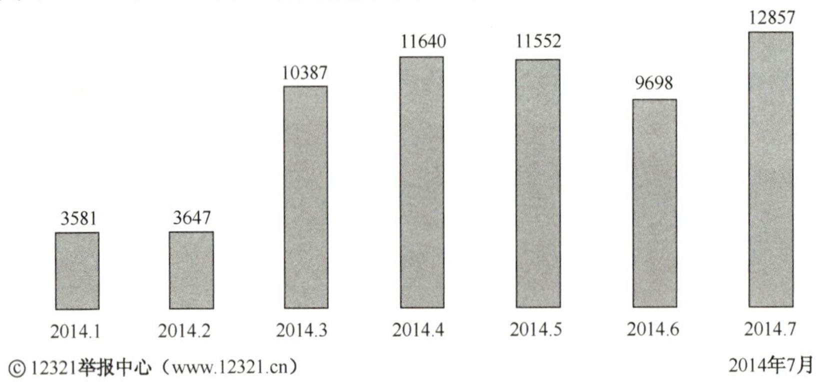

图F.12 骚扰电话月举报件次

根据 360 互联网安全中心发布的《中国手机安全状况报告》(2014 年第一期和 2014 年第二期)，2014 年第一季度，360 互联网安全中心共收录用户新标记的各类骚扰电话号码（包括 360 手机卫士自动检出的响一声电话）1186 万个，平均每天新收录骚扰电话号码 13.2 万个；到第二季度，这两个数字分别变成了 7144 万个和 78.5 万个。

原因分析：2013 年 11 月开始的端口类垃圾短信治理力度非常大，导致部分企业从发垃圾短信转向了电话推销，导致骚扰电话量上升。

2. 骚扰电话以欺诈居多

骚扰电话被举报内容以涉嫌欺诈类和商业推销类居多。2014 年 1～7 月，网民举报的骚扰电话内容，涉嫌欺诈类居多，为 41.4%；其次为金融保险业推销电话，占 25.8%；零售业推销占 12.6%。如图 F.13 所示，这三项内容合计占比 8 成，涉嫌欺诈与商业推销电话比例基本相当。

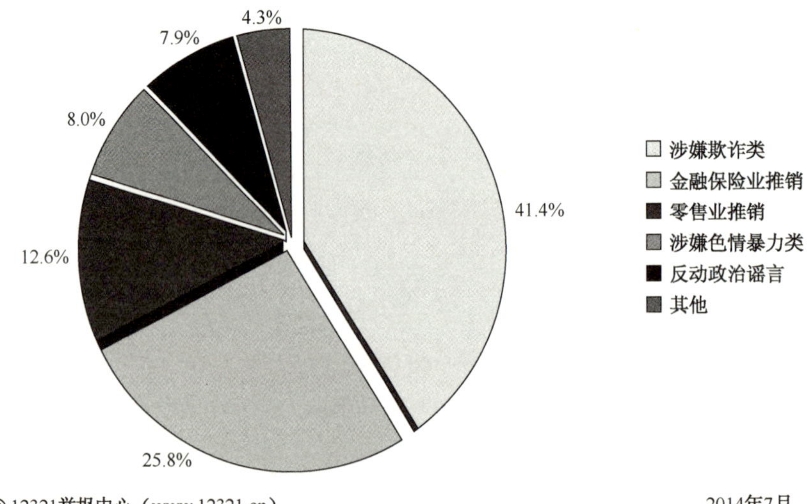

图F.13 被举报骚扰电话内容分析

2.2　网络诈骗

2.2.1　诈骗金额和件次

2013 年 7 月—2014 年 6 月，12321 举报中心共接到相关举报 14 万多件次，经过系统和人工筛选，人工回访了 741 件提供了具体被骗金额及联系方式的举报者。经人工确定主要的诈骗类型后，结果如图 F.14 所示。左边纵轴越宽表示该诈骗类型举报件次越多；右边纵轴越宽表示该诈骗类型人均被骗金额越高。

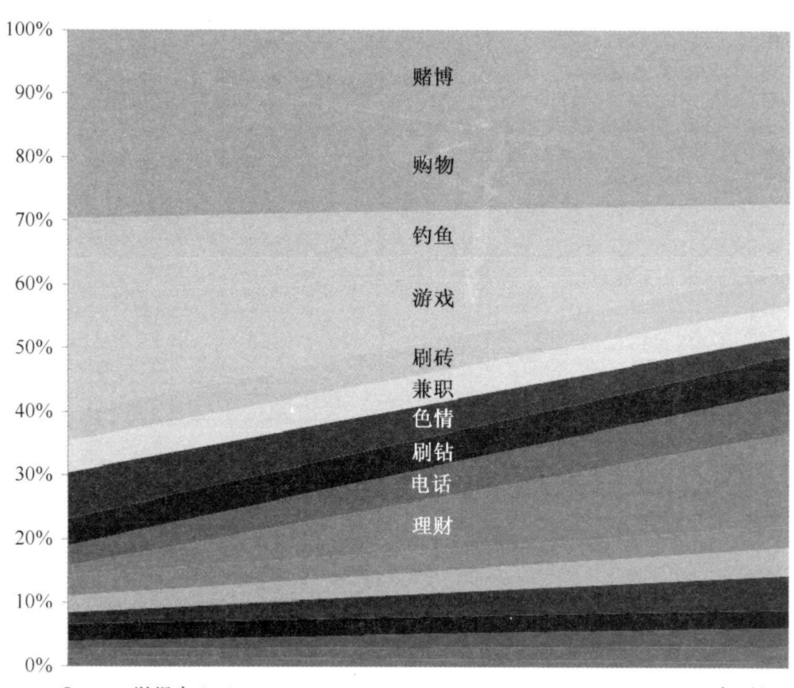

图F.14　网络诈骗投诉件次及平均被骗金额（2013.7—2014.6）

经过调查可知，网民碰到购物诈骗和游戏有关的诈骗最多，分别为 164 件次和 155 件次，平均金额分别为 3313 元和 2392 元；平均被诈骗金额规模较大的分别为赌博诈骗（28 件次，平均 27652 元）和理财诈骗（9 件次，16725 元）。从诈骗类型上，根据总体损失规模，前 10 类依次为赌博、购物、钓鱼、游戏、刷砖、兼职、色情、刷钻、电话、理财。

2.2.2　诈骗类型繁多超出网民想象

表 F.1 表示被举报两件次以上的诈骗类型，共计 35 种；除此以外，网民投诉的其他诈骗类型有实体诈骗、枪支诈骗、宠物诈骗、微博诈骗、集资诈骗、监视器诈骗、电动车诈骗、假冒快递诈骗、银行卡诈骗、体检诈骗、作弊器诈骗、网上拍卖诈骗、推广诈骗、出租网站诈骗、社保诈骗、支付诈骗、求职诈骗、删帖诈骗、维修诈骗、找手机诈骗、QQ 诈骗、家教推荐诈骗、课程诈骗、调查诈骗、支付宝诈骗、宠物领养诈骗、流量诈骗、网络推广诈骗、广告诈骗、教学诈骗，计 30 种。合计 65 种诈骗类型，涉及到生活的方方面面，类型繁多且远超普通网民的想象。

表 F.1 举报两件次以上的诈骗类型

诈骗类型	举报件次（次）	类均被骗（元）	类小计（元）	诈骗类型	举报件次（次）	类均被骗（元）	类小计（元）
购物诈骗	164	3313	543410	彩票诈骗	6	8213	49280
游戏诈骗	155	2392	370789	物流诈骗	6	3017	18104
色情诈骗	47	3609	169640	招聘诈骗	5	5840	29200
钓鱼诈骗	41	9609	393987	贷款诈骗	5	3080	15400
兼职诈骗	32	5386	172337	论文诈骗	4	2850	11400
刷砖诈骗	30	6307	189201	交友诈骗	4	750	3000
赌博诈骗	28	27652	774268	购票诈骗	3	7337	22011
刷钻诈骗	27	6221	167962	监听器诈骗	3	2333	7000
招商诈骗	22	3784	83251	微信诈骗	3	65	195
电话诈骗	21	7680	161281	冒充好友	2	17000	34000
其他诈骗	17	3329	56598	短信诈骗	2	15203	30406
机票诈骗	16	5069	81099	考试诈骗	2	3000	6000
即时通信诈骗	12	6081	72972	办假证诈骗	2	2050	4100
充值诈骗	10	890	8898	旅游诈骗	2	2000	4000
理财诈骗	9	16725	150524	教育诈骗	2	1750	3500
信用卡诈骗	8	2971	23770	积分换手机	2	1300	2599
充值卡诈骗	8	3263	26100	办证诈骗	2	600	1200
购车诈骗	7	8464	59250				

2.3 个人信息保护

2.3.1 网民对个人信息的认知

个人信息泄露是网民权益遭受侵害的重要领域。从便于网民理解的角度，本报告认为，个人信息可简单分为三类：生活、工作和网上活动痕迹。

生活信息包括个人或家庭组成和成员信息、个人或家庭财产信息、个人或家庭成长信息等。工作信息包括目标管理、职业规划、工作任务、日程计划、通信信息、邮件、工作日记、纸质和电子文档等。网上活动痕迹包括软件使用痕迹、网站浏览痕迹和网购记录等。

问卷共列举了 22 种个人信息，组成多选题供网民选择（选项随机呈现），网民回答结果如图 F.15 所示，网民对个人信息的认知呈现如下特点。

（1）整体认知达到较高水平。22 种个人信息中，12 种获得了 2/3 的多数认同，另有 9 种个人信息获得了半数以上认同，只有“软件使用痕迹”认同度低于 50%。

（2）“身家姓命”相关个人信息认知度最高，受访网民认知度均在 80%以上。

“身”表示能表征个人身份的身份证号和手机号，认知比例分别为 91.8%和 93.4%；

“家”表示家庭住址，认知比例为 84.0%；

“姓”表示个人姓名，认知比例 88.5%；

“命”表示银行卡号（取钱在某种意义上是命根子的意思），认知比例为 80.8%。

（3）社会关系类个人信息认知度一般。表征特定社会关系的个人信息，认知度相对要低一些，分别如下（括号内数字表示网民认知度）。

学历（54.0%）、医疗和体检记录（57.2%）、个人社会关系（57.8%）、地理位置（59.5%）、工作单位名称（60.0%）、婚姻状态（60.2%）。

（4）网上活动痕迹认同度较低。最为典型的是“软件使用痕迹”（47.8%）和“网站浏览痕迹”（53.8%），两者的认同比例最低。

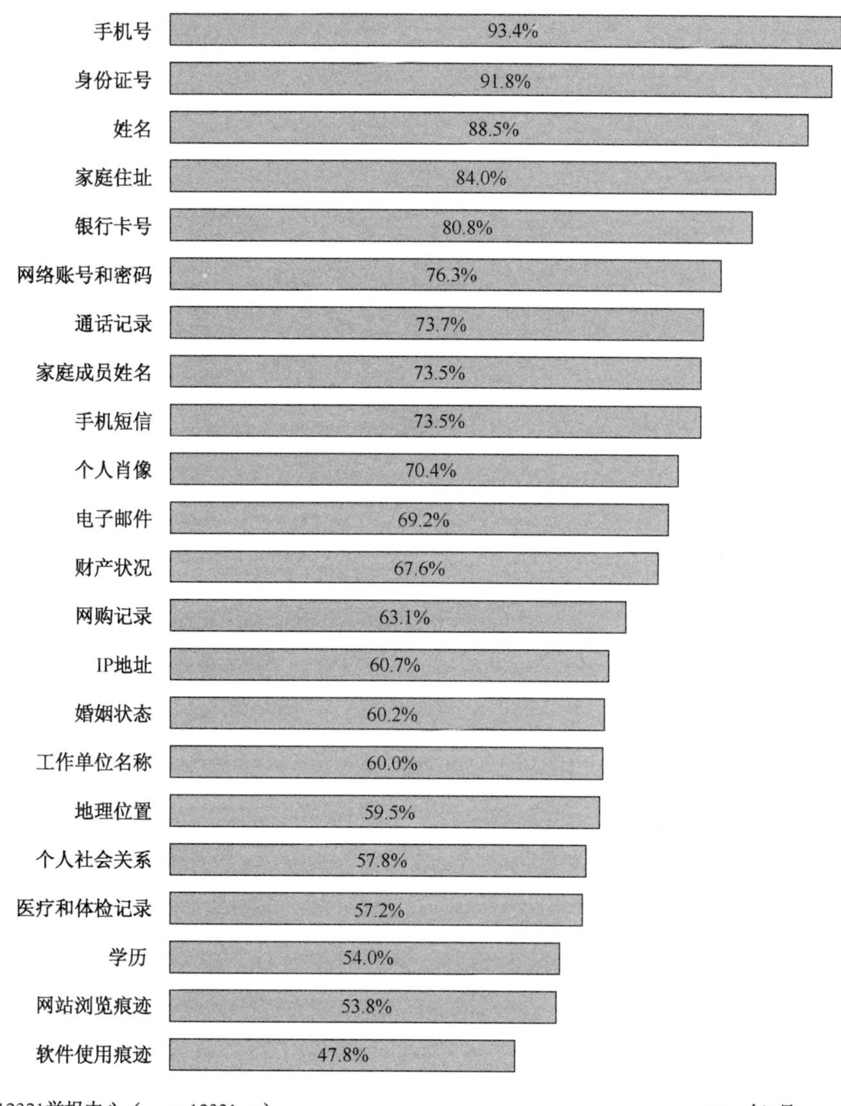

图F.15　网民个人信息认知

2.3.2　网民个人信息泄露情况

网民个人信息泄露情况如图F.16所示，特点如下（括号内数字表示泄露过的比例）。

（1）利益驱动型被泄露。手机号、电子邮箱、个人姓名和网络账号及密码4项个人信息是“泄露过有影响”的网民比例最高。手机号和电子邮箱属于垃圾短信和垃圾邮件发送必不可少的信息，而网络账号和密码则是盗窃用户其他信息或者钱财的必备工具，因此泄露过的比例也最高。

其他与商业利益联系紧密的个人信息被泄露的比例也相对较高，比如，地理位置（22.0%）、网购记录（22.9%）、网站浏览痕迹（23.2%），与当前流行的个性化服务、OTO 业务、精准营销等有密切关系。

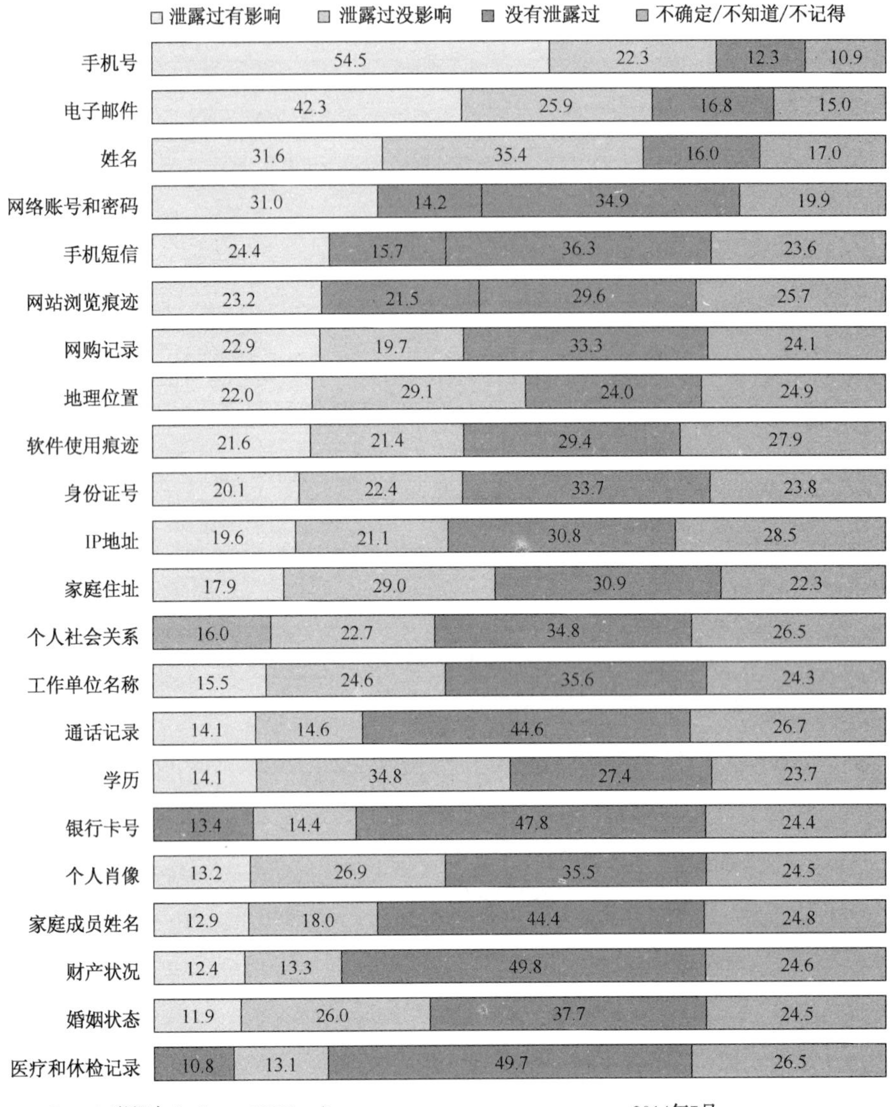

图F.16 网民个人信息泄露情况

（2）个人信息泄露具有隐秘性。大部分个人信息，约 1/4 的网民不确定、不知道或者不记得是否泄露过，这给网民个人信息泄露预警及相关保护工作带来一定的困难。

（3）需要实名认证才能获知的个人信息泄露比例低。主要有通话记录（44.6%）、银行卡号（47.8%）、财产状况（49.8%）和医疗体检记录（49.7%）。这 4 类记录在获取时，均需要通过特定的身份验证规则才能获得。

2.3.3 不同网络应用场景下的个人信息泄露情况

本次调查中，6 种典型网络应用场景中的用户遭遇个人信息泄露的比例如下。

（1）各场景用户遭遇个人信息泄露的比例均比较高，从 1/4 到 1/3 不等；

（2）智能手机应用（App）是用户个人信息泄露最严重的场景，38.2%的智能手机用户遭遇个人信息泄露；

（3）游戏用户遭遇个人信息泄露的情况好于其他领域，只有25.7%（见图F.17）。

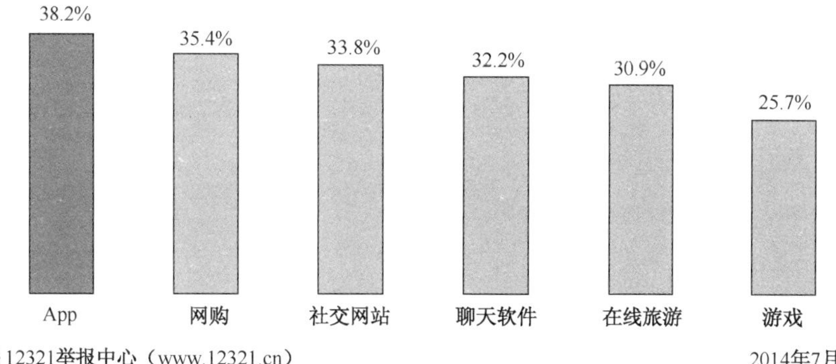

图F.17　不同场景下个人信息泄露情况

2.4　知情权与选择权

本次调查共总结了7种侵害网民知情权与选择权的现象，这7种现象可以分为5类问题。

第一类，个人电脑及手机软件的安装与卸载，是侵害网民知情权与选择权最为严重的环节。73.1%的受访网民表示“电脑中有些软件不知怎么来的”，61.1%的用户表示碰到“预装软件无法卸载”的情况，“手机中莫名其妙多了一些软件”的网民达55.8%。另外，手机用户遭遇侵权现象最多的具体场景是“软件安装/卸载”，55.3%的受访手机用户表示碰到此类情况（见图F.18）。

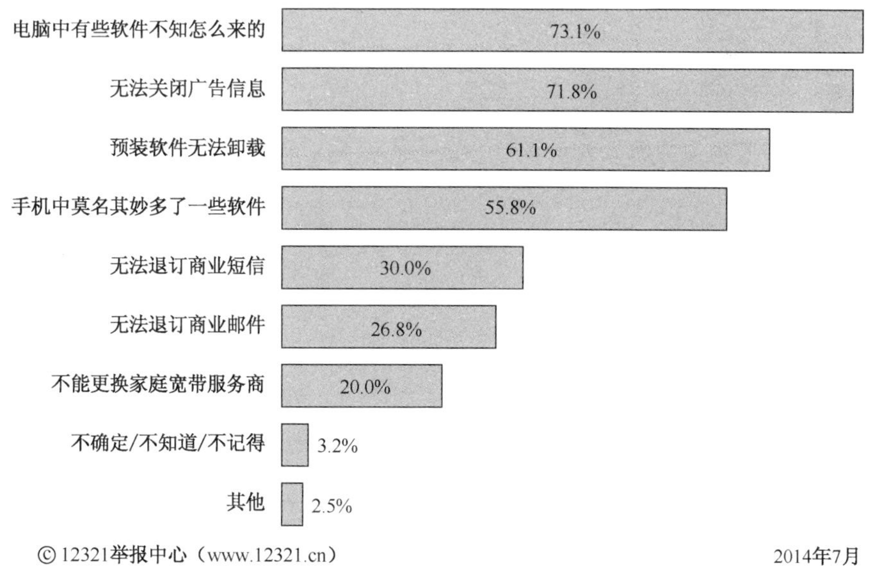

图F.18　侵害网民知情权与选择权现象

第二类，无法关闭的广告信息成为垃圾信息。广告是很多互联网企业盈利的重要模式，本次调查中，55.3%的游戏网民及64.5%的社交网站用户表示碰到广告太多的情况。如何在商业利益与网民权益之间取得平衡，赋予用户关闭广告信息的机会，防止广告信息过多，是维护网民权益的重要举措。

第三类，商业信息无法退订问题。短信方面，商业短信的存在有其合理性，但企业应该为用户提供停止继续接收其商业短信的方式。本次调查中，30.0%的受访网民表示碰到“无法退订商业短信”的情况。电子邮件方面，26.8%的受访网民表示无法退订商业邮件。

第四类，“不能更换家庭宽带服务商”，20.0%的受访网民选择该项。

第三部分 典型网络应用场景侵权现象与损失

3.1 搜索引擎

3.1.1 搜索中的侵权现象

搜索引擎使用中网民遭遇侵权现象比较普遍，96.1%的搜索用户至少遭遇一种侵权现象。搜索用户遭遇的侵权现象依次为“搜索结果不是我想要的”，占搜索引擎使用者的72.8%；“搜到假冒网站/诈骗网站”的用户占68.9%；表示“欺诈、诱骗信息多”的用户占66.2%；搜索时，碰到“网页附带木马或者病毒”的用户占66.1%（见图F.19）。

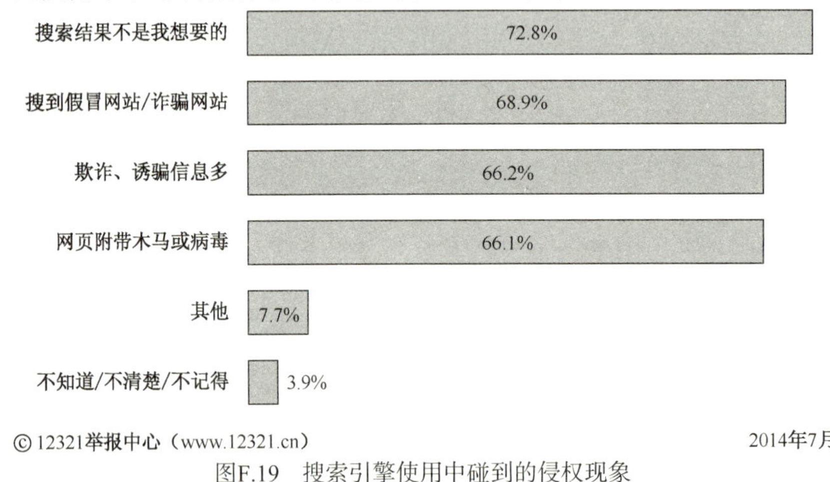

图F.19 搜索引擎使用中碰到的侵权现象

3.1.2 搜索引擎用户的损失

搜索引擎用户的时间损失较大，经济损失相对较轻。结合图F.3、图F.5、图F.20和图F.21，搜索引擎使用者遭受时间损失的比例为83.3%，平均为56.2分钟，在本次调查的8个典型场景中排第2位；搜索引擎用户遭受经济损失的比例为39.0%，平均经济损失为108.1元，在8个典型场景中排第4位。

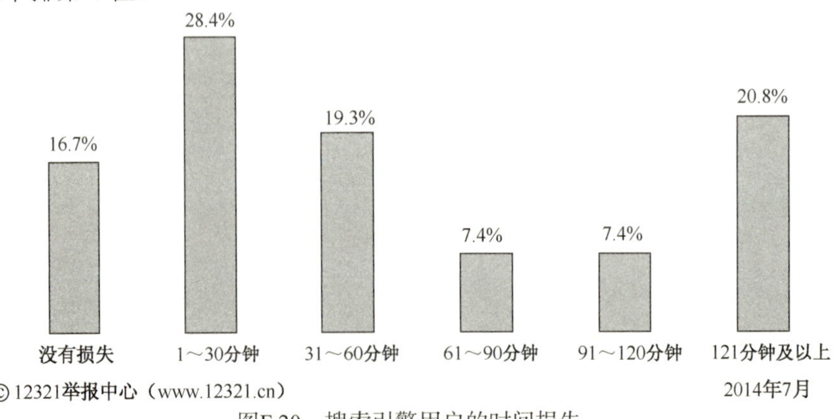

图F.20 搜索引擎用户的时间损失

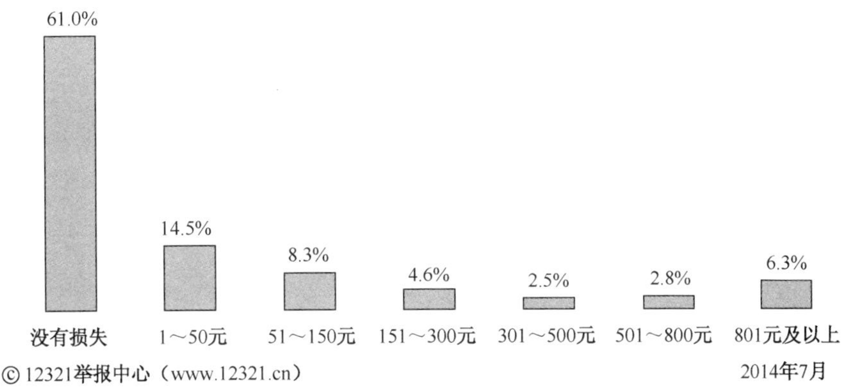

图F.21　搜索引擎用户的经济损失

3.2　网络购物

3.2.1　网购中的侵权现象

网购用户碰到的侵权现象分类总结如下（见图 F.22）。

（1）诚信问题突出。分别有 53.0%和 51.1%的受访网购用户表示碰到过“货物与说明不符”“和“网络水军/虚假评价”的问题。

（2）服务问题明显。有 41.9%的受访网购用户表示“没能按时收到货”，35.5%的受访网购用户表示“碰到质量问题无法退换”，12.8%的受访网购用户表示“订单被无故取消”。

（3）安全问题有待改进。35.4%的受访网购用户表示遭遇“个人信息被泄露”情况，26.8%的受访网购用户表示碰到“假冒网站/诈骗网站”，14.6%的受访网购用户表示碰到“账号或密码被盗”的情况。

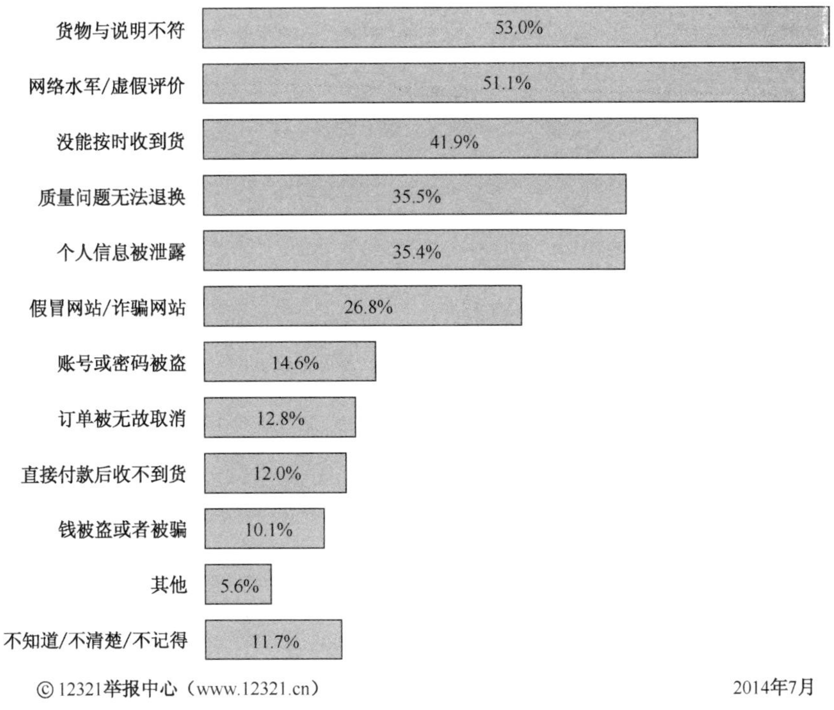

图F.22　网购中碰到的侵权现象

3.2.2 网购用户的损失

结合图 F.3、图 F.5、图 F.23 和图 F.24，网购用户遭受时间损失的比例为 83.1%，平均为 57.2 分钟，在本次调查的 8 个典型场景中排第 1 位；遭受经济损失的比例为 65.3%，平均经济损失为 176.2 元，在 8 个典型场景中排第 2 位。

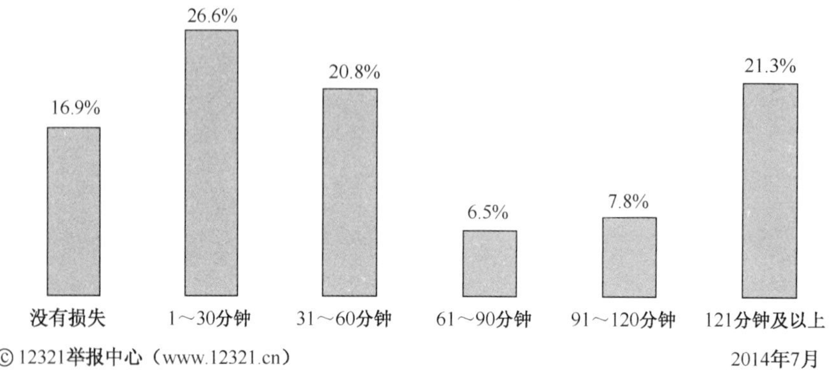

图F.23　网购用户的时间损失

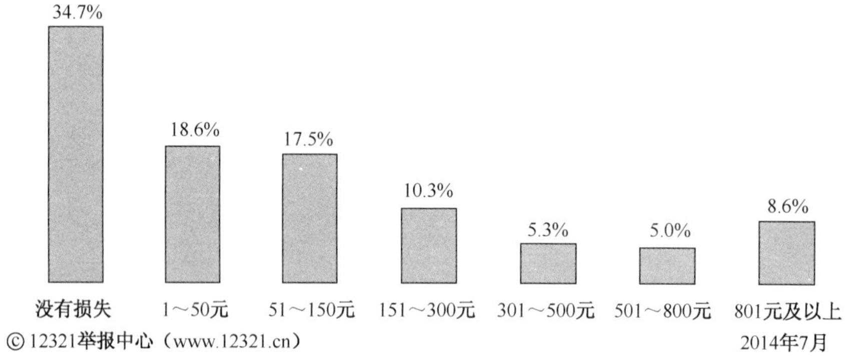

图F.24　网购用户的经济损失

网购用户损失的特点如下。

（1）网购是网民权益损失最严重的应用场景。综合遭受损失的网民比例以及平均损失规模，网购属于网民权益受损最严重的领域，网民遭受损失的范围广，排第一位；平均损失规模大，排第二位。

（2）时间重度损失网民比例高。超过两成的网购用户，其时间损失在 2 小时以上。

3.2.3 哪种网购渠道风险更大

所谓网购渠道，指网购时获得商品或者服务信息的渠道，或者到达购物网站的渠道。本次共调查了 5 种主要网购渠道，其风险排名如图 F.25 所示。网购用户对网购渠道的风险认知特点如下。

（1）对网页广告展示的商品信任度较低。76.2%的网购用户认为“网页广告展示的商品”风险大，居网民风险认知首位。

（2）社交圈导购杀熟不易。“社交网站/聊天好友推荐的商品”被认为风险较大，有将近 6 成的网民选择，可信度并不高。

（3）通过搜索引擎找到的商品风险水平一般。有 46.4%的网购用户认为“通过搜索引擎找到的商品”风险更大。

（4）安全软件提示安全的渠道最可信。对于“安全软件提示安全的网站”，只有 15.0%的网购用户认为风险更大，成为网购用户认为最安全的网购渠道。

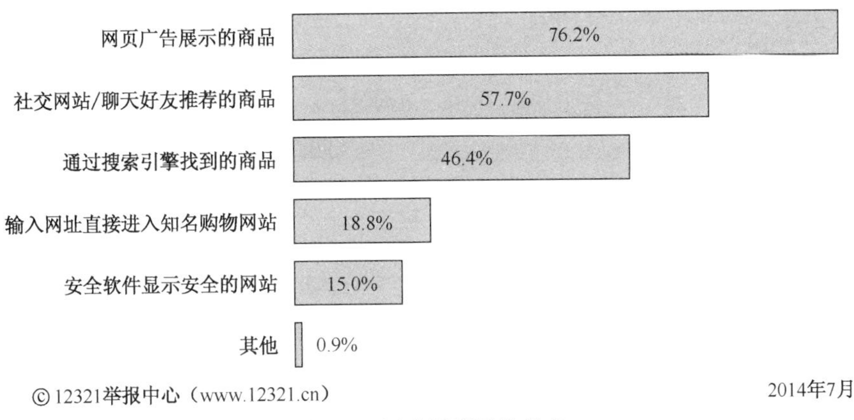

图F.25 网购渠道风险排名

3.3 聊天软件

3.3.1 聊天软件使用中的侵权现象

网民在使用聊天软件（IM）中碰到的侵权情况如图 F.26 所示，大体可以分为 4 类。

（1）收到色情信息。57.5%的 IM 用户表示收到过色情信息，表明 IM 软件成为色情信息扩散和传播的一个重要途径。对成年人来说，色情信息对其影响较小，但对有大量未成年用户的 IM 而言，色情信息对其有非常大的负面影响，必须加以治理。

（2）收到商业信息。IM 软件基本都是免费使用，采取了通行的免费商业模式，商业信息是 IM 获得收益的重要渠道，但含有虚假内容的商业信息可能对用户的权益构成损害。

（3）收到“钓鱼”信息。51.3%的用户表示“收到假冒网站/网址”，48.3%的用户碰到过“冒充好友诈骗”的情况。

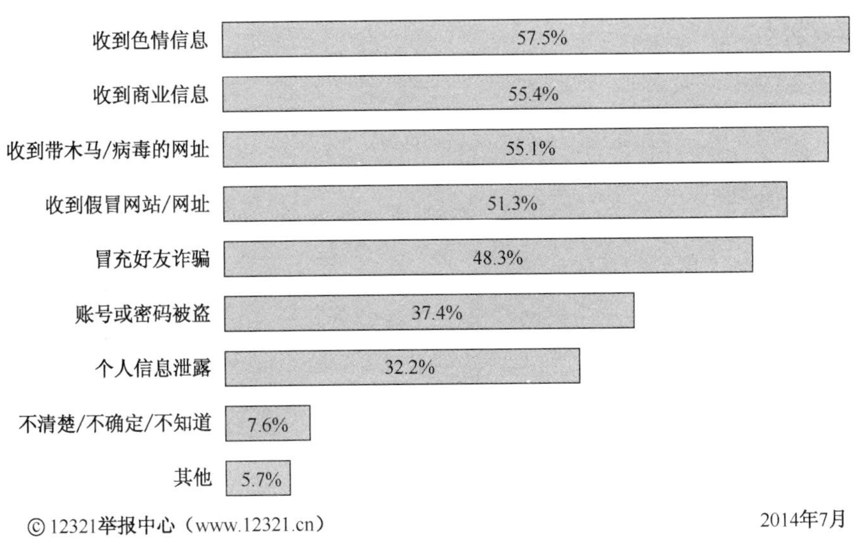

图F.26 IM使用中碰到的侵权现象

（4）个人信息泄露。1/3 左右的用户表示 IM 账号或者密码被盗，以及其他个人信息泄露情况。

3.3.2 聊天软件用户的损失

结合图 F.3、图 F.5、图 F.27 和图 F.28，IM 用户遭受时间损失的比例为 73.7%，平均为 44.8 分钟，在本次调查的 8 个典型场景中排第 6 位；遭受经济损失的比例为 34%，平均经济损失为 96.3 元，在 8 个典型场景中排第 6 位，属于权益受侵害较轻的网络使用场景。

总体上，IM 用户权益损失以时间为主。3/4 的用户遭受不同程度的时间损失，损失在 2 小时以上的用户达 15.3%，而只有 1/3 的用户遭受经济损失。

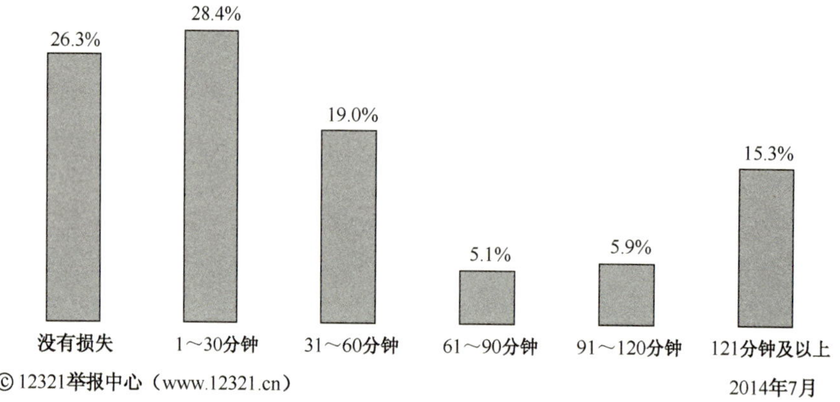

图F.27 IM用户的时间损失

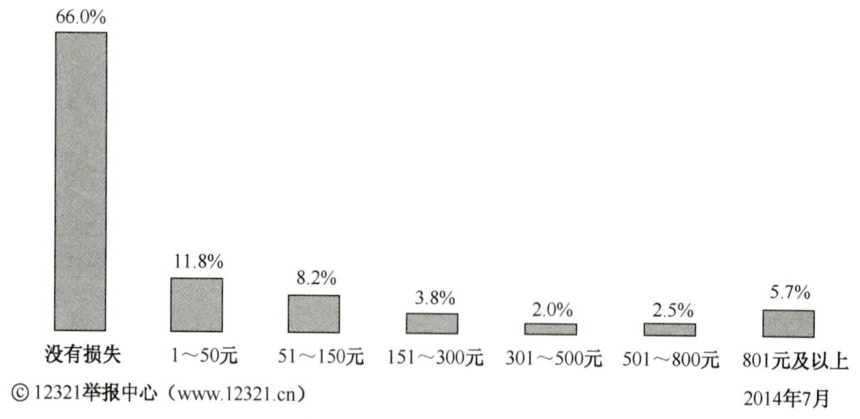

图F.28 IM用户的经济损失

3.3.3 有效的 IM 用户权益保障方式

本次调查对当前主流 IM 采用的网民权益保障方式进行了总结，梳理出 6 种方式，IM 用户认同的比例从 53.9%到 72.5%不等（见图 F.29）。

（1）安全大数据有助于维护 IM 用户权益。“对网址网站进行安全标示”得到了 72.5%的用户的认同。如果存在一个行业共享的网址网站黑名单，将能够更加有效地为用户进行安全标示，提高标示的覆盖范围和深度。

（2）“非正常登录进行短信提醒”得到 67.8%的用户的认同，有助于 IM 用户第一时间对可能的权益侵害事件做出适当的反应，避免损失。

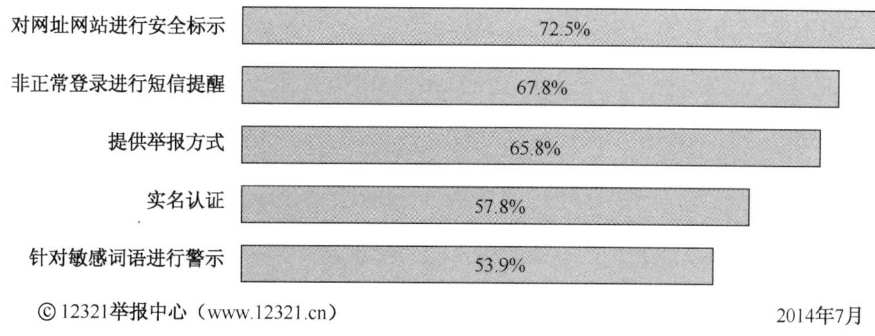

图F.29 IM使用中有效的权益保障方式

3.4 智能手机及App

3.4.1 智能手机使用中的侵权现象

用户手机使用中碰到的情况如图F.30所示。此处列明的8种情况中，以中国互联网协会网络与信息安全工作委员会2011年5月发布的《移动互联网恶意代码描述规范》确定的8种特征的恶意程序为标准向受访用户进行描述和解释。

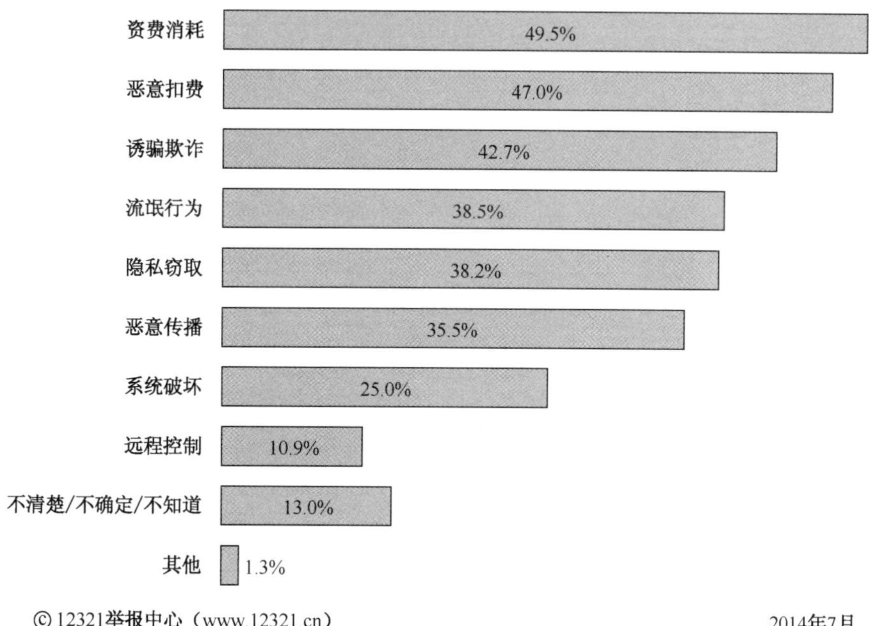

图F.30 手机使用中碰到的情况

手机使用中的侵权现象总结如下。

（1）费用相关情况最多。49.5%的用户表示碰到“资费消耗”的情况，47.0%的用户碰到“恶意扣费”的情况。

（2）遭遇“诱骗欺诈”的用户比例较高，达42.7%。

（3）其他权益损害行为。碰到“流氓行为”的用户为38.5%，“隐私窃取”为38.2%，“恶意传播”为35.5%，“系统破坏”为25.0%，“远程控制”为10.9%。

3.4.2 智能手机用户的损失

如图 F.31 所示，约 8 成的手机用户遭受过时间损失，平均损失为 46.3 分钟，在本次调查的 8 个场景中排第 4 位，属于损失较重的使用场景。如图 F.32 所示，遭受经济损失的手机用户高达 6 成，平均损失为 113.8 元，在本次调查的 8 个场景中排第 4 位。总体上，智能手机使用中的权益损失比例较高，但平均损失属于一般水平。

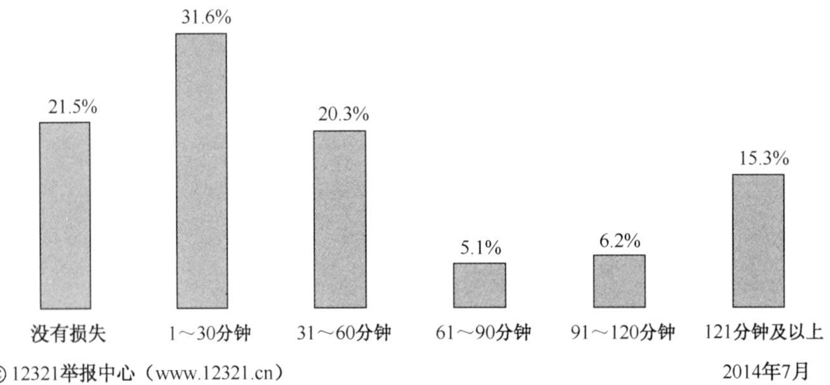

图F.31 手机用户的时间损失

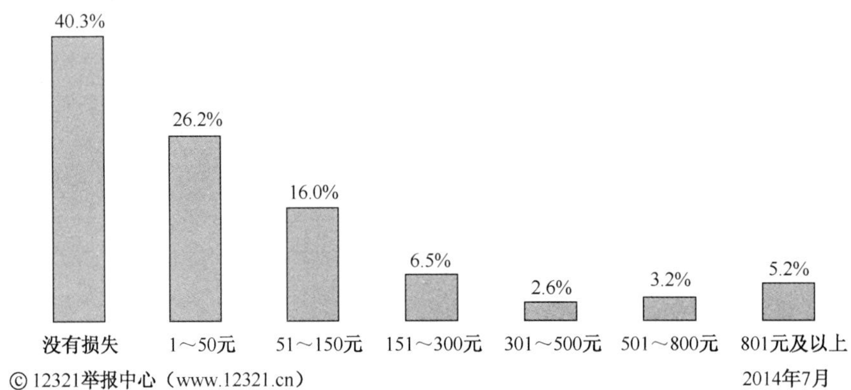

图F.32 手机用户的经济损失

3.4.3 恶意 App 防范措施

从遭遇侵权现象的具体手机使用场景看，侵权场景特点如下。

（1）软件安装/卸载时侵权现象突出。高达 55.3%的手机用户表示在安装或者卸载手机软件时，碰到此类侵权现象。

（2）浏览网页和手机游戏是侵权热点场景，用户选择碰到此类现象的比例分别为 44.2%和 40.4%。

（3）手机支付和手机购物需要未雨绸缪，目前各有近 2 成的用户表示碰到（见图 F.33）。

根据遭遇侵权现象的具体手机使用场景，把好 App 分发渠道源头是保障手机用户权益的根本，具体情况如图 F.34 所示。

（1）用户主要依赖手机安全软件来验证软件的安全可信性，60.7%的用户选择安装手机安全软件，但从安全意识的角度，这个比例仍然偏低。

（2）官方网站提供的软件最令用户信服，60.0%的用户偏好从官方网站下载软件确保权益，远高于“只去知名的大商店下载”的 36.0%，不过对非知名软件不具备可行性。

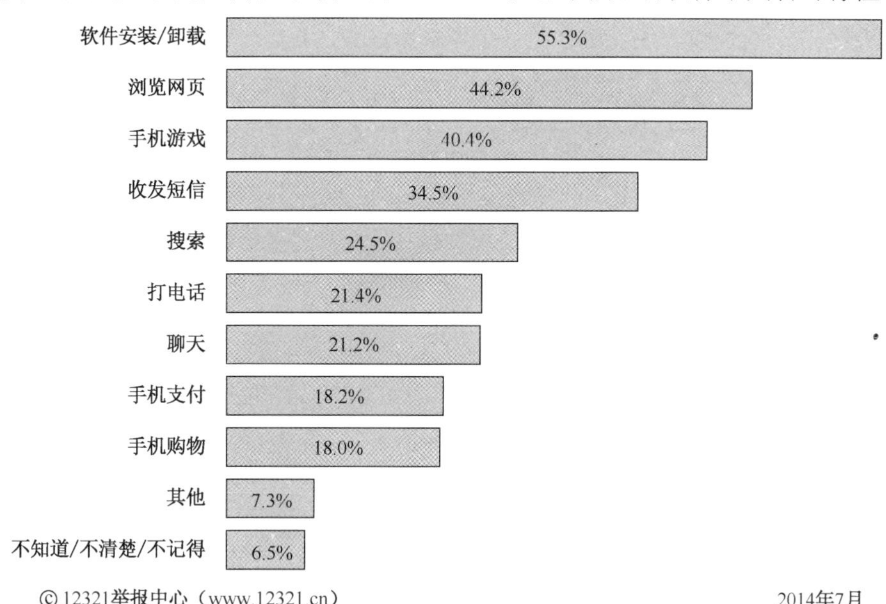

图F.33　遭遇侵权现象的具体手机使用场景

（3）用户已经有相当的安全意识。53.7%的用户表示“不扫描来源不明的二维码”，52.2%的用户表示“不受小礼品诱惑下载软件”，以及“不随意刷机更换系统”（34.7%）、“尽量不开启 root”（30.4%）。

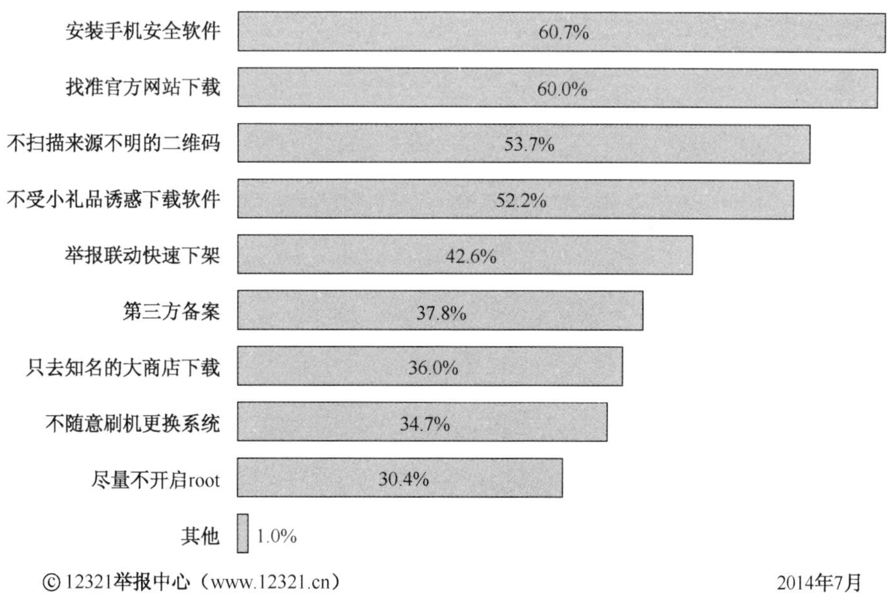

图F.34　恶意App防范措施

3.5　网络/手机游戏

3.5.1　游戏中碰到的侵权现象

网民在玩网络游戏、手机游戏等游戏中碰到的侵权现象，如图 F.35 所示，主要分为以下几类。

（1）垃圾信息问题。此类问题主要有两个，其一是“广告太多”，55.3%的游戏用户表示碰到；其二是“遭遇不文明言语攻击”，45.0%的游戏用户碰到。

（2）公平问题。依照游戏用户选择比例，依次为：“其他玩家使用外挂”（54.6%），“厂商安排托高价卖装备”（24.6%），“账号无故被锁或者降级”（18.9%）。

（3）安全问题。依照游戏用户选择比例，依次为：“账号或者密码被盗”（35.4%），“游戏安装软件带木马或者病毒”（30.5%），“装备被盗”（28.8%），“个人信息被泄露”（25.7%）。

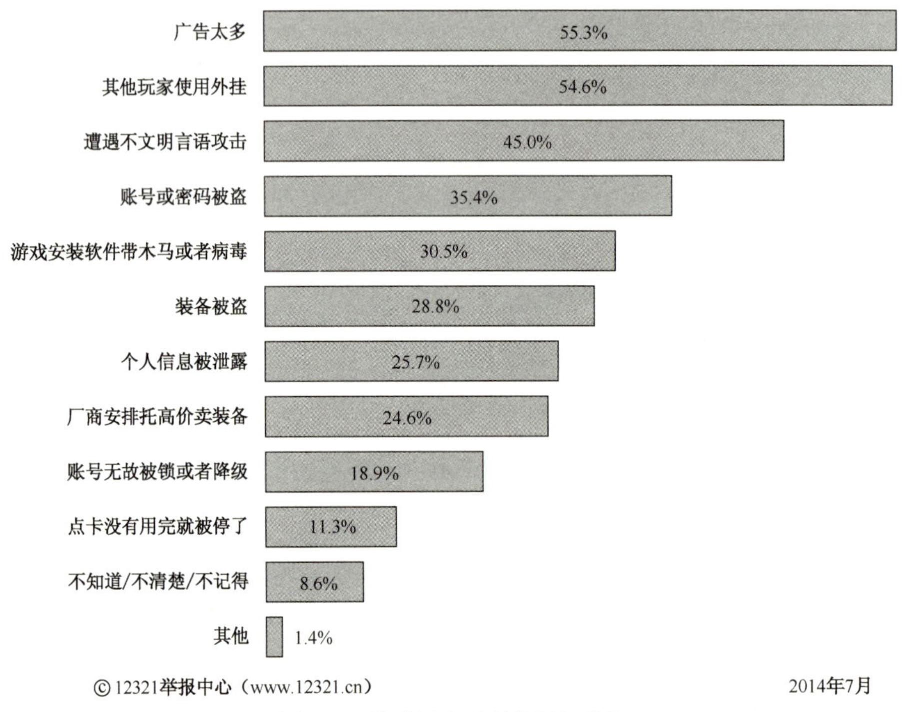

图F.35 游戏用户碰到的侵权现象

3.5.2 游戏用户的损失

游戏用户时间损失：3/4 的游戏用户遭受过时间损失，如图 F.36 所示，平均损失为 53.2 分钟，在本次调查的 8 个场景中排第 3 位，属于损失较重的场景。

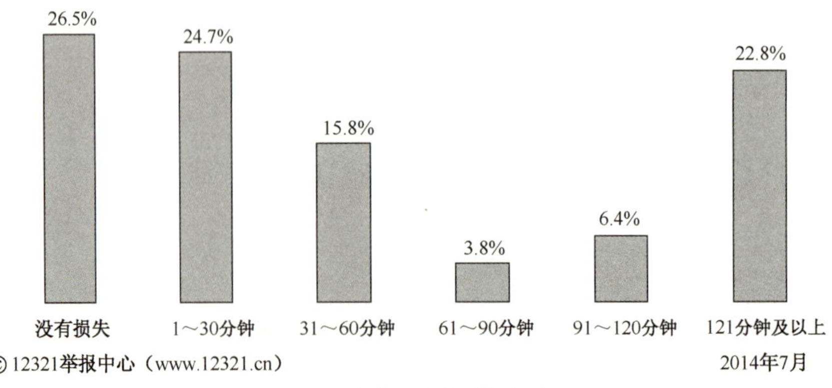

图F.36 游戏用户的时间损失

游戏用户经济损失：遭受经济损失的游戏用户达 5 成，如图 F.37 所示，平均损失为 174.5 元，在本次调查的 8 个场景中排第 2 位。

总体上，游戏用户的权益损失受损比例较高，平均损失规模较大，属于网民权益遭受损害较为严重的场景。

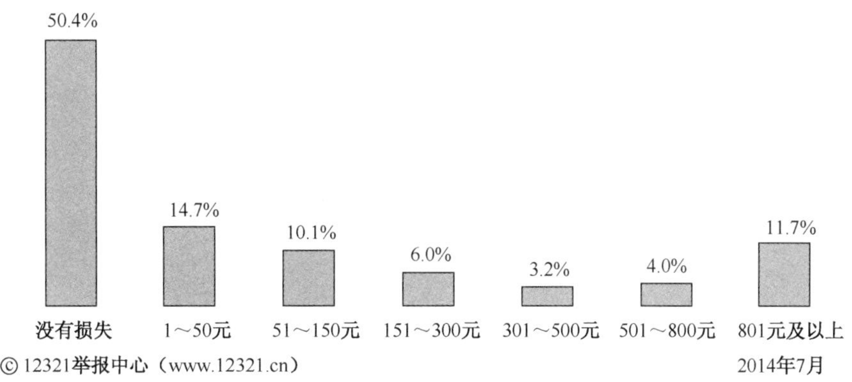

图F.37　游戏用户的经济损失

3.6　交友/社交网站

3.6.1　社交网站使用中的侵权现象

（1）垃圾信息问题。其一是“广告信息多”，有 64.5%的社交网站用户表示碰到过；其二是“私信频繁骚扰”，有 37.7%的用户表示碰到过（见图 F.38）。

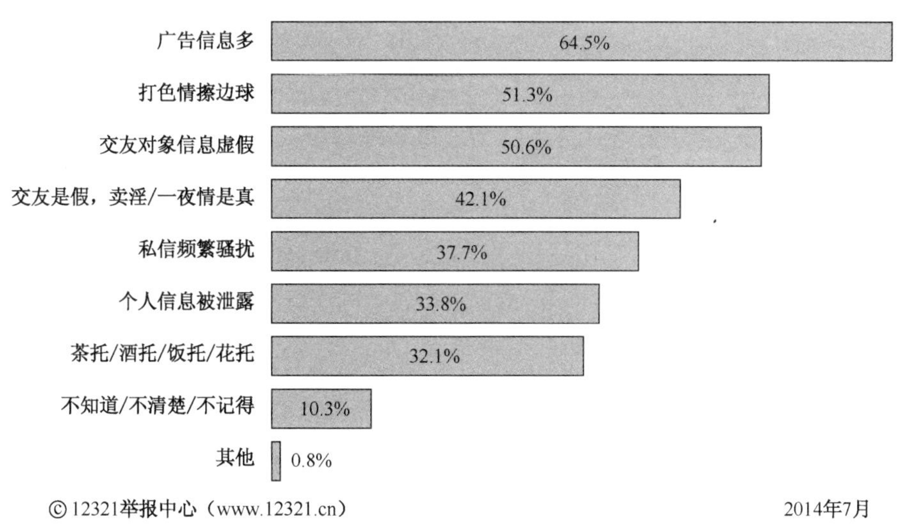

图F.38　社交网站用户碰到的侵权现象

（2）诚信问题。5 成的用户表示碰到“交友对象信息虚假”的问题；约 1/3 的用户（32.1%）碰到“茶托/酒托/饭托/花托”。

（3）色情问题。过半用户（51.6%）的用户碰到“打色情擦边球”的现象，并且 42.1%的用户表示自己碰到“交友是假，卖淫/一夜情是真”的情况。

3.6.2　社交网站用户的损失

如图 F.39 所示，64.1%社交网站用户遭受过时间损失，平均损失为 38.7 分钟，在本次调查的 8 个场景中排第 7 位，属于损失较轻的使用场景。

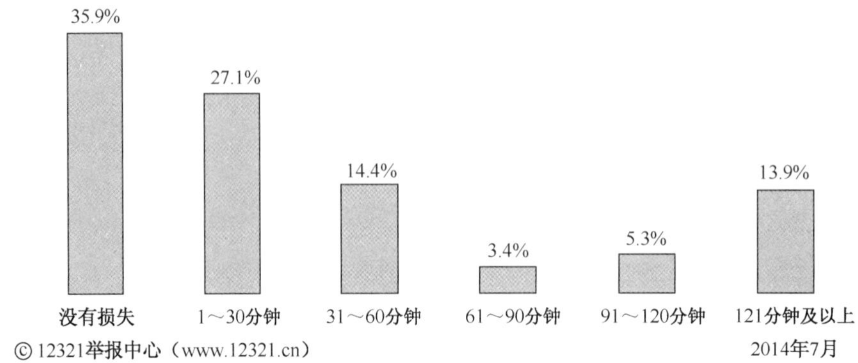

图F.39　社交网站用户时间损失

如图 F.40 所示，遭受经济损失的社交网站用户接近 3 成（27.2%），平均损失为 93.0 元，在本次调查的 8 个场景中排第 8 位，表明网民在社交网站场合掏钱非常小心。

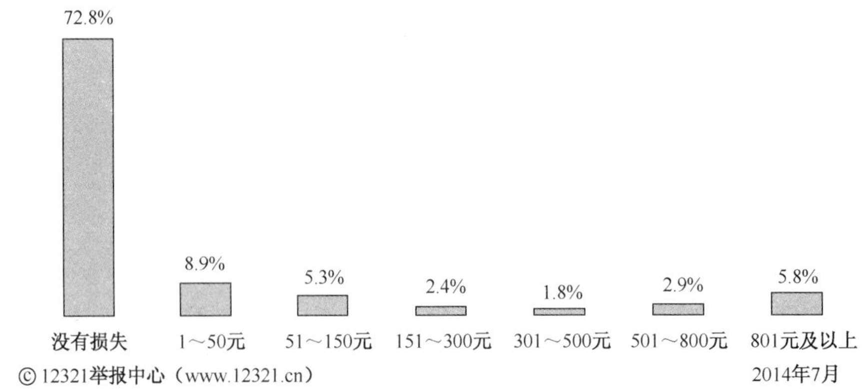

图F.40　社交网站用户的经济损失

总体上，网民在社交网站使用中的权益损失，不论从比例还是规模考察，均属于损失比较轻微的场景。

3.7　在线旅游网站

3.7.1　在线旅游网站使用中的侵权现象

在线旅游网站使用中的侵权现象如图 F.41 所示，主要有以下几点。

（1）诚信问题。旅游网站用户表示碰到“服务与网页描述不符合”问题最多，达 36.9%，其余依次为：“成功预订酒店但现场涨价”（19.9%），“成功预订酒店但没有房”（16.9%），“下单成功没有票”（15.1%）。

（2）安全问题。第一是“个人信息泄露”，达 30.9%；第二是“虚假网站/网页”（26.2%）；第三是“买到假机票”（6.0%），这表示 100 个旅游网站用户中，有 6 个人可能从旅游网站买到假机票。

3.7.2　在线旅游网站用户的损失

如图 F.42 所示，约 7 成的旅游网站用户遭受过时间损失，平均损失为 45.4 分钟，在本次调查的 8 个场景中排第 5 位，属于时间损失一般的使用场景。

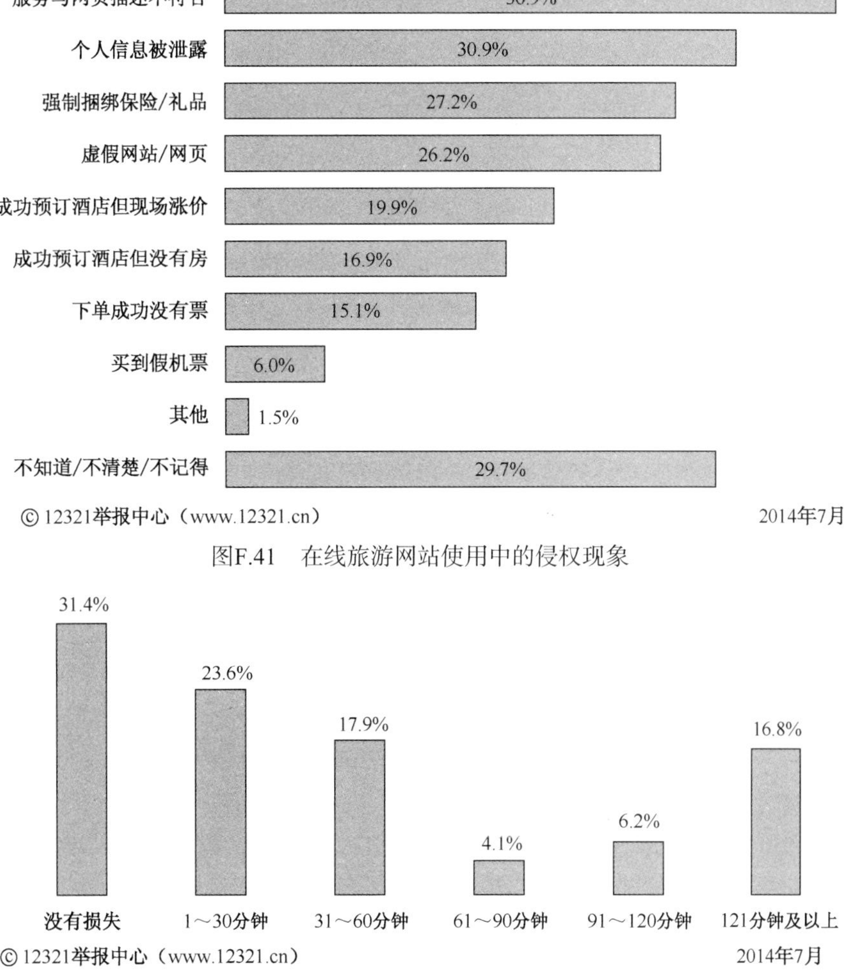

图F.41 在线旅游网站使用中的侵权现象

图F.42 旅游网站用户的时间损失

如图F.43所示，遭受经济损失的旅游网站用户有将近5成，平均损失为189.0元，在本次调查的8个场景中排第1位。

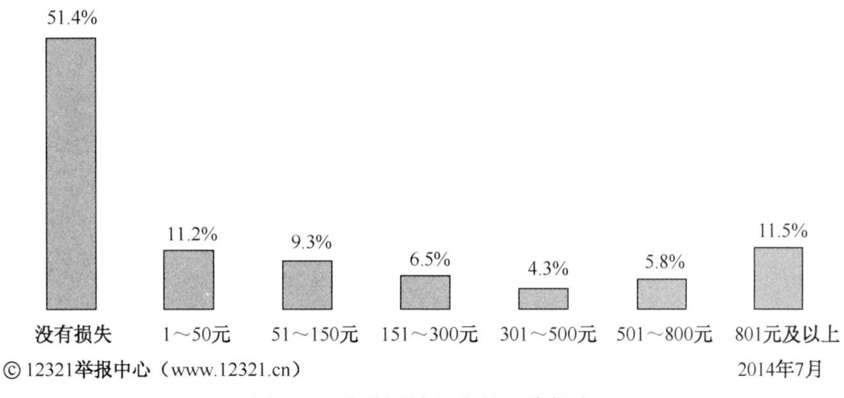

图F.43 旅游网站用户的经济损失

总体上，旅游网站使用中的权益损失，时间与钱财占比均比较高，尤其是经济损失的规模，高居本次调查的 8 个场景中的第 1 位。

3.8 典型场景/领域平均星级

以相关场景下重点企业的调查数据之和代表具体的领域，得到 7 个典型场景/应用领域的平均星级如图 F.44 所示。各典型场景的平均星级依次如下（括号中的数字表示平均星级）：网购（3.76 星）、应用商店（3.73 星）、在线旅游（3.73 星）、ESP（3.68 星）、IM（3.59 星）、游戏社区（3.58 星）、社交网站（3.50 星）。

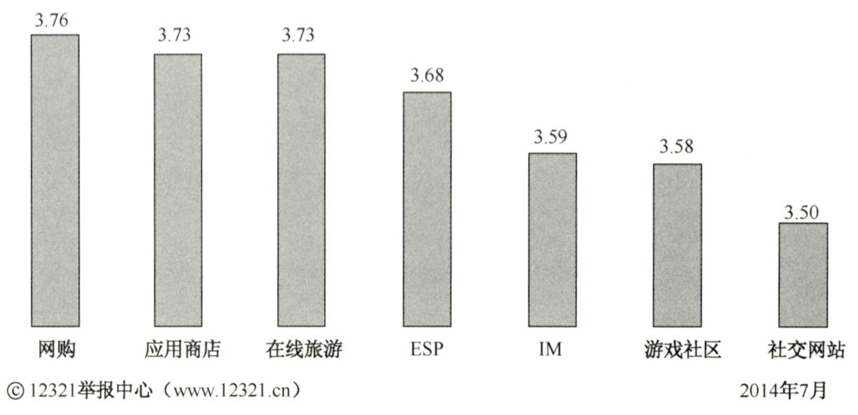

图F.44 典型场景权益保障平均星级

从数据看，平均星级相对较高的有网购、应用商店、在线旅游，而相对较低的领域有 IM、游戏社区和社交网站，ESP 居中。

为何网民损失最严重的网购场景，网民的星级评价反而最高？

这与应用场景中的企业对信息流、物流和资金流的控制能力有关，其基本特点是：用户之间互动越强的应用场景，平均星级越低。

其一，网购、应用商店、在线旅游场景的互联网企业，信息的流动具有中心控制的特点，能够控制用户的信息流、资金流和物流，因此能够提供更多保障网民权益的机制和方法。

其二，存在资金流的应用场景，更容易给用户造成比较大的损失，企业对安全和网民权益保障更加重视。

其三，反观 IM、游戏社区和社交网站，此类平台上，信息繁杂，信息的流向是多对多，企业无法完全控制信息的流向，而且相关的物流、资金流均与信息流无法在同一家企业的平台实现整合和匹配，因此，保障网民权益的机制和方法有限。但企业平台与网民之间没有直接的资金流动，因此损失的规模反而并不显眼。

因此，网购场景用户虽然损失严重，但其权益保障为网民感知最多，因而平均星级反而最高。

（中国互联网协会 12321 网络不良与垃圾信息举报受理中心）

关于《中国互联网发展报告》

《中国互联网发展报告》客观、忠实记录了一年以来中国互联网行业的发展状况，对中国互联网发展环境、资源、重点业务和应用、主要细分行业和重点领域的发展状况进行了总结、分析和研究，既有宏观分析和综述，也有专项研究。整个《报告》内容丰富、重点突出、数据详实、图文并茂，对政府部门、互联网相关企业和单位以及相关领域的专家学者掌握互联网行业发展与前沿趋势有重要的参考意义。

中国互联网协会简介

中国互联网协会成立于2001年5月25日，由国内从事互联网行业的网络运营商、服务提供商、设备制造商、系统集成商以及科研、教育机构等70多家互联网从业者共同发起成立，是由中国互联网行业及与互联网相关的企事业单位自愿结成的行业性的全国性的非营利性的社会组织。中国互联网协会现任理事长为中国工程院原副院长邬贺铨院士。

联系方式

官方网站：www.isc.org.cn
官方微博：http://e.weibo.com/u/3185355425
入会洽谈：010-66036703/66030171
发展报告：010-66418007